JACOBI, CARL GUSTAV JACOB

Gesammelte Werke

Tome 1

Reiner

Berlin 1882 - 1891

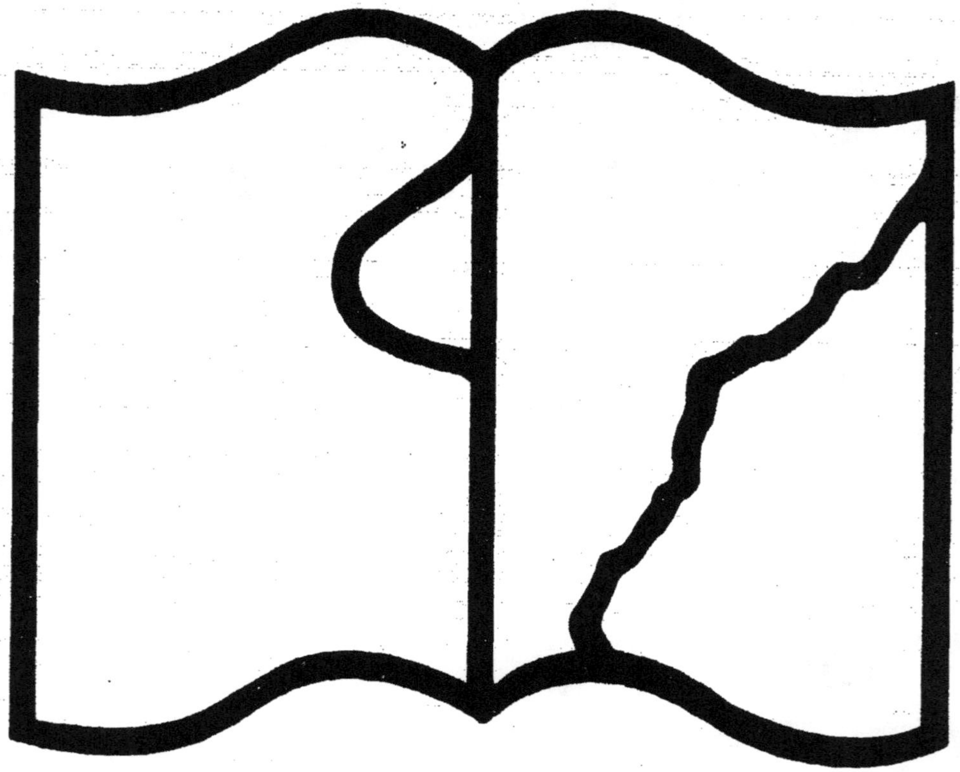

Symbole applicable
pour tout, ou partie
des documents microfilmés

Texte détérioré — reliure défectueuse

NF Z 43-120-11

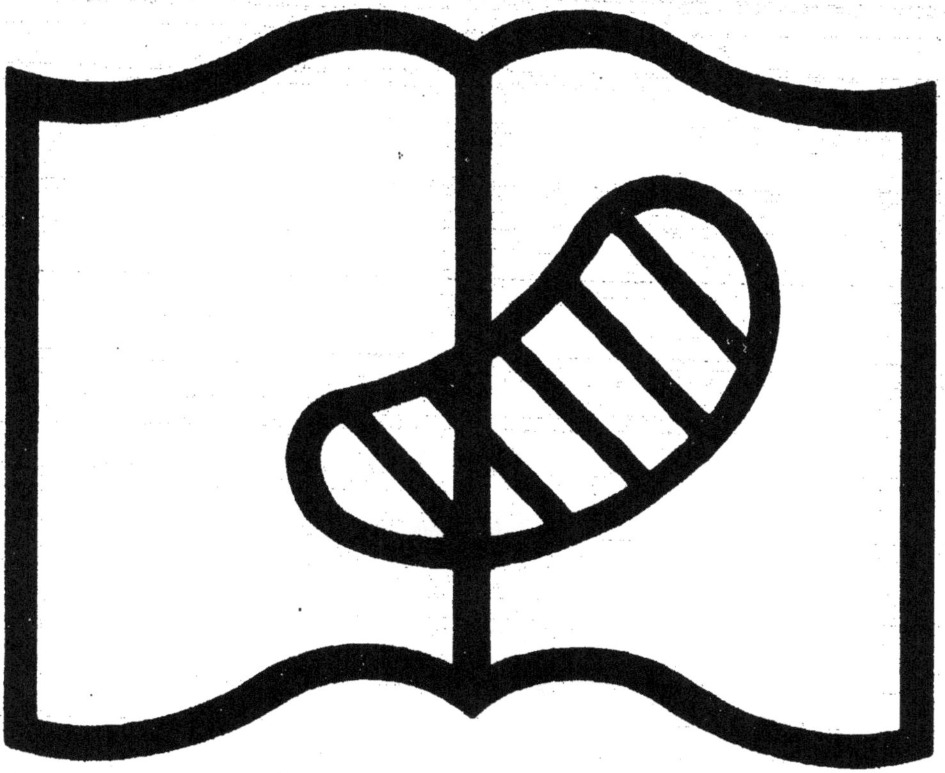

Symbole applicable
pour tout, ou partie
des documents microfilmés

Original illisible

NF Z 43-120-10

C. G. J. JACOBI'S

GESAMMELTE WERKE.

ERSTER BAND.

C. G. J. JACOBI'S

GESAMMELTE WERKE.

HERAUSGEGEBEN AUF VERANLASSUNG DER KÖNIGLICH PREUSSISCHEN AKADEMIE DER WISSENSCHAFTEN.

ERSTER BAND.

MIT DEM BILDNISSE JACOBI'S.

HERAUSGEGEBEN

VON

C. W. BORCHARDT.

BERLIN.

VERLAG VON G. REIMER.

1881.

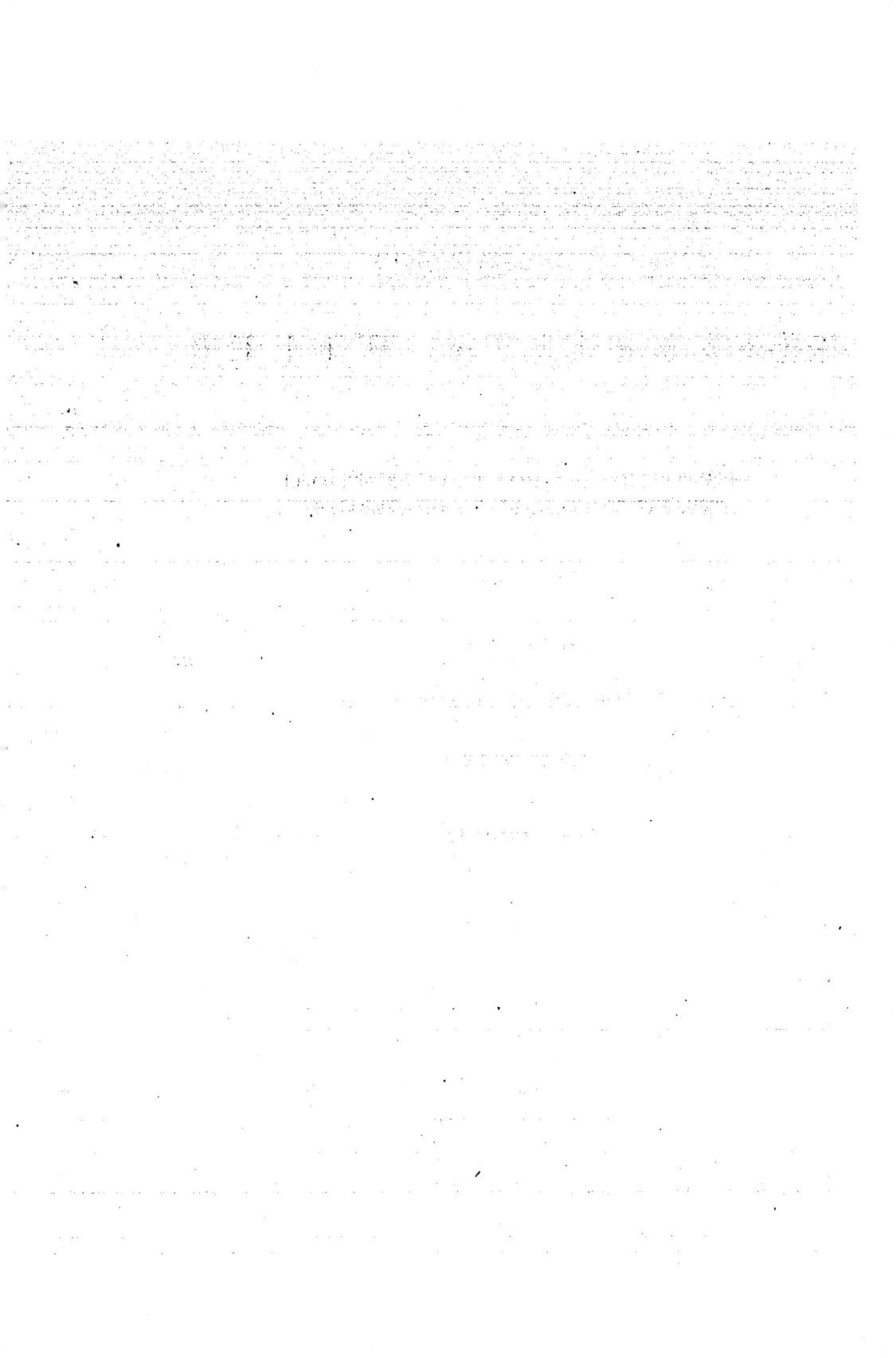

VORREDE.

Die hiesige Akademie der Wissenschaften hat bereits vor mehreren Jahren auf den Antrag der Mitglieder ihrer mathematischen Section die Veranstaltung einer Gesammtausgabe der Werke Jacobi's, Lejeune Dirichlet's und Steiner's beschlossen und die dazu erforderlichen Geldmittel bewilligt. Dabei ist festgesetzt worden, diese Ausgabe solle in würdiger Ausstattung und zu einem verhältnissmässig billigen Preise alle Arbeiten der genannten Mathematiker enthalten, welche von ihnen selbst veröffentlicht oder im Wesentlichen druckfertig hinterlassen worden sind*). Jede einzelne Arbeit solle aber vor dem Abdruck einer sorgfältigen Revision**) unterworfen und nicht nur von Druck- und Schreibfehlern, sondern auch von sonstigen, offenbar bloss durch

*) Aus dem von Borchardt sorgfältig geordneten Nachlass Jacobi's ist bereits eine beträchtliche Anzahl von Abhandlungen veröffentlicht worden; es haben sich aber noch mehrere andere vorgefunden, die jetzt zum erstenmale erscheinen werden.

**) Von vielen der in Crelle's Journal erschienenen Abhandlungen haben sich die Manuscripte erhalten und sind im Besitz der Akademie. Selbstverständlich werden von diesen die in Betracht kommenden bei der Revision benutzt.

Versehen entstandenen Unrichtigkeiten möglichst gereinigt, im Uebrigen aber der ursprüngliche Text als historisches Document treu beibehalten werden.

Von der diesem Programm gemäss auszuführenden Arbeit hatte den ohne Vergleich schwierigsten Theil, die Herausgabe der Werke Jacobi's, mein verewigter Freund C. W. Borchardt übernommen, der dazu wie kein anderer befähigt und berufen war. Sein unerwarteter Tod war der härteste Schlag, der das geplante Unternehmen treffen konnte, und nur der grofsen Umsicht, mit der er für seinen Antheil an demselben seit Jahren alles Erforderliche vorbereitet hatte, ist es zu danken, dass gleichzeitig mit dem von mir herausgegebenen ersten Bande von Steiner's Werken auch der vorliegende erste Band von Jacobi's Werken ausgegeben werden kann. In demselben findet sich keine Seite, die nicht vor dem Drucke zuerst von einem mit dem Inhalt vertrauten Mathematiker und darauf von Borchardt selbst auf das genaueste durchgesehen worden ist. Mein Antheil an der Herausgabe beschränkt sich darauf, dass ich vom 51sten Bogen an die letzte Revision des Druckes besorgt und die am Schlusse des Bandes zusammengestellten Anmerkungen nach den von Borchardt hinterlassenen Notizen ausgearbeitet und mit einigen Zusätzen versehen habe.

Nach dem von Borchardt entworfenen Plane sollen die Arbeiten Jacobi's, nach den behandelten Gegenständen in Gruppen vertheilt und innerhalb einer jeden Gruppe soweit als thunlich chronologisch geordnet, in sieben Bänden erscheinen. Von diesen bilden die beiden ersten insofern ein für sich bestehendes Werk, als sie bestimmt sind, alle auf die Theorie und Anwendung der elliptischen und Abel'schen Transcendenten sich beziehenden Arbeiten Jacobi's aufzunehmen, eine Anordnung, die ohne Zweifel allgemeinen Beifall finden wird. Dass der erste Band mit Dirichlet's vortrefflicher Gedächtnissrede auf Jacobi beginnt, wird man ebenfalls billigen. Ob es ausführbar und zweckmässig sei, den für jetzt in Aussicht genommenen sieben Bänden noch Supplementbände mit Mittheilungen aus wohlbeglaubigten Nachschriften von Jacobi's Universitäts-Vorlesungen*), sowie aus fragmentarischen Stücken des Nachlasses und Briefen hinzuzufügen, muss späterer Erwägung vorbehalten bleiben.

Schliesslich habe ich noch anzuführen, dass ein wesentlicher Theil der Vorarbeiten für die Herausgabe des ersten Bandes von den Herren Professoren Mertens, Netto und H. A. Schwarz besorgt worden ist. Die beiden ersten haben die *Fundamenta nova*, Herr Schwarz die Abhandlungen aus *Schumacher's Astronomischen Nachrichten* und dem *Crelle'schen Journal* vor dem Wiederabdruck revidirt; Herr Mertens hat überdies die erste und dritte der nachgelassenen Abhandlungen druckfertig gemacht und einen grossen Theil der übrigen einer zweiten Durchsicht unterworfen. Alle drei Herren haben sich ferner, ein jeder für die von ihm durchgesehenen Stücke, an der Correctur des Druckes betheiligt. Aufser ihnen sind Herr Dr. K. Schering für den ganzen Band, und die Herren Professoren Roethig, Lampe und Wangerin für Theile desselben als Correctoren thätig gewesen. Endlich hat Herr Ch. Hermite die grofse Güte gehabt, von der *Correspondance mathématique avec Legendre* eine Correctur zu lesen. Indem ich an Stelle meines dahingeschiedenen Freundes den genannten Herren für den uneigennützigen Eifer

*) Von den wichtigsten der in Königsberg und hier gehaltenen Vorlesungen Jacobi's sind in Borchardt's Nachlass gute Ausarbeitungen vorhanden; dieselben sollen mit dem gesammten wissenschaftlichen Nachlass Jacobi's im Archiv der Akademie aufbewahrt werden.

und die grofse Sorgfalt, womit sie die übernommenen mühsamen und zeitraubenden Arbeiten ausgeführt haben, den gebührenden Dank ausspreche, gebe ich mich gern der Hoffnung hin, dass ich, unterstützt von einer gleichen Bereitwilligkeit meiner Berufsgenossen, das begonnene Unternehmen werde fortführen können.

Berlin, den 18. December 1880.

Weierstrass.

INHALTSVERZEICHNISS DES ERSTEN BANDES.

NACHLASS.

GEDÄCHTNISSREDE

AUF

CARL GUSTAV JACOB JACOBI

VON

LEJEUNE DIRICHLET.

Abhandlungen der Königlichen Akademie der Wissenschaften zu Berlin
aus dem Jahre 1852.

GEDÄCHTNISSREDE

AUF

CARL GUSTAV JACOB JACOBI

VON

LEJEUNE DIRICHLET.

[Gehalten in der Akademie der Wissenschaften am 1. Juli 1852.]

Indem ich es unternehme, die wissenschaftlichen Leistungen des gröfsten Mathematikers zu schildern, welcher seit Lagrange unserer Körperschaft als anwesendes Mitglied angehört hat, treten mir lebhaft die Schwierigkeiten der Aufgabe vor Augen, die ganze Bedeutung der Schöpfungen eines Mannes darzustellen, welcher mit starker Hand in fast alle Gebiete einer durch zweitausendjährige Arbeit zu unermesslichem Umfange angewachsenen Wissenschaft eingegriffen, überall, wohin er seinen schöpferischen Geist gerichtet, wichtige oft tief verborgene Wahrheiten zu Tage gefördert und, neue Grundgedanken in die Wissenschaft einführend, die mathematische Speculation in mehr als einer Richtung auf eine höhere Stufe erhoben hat. Nur die Überzeugung, dass solchen der Wissenschaft und ihren Pflegern geleisteten Diensten gegenüber eine Pflicht der Dankbarkeit zu erfüllen ist, kann die Bedenken, welche das Bewusstsein meiner Unzulänglichkeit in mir hervorruft, zum Schweigen bringen: denn wem könnte die Erfüllung dieser Pflicht mehr obliegen als mir, der ich, wie alle meine Fachgenossen durch Jacobis wissenschaftliche Productionen so wesentlich gefördert, überdies eine nicht geringere Belehrung meinem vieljährigen, so nahen Verkehr mit dem grofsen Forscher verdanke. —

Carl Gustav Jacob Jacobi wurde den 10. Dec. 1804 zu Potsdam geboren, wo sein Vater ein begüterter Kaufmann war. Die erste Unterweisung in den alten Sprachen und den Elementen der Mathematik erhielt er von seinem mütterlichen Oheim, Hrn. Lehmann, der den regsamen Knaben weniger zu unterrichten als zu lenken hatte, und unter dessen einsichtiger Leitung dieser so rasche Fortschritte machte, dass er noch nicht zwölf Jahre alt in die zweite Klasse des Potsdamer Gymnasiums und schon nach einem halben Jahre in die erste aufgenommen wurde. In dieser blieb er volle 4 Jahre, da er nicht füglich vor zurückgelegtem 16ten Jahre die Universität besuchen konnte. Der mathematische Unterricht, der ganz als Gedächtnisssache behandelt wurde, konnte dem jungen Primaner nicht zusagen. Sein Verhältniss zum Lehrer war daher längere Zeit sehr unangenehm, gestaltete sich jedoch zuletzt besser, da der Lehrer einsichtig genug war den ungewöhnlichen Schüler gewähren zu lassen und es zu gestatten, dass dieser sich mit Eulers *Introductio* beschäftigte, während die übrigen Schüler mühsam erlernte Elementarsätze hersagten. Wie weit Jacobis geistige Entwicklung damals schon vorgeschritten war, zeigt der Versuch, den er um diese Zeit zur Auflösung der Gleichungen des 5ten Grades anstellte, und dessen er in einer seiner Abhandlungen später erwähnt hat.

An dieser Aufgabe hat mehr als einer von denen, welche später einen grofsen Namen erlangt haben, zuerst seine Kräfte geübt, und man begreift in der That leicht, welchen Reiz gerade dieses Problem auf ein erwachendes Talent ausüben musste, so lange die Unmöglichkeit desselben noch nicht erwiesen war. Zu der Berühmtheit, welche so viele fruchtlose Bemühungen dieser Untersuchung gegeben hatten, gesellte sich der besondere Umstand, dass das Problem, als einem Gebiete angehörig, welches unmittelbar an die Elemente grenzt, ohne ein grofses Mafs von Vorkenntnissen zugänglich schien.

Auf der hiesigen Universität theilte Jacobi seine Zeit zwischen philosophischen, philologischen und mathematischen Studien. Als Theilnehmer an den Übungen des philologischen Seminars erregte er die Aufmerksamkeit unseres Collegen Böckh, des Vorstehers dieses Instituts, welcher den jungen Mann wegen seines scharfen und eigenthümlichen Geistes sehr lieb gewann und durch besonderes Wohlwollen auszeichnete.

Mathematische Vorlesungen scheint er wenig besucht zu haben, da diese damals auf der hiesigen Universität einen zu elementaren Charakter hatten, als dass sie Jacobi, der schon mit einigen der Hauptwerke von Euler und Lagrange vertraut war, wesentlich hätten fördern können. Desto eifriger sah er sich in der mathematischen Litteratur um und suchte namentlich eine allgemeine Übersicht der grofsen wissenschaftlichen Schätze zu gewinnen, welche die akademischen Sammlungen enthalten. Jacobi, dessen Natur das bloſse Einsammeln von Kenntnissen nicht zusagte und der das Bedürfniss fühlte, der Dinge, womit er sich beschäftigte, ganz Herr zu werden, erkannte nach etwa zweijährigen Universitätsstudien die Nothwendigkeit einen Entschluss zu fassen, und entweder der Philologie oder der Mathematik zu entsagen. Da die Entscheidung, welche er traf, nicht nur für ihn, sondern auch für die Wissenschaft, welcher er sich von nun an ausschlieſslich widmete, so wichtige Folgen gehabt hat, so wird man die Gründe, welche seine Wahl bestimmten, gern von ihm selbst erfahren. Er schreibt darüber an seinen schon genannten Oheim: »Indem ich so doch einige Zeit mich ernstlich mit der Philologie beschäftigte, gelang es mir einen Blick wenigstens zu thun in die innere Herrlichkeit des alten hellenischen Lebens, so dass ich wenigstens nicht ohne Kampf dessen weitere Erforschung aufgeben konnte. Denn aufgeben muss ich sie für jetzt ganz. Der ungeheure Koloss, den die Arbeiten eines Euler, Lagrange, Laplace hervorgerufen haben, erfordert die ungeheuerste Kraft und Anstrengung des Nachdenkens, wenn man in seine innere Natur eindringen will und nicht bloſs äusserlich daran herumkramen. Über diesen Meister zu werden, dass man nicht jeden Augenblick fürchten muss von ihm erdrückt zu werden treibt ein Drang, der nicht rasten und ruhen lässt, bis man oben steht und das ganze Werk übersehen kann. Dann ist es auch erst möglich mit Ruhe an der Vervollkommnung seiner einzelnen Theile recht zu arbeiten und das ganze, groſse Werk nach Kräften weiter zu führen, wenn man seinen Geist erfasst hat.«

Zu seiner Doctordissertation wählte Jacobi einen schon vielfach behandelten Gegenstand, die Zerlegung der algebraischen Brüche. Er beweist darin zuerst merkwürdige Formeln, welche Lagrange ohne Beweis in den Abhandlungen unserer Akademie gegeben hatte, geht dann zu einer neuen Art der Zerlegung über, welche nicht, wie die bis dahin ausschlieſslich betrachtete, völlig bestimmt ist, und beschlieſst die Abhandlung mit Untersuchungen über die Umformung der Reihen, wobei schon ein neues Princip bemerklich wird, von welchem er in späteren Arbeiten mehrfach Gebrauch gemacht hat.

Gleich nach seiner Promotion habilitirte sich Jacobi bei der Universität und hielt eine Vorlesung über die Theorie der krummen Flächen und Curven im

Raume. Nach dem Zeugniss eines seiner damaligen Zuhörer muss sein Lehrtalent bei diesem ersten Auftreten schon sehr entwickelt gewesen sein und er es verstanden haben, sein Thema mit grofser Klarheit und auf eine seine Zuhörer sehr anregende Weise zu behandeln. Der 21jährige Docent zeigte auch darin eine sehr frühe Reife des Urtheils, dass er, unbeirrt durch den Misskredit, in welchen die Methode des Unendlichkleinen um jene Zeit durch eine grofse Autorität gekommen war, gerade dieser in seiner Darstellung folgte und seine Zuhörer mit dem besten Erfolge zu überzeugen sich bemühte, dass die verdächtigte Methode nur in ihrer abgekürzten Form von der strengen Methode der Alten unterschieden ist, aber gerade durch diese Form bei allen zusammengesetzteren Fragen unentbehrlich wird.

Die Aufmerksamkeit, welche Jacobi zu erregen anfing, veranlasste die höchste Unterrichtsbehörde ihn aufzufordern, seine Lehrthätigkeit vorläufig als Privatdocent in Königsberg fortzusetzen, wo durch die eben vacant gewordene Professur der Mathematik sich zu seiner Beförderung mehr Aussichten als in Berlin darboten.

Bei seiner Übersiedlung nach Königsberg war es für Jacobi ein wichtiges Ereigniss den grofsen Astronomen Bessel persönlich kennen zu lernen und zum ersten Male in einem dem seinigen so nahe verwandten Fache ein Genie in der Nähe zu sehen. Die tägliche Anschauung des Feuereifers dieses ausserordentlichen Mannes übte selbst auf ihn, der es doch von seiner frühsten Jugend an gewohnt war, die gröfsten Anstrengungen von sich zu fordern, den mächtigsten Einfluss, dessen er später oft dankbar erwähnt hat.

Es war für Jacobis schriftstellerische Laufbahn ein glücklicher Umstand, dass der Anfang derselben mit der Gründung der mathematischen Zeitschrift zusammenfiel, durch deren Herausgabe sich unser College Crelle ein so grofses und bleibendes Verdienst nicht nur um die Verbreitung sondern auch um die Belebung des Studiums der Wissenschaft erworben hat. Jacobi, der zu den frühsten Mitarbeitern der Zeitschrift gehörte, ist ihr bis zu seinem Tode treu geblieben, und wenn man die beiden besondern Werke *Fundamenta nova* und *Canon arithmeticus* ausnimmt, so sind fast alle seine andern Arbeiten zuerst im Crelleschen Journal erschienen.

Jacobis erste Abhandlungen zeigen ihn schon als durchaus vollendeten Mathematiker, mag er nun, wie in den Aufsätzen »über Gaufs neue Methode zur genäherten Bestimmung der Integrale« und »über die Pfaffsche Methode für die Integration der partiellen Differentialgleichungen«, bekannte Theorieen aus einem neuen Gesichtspunkte betrachten und wesentlich vereinfachen oder noch nicht gelöste Probleme behandeln und zu neuen Resultaten gelangen. Unter den Arbeiten der letzteren Art sind hier zwei besonders zu erwähnen: eine Abhandlung von wenigen Seiten, in der er eine bis dahin unbekannt gebliebene Grundeigenschaft der merkwürdigen Function kennen lehrt, welche von Legendre zuerst in die Wissenschaft eingeführt, in allen spätern allgemeinen Untersuchungen über die Anziehung eine so große Rolle gespielt hat, und eine andere »über die cubischen Reste«. Diese letztere enthält zwar nur Sätze ohne Beweise, aber diese Sätze sind der Art, dass sie nicht das Ergebniss der Induction sein können und keinen Zweifel darüber lassen, dass Jacobi schon damals in dem wissenschaftlichen Gebiete, welches Gauſs ein Vierteljahrhundert früher der mathematischen Speculation eröffnet hatte und welches eben so sehr der höheren Algebra als der Theorie der Zahlen angehört, im Besitze neuer, fruchtbarer Principien sein musste, was auch durch eine spätere Publication bestätigt wird, in der er ausdrücklich erwähnt, dass er diese Principien schon damals Gauſs brieflich mitgetheilt habe.

Von der weiteren Verfolgung dieses Gegenstandes wurde Jacobi zu jener Zeit durch eine andere Arbeit, seine Untersuchungen über die elliptischen Functionen abgezogen, welche ihm bald eine so große Berühmtheit verleihen und eine Stelle unter den ersten Mathematikern der Zeit anweisen sollten.

Der junge Mathematiker, der sich schon in so vielen Richtungen mit Erfolg versucht hatte, schien längere Zeit in der Theorie der elliptischen Functionen vom Glücke nicht begünstigt zu werden. Einer seiner Freunde, der ihn eines Tages auffallend verstimmt fand, erhielt auf die Frage nach dem Grunde dieser Verstimmung von ihm die Antwort: Sie sehen mich eben im Begriff dieses Buch (Legendres *exercices*) auf die Bibliothek zurückzuschicken, mit welchem ich entschiedenes Unglück habe. Wenn ich sonst ein bedeutendes Werk studirt habe, hat es mich immer zu eigenen Gedanken angeregt und ist dabei immer etwas für mich abgefallen. Diesmal bin ich ganz leer ausgegangen und nicht zum geringsten Einfalle inspirirt worden.

Wenn die eignen Gedanken in diesem Falle etwas lange auf sich warten lieſsen, so stellten sie sich dafür später um so reichlicher ein, so reichlich, dass sie in Verbindung mit den gleichzeitigen Gedanken Abels eine unerwartete Erweiterung und die völlige Umgestaltung eines der wichtigsten Zweige der Analysis zur Folge hatten.

Indem der Fortschritt hier zu derselben Zeit von zwei verschiedenen Seiten ausging, wird es erforderlich neben Jacobis Untersuchungen die gleichzeitigen Arbeiten Abels zu erwähnen. Im Ursprunge von einander unabhängig, greifen die Entdeckungen beider später so in einander ein, dass die Darstellung der einen ohne Berücksichtigung der andern kaum verständlich sein würde.

Die Theorie der elliptischen Functionen, mit welcher Abels und Jacobis Namen auf immer verbunden sind, reicht in ihren Anfängen nicht über die erste Hälfte des vorigen Jahrhunderts zurück. Ein italienischer Mathematiker von ungewöhnlichem Scharfsinn, der Graf Fagnano aus dem Kirchenstaate, machte die merkwürdige Entdeckung, dass das Integral, welches den Bogen der Curve ausdrückt, welche damals die Mathematiker unter dem Namen Lemniscate vielfach beschäftigte, ähnliche Eigenschaften besitzt wie das einfachere Integral, welches einen Kreisbogen darstellt, und dass z. B. zwischen den Grenzen zweier Integrale dieser Art, deren eines dem doppelten Werthe des andern gleich ist, ein einfacher algebraischer Zusammenhang Statt findet, so dass ein Lemniscatenbogen, wenn gleich eine Transcendente höherer Art, doch wie ein Kreisbogen durch geometrische Construction verdoppelt oder gehälftet werden kann. Euler fand einige Jahre später die eigentliche Quelle dieser und anderer ähnlicher Eigenschaften in einem Satze, der zu den schönsten Bereicherungen gehört, welche die Wissenschaft diesem großen Forscher verdankt. Nach diesem Eulerschen Satze hängt ein gewisses Integral, welches allgemeiner ist als das von Fagnano betrachtete und in unserer jetzigen Terminologie elliptisches Integral der ersten Gattung heißt, so von seiner Grenze ab, dass zwei solche Integrale mit beliebigen Grenzen immer in ein drittes vereinigt werden können, dessen Grenze eine einfache algebraische Verbindung der Grenzen jener ist, gerade so wie der Sinus eines zweitheiligen Bogens algebraisch aus den Sinus seiner Bestandtheile gebildet werden kann. Aber das elliptische Integral ist allgemeiner als dasjenige, welches einen Kreisbogen ausdrückt. Auf die einfachste Form gebracht hängt es nicht wie dieses bloß von seiner Grenze, sondern auch von einer andern in der Function enthaltenen Größe, dem sogenannten Modul, ab. Das Eulersche Theorem ergab nur Beziehungen zwischen Integralen mit demselben Modul. Das erste Beispiel eines Zusammenhanges zwischen Integralen, die sich durch ihre Moduln unterscheiden, bot eine spätere von Landen und in etwas anderer Form von Lagrange gemachte Entdeckung dar, nach welcher ein elliptisches Integral durch eine einfache algebraische Substitution in ein anderes Integral derselben Art verwandelt werden kann.

Es ist Legendres unvergänglicher Ruhm in den eben erwähnten Entdeckungen die Keime eines wichtigen Zweiges der Analysis erkannt und durch die Arbeit eines halben Lebens auf diesen Grundlagen eine selbständige Theorie errichtet zu haben, welche alle Integrale umfasst, in denen keine andere Irrationalität enthalten ist als eine Quadratwurzel, unter welcher die Veränderliche den 4ten Grad nicht übersteigt. Schon Euler hatte bemerkt, mit welchen Modificationen sein Satz auf solche Integrale ausgedehnt werden kann; Legendre, indem er von dem glücklichen Gedanken ausging, alle diese Integrale auf feste canonische Formen zurückzuführen, gelangte zu der für die Ausbildung der Theorie so wichtig gewordenen Erkenntniss, dass sie in drei wesentlich verschiedene Gattungen zerfallen. Indem er dann jede Gattung einer sorgfältigen Untersuchung unterwarf, entdeckte er viele ihrer wichtigsten Eigenschaften, von welchen namentlich die, welche der dritten Gattung zukommen, sehr verborgen und ungemein schwer zugänglich waren. Nur durch die ausdauerndste Beharrlichkeit, die den großen Mathematiker immer von neuem auf den Gegenstand zurückkommen ließ, gelang es ihm hier Schwierigkeiten zu besiegen, welche mit den Hülfsmitteln, die ihm zu Gebote standen, kaum überwindlich scheinen mussten.

Die Theorie, wie Abel und Jacobi sie vorfanden, bot mehrere höchst räthselhafte Erscheinungen dar, zu deren Aufklärung die damals bekannten Principien nicht ausreichten. So hatte man, um nur eine dieser Erscheinungen zu erwähnen, gefunden, dass der Grad der mit Hülfe des Eulerschen Satzes gebildeten Gleichung, von deren Lösung die Theilung des elliptischen Integrals abhängt, nicht wie in der analogen Frage der Kreistheilung der Anzahl der Theile sondern dem Quadrate dieser Anzahl gleich ist. Die Bedeutung der reellen Wurzeln, deren Anzahl mit jener übereinstimmt, war leicht ersichtlich, wogegen die zahlreichern imaginären ganz unerklärlich erscheinen mussten. Aber dass hier ein Geheimniss verborgen liege, darüber hatte man vor Abel und Jacobi kein Bewusstsein, und ihnen war es vorbehalten sich zuerst über diese und ähnliche Erscheinungen zu wundern, was in der Mathematik wie in anderen Gebieten oft schon eine halbe Entdeckung ist.

Obgleich die Umgestaltung der Theorie der elliptischen Functionen, welche man Abel und Jacobi verdankt, aus dem Zusammenwirken mehrerer sich gegenseitig unterstützender Gedanken hervorgegangen ist, so scheint doch zweien dieser Gedanken die gröfste Wichtigkeit zugeschrieben werden zu müssen, weil sie alle Theile der neuen Theorie innig durchdringen. Während die früheren Bearbeiter dieses Gegenstandes das elliptische Integral der ersten Gattung als eine Function seiner Grenze ansahen, erkannten Abel und Jacobi unabhängig von einander, wenn auch der erstere einige Monate früher, die Nothwendigkeit die Betrachtungsweise umzukehren und die Grenze nebst zwei einfachen von ihr abhängigen Gröfsen, die so unzertrennlich mit ihr verbunden sind wie der Sinus zum Cosinus gehört, als Functionen des Integrals zu behandeln, gerade wie man schon früher zur Erkenntniss der wichtigsten Eigenschaften der vom Kreise abhängigen Transcendenten gelangt war, indem man den Sinus und Cosinus als Functionen des Bogens und nicht diesen als eine Function von jenen betrachtete.

Ein zweiter Abel und Jacobi gemeinsamer Gedanke, der Gedanke das Imaginäre in diese Theorie einzuführen, war von noch gröfserer Bedeutung und Jacobi hat es später oft wiederholt, dass die Einführung des Imaginären allein alle Räthsel der früheren Theorie gelöst habe. Wäre es nicht eine so alte Erfahrung, dass das nahe Liegende sich fast immer zuletzt darbietet, so würde man es auffallend finden müssen, dass dieser Gedanke Euler entgangen ist, zu dessen frühsten und schönsten Leistungen es gehört, die Theorie der Kreisfunctionen, indem er diese als imaginäre Exponentialgröfsen behandelte, in solchem Grade vereinfacht und erweitert zu haben, dass fast das ganze Gebiet der Analysis eine wesentliche Umgestaltung dadurch erfuhr.

Indem Abel und Jacobi in die vorhin erwähnten, durch Umkehrung aus dem elliptischen Integral der ersten Gattung gebildeten Functionen, welche nach unserer jetzigen Terminologie ausschliefslich elliptische Functionen genannt werden, das Imaginäre einführten, erkannten sie, dass diese Functionen gleichzeitig an der Natur der Kreisfunctionen und an der der Exponentialgröfsen Theil haben, und dass, während jene nur für reelle, diese nur für imaginäre Werthe des Argumentes periodisch sind, die elliptischen Functionen beide Arten der Periodicität in sich vereinigen.

Durch den Besitz dieser Grundgedanken auf einen neuen Boden gestellt, richteten Abel und Jacobi ihre Untersuchungen auf zwei verschiedene Regionen der Theorie. Abels Thätigkeit wandte sich den Problemen zu, welche die Vervielfältigung und Theilung der elliptischen Integrale betreffen, und indem er mit Hülfe des Princips der doppelten Periode in die Natur der Wurzeln der Gleichung, von welcher die Theilung abhängt, tief eindrang, gelangte er zu der ganz unerwarteten Entdeckung, dass die allgemeine Theilung des elliptischen Integrals mit beliebiger Grenze immer algebraisch d. h. durch bloſse Wurzelausziehungen bewerkstelligt werden kann, sobald die besondere Theilung der sogenannten vollständigen Integrale als schon ausgeführt vorausgesetzt wird. Die eben genannte besondere Theilung scheint nur für specielle Module möglich, unter welchen derjenige der einfachste ist, dem die Lemniscate entspricht. Indem er die Lösung des Problems für diesen Fall durchführte, zeigte er, dass die Theilung der ganzen Lemniscate der Kreistheilung völlig analog ist und in denselben Fällen durch geometrische Construction geleistet werden kann, in welchen nach der schönen 25 Jahre früher von Gauſs gegebenen Theorie der Kreis eine solche Theilung zulässt.

An diese letztere Arbeit Abels knüpft sich eine erwähnenswerthe historische Merkwürdigkeit. In der Einleitung zum letzten Abschnitte der *Disquisitiones arithmeticae*, welcher der Kreistheilung gewidmet ist, hatte Gauſs im Vorbeigehen bemerkt, dass dasselbe Princip, worauf seine Kreistheilung beruht, auch auf die Theilung der Lemniscate anwendbar sei, und in der That liegt das Gauſsische Princip, nach welchem die Wurzeln der zu lösenden Gleichung so in einen Cyclus zu bringen sind, dass jede von der vorhergehenden auf dieselbe Weise abhängt, der Abhandlung Abels über die Theilung der Lemniscate wesentlich zu Grunde; wenn aber für die Kreistheilung längst bekannte Eigenschaften der trigonometrischen Functionen genügten, um die Wurzeln dem Gauſsischen Principe gemäſs zu ordnen, so war für den Fall der Lemniscate zu einer ähnlichen Anordnung, ja um nur die Möglichkeit einer solchen zu erkennen, eine Einsicht in die Natur der Wurzeln erforderlich, welche nur das Princip der doppelten Periodicität gewähren konnte. Die vorhin erwähnte Äuſserung ist also durch Abels Abhandlung zu einem unwidersprechlichen Zeugnisse geworden, dass Gauſs, seiner Zeit weit vorauseilend, schon zu Anfange des Jahrhunderts das Princip der doppelten Periode erkannt hatte. Dieses Zeugniss ist jedoch erst durch die spätere Arbeit Abels verständlich geworden, und thut daher seinem und Jacobis Anrecht an diese Erfindung keinen Abbruch.

Aufser den schon erwähnten auf die Theilung bezüglichen Resultaten hatten Abels Untersuchungen noch eine andere nicht weniger wichtige Entdeckung zur Folge. Indem er in den Formeln, durch welche er die elliptischen Functionen eines vielfachen Argumentes durch die Functionen des einfachen dargestellt hatte, den Multiplicator unendlich werden liefs, erhielt er merkwürdige Ausdrücke für die elliptischen Functionen in Form von unendlichen Reihen, so wie von Quotienten unendlicher Producte, eine Entdeckung, welche für die Analysis vielleicht von noch gröfserer Bedeutung ist, als die von Abel nachgewiesene algebraische Lösbarkeit der Gleichungen für die Theilung.

Zu derselben Zeit als Abel diese schönen Untersuchungen ausführte, war Jacobi in einem andern Theile desselben Gebietes nicht weniger erfolgreich beschäftigt. Die oben erwähnte Substitution, durch welche ein elliptisches Integral in ein Integral derselben Form übergeht, war bis dahin die einzige ihrer Art. Zwar hatte Legendre nicht lange vor der Zeit, wo Jacobi sich diesem Gegenstande zuwandte, eine zweite Transformation der elliptischen Integrale aufgefunden, aber diese zweite Transformation, mit welcher er den Gegenstand für abgeschlossen hielt, war damals in Deutschland noch nicht bekannt, und es gehörte daher ein seltener Scharfsinn dazu aus einem sichtbaren Ringe auf das Vorhandensein einer unendlichen Kette zu schliefsen, und eine eben so grofse Kühnheit, sich die Erkenntniss der Natur dieser Kette als Aufgabe zu stellen.

Eine glückliche Induction, bei welcher der feine und ganz neue Gedanke eine wesentliche Rolle spielte, die Transformation und die Multiplication aus einem gemeinschaftlichen Gesichtspuncte und letztere als einen speciellen Fall der erstern zu betrachten, leitete Jacobi auf die Vermuthung, dass rationale Functionen jedes Grades geeignet seien, ein elliptisches Integral in ein Integral derselben Form zu verwandeln. Diese Vermuthung bestätigte sich sogleich, indem sich ergab, dass die Anzahl der willkürlichen Coefficienten, über welche man für jeden Grad zu verfügen hatte, ausreichte, um allen Bedingungen zu genügen, welche zu erfüllen waren, wenn das transformirte Integral der Form nach mit dem ursprünglichen übereinstimmen sollte. Aber wenn eine so einfache Betrachtungsweise über die Möglichkeit der Sache kaum einen Zweifel lassen konnte, so war noch ein grofser Schritt zu thun, um die innere analytische Natur der zur Transformation geeigneten gebrochenen Ausdrücke zu erkennen. Von welcher Art die hierbei zu besiegenden Schwierigkeiten waren, und durch welche geistreiche Betrachtungen Jacobi diese überwand, kann hier nicht ausgeführt werden, eben so wenig als es mir gestattet ist alle wichtigen Folgerungen aufzuzählen, die sich aus dem vollständig gelösten Probleme ergaben. Ich erwähne nur des merkwürdigen Ergebnisses dieser Untersuchung, dass die Multiplication immer aus zwei Transformationen zusammengesetzt werden kann.

Indem Abel und Jacobi so die Theorie gleichzeitig in zwei verschiedenen Richtungen vervollkommneten, schien es, als habe das Schicksal die Ehre des zu vollbringenden Fortschrittes gleichmäſsig unter die jungen Wettkämpfer vertheilen wollen, denn die Art wie bald darauf einer die Erfindung des andern weiter führte, lieſs keinen Zweifel, dass jeder von ihnen, wäre ihm der andere nicht in einem Theile der Arbeit zuvorgekommen, den ganzen Fortschritt allein vollbracht haben würde.

Jacobi war in seinen Untersuchungen von der Annahme ausgegangen, dass bei der Transformation die ursprüngliche Variable rational durch die neue ausgedrückt sei. Abel behandelte das Problem in der weiteren Voraussetzung, dass zwischen beiden irgend eine algebraische Gleichung Statt finde, und gelangte zu dem Resultate, dass das so verallgemeinerte Problem immer auf den Fall zurückgeführt werden kann, den Jacobi so vollständig behandelt hatte.

Nicht minder erfolgreich griff Jacobi in die von Abel gegebene Theorie der allgemeinen Theilung ein. Die Art, wie Abel das Problem gelöst hatte, zeigte zwar, dass die Wurzeln immer algebraisch ausdrückbar sind, erforderte aber zur wirklichen Darstellung derselben die Bildung von gewissen symmetrischen Wurzelverbindungen, die nur in jedem besondern Falle bewerkstelligt werden konnte. Aus einem neuen Principe, welches bald näher zu erwähnen sein wird, leitete Jacobi die schlieſslichen, für jeden Grad geltenden und unmittelbar aus den Daten des Problems gebildeten Ausdrücke der Wurzeln ab, welche Ausdrücke überdies vor den Abelschen eine gröſsere Einfachheit ihrer Form voraus haben. Als Jacobi das Resultat dieser Arbeit in einer kurzen Notiz bekannt machte, hoffte er Abel durch die Vervollkommnung der Lösung des Theilungsproblems in Verwunderung zu setzen, aber diese Hoffnung blieb unerfüllt. — Abel war eben gestorben, kaum 27 Jahre alt, weniger als zwei Jahre nach der Bekanntmachung seiner ersten Arbeiten über die elliptischen Functionen. Ein so frühes Ziel hatte der Tod der glänzenden Laufbahn dieses tiefsinnigen und umfassenden Geistes gesetzt.

Jacobis weitere Untersuchungen über die elliptischen Transcendenten, wie auch die zuletzt erwähnte, sind aus einem Gedanken hervorgegangen, dem man wegen der Folgen, die er gehabt, vielleicht die erste Stelle unter seinen Conceptionen einräumen muss. Es war dies der Gedanke, die unendlichen Producte, durch deren Quotienten Abel die elliptischen Functionen ausgedrückt hatte, als selbständige Transcendenten in die Analysis einzuführen. Als es ihm gelungen war diese Producte, die übrigens alle von derselben Natur und als besondere Fälle einer Transcendente anzusehen sind, in Reihenform darzustellen, erkannte er eine Function, welche sich französischen Mathematikern schon in Untersuchungen der mathematischen Physik dargeboten hatte, wo sie aber wenig beachtet und nur eine ihrer Eigenschaften bemerkt worden war. Jacobi unterwarf sie einer tief eindringenden Untersuchung, erforschte ihre analytische Natur und führte sie dann in die Theorie der Integrale der 2ten und 3ten Gattung ein, was nicht nur die Erkenntniss des inneren Zusammenhanges schon bekannter, isolirt stehender Eigenschaften dieser Integrale, sondern auch die wichtige Entdeckung zur Folge hatte, dass die Integrale der 3ten Gattung, welche von drei Elementen abhangen, vermittelst der neuen Transcendente, welche deren nur zwei enthält, ausgedrückt werden können.

Bei der spätern Darstellung der ganzen Theorie, wie Jacobi sie in seinen Vorlesungen zu geben pflegte, bildet die Betrachtung der erwähnten Function den Ausgangspunkt. Die ganze Lehre gewinnt dadurch nicht nur einen überraschenden Grad von Einfachheit und Durchsichtigkeit, sondern dieser umgekehrte Gang ist auch dadurch bemerkenswerth, dass er für andere später zu erwähnende Untersuchungen das Vorbild geworden ist.

Bedenkt man, dass die neue Function jetzt das ganze Gebiet der elliptischen Transcendenten beherrscht, dass Jacobi aus ihren Eigenschaften wichtige Theoreme der höheren Arithmetik abgeleitet hat, und dass sie eine wesentliche Rolle in vielen Anwendungen spielt, von welchen hier nur die vermittelst dieser Transcendente gegebene Darstellung der Rotationsbewegung erwähnt werden mag, welche eine von Jacobis letzten und schönsten Arbeiten ist, so wird man dieser Function die nächste Stelle nach den längst in die Wissenschaft aufgenommenen Elementartranscendenten einräumen müssen. Auffallender Weise hat eine so wichtige Function noch keinen andern Namen, als den der Transcendente Θ, nach der zufälligen Bezeichnung, mit der sie zuerst bei Jacobi erscheint, und die Mathematiker würden nur eine Pflicht der Dankbarkeit erfüllen, wenn sie sich vereinigten ihr Jacobis Namen beizulegen, um das Andenken des Mannes zu ehren, zu dessen schönsten Entdeckungen es gehört, die innere Natur und hohe Bedeutung dieser Transcendente zuerst erkannt zu haben.

Abels oben erwähnte Arbeiten sind nicht die einzige Leistung ersten Ranges dieses hervorragenden Mathematikers, sie sind nicht einmal die bedeutendste seiner Leistungen. Seine gröſste Entdeckung hat er in einem Satze niedergelegt, welcher seinen Namen führt, und ganz das Gepräge seines auſserordentlichen Geistes trägt, dessen charakteristische Eigenschaft es war, die Fragen der Wissenschaft in der umfassendsten Allgemeinheit zu behandeln.

Das schon oben bezeichnete Eulersche Theorem — ich rede hier von demselben als Princip, nicht von den daraus gezogenen Folgerungen, die sich täglich weiter erstreckten — bildete damals auf dem Gebiete, dem es angehört, die Grenze der Wissenschaft, über welche hinauszugehen Euler selbst, Lagrange und andere Vorgänger Abels sich vergebens bemüht hatten. Welche Bewunderung musste daher eine Entdeckung hervorrufen, welche, die Integrale aller algebraischen Functionen umfassend, die Grundeigenschaft derselben enthüllte.

Legendre nennt das Abelsche Theorem ein *monumentum aere perennius*, und Jacobi bezeichnet denselben Satz, »wie er in einfacher Gestalt und ohne Apparat von Calcul den tiefsten und umfassendsten mathematischen Gedanken ausspreche, als die gröſste mathematische Entdeckung unserer Zeit, obgleich erst eine künftige, vielleicht späte, groſse Arbeit ihre ganze Bedeutung aufweisen könne.«

Diese Arbeit hat bereits begonnen und Jacobi selbst hat daran den wesentlichsten Antheil gehabt.

Der nahe liegende Versuch, die umgekehrten Functionen der Abelschen Integrale auf dieselbe Weise, wie es bei den elliptischen mit so groſsem Erfolge geschehen war, in die Analysis einzuführen, erwies sich bald als unausführbar und verwickelte in unauflöslichen Widerspruch, denn Jacobi erkannte sogleich, dass diese umgekehrten Functionen vier- oder mehrfach periodisch sein müssten, während doch eine analytische Function, wenn sie wie die elliptischen und Kreisfunctionen einwerthig, und wo sie nicht unendlich wird, stetig sein soll, nur zwei Perioden zulässt. Es bedurfte also hier eines neuen verborgenen Gedankens, wenn das Abelsche Theorem nicht unfruchtbar bleiben, wenn es die Basis einer grofsen analytischen Theorie werden sollte.

Nachdem Jacobi mehrere Jahre hindurch den Gegenstand nach allen Seiten erwogen hatte, fand er endlich die Lösung des Räthsels darin, dass hier gleichzeitig vier oder mehr Integrale zu betrachten, und aus ihnen durch Umkehrung zwei oder mehr Functionen von eben so vielen Argumenten zu bilden sind. Diese Divination machte er in einer Abhandlung von 10 Seiten bekannt, der zwei Jahre später eine umfangreichere folgte, in welcher die analytische Natur dieser umgekehrten Functionen im hellsten Lichte erschien.

Gehört auch die später gefundene Darstellung dieser Functionen nicht Jacobi, sondern zwei jüngern Mathematikern von ungewöhnlichem Talente, so muss ich doch auch dieses wichtigen Fortschrittes hier in so fern erwähnen, als Jacobis Einfluss unverkennbar darin hervortritt. Goepel und Rosenhain haben beide, Jacobis oben erwähnte zweite Behandlung der Theorie der elliptischen Functionen zum Vorbilde nehmend, ihren schönen Arbeiten die Betrachtung von unendlichen Reihen zu Grunde gelegt, deren Bildungsgesetz allgemeiner aber von derselben Art wie das der Reihe ist, durch welche die Jacobische Function ausgedrückt wird.

Obgleich ich mich bei der eben gegebenen Darstellung von Jacobis Entdeckungen im Gebiete der elliptischen und Abelschen Transcendenten auf das Wesentlichste beschränkt habe, so ist dieselbe dennoch zu einem Umfange angewachsen, der mich zwingt, die noch zu erwähnenden Leistungen Jacobis hier in eine kurze Übersicht zusammenzufassen, aus welcher ich viele Arbeiten, welche nur einzelne Fragen betreffen und das Detail der Wissenschaft vervollkommnet haben, ausschliefsen muss.

Schon oben ist von Jacobis Untersuchungen über die Kreistheilung und die Anwendungen derselben auf die höhere Arithmetik als zu seinen frühesten Arbeiten gehörend die Rede gewesen. Bei diesen Untersuchungen, denen er die Form zum Grunde legte, welche die zuerst von Gaufs gegebene Auflösung der zweigliedrigen Gleichungen später durch Lagrange erhalten hatte, traf er in einigen Resultaten mit dem grofsen Mathematiker Cauchy zusammen, der zu derselben Zeit mit ähnlichen Forschungen beschäftigt war und dieses Umstandes erwähnte, als er während Jacobis ersten Aufenthaltes in Paris seine Arbeiten im Auszuge veröffentlichte.

Aus einem schönen aus der Kreistheilung abgeleiteten Satze, auf den auch Cauchy gekommen war, und nach welchem alle Primzahlen, die bei der Division durch eine gegebene Primzahl oder das Vierfache derselben die Einheit zum Reste lassen, auf eine bestimmte Potenz erhoben, deren Exponent bloſs von der letzteren Primzahl abhängt, durch die sogenannte quadratische Hauptform dargestellt werden, welche die negativ genommene gegebene Primzahl zur Determinante hat, schöpfte Jacobi die Vermuthung, dass jener Exponent mit der Anzahl der von einander verschiedenen quadratischen Formen übereinstimmen müsse, welche der erwähnten Determinante entsprechen. Da sich diese Vermuthung in allen numerischen Beispielen bestätigte, so trug er kein Bedenken diese Bemerkung in einer kurzen Notiz zu veröffentlichen. Ich glaube den bisher unbekannt gebliebenen Ursprung dieses Resultats nach Jacobis mündlicher Mittheilung als ein merkwürdiges Beispiel scharfsinniger Induction hier erwähnen zu müssen, obgleich der strenge Beweis desselben nicht auf die Kreistheilung gegründet werden zu können, sondern wesentlich verschiedene, der Integralrechnung und der Reihenlehre entnommene Principien zu erfordern scheint, die erst später in die Wissenschaft eingeführt worden sind.

Die im Jahre 1832 erschienene zweite Abhandlung von Gauſs über die biquadratischen Reste, die durch den tiefsinnigen Gedanken, complexe ganze Zahlen in der höheren Arithmetik gerade so wie reelle zu behandeln, und durch das darin aufgestellte Reciprocitätsgesetz Epoche macht, welches in der Theorie der biquadratischen Reste zwischen zwei complexen Primzahlen Statt findet, gab Jacobi Veranlassung seine früheren Untersuchungen wieder aufzunehmen, und es gelang ihm den erwähnten schönen Satz von Gauſs und einen ähnlichen, welcher sich auf die cubischen Reste bezieht, mit groſser Einfachheit aus der Kreistheilung abzuleiten.

Obgleich Jacobi die eben angeführten Untersuchungen und andere damit zusammenhängende, die ich nicht einmal andeutungsweise bezeichnen kann, in den Jahren 1836—39 vollständig niedergeschrieben hat, so ist er doch nie dazu gekommen, sie durch den Druck zu veröffentlichen. Seine Zögerung entsprang aus dem Wunsche einigen seiner Resultate eine gröſsere Ausdehnung zu geben, wozu er, von so vielen andern Arbeiten in Anspruch genommen, die nöthige

Mufse nicht gefunden hat. Ein Theil seiner Forschungen und namentlich die schon erwähnten Beweise der Reciprocitätssätze sind jedoch einigen deutschen Mathematikern durch Nachschriften der Vorlesungen bekannt geworden, welche er im Winter 1836—37 in Königsberg über die Kreistheilung und deren Anwendung auf die Theorie der Zahlen gehalten hat.

Eine andere höchst ergiebige Quelle für die höhere Arithmetik hat Jacobi in der Theorie der elliptischen Functionen entdeckt, aus welcher er schöne Sätze über die Anzahl der Zerlegungen einer Zahl in 2, 4, 6 und 8 Quadrate, so wie andere über solche Zahlen abgeleitet hat, welche gleichzeitig in mehreren quadratischen Formen enthalten sind. Diese wichtigen Bereicherungen der Wissenschaft sind eine Frucht der oben erwähnten Einführung der Jacobischen Function in die Theorie der elliptischen Transcendenten.

Jacobi hat sich wiederholt mit der Reduction und Werthbestimmung doppelter und vielfacher Integrale beschäftigt. Ich erwähne hier besonders der einfachen Methode, durch welche er die Bestimmung der Oberfläche eines ungleichaxigen Ellipsoides auf elliptische Integrale der ersten und zweiten Gattung zurückführt, welche Zurückführung Legendre, zu dessen schönsten Leistungen sie gehört, nur mit Hülfe sehr verborgener Eigenschaften der Integrale der dritten Gattung gelungen war. In einer andern hierher gehörigen Abhandlung hat Jacobi das Eulersche Additionstheorem auf doppelte Integrale ausgedehnt und bald darauf bemerkt, wie auch der Abelsche Satz einer ähnlichen Erweiterung fähig sei.

Von Jacobis Arbeiten über das eben genannte Kapitel der Integralrechnung ist nur ein Theil veröffentlicht worden. Eine grofse Abhandlung, welche die Attraction der Ellipsoide zum Gegenstande hat, obgleich seit langer Zeit beinahe vollendet, ist bisher ungedruckt geblieben und nur durch einige gelegentliche Notizen bekannt geworden. Als er sich mit dem erwähnten Problem beschäftigte, kam er auch auf den schönen von Poisson um dieselbe Zeit gefundenen Satz, nach welchem die Anziehung, welche eine unendlich dünne, von zwei concentrischen, ähnlichen und ähnlich liegenden ellipsoidischen Flächen begrenzte Schale auf einen Punkt im äusseren Raume ausübt, ohne Integralzeichen dargestellt werden kann. Jacobi hat dieses Umstandes nie öffentlich Erwähnung gethan, obgleich er sich dabei auf das Zeugniss mehrerer Mathematiker hätte berufen können, denen er den Satz mitgetheilt hatte, ehe die erste Anzeige der Poissonschen Abhandlung erschienen war.

Mit den eben besprochenen Untersuchungen hängt eine andere Arbeit Jacobis zusammen, die wegen ihres überraschenden Resultates hier nicht unerwähnt bleiben darf. Maclaurin hat bekanntlich zuerst gezeigt, dass eine homogene flüssige Masse mit Beibehaltung ihrer äufsern Gestalt sich gleichförmig um eine feste Axe drehen kann, wenn diese Gestalt die eines Rotationsellipsoides ist, und dieses schöne Resultat ist später von d'Alembert und Laplace durch den Nachweis vervollständigt worden, dass jedem Werthe der Winkelgeschwindigkeit, wenn dieser unter einer gewissen Grenze liegt, zwei und nur zwei solche Ellipsoide entsprechen. Lagrange scheint zuerst an die Möglichkeit gedacht zu haben, dass auch ein ungleichaxiges Ellipsoid den Bedingungen der Permanenz genügen könne; wenigstens geht dieser grofse Mathematiker in seiner analytischen Mechanik bei Behandlung dieser Frage von Formeln aus, welche für ein beliebiges Ellipsoid gelten. Indem er aber so zu zwei zu erfüllenden Gleichungen gelangt, in welchen die beiden Äquatorialaxen auf eine symmetrische Weise enthalten sind, zieht er aus dieser Symmetrie den Schluss, dass jene Axen gleich sein müssen, während doch nur daraus folgt, dass sie gleich sein können, wo dann beide Gleichungen in eine und mit der von Maclaurin zuerst aufgestellten und von d'Alembert und Laplace discutirten zusammenfallen.

Der Verfasser eines bekannten Lehrbuchs, der in der Darstellung dieses Gegenstandes Lagrange gefolgt ist und den eben erwähnten übereilten Schluss mit dem Worte »nothwendig« begleitet, erregte zuerst Jacobis Verdacht, welcher bei genauerer Betrachtung jener zwei Gleichungen zu seiner und gewiss aller Mathematiker grofsen Überraschung bald fand, dass auch ein ungleichaxiges Ellipsoid den Bedingungen des Gleichgewichts genügen kann.

Der Veranlassung, welche Jacobi in seinen Untersuchungen über die Attraction der Ellipsoide fand, sich mit den Flächen zweiten Grades zu beschäftigen, verdankt man die Kenntniss mehrerer interessanter Eigenschaften und einer höchst eleganten Erzeugungsweise dieser Flächen. Die mir gestellten Grenzen zwingen mich, mich auf diese Andeutung zu beschränken und Jacobis übrige der Geometrie gewidmeten Arbeiten nur dem Gegenstand nach zu bezeichnen. Ich nenne daher nur die Abhandlung über ein Problem der Elemen-

3*

targeometrie, welche vor ihm nur in speciellen Fällen behandelt worden war, und dessen vollständige Lösung er aus der Theorie der elliptischen Transcendenten ableitet, seine Untersuchungen über die Anzahl der Doppeltangenten algebraischer Curven und einige kleinere Aufsätze, in welchen er Sätze über die Krümmung der Flächen und kürzeste Linien mit grofser Einfachheit auf rein synthetischem Wege beweist.

Zu Jacobis wichtigsten Untersuchungen gehören diejenigen über die analytische Mechanik. Hamilton hatte die interessante Entdeckung gemacht, dass die Integration der Differentialgleichungen der Mechanik sich immer auf die Lösung von zwei simultanen partiellen Differentialgleichungen zurückführen lässt, aber diese Entdeckung war, wie merkwürdig sie auch erscheinen musste, völlig unfruchtbar geblieben, bis Jacobi sie von einer unnöthigen Complication befreite, indem er zeigte, dass die zu findende Lösung nur einer der beiden partiellen Differentialgleichungen zu genügen braucht. Indem er vermittelst der so vereinfachten Theorie, um nur eine der zahlreichen Anwendungen anzuführen, das noch ungelöste Problem behandelte, die geodätische Linie auf dem ungleichaxigen Ellipsoid zu bestimmen, gelang es ihm, mit Hülfe eines analytischen Instruments, welches sich schon früher in seinen Händen als sehr wirksam gezeigt hatte und jetzt unter dem Namen der elliptischen Coordinaten allgemein bekannt ist, die partielle Differentialgleichung zu integriren und so die Gleichung der geodätischen Linie in Form einer Relation zwischen zwei Abelschen Integralen darzustellen. Diese Jacobische Entdeckung ist die Grundlage eines der schönsten Kapitel der höheren Geometrie geworden, welches deutsche, französische und englische Mathematiker wetteifernd ausgebildet haben.

Durch den oben erwähnten Zusammenhang zwischen einem Systeme von gewöhnlichen Differentialgleichungen und einer partiellen Differentialgleichung wurde er, die Sache in umgekehrter Ordnung betrachtend, zur Theorie der partiellen Differentialgleichungen zurückgeführt, mit welcher er sich schon in einer seiner frühesten Abhandlungen über die Pfaffsche Methode beschäftigt hatte, und gelangte jetzt zu dem Resultate, dass von der ganzen Reihe von Systemen, deren successive Integration Pfaff fordert, die Behandlung des ersten alle übrigen überflüssig macht, dass also schon der erste Schritt der früheren Methode vollständig zum Ziele führt.

Einen ähnlichen Charakter hat die Vervollkommnung, welche die Variationsrechnung Jacobi verdankt. Während zur Existenz eines Maximums oder Minimums das Verschwinden der ersten Variation nothwendig ist, so ist diese Bedingung allein nicht ausreichend und erst die Beschaffenheit der zweiten Variation entscheidet, ob ein Maximum oder ein Minimum oder keines von beiden stattfindet. Zufolge der Theorie, wie sie Jacobi vorfand, waren nach den Integrationen, die durch das Verschwinden der ersten Variation gefordert werden, neue Integrationen zu leisten, um die zweite Variation zu discutiren; Jacobi zeigte, dass die ersteren die letzteren involviren, so dass also auch hier die vollständige Lösung der Aufgabe bereits mit der Vollendung des ersten Schrittes gegeben ist.

Wenn es die immer mehr hervortretende Tendenz der neueren Analysis ist Gedanken an die Stelle der Rechnung zu setzen, so giebt es doch gewisse Gebiete, in denen die Rechnung ihr Recht behält. Jacobi, der jene Tendenz so wesentlich gefördert hat, leistete vermöge seiner Meisterschaft in der Technik auch in diesen Gebieten Bewundernswürdiges. Dahin gehören seine Abhandlungen über die Transformation homogener Functionen des zweiten Grades, über Elimination, über die simultanen Werthe, welche einer Anzahl von algebraischen Gleichungen genügen, über die Umkehrung der Reihen und über die Theorie der Determinanten. In dem letztgenannten Kapitel verdankt man ihm eine ausgebildete Theorie der von ihm mit dem Namen der Functional-Determinanten bezeichneten Ausdrücke. Indem er die Analogie dieser Ausdrücke mit den Differentialquotienten weit verfolgte, gelangte er zu einem allgemeinen Princips, welches er das Princip des letzten Multiplicators nannte, und welches bei fast allen in den Anwendungen vorkommenden Integrationsproblemen die letzte Integration zu bewerkstelligen das Mittel giebt, indem es den dazu erforderlichen integrirenden Factor *a priori* angiebt.

Der Einfluss, welchen Jacobi auf die Fortschritte der Wissenschaft geübt hat, würde nur unvollständig hervortreten, wenn ich nicht seiner Thätigkeit als öffentlicher Lehrer Erwähnung thäte. Es war nicht seine Sache Fertiges und Überliefertes von neuem zu überliefern; seine Vorlesungen bewegten sich sämmtlich aufserhalb des Gebietes der Lehrbücher und umfassten nur diejenigen Theile der Wissenschaft, in denen er selbst schaffend aufgetreten war, und das hiess bei ihm, sie boten die reichste Fülle der Abwechselung. Seine Vorträge zeichneten sich nicht durch diejenige Deutlichkeit aus, welche auch der geistigen Armuth oft zu Theil wird, sondern durch eine Klarheit höherer Art. Er suchte vor Allem die leitenden Gedanken, welche jeder Theorie zu Grunde liegen, darzustellen, und indem er Alles, was den Schein der Künstlichkeit an sich trug, entfernte, entwickelte sich die Lösung der Probleme so naturgemäſs vor seinen Zuhörern, dass diese Ähnliches schaffen zu können die Hoffnung fassen konnten. Wie er die schwierigsten Gegenstände zu behandeln wusste, konnte er seine Zuhörer mit Recht durch die Versicherung ermuthigen, dass sie in seinen Vorlesungen sich nur ganz einfache Gedanken anzueignen haben würden.

Der Erfolg einer so ungewöhnlichen Lehrart, wie ich sie eben geschildert habe, und wie sie nur einem schöpferischen Geiste zu Gebote steht, war wahrhaft auſserordentlich. Wenn jetzt in Deutschland die Kenntniss der Methoden der Analysis in einem Grade verbreitet ist wie zu keiner frühern Zeit, wenn zahlreiche jüngere Mathematiker die Wissenschaft nach allen Richtungen erweitern und bereichern: so hat Jacobi an einer so erfreulichen Erscheinung den wesentlichsten Antheil. Fast alle sind seine Schüler gewesen, selten ist ein aufkeimendes Talent seiner Aufmerksamkeit entgangen, keinem, sobald er es erkannt, hat sein fördernder Rath, seine aufmunternde Theilnahme gefehlt.

Ich habe mich eben bemüht, Jacobi als Erfinder und in seiner Wirksamkeit als Lehrer darzustellen. Soll ich jetzt den Versuch wagen, ihn zu schildern, wie er auſserhalb der wissenschaftlichen Sphäre denen erschien, die den mathematischen Wissenschaften fern stehen, so muss ich es als den Grundzug seines Wesens bezeichnen, dass er ganz in der Welt der Gedanken lebte und dass in ihm Das, wozu es bei den meisten, selbst bedeutenden Menschen eines besondern Anlaufs bedarf, das Denken, zum habituellen Zustande und wie zur zweiten Natur geworden war. Wenn etwas im Leben oder in der Wissenschaft einmal seine Aufmerksamkeit erregt hatte, so ruhte er nicht, bis er es zu eignen Gedanken verarbeitet hatte, und mit dieser ununterbrochenen geistigen Thätigkeit war in ihm ein so seltenes Gedächtniss vereinigt, dass er Alles, womit er sich einmal beschäftigt hatte, sich sogleich vergegenwärtigen und darüber verfügen konnte.

Der unerschöpfliche Vorrath an Wissen und eigenen Gedanken, welcher Jacobi jeden Augenblick zu Gebote stand, eine seltene geistige Beweglichkeit, durch die er sich jedem Alter, jeder Fassungskraft anzupassen wusste, und eine eigenthümlich humoristische, die Dinge scharf bezeichnende Ausdrucksweise verliehen dem grofsen Mathematiker auch im geselligen Verkehr eine ungewöhnliche Bedeutung, die noch durch die Bereitwilligkeit wissenschaftliche Fragen aus dem Stegreif zu behandeln erhöht wurde. Diese Bereitwilligkeit entsprang aus dem innersten Wesen seiner Natur, die in der Überwindung von Schwierigkeiten ihre eigentliche Befriedigung fand, und es lag daher für ihn ein ganz besonderer Reiz darin, wissenschaftliche Ergebnisse durch einfache Betrachtungen selbst solchen verständlich zu machen, denen die dazu scheinbar unentbehrlichen Vorkenntnisse fehlten. Nur musste er, um einen solchen Versuch anzustellen, die Überzeugung haben, dass die, mit welchen er sich unterhielt, ein wirkliches Interesse an der Sache nahmen. Wo er hingegen gedankenlose Neugier zu bemerken glaubte oder entschiedene Meinungen mit Selbstgefälligkeit von solchen aussprechen hörte, die sich nie die harte Arbeit des Selbstdenkens zugemuthet hatten, verliefs ihn die Geduld, und er machte dann gewöhnlich der Unterhaltung durch eine ironische, nicht selten scharf abweisende Bemerkung ein Ende. Man hat ihm oft vorgeworfen, dass er sich bei solchen Anlässen seiner geistigen Kraft zu sehr bewusst gezeigt habe. Aber die, welche ihn so beurtheilten, würden vielleicht ihre Meinung geändert haben, hätten sie den Preis gekannt, um welchen er das Recht auf ein solches Bewusstsein erlangt hatte. Ein Brief aus dem Jahr 1824, aus einer Zeit also, zu welcher Jacobi noch völlig unbekannt war und daher durchaus kein Interesse haben konnte seine geistigen Kämpfe mit übertriebenen Farben zu schildern, enthält folgende Stelle, die ich als merkwürdigen Beitrag zur Charakteristik des aufserordentlichen Mannes hier wörtlich mittheile. Jacobi war damals eben 20 Jahre alt geworden und seit etwa einem Jahre ausschliefslich mit mathematischen Studien beschäftigt.

»Es ist eine saure Arbeit, die ich gethan habe, und eine saure Arbeit, in der ich begriffen bin. Nicht Fleifs und Gedächtniss sind es, die hier zum Ziele führen, sie sind hier die untergeordnetsten Diener des sich bewegenden reinen Gedankens. Aber hartnäckiges, hirnzersprengendes Nachdenken erheischt mehr Kraft als der ausdauerndste Fleifs. Wenn ich daher durch stete Übung dieses Nachdenkens einige Kraft darin gewonnen habe, so glaube man nicht, es sei mir leicht geworden, durch irgend eine glückliche Naturgabe etwa. Saure, saure Arbeit hab' ich zu bestehen, und die Angst des Nachdenkens hat oft mächtig an meiner Gesundheit gerüttelt. Das Bewusstsein freilich der erlangten Kraft giebt den schönsten Lohn der Arbeit, so wie wiederum die Ermuthigung fortzufahren und nicht zu erschlaffen. Gedankenlose Menschen, denen jene Arbeit und jenes Bewusstsein also auch ein ganz fremdes ist, suchen diesen Trost, der doch allein machen kann, dass man auf der schwierigen Bahn den Muth nicht sinken lässt, dadurch zu verkümmern, dass sie das Bewusstsein ein eignes, freies zu sein — denn nur in der Bewegung des Gedankens ist der Mensch frei und bei sich — unter dem Namen Eigendünkel oder Anmafsung gehässig machen. Jeder, der die Idee einer Wissenschaft in sich trägt, kann nicht anders als die Dinge darnach abschätzen, wie sich der menschliche Geist in ihnen offenbart: nach diesem grofsen Mafsstab muss ihm daher manches als geringfügig vorkommen, was den andern ziemlich preiswürdig erscheinen kann. So hat man auch mir oft Anmafsung vorgeworfen, oder, wie man mich am schönsten gelobt hat, indem man einen Tadel auszusprechen meinte, ich sei stolz gegen alles Niedre und nur demüthig gegen das Höhere. Aber jener unendliche Mafsstab, den man an die Welt in sich und aufser sich legt, hindert vor aller Überschätzung seiner selbst, indem man immer das unendliche Ziel im Auge hat und seine beschränkte Kraft. In jenem Stolze und jener Demuth will ich immer zu beharren streben, ja immer stolzer und immer demüthiger werden.«

Dass es bei Jacobi keine blofse Phrase war, wenn er von sich sagt, dass er die Dinge danach abschätze, wie sich der menschliche Geist in ihnen offenbare, und dass er wirklich Alles, was die Welt der Gedanken nicht berührte, wenn nicht mit Gleichgültigkeit, doch mit Gleichmuth behandelte, hat er in den schwierigsten Lagen seines Lebens gezeigt. Am bewunderungswürdigsten offenbarte sich dieser wahrhaft philosophische Gleichmuth, als ihn das Unglück traf sein ganzes von seinem Vater ererbtes Vermögen zu verlieren, ein Verlust, der ihm um so empfindlicher hätte sein können, als er, seit zehn Jahren verheirathet, für eine zahlreiche Familie zu sorgen hatte. Wer ihn damals sah, als er herbeigeeilt war, um seiner von ähnlichem Verluste betroffenen Mutter mit Rath und That beizustehen, konnte in seiner Stimmung nicht die geringste Veränderung wahrnehmen. Er sprach mit demselben Interesse wie immer von wissenschaftlichen Dingen und klagte nur darüber, dass die unerwartete Reise ihn aus einer Untersuchung gerissen habe, die ihn gerade lebhaft beschäftigte.

Wie Jacobis Gedankencultus sich in der Anerkennung von Abels grofser Entdeckung kund gab, habe ich schon früher erwähnt. Einen ähnlichen Sinn zeigte er für alles geistig Bedeutende, und auf ihn findet der Ausspruch eines alten Schriftstellers keine Anwendung, dass die Menschen eigentlich nur das bewundern, was sie selbst vollbringen zu können glauben. Seine Anerkennung umfasste das ganze geistige Gebiet, und in seiner Wissenschaft war Jacobis Freude über eine fremde Erfindung um so lebhafter, je mehr sich diese durch ihr Gepräge von seinen eignen Schöpfungen unterschied. Es war eine ihm natürliche Bewegung in solchem Falle den Ausdruck seines Beifalls durch das Geständniss zu verstärken, dass er diesen Gedanken nie gehabt haben würde.

Es bleibt mir nun noch übrig das, was ich oben von Jacobis äufsern Lebensverhältnissen erwähnt habe, mit wenigen Worten zu vervollständigen.

Als er seine Untersuchungen über die elliptischen Functionen bekannt zu machen anfing, war er noch Privatdocent; die Bewunderung, welche seine Entdeckungen bei allen denen erregten, denen in solchen Dingen ein Urtheil zustand, hatte die Folge, dass er sogleich zum aufserordentlichen und bald darauf zum ordentlichen Professor befördert wurde.

Indem ich von der Aufnahme rede, welche Abels und Jacobis Entdeckungen — denn beide Namen sind hier unzertrennlich — bei allen Fachgenossen fanden, kann ich nicht umhin des Mannes namentlich zu erwähnen, der durch seine vieljährigen Forschungen ganz besonders berufen war, den unerwarteten Fortschritt nach seiner ganzen Bedeutung zu würdigen. Legendre, der seine Zeitgenossen so oft der Theilnahmlosigkeit angeklagt und noch kurz vor jener Zeit das Bedauern ausgesprochen hatte, dass seine Lieblingswissenschaft, von allen andern verlassen, durch ihn allein erst nach 40jähriger Arbeit, wie er glaubte, zum Abschluss gekommen sei, begrüfste Abels und Jacobis Entdeckungen, welche die Theorie weit über die Grenzen hinausführten, die ihm selbst durch die Natur des Gegenstandes gesetzt schienen, mit so warmer, ja enthusiastischer Anerkennung, dass es schwer zu sagen ist, wen eine solche Anerkennung mehr ehrte, die jungen Mathematiker, welchen sie am Eingange ihrer Laufbahn zu Theil ward, oder den edlen Altmeister, der, fast am Ziele angelangt, sich solcher Gefühlswärme fähig zeigte.

Eine nicht minder ehrenvolle Auszeichnung war es, als bald darauf die Pariser Akademie, obgleich sie keine Preisbewerbung über die Theorie der elliptischen Functionen eröffnet hatte, Abels und Jacobis Arbeiten als der wichtigsten Entdeckung der Zeit einen ihrer grofsen mathematischen Preise zuerkannte und zwischen Jacobi und Abels Erben theilte.

Ich muss mich darauf beschränken, hier die Beweise der Anerkennung zu erwähnen, welche Jacobis Eintritt in die wissenschaftliche Laufbahn bezeichneten; die mir gesteckten Grenzen gestatten mir nicht alle die Auszeichnungen anzuführen, die ihm auch später in so reichem Maſse zu Theil wurden, und deren Erwähnung in einer ausführlichen Biographie nicht fehlen dürfte.

Bald nachdem Jacobi im Jahre 1829 seine *Fundamenta nova theoriae functionum ellipticarum*, die nur einen Theil seiner Untersuchungen über diesen Gegenstand enthalten, veröffentlicht hatte, machte er die erste gröſsere Reise ins Ausland, schlug den Weg über Göttingen ein, um Gauſs persönlich kennen zu lernen, und wandte sich dann nach Paris, wo er mehrere Monate sich aufhielt, und wo damals ausser Legendre, mit dem er seit längerer Zeit in naher brieflicher Verbindung stand und für den er immer eine groſse Pietät bewahrt hat, noch Fourier, Poisson und andere hervorragende Mathematiker, die Jacobi überlebt haben, vereinigt waren.

Eine zweite Reise ins Ausland unternahm Jacobi, der seit 1831 mit einer Frau von hervorragender Geistesbildung verheirathet war, erst wieder im Jahre 1842 in Gesellschaft seiner Frau. Die Veranlassung zu dieser Reise war für ihn zu ehrenvoll, als dass ich sie unerwähnt lassen könnte. Dem erleuchteten Staatsmanne, welcher damals an der Spitze der Verwaltung in der Provinz Preuſsen stand, schien es im Interesse der Wissenschaft wünschenswerth, dass Bessel und Jacobi einmal der schon oft an sie ergangenen Aufforderung zur Theilnahme an der jährlich in England Statt findenden Gelehrtenversammlung Folge leisteten, und er stellte daher bei dem Könige den Antrag auf Bewilligung der Kosten zu einer solchen Reise, welchem Antrage Se. Majestät mit Königlicher Munificenz zu willfahren geruhte.

Bald nach seiner Rückkehr von dieser Reise zeigten sich bei Jacobi die Symptome einer leider unheilbaren Krankheit. Er schwebte längere Zeit in der gröſsten Gefahr, und als diese endlich für den Augenblick beseitigt war, erklärten seine Ärzte zu seiner Kräftigung einen längeren Aufenthalt in einem südlichen Klima für nothwendig. Diese ärztliche Erklärung setzte Jacobi in nicht geringe Verlegenheit, aber diese Verlegenheit war nicht von langer Dauer; denn die Lage der Sache war nicht sobald durch unsern Collegen Alexander von Humboldt, dessen gewichtige Vermittelung nirgend fehlt, wo es die Ehre der Wissenschaft und das Wohl ihrer Vertreter gilt, zur Kenntniss Sr. Majestät des

Königs gelangt, als durch einen neuen Act Königlicher Groſsmuth eine ansehnliche Summe zu einer Reise nach Italien angewiesen wurde.

Das milde Klima von Rom, wo Jacobi den Winter zubrachte, wirkte so wohlthätig auf ihn, dass die, welche ihn dort sahen, weit entfernt, in ihm einen Reconvalescenten zu erkennen, über seine wahrhaft auſserordentliche Thätigkeit erstaunen mussten. Er schrieb nicht nur während der 5 Monate seines dortigen Aufenthaltes auſser mehreren kleinern Aufsätzen, welche in einer wissenschaftlichen Zeitschrift in Rom selbst erschienen, eine wichtige sehr umfangreiche für das Crellesche Journal bestimmte Abhandlung, sondern unternahm auch die Vergleichung der im Vatican aufbewahrten Handschriften des Diophantus, mit welchem er sich seit längerer Zeit angelegentlich beschäftigt hatte.

In sein Vaterland zurückgekehrt, wurde er von Königsberg nach Berlin versetzt, wo das wenigstens relativ mildere Klima seine Gesundheit weniger zu bedrohen schien. Ohne hier der Universität anzugehören, hatte er nur die Verpflichtung Vorlesungen zu halten, so weit es mit der Schonung, deren sein Gesundheitszustand so sehr bedurfte, verträglich sein würde. Seine schriftstellerische Thätigkeit während seines hiesigen Aufenthaltes stand gegen die der besten Königsberger Zeit kaum zurück, wie es die hier in etwa 6 Jahren geschriebenen Abhandlungen bezeugen, welche 2 starke Quartbände füllen.

Zu Anfang des Jahres 1851 hatte er einen Anfall der Grippe zu bestehen; da er sich jedoch schnell erholte und wieder mit groſsem Eifer zu arbeiten anfing, so durften seine Freunde sich der Hoffnung überlassen, dass er ihnen und der Wissenschaft noch lange erhalten bleiben würde, als er plötzlich am 11ten Februar von neuem erkrankte. Sein Zustand erregte sogleich die gröſsten Besorgnisse, und als man nach einigen Tagen erkannte, dass er von den Blattern ergriffen sei, die auf dem durch das alte Übel unterwühlten Boden den bösartigsten Charakter zeigten, schwand jede Hoffnung. Den 18ten Februar Abends 11 Uhr, acht Tage nach seiner Erkrankung, erlag er ohne Kampf.

Jacobis wissenschaftliche Laufbahn umfasst gerade ein Vierteljahrhundert, also einen weit kürzern Zeitraum als die der meisten frühern Mathematiker ersten Ranges und kaum die Hälfte der Zeit, über welche sich Eulers Wirksamkeit erstreckt hat, mit dem er wie durch Vielseitigkeit und Fruchtbarkeit so auch darin die gröſste Ähnlichkeit hat, dass ihm alle Hülfsmittel der Wissenschaft immer gegenwärtig waren und jeden Augenblick zu Gebote standen.

Der Tod, welcher ihn so früh und so plötzlich im Besitze seiner vollen Kraft von der Arbeit hinweggenommen, hat der Wissenschaft die grofsen Bereicherungen nicht gegönnt, die sie von Jacobis nie ermüdender Thätigkeit noch erwarten durfte. Indem ich dies ausspreche, thue ich es nicht nur in der Voraussetzung, dass in einem solchen Geiste die schöpferische Kraft nur mit der physischen zugleich erlöschen konnte, ich habe auch eine Reihe von fast vollendeten Arbeiten vor Augen, an die er selbst in kurzer Zeit — vielleicht während des Drucks, wie er es in der letzten Zeit so gern that — die letzte Hand hätte legen können, und die jetzt durch seine Freunde als Bruchstücke, in unvollkommener Form ans Licht treten müssen. Noch während seiner Krankheit, kaum vier Tage vor seinem Tode, beklagte er das Missgeschick, welches über vielen seiner gröfsern Arbeiten gewaltet habe, die Krankheit oder häusliches Unglück unterbrochen habe. Wenn ich dann, setzte er wehmüthig hinzu, später an die Arbeit zurückkehrte, habe ich lieber etwas Neues anfangen als Untersuchungen wieder aufnehmen wollen, die so traurige Erinnerungen in mir erweckten. Aber ich sehe ein, dass ich nicht länger zögern darf, jene ältern Arbeiten, denen ich einen so grofsen Theil meiner besten Kraft gewidmet habe, der Öffentlichkeit zu übergeben, wenn sie noch erfolgreich in den Gang der Wissenschaft eingreifen sollen. Glücklicher Weise bedarf es dazu nur noch sehr kurzer Zeit, die mir ja hoffentlich nicht fehlen wird.

EXTRAITS DE DEUX LETTRES

DE

M. JACOBI
DE L'UNIVERSITÉ DE KÖNIGSBERG

À

M. SCHUMACHER.

Schumacher Astronomische Nachrichten, Band 6. Nr. 123. September 1827.

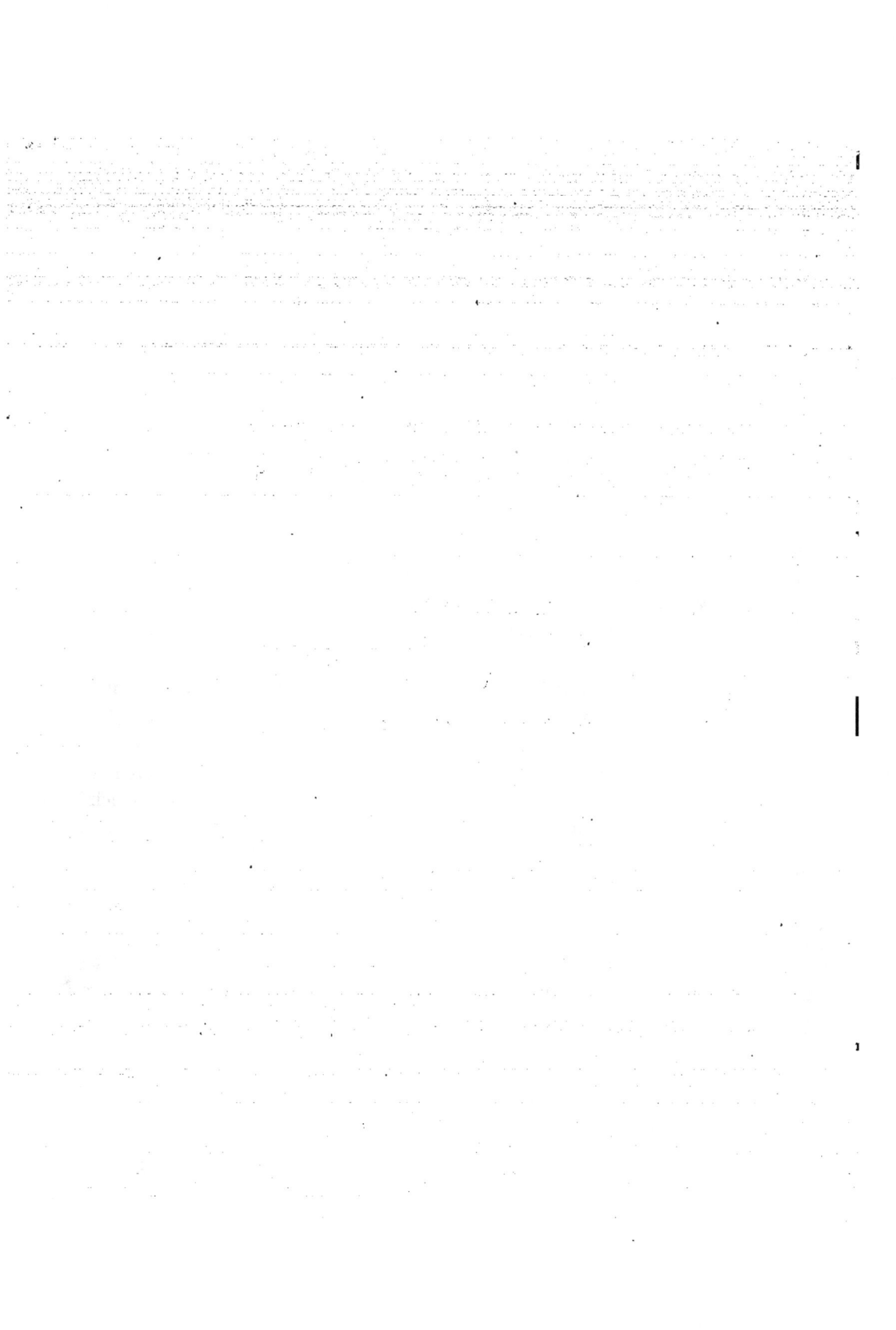

EXTRAITS DE DEUX LETTRES

DE M. JACOBI DE L'UNIVERSITÉ DE KÖNIGSBERG

À M. SCHUMACHER.

Königsberg, 13 Juin 1827.

— Veuillez bien, Monsieur, insérer dans votre journal les notices sur les transcendantes elliptiques, que j'ai l'honneur de vous adresser. C'est que je me flatte d'avoir fait quelques découvertes assez intéressantes dans cette théorie, dont je vais soumettre l'exposé au jugement des géomètres.

Les intégrales de la forme $\int \frac{d\varphi}{\sqrt{1-cc\sin^2\varphi}}$ appartiennent d'après la diversité du module c à des transcendantes diverses. On ne connait qu'un seul système de modules qu'on peut réduire l'un à l'autre, et M. Legendre dans ses Exercices*) dit même qu'il n'y avait que ce seul. Mais en effet il y a autant de ces systèmes qu'il y a de nombres premiers, c'est-à-dire il y a un nombre infini de ces systèmes indépendants l'un de l'autre, dont chacun répond à un nombre premier, et dont le système connu répond au nombre premier 2.

Si nous désignons par n un nombre premier quelconque, je pose

$$\sin\varphi = \frac{U}{V}$$

U contenant toutes les puissances impaires de $\sin\psi$ jusqu'à la $n^{\text{ième}}$, et V les puissances paires jusqu'à la $(n-1)^{\text{ième}}$, et je montre, comment on peut déterminer les coefficients de la substitution, pour qu'on obtienne

$$\int \frac{d\varphi}{\sqrt{1-cc\sin^2\varphi}} = m\int \frac{d\psi}{\sqrt{1-kk\sin^2\psi}}.$$

Or chacune de ces substitutions donne un nouveau système de modules. La

---

*) M. Jacobi n'a pas vu le Traité des Fonctions elliptiques. (note de Schumacher).

même chose a lieu, si n n'est pas un nombre premier, mais on peut partager alors la substitution en plusieurs autres, d'après le nombre des facteurs de n, et quoiqu'on n'obtienne pas ainsi un nouveau système, on obtiendra une combinaison de systèmes qui répondent aux facteurs de n.

Après avoir fait la première substitution, j'exprime $\sin\psi$ par $\sin\theta$, d'une manière presque analogue à celle qui donne $\sin\varphi$ exprimé par $\sin\psi$, et de sorte qu'on ait

$$\int\frac{d\varphi}{\sqrt{1-cc\sin^2\varphi}}=n\int\frac{d\theta}{\sqrt{1-cc\sin^2\theta}}.$$

Ainsi la substitution qui sert à donner le n-tuple de la transcendante peut se diviser en deux plus simples. Cette substitution donne pour $\sin\varphi$ une fraction, dont le numérateur contient les puissances impaires de $\sin\theta$ jusqu'à la $nn^{\text{ième}}$, et le dénominateur les paires jusqu'à la $(nn-1)^{\text{ième}}$. Elle peut donc toujours être divisée en deux substitutions successives, dans chacune desquelles le numérateur ne monte que jusqu'à la $n^{\text{ième}}$, et le dénominateur jusqu'à la $(n-1)^{\text{ième}}$ puissance, et chacune de ces substitutions intermédiaires donne un nouveau système de modules réductibles l'un à l'autre.

J'ajoute deux exemples qui répondent aux nombres premiers 3 et 5, et qu'on peut vérifier immédiatement. Pour éviter l'embarras des radicaux je donnerai une expression rationnelle des deux modules par d'autres quantités.

Théorème I.

A) En posant

$$\sin\varphi=\frac{\sin\psi\left[ac+\left(\frac{a-c}{2}\right)^2\sin^2\psi\right]}{cc+\frac{a-c}{2}\cdot\frac{a+3c}{2}\sin^2\psi},$$

on obtient

$$\frac{d\varphi}{\sqrt{a^3c-\frac{a-c}{2}\left(\frac{a+3c}{2}\right)^3\sin^2\varphi}}=\frac{d\psi}{\sqrt{c^3a-\left(\frac{a-c}{2}\right)^3\frac{a+3c}{2}\sin^2\psi}}.$$

B) En posant de nouveau

$$\sin\psi=\frac{\sin\theta\left[-3ac+\left(\frac{a+3c}{2}\right)^2\sin^2\theta\right]}{aa-3\,\frac{a-c}{2}\cdot\frac{a+3c}{2}\sin^2\theta}$$

et

$$\varkappa = \frac{a-c}{2c}\left(\frac{a+3c}{2a}\right)^3,$$

on aura

$$\frac{d\varphi}{\sqrt{1-\varkappa\sin^2\varphi}} = \frac{3\,d\theta}{\sqrt{1-\varkappa\sin^2\theta}}.$$

De $\varkappa$ on tire $\frac{a}{c}$ par une équation biquadratique; $\sin\psi$ dérive de $\sin\theta$ par une équation cubique, $\sin\varphi$ de $\sin\psi$ de même par une équation cubique; ainsi je donne ici pour la première fois la solution algébrique de l'équation du $9^{\text{ième}}$ degré, dont la trisection de notre transcendante dépend.

Théorème II.

A) Soit

$$a^2 = 2b(1+a+b)$$

et

$$\sin\varphi = \frac{\sin\psi[1+2a+(aa+2ab+2b)\sin^2\psi+bb\sin^4\psi]}{1+(aa+2a+2b)\sin^2\psi+b(b+2a)\sin^4\psi},$$

on aura

$$\int\frac{d\varphi}{\sqrt{(a-2b)(1+2a)^2-(2-a)(b+2a)^2\sin^2\varphi}} = \int\frac{d\psi}{\sqrt{a-2b-bb(2-a)\sin^2\psi}}.$$

B) Soit

$$\alpha = \frac{2-a}{1+2a}$$

$$\beta = -\frac{b+2a}{1+2a}\cdot\frac{2-a}{a-2b},$$

$$\varkappa = \frac{2-a}{a-2b}\left(\frac{b+2a}{1+2a}\right)^2,$$

en posant

$$\sin\psi = \frac{\sin\theta[1+2\alpha+(\alpha\alpha+2\alpha\beta+2\beta)\sin^2\theta+\beta\beta\sin^4\theta]}{1+(\alpha\alpha+2\alpha+2\beta)\sin^2\theta+\beta(\beta+2\alpha)\sin^4\theta},$$

on aura

$$\int\frac{d\varphi}{\sqrt{1-\varkappa\sin^2\varphi}} = 5\int\frac{d\theta}{\sqrt{1-\varkappa\sin^2\theta}}.$$

Königsberg, 2 Août 1827.

— Je vous prie, Monsieur, d'insérer encore les remarques suivantes. Elles contiennent des préceptes pour l'évaluation des transcendantes elliptiques de la première espèce, et ces préceptes, si je ne me trompe, ne laissent rien à désirer pour l'élégance et la commodité du calcul. On trouve ainsi en même temps la manière la plus convenable de former des tables pour ces transcendantes.

Je commence par un théorème général sur la transformation de ces transcendantes, dont dérivent les préceptes pour le calcul. Ce théorème est d'autant plus intéressant, que, pour le cas où la transcendante se change en fonction circulaire, il se présente sans changement de forme comme théorème de la trigonométrie analytique.

Théorème.

Soit p un nombre impair quelconque, φ' un tel angle qu'on ait, en désignant l'intégrale $\int \frac{d\varphi}{\sqrt{1-kk\sin^2\varphi}}$ prise de 0 jusqu'à φ par $F(k,\varphi)$:

$$F(k,\varphi') = \frac{1}{p} F(k, 90^0)$$

et en général $\varphi^{(m)}$ un tel angle qu'on ait:

$$F(k,\varphi^{(m)}) = \frac{m}{p} F(k, 90^0).$$

Soit encore l'angle ψ déterminé par l'équation

$$\mathrm{tg}(45^0 - \tfrac{1}{2}\psi) = \frac{\mathrm{tg}\frac{1}{2}(\varphi'-\varphi)}{\mathrm{tg}\frac{1}{2}(\varphi'+\varphi)} \cdot \frac{\mathrm{tg}\frac{1}{2}(\varphi'''+\varphi)}{\mathrm{tg}\frac{1}{2}(\varphi'''-\varphi)} \cdots \frac{\mathrm{tg}\frac{1}{2}(\varphi^{(p-2)} \pm \varphi)}{\mathrm{tg}\frac{1}{2}(\varphi^{(p-2)} \mp \varphi)} \cdot \mathrm{tg}(45^0 \mp \tfrac{1}{2}\varphi),$$

je dis qu'on aura:

$$F(k,\varphi) = \mu F(\lambda, \psi).$$

On doit prendre le signe supérieur, si p est de la forme $4n+1$, et l'inférieur, si p est de la forme $4n-1$. On doit prendre ψ entre $\frac{m}{2}\pi$ et $\frac{m+1}{2}\pi$, si φ tombe entre $\varphi^{(m)}$ et $\varphi^{(m+1)}$. Les constantes μ et λ se déterminent de différentes manières. On a par exemple

$$\mu = \frac{1}{2(\mathrm{cosec}\,\varphi' - \mathrm{cosec}\,\varphi''' + \cdots \mp \mathrm{cosec}\,\varphi^{(p-2)} \pm \frac{1}{2})}$$

$$\lambda = 2k\mu(\sin\varphi' - \sin\varphi''' + \cdots \mp \sin\varphi^{(p-2)} \pm \tfrac{1}{2}).$$

Dans la nouvelle transcendante elliptique $F(\lambda, \psi)$ le module λ est toujours très-petit en comparaison de k, ce qui facilite le calcul de cette transcendante. En négligeant les quantités de l'ordre $\lambda\lambda$, on obtient tout de suite

$$F(k,\varphi) = \mu\psi.$$

La constante μ ne diffère de $\frac{2}{p\pi}F(k, 90^0)$ que par des quantités de l'ordre λ, et il est avantageux d'employer cette constante au lieu de μ, parcequ'ainsi on tient aussi compte de la partie non périodique de la correction. Elle devient alors seulement $= \frac{\mu\lambda\lambda}{8}\sin 2\psi$. En exprimant l'angle ψ en secondes comme on le trouve dans les tables, et en posant $\mu' = \frac{F(k, 90^0)}{324000\,.p}$, on a

$$F(k,\varphi) = \mu'\psi.$$

Si kk n'est pas plus grand que $\frac{1}{2}$, ou si k n'excède pas $\sin 45^0$, on n'aura pas besoin de prendre p plus grand que 5, en se contentant de 7 décimales. Pour $k = \sin 45^0$ je trouve dans les Exercices III. p. 215

$$\varphi' = 21^0\ 0'\ 36'',02754\ 43$$
$$\varphi''' = 58^0\ 38'\ 10'',31402\ 70.$$

La seconde table donne alors

$$F(k, 90^0) = 1{,}85407\ 46773\ 01$$

donc

$$\mu' = 0{,}00000\ 11444\ 90541\ 544.$$

La formule pour le calcul devient donc

$$\operatorname{tg}\tfrac{1}{2}(90^0-\psi) = \frac{\operatorname{tg}(10^0 30' 18'',01 - \frac{1}{2}\varphi)}{\operatorname{tg}(10^0 30' 18'',01 + \frac{1}{2}\varphi)}\cdot\frac{\operatorname{tg}(29^0 19' 5'',16 + \frac{1}{2}\varphi)}{\operatorname{tg}(29^0 19' 5'',16 - \frac{1}{2}\varphi)}\cdot\operatorname{tg}(45^0 - \tfrac{1}{2}\varphi)$$

$$F(\varphi) = 0{,}00000\ 11444\ 90541\,.\psi$$

$$\text{la correction} = -0{,}00000\ 007\,.\sin 2\psi.$$

Soit par exemple $\varphi = 30^0$, le calcul se fera de la manière suivante:

$$\begin{aligned}
\log \operatorname{tg}\ 4^\circ 29' 41,''99 &= 8,89549\ 90\ n\\
\log \operatorname{tg}\ 44^\circ 19'\ 5,''16 &= 9,98966\ 16\\
\text{Compl.}\ \log \operatorname{tg}\ 25^\circ 30' 18,''01 &= 0,32140\ 63\\
\text{Compl.}\ \log \operatorname{tg}\ 14^\circ 19'\ 5,''16 &= 0,59806\ 27\\
\log \operatorname{tg}\ 30^\circ\ 0'\ 0,''00 &= 9,76143\ 94\\
\hline
\log \operatorname{tg}\,(45^\circ - \tfrac{1}{2}\psi) &= 9,56106\ 90\ n\\
45^\circ - \tfrac{1}{2}\psi &= -20^\circ 0' 0,''47\\
\psi &= 468000,''95\\
\mu'\psi &= 0,53562\ 266\\
\text{Correction} &\qquad\quad +7\\
\hline
F(\varphi) &= 0,53562\ 273\\
\text{M. Legendre trouve} &\ \ 0,53562\ 27328\ 22
\end{aligned}$$

Si l'on voulait arranger une table, il faudrait qu'elle donnât avec l'argument k les quantités correspondantes $\tfrac{1}{2}\varphi'$, $\tfrac{1}{2}\varphi'''$, μ'. Si $k > \sin 45^\circ$ il faut ou ajouter le coefficient de la correction, ou prendre $p = 7$, ce qui augmenterait la table d'une colonne, et augmenterait le calcul de deux logarithmes à chercher dans les tables trigonométriques. Il est probable que les nouvelles méthodes trouvées pour traiter ces transcendantes fourniront aussi des moyens pour le calcul commode de la table.

DEMONSTRATIO THEOREMATIS

AD

THEORIAM FUNCTIONUM ELLIPTICARUM

SPECTANTIS

AUCTORE

C. G. J. JACOBI.

Schumacher Astronomische Nachrichten, Bd. 6. Nr. 127. December 1827.

DEMONSTRATIO THEOREMATIS

AD THEORIAM FUNCTIONUM ELLIPTICARUM SPECTANTIS.

Proprietates functionum ellipticarum quasdam in n°. 123 Astr. N. tradidi, quae novae atque attentione geometrarum non indignae videbantur. Disquisitiones, quibus illae originem debent, exinde ulterius continuatae sunt egregiamque, ni fallor, amplificationem theoriae a Legendre datae praebent. Cum autem tempus, quo tractatui, hasce disquisitiones complectenti, finem imponere licebit, definire nondum queam, geometris non ingratum fore spero, si fragmentum harum disquisitionum, demonstrationem scilicet theorematis in doctrina de transformatione functionum ellipticarum fundamentalis, hic breviter exponam. Multifariis idem modis variari posse, quisquis, perlecta demonstratione, facile intelliget.

Formula

$$\frac{dy}{\sqrt{(1-\alpha y)(1-\alpha' y)(1-\alpha'' y)(1-\alpha''' y)}},$$

quando pro y valor $\frac{U}{V}$ substituitur, designantibus U et V functiones rationales integras alius indeterminatae factore communi non gaudentibus, abit in

$$\frac{VdU-UdV}{\sqrt{(V-\alpha U)(V-\alpha' U)(V-\alpha'' U)(V-\alpha''' U)}}.$$

Ut expressio haec illi, unde profecti sumus, similis fiat, formae scilicet

$$\frac{dx}{M\sqrt{(1-\beta x)(1-\beta' x)(1-\beta'' x)(1-\beta''' x)}},$$

designante M quantitatem constantem, haberi debet:

$$(V-\alpha U)(V-\alpha' U)(V-\alpha'' U)(V-\alpha''' U)$$
$$= MM(1-\beta x)(1-\beta' x)(1-\beta'' x)(1-\beta''' x)\left\{V\frac{dU}{dx}-U\frac{dV}{dx}\right\}^2,$$

quod conditiones duas, determinationi functionum U et V inservientes, suppeditat.

1) Inter factores simplices producti $(V-\alpha U)(V-\alpha' U)(V-\alpha'' U)(V-\alpha''' U)$, si quatuor diversos exceperis, bini aequales semper reperiri debent, ita ut habeatur:

$$(V-\alpha U)(V-\alpha' U)(V-\alpha'' U)(V-\alpha''' U) = (1-\beta x)(1-\beta' x)(1-\beta'' x)(1-\beta''' x)\,TT,$$

designante T functionem ipsius x rationalem integram.

2) Productum e factoribus, qui in expressionibus*) $V-\alpha U$, $V-\alpha' U$, $V-\alpha'' U$, $V-\alpha''' U$, excluso, si quis forte adest, factore constanti, bis repeririuntur, ipsi $V\frac{dU}{dx}-U\frac{dV}{dx}$ aequale esse debet, ita ut sit

$$V\frac{dU}{dx}-U\frac{dV}{dx}=\frac{T}{M},$$

designante M quantitatem constantem.

Quamvis haud difficile perspiciatur, attamen dignum est notatu, posteriorem harum conditionum a priori involvi. Factorem enim quemvis, qui in expressionibus $V-\alpha U$, $V-\alpha' U$, $V-\alpha'' U$, $V-\alpha''' U$ bis reperitur, in illa $V\frac{dU}{dx}-U\frac{dV}{dx}$ semel occurrere, ex aequatione

$$VdU-UdV=(V-\alpha U)dU-Ud(V-\alpha U)$$

statim elucet.

Omnis itaque ipsius T factor etiam in expressione $V\frac{dU}{dx}-U\frac{dV}{dx}$ continetur, ita ut $V\frac{dU}{dx}-U\frac{dV}{dx}$ per T sit divisibilis. Exponens maximae in expressione $V\frac{dU}{dx}-U\frac{dV}{dx}$ ipsius x potestatis major tamen quam illa in T esse nequit. Sit enim n exponens maximae ipsius x potestatis in functionibus U, V, erit T functio $(2n-2)^{\text{ti}}$ gradus, quod ex aequatione

$$(V-\alpha U)(V-\alpha' U)(V-\alpha'' U)(V-\alpha''' U) = (1-\beta x)(1-\beta' x)(1-\beta'' x)(1-\beta''' x)\,TT$$

*) Facile enim intelligitur, cum V et U factorem communem non involvant, duas quantitatum $V-\alpha U$, $V-\alpha' U$, $V-\alpha'' U$, $V-\alpha''' U$ per eundem factorem dividi non posse. Si itaque in producto $(V-\alpha U)(V-\alpha' U)(V-\alpha'' U)(V-\alpha''' U)$ factores duo aequales reperiuntur, necessario una quantitatum $V-\alpha U$, $V-\alpha' U$, $V-\alpha'' U$, $V-\alpha''' U$ utrumque implicat.

sponte sequitur. In expressione vero $V\frac{dU}{dx} - U\frac{dV}{dx}$ coefficiens ipsius x^{2n-1}, quando potestas illa adest, evanescit. $V\frac{dU}{dx} - U\frac{dV}{dx}$ itaque altioris quam $(2n-2)^{ti}$ gradus ideoque altioris quam gradus ipsius T esse nequit. Hinc sequitur, ut statuere liceat

$$V\frac{dU}{dx} - U\frac{dV}{dx} = \frac{T}{M},$$

ubi M quantitas est constans. Inde sequens colligimus

Theorema.

»Designent U, V, T functiones rationales integras ipsius x tales, ut sit:

$$(V-\alpha U)(V-\alpha' U)(V-\alpha'' U)(V-\alpha''' U) = (1-\beta x)(1-\beta' x)(1-\beta'' x)(1-\beta''' x)\, T T,$$

tunc expressio

$$\frac{dy}{\sqrt{(1-\alpha y)(1-\alpha' y)(1-\alpha'' y)(1-\alpha''' y)}}$$

per substitutionem $y = \frac{U}{V}$ transit in

$$\frac{dx}{M\sqrt{(1-\beta x)(1-\beta' x)(1-\beta'' x)(1-\beta''' x)}},$$

designante M quantitatem constantem.«

Theoremate hoc fundamentum tranformationis transcendentium ellipticarum continetur.

Corollaria e fonte hoc uberrimo sponte demanantia praeteriens, expressionem functionum U et V generalem in sequentibus derivabo. Casum specialem, ad quem generalior facile reducitur, considerabo, quo scilicet expressio

$$\frac{dy}{\sqrt{(1-y^2)(1-\lambda^2 y^2)}} \text{ in similem } \frac{dx}{M\sqrt{(1-x^2)(1-k^2 x^2)}}$$

est transformanda, considerationibus quibusdam auxiliaribus praemissis, quae partim jam aliunde innotuere.

Designetur ut in opere Legendri valor integralis

$$\int \frac{d\varphi}{\sqrt{1-k^2 \sin^2\varphi}} \text{ a } \varphi = 0 \text{ usque ad } \varphi = \varphi \text{ sumti per } F(\varphi),$$

tunc, si

$$F(\varphi)+F(\psi)=F(\sigma),\quad F(\varphi)-F(\psi)=F(\vartheta)$$

ponitur, notum est haberi

$$\sin\sigma=\frac{\sin\varphi\cos\psi\sqrt{1-k^2\sin^2\psi}+\sin\psi\cos\varphi\sqrt{1-k^2\sin^2\varphi}}{1-k^2\sin^2\varphi\sin^2\psi}$$

$$\sin\vartheta=\frac{\sin\varphi\cos\psi\sqrt{1-k^2\sin^2\psi}-\sin\psi\cos\varphi\sqrt{1-k^2\sin^2\varphi}}{1-k^2\sin^2\varphi\sin^2\psi}.$$

Unde statim sequitur:

$$\sin\sigma+\sin\vartheta=\frac{2\sin\varphi\cos\psi\sqrt{1-k^2\sin^2\psi}}{1-k^2\sin^2\varphi\sin^2\psi}$$

atque reductionibus factis

$$\sin\sigma\sin\vartheta=\frac{\sin^2\varphi-\sin^2\psi}{1-k^2\sin^2\varphi\sin^2\psi}.$$

Inde demanat

$$(1-\sin\sigma)(1-\sin\vartheta)=\frac{1-k^2\sin^2\varphi\sin^2\psi-2\sin\varphi\cos\psi\sqrt{1-k^2\sin^2\psi}+\sin^2\varphi-\sin^2\psi}{1-k^2\sin^2\varphi\sin^2\psi}.$$

Ut expressio haec simplicior reddatur, notandum est, si

$$F(\psi)+F(\psi')=K$$

statuatur, designante

K integrale definitum $\int\frac{d\varphi}{\sqrt{1-k^2\sin^2\varphi}}$ a $\varphi=0$ usque ad $\varphi=\frac{\pi}{2}$ sumtum,

aequationes notas:

$$\sin\psi=\frac{\cos\psi'}{\sqrt{1-k^2\sin^2\psi'}},\quad \cos\psi=\frac{\sqrt{1-k^2}.\sin\psi'}{\sqrt{1-k^2\sin^2\psi'}},\quad \sqrt{1-k^2\sin^2\psi}=\frac{\sqrt{1-k^2}}{\sqrt{1-k^2\sin^2\psi'}}$$

locum habere.

Hisce valoribus substitutis numerator expressionis $(1-\sin\sigma)(1-\sin\vartheta)$ post debitas reductiones transit in

$$\frac{(1-k^2)(\sin\psi'-\sin\varphi)^2}{1-k^2\sin^2\psi'}.$$

Obtinemus itaque

$$\frac{(\sin\psi'-\sin\varphi)^2}{1-k^2\sin^2\varphi\sin^2\psi}=\frac{1-k^2\sin^2\psi'}{1-k^2}(1-\sin\sigma)(1-\sin\vartheta),$$

unde sequitur aequatio

$$\text{(I.)}\quad \frac{\left(1-\frac{\sin\varphi}{\sin\psi'}\right)^2}{1-k^2\sin^2\varphi\sin^2\psi} = \frac{(1-\sin\sigma)(1-\sin\vartheta)}{\cos^2\psi}.$$

Notatione nova simplicioreque abhinc utar. Sit scilicet $F(\varphi) = \Xi$, tunc vulgo φ amplitudo ipsius Ξ nominatur, quamobrem φ in sequentibus per $\operatorname{am}\Xi$ denotabitur. Si itaque

$$\int_0^x \frac{dx}{\sqrt{(1-x^2)(1-k^2x^2)}} = \Xi,$$

$x = \sin\operatorname{am}\Xi$ erit. $K-\Xi$ complementum ipsius Ξ vocetur; loco vero $\operatorname{am}\operatorname{compl}\Xi$ expeditius $\operatorname{coam}\Xi$ scribetur. Modulus, ut facile perspicitur, hisce expressionibus semper est adjiciendus; ubi vero in sequentibus hoc neglectum est, notationes ad modulum k pertinere sunt putandae.

Expressionem nunc explicemus

$$\text{(II.)}\quad \frac{\{1\mp x\}\left\{1\pm\frac{x}{\sin\operatorname{coam}\frac{2K}{2n+1}}\right\}^2\left\{1\mp\frac{x}{\sin\operatorname{coam}\frac{4K}{2n+1}}\right\}^2\cdots\left\{1-\frac{x}{\sin\operatorname{coam}\frac{2nK}{2n+1}}\right\}^2}{\left\{1-k^2x^2\sin^2\operatorname{am}\frac{2K}{2n+1}\right\}\left\{1-k^2x^2\sin^2\operatorname{am}\frac{4K}{2n+1}\right\}\cdots\left\{1-k^2x^2\sin^2\operatorname{am}\frac{2nK}{2n+1}\right\}} = 1-y,$$

signo superiore sumto, quando n est numerus par, inferiore, quando impar.

Statuatur $x = \sin\operatorname{am}\Xi$, tunc per aequationem (I.) habetur

$$\frac{\left\{1-\frac{x}{\sin\operatorname{coam}\frac{2mK}{2n+1}}\right\}^2}{1-k^2x^2\sin^2\operatorname{am}\frac{2mK}{2n+1}} = \frac{\left\{1-\sin\operatorname{am}\left(\Xi+\frac{2mK}{2n+1}\right)\right\}\left\{1-\sin\operatorname{am}\left(\Xi-\frac{2mK}{2n+1}\right)\right\}}{\cos^2\operatorname{am}\frac{2mK}{2n+1}}$$

eodemque modo

$$\frac{\left\{1+\frac{x}{\sin\operatorname{coam}\frac{2mK}{2n+1}}\right\}^2}{1-k^2x^2\sin^2\operatorname{am}\frac{2mK}{2n+1}} = \frac{\left\{1+\sin\operatorname{am}\left(\Xi+\frac{2mK}{2n+1}\right)\right\}\left\{1+\sin\operatorname{am}\left(\Xi-\frac{2mK}{2n+1}\right)\right\}}{\cos^2\operatorname{am}\frac{2mK}{2n+1}}.$$

Cum vero generaliter sit

$$\sin\operatorname{am}\Xi = \sin\operatorname{am}(2K-\Xi) = -\sin\operatorname{am}(\Xi-2K) = -\sin\operatorname{am}(\Xi+2K),$$

expressionem posteriorem ita exhibeamus:

$$\frac{\left\{1-\sin\operatorname{am}\left(\Xi-\frac{4n+2-2m}{2n+1}K\right)\right\}\left\{1-\sin\operatorname{am}\left(\Xi+\frac{4n+2-2m}{2n+1}K\right)\right\}}{\cos^2\operatorname{am}\frac{2mK}{2n+1}}.$$

Inde sequitur loco valoris ipsius $1-y$ supra dati substitui posse

$$\text{(III.)}\quad 1-y=$$
$$\frac{\{1\mp\sin\operatorname{am}\Xi\}\left\{1\mp\sin\operatorname{am}\left(\Xi+\frac{4K}{2n+1}\right)\right\}\left\{1\mp\sin\operatorname{am}\left(\Xi+\frac{8K}{2n+1}\right)\right\}\cdots\left\{1\mp\sin\operatorname{am}\left(\Xi+\frac{8nK}{2n+1}\right)\right\}^{*)}}{\cos^2\operatorname{am}\frac{2K}{2n+1}\cos^2\operatorname{am}\frac{4K}{2n+1}\cdots\cos^2\operatorname{am}\frac{2nK}{2n+1}};$$

loco $\sin\operatorname{am}\left(\Xi-\frac{4mK}{2n+1}\right)$ hic $\sin\operatorname{am}\left(\Xi+\frac{8n+4-4m}{2n+1}K\right)$ scriptus est, ne per signorum varietatem perspicuitas legis expressionis turbetur. Haec formula ostendit valorem ipsius $1-y$, substituto $\Xi+\frac{4K}{2n+1}$ pro Ξ, immutatum manere; quivis enim factor numeratoris eo modo in sequentem permutatur, ultimus vero in primum. Ideoque etiam tunc non mutatur, quando pro Ξ substituitur $\Xi+\frac{4mK}{2n+1}$, designante m numerum quemcunque integrum positivum vel negativum. Ex aequatione (II.) vero sequitur $1-y=1$ vel $y=0$ pro $x=0$ vel $\Xi=0$ ideoque etiam pro $\Xi=\frac{4mK}{2n+1}$, vel pro valoribus ipsius x:

$$0,\quad \sin\operatorname{am}\frac{4K}{2n+1},\quad \sin\operatorname{am}\frac{8K}{2n+1},\quad \sin\operatorname{am}\frac{12K}{2n+1},\ldots \sin\operatorname{am}\frac{8nK}{2n+1},$$

vel, quod idem est, pro valoribus ipsius x:

$$0,\quad \sin\operatorname{am}\frac{2K}{2n+1},\quad \sin\operatorname{am}\frac{4K}{2n+1},\quad \ldots\quad \sin\operatorname{am}\frac{2nK}{2n+1},$$
$$-\sin\operatorname{am}\frac{2K}{2n+1},\quad -\sin\operatorname{am}\frac{4K}{2n+1},\quad \ldots\quad -\sin\operatorname{am}\frac{2nK}{2n+1},$$

qui omnes diversi sunt.

Adjumento aequationum praecedentium y facile in factores suos simplices dissolvitur. Si enim statuitur $y=\frac{U}{V}$, ubi

---

*) Sumatur signum superius quando n est numerus par, inferius, quando impar.

$$V = \left\{1 - k^2x^2\sin^2\operatorname{am}\frac{2K}{2n+1}\right\}\left\{1 - k^2x^2\sin^2\operatorname{am}\frac{4K}{2n+1}\right\}\cdots\left\{1 - k^2x^2\sin^2\operatorname{am}\frac{2nK}{2n+1}\right\},$$

tum ex aequatione (II.) perspicitur U esse functionem rationalem integram ipsius x gradus $(2n+1)^{\text{ti}}$. Jam vero nobis innotuere $2n+1$ valores diversi ipsius x aequationi y vel $U = 0$ satisfacientes. Fit igitur

$$U = \frac{x}{\mathrm{M}}\left\{1 - \frac{x^2}{\sin^2\operatorname{am}\frac{2K}{2n+1}}\right\}\left\{1 - \frac{x^2}{\sin^2\operatorname{am}\frac{4K}{2n+1}}\right\}\cdots\cdots\left\{1 - \frac{x^2}{\sin^2\operatorname{am}\frac{2nK}{2n+1}}\right\},$$

designante M quantitatem constantem.

Ut ipsum M determinemus aequationem (II.) revocemus, ex qua sequitur $1-y$ esse $=0$, sive y vel $\frac{U}{V} = 1$, quando n est numerus par et $x = +1$, vel quando n est impar et $x = -1$. Cum desuper habeatur

$$\frac{1 - \frac{1}{\sin^2\operatorname{am}\Xi}}{1 - k^2\sin^2\operatorname{am}\Xi} = -\frac{\sin^2\operatorname{coam}\Xi}{\sin^2\operatorname{am}\Xi},$$

in casu utroque erit:

$$\mathrm{M} = \frac{\sin^2\operatorname{coam}\frac{2K}{2n+1}\sin^2\operatorname{coam}\frac{4K}{2n+1}\cdots\cdots\sin^2\operatorname{coam}\frac{2nK}{2n+1}}{\sin^2\operatorname{am}\frac{2K}{2n+1}\;\sin^2\operatorname{am}\frac{4K}{2n+1}\cdots\cdots\sin^2\operatorname{am}\frac{2nK}{2n+1}}.$$

Relatio inter functiones U et V memorabilis subsistit. Etenim si pro x substituitur $\frac{1}{kx}$, tum U transit in

$$\frac{\frac{1}{kx\mathrm{M}}V}{(-1)^n x^{2n}k^{2n}\sin^2\operatorname{am}\frac{2K}{2n+1}\sin^2\operatorname{am}\frac{4K}{2n+1}\cdots\sin^2\operatorname{am}\frac{2nK}{2n+1}}$$

atque V in

$$(-1)^n\frac{\mathrm{M}U}{xx^{2n}}\sin^2\operatorname{am}\frac{2K}{2n+1}\sin^2\operatorname{am}\frac{4K}{2n+1}\cdots\sin^2\operatorname{am}\frac{2nK}{2n+1}$$

ideoque $\frac{U}{V}$ in

$$\frac{V}{U}\cdot\frac{1}{k^{2n+1}M^2\sin^4\mathrm{am}\frac{2K}{2n+1}\sin^4\mathrm{am}\frac{4K}{2n+1}\cdots\sin^4\mathrm{am}\frac{2nK}{2n+1}},$$

vel, valore ipsius M substituto, in

$$\frac{V}{U}\cdot\frac{1}{k^{2n+1}\sin^4\mathrm{coam}\frac{2K}{2n+1}\sin^4\mathrm{coam}\frac{4K}{2n+1}\cdots\cdots\sin^4\mathrm{coam}\frac{2nK}{2n+1}}.$$

Si itaque ponitur

$$\lambda = k^{2n+1}\sin^4\mathrm{coam}\frac{2K}{2n+1}\sin^4\mathrm{coam}\frac{4K}{2n+1}\cdots\cdots\sin^4\mathrm{coam}\frac{2nK}{2n+1},$$

tum y in $\frac{1}{\lambda y}$, quando x in $\frac{1}{kx}$, mutatur.

Applicemus hasce considerationes ad aequationem (II.), quae, ut modo ostendi, etiam tunc valet, si pro x et y resp. substituitur $\frac{1}{kx}$, $\frac{1}{\lambda y}$. Quo facto aequatio haec per $-\lambda y$ multiplicata reductionibus facilibus factis transit in

$$\text{(IV.)}\quad 1-\lambda y =$$

$$\frac{\{1\mp kx\}\left\{1\pm kx\sin\mathrm{coam}\frac{2K}{2n+1}\right\}^2\left\{1\mp kx\sin\mathrm{coam}\frac{4K}{2n+1}\right\}^2\cdots\left\{1-kx\sin\mathrm{coam}\frac{2nK}{2n+1}\right\}^2}{\left\{1-k^2x^2\sin^2\mathrm{am}\frac{2K}{2n+1}\right\}\left\{1-k^2x^2\sin^2\mathrm{am}\frac{4K}{2n+1}\right\}\cdots\left\{1-k^2x^2\sin^2\mathrm{am}\frac{2nK}{2n+1}\right\}}.$$

Aequatio $y=\frac{U}{V}$ primo intuitu docet y in $-y$ transire, quando x in $-x$ transit. Obtinemus igitur pro aequatione (II.) et (IV.) valores $1+y$ et $1+\lambda y$, $-x$ in illis loco x scripta.

Priusquam ad finem propero, expressionem pro $y=\frac{U}{V}$ simplicem tradam:

$$y=(-1)^n\frac{\sin\mathrm{am}\,\Xi.\sin\mathrm{am}\left(\Xi+\frac{4K}{2n+1}\right)\sin\mathrm{am}\left(\Xi+\frac{8K}{2n+1}\right)\cdots\sin\mathrm{am}\left(\Xi+\frac{8nK}{2n+1}\right)}{\sin^2\mathrm{coam}\frac{2K}{2n+1}\sin^2\mathrm{coam}\frac{4K}{2n+1}\cdots\sin^2\mathrm{coam}\frac{2nK}{2n+1}},$$

quae e formula supra allata

$$\sin\sigma\sin\vartheta=\frac{\sin^2\varphi-\sin^2\psi}{1-k^2\sin^2\varphi\sin^2\psi}$$

sequitur.

Expressiones pro $1-y$, $1-\lambda y$, $1+y$, $1+\lambda y$ eundem habent denominatorem V. Videmus desuper esse

$$V(1-y) = V-U, \qquad V(1-\lambda y) = V-\lambda U,$$
$$V(1+y) = V+U, \qquad V(1+\lambda y) = V+\lambda U$$

quadrata functionum integrarum rationalium ipsius x in factores simplices $1\mp x$, $1\mp kx$, $1\pm x$, $1\pm kx$ resp. multiplicata. Statui itaque potest

$$(V-U)(V-\lambda U)(V+U)(V+\lambda U) = (1-x^2)(1-k^2x^2)\,TT,$$

designante T functionem rationalem integram ipsius x. Fit desuper per considerationem initio allatam $V\frac{dU}{dx}-U\frac{dV}{dx}$ aequalis ipsi T in factorem constantem multiplicata. Hic ita invenitur: perspicitur constantem in T esse $=1$, in $V\frac{dU}{dx}-U\frac{dV}{dx}$ vero $\frac{1}{\mathrm{M}}$, ut e formulis pro U et V sequitur. Habemus igitur $V\frac{dU}{dx}-U\frac{dV}{dx}=\frac{T}{\mathrm{M}}$. His omnibus collectis sequens nanciscimur

Theorema.

»Si statuitur

$$\lambda = k^{2n+1}\sin^4\operatorname{coam}\frac{2K}{2n+1}\sin^4\operatorname{coam}\frac{4K}{2n+1}\cdots\sin^4\operatorname{coam}\frac{2nK}{2n+1},$$

$$\mathrm{M} = \frac{\sin^2\operatorname{coam}\frac{2K}{2n+1}\sin^2\operatorname{coam}\frac{4K}{2n+1}\cdots\sin^2\operatorname{coam}\frac{2nK}{2n+1}}{\sin^2\operatorname{am}\frac{2K}{2n+1}\sin^2\operatorname{am}\frac{4K}{2n+1}\cdots\sin^2\operatorname{am}\frac{2nK}{2n+1}},$$

tunc habetur:

$$\sin\operatorname{am}\left(\frac{\Xi}{\mathrm{M}},\lambda\right)=(-1)^n.\frac{\sin\operatorname{am}\Xi\sin\operatorname{am}\left(\Xi+\frac{4K}{2n+1}\right)\sin\operatorname{am}\left(\Xi+\frac{8K}{2n+1}\right)\cdots\sin\operatorname{am}\left(\Xi+\frac{8nK}{2n+1}\right)}{\sin^2\operatorname{coam}\frac{2K}{2n+1}\sin^2\operatorname{coam}\frac{4K}{2n+1}\cdots\sin^2\operatorname{coam}\frac{2nK}{2n+1}},$$

vel si pro $\sin \operatorname{am}\left(\frac{\Xi}{M}, \lambda\right)$ quantitas y substituitur,

$$\frac{dy}{\sqrt{(1-y^2)(1-\lambda^2 y^2)}} = \frac{dx}{M\sqrt{(1-x^2)(1-k^2 x^2)}}.\text{«}$$

Theorema hoc generaliter valet, non tamen omnes problematis solutiones amplectitur. Ulteriores vero hujus argumenti disquisitiones in tractatu supra nominato reperientur.

Regiomonti die 18. Novembris 1827.

FUNDAMENTA NOVA

THEORIAE

FUNCTIONUM ELLIPTICARUM

AUCTORE

D. CAROLO GUSTAVO JACOBO JACOBI

PROF. ORD. UNIV. REGIOM.

Regiomonti. Sumptibus fratrum Borntráger 1829.

PROŒMIUM.

Ante biennium fere, cum theoriam functionum ellipticarum accuratius examinare placuit, incidi in quaestiones quasdam gravissimas, quae et theoriae illi novam faciem creare et universam artem analyticam insigniter promovere videbantur. Quibus ad exitum felicem et propter difficultatem rei vix exspectatum perductis, prima earum momenta breviter et sine demonstratione, mox cum vehementius illa desiderari et invento novo vix fides tribui videretur, addita demonstratione, cum geometris communicavi. Urgebar simul, ut systema completum quaestionum a me susceptarum in publicum ederem. Cui desiderio ut ex parte saltem satisfacerem, fundamenta, quibus quaestiones meae superstructae sunt, in publicum edere constitui. Quae fundamenta nova theoriae functionum ellipticarum iam indulgentiae geometrarum commendamus.

Scribebam m. Febr. a. 1829 ad Univ. Regiom.

INDEX RERUM.

DE
TRANSFORMATIONE FUNCTIONUM
ELLIPTICARUM.

EXPOSITIO PROBLEMATIS GENERALIS DE TRANSFORMATIONE.

1.

Integralia maxime memorabilia, quae formula exhibentur $\int \frac{d\varphi}{\sqrt{1-k^2\sin^2\varphi}}$, et quae functionum ellipticarum, quae dicuntur, primam speciem constituunt, ab argumento duplici pendent, et ab amplitudine φ et a modulo k. Eiusmodi functionis inter se comparatis valoribus, quos illa pro diversis amplitudinibus obtinet, eodem manente modulo, egregia multa detexerant analystae, quae ad eorum additionem et multiplicationem spectant. Quam nuper vidimus quaestionem a Cl°. Abel in commentatione, nostra laude majore, mirum in modum provectam esse (Crelle Journal für reine und angewandte Mathematik Vol. II.).

Alia est quaestio nec minoris momenti — immo sensu latissimo capta illam involvens — de comparatione functionum ellipticarum pro modulis instituenda diversis. Quam quaestionem post praeclara inventa Cl^i. Legendre — theoriae functionum ellipticarum conditoris — ad principia certa nos primi revocavimus eiusque solutionem dedimus generalem (*Astronomische Nachrichten,* 1827. n°. 123. 127). Hanc nostram de transformatione theoriam et, quae alia inde in analysin functionum ellipticarum redundant, iam fusius exponemus.

2.

Problema, quod nobis proponimus, generale hoc est:

»*Quaeritur functio rationalis y elementi x eiusmodi, ut sit:*

$$\frac{dy}{\sqrt{A'+B'y+C'y^2+D'y^3+E'y^4}} = \frac{dx}{\sqrt{A+Bx+Cx^2+Dx^3+Ex^4}}.«$$

Quod problema et multiplicationem videmus amplecti et transformationem.

Innumera iam diu constabant exempla eiusmodi functionum rationalium y, quae problemati proposito satisfaciunt. Primum notum erat, quicunque datus sit numerus integer impar n, eiusmodi functionem rationalem y exhiberi posse, ut sit:

$$\frac{dy}{\sqrt{A+By+Cy^2+Dy^3+Ey^4}} = \frac{n\,dx}{\sqrt{A+Bx+Cx^2+Dx^3+Ex^4}};$$

quod est de multiplicatione theorema. Quem in finem adhiberi debet forma:

$$y = \frac{a+a'x+a''x^2+a'''x^3+\cdots+a^{(nn)}x^{nn}}{b+b'x+b''x^2+b'''x^3+\cdots+b^{(nn)}x^{nn}},$$

coefficientibus $a, a', a'', \ldots\ldots; b, b', b'', \ldots$ rite determinatis. Satis diu etiam exploratum est, formam hanc:

$$y = \frac{a+a'x+a''x^2}{b+b'x+b''x^2},$$

seu hanc generaliorem:

$$y = \frac{a+a'x+a''x^2+a'''x^3+\cdots+a^{(2^m)}x^{2^m}}{b+b'x+b''x^2+b'''x^3+\cdots+b^{(2^m)}x^{2^m}},$$

quae ex illius substitutionis repetitione ortum ducit, ita determinari posse, ut solvat problema. Nuper admodum etiam probatum est a Cl°. Legendre, eum in finem adhiberi posse formam hanc rite determinatam:

$$y = \frac{a+a'x+a''x^2+a'''x^3}{b+b'x+b''x^2+b'''x^3},$$

seu rursus, eadem substitutione repetita, hanc generaliorem:

$$y = \frac{a+a'x+a''x^2+a'''x^3+\cdots+a^{(3^m)}x^{3^m}}{b+b'x+b''x^2+b'''x^3+\cdots+b^{(3^m)}x^{3^m}}.$$

His inter se iunctis formis patet problemati satisfieri posse, idonea facta coefficientium electione, posito:

$$y = \frac{a+a'x+a''x^2+a'''x^3+\cdots+a^{(p)}x^{p}}{b+b'x+b''x^2+b'''x^3+\cdots+b^{(p)}x^{p}},$$

siquidem p sit numerus formae $2^\alpha 3^\beta (2m+1)^2$. Iam sequentibus probabitur, idem valere, *quicunque sit p numerus.*

PRINCIPIA TRANSFORMATIONIS.

3.

Designentur per U, V functiones rationales integrae elementi x, sit porro $y=\frac{U}{V}$, fit:

$$\frac{dy}{\sqrt{A'+B'y+C'y^2+D'y^3+E'y^4}}=\frac{VdU-UdV}{\sqrt{Y}},$$

brevitatis causa posito:

$$Y=A'V^4+B'V^3U+C'V^2U^2+D'VU^3+E'U^4.$$

Fractionem $\frac{VdU-UdV}{\sqrt{Y}}$ in formam simpliciorem redigere licet, quoties Y factores duplices habet; quin adeo, ubi praeter quatuor factores lineares inter se diversos e reliquorum numero bini inter se aequales existunt, fractio illa sponte in differentiale functionis ellipticae redit $\frac{dx}{M\sqrt{A+Bx+Cx^2+Dx^3+Ex^4}}$, designante M functionem elementi x rationalem. Quem accuratius examinemus casum ac videamus, quot et quales sibi poscat conditiones.

Sint functiones U, V altera p^{ti}, altera m^{ti} ordinis, ita ut $m\leqq p$: erit Y ordinis $(4p)^{\text{ti}}$. Iam ut, quatuor factoribus linearibus exceptis, e reliquis functionis Y factoribus, quorum est numerus $4p-4$, bini inter se aequales evadant, $2p-2$ conditionibus satisfaciendum erit. Quot enim functio proposita duplices habere debet factores lineares, tot inter coefficientes eius intercedere debent aequationes conditionales.

At functionibus U, V quantitates constantes indeterminatae insunt $m+p+2$ seu potius $m+p+1$, quippe e quarum numero unam aliquam $=1$ ponere liceat. Quarum igitur numero vel aequatur numerus conditionum $2p-2$ vel ab eo superatur, modo supponatur, m esse aliquem e numeris $p-3$, $p-2$, $p-1$, p, quibus casibus numerus indeterminatarum fit resp. $2p-2$, $2p-1$, $2p$, $2p+1$. Duos priores casus reiiciendos esse cum infra demonstrabitur, tum hunc in modum patet. Namque inventis functionibus U, V, quae functioni Y formam illam praescriptam conciliant, ubi loco x substituitur $\alpha+\beta x$, neque ordo mutatur functionum U, V, Y neque numerus factorum duplicium functionis Y: unde in solutionem inventam statim duas quantitates arbitrarias inferre licet. Itaque numerus indeterminatarum numerum conditionum duabus saltem unitatibus superare debet, unde casus $m = p - 3$, $m = p - 2$ reiiciendi sunt. Porro videmus, loco x posito $\frac{\alpha + \beta x}{1 + \gamma x}$, tertium casum ad quartum reduci et quartum minime mutari, quo igitur casu indeterminatarum tres et arbitrariae manent et manere debent.

Iam igitur evictum est, quantum quidem e numero indeterminatarum et numero conditionum inter se comparatis concludere licet, *quicunque sit p numerus, formam:*

$$y = \frac{a + a'x + a''x^2 + \cdots + a^{(p)}x^p}{1 + b'x + b''x^2 + \cdots + b^{(p)}x^p}$$

ita determinari posse, ut sit:

$$\frac{dy}{\sqrt{A' + B'y + C'y^2 + D'y^3 + E'y^4}} = \frac{dx}{M\sqrt{A + Bx + Cx^2 + Dx^3 + Ex^4}}$$

designante M functionem rationalem ipsius x; immo solutionem tres quantitates arbitrarias involvere posse.

4.

Ut determinetur functio illa M, sit

$$Y = (A + Bx + Cx^2 + Dx^3 + Ex^4)\,T\,T,$$

designante T functionem elementi x integram rationalem: erit

$$M = \frac{T}{V\frac{dU}{dx} - U\frac{dV}{dx}}.$$

Ipsa T erit ordinis $(2p-2)^{\text{ti}}$, nec maioris esse potest $V\frac{dU}{dx} - U\frac{dV}{dx}$. Iam casibus quibusdam constat, scilicet ubi numerus p formam illam habet $2^\alpha 3^\beta (2n+1)^2$, M adeo fieri constantem. Idem generaliter probabitur sequentibus, quicunque sit p numerus.

Functiones U, V supponere possumus factorem communem non habere; adiecto enim factore communi, fractio $\frac{U}{V} = y$ non mutatur. Resolvamus expressionem

$$A' + B'y + C'y^2 + D'y^3 + E'y^4$$

in factores lineares, ita ut sit:

$$A' + B'y + C'y^2 + D'y^3 + E'y^4 = A'(1 - \alpha'y)(1 - \beta'y)(1 - \gamma'y)(1 - \delta'y),$$

unde etiam:

$$Y = A'V^4 + B'V^3U + C'V^2U^2 + D'VU^3 + E'U^4 = A'(V-\alpha'U)(V-\beta'U)(V-\gamma'U)(V-\delta'U).$$

Iam existere non potest factor, qui quantitatibus $V-\alpha'U$, $V-\beta'U$, $V-\gamma'U$, $V-\delta'U$ vel omnibus vel immo duabus tantum ex earum numero communis sit; idem enim et V et U simul metiretur, quas factorem communem non habere supposuimus. Itaque ubi factor aliquis linearis functionem Y bis metitur, idem unam aliquam e quantitatibus $V-\alpha'U$, $V-\beta'U$, $V-\gamma'U$, $V-\delta'U$ et ipsam bis metiatur necesse est.

Iam notentur aequationes sequentes:

$$(V-\alpha'U)\frac{dU}{dx} - \frac{d(V-\alpha'U)}{dx}\,U = V\frac{dU}{dx} - U\frac{dV}{dx}$$
$$(V-\beta'U)\frac{dU}{dx} - \frac{d(V-\beta'U)}{dx}\,U = V\frac{dU}{dx} - U\frac{dV}{dx}$$
$$(V-\gamma'U)\frac{dU}{dx} - \frac{d(V-\gamma'U)}{dx}\,U = V\frac{dU}{dx} - U\frac{dV}{dx}$$
$$(V-\delta'U)\frac{dU}{dx} - \frac{d(V-\delta'U)}{dx}\,U = V\frac{dU}{dx} - U\frac{dV}{dx},$$

e quibus sequitur, factorem, qui unam aliquam e quantitatibus $V-\alpha'U$, $V-\beta'U$, $V-\gamma'U$, $V-\delta'U$ bis ideoque etiam eius differentiale metiatur, eundem metiri expressionem $V\frac{dU}{dx} - U\frac{dV}{dx}$. Productum vero ex omnibus istis factoribus, ipsam etiam Y bis metientibus, conflatum posuimus $= T$, unde T ipsam $V\frac{dU}{dx} - U\frac{dV}{dx}$ metietur. At T inferioris ordinis non est quam ipsa $V\frac{dU}{dx} - U\frac{dV}{dx}$, unde videmus

$$M = \frac{T}{V\frac{dU}{dx} - U\frac{dV}{dx}}$$

abire in constantem.

Ceterum adnotemus, ubi functionum U, V altera inferioris ordinis fuisset quam $(p-1)^{\text{ti}}$, futurum fuisse, ut ipsa etiam $V\frac{dU}{dx} - U\frac{dV}{dx}$ inferioris ordinis esset quam T, quae tamen illam metiri debet; quod cum absurdum sit, reiici debebant casus $m = p-2$, $m = p-3$.

Iam igitur demonstratum est, *formam*:

$$y = \frac{a + a'x + a''x^2 + \cdots + a^{(p)}x^p}{b + b'x + b''x^2 + \cdots + b^{(p)}x^p},$$

quicunque sit numerus p, ita determinari posse, ut prodeat:

$$\frac{dy}{\sqrt{A'+B'y+C'y^2+D'y^3+E'y^4}} = \frac{dx}{\sqrt{A+Bx+Cx^2+Dx^3+Ex^4}}.$$

Quod est principium in theoria transformationum functionum ellipticarum fundamentale.

PROPONITUR EXPRESSIO $\frac{dy}{\sqrt{\pm(y-\alpha)(y-\beta)(y-\gamma)(y-\delta)}}$ IN FORMAM SIMPLICIOREM REDIGENDA $\frac{dx}{M\sqrt{(1-x^2)(1-k^2x^2)}}$.

5.

Trium constantium arbitrariarum ope, quas solutionem problematis nostri admittere vidimus, expressio $A+Bx+Cx^2+Dx^3+Ex^4$ in simpliciorem redigi potest hanc: $A(1-x^2)(1-k^2x^2)$. Ut hoc et reliqua, quae modo demonstrata sunt, exemplis etiam monstrentur, proposita sit data expressio:

$$\frac{dy}{\sqrt{\pm(y-\alpha)(y-\beta)(y-\gamma)(y-\delta)}}$$

facta substitutione:

$$y = \frac{a+a'x+a''x^2}{b+b'x+b''x^2}$$

transformanda in simpliciorem hanc:

$$\frac{dx}{M\sqrt{(1-x^2)(1-k^2x^2)}}.$$

Quaeritur de substitutione adhibenda, de modulo k et de factore constante M e datis quantitatibus $\alpha, \beta, \gamma, \delta$ determinandis.

Ponatur $a+a'x+a''x^2 = U$, $b+b'x+b''x^2 = V$, $y = \frac{U}{V}$: e principiis modo expositis fieri debet:

$$(U-\alpha V)(U-\beta V)(U-\gamma V)(U-\delta V) = K(1-x^2)(1-k^2x^2)(1+mx)^2(1+nx)^2,$$

designante K constantem aliquam arbitrariam. Hinc videmus duos e numero factorum $U-\alpha V$, $U-\beta V$, $U-\gamma V$, $U-\delta V$, qui erunt secundi ordinis, adeo fieri quadrata.

Ponamus igitur:

$$U-\gamma V = C(1+mx)^2$$
$$U-\delta V = D(1+nx)^2.$$

Iam quod reliquos attinet factores $U-\alpha V$, $U-\beta V$, poni poterit aut:

$$U-\alpha V = A(1-x^2), \qquad U-\beta V = B(1-k^2x^2)$$

aut:

$$U-\alpha V = A(1-x)(1-kx), \; U-\beta V = B(1+x)(1+kx),$$

designantibus A, B, C, D quantitates constantes. Prius reiiciendum erit. Prodiret enim $\frac{U-\alpha V}{U-\beta V} = \frac{y-\alpha}{y-\beta} = \frac{A}{B}\cdot\frac{1-x^2}{1-k^2x^2}$, unde sequeretur, elemento x in $-x$ mutato y immutatum manere, quod absurdum esse patet ex aequationibus:

$$\frac{U-\alpha V}{U-\gamma V} = \frac{y-\alpha}{y-\gamma} = \frac{A}{C}\cdot\frac{1-x^2}{(1+mx)^2}$$
$$\frac{U-\alpha V}{U-\delta V} = \frac{y-\alpha}{y-\delta} = \frac{A}{D}\cdot\frac{1-x^2}{(1+nx)^2}.$$

Poni igitur debet:

$$(1) \qquad U-\alpha V = A(1-x)(1-kx)$$
$$(2) \qquad U-\beta V = B(1+x)(1+kx)$$
$$(3) \qquad U-\gamma V = C(1+mx)^2$$
$$(4) \qquad U-\delta V = D(1+nx)^2.$$

Adnotare convenit e constantibus A, B, C, D unam aliquam ex arbitrio determinari posse.

6.

Videmus ex aequatione (1) et posito $x=1$ et posito $x=\frac{1}{k}$ fieri $U=\alpha V$. Hinc ex aequatione:

$$\frac{U-\gamma V}{U-\beta V} = \frac{C}{B}\cdot\frac{(1+mx)^2}{(1+x)(1+kx)},$$

posito $x=1$, prodit:

$$\frac{\alpha-\gamma}{\alpha-\beta} = \frac{C}{B}\cdot\frac{(1+m)^2}{2(1+k)},$$

posito $x=\frac{1}{k}$:

$$\frac{\alpha-\gamma}{\alpha-\beta} = \frac{C}{B}\cdot\frac{\left(1+\frac{m}{k}\right)^2}{2\left(1+\frac{1}{k}\right)},$$

unde:

$$(1+m)^2 = k\left(1+\frac{m}{k}\right)^2.$$

Prorsus simili modo invenitur:

$$(1+n)^2 = k\left(1+\frac{n}{k}\right)^2,$$

unde $m = \sqrt{k}$, $n = -\sqrt{k}$. Neque enim aequales ponere licet m et n; tum enim expressio $\frac{U-\gamma V}{U-\delta V} = \frac{y-\gamma}{y-\delta}$ ideoque ipsa y abiret in constantem.

Iam in aequatione:

$$\frac{U-\gamma V}{U-\delta V} = \frac{y-\gamma}{y-\delta} = \frac{C}{D}\cdot\left\{\frac{1+\sqrt{k}.x}{1-\sqrt{k}.x}\right\}^2$$

ponatur primum $x = +1$, quo casu $U = \alpha V$, deinde $x = -1$, quo casu $U = \beta V$: prodeunt duae aequationes sequentes:

$$\frac{\alpha-\gamma}{\alpha-\delta} = \frac{C}{D}\cdot\left\{\frac{1+\sqrt{k}}{1-\sqrt{k}}\right\}^2$$

$$\frac{\beta-\gamma}{\beta-\delta} = \frac{C}{D}\cdot\left\{\frac{1-\sqrt{k}}{1+\sqrt{k}}\right\}^2.$$

Quibus in se ductis aequationibus, fit:

$$\frac{C}{D} = \sqrt{\frac{(\alpha-\gamma)(\beta-\gamma)}{(\alpha-\delta)(\beta-\delta)}},$$

unde ponere licet:

$$C = \sqrt{(\alpha-\gamma)(\beta-\gamma)}$$

$$D = \sqrt{(\alpha-\delta)(\beta-\delta)};$$

nam e quantitatibus A, B, C, D una ex arbitrio determinari poterat.

Ex iisdem aequationibus, altera per alteram divisa, obtinemus:

$$\frac{1+\sqrt{k}}{1-\sqrt{k}} = \frac{\sqrt[4]{(\alpha-\gamma)(\beta-\delta)}}{\sqrt[4]{(\alpha-\delta)(\beta-\gamma)}},$$

unde:

$$\sqrt{k} = \frac{\sqrt[4]{(\alpha-\gamma)(\beta-\delta)}-\sqrt[4]{(\alpha-\delta)(\beta-\gamma)}}{\sqrt[4]{(\alpha-\gamma)(\beta-\delta)}+\sqrt[4]{(\alpha-\delta)(\beta-\gamma)}}.$$

Adnotetur adhuc formula:

$$\sqrt{k}+\frac{1}{\sqrt{k}} = 2.\frac{\sqrt{(\alpha-\gamma)(\beta-\delta)}+\sqrt{(\alpha-\delta)(\beta-\gamma)}}{\sqrt{(\alpha-\gamma)(\beta-\delta)}-\sqrt{(\alpha-\delta)(\beta-\gamma)}},$$

unde:

$$(1-\sqrt{k})\left(1-\frac{1}{\sqrt{k}}\right) = \frac{-4\sqrt{(\alpha-\delta)(\beta-\gamma)}}{\sqrt{(\alpha-\gamma)(\beta-\delta)}-\sqrt{(\alpha-\delta)(\beta-\gamma)}}$$

$$(1+\sqrt{k})\left(1+\frac{1}{\sqrt{k}}\right) = \frac{4\sqrt{(\alpha-\gamma)(\beta-\delta)}}{\sqrt{(\alpha-\gamma)(\beta-\delta)}-\sqrt{(\alpha-\delta)(\beta-\gamma)}}.$$

Ut constantes A, B definiantur observo, ex aequationibus (1), (2), (3), posito $x = \frac{1}{\sqrt{k}}$, quo facto $U = \delta V$, erui:

$$\frac{\delta-\alpha}{\delta-\gamma} = \frac{A(1-\sqrt{k})\left(1-\sqrt{\frac{1}{k}}\right)}{4\sqrt{(\alpha-\gamma)(\beta-\gamma)}}$$

$$\frac{\delta-\beta}{\delta-\gamma} = \frac{B(1+\sqrt{k})\left(1+\sqrt{\frac{1}{k}}\right)}{4\sqrt{(\alpha-\gamma)(\beta-\gamma)}},$$

unde:

$$A = -\frac{\sqrt{(\alpha-\gamma)(\alpha-\delta)}}{\gamma-\delta}\left\{\sqrt{(\alpha-\gamma)(\beta-\delta)}-\sqrt{(\alpha-\delta)(\beta-\gamma)}\right\}$$

$$B = \frac{\sqrt{(\beta-\gamma)(\beta-\delta)}}{\gamma-\delta}\left\{\sqrt{(\alpha-\gamma)(\beta-\delta)}-\sqrt{(\alpha-\delta)(\beta-\gamma)}\right\}.$$

7.

E principiis generalibus supra a nobis stabilitis sequitur, in exemplo nostro expressionem $V\frac{dU}{dx}-U\frac{dV}{dx}$ aequalem fore producto $(1+\sqrt{k}.x)(1-\sqrt{k}.x)$ in quantitatem constantem ducto, quod ita facto calculo comprobatur.

Fit, uti evolutione facta constat:

$$(\gamma-\delta)\left(U\frac{dV}{dx}-V\frac{dU}{dx}\right) = (U-\gamma V)\frac{d(U-\delta V)}{dx}-(U-\delta V)\frac{d(U-\gamma V)}{dx}.$$

Nacti autem sumus:

$$U-\gamma V = C(1+\sqrt{k}.x)^2$$
$$U-\delta V = D(1-\sqrt{k}.x)^2,$$

unde:

$$\frac{d(U-\gamma V)}{dx} = 2C(1+\sqrt{k}.x)\sqrt{k}$$

$$\frac{d(U-\delta V)}{dx} = -2D(1-\sqrt{k}.x)\sqrt{k}.$$

Unde prodit:

$$(\gamma-\delta)\left(V\frac{dU}{dx}-U\frac{dV}{dx}\right) = 4\sqrt{k}.CD(1+\sqrt{k}.x)(1-\sqrt{k}.x).$$

His omnibus rite collectis, obtinemus:

$$\frac{dy}{\sqrt{-(y-\alpha)(y-\beta)(y-\gamma)(y-\delta)}} = \frac{4\sqrt{k}}{\gamma-\delta}\cdot\sqrt{\frac{CD}{-AB}}\cdot\frac{dx}{\sqrt{(1-x^2)(1-k^2x^2)}},$$

unde:

$$M = \frac{\gamma-\delta}{4\sqrt{k}}\sqrt{\frac{-AB}{CD}} = \frac{\sqrt{(\alpha-\gamma)(\beta-\delta)}-\sqrt{(\alpha-\delta)(\beta-\gamma)}}{4\sqrt{k}}$$

$$= \left\{\frac{\sqrt[4]{(\alpha-\gamma)(\beta-\delta)}+\sqrt[4]{(\alpha-\delta)(\beta-\gamma)}}{2}\right\}^2,$$

$$\frac{dy}{\sqrt{-(y-\alpha)(y-\beta)(y-\gamma)(y-\delta)}} = \frac{dx}{M\sqrt{(1-x^2)(1-k^2x^2)}}$$

$$= \frac{dx}{\sqrt{[1-x^2]\left[\left(\frac{\sqrt[4]{(\alpha-\gamma)(\beta-\delta)}+\sqrt[4]{(\alpha-\delta)(\beta-\gamma)}}{2}\right)^4-\left(\frac{\sqrt[4]{(\alpha-\gamma)(\beta-\delta)}-\sqrt[4]{(\alpha-\delta)(\beta-\gamma)}}{2}\right)^4 x^2\right]}}.$$

Posito $(\alpha-\gamma)(\beta-\delta) = G$, $(\alpha-\delta)(\beta-\gamma) = G'$, fit:

$$\frac{dx}{M\sqrt{(1-x^2)(1-k^2x^2)}} = \frac{dx}{\sqrt{[1-x^2]\left[\left(\frac{\sqrt[4]{G}+\sqrt[4]{G'}}{2}\right)^4-\left(\frac{\sqrt[4]{G}-\sqrt[4]{G'}}{2}\right)^4 x^2\right]}}.$$

Sit $G = mm$, $G' = nn$, sit porro:

$$m' = \frac{1}{2}(m+n), \quad n' = \sqrt{mn}$$

$$m'' = \frac{1}{2}(m'+n'), \quad n'' = \sqrt{m'n'},$$

erit, posito $x = \sin\varphi$:

$$\frac{dx}{M\sqrt{(1-x^2)(1-k^2x^2)}} = \frac{d\varphi}{\sqrt{m''m''\cos^2\varphi+n''n''\sin^2\varphi}}.$$

Ceterum valor ipsius x facillime computatur ope formulae:

$$\frac{1-\sqrt{k}.x}{1+\sqrt{k}.x} = \sqrt[4]{\frac{(\alpha-\gamma)(\beta-\gamma)}{(\alpha-\delta)(\beta-\delta)}}\cdot\sqrt{\frac{y-\delta}{y-\gamma}},$$

ubi:

$$\sqrt{k} = \frac{\sqrt[4]{G}-\sqrt[4]{G'}}{\sqrt[4]{G}+\sqrt[4]{G'}} = \sqrt[4]{\frac{m''m''-n''n''}{m''m''}}.$$

8.

Quantitates α, β, γ, δ in formulis propositis ex arbitrio inter se permutare licet. Quod in arbitrio nostro positum certum fit ac definitum, quando conditio additur, ut, siquidem fieri possit, transformatio per substitutionem realem succedat. Id quod accuratius examinemus.

Ponamus quantitates α, β, γ, δ reales esse omnes, sit porro $\alpha > \beta > \gamma > \delta$, ita ut $\alpha-\beta$, $\alpha-\gamma$, $\alpha-\delta$ sint quantitates positivae. Iam distinguendum erit pro limitibus, inter quos valor argumenti y continetur:

1) δ et γ, 2) γ et β, 3) β et α, 4) α et δ.

Casu postremo transitum ab α ad δ per infinitum fieri puta. Expressionem

$$\frac{1}{\sqrt{(y-\alpha)(y-\beta)(y-\gamma)(y-\delta)}}$$

non nisi casu secundo et quarto, expressionem

$$\frac{1}{\sqrt{-(y-\alpha)(y-\beta)(y-\gamma)(y-\delta)}}$$

non nisi casu primo et tertio realem fieri videmus. Substitutiones reales, quae quatuor illis casibus respondent, tabula I. indicabit. Deinde tabula II. formulas amplectamur, quae expressioni

$$\frac{dy}{\sqrt{\pm(y-\alpha)(y-\beta)(y-\gamma)}}$$

per substitutionem realem in simpliciorem transformandae inserviunt, pro limitibus, inter quos valor argumenti y continetur:

1) $-\infty$ et γ, 2) γ et β, 3) β et α, 4) α et $+\infty$.

Quas formulas, dividendo intra radices per $-\delta$ ac tum ponendo $\delta = \infty$, facile e tabula I. derivare licet.

TABULA I.

(A.)
$$\frac{dy}{\sqrt{(y-\alpha)(y-\beta)(y-\gamma)(y-\delta)}}=\frac{dx}{\sqrt{(1-x^2)(L^4-N^4x^2)}}$$

$$L=\frac{\sqrt[4]{(\alpha-\gamma)(\beta-\delta)}+\sqrt[4]{(\alpha-\beta)(\gamma-\delta)}}{2},\qquad N=\frac{\sqrt[4]{(\alpha-\gamma)(\beta-\delta)}-\sqrt[4]{(\alpha-\beta)(\gamma-\delta)}}{2}$$

(I.) Limites: $\alpha\,..\,\pm\infty\,..\,\delta$: $\frac{L-Nx}{L+Nx}=\sqrt[4]{\frac{(\alpha-\beta)(\beta-\delta)}{(\alpha-\gamma)(\gamma-\delta)}}.\sqrt{\frac{y-\gamma}{y-\beta}}$

(II.) Limites: $\gamma\,.......\,\beta$: $\frac{L-Nx}{L+Nx}=\sqrt[4]{\frac{(\beta-\delta)(\gamma-\delta)}{(\alpha-\beta)(\alpha-\gamma)}}.\sqrt{\frac{\alpha-y}{y-\delta}}$.

(B.)
$$\frac{dy}{\sqrt{-(y-\alpha)(y-\beta)(y-\gamma)(y-\delta)}}=\frac{dx}{\sqrt{(1-x^2)(L^4-N^4x^2)}}$$

$$L=\frac{\sqrt[4]{(\alpha-\gamma)(\beta-\delta)}+\sqrt[4]{(\alpha-\delta)(\beta-\gamma)}}{2},\qquad N=\frac{\sqrt[4]{(\alpha-\gamma)(\beta-\delta)}-\sqrt[4]{(\alpha-\delta)(\beta-\gamma)}}{2}$$

(I.) Limites: $\beta\,.....\,\alpha$: $\frac{L-Nx}{L+Nx}=\sqrt[4]{\frac{(\alpha-\gamma)(\beta-\gamma)}{(\alpha-\delta)(\beta-\delta)}}.\sqrt{\frac{y-\delta}{y-\gamma}}$

(II.) Limites: $\delta\,.....\,\gamma$: $\frac{L-Nx}{L+Nx}=\sqrt[4]{\frac{(\alpha-\gamma)(\alpha-\delta)}{(\beta-\gamma)(\beta-\delta)}}.\sqrt{\frac{\beta-y}{\alpha-y}}$.

TABULA II.

(A.)
$$\frac{dy}{\sqrt{(y-\alpha)(y-\beta)(y-\gamma)}}=\frac{dx}{\sqrt{(1-x^2)(L^4-N^4x^2)}}$$

$$L=\frac{\sqrt[4]{\alpha-\gamma}+\sqrt[4]{\alpha-\beta}}{2},\qquad N=\frac{\sqrt[4]{\alpha-\gamma}-\sqrt[4]{\alpha-\beta}}{2}$$

(I.) Limites: $\alpha\,...\,+\infty$: $\frac{L-Nx}{L+Nx}=\sqrt[4]{\frac{\alpha-\beta}{\alpha-\gamma}}.\sqrt{\frac{y-\gamma}{y-\beta}}$

(II.) Limites: $\gamma\,......\,\beta$: $\frac{L-Nx}{L+Nx}=\frac{\sqrt{\alpha-y}}{\sqrt[4]{(\alpha-\beta)(\alpha-\gamma)}}$.

(B.)
$$\frac{dy}{\sqrt{-(y-\alpha)(y-\beta)(y-\gamma)}}=\frac{dx}{\sqrt{(1-x^2)(L^4-N^4x^2)}}$$

$$L=\frac{\sqrt[4]{\alpha-\gamma}+\sqrt[4]{\beta-\gamma}}{2},\qquad N=\frac{\sqrt[4]{\alpha-\gamma}-\sqrt[4]{\beta-\gamma}}{2}$$

(I.) Limites: $\beta\,......\,\alpha$: $\frac{L-Nx}{L+Nx}=\frac{\sqrt[4]{(\alpha-\gamma)(\beta-\gamma)}}{\sqrt{y-\gamma}}$

(II.) Limites: $-\infty\,...\,\gamma$: $\frac{L-Nx}{L+Nx}=\sqrt[4]{\frac{\alpha-\gamma}{\beta-\gamma}}.\sqrt{\frac{\beta-y}{\alpha-y}}$.

9.

In formulis hisce pro limitibus assignatis simul x a -1 usque ad $+1$ atque y ab altero limite ad alterum transit. Limitibus autem, qui formulis (I.) et (II.) respondent, inter se commutatis, expressioni $\frac{L-Nx}{L+Nx}$ videmus valorem imaginarium creari formae $\pm iR$, posito $i=\sqrt{-1}$ ac designante R quantitatem aliquam realem, ipsi x autem conciliari formam $\frac{Le^{i\varphi}}{N}=\frac{e^{i\varphi}}{\sqrt{k}}$, unde

$$\frac{L-Nx}{L+Nx}=\frac{1-e^{i\varphi}}{1+e^{i\varphi}}=\frac{e^{-\frac{i\varphi}{2}}-e^{\frac{i\varphi}{2}}}{e^{-\frac{i\varphi}{2}}+e^{\frac{i\varphi}{2}}}=-i\operatorname{tang}\frac{\varphi}{2}.$$

Formam, ad quam hac occasione delati sumus, $x=\frac{e^{i\varphi}}{\sqrt{k}}$ in expressione $\frac{dx}{\sqrt{(1-x^2)(1-k^2x^2)}}$ substituamus. Prodit:

$$\frac{dx}{\sqrt{(1-x^2)(1-k^2x^2)}}=\frac{ie^{i\varphi}d\varphi}{\sqrt{k}\cdot\sqrt{\left(1-\frac{e^{2i\varphi}}{k}\right)\left(1-ke^{2i\varphi}\right)}}=\frac{d\varphi}{\sqrt{\left(1-ke^{2i\varphi}\right)\left(1-ke^{-2i\varphi}\right)}}$$

$$=\frac{d\varphi}{\sqrt{1-2k\cos 2\varphi+kk}}=\frac{d\varphi}{\sqrt{(1-k)^2\cos^2\varphi+(1+k)^2\sin^2\varphi}}.$$

Quae nobis quidem substitutio satis memorabilis esse videtur. E qua etiam generalior formula fluit sequens, ponendo $x=\sin\psi$:

$$\frac{k^n\sin^{2n}\psi\,d\psi}{\sqrt{1-k^2\sin^2\psi}}=\frac{(\cos 2n\varphi+i\sin 2n\varphi)d\varphi}{\sqrt{1-2k\cos 2\varphi+kk}},$$

unde pro limitibus 0 et π obtinetur, evanescente parte imaginaria:

$$\int_0^\pi\frac{k^n\sin^{2n}\psi\,d\psi}{\sqrt{1-k^2\sin^2\psi}}=\int_0^\pi\frac{\cos 2n\varphi\,d\varphi}{\sqrt{1-2k\cos 2\varphi+kk}}=\int_0^\pi\frac{\cos n\varphi\,d\varphi}{\sqrt{1-2k\cos\varphi+kk}},$$

quae est demonstratio succincta formulae memorabilis a Cl°. Legendre proditae. E tabulis I. et II. duas alias derivare licet sequentes, commutatis limitibus, inter quos valor ipsius y continetur, ac posito $x=\frac{Le^{i\varphi}}{N}$. Pro limitibus assignatis angulus φ inde a 0 usque ad π crescit, dum y ab altero limite ad alterum transit.

TABULA III.

(A.) $$\frac{dy}{\sqrt{(y-\alpha)(y-\beta)(y-\gamma)(y-\delta)}} = \frac{d\varphi}{\sqrt{mm\cos^2\varphi + nn\sin^2\varphi}}$$

$$m = \sqrt[4]{(\alpha-\gamma)(\beta-\delta)(\alpha-\beta)(\gamma-\delta)}, \quad n = \frac{\sqrt{(\alpha-\gamma)(\beta-\delta)} + \sqrt{(\alpha-\beta)(\gamma-\delta)}}{2}$$

(I.) Limites: $\gamma \ldots\ldots\ldots \beta$: $\operatorname{tg}\frac{\varphi}{2} = \sqrt[4]{\frac{(\alpha-\beta)(\beta-\delta)}{(\alpha-\gamma)(\gamma-\delta)}}\cdot\sqrt{\frac{y-\gamma}{\beta-y}}$

(II.) Limites: $\alpha \ldots \pm\infty \ldots \delta$: $\operatorname{tg}\frac{\varphi}{2} = \sqrt[4]{\frac{(\beta-\delta)(\gamma-\delta)}{(\alpha-\beta)(\alpha-\gamma)}}\cdot\sqrt{\frac{y-\alpha}{y-\delta}}$.

(B.) $$\frac{dy}{\sqrt{-(y-\alpha)(y-\beta)(y-\gamma)(y-\delta)}} = \frac{d\varphi}{\sqrt{mm\cos^2\varphi + nn\sin^2\varphi}}$$

$$m = \sqrt{(\alpha-\gamma)(\beta-\delta)(\alpha-\delta)(\beta-\gamma)}, \quad n = \frac{\sqrt{(\alpha-\gamma)(\beta-\delta)} + \sqrt{(\alpha-\delta)(\beta-\gamma)}}{2}$$

(I.) Limites: $\delta \ldots\ldots \gamma$: $\operatorname{tg}\frac{\varphi}{2} = \sqrt[4]{\frac{(\alpha-\gamma)(\beta-\gamma)}{(\alpha-\delta)(\beta-\delta)}}\cdot\sqrt{\frac{y-\delta}{\gamma-y}}$

(II.) Limites: $\beta \ldots\ldots \alpha$: $\operatorname{tg}\frac{\varphi}{2} = \sqrt[4]{\frac{(\alpha-\gamma)(\alpha-\delta)}{(\beta-\gamma)(\beta-\delta)}}\cdot\sqrt{\frac{y-\beta}{\alpha-y}}$.

TABULA IV.

(A.) $$\frac{dy}{\sqrt{(y-\alpha)(y-\beta)(y-\gamma)}} = \frac{d\varphi}{\sqrt{mm\cos^2\varphi + nn\sin^2\varphi}}$$

$$m = \sqrt[4]{(\alpha-\gamma)(\alpha-\beta)}, \quad n = \frac{\sqrt{\alpha-\gamma} + \sqrt{\alpha-\beta}}{2}$$

(I.) Limites: $\gamma \ldots\ldots \beta$: $\operatorname{tg}\frac{\varphi}{2} = \sqrt[4]{\frac{\alpha-\beta}{\alpha-\gamma}}\cdot\sqrt{\frac{y-\gamma}{\beta-y}}$

(II.) Limites: $\alpha \ldots +\infty$: $\operatorname{tg}\frac{\varphi}{2} = \frac{\sqrt{y-\alpha}}{\sqrt[4]{(\alpha-\beta)(\alpha-\gamma)}}$.

(B.) $$\frac{dy}{\sqrt{-(y-\alpha)(y-\beta)(y-\gamma)}} = \frac{d\varphi}{\sqrt{mm\cos^2\varphi + nn\sin^2\varphi}}$$

$$m = \sqrt[4]{(\alpha-\gamma)(\beta-\gamma)}, \quad n = \frac{\sqrt{\alpha-\gamma} + \sqrt{\beta-\gamma}}{2}$$

(I.) Limites: $-\infty \ldots \gamma$: $\operatorname{tg}\frac{\varphi}{2} = \frac{\sqrt[4]{(\alpha-\gamma)(\beta-\gamma)}}{\sqrt{\gamma-y}}$

(II.) Limites: $\beta \ldots \alpha$: $\operatorname{tg}\frac{\varphi}{2} = \sqrt[4]{\frac{\alpha-\gamma}{\beta-\gamma}}\cdot\sqrt{\frac{y-\beta}{\alpha-y}}$.

Fusius hanc quaestionem tractavimus, ut adesset exemplum elaboratum. Restant adhuc casus, quibus quantitatum α, β, γ, δ vel duae vel quatuor imaginariae sunt. Casus prior et ipse solutionem realem admittit, quae tamen specie imaginarii laborat. Casus posterior eiusmodi solutionem realem omnino non admittit. Quare ut omnia ad realia revocentur, novis transformationibus opus erit, unde concinnitas formularum perit. Cui igitur quaestioni supersedemus.

Substitutioni propositae alia respondet, eius inversa, formae

$$x = \frac{a + a'y + a''y^2}{b + b'y + b''y^2},$$

quae et ipsa formulas elegantissimas suppeditat. Cum vero fortasse iam nimis diu huic quaestioni immorari videamur, eius investigationem ad aliam occasionem relegamus. Revertimur ad quaestiones generales.

DE TRANSFORMATIONE EXPRESSIONIS $\frac{dy}{\sqrt{(1-y^2)(1-\lambda^2y^2)}}$ IN ALIAM EIUS SIMILEM $\frac{dx}{M\sqrt{(1-x^2)(1-k^2x^2)}}$.

10.

Vidimus datam expressionem:

$$\frac{dy}{\sqrt{A' + B'y + C'y^2 + D'y^3 + E'y^4}}$$

per substitutionem adhibitam huiusmodi:

$$y = \frac{a + a'x + a''x^2 + \dots + a^{(p)}x^p}{b + b'x + b''x^2 + \dots + b^{(p)}x^p} = \frac{U}{V},$$

quicunque sit numerus p, in aliam eius similem transformari posse:

$$\frac{dx}{\sqrt{A + Bx + Cx^2 + Dx^3 + Ex^4}}.$$

Eiusmodi substitutio cum a datis coefficientibus A', B', C', D', E' pendet tum vero maxime a numero p, quippe qui exponentem designet dignitatis summae, quae in functionibus rationalibus U, V invenitur. Quamobrem in sequentibus dicemus eiusmodi substitutionem seu transformationem p^{ti} *ordinis esse sive ad* p^{tum} *ordinem sive simplicius ad numerum* p *pertinere.*

Iam indolem harum substitutionum accuratius examinaturi, missam faciamus formam illam complexiorem:

$$\frac{dy}{\sqrt{A'+B'y+C'y^2+D'y^3+E'y^4}},$$

ac quaeramus de simpliciore hac $\frac{dy}{\sqrt{(1-y^2)(1-\lambda^2 y^2)}}$, ad quam illam revocari posse et vidimus et notum est, in aliam eius similem $\frac{dx}{M\sqrt{(1-x^2)(1-k^2x^2)}}$ transformanda.

Quaestionis propositae natura rite perpensa, problemati satisfieri invenitur, siquidem functionum U, V altera impar, altera par esse statuatur, id quod iam exempla innuunt ab analystis hactenus explorata. Qua in re maxime distinguendum erit inter casum, quo imparis functionis ordo paris ordine minor, et eum, quo maior est paris ordine, sive inter casum, quo transformatio ad numerum parem, et eum, quo ad numerum imparem pertinet.

Iam igitur *primum* probemus transformationem succedere, adhibita substitutione ordinis paris seu formae:

$$y = \frac{x(a+a'x^2+a''x^4+\cdots+a^{(m-1)}x^{2m-2})}{1+b'x^2+b''x^4+\cdots+b^{(m)}x^{2m}} = \frac{U}{V}.$$

Hic functiones $V+U$, $V-U$, $V+\lambda U$, $V-\lambda U$ et ipsae erunt ordinis paris, unde ponamus:

$$\begin{aligned}
&(1.)\quad V+U = (1+x)(1+kx)AA\\
&(2.)\quad V-U = (1-x)(1-kx)BB\\
&(3.)\quad V+\lambda U = CC\\
&(4.)\quad V-\lambda U = DD,
\end{aligned}$$

designantibus A, B, C, D functiones elementi x rationales integras. Quibus aequationibus simulac satisfactum erit, eruetur, uti probavimus:

$$\frac{dy}{\sqrt{(1-y^2)(1-\lambda^2y^2)}} = \frac{dx}{M\sqrt{(1-x^2)(1-k^2x^2)}}.$$

Mutato x in $-x$ cum U in $-U$ abeat, V autem non mutetur, ex aequationibus (1.), (3.) reliquae (2.), (4.) sponte fluunt. Ut aequationibus (1.), (3.) satisfiat, $V+\lambda U$ debet m vicibus, $V+U$ autem $m-1$ vicibus duos inter se aequales habere factores lineares; insuper ipsi $V+U$ etiam factor $1+x$ assignari debet. Quae omnia aequationes conditionales sibi poscunt numero $m+m-1+1=2m$, qui et ipse est numerus indeterminatarum $a, a', \ldots a^{(m-1)}$; $b', b'', \ldots b^{(m)}$. Unde problema propositum est determinatum.

Secundo loco probemus succedere etiam transformationem, adhibita substitutione huiusmodi:

$$y = \frac{x(a+a'x^2+a''x^4+\ldots.+a^{(m)}x^{2m})}{1+b'x^2+b''x^4+\ldots.+b^{(m)}x^{2m}} = \frac{U}{V},$$

quae ad numerum imparem pertinet. Hic $V+U$, $V-U$, $V+\lambda U$, $V-\lambda U$ et ipsae sunt imparis ordinis, unde ponamus:

$$\begin{aligned}
&(1.) \quad V+U = (1+x)AA\\
&(2.) \quad V-U = (1-x)BB\\
&(3.) \quad V+\lambda U = (1+kx)CC\\
&(4.) \quad V-\lambda U = (1-kx)DD.
\end{aligned}$$

Hic quoque solummodo aequationibus (1.), (3.) satisfaciendum erit, quippe e quibus mutando x in $-x$ duae reliquae sponte manant. Ut illis satisfiat, et $V+U$ et $V+\lambda U$ singulae m vicibus duos inter se aequales habeant factores lineares necesse est, quem in finem $2m$ aequationibus conditionalibus satisfaciendum erit, quibus una accedit, ut insuper $V+U$ nanciscatur factorem $(1+x)$. Hinc numerum aequationum conditionalium esse videmus $2m+1$, qui et ipse est numerus indeterminatarum $a, a', a'', \ldots a^{(m)}$; $b', b'', \ldots b^{(m)}$. Unde et hoc casu determinatum est problema.

11.

Designentur per U', V' functiones elementi y integrae rationales eiusmodi, ut, posito $z = \frac{U'}{V'}$, eruatur:

$$\frac{dz}{\sqrt{(1-z^2)(1-\mu^2 z^2)}} = \frac{dy}{M'\sqrt{(1-y^2)(1-\lambda^2 y^2)}}.$$

Sit ea, quae adhibita est, substitutio $z = \frac{U'}{V'}$ ordinis p'^{ti}, ac per aliam substitutionem $y = \frac{U}{V}$ (designantibus U, V, ut supra, functiones elementi x rationales integras), quae sit ordinis p^{ti}, eruatur, ut supra:

$$\frac{dy}{\sqrt{(1-y^2)(1-\lambda^2 y^2)}} = \frac{dx}{M\sqrt{(1-x^2)(1-k^2x^2)}}.$$

Iam substituto valore $y = \frac{U}{V}$ in expressione $z = \frac{U'}{V'}$, nascatur $z = \frac{U''}{V''}$: erit una illa substitutio $z = \frac{U''}{V''}$, qua adhibita eruitur:

$$\frac{dz}{\sqrt{(1-z^2)(1-\mu^2 z^2)}} = \frac{dx}{MM'\sqrt{(1-x^2)(1-k^2x^2)}},$$

ordinis $(pp')^{\text{ti}}$. Ita videmus, e pluribus transformationibus, quae resp. ad numeros $p, p', p'', \ldots$ pertinent, successive adhibitis, unam componi posse, quae ad numerum $pp'p'' \ldots$ pertinet. Nec non vice versa, quod tamen in praesentia non probabimus, transformationem, quae ad numerum aliquem compositum $pp'p'' \ldots$ pertinet, semper ex aliis successive adhibitis componere licet, quae resp. ad numeros $p, p', p'', \ldots$ pertinent. Quamobrem eas tantummodo investigari oportet transformationes, quae ad numerum pertineant *primum*, quippe e quibus cunctas componere liceat reliquas. Iam igitur in sequentibus missum faciamus casum primum, qui ordinem transformationis parem spectat, quippe quem semper componere liceat e transformatione imparis ordinis et transformatione, quae ad numerum 2 pertinet, identidem, ubi opus erit, repetita. Casum *secundum* autem seu transformationes imparis ordinis iam propius examinemus.

12.

Videmus eo casu functiones duas, alteram V parem $2m^{\text{ti}}$ ordinis, alteram U imparem $(2m+1)^{\text{ti}}$ ordinis ita determinandas esse, ut sit:

$$V + U = (1+x)AA, \qquad V + \lambda U = (1+kx)CC.$$

Iam dico, si quidem ita functiones U, V determinentur, ut, loco x posito $\frac{1}{kx}$, abeat $y = \frac{U}{V}$ in $\frac{1}{\lambda y} = \frac{V}{\lambda U}$, aequationes illas alteram ex altera sponte sequi.

Ponamus $V = \varphi(x^2)$, $U = xF(x^2)$; videmus expressionem $y = \frac{xF(x^2)}{\varphi(x^2)}$, loco x posito $\frac{1}{kx}$, abire in

$$\frac{F\left(\frac{1}{k^2x^2}\right)}{kx\varphi\left(\frac{1}{k^2x^2}\right)} = \frac{x^{2m}F\left(\frac{1}{k^2x^2}\right)}{kx.x^{2m}\varphi\left(\frac{1}{k^2x^2}\right)},$$

ubi $x^{2m}F\left(\frac{1}{k^2x^2}\right)$, $x^{2m}\varphi\left(\frac{1}{k^2x^2}\right)$ sunt functiones integrae. Quod ut aequale fiat expressioni $\frac{1}{\lambda y} = \frac{V}{\lambda U} = \frac{\varphi(x^2)}{\lambda x F(x^2)}$, sequentes obtinere debent aequationes:

$$\varphi(x^2) = px^{2m}F\left(\frac{1}{k^2x^2}\right), \qquad \lambda F(x^2) = pkx^{2m}\varphi\left(\frac{1}{k^2x^2}\right),$$

designante p quantitatem constantem. Ubi in his aequationibus rursus ponimus $\frac{1}{kx}$ loco x, nanciscimur: $\varphi\left(\frac{1}{k^2x^2}\right) = \frac{p}{k^{2m}x^{2m}}F(x^2)$, $\lambda F\left(\frac{1}{k^2x^2}\right) = \frac{pk}{k^{2m}x^{2m}}\varphi(x^2)$. Quibus cum prioribus comparatis aequationibus, obtinemus $\frac{p}{k^{2m}} = \frac{\lambda}{pk}$, unde $p = \sqrt{\lambda k^{2m-1}}$. Hinc fit:

$$\varphi(x^2) = \sqrt{\lambda k^{2m-1}}\,x^{2m}F\left(\frac{1}{k^2x^2}\right), \quad F(x^2) = \sqrt{\frac{k^{2m+1}}{\lambda}}\,x^{2m}\varphi\left(\frac{1}{k^2x^2}\right),$$

quarum aequationum altera ex altera sequitur.

Iam quoties expressio:

$$\frac{V+U}{1+x} = \frac{\varphi(x^2)+xF(x^2)}{1+x}$$

quadratum est functionis elementi x integrae rationalis, idem etiam valebit de altera, quae ex illa derivatur ponendo $\frac{1}{kx}$ loco x ac multiplicando per $\sqrt{\lambda k^{2m-1}}\,x^{2m}$. Quo facto obtinemus, *siquidem* $\frac{V+U}{1+x}$ *quadratum sit, functionem:*

$$\sqrt{\lambda k^{2m-1}}\,x^{2m}\,\frac{\varphi\left(\frac{1}{k^2x^2}\right)+\frac{1}{kx}F\left(\frac{1}{k^2x^2}\right)}{1+\frac{1}{kx}} = \frac{\sqrt{\lambda k^{2m-1}}\,x^{2m}F\left(\frac{1}{k^2x^2}\right)+\sqrt{\lambda k^{2m+1}}\,x^{2m+1}\varphi\left(\frac{1}{k^2x^2}\right)}{1+kx}$$

$$= \frac{\varphi(x^2)+\lambda xF(x^2)}{1+kx} = \frac{V+\lambda U}{1+kx}$$

et ipsam quadratum fore. Q. D. E.

Itaque eo revocatum est problema, ut expressio:

$$\frac{\varphi(x^2)+\sqrt{\frac{k^{2m+1}}{\lambda}}\,x^{2m+1}\varphi\left(\frac{1}{k^2x^2}\right)}{1+x} = \frac{V+U}{1+x}$$

quadratum reddatur, designante $\varphi(x^2)$ expressionem huiusmodi:

$$\varphi(x^2) = V = 1+b'x^2+b''x^4+\cdots+b^{(m)}x^{2m}.$$

Fit autem, posito $U = xF(x^2) = x(a+a'x^2+a''x^4+\cdots+a^{(m)}x^{2m})$,

cum sit $\qquad U = xF(x^2) = \sqrt{\frac{k^{2m+1}}{\lambda}}\,x^{2m+1}\varphi\left(\frac{1}{k^2x^2}\right)$:

$$(*)\begin{cases} a = \sqrt{\frac{k}{\lambda}}\cdot\frac{b^{(m)}}{k^m}, & a' = \sqrt{\frac{k}{\lambda}}\cdot\frac{b^{(m-1)}}{k^{m-2}}, \quad a'' = \sqrt{\frac{k}{\lambda}}\cdot\frac{b^{(m-2)}}{k^{m-4}}, \ldots \\ a^{(m)} = \sqrt{\frac{k}{\lambda}}\cdot k^m, & a^{(m-1)} = \sqrt{\frac{k}{\lambda}}\cdot b'k^{m-2}, \quad a^{(m-2)} = \sqrt{\frac{k}{\lambda}}\cdot b''k^{m-4}, \ldots \end{cases}$$

Iam ad exempla delabimur.

PROPONITUR TRANSFORMATIO TERTII ORDINIS.

13.

Sit $m = 1$, qui est casus simplicissimus, $V = 1 + b'x^2$, $U = x(a + a'x^2)$. Posito $A = 1 + \alpha x$, eruimus:

$$AA = (1+\alpha x)^2 \quad = 1 + 2\alpha x + \alpha\alpha x^2,$$

unde:

$$V + U = (1+x)AA = 1 + (1+2\alpha)x + \alpha(2+\alpha)x^2 + \alpha\alpha x^3.$$

Hinc fit:

$$b' = \alpha(2+\alpha), \quad a = 1+2\alpha, \quad a' = \alpha\alpha.$$

Aequationes (*) §. 12. in sequentes abeunt:

$$a = \sqrt{\frac{k}{\lambda}} \cdot \frac{b'}{k}, \quad a' = \sqrt{\frac{k^3}{\lambda}},$$

unde obtinemus:

$$1 + 2\alpha = \frac{\alpha(2+\alpha)}{\sqrt{k\lambda}}, \quad \alpha\alpha = \sqrt{\frac{k^3}{\lambda}}, \quad \alpha = \sqrt[4]{\frac{k^3}{\lambda}}.$$

Ponatur $\sqrt[4]{k} = u$, $\sqrt[4]{\lambda} = v$, erit $\alpha = \frac{u^3}{v}$, $1 + 2\alpha = \frac{v + 2u^3}{v}$, $\alpha(2+\alpha) = \frac{u^3(2v+u^3)}{v^2}$. Hinc aequatio:

$$1 + 2\alpha = \frac{\alpha(2+\alpha)}{\sqrt{k\lambda}}$$

abit in sequentem:

$$\frac{v + 2u^3}{v} = \frac{u(2v+u^3)}{v^4},$$

sive:

$$(1.) \qquad u^4 - v^4 + 2uv(1 - u^2v^2) = 0.$$

Fit praeterea:

$$a = 1 + 2\alpha = \frac{v + 2u^3}{v}$$

$$a' = \alpha\alpha = \frac{u^6}{v^2}$$

$$b' = \alpha(2+\alpha) = \frac{u^3(2v+u^3)}{v^2} = vu^2(v + 2u^3).$$

Hinc obtinemus:

$$(2.) \qquad y = \frac{(v + 2u^3)vx + u^6x^3}{v^2 + v^3u^2(v+2u^3)x^2}.$$

Praeterea obtinemus, quia $1+y=\frac{(1+x)AA}{V}$:

$$(3.)\qquad 1+y=\frac{(1+x)(v+u^3x)^2}{v^3+v^3u^2(v+2u^3)x^2}$$

$$(4.)\qquad 1-y=\frac{(1-x)(v-u^3x)^2}{v^3+v^3u^2(v+2u^3)x^2}$$

$$(5.)\qquad \sqrt{\frac{1-y}{1+y}}=\sqrt{\frac{1-x}{1+x}}\cdot\frac{v-u^3x}{v+u^3x}$$

$$(6.)\qquad \sqrt{1-y^2}=\frac{\sqrt{1-x^2}.(v^2-u^6x^2)}{v^3+v^3u^2(v+2u^3)x^2}.$$

Porro loco x ponendo $\frac{1}{kx}=\frac{1}{u^4x}$, cum y abeat in $\frac{1}{\lambda y}=\frac{1}{v^4y}$, eruimus sequentium formularum systema:

$$(7.)\qquad 1+v^4y=\frac{(1+u^4x)(1+uvx)^2}{1+vu^2(v+2u^3)x^2}$$

$$(8.)\qquad 1-v^4y=\frac{(1-u^4x)(1-uvx)^2}{1+vu^2(v+2u^3)x^2}$$

$$(9.)\qquad \sqrt{\frac{1-v^4y}{1+v^4y}}=\sqrt{\frac{1-u^4x}{1+u^4x}}\cdot\frac{1-uvx}{1+uvx}$$

$$(10.)\qquad \sqrt{1-v^8y^2}=\frac{\sqrt{1-u^8x^2}.(1-u^2v^2x^2)}{1+vu^2(v+2u^3)x^2}.$$

14.

Posito

$$V+U=(1+x)AA,\qquad V+\lambda U=(1+kx)CC,$$
$$V-U=(1-x)BB,\qquad V-\lambda U=(1-kx)DD,$$

vidimus, fieri:

$$ABCD=M\left(V\frac{dU}{dx}-U\frac{dV}{dx}\right),$$

designante M quantitatem constantem, quam ex unius eiusdem dignitatis coefficientis comparatione, in utraque expressione $ABCD$, $V\frac{dU}{dx}-U\frac{dV}{dx}$ instituta, eruere licet. Iam posito $V=b+b'x^2+$ etc., $U=ax+a'x^3+$ etc., in singulis expressionibus A, B, C, D fit constans $\sqrt{b}$, unde in producto ex iis conflato bb, in expressione autem $V\frac{dU}{dx}-U\frac{dV}{dx}$ constantem fieri videmus ab, unde:

$$M = \frac{b}{a}.$$

Hinc in exemplo nostro fit, quia $b = 1$, $a = \frac{v+2u^3}{v} = \frac{u(2v+u^3)}{v^4}$:

$$M = \frac{v}{v+2u^3} = \frac{v^4}{u(2v+u^3)},$$

unde:

$$\frac{dy}{\sqrt{(1-y^2)(1-v^8y^2)}} = \frac{(v+2u^3)}{v}\cdot\frac{dx}{\sqrt{(1-x^2)(1-u^8x^2)}}.$$

Moduli k, λ, quos per aequationem quarti gradus a se invicem pendere vidimus §. 13. (1.), facile per eandem quantitatem α rationaliter exprimuntur. E formulis enim supra allatis:

$$\alpha = \frac{u^3}{v}, \quad 1+2\alpha = \frac{\alpha(2+\alpha)}{\sqrt{k\lambda}} = \frac{\alpha(2+\alpha)}{u^2v^2}$$

sequitur:

$$\alpha = \frac{u^3}{v}, \quad u^2v^2 = \frac{\alpha(2+\alpha)}{1+2\alpha},$$

unde:

$$u^8 = \frac{\alpha^3(2+\alpha)}{1+2\alpha} = k^2, \qquad v^8 = \alpha\left(\frac{2+\alpha}{1+2\alpha}\right)^3 = \lambda^2.$$

Fit insuper: $M = \frac{1}{1+2\alpha}$, unde, posito $y = \sin T'$, $x = \sin T$, aequatio:

$$\frac{dy}{\sqrt{(1-y^2)(1-\lambda^2y^2)}} = \frac{dx}{M\sqrt{(1-x^2)(1-k^2x^2)}}$$

in sequentem abit:

$$\frac{dT'}{\sqrt{(1+2\alpha)^3-\alpha(2+\alpha)^3\sin^2 T'}} = \frac{dT}{\sqrt{1+2\alpha-\alpha^3(2+\alpha)\sin^2 T}},$$

sive in hanc:

$$\frac{dT'}{\sqrt{(1+2\alpha)^3\cos^2 T'+(1-\alpha)^3(1+\alpha)\sin^2 T'}} = \frac{dT}{\sqrt{(1+2\alpha)\cos^2 T+(1+\alpha)^3(1-\alpha)\sin^2 T}},$$

ad quam pervenitur, substitutione facta:

$$\sin T' = \frac{(1+2\alpha)\sin T+\alpha^2\sin^3 T}{1+\alpha(2+\alpha)\sin^2 T}.$$

PROPONITUR TRANSFORMATIO QUINTI ORDINIS.

15.

Iam ad exemplum, quod simplicitate proximum est, transeamus, in quo $m = 2$,

$$V = 1+b'x^2+b''x^4,\quad U = x(a+a'x^2+a''x^4),\quad A = 1+\alpha x+\beta x^2.$$

Eruimus:

$$AA = 1+2\alpha x+(2\beta+\alpha\alpha)x^2+2\alpha\beta x^3+\beta\beta x^4,$$

unde:

$$AA(1+x) = 1+x(1+2\alpha)+x^2(2\alpha+2\beta+\alpha\alpha)+x^3(2\beta+\alpha\alpha+2\alpha\beta)+x^4(2\alpha\beta+\beta\beta)+\beta\beta x^5.$$

Hinc nanciscimur:

$$b' = 2\alpha+2\beta+\alpha\alpha,\quad b'' = \beta(2\alpha+\beta)$$
$$a = 1+2\alpha,\quad a' = 2\beta+\alpha\alpha+2\alpha\beta,\quad a'' = \beta\beta.$$

Aequationes (*) §. 12. fiunt:

$$a = \sqrt{\frac{k}{\lambda}}\cdot\frac{b''}{k^2},\quad a' = \sqrt{\frac{k}{\lambda}}\cdot b',\quad a'' = \sqrt{\frac{k^5}{\lambda}}.$$

Ex his sequitur:

$$\frac{a'a'}{aa''} = \frac{b'b'}{b''},$$

sive, cum habeatur $b' = (2\alpha+\beta)+(\beta+\alpha\alpha)$, $a' = \beta(1+2\alpha)+(\beta+\alpha\alpha)$.

$$\frac{[(2\alpha+\beta)+(\beta+\alpha\alpha)]^2}{2\alpha+\beta} = \frac{[\beta(1+2\alpha)+(\beta+\alpha\alpha)]^2}{\beta(1+2\alpha)},$$

unde:

$$2\alpha+\beta+\frac{(\beta+\alpha\alpha)^2}{2\alpha+\beta} = \beta(1+2\alpha)+\frac{(\beta+\alpha\alpha)^2}{\beta(1+2\alpha)}.$$

Hinc facile sequitur:

$$\beta(1+2\alpha)(2\alpha+\beta) = (\beta+\alpha\alpha)^2,$$

quod evolutum ac per α divisum abit in:

$$\alpha^3 = 2\beta(1+\alpha+\beta).$$

Hanc aequationem his etiam duobus modis repraesentare licet:

$$(\alpha\alpha+\beta)(\alpha-2\beta) = \beta(2-\alpha)(1+2\alpha)$$
$$(\alpha\alpha+\beta)(2-\alpha) = (\alpha-2\beta)(2\alpha+\beta),$$

unde sequitur:

$$\left(\frac{2-\alpha}{\alpha-2\beta}\right)^2 = \frac{2\alpha+\beta}{\beta(1+2\alpha)}.$$

His praeparatis, reliqua facile transiguntur. Invenimus enim, posito $k = u^4$, $\lambda = v^4$:

$$\frac{2\alpha+\beta}{\beta(1+2\alpha)} = \frac{b''}{aa''} = \frac{b'b'}{a'a'} = \frac{\lambda}{k} = \frac{v^4}{u^4},$$

unde etiam:

$$\frac{2-\alpha}{\alpha-2\beta} = \frac{v^2}{u^2}.$$

Est insuper $\beta = \sqrt{a''} = \sqrt[4]{\frac{k^5}{\lambda}} = \frac{u^5}{v}$, unde aequationes:

$$\frac{v^4}{u^4} = \left(\frac{2-\alpha}{\alpha-2\beta}\right)^2 = \frac{2\alpha+\beta}{\beta(1+2\alpha)}, \qquad \frac{2-\alpha}{\alpha-2\beta} = \frac{v^2}{u^2}$$

in sequentes abeunt:

$$2\alpha v+u^5 = uv^4(1+2\alpha)$$
$$u^2(2-\alpha) = v(v\alpha-2u^5),$$

sive:

$$2\alpha v(1-uv^3) = u(v^4-u^4)$$
$$\alpha(v^2+u^2) = 2u^2(1+u^3v),$$

unde:

$$(u^2+v^2)(u^4-v^4)+4uv(1+u^3v)(1-uv^3) = 0.$$

Facta evolutione, prodit:

$$(1.) \qquad u^6-v^6+5u^2v^2(u^2-v^2)+4uv(1-u^4v^4) = 0.$$

Reliqua ita inveniuntur. Ex aequationibus:

$$2\alpha v(1-uv^3) = u(v^4-u^4)$$
$$\alpha(u^2+v^2) = 2u^2(1+u^3v)$$

sequitur:

$$\alpha = \frac{u(v^4-u^4)}{2v(1-uv^3)} = \frac{2u^2(1+u^3v)}{u^2+v^2}.$$

Hinc fit:

$$a = 1+2\alpha = \frac{1}{v}\left(\frac{v-u^5}{1-uv^3}\right)$$

$$\beta+2\alpha = \frac{u^5}{v}+2\alpha = uv^2\left(\frac{v-u^5}{1-uv^3}\right)$$

$$\alpha-2\beta = \alpha-\frac{2u^5}{v} = \frac{2u^3}{v}\left(\frac{v-u^5}{u^2+v^2}\right)$$

$$2-\alpha = 2v\left(\frac{v-u^5}{u^2+v^2}\right)$$

$$a\alpha+\beta = \frac{(\alpha-2\beta)(2\alpha+\beta)}{2-\alpha} = u^3\left(\frac{v-u^5}{1-uv^3}\right).$$

Hinc tandem deducitur:

$$b' = \beta+2\alpha+a\alpha+\beta = \frac{u(u^2+v^2)(v-u^5)}{1-uv^3}$$

$$b'' = \frac{u^5}{v}(2\alpha+\beta) = u^6 v\left(\frac{v-u^5}{1-uv^3}\right)$$

$$a = \frac{1}{v}\left(\frac{v-u^5}{1-uv^3}\right)$$

$$a' = \frac{u^2}{v^2}\cdot b' = u^3\left(\frac{u^2+v^2}{v^2}\right)\left(\frac{v-u^5}{1-uv^3}\right)$$

$$a'' = \frac{u^{10}}{v^2}.$$

Iam cum sit $M = \frac{1}{a} = v\left(\frac{1-uv^3}{v-u^5}\right)$, transformatio quinti ordinis continebitur theoremate sequente:

Theorema.

Posito:

(1.) $$u^6-v^6+5u^2v^2(u^2-v^2)+4uv(1-u^4v^4) = 0$$

(2.) $$y = \frac{v(v-u^5)x+u^3(u^2+v^2)(v-u^5)x^3+u^{10}(1-uv^3)x^5}{v^2(1-uv^3)+uv^2(u^2+v^2)(v-u^5)x^2+u^6v^3(v-u^5)x^4},$$

fit:

$$\frac{v(1-uv^3)\,dy}{\sqrt{(1-y^2)(1-v^8y^2)}} = \frac{(v-u^5)\,dx}{\sqrt{(1-x^2)(1-u^8x^2)}}.$$

QUOMODO TRANSFORMATIONE BIS ADHIBITA PERVENITUR AD MULTIPLICATIONEM.

16.

Inspicientem aequationes inter u et v duobus exemplis propositis inventas:

$$u^4 - v^4 + 2uv(1 - u^2v^2) = 0$$
$$u^6 - v^6 + 5u^2v^2(u^2 - v^2) + 4uv(1 - u^4v^4) = 0,$$

fugere non potest, immutatas eas manere, ubi u loco v, loco u autem $-v$ ponitur. Hinc e theoremate exemplo primo invento, videlicet posito:

$$u^4 - v^4 + 2uv(1 - u^2v^2) = 0$$
$$y = \frac{v(v + 2u^3)x + u^6x^3}{v^2 + v^3u^2(v + 2u^3)x^2},$$

fieri:

$$\frac{dy}{\sqrt{(1-y^2)(1-v^8y^2)}} = \frac{v + 2u^3}{v} \cdot \frac{dx}{\sqrt{(1-x^2)(1-u^8x^2)}},$$

alterum statim derivatur hoc, posito:

$$z = \frac{u(u - 2v^3)y + v^6y^3}{u^2 + u^3v^2(u - 2v^3)y^2},$$

fieri:

$$\frac{dz}{\sqrt{(1-z^2)(1-u^8z^2)}} = \frac{u - 2v^3}{u} \cdot \frac{dy}{\sqrt{(1-y^2)(1-v^8y^2)}}.$$

Iam vero est:

$$\left(\frac{v + 2u^3}{v}\right)\left(\frac{u - 2v^3}{u}\right) = \frac{2(u^4 - v^4) + uv(1 - 4u^2v^2)}{uv} = -3,$$

unde sequitur:

$$\frac{dz}{\sqrt{(1-z^2)(1-u^8z^2)}} = \frac{-3dx}{\sqrt{(1-x^2)(1-u^8x^2)}}.$$

Ut loco -3 eruatur $+3$, sive z in $-z$, sive x in $-x$ mutari debet.

Simili modo e theoremate exemplo secundo proposito alterum deducitur, videlicet posito:

$$z = \frac{u(u+v^5)y - v^3(u^2+v^2)(u+v^5)y^3 + v^{10}(1+u^3v)y^5}{u^2(1+u^3v) - u^2v(u^2+v^2)(u+v^5)y^2 + u^3v^6(u+v^5)y^4},$$

erui:

$$\frac{dz}{\sqrt{(1-z^2)(1-u^8z^2)}} = \frac{u+v^5}{u(1+u^3v)} \cdot \frac{dy}{\sqrt{(1-y^2)(1-v^8y^2)}}.$$

Iam cum ex aequatione:

$$u^6 - v^6 + 5u^2v^2(u^2-v^2) + 4uv(1-u^4v^4) = 0$$

sequatur:

$$\frac{(u+v^5)(v-u^5)}{uv(1+u^3v)(1-uv^3)} = \frac{uv(1-u^4v^4)-(u^6-v^6)}{uv(1+u^3v)(1-uv^3)} = 5,$$

fieri videmus:

$$\frac{dz}{\sqrt{(1-z^2)(1-u^8z^2)}} = \frac{5dx}{\sqrt{(1-x^2)(1-u^8x^2)}}.$$

Ita transformatione bis adhibita pervenitur ad multiplicationem.

Haec duo exempla, videlicet transformationes tertii et quinti ordinis, iam prius in litteris exhibui, quas mense Iunio a. 1827 ad Cl[m]. Schumacher dedi. Vide *Nova Astronomica* Nr. 123. Nec non ibidem methodi, qua eruta sunt, generalitatem praedicabam. Alterum biennio ante iam a Cl[o]. Legendre inventum erat.

DE NOTATIONE NOVA FUNCTIONUM ELLIPTICARUM.

17.

Missis factis quaestionibus algebraicis, accuratius inquiramus in naturam analyticam functionum nostrarum. Antea autem notationis modum, cuius in sequentibus usus erit, indicemus necesse est.

Posito $\int_0^{\varphi} \frac{d\varphi}{\sqrt{1-k^2\sin^2\varphi}} = u$, angulum φ *amplitudinem* functionis u vocare geometrae consueverunt. Hunc igitur angulum in sequentibus denotabimus per ampl u seu brevius per:

$$\varphi = \text{am}\, u.$$

Ita, ubi

$$u = \int_0^x \frac{dx}{\sqrt{(1-x^2)(1-k^2x^2)}},$$

erit:

$$x = \sin \text{am}\, u.$$

Insuper posito:

$$\int_0^1 \frac{dx}{\sqrt{(1-x^2)(1-k^2x^2)}} = \int_0^{\frac{\pi}{2}} \frac{d\varphi}{\sqrt{1-k^2\sin^2\varphi}} = K,$$

vocabimus $K-u$ complementum functionis u; complementi amplitudinem designabimus per *coam*, ita ut sit:

$$\operatorname{am}(K-u) = \operatorname{coam} u.$$

Expressionem $\sqrt{1-k^2\sin^2\operatorname{am} u} = \frac{d\operatorname{am} u}{du}$, duce Cl°. Legendre, denotabimus per:

$$\Delta\operatorname{am} u = \sqrt{1-k^2\sin^2\operatorname{am} u}.$$

Complementum, quod vocatur a Cl°. Legendre, moduli k designabo per k', ita ut sit:

$$kk+k'k' = 1.$$

Porro e notatione nostra erit:

$$K' = \int_0^{\frac{\pi}{2}} \frac{d\varphi}{\sqrt{1-k'k'\sin^2\varphi}}.$$

Modulus, qui subintelligi debet, ubi opus erit, sive uncis inclusus addetur sive in margine adiicietur. Modulo non addito, in sequentibus eundem ubique modulum k subintelligas.

Ipsas expressiones $\sin\operatorname{am} u$, $\sin\operatorname{coam} u$, $\cos\operatorname{am} u$, $\cos\operatorname{coam} u$, $\Delta\operatorname{am} u$, $\Delta\operatorname{coam} u$ etc. ac generaliter *functiones trigonometricas amplitudinis* in sequentibus *functionum ellipticarum* nomine insignire convenit, ita ut ei nomini aliam quandam tribuamus notionem atque hactenus factum est ab analystis. Ipsam u dicemus *argumentum functionis ellipticae*, ita ut, posito $x = \sin\operatorname{am} u$, sit $u = \arg\sin\operatorname{am} x$. E notatione proposita erit:

$$\sin\operatorname{coam} u = \frac{\cos\operatorname{am} u}{\Delta\operatorname{am} u}$$

$$\cos\operatorname{coam} u = \frac{k'\sin\operatorname{am} u}{\Delta\operatorname{am} u}$$

$$\Delta\operatorname{coam} u = \frac{k'}{\Delta\operatorname{am} u}$$

$$\operatorname{tg}\operatorname{coam} u = \frac{1}{k'\operatorname{tg}\operatorname{am} u}$$

$$\operatorname{cotg}\operatorname{coam} u = \frac{k'}{\operatorname{cotg}\operatorname{am} u}.$$

FORMULAE IN ANALYSI FUNCTIONUM ELLIPTICARUM FUNDAMENTALES.

18.

Ponamus $\operatorname{am} u = a$, $\operatorname{am} v = b$, $\operatorname{am}(u+v) = \sigma$, $\operatorname{am}(u-v) = \vartheta$; notae sunt formulae additionis et subtractionis functionum ellipticarum fundamentales:

$$\sin\sigma = \frac{\sin a \cos b \Delta b + \sin b \cos a \Delta a}{1-k^2 \sin^2 a \sin^2 b}$$

$$\cos\sigma = \frac{\cos a \cos b - \sin a \sin b \,\Delta a \Delta b}{1-k^2 \sin^2 a \sin^2 b}$$

$$\Delta\sigma = \frac{\Delta a \Delta b - k^2 \sin a \sin b \cos a \cos b}{1-k^2 \sin^2 a \sin^2 b}$$

$$\sin\vartheta = \frac{\sin a \cos b \Delta b - \sin b \cos a \Delta a}{1-k^2 \sin^2 a \sin^2 b}$$

$$\cos\vartheta = \frac{\cos a \cos b + \sin a \sin b \Delta a \Delta b}{1-k^2 \sin^2 a \sin^2 b}$$

$$\Delta\vartheta = \frac{\Delta a \Delta b + k^2 \sin a \sin b \cos a \cos b}{1-k^2 \sin^2 a \sin^2 b}.$$

Ut in promptu sint omnia, quorum in posterum usus erit, adnotemus adhuc formulas sequentes, quae facile demonstrantur, et quarum facile augetur numerus:

$$(1.) \qquad \sin\sigma + \sin\vartheta = \frac{2\sin a \cos b \Delta b}{1-k^2 \sin^2 a \sin^2 b}$$

$$(2.) \qquad \cos\sigma + \cos\vartheta = \frac{2\cos a \cos b}{1-k^2 \sin^2 a \sin^2 b}$$

$$(3.) \qquad \Delta\sigma + \Delta\vartheta = \frac{2\Delta a \Delta b}{1-k^2 \sin^2 a \sin^2 b}$$

$$(4.) \qquad \sin\sigma - \sin\vartheta = \frac{2\sin b \cos a \Delta a}{1-k^2 \sin^2 a \sin^2 b}$$

$$(5.) \qquad \cos\vartheta - \cos\sigma = \frac{2\sin a \sin b \Delta a \Delta b}{1-k^2 \sin^2 a \sin^2 b}$$

$$(6.) \qquad \Delta\vartheta - \Delta\sigma = \frac{2k^2 \sin a \sin b \cos a \cos b}{1-k^2 \sin^2 a \sin^2 b}$$

$$(7.)\qquad \sin\sigma\sin\vartheta = \frac{\sin^2 a - \sin^2 b}{1 - k^2\sin^2 a\sin^2 b}$$

$$(8.)\qquad 1 + k^2\sin\sigma\sin\vartheta = \frac{\Delta^2 b + k^2\sin^2 a\cos^2 b}{1 - k^2\sin^2 a\sin^2 b}$$

$$(9.)\qquad 1 + \sin\sigma\sin\vartheta = \frac{\cos^2 b + \sin^2 a\,\Delta^2 b}{1 - k^2\sin^2 a\sin^2 b}$$

$$(10.)\qquad 1 + \cos\sigma\cos\vartheta = \frac{\cos^2 a + \cos^2 b}{1 - k^2\sin^2 a\sin^2 b}$$

$$(11.)\qquad 1 + \Delta\sigma\,\Delta\vartheta = \frac{\Delta^2 a + \Delta^2 b}{1 - k^2\sin^2 a\sin^2 b}$$

$$(12.)\qquad 1 - k^2\sin\sigma\sin\vartheta = \frac{\Delta^2 a + k^2\sin^2 b\cos^2 a}{1 - k^2\sin^2 a\sin^2 b}$$

$$(13.)\qquad 1 - \sin\sigma\sin\vartheta = \frac{\cos^2 a + \sin^2 b\,\Delta^2 a}{1 - k^2\sin^2 a\sin^2 b}$$

$$(14.)\qquad 1 - \cos\sigma\cos\vartheta = \frac{\sin^2 a\,\Delta^2 b + \sin^2 b\,\Delta^2 a}{1 - k^2\sin^2 a\sin^2 b}$$

$$(15.)\qquad 1 - \Delta\sigma\,\Delta\vartheta = \frac{k^2(\sin^2 a\cos^2 b + \sin^2 b\cos^2 a)}{1 - k^2\sin^2 a\sin^2 b}$$

$$(16.)\qquad (1 \pm \sin\sigma)(1 \pm \sin\vartheta) = \frac{(\cos b \pm \sin a\,\Delta b)^2}{1 - k^2\sin^2 a\sin^2 b}$$

$$(17.)\qquad (1 \pm \sin\sigma)(1 \mp \sin\vartheta) = \frac{(\cos a \pm \sin b\,\Delta a)^2}{1 - k^2\sin^2 a\sin^2 b}$$

$$(18.)\qquad (1 \pm k\sin\sigma)(1 \pm k\sin\vartheta) = \frac{(\Delta b \pm k\sin a\cos b)^2}{1 - k^2\sin^2 a\sin^2 b}$$

$$(19.)\qquad (1 \pm k\sin\sigma)(1 \mp k\sin\vartheta) = \frac{(\Delta a \pm k\sin b\cos a)^2}{1 - k^2\sin^2 a\sin^2 b}$$

$$(20.)\qquad (1 \pm \cos\sigma)(1 \pm \cos\vartheta) = \frac{(\cos a \pm \cos b)^2}{1 - k^2\sin^2 a\sin^2 b}$$

$$(21.)\qquad (1 \pm \cos\sigma)(1 \mp \cos\vartheta) = \frac{(\sin a\,\Delta b \mp \sin b\,\Delta a)^2}{1 - k^2\sin^2 a\sin^2 b}$$

$$(22.)\qquad (1 \pm \Delta\sigma)(1 \pm \Delta\vartheta) = \frac{(\Delta a \pm \Delta b)^2}{1 - k^2\sin^2 a\sin^2 b}$$

$$(23.)\qquad (1 \pm \Delta\sigma)(1 \mp \Delta\vartheta) = \frac{k^2\sin^2(a \mp b)}{1 - k^2\sin^2 a\sin^2 b}$$

(24.) $$\sin\sigma\cos\vartheta = \frac{\sin a\cos a\Delta b+\sin b\cos b\Delta a}{1-k^2\sin^2 a\sin^2 b}$$

(25.) $$\sin\vartheta\cos\sigma = \frac{\sin a\cos a\Delta b-\sin b\cos b\Delta a}{1-k^2\sin^2 a\sin^2 b}$$

(26.) $$\sin\sigma\Delta\vartheta = \frac{\cos b\sin a\Delta a+\cos a\sin b\Delta b}{1-k^2\sin^2 a\sin^2 b}$$

(27.) $$\sin\vartheta\Delta\sigma = \frac{\cos b\sin a\Delta a-\cos a\sin b\Delta b}{1-k^2\sin^2 a\sin^2 b}$$

(28.) $$\cos\sigma\Delta\vartheta = \frac{\cos a\cos b\Delta a\Delta b-k'k'\sin a\sin b}{1-k^2\sin^2 a\sin^2 b}$$

(29.) $$\cos\vartheta\Delta\sigma = \frac{\cos a\cos b\Delta a\Delta b+k'k'\sin a\sin b}{1-k^2\sin^2 a\sin^2 b}$$

(30.) $$\sin(\sigma+\vartheta) = \frac{2\sin a\cos a\Delta b}{1-k^2\sin^2 a\sin^2 b}$$

(31.) $$\sin(\sigma-\vartheta) = \frac{2\sin b\cos b\Delta a}{1-k^2\sin^2 a\sin^2 b}$$

(32.) $$\cos(\sigma+\vartheta) = \frac{\cos^2 a-\sin^2 a\Delta^2 b}{1-k^2\sin^2 a\sin^2 b}$$

(33.) $$\cos(\sigma-\vartheta) = \frac{\cos^2 b-\sin^2 b\Delta^2 a}{1-k^2\sin^2 a\sin^2 b}.$$

DE IMAGINARIIS FUNCTIONUM ELLIPTICARUM VALORIBUS. PRINCIPIUM DUPLICIS PERIODI.

19.

Ponamus $\sin\varphi = i\operatorname{tg}\psi$, ubi i loco $\sqrt{-1}$ positum est more plerisque geometris usitato, erit $\cos\varphi = \sec\psi = \frac{1}{\cos\psi}$, unde $d\varphi = \frac{i\,d\psi}{\cos\psi}$. Hinc fit:

$$\frac{d\varphi}{\sqrt{1-k^2\sin^2\varphi}} = \frac{i\,d\psi}{\sqrt{\cos^2\psi+k^2\sin^2\psi}} = \frac{i\,d\psi}{\sqrt{1-k'k'\sin^2\psi}}.$$

Quam e notatione nostra in hanc abire videmus aequationem:

(1.) $$\sin\operatorname{am}(iu,k) = i\operatorname{tg}\operatorname{am}(u,k').$$

Hinc sequitur:

(2.) $$\cos\operatorname{am}(iu,k) = \sec\operatorname{am}(u,k')$$

(3.) $$\operatorname{tg}\operatorname{am}(iu,k) = i\sin\operatorname{am}(u,k')$$

$$(4.)\qquad \Delta\,\mathrm{am}(iu,k) = \frac{\Delta\,\mathrm{am}(u,k')}{\cos\mathrm{am}(u,k')} = \frac{1}{\sin\mathrm{coam}(u,k')}$$

$$(5.)\qquad \sin\mathrm{coam}(iu,k) = \frac{1}{\Delta\,\mathrm{am}(u,k')}$$

$$(6.)\qquad \cos\mathrm{coam}(iu,k) = \frac{ik'}{k}\cos\mathrm{coam}(u,k')$$

$$(7.)\qquad \mathrm{tg}\,\mathrm{coam}(iu,k) = \frac{-i}{k'\sin\mathrm{am}(u,k')}$$

$$(8.)\qquad \Delta\,\mathrm{coam}(iu,k) = k'\sin\mathrm{coam}(u,k').$$

Aliud, quod hinc fluit, formularum systema hoc est:

$$(9.)\qquad \sin\mathrm{am}\,2iK' = 0$$

$$(10.)\qquad \sin\mathrm{am}\,iK' = \infty,\ \text{vel si placet } \pm i\infty$$

$$(11.)\qquad \sin\mathrm{am}(u+2iK') = \sin\mathrm{am}\,u$$

$$(12.)\qquad \cos\mathrm{am}(u+2iK') = -\cos\mathrm{am}\,u$$

$$(13.)\qquad \Delta\,\mathrm{am}(u+2iK') = -\Delta\,\mathrm{am}\,u$$

$$(14.)\qquad \sin\mathrm{am}(u+iK') = \frac{1}{k\sin\mathrm{am}\,u}$$

$$(15.)\qquad \cos\mathrm{am}(u+iK') = \frac{-i\,\Delta\,\mathrm{am}\,u}{k\sin\mathrm{am}\,u} = \frac{-ik'}{k\cos\mathrm{coam}\,u}$$

$$(16.)\qquad \mathrm{tg}\,\mathrm{am}(u+iK') = \frac{i}{\Delta\,\mathrm{am}\,u}$$

$$(17.)\qquad \Delta\,\mathrm{am}(u+iK') = -i\,\mathrm{cotg}\,\mathrm{am}\,u$$

$$(18.)\qquad \sin\mathrm{coam}(u+iK') = \frac{\Delta\,\mathrm{am}\,u}{k\cos\mathrm{am}\,u} = \frac{1}{k\sin\mathrm{coam}\,u}$$

$$(19.)\qquad \cos\mathrm{coam}(u+iK') = \frac{ik'}{k\cos\mathrm{am}\,u}$$

$$(20.)\qquad \mathrm{tg}\,\mathrm{coam}(u+iK') = \frac{-i}{k'}\Delta\,\mathrm{am}\,u$$

$$(21.)\qquad \Delta\,\mathrm{coam}(u+iK') = ik'\,\mathrm{tg}\,\mathrm{am}\,u.$$

E formulis praecedentibus, quae et ipsae tamquam fundamentales in analysi functionum ellipticarum considerari debent, elucet:

a) functiones ellipticas argumenti imaginarii iv, moduli k, transformari posse in alias argumenti realis v, moduli $k' = \sqrt{1-k^2}$. Unde generaliter functiones ellipticas argumenti imaginarii $u+iv$, moduli k, componere licet e functionibus ellipticis argumenti u, moduli k, et aliis argumenti v, moduli k'.

b) functiones ellipticas duplici gaudere periodo, altera reali, altera imaginaria, siquidem modulus k est realis. Utraque fit imaginaria, ubi modulus et ipse est imaginarius. Quod *principium duplicis periodi* nuncupabimus. E quo, cum universam, quae fingi potest, amplectatur periodicitatem analyticam, elucet functiones ellipticas non aliis adnumerari debere transcendentibus, quae quibusdam gaudent elegantiis, fortasse pluribus illas aut maioribus, sed speciem quandam iis inesse perfecti et absoluti.

THEORIA ANALYTICA TRANSFORMATIONIS FUNCTIONUM ELLIPTICARUM.

20.

Vidimus in antecedentibus, quoties functiones elementi x rationales integrae A, B, C, D, U, V ita determinentur, ut sit:

$$\begin{aligned} V+U &= (1+x)AA \\ V-U &= (1-x)BB \\ V+\lambda U &= (1+kx)CC \\ V-\lambda U &= (1-kx)DD, \end{aligned}$$

posito $y=\frac{U}{V}$, fore:

$$\frac{dy}{\sqrt{(1-y^2)(1-\lambda^2y^2)}}=\frac{dx}{M\sqrt{(1-x^2)(1-k^2x^2)}},$$

designante M quantitatem constantem. Iam expressiones illarum functionum analyticas generales proponamus.

Sit n numerus impar quilibet, sint m, m' numeri integri quilibet positivi seu negativi, qui tamen factorem communem non habeant, qui et ipse numerum n metitur, ponamus:

$$\omega=\frac{mK+m'iK'}{n};$$

fit:

$$U = \frac{x}{M}\left(1-\frac{x^2}{\sin^2 \mathrm{am}\, 4\omega}\right)\left(1-\frac{x^2}{\sin^2 \mathrm{am}\, 8\omega}\right)\cdots\left(1-\frac{x^2}{\sin^2 \mathrm{am}\, 2(n-1)\omega}\right)$$
$$V = \left(1-k^2x^2 \sin^2 \mathrm{am}\, 4\omega\right)\left(1-k^2x^2\sin^2 \mathrm{am}\, 8\omega\right)\cdots\left(1-k^2x^2\sin^2 \mathrm{am}\, 2(n-1)\omega\right)$$
$$A = \left(1+\frac{x}{\sin \mathrm{coam}\, 4\omega}\right)\left(1+\frac{x}{\sin \mathrm{coam}\, 8\omega}\right)\cdots\left(1+\frac{x}{\sin \mathrm{coam}\, 2(n-1)\omega}\right)$$
$$B = \left(1-\frac{x}{\sin \mathrm{coam}\, 4\omega}\right)\left(1-\frac{x}{\sin \mathrm{coam}\, 8\omega}\right)\cdots\left(1-\frac{x}{\sin \mathrm{coam}\, 2(n-1)\omega}\right)$$
$$C = \left(1+kx\sin \mathrm{coam}\, 4\omega\right)\left(1+kx\sin \mathrm{coam}\, 8\omega\right)\cdots\left(1+kx\sin \mathrm{coam}\, 2(n-1)\omega\right)$$
$$D = \left(1-kx\sin \mathrm{coam}\, 4\omega\right)\left(1-kx\sin \mathrm{coam}\, 8\omega\right)\cdots\left(1-kx\sin \mathrm{coam}\, 2(n-1)\omega\right)$$
$$\lambda = k^n \left\{\sin \mathrm{coam}\, 4\omega \sin \mathrm{coam}\, 8\omega \ldots\ldots \sin \mathrm{coam}\, 2(n-1)\,\omega\right\}^4$$
$$M = (-1)^{\frac{n-1}{2}}\left\{\frac{\sin \mathrm{coam}\, 4\omega \sin \mathrm{coam}\, 8\omega \ldots\ldots \sin \mathrm{coam}\, 2(n-1)\,\omega}{\sin \mathrm{am}\, 4\omega \;\sin \mathrm{am}\, 8\omega \ldots\ldots \sin \mathrm{am}\, 2(n-1)\,\omega}\right\}^2.$$

Quibus positis, ubi $x = \sin \mathrm{am}\, u$, fit $y = \frac{U}{V} = \sin \mathrm{am}\left(\frac{u}{M}, \lambda\right)$.

Antequam ipsam aggrediamur formularum demonstrationem, earum transformationem quandam indicabimus. Quem in finem sequentes adnotamus formulas, quae statim e formulis §. 18. decurrunt:

$$(1.)\qquad \sin \mathrm{am}\,(u+\alpha) \sin \mathrm{am}(u-\alpha) = \frac{\sin^2 \mathrm{am}\, u - \sin^2 \mathrm{am}\, \alpha}{1-k^2\sin^2 \mathrm{am}\, u \sin^2 \mathrm{am}\, \alpha}$$

$$(2.)\qquad \frac{[1+\sin \mathrm{am}(u+\alpha)][1+\sin \mathrm{am}\,(u-\alpha)]}{\cos^2 \mathrm{am}\, \alpha} = \frac{\left(1+\dfrac{\sin \mathrm{am}\, u}{\sin \mathrm{coam}\, \alpha}\right)^2}{1-k^2\sin^2 \mathrm{am}\, u \sin^2 \mathrm{am}\, \alpha}$$

$$(3.)\qquad \frac{[1-\sin \mathrm{am}(u+\alpha)][1-\sin \mathrm{am}(u-\alpha)]}{\cos^2 \mathrm{am}\, \alpha} = \frac{\left(1-\dfrac{\sin \mathrm{am}\, u}{\sin \mathrm{coam}\, \alpha}\right)^2}{1-k^2\sin^2 \mathrm{am}\, u \sin^2 \mathrm{am}\, \alpha}$$

$$(4.)\qquad \frac{[1+k\sin \mathrm{am}(u+\alpha)][1+k\sin \mathrm{am}\,(u-\alpha)]}{\Delta^2 \mathrm{am}\, \alpha} = \frac{(1+k\sin \mathrm{am}\, u \sin \mathrm{coam}\, \alpha)^2}{1-k^2\sin^2 \mathrm{am}\, u \sin^2 \mathrm{am}\, \alpha}$$

$$(5.)\qquad \frac{[1-k\sin \mathrm{am}(u+\alpha)][1-k\sin \mathrm{am}(u-\alpha)]}{\Delta^2 \mathrm{am}\, \alpha} = \frac{(1-k\sin \mathrm{am}\, u \sin \mathrm{coam}\, \alpha)^2}{1-k^2\sin^2 \mathrm{am}\, u \sin^2 \mathrm{am}\, \alpha}.$$

E quibus formulis etiam sequitur:

$$(6.)\qquad \frac{\cos \mathrm{am}(u+\alpha) \cos \mathrm{am}\,(u-\alpha)}{\cos^2 \mathrm{am}\, \alpha} = \frac{1-\dfrac{\sin^2 \mathrm{am}\, u}{\sin^2 \mathrm{coam}\, \alpha}}{1-k^2\sin^2 \mathrm{am}\, u \sin^2 \mathrm{am}\, \alpha}$$

$$(7.)\qquad \frac{\Delta\, \mathrm{am}(u+\alpha)\, \Delta\, \mathrm{am}(u-\alpha)}{\Delta^2 \mathrm{am}\, \alpha} = \frac{1-k^2\sin^2 \mathrm{am}\, u \sin^2 \mathrm{coam}\, \alpha}{1-k^2\sin^2 \mathrm{am}\, u \sin^2 \mathrm{am}\, \alpha}.$$

Posito $x = \sin\operatorname{am} u$, nanciscimur e formula (1.):

$$\frac{1-\dfrac{x^2}{\sin^2\operatorname{am}\alpha}}{1-k^2x^2\sin^2\operatorname{am}\alpha} = \frac{-\sin\operatorname{am}(u+\alpha)\sin\operatorname{am}(u-\alpha)}{\sin^2\operatorname{am}\alpha},$$

e formulis (2.), (3.):

$$\frac{\left(1\pm\dfrac{x}{\sin\operatorname{coam}\alpha}\right)^2}{1-k^2x^2\sin^2\operatorname{am}\alpha} = \frac{[1\pm\sin\operatorname{am}(u+\alpha)][1\pm\sin\operatorname{am}(u-\alpha)]}{\cos^2\operatorname{am}\alpha},$$

e formulis (4.), (5.):

$$\frac{(1\pm kx\sin\operatorname{coam}\alpha)^2}{1-k^2x^2\sin^2\operatorname{am}\alpha} = \frac{[1\pm k\sin\operatorname{am}(u+\alpha)][1\pm k\sin\operatorname{am}(u-\alpha)]}{\Delta^2\operatorname{am}\alpha}.$$

Hinc ubi loco α successive ponitur 4ω, 8ω, $\ldots 2(n-1)\omega$, loco $-\alpha$ autem $4n\omega-\alpha$, obtinemus:

$$(8.)\quad \frac{U}{V} = \frac{\dfrac{x}{M}\left(1-\dfrac{x^2}{\sin^2\operatorname{am}4\omega}\right)\left(1-\dfrac{x^2}{\sin^2\operatorname{am}8\omega}\right)\cdots\left(1-\dfrac{x^2}{\sin^2\operatorname{am}2(n-1)\omega}\right)}{[1-k^2x^2\sin^2\operatorname{am}4\omega][1-k^2x^2\sin^2\operatorname{am}8\omega]\cdots\cdots[1-k^2x^2\sin^2\operatorname{am}2(n-1)\omega]}$$

$$= \frac{\sin\operatorname{am}u\sin\operatorname{am}(u+4\omega)\sin\operatorname{am}(u+8\omega)\cdots\cdots\sin\operatorname{am}(u+4(n-1)\omega)}{[\sin\operatorname{coam}4\omega\sin\operatorname{coam}8\omega\cdots\cdots\sin\operatorname{coam}2(n-1)\omega]^2}$$

$$(9.)\quad \frac{(1+x)AA}{V} = \frac{(1+x)\left\{\left(1+\dfrac{x}{\sin\operatorname{coam}4\omega}\right)\left(1+\dfrac{x}{\sin\operatorname{coam}8\omega}\right)\cdots\left(1+\dfrac{x}{\sin\operatorname{coam}2(n-1)\omega}\right)\right\}^2}{[1-k^2x^2\sin^2\operatorname{am}4\omega][1-k^2x^2\sin^2\operatorname{am}8\omega]\cdots[1-k^2x^2\sin^2\operatorname{am}2(n-1)\omega]}$$

$$= \frac{[1+\sin\operatorname{am}u][1+\sin\operatorname{am}(u+4\omega)][1+\sin\operatorname{am}(u+8\omega)]\cdots[1+\sin\operatorname{am}(u+4(n-1)\omega}{[\cos\operatorname{am}4\omega\cos\operatorname{am}8\omega\cdots\cdots\cos\operatorname{am}2(n-1)\omega]^2}$$

$$(10.)\quad \frac{(1-x)BB}{V} = \frac{(1-x)\left\{\left(1-\dfrac{x}{\sin\operatorname{coam}4\omega}\right)\left(1-\dfrac{x}{\sin\operatorname{coam}8\omega}\right)\cdots\left(1-\dfrac{x}{\sin\operatorname{coam}2(n-1)\omega}\right)\right\}^2}{[1-k^2x^2\sin^2\operatorname{am}4\omega][1-k^2x^2\sin^2\operatorname{am}8\omega]\cdots[1-k^2x^2\sin^2\operatorname{am}2(n-1)\omega]}$$

$$= \frac{[1-\sin\operatorname{am}u][1-\sin\operatorname{am}(u+4\omega)][1-\sin\operatorname{am}(u+8\omega)]\cdots[1-\sin\operatorname{am}(u+4(n-1)\omega}{[\cos\operatorname{am}4\omega\cos\operatorname{am}8\omega\cdots\cdots\cos\operatorname{am}2(n-1)\omega]^2}$$

$$(11.)\quad \frac{(1+kx)CC}{V} = \frac{(1+kx)\{[1+kx\sin\operatorname{coam}4\omega][1+kx\sin\operatorname{coam}8\omega]\cdots[1+kx\sin\operatorname{coam}2(n-1)\omega]\}^2}{[1-k^2x^2\sin^2\operatorname{am}4\omega][1-k^2x^2\sin^2\operatorname{am}8\omega]\cdots[1-k^2x^2\sin^2\operatorname{am}2(n-1)\omega]}$$

$$= \frac{[1+k\sin\operatorname{am}u][1+k\sin\operatorname{am}(u+4\omega)][1+k\sin\operatorname{am}(u+8\omega)]\cdots[1+k\sin\operatorname{am}(u+4(n-1}{[\Delta\operatorname{am}4\omega\,\Delta\operatorname{am}8\omega\cdots\Delta\operatorname{am}2(n-1)\omega]^2}$$

$$(12.)\quad \frac{(1-kx)DD}{V} = \frac{(1-kx)\{[1-kx\sin\operatorname{coam}4\omega][1-kx\sin\operatorname{coam}8\omega]\cdots[1-kx\sin\operatorname{coam}2(n-1)\omega]\}^2}{[1-k^2x^2\sin^2\operatorname{am}4\omega][1-k^2x^2\sin^2\operatorname{am}8\omega]\cdots[1-k^2x^2\sin^2\operatorname{am}2(n-1)\omega]}$$

$$= \frac{[1-k\sin\operatorname{am}u][1-k\sin\operatorname{am}(u+4\omega)][1-k\sin\operatorname{am}(u+8\omega)]\cdots[1-k\sin\operatorname{am}(u+4(n-1}{[\Delta\operatorname{am}4\omega\,\Delta\operatorname{am}8\omega\cdots\Delta\operatorname{am}2(n-1)\omega]^2}$$

Hinc etiam sequuntur formulae:

$$(13.)\ \frac{\sqrt{1-x^2}AB}{V} = \sqrt{1-x^2}\,\frac{\left(1-\frac{x^2}{\sin^2\operatorname{coam}4\omega}\right)\left(1-\frac{x^2}{\sin^2\operatorname{coam}8\omega}\right)\cdots\left(1-\frac{x^2}{\sin^2\operatorname{coam}2(n-1)\omega}\right)}{[1-k^2x^2\sin^2\operatorname{am}4\omega][1-k^2x^2\sin^2\operatorname{am}8\omega]\cdots[1-k^2x^2\sin^2\operatorname{am}2(n-1)\omega]}$$

$$= \frac{\cos\operatorname{am}u\cos\operatorname{am}(u+4\omega)\cos\operatorname{am}(u+8\omega)\cdots\cos\operatorname{am}(u+4(n-1)\omega)}{[\cos\operatorname{am}4\omega\cos\operatorname{am}8\omega\cdots\cos\operatorname{am}2(n-1)\omega]^2}$$

$$(14.)\ \frac{\sqrt{1-k^2x^2}CD}{V} = \sqrt{1-k^2x^2}\,\frac{[1-k^2x^2\sin^2\operatorname{coam}4\omega][1-k^2x^2\sin^2\operatorname{coam}8\omega]\cdots[1-k^2x^2\sin^2\operatorname{coam}2(n-1)\omega]}{[1-k^2x^2\sin^2\operatorname{am}4\omega][1-k^2x^2\sin^2\operatorname{am}8\omega]\cdots[1-k^2x^2\sin^2\operatorname{am}2(n-1)\omega]}$$

$$= \frac{\Delta\operatorname{am}u\,\Delta\operatorname{am}(u+4\omega)\,\Delta\operatorname{am}(u+8\omega)\cdots\Delta\operatorname{am}(u+4(n-1)\omega)}{[\Delta\operatorname{am}4\omega\,\Delta\operatorname{am}8\omega\cdots\Delta\operatorname{am}2(n-1)\omega]^2}.$$

DEMONSTRATIO FORMULARUM ANALYTICARUM PRO TRANSFORMATIONE.

21.

Iam demonstremus, posito:

$$1-y = (1-x)\frac{\left\{\left(1-\frac{x}{\sin\operatorname{coam}4\omega}\right)\left(1-\frac{x}{\sin\operatorname{coam}8\omega}\right)\cdots\left(1-\frac{x}{\sin\operatorname{coam}2(n-1)\omega}\right)\right\}^2}{[1-k^2x^2\sin^2\operatorname{am}4\omega][1-k^2x^2\sin^2\operatorname{am}8\omega]\cdots[1-k^2x^2\sin^2\operatorname{am}2(n-1)\omega]}$$

$$= \frac{[1-\sin\operatorname{am}u][1-\sin\operatorname{am}(u+4\omega)][1-\sin\operatorname{am}(u+8\omega)]\cdots[1-\sin\operatorname{am}(u+4(n-1)\omega)]}{[\cos\operatorname{am}4\omega\cos\operatorname{am}8\omega\cdots\cos\operatorname{am}2(n-1)\omega]^2},$$

et reliquas erui formulas et hanc:

$$\frac{dy}{\sqrt{(1-y^2)(1-\lambda^2y^2)}} = \frac{dx}{M\sqrt{(1-x^2)(1-k^2x^2)}},$$

siquidem:

$$\lambda = k^n[\sin\operatorname{coam}4\omega\sin\operatorname{coam}8\omega\cdots\sin\operatorname{coam}2(n-1)\omega]^4$$

$$M = (-1)^{\frac{n-1}{2}}\frac{[\sin\operatorname{coam}4\omega\sin\operatorname{coam}8\omega\cdots\sin\operatorname{coam}2(n-1)\omega]^2}{[\sin\operatorname{am}4\omega\sin\operatorname{am}8\omega\cdots\sin\operatorname{am}2(n-1)\omega]^2}.$$

E formula proposita apparet minime mutari y, quoties u abit in $u+4\omega$. Tum enim quivis factor in subsequentem abit, ultimus vero in primum. Unde generaliter y non mutatur, siquidem loco u ponatur $u+4p\omega$, designante p numerum integrum positivum seu negativum. Ubi vero $u=0$, fit:

$$1-y=\frac{[1-\sin\operatorname{am}4\omega][1-\sin\operatorname{am}8\omega]\cdots[1-\sin\operatorname{am}4(n-1)\omega]}{[\cos\operatorname{am}4\omega\cos\operatorname{am}8\omega\cdots\cos\operatorname{am}2(n-1)\omega]^2}=1,$$

sive $y=0$. Facile enim patet fore:

$$\begin{aligned}-\sin\operatorname{am}4(n-1)\omega &= \sin\operatorname{am}4\omega\\ -\sin\operatorname{am}4(n-2)\omega &= \sin\operatorname{am}8\omega,\\ \cdots\cdots\end{aligned}$$

unde:

$$\begin{aligned}[1-\sin\operatorname{am}4\omega][1-\sin\operatorname{am}4(n-1)\omega] &= \cos^2\operatorname{am}4\omega\\ [1-\sin\operatorname{am}8\omega][1-\sin\operatorname{am}4(n-2)\omega] &= \cos^2\operatorname{am}8\omega\\ \cdots\cdots\\ [1-\sin\operatorname{am}2(n-1)\omega][1-\sin\operatorname{am}2(n+1)\omega] &= \cos^2\operatorname{am}2(n-1)\omega.\end{aligned}$$

Iam quia $y=0$, quoties $u=0$, neque mutatur y, ubi loco u ponitur $u+4p\omega$, generaliter evanescit y, quoties u valores induit:

$$0,\ 4\omega,\ 8\omega,\ \ldots\ldots,\ 4(n-2)\omega,\ 4(n-1)\omega,$$

quibus respondent valores quantitatis $x=\sin\operatorname{am}u$:

$$0,\ \sin\operatorname{am}4\omega,\ \sin\operatorname{am}8\omega,\ \ldots,\ \sin\operatorname{am}4(n-2)\omega,\ \sin\operatorname{am}4(n-1)\omega,$$

quos ita etiam exhibere licet:

$$0,\ \pm\sin\operatorname{am}4\omega,\ \pm\sin\operatorname{am}8\omega,\ \ldots,\ \pm\sin\operatorname{am}2(n-1)\omega,$$

sive etiam hunc in modum:

$$0,\ \pm\sin\operatorname{am}2\omega,\ \pm\sin\operatorname{am}4\omega,\ \ldots,\ \pm\sin\operatorname{am}(n-1)\omega.$$

Qui valores elementi x, quos evanescente y induere potest, omnes inter se diversi erunt, eorumque numerus erit n. Iam ex aequatione inter x et y supposita, e qua profecti sumus, elucet, positis:

$$\begin{aligned}V &= [1-k^2x^2\sin^2\operatorname{am}4\omega][1-k^2x^2\sin^2\operatorname{am}8\omega]\cdots[1-k^2x^2\sin^2\operatorname{am}2(n-1)\omega]\\ &= [1-k^2x^2\sin^2\operatorname{am}2\omega][1-k^2x^2\sin^2\operatorname{am}4\omega]\cdots[1-k^2x^2\sin^2\operatorname{am}(n-1)\omega],\end{aligned}$$

$y=\frac{U}{V}$, fieri U functionem elementi x rationalem integram n^{ti} ordinis. Quae cum simul cum y evanescat pro valoribus quantitatis x numero n et inter se diversis sequentibus:

$$0,\ \pm\sin\operatorname{am}2\omega,\ \pm\sin\operatorname{am}4\omega,\ \ldots,\ \pm\sin\operatorname{am}(n-1)\omega,$$

necessario formam induit:

$$U = \frac{x}{M}\left(1-\frac{x^2}{\sin^2\mathrm{am}\,2\omega}\right)\left(1-\frac{x^2}{\sin^2\mathrm{am}\,4\omega}\right)\cdots\left(1-\frac{x^2}{\sin^2\mathrm{am}\,(n-1)\omega}\right)$$

$$= \frac{x}{M}\left(1-\frac{x^2}{\sin^2\mathrm{am}\,4\omega}\right)\left(1-\frac{x^2}{\sin^2\mathrm{am}\,8\omega}\right)\cdots\left(1-\frac{x^2}{\sin^2\mathrm{am}\,2(n-1)\omega}\right),$$

designante M constantem. Cum, posito $x = 1$, fiat $1-y = 0$, $y = 1$, obtinemus ex aequatione $y = \frac{U}{V}$:

$$1 = \frac{\left(1-\frac{1}{\sin^2\mathrm{am}\,2\omega}\right)\left(1-\frac{1}{\sin^2\mathrm{am}\,4\omega}\right)\cdots\left(1-\frac{1}{\sin^2\mathrm{am}\,(n-1)\omega}\right)}{M[1-k^2\sin^2\mathrm{am}\,2\omega][1-k^2\sin^2\mathrm{am}\,4\omega]\cdots[1-k^2\sin^2\mathrm{am}\,(n-1)\omega]}$$

$$= \frac{(-1)^{\frac{n-1}{2}}\,[\sin\mathrm{coam}\,2\omega\,\sin\mathrm{coam}\,4\omega\cdots\sin\mathrm{coam}\,(n-1)\omega]^2}{M[\sin\mathrm{am}\,2\omega\,\sin\mathrm{am}\,4\omega\cdots\sin\mathrm{am}\,(n-1)\omega]^2},$$

unde:

$$M = \frac{(-1)^{\frac{n-1}{2}}\,[\sin\mathrm{coam}\,2\omega\,\sin\mathrm{coam}\,4\omega\cdots\sin\mathrm{coam}\,(n-1)\omega]^2}{[\sin\mathrm{am}\,2\omega\,\sin\mathrm{am}\,4\omega\cdots\sin\mathrm{am}\,(n-1)\omega]^2}.$$

Inter functiones U, V memorabilis intercedit correlatio, illam dico supra memoratam, cuius beneficio fit, ut, posito $\frac{1}{kx}$ loco x, simul y in $\frac{1}{\lambda y}$ abeat, designante λ constantem.

Posito enim $\frac{1}{kx}$ loco x, abit:

$$U = \frac{x}{M}\left(1-\frac{x^2}{\sin^2\mathrm{am}\,2\omega}\right)\left(1-\frac{x^2}{\sin^2\mathrm{am}\,4\omega}\right)\cdots\left(1-\frac{x^2}{\sin^2\mathrm{am}\,(n-1)\omega}\right)$$

in hanc expressionem:

$$(-1)^{\frac{n-1}{2}}\,\frac{V}{Mx^n}\cdot\frac{1}{k^n[\sin\mathrm{am}\,2\omega\,\sin\mathrm{am}\,4\omega\cdots\sin\mathrm{am}\,(n-1)\omega]^2}.$$

Contra vero, eadem substitutione facta,

$$V = [1-k^2x^2\sin^2\mathrm{am}\,2\omega][1-k^2x^2\sin^2\mathrm{am}\,4\omega]\cdots[1-k^2x^2\sin^2\mathrm{am}\,(n-1)\omega]$$

in hanc expressionem abit:

$$(-1)^{\frac{n-1}{2}}\,\frac{U}{x^n}\cdot M[\sin\mathrm{am}\,2\omega\,\sin\mathrm{am}\,4\omega\cdots\sin\mathrm{am}\,(n-1)\omega]^2.$$

Unde, loco x posito $\frac{1}{kx}$, $y = \frac{U}{V}$ abit in:

$$\frac{V}{U}\cdot\frac{1}{MM.k^n[\sin\mathrm{am}\,2\omega\,\sin\mathrm{am}\,4\omega\cdots\sin\mathrm{am}\,(n-1)\omega]^4},$$

sive y in $\frac{1}{\lambda y}$, siquidem ponitur:

$$\lambda = MMk^n[\sin\operatorname{am}2\omega\,\sin\operatorname{am}4\omega\cdots\sin\operatorname{am}(n-1)\omega]^4$$
$$= k^n[\sin\operatorname{coam}2\omega\,\sin\operatorname{coam}4\omega\cdots\sin\operatorname{coam}(n-1)\omega]^4.$$

Id quod demonstrandum erat.

Ex aequatione proposita:

$$1-y = (1-x)\frac{\left\{\left(1-\frac{x}{\sin\operatorname{coam}4\omega}\right)\left(1-\frac{x}{\sin\operatorname{coam}8\omega}\right)\cdots\left(1-\frac{x}{\sin\operatorname{coam}2(n-1)\omega}\right)\right\}^2}{[1-k^2x^2\sin^2\operatorname{am}4\omega]\,[1-k^2x^2\sin^2\operatorname{am}8\omega]\cdots[1-k^2x^2\sin^2\operatorname{am}2(n-1)\omega]},$$

posito $\frac{1}{kx}$ loco x, $\frac{1}{\lambda y}$ loco y, quod ex antecedentibus licet, eruimus:

$$\frac{1}{\lambda y}-1 = \frac{1-kx}{\lambda U}\{[1-kx\sin\operatorname{coam}4\omega][1-kx\sin\operatorname{coam}8\omega]\cdots[1-kx\sin\operatorname{coam}2(n-1)\omega]\}^2,$$

quod ductum in $\lambda y = \frac{\lambda U}{V}$ praebet:

$$1-\lambda y = (1-kx)\frac{\{[1-kx\sin\operatorname{coam}4\omega][1-kx\sin\operatorname{coam}8\omega]\cdots[1-kx\sin\operatorname{coam}2(n-1)\omega]\}^2}{V}.$$

Ceterum patet $y = \frac{U}{V}$ abire in $-y$, ubi x in $-x$ mutatur, quo facto igitur statim etiam $1+y$, $1+\lambda y$ ex $1-y$, $1-\lambda y$ obtinemus.

Iam igitur eiusmodi invenimus functiones elementi x rationales integras U, V, ut sit:

$$\begin{aligned} V+U &= V(1+y) = (1+x)AA \\ V-U &= V(1-y) = (1-x)BB \\ V+\lambda U &= V(1+\lambda y) = (1+kx)CC \\ V-\lambda U &= V(1-\lambda y) = (1-kx)DD, \end{aligned}$$

designantibus A, B, C, D et ipsis functiones elementi x rationales integras. Hinc autem secundum principia transformationis initio stabilita statim sequitur:

$$\frac{dy}{\sqrt{(1-y^2)(1-\lambda^2y^2)}} = \frac{dx}{M\sqrt{(1-x^2)(1-k^2x^2)}}.$$

Multiplicatorem M, quem vocabimus, ex observatione §. 14. facta obtinemus. Unde iam omnes formulae analyticae generales, quae theoriam transformationis functionum ellipticarum concernunt, demonstratae sunt.

22.

Demonstratio proposita ex ea, quam dedimus in *Novis Astronomicis* a Cl°. Schumacher editis Nr. 127, eruitur, ubi ponitur ω loco $\frac{K}{n}$, $(-1)^{\frac{n-1}{2}}M$ loco M, aliis omnibus immutatis manentibus. Ipsum theorema analyticum generale de transformatione sub forma paulo alia iam prius ibidem Nr. 123 cum analystis communicaveram. Demonstrationem Cl. Legendre, summus in hac doctrina arbiter, ibidem Nr. 130 benigne et praeclare recensere voluit. Observat ibi vir multis nominibus venerandus aequationem:

$$V\frac{dU}{dx}-U\frac{dV}{dx}=\frac{ABCD}{M}=\frac{T}{M},$$

cuius beneficio demonstratio conficitur, et quae nobis e principiis transformationis mere algebraicis sequebatur, etiam sine illis analytice probari posse. Quod cum ex ipsa viri clarissimi sententia egregiam theorematí nostro lucem affundat, praeeunte illo, paucis hunc in modum demonstremus.

Aequationem propositam:

$$V\frac{dU}{dx}-U\frac{dV}{dx}=\frac{ABCD}{M}=\frac{T}{M}$$

ita quoque exhibere licet:

$$\frac{dU}{Udx}-\frac{dV}{Vdx}=\frac{d\log U}{dx}-\frac{d\log V}{dx}=\frac{ABCD}{MUV}=\frac{T}{MUV}.$$

Invenimus autem:

$$U=\frac{x}{M}\left(1-\frac{x^2}{\sin^2\operatorname{am}2\omega}\right)\left(1-\frac{x^2}{\sin^2\operatorname{am}4\omega}\right)\cdots\left(1-\frac{x^2}{\sin^2\operatorname{am}(n-1)\omega}\right)$$

$$V=[1-k^2x^2\sin^2\operatorname{am}2\omega][1-k^2x^2\sin^2\operatorname{am}4\omega]\cdots[1-k^2x^2\sin^2\operatorname{am}(n-1)\omega],$$

unde:

$$\frac{d\log U}{dx}-\frac{d\log V}{dx}=\frac{1}{x}+\Sigma\left\{\frac{-2x}{\sin^2\operatorname{am}2q\omega-x^2}+\frac{2k^2x\sin^2\operatorname{am}2q\omega}{1-k^2x^2\sin^2\operatorname{am}2q\omega}\right\},$$

numero q in summa designata tributis valoribus $1, 2, 3, \ldots, \frac{n-1}{2}$. Porro invenimus:

$$AB = \left(1-\frac{x^2}{\sin^2\operatorname{coam}2\omega}\right)\left(1-\frac{x^2}{\sin^2\operatorname{coam}4\omega}\right)\cdots\left(1-\frac{x^2}{\sin^2\operatorname{coam}(n-1)\omega}\right)$$

$$CD = [1-k^2x^2\sin^2\operatorname{coam}2\omega][1-k^2x^2\sin^2\operatorname{coam}4\omega]\cdots[1-k^2x^2\sin^2\operatorname{coam}(n-1)\omega],$$

unde:

$$\frac{T}{MUV} = \frac{ABCD}{MUV} = \frac{x\prod\left(1-\frac{x^2}{\sin^2\operatorname{coam}2p\omega}\right)(1-k^2x^2\sin^2\operatorname{coam}2p\omega)}{x^2\prod\left(1-\frac{x^2}{\sin^2\operatorname{am}2p\omega}\right)(1-k^2x^2\sin^2\operatorname{am}2p\omega)},$$

siquidem in productis, brevitatis causa praefixo signo Π denotatis, elemento p valores tribuuntur $1, 2, 3, \ldots, \frac{n-1}{2}$. Hanc expressionem in fractiones simplices discerpere licet, ita ut formam induat:

$$\frac{1}{x}+\Sigma\left(\frac{A^{(q)}x}{\sin^2\operatorname{am}2q\omega-x^2}+\frac{B^{(q)}x}{1-k^2x^2\sin^2\operatorname{am}2q\omega}\right),$$

quo facto ut evictum habeamus, quod propositum est, demonstrari debet fore:

$$A^{(q)} = -2, \quad B^{(q)} = 2k^2\sin^2\operatorname{am}2q\omega.$$

Denotabimus in sequentibus praefixo signo $\Pi^{(q)}$ productum ita formatum, ut elemento p valores tribuantur $1, 2, 3, \ldots, \frac{n-1}{2}$, omisso tamen valore $p = q$. Hinc e praeceptis fractionum simplicium theoriae abunde notis sequitur:

$$A^{(q)} = (1-k^2\sin^2\operatorname{am}2q\omega\sin^2\operatorname{coam}2q\omega)\frac{\prod\left(\frac{1-\frac{\sin^2\operatorname{am}2q\omega}{\sin^2\operatorname{coam}2p\omega}}{1-k^2\sin^2\operatorname{am}2q\omega\sin^2\operatorname{am}2p\omega}\right)}{\prod^{(q)}\left(\frac{1-\frac{\sin^2\operatorname{am}2q\omega}{\sin^2\operatorname{am}2p\omega}}{1-k^2\sin^2\operatorname{am}2q\omega\sin^2\operatorname{coam}2p\omega}\right)}.$$

Iam e formulis supra a nobis exhibitis fit:

$$\frac{1-\frac{\sin^2\operatorname{am}2q\omega}{\sin^2\operatorname{coam}2p\omega}}{1-k^2\sin^2\operatorname{am}2q\omega\sin^2\operatorname{am}2p\omega} = \frac{\cos\operatorname{am}(2q+2p)\omega\cos\operatorname{am}(2q-2p)\omega}{\cos^2\operatorname{am}2p\omega}$$

$$\frac{1-\frac{\sin^2\operatorname{am}2q\omega}{\sin^2\operatorname{am}2p\omega}}{1-k^2\sin^2\operatorname{am}2q\omega\sin^2\operatorname{coam}2p\omega} = \frac{\cos\operatorname{coam}(2p+2q)\omega\cos\operatorname{coam}(2p-2q)\omega}{\cos^2\operatorname{coam}2p\omega}.$$

Facile autem patet, sublatis qui in denominatore et numeratore iidem inveniuntur factoribus, fieri:

$$\Pi\frac{\cos\mathrm{am}(2q+2p)\omega\cos\mathrm{am}(2q-2p)\omega}{\cos^2\mathrm{am}\,2p\omega} = \frac{\pm 1}{\cos\mathrm{am}\,2q\omega}$$

$$\Pi^{(q)}\frac{\cos\mathrm{coam}(2p+2q)\omega\cos\mathrm{coam}(2p-2q)\omega}{\cos^2\mathrm{coam}\,2p\omega} = \frac{\mp 1}{\cos\mathrm{coam}\,2q\omega}\cdot\frac{\cos^2\mathrm{coam}\,2q\omega}{\cos\mathrm{coam}\,4q\omega} = \frac{\mp\cos\mathrm{coam}\,2q\omega}{\cos\mathrm{coam}\,4q\omega},$$

unde:

$$A^{(q)} = \frac{-(1-k^2\sin^2\mathrm{am}\,2q\omega\sin^2\mathrm{coam}\,2q\omega)\cos\mathrm{coam}\,4q\omega}{\cos\mathrm{am}\,2q\omega\cos\mathrm{coam}\,2q\omega}.$$

At e nota de duplicatione formula fit:

$$\cos\mathrm{coam}\,4q\omega = \frac{2k'\sin\mathrm{am}\,2q\omega\cos\mathrm{am}\,2q\omega\,\Delta\,\mathrm{am}\,2q\omega}{1-2k^2\sin^2\mathrm{am}\,2q\omega+k^2\sin^4\mathrm{am}\,2q\omega}$$
$$= \frac{2k'\sin\mathrm{am}\,2q\omega\cos\mathrm{am}\,2q\omega\,\Delta\,\mathrm{am}\,2q\omega}{\Delta^2\mathrm{am}\,2q\omega-k^2\sin^2\mathrm{am}\,2q\omega\cos^2\mathrm{am}\,2q\omega}$$
$$= \frac{2\cos\mathrm{am}\,2q\omega\cos\mathrm{coam}\,2q\omega}{1-k^2\sin^2\mathrm{am}\,2q\omega\sin^2\mathrm{coam}\,2q\omega},$$

unde tandem, quod demonstrandum erat, $A^{(q)} = -2$. Prorsus simili modo alteram aequationem: $B^{(q)} = 2k^2\sin^2\mathrm{am}\,2q\omega$ probare licet; quod tamen, iam invento $A^{(q)} = -2$, facilius ita fit.

Facile patet, loco x posito $\frac{1}{kx}$, non mutari expressionem:

$$\Pi\frac{\left(1-\frac{x^2}{\sin^2\mathrm{coam}\,2p\omega}\right)(1-k^2x^2\sin^2\mathrm{coam}\,2p\omega)}{(1-k^2x^2\sin^2\mathrm{am}\,2p\omega)\left(1-\frac{x^2}{\sin^2\mathrm{am}\,2p\omega}\right)},$$

quam vidimus aequalem poni posse expressioni:

$$1+\Sigma\frac{-2x^2}{\sin^2\mathrm{am}\,2q\omega-x^2}+\Sigma\frac{B^{(q)}x^2}{1-k^2x^2\sin^2\mathrm{am}\,2q\omega}.$$

Haec autem expressio, posito $\frac{1}{kx}$ loco x, abit in hanc:

$$1+\Sigma\frac{2}{1-k^2x^2\sin^2\mathrm{am}\,2q\omega}+\Sigma\frac{-B^{(q)}}{k^2(\sin^2\mathrm{am}\,2q\omega-x^2)}$$

$$= 1+\Sigma\left(2-\frac{B^{(q)}}{k^2\sin^2\mathrm{am}\,2q\omega}\right)+\Sigma\frac{2k^2x^2\sin^2\mathrm{am}\,2q\omega}{1-k^2x^2\sin^2\mathrm{am}\,2q\omega}+\Sigma\frac{-B^{(q)}}{k^2\sin^2\mathrm{am}\,2q\omega}\cdot\frac{x^2}{\sin^2\mathrm{am}\,2q\omega-x^2},$$

unde ut immutata illa maneat, quod debet, fieri oportet:

$$B^{(q)} = 2k^2\sin^2\mathrm{am}\,2q\omega.$$

Q. D. E.

23.

E formula (14.) §. 20. sequitur:

$$\sqrt{1-\lambda^2 y^2} = \sqrt{1-k^2x^2}\frac{CD}{V}$$

$$= \sqrt{1-k^2x^2}\frac{[1-k^2x^2\sin^2\text{coam}2\omega][1-k^2x^2\sin^2\text{coam}4\omega]\cdots[1-k^2x^2\sin^2\text{coam}(n-1)\omega]}{[1-k^2x^2\sin^2\text{am}\,2\omega]\,[1-k^2x^2\sin^2\text{am}\,4\omega]\cdots[1-k^2x^2\sin^2\text{am}\,(n-1)\omega]}.$$

Posito $x = 1$, unde etiam $y = 1$, ac $\sqrt{1-\lambda^2} = \lambda'$, fit:

$$\lambda' = k'\left\{\frac{\Delta\,\text{coam}\,2\omega\,\Delta\,\text{coam}\,4\omega\cdots\Delta\,\text{coam}(n-1)\omega}{\Delta\,\text{am}\,2\omega\,\Delta\,\text{am}\,4\omega\cdots\Delta\,\text{am}(n-1)\omega}\right\}^2.$$

Iam vero est:

$$\Delta\,\text{coam}\,u = \frac{k'}{\Delta\,\text{am}\,u},$$

unde:

$$(1.)\qquad \lambda' = \frac{k'^n}{[\Delta\,\text{am}2\omega\,\Delta\,\text{am}\,4\omega\cdots\Delta\,\text{am}\,(n-1)\omega]^4}.$$

Porro in usum vocatis formulis:

$$(2.)\qquad \lambda = k^n[\sin\text{coam}\,2\omega\,\sin\text{coam}\,4\omega\cdots\sin\text{coam}\,(n-1)\omega]^4$$

$$(3.)\qquad M = (-1)^{\frac{n-1}{2}}\frac{[\sin\text{coam}\,2\omega\,\sin\text{coam}\,4\omega\cdots\sin\text{coam}\,(n-1)\omega]^2}{[\sin\text{am}\,2\omega\,\sin\text{am}\,4\omega\cdots\sin\text{am}(n-1)\omega]^2},$$

nanciscimur:

$$(4.)\qquad \frac{(-1)^{\frac{n-1}{2}}}{M}\sqrt{\frac{\lambda}{k^n}} = [\sin\text{am}\,2\omega\,\sin\text{am}\,4\omega\cdots\sin\text{am}\,(n-1)\omega]^2$$

$$(5.)\qquad \sqrt{\frac{\lambda k'^n}{\lambda' k^n}} = [\cos\text{am}\,2\omega\,\cos\text{am}\,4\omega\cdots\cos\text{am}\,(n-1)\omega]^2$$

$$(6.)\qquad \sqrt{\frac{k'^n}{\lambda'}} = [\Delta\,\text{am}\,2\omega\,\Delta\,\text{am}\,4\omega\cdots\Delta\,\text{am}\,(n-1)\omega]^2$$

$$(7.)\qquad \frac{(-1)^{\frac{n-1}{2}}}{M}\sqrt{\frac{\lambda'}{k'^n}} = [\text{tg}\,\text{am}\,2\omega\,\text{tg}\,\text{am}\,4\omega\cdots\text{tg}\,\text{am}\,(n-1)\omega]^2$$

$$(8.)\qquad \sqrt{\frac{\lambda}{k^n}} = [\sin\text{coam}\,2\omega\,\sin\text{coam}\,4\omega\cdots\sin\text{coam}\,(n-1)\omega]^2$$

$$(9.)\qquad \frac{(-1)^{\frac{n-1}{2}}}{M}\sqrt{\frac{k\lambda' k'^{n-2}}{k^n}} = [\cos\operatorname{coam} 2\omega \cos\operatorname{coam} 4\omega \cdots \cos\operatorname{coam}(n-1)\omega]^2$$

$$(10.)\qquad \sqrt{\lambda' k'^{n-2}} = [\Delta\operatorname{coam} 2\omega\, \Delta\operatorname{coam} 4\omega \cdots \Delta\operatorname{coam}(n-1)\omega]^2$$

$$(11.)\qquad (-1)^{\frac{n-1}{2}} M\sqrt{\frac{1}{\lambda' k'^{n-2}}} = [\operatorname{tg}\operatorname{coam} 2\omega \operatorname{tg}\operatorname{coam} 4\omega \cdots \operatorname{tg}\operatorname{coam}(n-1)\omega]^2.$$

Harum formularum ope formulae (8.), (13.), (14.), §. 20. in sequentes abeunt:

$$(12.)\quad \sin\operatorname{am}\left(\frac{u}{M},\lambda\right) = \sqrt{\frac{k^n}{\lambda}} \sin\operatorname{am} u \sin\operatorname{am}(u+4\omega) \sin\operatorname{am}(u+8\omega) \cdots \sin\operatorname{am}(u+4(n-1)\omega)$$

$$(13.)\quad \cos\operatorname{am}\left(\frac{u}{M},\lambda\right) = \sqrt{\frac{\lambda' k^n}{\lambda k'^n}} \cos\operatorname{am} u \cos\operatorname{am}(u+4\omega) \cos\operatorname{am}(u+8\omega) \cdots \cos\operatorname{am}(u+4(n-1)\omega)$$

$$(14.)\quad \Delta\operatorname{am}\left(\frac{u}{M},\lambda\right) = \sqrt{\frac{\lambda'}{k'^n}}\, \Delta\operatorname{am} u\, \Delta\operatorname{am}(u+4\omega)\, \Delta\operatorname{am}(u+8\omega) \cdots \Delta\operatorname{am}(u+4(n-1)\omega),$$

unde etiam:

$$(15.)\quad \operatorname{tg}\operatorname{am}\left(\frac{u}{M},\lambda\right) = \sqrt{\frac{k'^n}{\lambda'}} \operatorname{tg}\operatorname{am} u \operatorname{tg}\operatorname{am}(u+4\omega) \operatorname{tg}\operatorname{am}(u+8\omega) \cdots \operatorname{tg}\operatorname{am}(u+4(n-1)\omega).$$

Aliud ita invenitur formularum systema. Ex aequatione (4.) sequitur:

$$\frac{\lambda}{M^2 k^n} = [\sin\operatorname{am} 2\omega \sin\operatorname{am} 4\omega \cdots \sin\operatorname{am}(n-1)\omega]^4,$$

unde:

$$y = \sin\operatorname{am}\left(\frac{u}{M},\lambda\right) = \frac{x}{M}\prod \frac{1-\frac{x^2}{\sin^2\operatorname{am} 2p\omega}}{1-k^2x^2\sin^2\operatorname{am} 2p\omega} = \frac{kM}{\lambda}\, x\prod \frac{x^2-\sin^2\operatorname{am} 2p\omega}{x^2-\frac{1}{k^2\sin^2\operatorname{am} 2p\omega}},$$

sive:

$$0 = x\prod(x^2-\sin^2\operatorname{am} 2p\omega) - \frac{\lambda}{kM}\sin\operatorname{am}\left(\frac{u}{M},\lambda\right)\prod\left(x^2-\frac{1}{k^2\sin^2\operatorname{am} 2p\omega}\right).$$

Radices huius aequationis n^{ti} ordinis sunt:

$$x = \sin\operatorname{am} u,\quad \sin\operatorname{am}(u+4\omega),\quad \sin\operatorname{am}(u+8\omega), \ldots, \quad \sin\operatorname{am}(u+4(n-1)\omega),$$

unde aequationem nanciscimur identicam:

$$x\prod(x^2-\sin^2\operatorname{am} 2p\omega) - \frac{\lambda}{kM}\sin\operatorname{am}\left(\frac{u}{M},\lambda\right)\prod\left(x^2-\frac{1}{k^2\sin^2\operatorname{am} 2p\omega}\right)$$
$$= [x-\sin\operatorname{am} u][x-\sin\operatorname{am}(u+4\omega)][x-\sin\operatorname{am}(u+8\omega)] \cdots [x-\sin\operatorname{am}(u+4(n-1)\omega)].$$

Hinc prodit summa radicum:

$$(16.)\qquad \sum \sin\operatorname{am}(u+4q\omega) = \frac{\lambda}{kM}\sin\operatorname{am}\left(\frac{u}{M},\lambda\right).$$

Eodem modo invenitur:

$$(17.)\qquad \sum \cos\operatorname{am}(u+4q\omega) = \frac{(-1)^{\frac{n-1}{2}}\lambda}{kM}\cos\operatorname{am}\left(\frac{u}{M},\lambda\right)$$

$$(18.)\qquad \sum \Delta\operatorname{am}(u+4q\omega) = \frac{(-1)^{\frac{n-1}{2}}}{M}\Delta\operatorname{am}\left(\frac{u}{M},\lambda\right)$$

$$(19.)\qquad \sum \operatorname{tg}\operatorname{am}(u+4q\omega) = \frac{\lambda'}{k'M}\operatorname{tg}\operatorname{am}\left(\frac{u}{M},\lambda\right),$$

in quibus formulis numero q tribuuntur valores $0, 1, 2, 3, \ldots, n-1$. Quas formulas etiam hunc in modum repraesentare convenit:

$$\frac{\lambda}{kM}\sin\operatorname{am}\left(\frac{u}{M},\lambda\right) = \sin\operatorname{am}u + \sum[\sin\operatorname{am}(u+4q\omega)+\sin\operatorname{am}(u-4q\omega)]$$

$$\frac{(-1)^{\frac{n-1}{2}}\lambda}{kM}\cos\operatorname{am}\left(\frac{u}{M},\lambda\right) = \cos\operatorname{am}u + \sum[\cos\operatorname{am}(u+4q\omega)+\cos\operatorname{am}(u-4q\omega)]$$

$$\frac{(-1)^{\frac{n-1}{2}}}{M}\Delta\operatorname{am}\left(\frac{u}{M},\lambda\right) = \Delta\operatorname{am}u + \sum[\Delta\operatorname{am}(u+4q\omega)+\Delta\operatorname{am}(u-4q\omega)]$$

$$\frac{\lambda'}{k'M}\operatorname{tg}\operatorname{am}\left(\frac{u}{M},\lambda\right) = \operatorname{tg}\operatorname{am}u + \sum[\operatorname{tg}\operatorname{am}(u+4q\omega)+\operatorname{tg}\operatorname{am}(u-4q\omega)],$$

ubi numero q tribuuntur valores $1, 2, 3, \ldots, \frac{n-1}{2}$. Iam adnotentur formulae:

$$\sin\operatorname{am}(u+4q\omega)+\sin\operatorname{am}(u-4q\omega) = \frac{2\cos\operatorname{am}4q\omega\,\Delta\operatorname{am}4q\omega\sin\operatorname{am}u}{1-k^2\sin^2\operatorname{am}4q\omega\sin^2\operatorname{am}u}$$

$$\cos\operatorname{am}(u+4q\omega)+\cos\operatorname{am}(u-4q\omega) = \frac{2\cos\operatorname{am}4q\omega\cos\operatorname{am}u}{1-k^2\sin^2\operatorname{am}4q\omega\sin^2\operatorname{am}u}$$

$$\Delta\operatorname{am}(u+4q\omega)+\Delta\operatorname{am}(u-4q\omega) = \frac{2\Delta\operatorname{am}4q\omega\,\Delta\operatorname{am}u}{1-k^2\sin^2\operatorname{am}4q\omega\sin^2\operatorname{am}u}$$

$$\operatorname{tg}\operatorname{am}(u+4q\omega)+\operatorname{tg}\operatorname{am}(u-4q\omega) = \frac{2\Delta\operatorname{am}4q\omega\sin\operatorname{am}u\cos\operatorname{am}u}{\cos^2\operatorname{am}4q\omega-\Delta^2\operatorname{am}4q\omega\sin^2\operatorname{am}u}\ {}^{*)},$$

quarum ope formulae (16.)—(19.) in has abeunt:

*) cf. §. 18. formulas (1.), (2.), (3.); formula postrema e formulis (10.), (30.) fluit, ubi reputas esse $\operatorname{tg}\alpha+\operatorname{tg}\vartheta = \frac{\sin(\alpha+\vartheta)}{\cos\alpha\cos\vartheta}$.

$$(20.)\qquad \frac{\lambda}{kM}\sin\operatorname{am}\left(\frac{u}{M},\lambda\right) = \sin\operatorname{am}u + \Sigma\frac{2\cos\operatorname{am}4q\omega\,\Delta\operatorname{am}4q\omega\sin\operatorname{am}u}{1-k^2\sin^2\operatorname{am}4q\omega\sin^2\operatorname{am}u}$$

$$(21.)\qquad \frac{(-1)^{\frac{n-1}{2}}\lambda}{kM}\cos\operatorname{am}\left(\frac{u}{M},\lambda\right) = \cos\operatorname{am}u + \Sigma\frac{2\cos\operatorname{am}4q\omega\cos\operatorname{am}u}{1-k^2\sin^2\operatorname{am}4q\omega\sin^2\operatorname{am}u}$$

$$(22.)\qquad \frac{(-1)^{\frac{n-1}{2}}}{M}\Delta\operatorname{am}\left(\frac{u}{M},\lambda\right) = \Delta\operatorname{am}u + \Sigma\frac{2\Delta\operatorname{am}4q\omega\,\Delta\operatorname{am}u}{1-k^2\sin^2\operatorname{am}4q\omega\sin^2\operatorname{am}u}$$

$$(23.)\qquad \frac{\lambda'}{k'M}\operatorname{tg}\operatorname{am}\left(\frac{u}{M},\lambda\right) = \operatorname{tg}\operatorname{am}u + \Sigma\frac{2\Delta\operatorname{am}4q\omega\sin\operatorname{am}u\cos\operatorname{am}u}{\cos^2\operatorname{am}4q\omega-\Delta^2\operatorname{am}4q\omega\sin^2\operatorname{am}u},$$

quae etiam obtinentur, ubi formulae supra propositae e methodis notis in fractiones simplices resolvuntur.

DE VARIIS EIUSDEM ORDINIS TRANSFORMATIONIBUS. TRANSFORMATIONES DUAE REALES, MAIORIS MODULI IN MINOREM ET MINORIS IN MAIOREM.

24.

Elemento ω vidimus tribui posse valorem quemlibet schematis $\frac{mK+m'iK'}{n}$, designantibus m, m' numeros integros positivos seu negativos, qui tamen, quoties n est numerus compositus, nullum ipsius n factorem communem habent. Facile autem patet, ubi q sit primus ad n, valores $\omega = \frac{qmK+qm'iK'}{n}$ substitutiones diversas non exhibituros esse. Hinc ubi ipse n est numerus primus, valores elementi ω, qui transformationes diversas suppeditant, erunt omnes:

$$\frac{K}{n},\quad \frac{iK'}{n},\quad \frac{K+iK'}{n},\quad \frac{K+2iK'}{n},\quad \frac{K+3iK'}{n},\quad \dots,\quad \frac{K+(n-1)iK'}{n},$$

sive etiam:

$$\frac{K}{n},\quad \frac{iK'}{n},\quad \frac{K+iK'}{n},\quad \frac{2K+iK'}{n},\quad \frac{3K+iK'}{n},\quad \dots,\quad \frac{(n-1)K+iK'}{n},$$

aut, si placet:

$$\frac{K}{n},\quad \frac{iK'}{n},\quad \frac{K\pm iK'}{n},\quad \frac{K\pm 2iK'}{n},\quad \frac{K\pm 3iK'}{n},\quad \dots,\quad \frac{K\pm\frac{n-1}{2}iK'}{n},$$

sive etiam:

$$\frac{K}{n},\quad \frac{iK'}{n},\quad \frac{K\pm iK'}{n},\quad \frac{2K\pm iK'}{n},\quad \frac{3K\pm iK'}{n},\ldots,\frac{\frac{n-1}{2}K\pm iK'}{n},$$

quorum est numerus $n+1$. Ac reapse vidimus in transformationibus tertii et quinti ordinis, supra tamquam exemplis propositis, aequationes inter $u=\sqrt[4]{k}$ et $v=\sqrt[4]{\lambda}$, quas *aequationes modulares* nuncupabimus, resp. ad quartum et sextum gradum ascendisse. Quoties vero n est numerus compositus, iste valde augetur numerus; accedunt enim casus, quibus sive m, sive m' sive etiam uterque factorem habet cum n communem, modo ne utrisque m, m' idem communis sit cum n. Generaliter autem valet theorema:

»*numerum substitutionum* n^{ti} *ordinis inter se diversarum, quarum ope transfor-*
»*mare liceat functiones ellipticas, aequare summam factorum ipsius* n, *qui ta-*
»*men numerus, quoties* n *per quadratum dividitur, et substitutiones amplectitur*
»*ex transformatione et multiplicatione mixtas, adeoque, quoties* n *ipsum est qua-*
»*dratum, ipsam multiplicationem.*«

Ista igitur factorum summa designabit gradum, ad quem pro dato numero n aequatio modularis ascendet, ubi adnotandum est, quoties n sit numerus quadratus, unam e radicum numero praebituram esse $k=\lambda$, ac generaliter, quoties $n=m^2v$, designante m^2 quadratum maximum, per quod numerum n dividere licet, e numero radicum fore etiam omnes radices aequationis modularis, quae ad ipsum v pertinet.

Inter valores elementi ω supra propositos, qui casu, quo n est primus, quem, cum in eum reliqui redeant, sive unice sive prae ceteris considerare convenit, universam transformationum copiam suggerunt, duo tantum generaliter loquendo*) inveniuntur, qui transformationes reales suppeditant, hos dico $\omega=\frac{K}{n}$, $\omega'=\frac{iK'}{n}$. Illam in sequentibus vocabimus transformationem *primam*, hanc *secundam*; modulosque, qui his respondent, designabimus resp. per λ, λ_1 eorumque complementa per λ', λ'_1. Argumenta amplitudinis $\frac{\pi}{2}$, quae his modulis respondent, (functiones integras vocat Cl. Legendre), designabimus per $\Lambda, \Lambda_1, \Lambda', \Lambda'_1$. Formulae nostrae generales pro his casibus evadunt sequentes.

---

*) Nam infinitis casibus pro modulis specialibus fit, ut par radicum imaginariarum aequationum modularium sibi aequale evadat ideoque reale fiat.

I.

FORMULAE PRO TRANSFORMATIONE REALI PRIMA MODULI k IN MODULUM λ.

$$\lambda = k^n \left\{\sin\operatorname{coam}\frac{2K}{n}\sin\operatorname{coam}\frac{4K}{n}\cdots\cdots\sin\operatorname{coam}\frac{(n-1)K}{n}\right\}^4$$

$$\lambda' = \frac{k'^n}{\left\{\Delta\operatorname{am}\frac{2K}{n}\Delta\operatorname{am}\frac{4K}{n}\cdots\cdots\Delta\operatorname{am}\frac{(n-1)K}{n}\right\}^4}$$

$$M = \left\{\frac{\sin\operatorname{coam}\frac{2K}{n}\sin\operatorname{coam}\frac{4K}{n}\cdots\cdots\sin\operatorname{coam}\frac{(n-1)K}{n}}{\sin\operatorname{am}\frac{2K}{n}\sin\operatorname{am}\frac{4K}{n}\cdots\cdots\sin\operatorname{am}\frac{(n-1)K}{n}}\right\}^2$$

$$\sin\operatorname{am}\left(\frac{u}{M},\lambda\right) = \frac{\frac{\sin\operatorname{am}u}{M}\left(1-\frac{\sin^2\operatorname{am}u}{\sin^2\operatorname{am}\frac{2K}{n}}\right)\left(1-\frac{\sin^2\operatorname{am}u}{\sin^2\operatorname{am}\frac{4K}{n}}\right)\cdots\left(1-\frac{\sin^2\operatorname{am}u}{\sin^2\operatorname{am}\frac{(n-1)K}{n}}\right)}{\left(1-k^2\sin^2\operatorname{am}\frac{2K}{n}\sin^2\operatorname{am}u\right)\left(1-k^2\sin^2\operatorname{am}\frac{4K}{n}\sin^2\operatorname{am}u\right)\cdots\left(1-k^2\sin^2\operatorname{am}\frac{(n-1)K}{n}\sin^2\operatorname{am}u\right)}$$

$$= (-1)^{\frac{n-1}{2}}\sqrt{\frac{k^n}{\lambda}}\sin\operatorname{am}u\sin\operatorname{am}\left(u+\frac{4K}{n}\right)\sin\operatorname{am}\left(u+\frac{8K}{n}\right)\cdots\sin\operatorname{am}\left(u+\frac{4(n-1)K}{n}\right)$$

$$\cos\operatorname{am}\left(\frac{u}{M},\lambda\right) = \frac{\cos\operatorname{am}u\left(1-\frac{\sin^2\operatorname{am}u}{\sin^2\operatorname{coam}\frac{2K}{n}}\right)\left(1-\frac{\sin^2\operatorname{am}u}{\sin^2\operatorname{coam}\frac{4K}{n}}\right)\cdots\left(1-\frac{\sin^2\operatorname{am}u}{\sin^2\operatorname{coam}\frac{(n-1)K}{n}}\right)}{\left(1-k^2\sin^2\operatorname{am}\frac{2K}{n}\sin^2\operatorname{am}u\right)\left(1-k^2\sin^2\operatorname{am}\frac{4K}{n}\sin^2\operatorname{am}u\right)\cdots\left(1-k^2\sin^2\operatorname{am}\frac{(n-1)K}{n}\sin^2\operatorname{am}u\right)}$$

$$= \sqrt{\frac{\lambda' k^n}{\lambda k'^n}}\cos\operatorname{am}u\cos\operatorname{am}\left(u+\frac{4K}{n}\right)\cos\operatorname{am}\left(u+\frac{8K}{n}\right)\cdots\cos\operatorname{am}\left(u+\frac{4(n-1)K}{n}\right)$$

$$\Delta\operatorname{am}\left(\frac{u}{M},\lambda\right) = \frac{\Delta\operatorname{am}u\left(1-k^2\sin^2\operatorname{coam}\frac{2K}{n}\sin^2\operatorname{am}u\right)\left(1-k^2\sin^2\operatorname{coam}\frac{4K}{n}\sin^2\operatorname{am}u\right)\cdots\left(1-k^2\sin^2\operatorname{coam}\frac{(n-1)K}{n}\sin^2\operatorname{am}u\right)}{\left(1-k^2\sin^2\operatorname{am}\frac{2K}{n}\sin^2\operatorname{am}u\right)\left(1-k^2\sin^2\operatorname{am}\frac{4K}{n}\sin^2\operatorname{am}u\right)\cdots\left(1-k^2\sin^2\operatorname{am}\frac{(n-1)K}{n}\sin^2\operatorname{am}u\right)}$$

$$= \sqrt{\frac{\lambda'}{k'^n}}\Delta\operatorname{am}u\,\Delta\operatorname{am}\left(u+\frac{4K}{n}\right)\Delta\operatorname{am}\left(u+\frac{8K}{n}\right)\cdots\Delta\operatorname{am}\left(u+\frac{4(n-1)K}{n}\right)$$

$$\sqrt{\frac{1\mp\sin\operatorname{am}\left(\frac{u}{M},\lambda\right)}{1\pm\sin\operatorname{am}\left(\frac{u}{M},\lambda\right)}}$$

$$=\sqrt{\frac{1-\sin\operatorname{am}u}{1+\sin\operatorname{am}u}}\cdot\frac{\left(1-\frac{\sin\operatorname{am}u}{\sin\operatorname{coam}\frac{4K}{n}}\right)\left(1-\frac{\sin\operatorname{am}u}{\sin\operatorname{coam}\frac{8K}{n}}\right)\cdots\left(1-\frac{\sin\operatorname{am}u}{\sin\operatorname{coam}\frac{2(n-1)K}{n}}\right)}{\left(1+\frac{\sin\operatorname{am}u}{\sin\operatorname{coam}\frac{4K}{n}}\right)\left(1+\frac{\sin\operatorname{am}u}{\sin\operatorname{coam}\frac{8K}{n}}\right)\cdots\left(1+\frac{\sin\operatorname{am}u}{\sin\operatorname{coam}\frac{2(n-1)K}{n}}\right)}$$

$$\sqrt{\frac{1\mp\lambda\sin\operatorname{am}\left(\frac{u}{M},\lambda\right)}{1\pm\lambda\sin\operatorname{am}\left(\frac{u}{M},\lambda\right)}}$$

$$=\sqrt{\frac{1-k\sin\operatorname{am}u}{1+k\sin\operatorname{am}u}}\cdot\frac{\left(1-k\sin\operatorname{coam}\frac{4K}{n}\sin\operatorname{am}u\right)\left(1-k\sin\operatorname{coam}\frac{8K}{n}\sin\operatorname{am}u\right)\cdots\left(1-k\sin\operatorname{coam}\frac{2(n-1)K}{n}\sin\operatorname{am}u\right)}{\left(1+k\sin\operatorname{coam}\frac{4K}{n}\sin\operatorname{am}u\right)\left(1+k\sin\operatorname{coam}\frac{8K}{n}\sin\operatorname{am}u\right)\cdots\left(1+k\sin\operatorname{coam}\frac{2(n-1)K}{n}\sin\operatorname{am}u\right)}$$

$$\frac{\lambda}{kM}\sin\operatorname{am}\left(\frac{u}{M},\lambda\right)=\sin\operatorname{am}u+2\sum\frac{(-1)^q\cos\operatorname{am}\frac{2qK}{n}\Delta\operatorname{am}\frac{2qK}{n}\sin\operatorname{am}u}{1-k^2\sin^2\operatorname{am}\frac{2qK}{n}\sin^2\operatorname{am}u}$$

$$\frac{\lambda}{kM}\cos\operatorname{am}\left(\frac{u}{M},\lambda\right)=\cos\operatorname{am}u+2\sum\frac{(-1)^q\cos\operatorname{am}\frac{2qK}{n}\cos\operatorname{am}u}{1-k^2\sin^2\operatorname{am}\frac{2qK}{n}\sin^2\operatorname{am}u}$$

$$\frac{1}{M}\Delta\operatorname{am}\left(\frac{u}{M},\lambda\right)=\Delta\operatorname{am}u+2\sum\frac{\Delta\operatorname{am}\frac{2qK}{n}\Delta\operatorname{am}u}{1-k^2\sin^2\operatorname{am}\frac{2qK}{n}\sin^2\operatorname{am}u}$$

$$\frac{\lambda'}{k'M}\operatorname{tg}\operatorname{am}\left(\frac{u}{M},\lambda\right)=\operatorname{tg}\operatorname{am}u+2\sum\frac{\Delta\operatorname{am}\frac{2qK}{n}\sin\operatorname{am}u\cos\operatorname{am}u}{\cos^2\operatorname{am}\frac{2qK}{n}-\Delta^2\operatorname{am}\frac{2qK}{n}\sin^2\operatorname{am}u}.$$

II.

A. FORMULAE PRO TRANSFORMATIONE REALI SECUNDA, MODULI k IN MODULUM λ_1, SUB FORMA IMAGINARIA.

$$\lambda_1 = k^n \left\{ \sin\operatorname{coam}\frac{2iK'}{n} \sin\operatorname{coam}\frac{4iK'}{n} \cdots\cdots \sin\operatorname{coam}\frac{(n-1)iK'}{n} \right\}^4$$

$$\lambda_1' = \frac{k'^n}{\left\{ \Delta\operatorname{am}\frac{2iK'}{n} \Delta\operatorname{am}\frac{4iK'}{n} \cdots\cdots \Delta\operatorname{am}\frac{(n-1)iK'}{n} \right\}^4}$$

$$M_1 = (-1)^{\frac{n-1}{2}} \left\{ \frac{\sin\operatorname{coam}\frac{2iK'}{n} \sin\operatorname{coam}\frac{4iK'}{n} \cdots \sin\operatorname{coam}\frac{(n-1)iK'}{n}}{\sin\operatorname{am}\frac{2iK'}{n} \sin\operatorname{am}\frac{4iK'}{n} \cdots \sin\operatorname{am}\frac{(n-1)iK'}{n}} \right\}^2$$

$$\sin\operatorname{am}\left(\frac{u}{M_1}, \lambda_1\right) = \frac{\frac{\sin\operatorname{am}u}{M_1}\left(1-\frac{\sin^2\operatorname{am}u}{\sin^2\operatorname{am}\frac{2iK'}{n}}\right)\left(1-\frac{\sin^2\operatorname{am}u}{\sin^2\operatorname{am}\frac{4iK'}{n}}\right)\cdots\left(1-\frac{\sin^2\operatorname{am}u}{\sin^2\operatorname{am}\frac{(n-1)iK'}{n}}\right)}{\left(1-\frac{\sin^2\operatorname{am}u}{\sin^2\operatorname{am}\frac{iK'}{n}}\right)\left(1-\frac{\sin^2\operatorname{am}u}{\sin^2\operatorname{am}\frac{3iK'}{n}}\right)\cdots\left(1-\frac{\sin^2\operatorname{am}u}{\sin^2\operatorname{am}\frac{(n-2)iK'}{n}}\right)}$$

$$= \sqrt{\frac{k^n}{\lambda_1}} \sin\operatorname{am}u \sin\operatorname{am}\left(u+\frac{4iK'}{n}\right) \sin\operatorname{am}\left(u+\frac{8iK'}{n}\right) \cdots\cdots \sin\operatorname{am}\left(u+\frac{4(n-1)iK'}{n}\right)$$

$$\cos\operatorname{am}\left(\frac{u}{M_1}, \lambda_1\right) = \frac{\cos\operatorname{am}u\left(1-\frac{\sin^2\operatorname{am}u}{\sin^2\operatorname{coam}\frac{2iK'}{n}}\right)\left(1-\frac{\sin^2\operatorname{am}u}{\sin^2\operatorname{coam}\frac{4iK'}{n}}\right)\cdots\left(1-\frac{\sin^2\operatorname{am}u}{\sin^2\operatorname{coam}\frac{(n-1)iK'}{n}}\right)}{\left(1-\frac{\sin^2\operatorname{am}u}{\sin^2\operatorname{am}\frac{iK'}{n}}\right)\left(1-\frac{\sin^2\operatorname{am}u}{\sin^2\operatorname{am}\frac{3iK'}{n}}\right)\cdots\left(1-\frac{\sin^2\operatorname{am}u}{\sin^2\operatorname{am}\frac{(n-2)iK'}{n}}\right)}$$

$$= \sqrt{\frac{\lambda_1' k^n}{\lambda_1 k'^n}} \cos\operatorname{am}u \cos\operatorname{am}\left(u+\frac{4iK'}{n}\right) \cos\operatorname{am}\left(u+\frac{8iK'}{n}\right) \cdots\cdots \cos\operatorname{am}\left(u+\frac{4(n-1)iK'}{n}\right)$$

$$\Delta\operatorname{am}\left(\frac{u}{M_1}, \lambda_1\right) = \frac{\Delta\operatorname{am}u\left(1-\frac{\sin^2\operatorname{am}u}{\sin^2\operatorname{coam}\frac{iK'}{n}}\right)\left(1-\frac{\sin^2\operatorname{am}u}{\sin^2\operatorname{coam}\frac{3iK'}{n}}\right)\cdots\left(1-\frac{\sin^2\operatorname{am}u}{\sin^2\operatorname{coam}\frac{(n-2)iK'}{n}}\right)}{\left(1-\frac{\sin^2\operatorname{am}u}{\sin^2\operatorname{am}\frac{iK'}{n}}\right)\left(1-\frac{\sin^2\operatorname{am}u}{\sin^2\operatorname{am}\frac{3iK'}{n}}\right)\cdots\left(1-\frac{\sin^2\operatorname{am}u}{\sin^2\operatorname{am}\frac{(n-2)iK'}{n}}\right)}$$

$$= \sqrt{\frac{\lambda_1'}{k'^n}} \Delta\operatorname{am}u \, \Delta\operatorname{am}\left(u+\frac{4iK'}{n}\right) \Delta\operatorname{am}\left(u+\frac{8iK'}{n}\right) \cdots\cdots \Delta\operatorname{am}\left(u+\frac{4(n-1)iK'}{n}\right)$$

$$\sqrt{\frac{1-\sin\operatorname{am}\left(\frac{u}{M_1},\lambda_1\right)}{1+\sin\operatorname{am}\left(\frac{u}{M_1},\lambda_1\right)}}$$

$$=\sqrt{\frac{1-\sin\operatorname{am}u}{1+\sin\operatorname{am}u}}\cdot\frac{\left(1-\frac{\sin\operatorname{am}u}{\sin\operatorname{coam}\frac{2iK'}{n}}\right)\left(1-\frac{\sin\operatorname{am}u}{\sin\operatorname{coam}\frac{4iK'}{n}}\right)\cdots\left(1-\frac{\sin\operatorname{am}u}{\sin\operatorname{coam}\frac{(n-1)iK'}{n}}\right)}{\left(1+\frac{\sin\operatorname{am}u}{\sin\operatorname{coam}\frac{2iK'}{n}}\right)\left(1+\frac{\sin\operatorname{am}u}{\sin\operatorname{coam}\frac{4iK'}{n}}\right)\cdots\left(1+\frac{\sin\operatorname{am}u}{\sin\operatorname{coam}\frac{(n-1)iK'}{n}}\right)}$$

$$\sqrt{\frac{1-\lambda_1\sin\operatorname{am}\left(\frac{u}{M_1},\lambda_1\right)}{1+\lambda_1\sin\operatorname{am}\left(\frac{u}{M_1},\lambda_1\right)}}$$

$$=\sqrt{\frac{1-k\sin\operatorname{am}u}{1+k\sin\operatorname{am}u}}\cdot\frac{\left(1-\frac{\sin\operatorname{am}u}{\sin\operatorname{coam}\frac{iK'}{n}}\right)\left(1-\frac{\sin\operatorname{am}u}{\sin\operatorname{coam}\frac{3iK'}{n}}\right)\cdots\left(1-\frac{\sin\operatorname{am}u}{\sin\operatorname{coam}\frac{(n-2)iK'}{n}}\right)}{\left(1+\frac{\sin\operatorname{am}u}{\sin\operatorname{coam}\frac{iK'}{n}}\right)\left(1+\frac{\sin\operatorname{am}u}{\sin\operatorname{coam}\frac{3iK'}{n}}\right)\cdots\left(1+\frac{\sin\operatorname{am}u}{\sin\operatorname{coam}\frac{(n-2)iK'}{n}}\right)}$$

$$\frac{\lambda_1}{kM_1}\sin\operatorname{am}\left(\frac{u}{M_1},\lambda_1\right)=\sin\operatorname{am}u-\frac{2}{k}\sum\frac{\cos\operatorname{am}\frac{(2q-1)iK'}{n}\,\Delta\operatorname{am}\frac{(2q-1)iK'}{n}\sin\operatorname{am}u}{\sin^2\operatorname{am}\frac{(2q-1)iK'}{n}-\sin^2\operatorname{am}u}$$

$$\frac{(-1)^{\frac{n-1}{2}}\lambda_1}{kM_1}\cos\operatorname{am}\left(\frac{u}{M_1},\lambda_1\right)=\cos\operatorname{am}u+\frac{2(-1)^{\frac{n-1}{2}}}{ik}\sum\frac{(-1)^q\sin\operatorname{am}\frac{(2q-1)iK'}{n}\,\Delta\operatorname{am}\frac{(2q-1)iK'}{n}\cos\operatorname{am}u}{\sin^2\operatorname{am}\frac{(2q-1)iK'}{n}-\sin^2\operatorname{am}u}$$

$$\frac{(-1)^{\frac{n-1}{2}}}{M_1}\Delta\operatorname{am}\left(\frac{u}{M_1},\lambda_1\right)=\Delta\operatorname{am}u+\frac{2(-1)^{\frac{n-1}{2}}}{i}\sum\frac{(-1)^q\sin\operatorname{am}\frac{(2q-1)iK'}{n}\cos\operatorname{am}\frac{(2q-1)iK'}{n}\Delta\operatorname{am}u}{\sin^2\operatorname{am}\frac{(2q-1)iK'}{n}-\sin^2\operatorname{am}u}$$

$$\frac{\lambda_1'}{k'M_1}\operatorname{tg}\operatorname{am}\left(\frac{u}{M_1},\lambda_1\right)=\operatorname{tg}\operatorname{am}u+2\sum\frac{(-1)^q\,\Delta\operatorname{am}\frac{2qiK'}{n}\sin\operatorname{am}u\cos\operatorname{am}u}{\cos^2\operatorname{am}\frac{2qiK'}{n}-\Delta^2\operatorname{am}\frac{2qiK'}{n}\sin^2\operatorname{am}u}.$$

B. FORMULAE PRO TRANSFORMATIONE REALI SECUNDA SUB FORMA REALI.

$$\lambda_1 = \frac{k^n}{\left\{\Delta\,\mathrm{am}\left(\frac{2K'}{n},k'\right)\Delta\,\mathrm{am}\left(\frac{4K'}{n},k'\right)\cdots\Delta\,\mathrm{am}\left(\frac{(n-1)K'}{n},k'\right)\right\}^4}$$

$$\lambda_1' = k'^n\left\{\sin\mathrm{coam}\left(\frac{2K'}{n},k'\right)\sin\mathrm{coam}\left(\frac{4K'}{n},k'\right)\cdots\sin\mathrm{coam}\left(\frac{(n-1)K'}{n},k'\right)\right\}^4$$

$$M_1 = \left\{\frac{\sin\mathrm{coam}\left(\frac{2K'}{n},k'\right)\sin\mathrm{coam}\left(\frac{4K'}{n},k'\right)\cdots\sin\mathrm{coam}\left(\frac{(n-1)K'}{n},k'\right)}{\sin\mathrm{am}\left(\frac{2K'}{n},k'\right)\ \sin\mathrm{am}\left(\frac{4K'}{n},k'\right)\cdots\sin\mathrm{am}\left(\frac{(n-1)K'}{n},k'\right)}\right\}^2$$

$$\sin\mathrm{am}\left(\frac{u}{M_1},\lambda_1\right) = \frac{\frac{\sin\mathrm{am}\,u}{M_1}\left\{1+\frac{\sin^2\mathrm{am}\,u}{\mathrm{tg}^2\mathrm{am}\left(\frac{2K'}{n},k'\right)}\right\}\left\{1+\frac{\sin^2\mathrm{am}\,u}{\mathrm{tg}^2\mathrm{am}\left(\frac{4K'}{n},k'\right)}\right\}\cdots\left\{1+\frac{\sin^2\mathrm{am}\,u}{\mathrm{tg}^2\mathrm{am}\left(\frac{(n-1)K'}{n},k'\right)}\right\}}{\left\{1+\frac{\sin^2\mathrm{am}\,u}{\mathrm{tg}^2\mathrm{am}\left(\frac{K'}{n},k'\right)}\right\}\left\{1+\frac{\sin^2\mathrm{am}\,u}{\mathrm{tg}^2\mathrm{am}\left(\frac{3K'}{n},k'\right)}\right\}\cdots\left\{1+\frac{\sin^2\mathrm{am}\,u}{\mathrm{tg}^2\mathrm{am}\left(\frac{(n-2)K'}{n},k'\right)}\right\}}$$

$$\cos\mathrm{am}\left(\frac{u}{M_1},\lambda_1\right) = \frac{\cos\mathrm{am}\,u\left\{1-\sin^2\mathrm{am}\,u\,\Delta^2\mathrm{am}\left(\frac{2K'}{n},k'\right)\right\}\left\{1-\sin^2\mathrm{am}\,u\,\Delta^2\mathrm{am}\left(\frac{4K'}{n},k'\right)\right\}\cdots\left\{1-\sin^2\mathrm{am}\,u\,\Delta^2\mathrm{am}\left(\frac{(n-1)K'}{n},k'\right)\right\}}{\left\{1+\frac{\sin^2\mathrm{am}\,u}{\mathrm{tg}^2\mathrm{am}\left(\frac{K'}{n},k'\right)}\right\}\left\{1+\frac{\sin^2\mathrm{am}\,u}{\mathrm{tg}^2\mathrm{am}\left(\frac{3K'}{n},k'\right)}\right\}\cdots\left\{1+\frac{\sin^2\mathrm{am}\,u}{\mathrm{tg}^2\mathrm{am}\left(\frac{(n-2)K'}{n},k'\right)}\right\}}$$

$$\Delta\,\mathrm{am}\left(\frac{u}{M_1},\lambda_1\right) = \frac{\Delta\,\mathrm{am}\,u\left\{1-\sin^2\mathrm{am}\,u\,\Delta^2\mathrm{am}\left(\frac{K'}{n},k'\right)\right\}\left\{1-\sin^2\mathrm{am}\,u\,\Delta^2\mathrm{am}\left(\frac{3K'}{n},k'\right)\right\}\cdots\left\{1-\sin^2\mathrm{am}\,u\,\Delta^2\mathrm{am}\left(\frac{(n-2)K'}{n},k'\right)\right\}}{\left\{1+\frac{\sin^2\mathrm{am}\,u}{\mathrm{tg}^2\mathrm{am}\left(\frac{K'}{n},k'\right)}\right\}\left\{1+\frac{\sin^2\mathrm{am}\,u}{\mathrm{tg}^2\mathrm{am}\left(\frac{3K'}{n},k'\right)}\right\}\cdots\left\{1+\frac{\sin^2\mathrm{am}\,u}{\mathrm{tg}^2\mathrm{am}\left(\frac{(n-2)K'}{n},k'\right)}\right\}}.$$

$$\sqrt{\frac{1-\sin\mathrm{am}\left(\frac{u}{M_1},\lambda_1\right)}{1+\sin\mathrm{am}\left(\frac{u}{M_1},\lambda_1\right)}}$$

$$=\sqrt{\frac{1-\sin\mathrm{am}\,u}{1+\sin\mathrm{am}\,u}}\cdot\frac{\left\{1-\sin\mathrm{am}\,u\,\Delta\mathrm{am}\left(\frac{2K'}{n},k'\right)\right\}\left\{1-\sin\mathrm{am}\,u\,\Delta\mathrm{am}\left(\frac{4K'}{n},k'\right)\right\}\cdots\left\{1-\sin\mathrm{am}\,u\,\Delta\mathrm{am}\left(\frac{(n-1)K'}{n},k'\right)\right\}}{\left\{1+\sin\mathrm{am}\,u\,\Delta\mathrm{am}\left(\frac{2K'}{n},k'\right)\right\}\left\{1+\sin\mathrm{am}\,u\,\Delta\mathrm{am}\left(\frac{4K'}{n},k'\right)\right\}\cdots\left\{1+\sin\mathrm{am}\,u\,\Delta\mathrm{am}\left(\frac{(n-1)K'}{n},k'\right)\right\}}$$

$$\sqrt{\frac{1-\lambda_1\sin\operatorname{am}\left(\frac{u}{M_1},\lambda_1\right)}{1+\lambda_1\sin\operatorname{am}\left(\frac{u}{M_1},\lambda_1\right)}}$$

$$=\sqrt{\frac{1-k\sin\operatorname{am}u}{1+k\sin\operatorname{am}u}}\cdot\frac{\left\{1-\Delta\operatorname{am}\left(\frac{K'}{n},k'\right)\sin\operatorname{am}u\right\}\left\{1-\Delta\operatorname{am}\left(\frac{3K'}{n},k'\right)\sin\operatorname{am}u\right\}\cdots\left\{1-\Delta\operatorname{am}\left(\frac{(n-2)K'}{n},k'\right)\sin\operatorname{am}u\right\}}{\left\{1+\Delta\operatorname{am}\left(\frac{K'}{n},k'\right)\sin\operatorname{am}u\right\}\left\{1+\Delta\operatorname{am}\left(\frac{3K'}{n},k'\right)\sin\operatorname{am}u\right\}\cdots\left\{1+\Delta\operatorname{am}\left(\frac{(n-2)K'}{n},k'\right)\sin\operatorname{am}u\right\}}$$

$$\frac{\lambda_1}{kM_1}\sin\operatorname{am}\left(\frac{u}{M_1},\lambda_1\right)=\sin\operatorname{am}u+\frac{2}{k}\sum\frac{\Delta\operatorname{am}\left(\frac{(2q-1)K'}{n},k'\right)\sin\operatorname{am}u}{\sin^2\operatorname{am}\left(\frac{(2q-1)K'}{n},k'\right)+\cos^2\operatorname{am}\left(\frac{(2q-1)K'}{n},k'\right)\sin^2\operatorname{am}u}$$

$$\frac{(-1)^{\frac{n-1}{2}}\lambda_1}{kM_1}\cos\operatorname{am}\left(\frac{u}{M_1},\lambda_1\right)=\cos\operatorname{am}u-\frac{2(-1)^{\frac{n-1}{2}}}{k}\sum\frac{(-1)^q\sin\operatorname{am}\left(\frac{(2q-1)K'}{n},k'\right)\Delta\operatorname{am}\left(\frac{(2q-1)K'}{n},k'\right)\cos\operatorname{am}u}{\sin^2\operatorname{am}\left(\frac{(2q-1)K'}{n},k'\right)+\cos^2\operatorname{am}\left(\frac{(2q-1)K'}{n},k'\right)\sin^2\operatorname{am}u}$$

$$\frac{(-1)^{\frac{n-1}{2}}}{M_1}\Delta\operatorname{am}\left(\frac{u}{M_1},\lambda_1\right)=\Delta\operatorname{am}u-2(-1)^{\frac{n-1}{2}}\sum\frac{(-1)^q\sin\operatorname{am}\left(\frac{(2q-1)K'}{n},k'\right)\Delta\operatorname{am}u}{\sin^2\operatorname{am}\left(\frac{(2q-1)K'}{n},k'\right)+\cos^2\operatorname{am}\left(\frac{(2q-1)K'}{n},k'\right)\sin^2\operatorname{am}u}$$

$$\frac{\lambda_1'}{k'M_1}\operatorname{tg}\operatorname{am}\left(\frac{u}{M_1},\lambda_1\right)=\operatorname{tg}\operatorname{am}u+2\sum\frac{(-1)^q\cos\operatorname{am}\left(\frac{2qK'}{n},k'\right)\Delta\operatorname{am}\left(\frac{2qK'}{n},k'\right)\sin\operatorname{am}u\cos\operatorname{am}u}{1-\Delta^2\operatorname{am}\left(\frac{2qK'}{n},k'\right)\sin^2\operatorname{am}u}$$

In formulis pro transformatione prima positum est $(-1)^{\frac{n-1}{2}}\mathrm{M}$ loco M. Formulas pro transformatione secunda dupliciter exhibere placuit, et sub forma imaginaria et sub forma reali, in quibus praeterea loco $k\sin\operatorname{am}\frac{2miK'}{n}$, $k\sin\operatorname{coam}\frac{2miK'}{n}$, etc. ubique scriptum est $\frac{-1}{\sin\operatorname{am}\frac{(n-2m)iK'}{n}}$, $\frac{1}{\sin\operatorname{coam}\frac{(n-2m)iK'}{n}}$, etc.: id quod, sicuti reductio in formam realem, ope formularum §[i]. 19. facile transactum est. Ubi signum ambiguum $\pm$ positum est, alterum $+$ eligendum est, ubi $\frac{n-1}{2}$ est numerus par, alterum $-$, ubi $\frac{n-1}{2}$ est numerus impar; de signo $\mp$ contrarium valet. In summis praefixo Σ designatis numero q valores $1, 2, 3, \ldots, \frac{n-1}{2}$ tribuendi sunt.

E formulis pro transformatione prima propositis patet, quoties u fiat successive:

$$0,\ \frac{K}{n},\ \frac{2K}{n},\ \frac{3K}{n},\ \frac{4K}{n},\ \ldots,$$

fore $\operatorname{am}\left(\frac{u}{M}, \lambda\right)$:

$$0,\ \frac{\pi}{2},\ \pi,\ \frac{3\pi}{2},\ 2\pi,\ \ldots,$$

unde obtinemus:

$$\frac{K}{nM} = \Lambda.$$

Contra vero videmus in transformatione secunda, quoties u fiat: $0, K, 2K, 3K, \ldots$ sive $\operatorname{am} u$: $0, \frac{\pi}{2}, \pi, \frac{3\pi}{2}, \ldots$, fieri $\operatorname{am}\left(\frac{u}{M_1}, \lambda_1\right)$ et ipsam $= 0, \frac{\pi}{2}, \pi, \frac{3\pi}{2}, \ldots$, unde hoc casu:

$$\frac{K}{M_1} = \Lambda_1.$$

Ceterum e formulis pro modulis $\lambda, \lambda', \lambda_1, \lambda'_1$ exhibitis elucet, crescente n, modulos λ, λ'_1 rapide ad nihilum convergere, ideoque simul modulos λ', λ_1 proxime accedere ad unitatem. Itaque transformationem moduli primam dicere convenit *maioris in minorem*, secundam *minoris in maiorem*.

DE TRANSFORMATIONIBUS COMPLEMENTARIIS SEU QUOMODO E TRANSFORMATIONE MODULI IN MODULUM ALIA DERIVATUR COMPLEMENTI IN COMPLEMENTUM.

25.

In formula supra inventa:

$$\operatorname{tg}\operatorname{am}\left(\frac{u}{M}, \lambda\right) = \sqrt{\frac{k'^n}{\lambda'}}\operatorname{tg}\operatorname{am} u \operatorname{tg}\operatorname{am}(u+4\omega)\operatorname{tg}\operatorname{am}(u+8\omega)\cdots\operatorname{tg}\operatorname{am}(u+4(n-1)\omega)$$

ponamus $u = iu'$, $\omega = i\omega'$, ita ut sit $\omega = \frac{mK+m'iK'}{n}$, $\omega' = \frac{m'K'-miK}{n}$. Iam vero est (§. 19.):

$$\operatorname{tg}\operatorname{am}(iu', k) = i\sin\operatorname{am}(u', k')$$
$$\operatorname{tg}\operatorname{am}(iu', \lambda) = i\sin\operatorname{am}(u', \lambda'),$$

unde formulam allegatam in sequentem abire videmus:

$$\sin \operatorname{am}\left(\frac{u'}{M}, \lambda'\right) = (-1)^{\frac{n-1}{2}} \sqrt{\frac{k'^n}{\lambda'}} \sin \operatorname{am} u' \sin \operatorname{am}(u'+4\omega') \sin \operatorname{am}(u'+8\omega') \cdots \sin \operatorname{am}(u'+4(n-1)\omega') \quad (\text{mod. } k').$$

Porro invenimus formulas:

$$\lambda' = \frac{k^n}{[\Delta \operatorname{am} 2\omega \, \Delta \operatorname{am} 4\omega \cdots \Delta \operatorname{am}(n-1)\omega]^4}$$

$$M = (-1)^{\frac{n-1}{2}} \frac{[\sin \operatorname{coam} 2\omega \sin \operatorname{coam} 4\omega \cdots \sin \operatorname{coam}(n-1)\omega]^2}{[\sin \operatorname{am} 2\omega \sin \operatorname{am} 4\omega \cdots \sin \operatorname{am}(n-1)\omega]^2},$$

quae e formulis:

$$\Delta \operatorname{am}(iu, k) = \frac{1}{\sin \operatorname{coam}(u, k')}$$

$$\sin \operatorname{coam}(iu, k) = \frac{1}{\Delta \operatorname{am}(u, k')},$$

unde etiam sequitur:

$$\frac{\sin \operatorname{coam}(iu, k)}{\sin \operatorname{am}(iu, k)} = \frac{-i}{\operatorname{tg} \operatorname{am}(u, k') \Delta \operatorname{am}(u, k')} = \frac{-i \sin \operatorname{coam}(u, k')}{\sin \operatorname{am}(u, k')},$$

in sequentes abeunt:

$$\lambda' = k'^n [\sin \operatorname{coam} 2\omega' \sin \operatorname{coam} 4\omega' \cdots \sin \operatorname{coam}(n-1)\omega']^4 \quad (\text{mod. } k')$$

$$M = \frac{[\sin \operatorname{coam} 2\omega' \sin \operatorname{coam} 4\omega' \cdots \sin \operatorname{coam}(n-1)\omega']^2}{[\sin \operatorname{am} 2\omega' \sin \operatorname{am} 4\omega' \cdots \sin \operatorname{am}(n-1)\omega']^2} \quad (\text{mod. } k')$$

His formulis comparatis cum illis, quae transformationi moduli k in modulum λ inserviunt:

$$\sin \operatorname{am}\left(\frac{u}{M}, \lambda\right) = \sqrt{\frac{k^n}{\lambda}} \sin \operatorname{am} u \sin \operatorname{am}(u+4\omega) \sin \operatorname{am}(u+8\omega) \cdots \sin \operatorname{am}(u+4(n-1)\omega)$$

$$\lambda = k^n [\sin \operatorname{coam} 2\omega \sin \operatorname{coam} 4\omega \cdots \sin \operatorname{coam}(n-1)\omega]^4$$

$$M = (-1)^{\frac{n-1}{2}} \frac{[\sin \operatorname{coam} 2\omega \sin \operatorname{coam} 4\omega \cdots \sin \operatorname{coam}(n-1)\omega]^2}{[\sin \operatorname{am} 2\omega \sin \operatorname{am} 4\omega \cdots \sin \operatorname{am}(n-1)\omega]^2},$$

elucet theorema, quod maximi momenti censeri debet in theoria transformationis:

Quaecunque de transformatione moduli k in modulum λ proponi possint formulae, easdem valere, mutato k in k', λ in λ', ω in $\omega' = \frac{\omega}{i}$, M in $(-1)^{\frac{n-1}{2}} M$.

Transformationem autem complementi in complementum, dicto modo e transformatione proposita derivatam, dicemus ***transformationem complementariam.***

Facile patet, transformationum realium moduli k transformationes reales moduli k' complementarias esse, ita tamen ut primae moduli k secunda moduli k', secundae moduli k prima moduli k' complementaria sit. Ubi enim in theoremate modo proposito ponitur $\omega = \frac{\pm K}{n}$, $\omega = \frac{\pm iK'}{n}$, quod transformationibus moduli k primae et secundae respondet, fit $\omega' = \frac{\omega}{i} = \frac{\mp iK}{n}$, $\omega' = \frac{\omega}{i} = \frac{\pm K'}{n}$, quod transformationibus moduli k' respondet resp. secundae et primae. Nec non, cum crescente modulo decrescat complementum ac vice versa, transformatio moduli in modulum ubi est maioris in minorem, transformatio complementi in complementum seu transformatio complementaria minoris in maiorem esse debet ac vice versa. Videmus igitur, mutato k in k', abire λ in λ'_1, λ_1 in λ'. Nec non multiplicator M, transformationi primae eiusque complementariae communis*), abibit in M_1, qui ad transformationem secundam eiusque complementariam pertinet, ac vice versa M_1 in M. Hinc e formulis supra inventis:

$$\Lambda = \frac{K}{n\text{M}}, \quad \Lambda_1 = \frac{K}{\text{M}_1}$$

sequuntur hae:

$$\Lambda'_1 = \frac{K'}{n\text{M}_1}, \quad \Lambda' = \frac{K'}{\text{M}},$$

unde proveniunt formulae summi momenti in hac theoria:

$$\frac{\Lambda'}{\Lambda} = n\frac{K'}{K}; \quad \frac{\Lambda'_1}{\Lambda_1} = \frac{1}{n}\cdot\frac{K'}{K}.$$

Hae formulae genuinum transformationis propositae characterem constituunt, unde patet, bono iure singulas nos transformationes ad singulos numeros n retulisse. Adnotabo, quoties n sit numerus compositus $= n'n''$, e singulis radicibus realibus aequationum modularium seu e singulis modulis realibus, in quos datum modulum k per substitutionem n^{ti} ordinis transformare liceat, provenire aequationes huiusmodi:

$$\frac{\Lambda'}{\Lambda} = \frac{n'}{n''}\cdot\frac{K'}{K},$$

*) Hoc generaliter tantum neglecto signo valet; vidimus enim, quod in altera transformatione erat M, in complementaria esse $(-1)^{\frac{n-1}{2}} M$; at nostris casibus eo, quod in transformatione prima loco M positum est $(-1)^{\frac{n-1}{2}}$ M (v. supra), signi ambiguitas tollitur, ita ut transformationibus realibus complementariis omnino idem sit multiplicator M.

quae singulis discerptionibus numeri n in duos factores respondent. E quarum igitur numero, quoties n est numerus quadratus, erit etiam haec:

$$\frac{\Lambda'}{\Lambda} = \frac{K'}{K}, \quad \text{unde } \lambda = k,$$

quae docet, casu quo n est quadratum, e numero substitutionum esse unam, quae multiplicationem suppeditet.

DE TRANSFORMATIONIBUS SUPPLEMENTARIIS AD MULTIPLICATIONEM.

26.

Revocemus formulas:

$$\frac{\Lambda'}{\Lambda} = n\frac{K'}{K}, \qquad \frac{\Lambda_1'}{\Lambda_1} = \frac{1}{n}\cdot\frac{K'}{K},$$

quibus hunc in modum scriptis:

$$\frac{\Lambda'}{\Lambda} = n\frac{K'}{K}$$
$$\frac{K'}{K} = n\frac{\Lambda_1'}{\Lambda_1},$$

elucet, *eodem modo pendere modulum* λ *a modulo* k *atque modulum* k *a modulo* λ_1, *sive eodem modo pendere modulum* k *a modulo* λ *atque modulum* λ_1 *a modulo* k. Itaque per transformationem primam seu maioris in minorem, qua k in λ, transformabitur λ_1 in k; per transformationem secundam seu minoris in maiorem, qua k in λ_1, transformabitur λ in k. Itaque *post transformationem primam adhibita secunda seu post secundam adhibita prima, modulus* k *in se redit, seu transformationes prima et secunda successive adhibitae, utro ordine placet, multiplicationem praebent.*

Vocemus M′ multiplicatorem, qui eodem modo a λ pendet atque M_1 a k, M_1 multiplicatorem, qui eodem modo a λ_1 pendet atque M a k, ita ut obtineantur aequationes:

$$\frac{dy}{\sqrt{(1-y^2)(1-\lambda^2y^2)}} = \frac{dx}{M\sqrt{(1-x^2)(1-k^2x^2)}}$$
$$\frac{dz}{\sqrt{(1-z^2)(1-k^2z^2)}} = \frac{dy}{M'\sqrt{(1-y^2)(1-\lambda^2y^2)}},$$

quarum altera transformationi moduli k in modulum λ per transformationem primam, altera transformationi moduli λ in modulum k per transformationem secundam respondet. Ex his aequationibus provenit:

$$\frac{dz}{\sqrt{(1-z^2)(1-k^2z^2)}} = \frac{dx}{\mathrm{M}\mathrm{M}'\sqrt{(1-x^2)(1-k^2x^2)}}, \quad \text{unde } z = \sin\operatorname{am}\left(\frac{u}{\mathrm{MM}'}\right).$$

At ex aequatione $\Lambda_1 = \frac{K}{\mathrm{M}_1}$ mutando k in λ, quo facto K in Λ, λ_1 in k, Λ_1 in K, M_1 in M' abit, obtinetur $K = \frac{\Lambda}{\mathrm{M}'}$, qua aequatione comparata cum illa $\Lambda = \frac{K}{n\mathrm{M}}$, provenit $\frac{1}{\mathrm{MM}'} = n$, unde:

$$\frac{dz}{\sqrt{(1-z^2)(1-k^2z^2)}} = \frac{n\,dx}{\sqrt{(1-x^2)(1-k^2x^2)}}.$$

Eodem modo ex aequatione $\Lambda = \frac{K}{n\mathrm{M}}$ mutando k in λ_1, quo facto K in Λ_1, λ in k, Λ in K, M_1 in M'_1 abit, provenit $K = \frac{\Lambda_1}{n\mathrm{M}'_1}$, qua aequatione comparata cum hac $\Lambda_1 = \frac{K}{\mathrm{M}_1}$, provenit $\frac{1}{\mathrm{M}_1\mathrm{M}'_1} = n$; unde videmus, duobus illis casibus post binas transformationes successive adhibitas multiplicari argumentum per numerum n.

Ubi post transformationem moduli k in modulum λ modulus λ rursus in modulum k transformatur, ita ut multiplicatio proveniat, hanc transformationem illius ***supplementariam ad multiplicationem*** seu simpliciter ***supplementariam*** nuncupabimus.

Apponamus cum exempli causa tum in usum sequentium formulas pro transformatione ***primae supplementaria*** seu moduli λ in modulum k, quae erit ipsius λ secunda, eas tamen sub altera tantum forma imaginaria, cum reductio ad realem in promptu sit. Quas confestim obtinemus formulas, ubi in iis, quae supra de transformatione moduli k secunda propositae sunt (v. tab. II. A. §. 24.), loco k ponimus λ, k loco λ_1, $\frac{u}{\mathrm{M}}$ loco u, $\mathrm{M}' = \frac{1}{n\mathrm{M}}$ loco M_1, unde $\frac{u}{\mathrm{MM}'} = nu$ loco $\frac{u}{\mathrm{M}_1}$. In his formulis, sed in his tantum, modulus λ valebit, nisi diserte adiectus sit modulus k; ceterum brevitatis causa positum est $y = \sin\operatorname{am}\left(\frac{u}{\mathrm{M}}, \lambda\right)$; numero q, ut supra, tribuendi sunt valores:

$$1,\ 2,\ 3,\ \ldots,\ \frac{n-1}{2}.$$

FORMULAE PRO TRANSFORMATIONE MODULI λ IN MODULUM k, SEU PRIMAE SUPPLEMENTARIA*).

27.

$$k = \lambda^n \left\{ \sin\operatorname{coam}\frac{2i\Lambda'}{n}\sin\operatorname{coam}\frac{4i\Lambda'}{n}\cdots\sin\operatorname{coam}\frac{(n-1)i\Lambda'}{n}\right\}^4$$

$$k' = \frac{\lambda'^n}{\left\{\Delta\operatorname{am}\frac{2i\Lambda'}{n}\,\Delta\operatorname{am}\frac{4i\Lambda'}{n}\cdots\Delta\operatorname{am}\frac{(n-1)i\Lambda'}{n}\right\}^4}$$

$$\frac{1}{nM} = (-1)^{\frac{n-1}{2}}\left\{\frac{\sin\operatorname{coam}\frac{2i\Lambda'}{n}\sin\operatorname{coam}\frac{4i\Lambda'}{n}\cdots\sin\operatorname{coam}\frac{(n-1)i\Lambda'}{n}}{\sin\operatorname{am}\frac{2i\Lambda'}{n}\sin\operatorname{am}\frac{4i\Lambda'}{n}\cdots\sin\operatorname{am}\frac{(n-1)i\Lambda'}{n}}\right\}^2$$

$$\sin\operatorname{am}(nu,k) = \frac{nMy\left(1-\frac{y^2}{\sin^2\operatorname{am}\frac{2i\Lambda'}{n}}\right)\left(1-\frac{y^2}{\sin^2\operatorname{am}\frac{4i\Lambda'}{n}}\right)\cdots\left(1-\frac{y^2}{\sin^2\operatorname{am}\frac{(n-1)i\Lambda'}{n}}\right)}{\left(1-\frac{y^2}{\sin^2\operatorname{am}\frac{i\Lambda'}{n}}\right)\left(1-\frac{y^2}{\sin^2\operatorname{am}\frac{3i\Lambda'}{n}}\right)\cdots\left(1-\frac{y^2}{\sin^2\operatorname{am}\frac{(n-2)i\Lambda'}{n}}\right)}$$

$$= \sqrt{\frac{\lambda^n}{k}}\sin\operatorname{am}\frac{u}{M}\sin\operatorname{am}\left(\frac{u}{M}+\frac{4i\Lambda'}{n}\right)\sin\operatorname{am}\left(\frac{u}{M}+\frac{8i\Lambda'}{n}\right)\cdots\sin\operatorname{am}\left(\frac{u}{M}+\frac{4(n-1)i\Lambda'}{n}\right)$$

$$\cos\operatorname{am}(nu,k) = \frac{\sqrt{1-y^2}\left(1-\frac{y^2}{\sin^2\operatorname{coam}\frac{2i\Lambda'}{n}}\right)\left(1-\frac{y^2}{\sin^2\operatorname{coam}\frac{4i\Lambda'}{n}}\right)\cdots\left(1-\frac{y^2}{\sin^2\operatorname{coam}\frac{(n-1)i\Lambda'}{n}}\right)}{\left(1-\frac{y^2}{\sin^2\operatorname{am}\frac{i\Lambda'}{n}}\right)\left(1-\frac{y^2}{\sin^2\operatorname{am}\frac{3i\Lambda'}{n}}\right)\cdots\left(1-\frac{y^2}{\sin^2\operatorname{am}\frac{(n-2)i\Lambda'}{n}}\right)}$$

$$= \sqrt{\frac{k'\lambda^n}{k\lambda'^n}}\cos\operatorname{am}\frac{u}{M}\cos\operatorname{am}\left(\frac{u}{M}+\frac{4i\Lambda'}{n}\right)\cos\operatorname{am}\left(\frac{u}{M}+\frac{8i\Lambda'}{n}\right)\cdots\cos\operatorname{am}\left(\frac{u}{M}+\frac{4(n-1)i\Lambda'}{n}\right)$$

$$\Delta\operatorname{am}(nu,k) = \frac{\sqrt{1-\lambda^2y^2}\left(1-\frac{y^2}{\sin^2\operatorname{coam}\frac{i\Lambda'}{n}}\right)\left(1-\frac{y^2}{\sin^2\operatorname{coam}\frac{3i\Lambda'}{n}}\right)\cdots\left(1-\frac{y^2}{\sin^2\operatorname{coam}\frac{(n-2)i\Lambda'}{n}}\right)}{\left(1-\frac{y^2}{\sin^2\operatorname{am}\frac{i\Lambda'}{n}}\right)\left(1-\frac{y^2}{\sin^2\operatorname{am}\frac{3i\Lambda'}{n}}\right)\cdots\left(1-\frac{y^2}{\sin^2\operatorname{am}\frac{(n-2)i\Lambda'}{n}}\right)}$$

$$= \sqrt{\frac{k'}{\lambda'^n}}\Delta\operatorname{am}\frac{u}{M}\Delta\operatorname{am}\left(\frac{u}{M}+\frac{4i\Lambda'}{n}\right)\Delta\operatorname{am}\left(\frac{u}{M}+\frac{8i\Lambda'}{n}\right)\cdots\Delta\operatorname{am}\left(\frac{u}{M}+\frac{4(n-1)i\Lambda'}{n}\right)$$

*) In formulis huius paragraphi omnes functiones ellipticae, quibus modulus non adscriptus est, modulo λ gaudent.

B.

$$\sqrt{\frac{1-\sin\mathrm{am}(nu,k)}{1+\sin\mathrm{am}(nu,k)}} = \sqrt{\frac{1-y}{1+y}}\cdot\frac{\left(1-\frac{y}{\sin\mathrm{coam}\frac{2i\Lambda'}{n}}\right)\left(1-\frac{y}{\sin\mathrm{coam}\frac{4i\Lambda'}{n}}\right)\cdots\left(1-\frac{y}{\sin\mathrm{coam}\frac{(n-1)i\Lambda'}{n}}\right)}{\left(1+\frac{y}{\sin\mathrm{coam}\frac{2i\Lambda'}{n}}\right)\left(1+\frac{y}{\sin\mathrm{coam}\frac{4i\Lambda'}{n}}\right)\cdots\left(1+\frac{y}{\sin\mathrm{coam}\frac{(n-1)i\Lambda'}{n}}\right)}$$

$$\sqrt{\frac{1-k\sin\mathrm{am}(nu,k)}{1+k\sin\mathrm{am}(nu,k)}} = \sqrt{\frac{1-\lambda y}{1+\lambda y}}\cdot\frac{\left(1-\frac{y}{\sin\mathrm{coam}\frac{i\Lambda'}{n}}\right)\left(1-\frac{y}{\sin\mathrm{coam}\frac{3i\Lambda'}{n}}\right)\cdots\left(1-\frac{y}{\sin\mathrm{coam}\frac{(n-2)i\Lambda'}{n}}\right)}{\left(1+\frac{y}{\sin\mathrm{coam}\frac{i\Lambda'}{n}}\right)\left(1+\frac{y}{\sin\mathrm{coam}\frac{3i\Lambda'}{n}}\right)\cdots\left(1+\frac{y}{\sin\mathrm{coam}\frac{(n-2)i\Lambda'}{n}}\right)}$$

$$\sin\mathrm{am}(nu,k) = \frac{\lambda y}{kn\mathrm{M}} - \frac{2y}{kn\mathrm{M}}\sum\frac{\cos\mathrm{am}\frac{(2q-1)i\Lambda'}{n}\,\Delta\,\mathrm{am}\frac{(2q-1)i\Lambda'}{n}}{\sin^2\mathrm{am}\frac{(2q-1)i\Lambda'}{n}-y^2}$$

$$\cos\mathrm{am}(nu,k) = \frac{(-1)^{\frac{n-1}{2}}\lambda\sqrt{1-y^2}}{kn\mathrm{M}} + \frac{2\sqrt{1-y^2}}{ikn\mathrm{M}}\sum\frac{(-1)^q\sin\mathrm{am}\frac{(2q-1)i\Lambda'}{n}\,\Delta\,\mathrm{am}\frac{(2q-1)i\Lambda'}{n}}{\sin^2\mathrm{am}\frac{(2q-1)i\Lambda'}{n}-y^2}$$

$$\Delta\,\mathrm{am}(nu,k) = \frac{(-1)^{\frac{n-1}{2}}}{n\mathrm{M}}\sqrt{1-\lambda^2y^2} + \frac{2\sqrt{1-\lambda^2y^2}}{in\mathrm{M}}\sum\frac{(-1)^q\sin\mathrm{am}\frac{(2q-1)i\Lambda'}{n}\cos\mathrm{am}\frac{(2q-1)i\Lambda'}{n}}{\sin^2\mathrm{am}\frac{(2q-1)i\Lambda'}{n}-y^2}$$

$$\mathrm{tg\,am}(nu,k) = \frac{\lambda'}{k'n\mathrm{M}}\cdot\frac{y}{\sqrt{1-y^2}} + \frac{2\lambda' y\sqrt{1-y^2}}{k'n\mathrm{M}}\sum\frac{(-1)^q\,\Delta\,\mathrm{am}\frac{2qi\Lambda'}{n}}{\cos^2\mathrm{am}\frac{2qi\Lambda'}{n}-y^2\Delta^2\mathrm{am}\frac{2qi\Lambda'}{n}}.$$

Theorema analyticum generale, transformationem illam primae supplementariam concernens, iam initio mensis Augusti a. 1827 cum Cl°. Legendre communicavi, cuius etiam ille in nota supra citata (*Nova Astronomica* a. 1827. Nr. 130) mentionem iniicere voluit. Simile formularum systema pro transformatione altera secundae supplementaria seu transformatione moduli λ_1 in modulum k stabiliri potuisset. Quae omnia ut dilucidiora fiant, adiecta tabula formulas fundamentales pro transformationibus prima et secunda earumque complementariis et supplementariis conspectui exponere placuit*).

Nec non e numero transformationum imaginariarum una quaeque suam habet supplementariam ad multiplicationem. Supponamus, quod licet, numeros m, m' §. 20. factorem communem non habere: sit porro $m\mu' - \mu m' = 1$, designantibus μ, μ' numeros integros positivos seu negativos. Iam si in formulis nostris generalibus de transformatione propositis §. 20. sqq. ponitur $\omega = \frac{\mu K + \mu' i K'}{n M}$, ac k et λ inter se commutantur, formulas obtines, quae ad supplementariam transformationis pertinent. Posito $m = 1$, $m' = 0$, fit $\mu = 0$, $\mu' = 1$, unde $\frac{\mu K + \mu' i K'}{n M} = \frac{i K'}{n M} = \frac{i \Lambda'}{n}$, quod primae supplementariam praebet, uti vidimus.

---

*) In quatuor paginis sequentibus inveniuntur:

Transformationes reales functionum ellipticarum earumque complementariae et supplementariae, quae primae huius operis editioni in tabula separata adiectae erant.

B.

A. TRANSFORMATIO PRIMA CUM SUPPLEMENTARIA.

$$\text{(a)}\qquad \lambda = k^n \sin^4\operatorname{coam}\frac{2K}{n}\sin^4\operatorname{coam}\frac{4K}{n}\cdots\sin^4\operatorname{coam}\frac{(n-1)K}{n}\qquad (\text{mod.}\,k)$$

$$\text{(aa)}\qquad k = \lambda^n \sin^4\operatorname{coam}\frac{2i\Lambda'}{n}\sin^4\operatorname{coam}\frac{4i\Lambda'}{n}\cdots\sin^4\operatorname{coam}\frac{(n-1)i\Lambda'}{n}\qquad (\text{mod.}\,\lambda)$$

$$= \frac{\lambda^n}{\Delta^4\operatorname{am}\frac{2\Lambda'}{n}\Delta^4\operatorname{am}\frac{4\Lambda'}{n}\cdots\Delta^4\operatorname{am}\frac{(n-1)\Lambda'}{n}}\qquad (\text{mod.}\,\lambda')$$

$$\text{(b)}\qquad M = \frac{\sin^2\operatorname{coam}\frac{2K}{n}\sin^2\operatorname{coam}\frac{4K}{n}\cdots\sin^2\operatorname{coam}\frac{(n-1)K}{n}}{\sin^2\operatorname{am}\frac{2K}{n}\sin^2\operatorname{am}\frac{4K}{n}\cdots\sin^2\operatorname{am}\frac{(n-1)K}{n}}\qquad (\text{mod.}\,k)$$

$$\text{(bb)}\qquad \frac{1}{nM} = \frac{\sin^2\operatorname{coam}\frac{2\Lambda'}{n}\sin^2\operatorname{coam}\frac{4\Lambda'}{n}\cdots\sin^2\operatorname{coam}\frac{(n-1)\Lambda'}{n}}{\sin^2\operatorname{am}\frac{2\Lambda'}{n}\sin^2\operatorname{am}\frac{4\Lambda'}{n}\cdots\sin^2\operatorname{am}\frac{(n-1)\Lambda'}{n}}\qquad (\text{mod.}\,\lambda')$$

$$\sin\operatorname{am}(u,k) = x;\qquad \sin\operatorname{am}\left(\frac{u}{M},\lambda\right) = y;\qquad \sin\operatorname{am}(nu,k) = z$$

$$\text{(c)}\qquad y = (-1)^{\frac{n-1}{2}}\sqrt{\frac{k^n}{\lambda}}\sin\operatorname{am}u\,\sin\operatorname{am}\left(u+\frac{4K}{n}\right)\sin\operatorname{am}\left(u+\frac{8K}{n}\right)\cdots\sin\operatorname{am}\left(u+\frac{4(n-1)K}{n}\right)(\text{mod.}\,k)$$

$$= \frac{\frac{x}{M}\left(1-\frac{x^2}{\sin^2\operatorname{am}\frac{2K}{n}}\right)\left(1-\frac{x^2}{\sin^2\operatorname{am}\frac{4K}{n}}\right)\cdots\left(1-\frac{x^2}{\sin^2\operatorname{am}\frac{(n-1)K}{n}}\right)}{\left(1-k^2x^2\sin^2\operatorname{am}\frac{2K}{n}\right)\left(1-k^2x^2\sin^2\operatorname{am}\frac{4K}{n}\right)\cdots\left(1-k^2x^2\sin^2\operatorname{am}\frac{(n-1)K}{n}\right)}\qquad (\text{mod.}\,k)$$

$$\text{(cc)}\qquad z = \sqrt{\frac{\lambda^n}{k}}\sin\operatorname{am}\frac{u}{M}\sin\operatorname{am}\left(\frac{u}{M}+\frac{4i\Lambda'}{n}\right)\sin\operatorname{am}\left(\frac{u}{M}+\frac{8i\Lambda'}{n}\right)\cdots\sin\operatorname{am}\left(\frac{u}{M}+\frac{4(n-1)i\Lambda'}{n}\right)(\text{mod.}\,\lambda)$$

$$= \frac{nMy\left(1+\frac{y^2}{\operatorname{tg}^2\operatorname{am}\frac{2\Lambda'}{n}}\right)\left(1+\frac{y^2}{\operatorname{tg}^2\operatorname{am}\frac{4\Lambda'}{n}}\right)\cdots\left(1+\frac{y^2}{\operatorname{tg}^2\operatorname{am}\frac{(n-1)\Lambda'}{n}}\right)}{\left(1+\lambda^2y^2\operatorname{tg}^2\operatorname{am}\frac{2\Lambda'}{n}\right)\left(1+\lambda^2y^2\operatorname{tg}^2\operatorname{am}\frac{4\Lambda'}{n}\right)\cdots\left(1+\lambda^2y^2\operatorname{tg}^2\operatorname{am}\frac{(n-1)\Lambda'}{n}\right)}\qquad (\text{mod.}\,\lambda')$$

TRANSFORMATIONES COMPLEMENTARIAE.

(a) $\lambda' = k'^n \sin^4 \operatorname{coam}\frac{2iK}{n} \sin^4 \operatorname{coam}\frac{4iK}{n} \cdots \sin^4 \operatorname{coam}\frac{(n-1)iK}{n}$ (mod. k')

$$= \frac{k'^n}{\Delta^4 \operatorname{am}\frac{2K}{n}\, \Delta^4 \operatorname{am}\frac{4K}{n} \cdots \Delta^4 \operatorname{am}\frac{(n-1)K}{n}} \quad (\text{mod. } k)$$

(aa) $k' = \lambda'^n \sin^4 \operatorname{coam}\frac{2\Lambda'}{n} \sin^4 \operatorname{coam}\frac{4\Lambda'}{n} \cdots \sin^4 \operatorname{coam}\frac{(n-1)\Lambda'}{n}$ (mod. λ')

(b) et (bb) eaedem atque supra.

$$\sin\operatorname{am}(u, k') = x; \quad \sin\operatorname{am}\left(\frac{u}{M}, \lambda'\right) = y; \quad \sin\operatorname{am}(nu, k') = z$$

(c) $y = \sqrt{\frac{k'^n}{\lambda'}} \sin\operatorname{am} u \sin\operatorname{am}\left(u + \frac{4iK}{n}\right) \sin\operatorname{am}\left(u + \frac{8iK}{n}\right) \cdots \sin\operatorname{am}\left(u + \frac{4(n-1)iK}{n}\right)$ (mod. k')

$$= \frac{\frac{x}{M}\left(1 + \frac{x^2}{\operatorname{tg}^2 \operatorname{am}\frac{2K}{n}}\right)\left(1 + \frac{x^2}{\operatorname{tg}^2 \operatorname{am}\frac{4K}{n}}\right) \cdots \left(1 + \frac{x^2}{\operatorname{tg}^2 \operatorname{am}\frac{(n-1)K}{n}}\right)}{\left(1 + k'^2 x^2 \operatorname{tg}^2 \operatorname{am}\frac{2K}{n}\right)\left(1 + k'^2 x^2 \operatorname{tg}^2 \operatorname{am}\frac{4K}{n}\right) \cdots \left(1 + k'^2 x^2 \operatorname{tg}^2 \operatorname{am}\frac{(n-1)K}{n}\right)} \quad (\text{mod. } k)$$

(cc) $z = (-1)^{\frac{n-1}{2}} \sqrt{\frac{\lambda'^n}{k'}} \sin\operatorname{am}\frac{u}{M} \sin\operatorname{am}\left(\frac{u}{M} + \frac{4\Lambda'}{n}\right) \sin\operatorname{am}\left(\frac{u}{M} + \frac{8\Lambda'}{n}\right) \cdots \sin\operatorname{am}\left(\frac{u}{M} + \frac{4(n-1)\Lambda'}{n}\right)$ (mod. λ')

$$= \frac{nMy\left(1 - \frac{y^2}{\sin^2 \operatorname{am}\frac{2\Lambda'}{n}}\right)\left(1 - \frac{y^2}{\sin^2 \operatorname{am}\frac{4\Lambda'}{n}}\right) \cdots \left(1 - \frac{y^2}{\sin^2 \operatorname{am}\frac{(n-1)\Lambda'}{n}}\right)}{\left(1 - \lambda'^2 y^2 \sin^2 \operatorname{am}\frac{2\Lambda'}{n}\right)\left(1 - \lambda'^2 y^2 \sin^2 \operatorname{am}\frac{4\Lambda'}{n}\right) \cdots \left(1 - \lambda'^2 y^2 \sin^2 \operatorname{am}\frac{(n-1)\Lambda'}{n}\right)} \quad (\text{mod. } \lambda')$$

$$\Lambda = \frac{K}{nM}; \quad \Lambda' = \frac{K'}{M}$$

B. TRANSFORMATIO SECUNDA CUM SUPPLEMENTARIA.

$$\text{(a)}\qquad \lambda_1 = k^n \sin^4 \operatorname{coam}\frac{2iK'}{n} \sin^4 \operatorname{coam}\frac{4iK'}{n} \cdots \sin^4 \operatorname{coam}\frac{(n-1)iK'}{n} \qquad (\text{mod.}\, k)$$

$$= \frac{k^n}{\Delta^4 \operatorname{am}\frac{2K'}{n}\, \Delta^4 \operatorname{am}\frac{4K'}{n} \cdots \Delta^4 \operatorname{am}\frac{(n-1)K'}{n}} \qquad (\text{mod.}\, k')$$

$$\text{(aa)}\qquad k = \lambda_1^n \sin^4 \operatorname{coam}\frac{2\Lambda_1}{n} \sin^4 \operatorname{coam}\frac{4\Lambda_1}{n} \cdots \sin^4 \operatorname{coam}\frac{(n-1)\Lambda_1}{n} \qquad (\text{mod.}\, \lambda_1)$$

$$\text{(b)}\qquad M_1 = \frac{\sin^2 \operatorname{coam}\frac{2K'}{n} \sin^2 \operatorname{coam}\frac{4K'}{n} \cdots \sin^2 \operatorname{coam}\frac{(n-1)K'}{n}}{\sin^2 \operatorname{am}\frac{2K'}{n} \sin^2 \operatorname{am}\frac{4K'}{n} \cdots \sin^2 \operatorname{am}\frac{(n-1)K'}{n}} \qquad (\text{mod.}\, k')$$

$$\text{(bb)}\qquad \frac{1}{nM_1} = \frac{\sin^2 \operatorname{coam}\frac{2\Lambda_1}{n} \sin^2 \operatorname{coam}\frac{4\Lambda_1}{n} \cdots \sin^2 \operatorname{coam}\frac{(n-1)\Lambda_1}{n}}{\sin^2 \operatorname{am}\frac{2\Lambda_1}{n} \sin^2 \operatorname{am}\frac{4\Lambda_1}{n} \cdots \sin^2 \operatorname{am}\frac{(n-1)\Lambda_1}{n}} \qquad (\text{mod.}\, \lambda_1)$$

$$\sin \operatorname{am}(u, k) = x; \quad \sin \operatorname{am}\left(\frac{u}{M_1}, \lambda_1\right) = y; \quad \sin \operatorname{am}(nu, k) = z$$

$$\text{(c)}\qquad y = \sqrt{\frac{k^n}{\lambda_1}} \sin \operatorname{am} u \sin \operatorname{am}\left(u + \frac{4iK'}{n}\right) \sin \operatorname{am}\left(u + \frac{8iK'}{n}\right) \cdots \sin \operatorname{am}\left(u + \frac{4(n-1)iK'}{n}\right) (\text{mod.}\, k)$$

$$= \frac{\frac{x}{M_1}\left(1 + \frac{x^2}{\operatorname{tg}^2 \operatorname{am}\frac{2K'}{n}}\right)\left(1 + \frac{x^2}{\operatorname{tg}^2 \operatorname{am}\frac{4K'}{n}}\right) \cdots \left(1 + \frac{x^2}{\operatorname{tg}^2 \operatorname{am}\frac{(n-1)K'}{n}}\right)}{\left(1 + k^2x^2 \operatorname{tg}^2 \operatorname{am}\frac{2K'}{n}\right)\left(1 + k^2x^2 \operatorname{tg}^2 \operatorname{am}\frac{4K'}{n}\right) \cdots \left(1 + k^2x^2 \operatorname{tg}^2 \operatorname{am}\frac{(n-1)K'}{n}\right)} \qquad (\text{mod.}\, k')$$

$$\text{(cc)}\qquad z = (-1)^{\frac{n-1}{2}} \sqrt{\frac{\lambda_1^n}{k}} \sin \operatorname{am}\frac{u}{M_1} \sin \operatorname{am}\left(\frac{u}{M_1} + \frac{4\Lambda_1}{n}\right) \sin \operatorname{am}\left(\frac{u}{M_1} + \frac{8\Lambda_1}{n}\right) \cdots \sin \operatorname{am}\left(\frac{u}{M_1} + \frac{4(n-1)\Lambda_1}{n}\right) (\text{mod.}\, \lambda_1)$$

$$= \frac{nM_1 y\left(1 - \frac{y^2}{\sin^2 \operatorname{am}\frac{2\Lambda_1}{n}}\right)\left(1 - \frac{y^2}{\sin^2 \operatorname{am}\frac{\Lambda_1}{n}}\right) \cdots \left(1 - \frac{y^2}{\sin^2 \operatorname{am}\frac{(n-1)\Lambda_1}{n}}\right)}{\left(1 - \lambda_1^2 y^2 \sin^2 \operatorname{am}\frac{2\Lambda_1}{n}\right)\left(1 - \lambda_1^2 y^2 \sin^2 \operatorname{am}\frac{4\Lambda_1}{n}\right) \cdots \left(1 - \lambda_1^2 y^2 \sin^2 \operatorname{am}\frac{(n-1)\Lambda_1}{n}\right)} \qquad (\text{mod.}\, \lambda_1)$$

TRANSFORMATIONES COMPLEMENTARIAE.

(a) $\lambda_1' = k'^n \sin^4 \operatorname{coam}\frac{2K'}{n} \sin^4 \operatorname{coam}\frac{4K'}{n} \ldots \sin^4 \operatorname{coam}\frac{(n-1)K'}{n}$ (mod. k')

(aa) $k' = \lambda_1'^n \sin^4 \operatorname{coam}\frac{2i\Lambda_1}{n} \sin^4 \operatorname{coam}\frac{4i\Lambda_1}{n} \ldots \sin^4 \operatorname{coam}\frac{(n-1)i\Lambda_1}{n}$ (mod. λ_1')

$$= \frac{\lambda_1'^n}{\Delta^4 \operatorname{am}\frac{2\Lambda_1}{n} \Delta^4 \operatorname{am}\frac{4\Lambda_1}{n} \ldots \Delta^4 \operatorname{am}\frac{(n-1)\Lambda_1}{n}} \quad (\text{mod. } \lambda_1)$$

(b) et (bb) eaedem atque supra.

$$\sin \operatorname{am}(u, k') = x; \quad \sin \operatorname{am}\left(\frac{u}{M_1}, \lambda_1'\right) = y; \quad \sin \operatorname{am}(nu, k') = z$$

(c) $y = (-1)^{\frac{n-1}{2}} \sqrt{\frac{k'^n}{\lambda_1'}} \sin \operatorname{am} u \sin \operatorname{am}\left(u + \frac{4K'}{n}\right) \sin \operatorname{am}\left(u + \frac{8K'}{n}\right) \ldots \sin \operatorname{am}\left(u + \frac{4(n-1)K'}{n}\right)$ (mod. k')

$$= \frac{\frac{x}{M_1}\left(1 - \frac{x^2}{\sin^2 \operatorname{am}\frac{2K'}{n}}\right)\left(1 - \frac{x^2}{\sin^2 \operatorname{am}\frac{4K'}{n}}\right) \cdots \left(1 - \frac{x^2}{\sin^2 \operatorname{am}\frac{(n-1)K'}{n}}\right)}{\left(1 - k'^2 x^2 \sin^2 \operatorname{am}\frac{2K'}{n}\right)\left(1 - k'^2 x^2 \sin^2 \operatorname{am}\frac{4K'}{n}\right) \cdots \left(1 - k'^2 x^2 \sin^2 \operatorname{am}\frac{(n-1)K'}{n}\right)} \quad (\text{mod. } k')$$

(cc) $z = \sqrt{\frac{\lambda_1'^n}{k'}} \sin \operatorname{am}\frac{u}{M_1} \sin \operatorname{am}\left(\frac{u}{M_1} + \frac{4i\Lambda_1}{n}\right) \sin \operatorname{am}\left(\frac{u}{M_1} + \frac{8i\Lambda_1}{n}\right) \ldots \sin \operatorname{am}\left(\frac{u}{M_1} + \frac{4(n-1)i\Lambda_1}{n}\right)$ (mod. λ_1')

$$= \frac{nM_1 y\left(1 + \frac{y^2}{\operatorname{tg}^2 \operatorname{am}\frac{2\Lambda_1}{n}}\right)\left(1 + \frac{y^2}{\operatorname{tg}^2 \operatorname{am}\frac{4\Lambda_1}{n}}\right) \cdots \left(1 + \frac{y^2}{\operatorname{tg}^2 \operatorname{am}\frac{(n-1)\Lambda_1}{n}}\right)}{\left(1 + \lambda_1'^2 y^2 \operatorname{tg}^2 \operatorname{am}\frac{2\Lambda_1}{n}\right)\left(1 + \lambda_1'^2 y^2 \operatorname{tg}^2 \operatorname{am}\frac{4\Lambda_1}{n}\right) \cdots \left(1 + \lambda_1'^2 y^2 \operatorname{tg}^2 \operatorname{am}\frac{(n-1)\Lambda_1}{n}\right)} \quad (\text{mod. } \lambda_1)$$

$$\Lambda_1 = \frac{K}{M_1}; \qquad \Lambda_1' = \frac{K'}{nM_1}$$

FORMULAE ANALYTICAE GENERALES PRO MULTIPLICATIONE FUNCTIONUM ELLIPTICARUM.

28.

E binis transformationibus supplementariis componere licet ipsas pro multiplicatione formulas, seu formulas, quibus functiones ellipticae argumenti nu per functiones ellipticas argumenti u exprimuntur. Quod ut exemplo demonstretur, multiplicationem e transformatione prima eiusque supplementaria componamus. Quem in finem revocetur formula:

$$\sin\operatorname{am}\left(\frac{u}{M}, \lambda\right) = (-1)^{\frac{n-1}{2}} \sqrt{\frac{k^n}{\lambda}} \sin\operatorname{am} u \sin\operatorname{am}\left(u+\frac{4K}{n}\right) \sin\operatorname{am}\left(u+\frac{8K}{n}\right) \cdots \sin\operatorname{am}\left(u+\frac{4(n-1)K}{n}\right),$$

quam etiam hunc in modum repraesentare licet:

$$(-1)^{\frac{n-1}{2}} \sin\operatorname{am}\left(\frac{u}{M}, \lambda\right) = \sqrt{\frac{k^n}{\lambda}} \prod \sin\operatorname{am}\left(u+\frac{2mK}{n}\right),$$

designante m numeros $0, \pm 1, \pm 2, \ldots, \pm\frac{n-1}{2}$. In hac formula loco u ponamus $u+\frac{2m'iK'}{n}$, unde $\frac{u}{M}$ abit in $\frac{u}{M}+\frac{2m'iK'}{nM} = \frac{u}{M}+\frac{2m'i\Lambda'}{n}$: prodit

$$(-1)^{\frac{n-1}{2}} \sin\operatorname{am}\left(\frac{u}{M}+\frac{2m'i\Lambda'}{n}, \lambda\right) = \sqrt{\frac{k^n}{\lambda}} \prod \sin\operatorname{am}\left(u+\frac{2mK+2m'iK'}{n}\right).$$

Iam ubi et ipsi m' tribuuntur valores $0, \pm 1, \pm 2, \ldots, \pm\frac{n-1}{2}$, ita ut utrisque m, m' isti conveniant valores, facto producto obtinemus:

$$(-1)^{\frac{n-1}{2}} \prod \sin\operatorname{am}\left(\frac{u}{M}+\frac{2m'i\Lambda'}{n}, \lambda\right) = \sqrt{\frac{k^{nn}}{\lambda^n}} \prod \sin\operatorname{am}\left(u+\frac{2mK+2m'iK'}{n}\right),$$

ubi in altero producto numero m', in altero utrique m, m' valores $0, \pm 1, \pm 2, \ldots, \pm\frac{n-1}{2}$ tribuendi sunt.

At vidimus in §° praecedente, esse:

$$\sin\operatorname{am}(nu, k) = \sqrt{\frac{\lambda^n}{k}} \sin\operatorname{am}\frac{u}{M} \sin\operatorname{am}\left(\frac{u}{M}+\frac{4i\Lambda'}{n}\right) \sin\operatorname{am}\left(\frac{u}{M}+\frac{8i\Lambda'}{n}\right) \cdots \sin\operatorname{am}\left(\frac{u}{M}+\frac{4(n-1)i\Lambda'}{n}\right) (\text{mod.}\,\lambda),$$

quam ita quoque repraesentare licet formulam:

$$\sin\operatorname{am}(nu,k) = \sqrt{\frac{\lambda^n}{k}}\prod \sin\operatorname{am}\left(\frac{u}{M}+\frac{2m'i\Lambda'}{n},\lambda\right),$$

unde iam:

$$(1.)\qquad \sin\operatorname{am} nu = (-1)^{\frac{n-1}{2}}\sqrt{k^{nn-1}}\prod \sin\operatorname{am}\left(u+\frac{2mK+2m'iK'}{n}\right).$$

Eodem modo invenitur:

$$(2.)\qquad \cos\operatorname{am} nu = \sqrt{\left(\frac{k}{k'}\right)^{nn-1}}\prod \cos\operatorname{am}\left(u+\frac{2mK+2m'iK'}{n}\right)$$

$$(3.)\qquad \Delta\operatorname{am} nu = \sqrt{\left(\frac{1}{k'}\right)^{nn-1}}\prod \Delta\operatorname{am}\left(u+\frac{2mK+2m'iK'}{n}\right).$$

Quae facile etiam in hanc formam rediguntur formulae:

$$(4.)\qquad \sin\operatorname{am} nu = n\sin\operatorname{am} u\prod\frac{1-\dfrac{\sin^2\operatorname{am} u}{\sin^2\operatorname{am}\dfrac{2mK+2m'iK'}{n}}}{1-k^2\sin^2\operatorname{am}\dfrac{2mK+2m'iK'}{n}\sin^2\operatorname{am} u}$$

$$(5.)\qquad \cos\operatorname{am} nu = \cos\operatorname{am} u\prod\frac{1-\dfrac{\sin^2\operatorname{am} u}{\sin^2\operatorname{coam}\dfrac{2mK+2m'iK'}{n}}}{1-k^2\sin^2\operatorname{am}\dfrac{2mK+2m'iK'}{n}\sin^2\operatorname{am} u}$$

$$(6.)\qquad \Delta\operatorname{am} nu = \Delta\operatorname{am} u\prod\frac{1-k^2\sin^2\operatorname{coam}\dfrac{2mK+2m'iK'}{n}\sin^2\operatorname{am} u}{1-k^2\sin^2\operatorname{am}\dfrac{2mK+2m'iK'}{n}\sin^2\operatorname{am} u}.$$

Quibus addere placet sequentes:

$$(7.)\qquad \prod \sin^2\operatorname{am}\frac{2mK+2m'iK'}{n} = \frac{(-1)^{\frac{n-1}{2}}n}{k^{\frac{nn-1}{2}}}$$

$$(8.)\qquad \prod \cos^2\operatorname{am}\frac{2mK+2m'iK'}{n} = \left(\frac{k'}{k}\right)^{\frac{nn-1}{2}}.$$

$$(9.)\qquad \prod \Delta^2\operatorname{am}\frac{2mK+2m'iK'}{n} = k'^{\frac{nn-1}{2}}.$$

In sex formulis postremis numero m valores tantum positivi $0, 1, 2, 3, \ldots, \frac{n-1}{2}$ conveniunt, ita tamen, ut quoties $m = 0$, et ipsi m' valores tantum positivi $1, 2, 3, \ldots, \frac{n-1}{2}$ tribuantur. Et has et alias pro multiplicatione formulas iam prius Cl. Abel mutatis mutandis proposuit, unde nobis breviores esse licuit.

DE AEQUATIONUM MODULARIUM AFFECTIBUS.

29.

Quia eodem modo λ a k atque k a λ_1 nec non λ'_1 a k', k' a λ' pendet: patet, ubi secundum eandem legem modulorum scalas condas, qui in se invicem transformari possunt, alteram modulum k, alteram complementum eius k' continentem, in iis terminos fore eodem ordine se excipientes:

$$\ldots, \lambda, \; k, \; \lambda_1, \ldots$$
$$\ldots, \lambda'_1, \; k', \; \lambda', \ldots,$$

id quod in transformationibus secundi et tertii ordinis iam prius a Cl°. Legendre observatum et facto calculo confirmatum est. Similia cum de omnibus modulis transformatis et imaginariis valeant, patet, designante λ modulum transformatum quemlibet, aequationes algebraicas inter k et λ, seu inter $u = \sqrt[4]{k}$ et $v = \sqrt[4]{\lambda}$, quas *aequationes modulares* nuncupavimus, immutatas manere,

1.) ubi k et λ inter se commutentur,
2.) ubi k' loco k, λ' loco λ ponatur.

Alterum iam supra in aequationibus modularibus, quae ad transformationes tertii et quinti ordinis pertinent:

$$(1.) \qquad u^4 - v^4 + 2uv(1 - u^2v^2) = 0$$
$$(2.) \qquad u^6 - v^6 + 5u^2v^2(u^2 - v^2) + 4uv(1 - u^4v^4) = 0,$$

observavimus eiusque observationis ope expressiones algebraicas pro transformationibus supplementariis exhibuimus. Ut alterum quoque his exemplis probetur, aequationes illas in alias transformemus inter $kk = u^8$ et $\lambda\lambda = v^8$, quod non sine calculo prolixo fit. Quo subducto obtinentur aequationes:

$$(1.) \qquad (k^2 - \lambda^2)^4 = 128 k^2\lambda^2(1 - k^2)(1 - \lambda^2)(2 - k^2 - \lambda^2 + 2k^2\lambda^2)$$
$$(2.) \qquad (k^2 - \lambda^2)^6 = 512 k^2\lambda^2(1 - k^2)(1 - \lambda^2)(L - L'k^2 + L''k^4 - L'''k^6),$$

siquidem in secunda ponitur:

$$\begin{aligned} L &= 128-192\lambda^2+\ \ 78\lambda^4-\ \ \ 7\lambda^6 \\ L' &= 192+252\lambda^2-428\lambda^4-\ 78\lambda^6 \\ L'' &= \ \ 78+428\lambda^2-252\lambda^4-192\lambda^6 \\ L''' &= \ \ \ \ 7-\ \ 78\lambda^2+192\lambda^4-128\lambda^6. \end{aligned}$$

Quae in formam multo commodiorem abeunt aequationes, introductis quantitatibus $q = 1-2k^2$, $l = 1-2\lambda^2$. Quo facto aequationes propositae evadunt:

$$(1.)\quad (q-l)^4 = 64(1-q^2)(1-l^2)[8+ql]$$

$$\begin{aligned}(2.)\quad (q-l)^6 &= 256(1-q^2)(1-l^2)[16ql(9-ql)^2+9(45-ql)(q-l)^2] \\ &= 256(1-q^2)(1-l^2)[405(q^2+l^2)+486\,ql-9ql(q^2+l^2)-270q^2l^2+16q^3l^3].\end{aligned}$$

Quae aequationes, ubi k' loco k, λ' loco λ ponitur, unde q in $-q$, l in $-l$ abit, immutatae manent, id quod demonstrandum erat.

Corollarium. Quia aequationes modulares inter $q = 1-2k^2$ et $l = 1-2\lambda^2$ propositas formam satis commodam induere vidimus, interesse potest et ipsas functiones K, K' secundum quantitatem q evolvere. Quod non ineleganter fit per series:

$$\begin{aligned} K = J\Big(1+\frac{q^2}{2.4}+\frac{5.5.q^4}{2.4.6.8}+\frac{5.5.9.9.q^6}{2.4.6.8.10.12}+\cdots\Big) \\ -\frac{\pi}{2J}\Big(\frac{q}{2}+\frac{3.3.q^3}{2.4.6}+\frac{3.3.7.7q^5}{2.4.6.8.10}+\frac{3.3.7.7.11.11.q^7}{2.4.6.8.10.12.14}+\cdots\Big) \\ K' = J\Big(1+\frac{q^2}{2.4}+\frac{5.5.q^4}{2.4.6.8}+\frac{5.5.9.9.q^6}{2.4.6.8.10.12}+\cdots\Big) \\ +\frac{\pi}{2J}\Big(\frac{q}{2}+\frac{3.3.q^3}{2.4.6}+\frac{3.3.7.7.q^5}{2.4.6.8.10}+\frac{3.3.7.7.11.11.q^7}{2.4.6.8.10.12.14}+\cdots\Big), \end{aligned}$$

ubi brevitatis causa positum est:

$$\int_0^{\frac{\pi}{2}}\frac{d\varphi}{\sqrt{1-\frac{1}{2}\sin^2\varphi}} = J.$$

30.

Faciliore negotio pro transformatione tertii ordinis aequationem:

$$u^4-v^4+2uv(1-u^2v^2) = 0$$

ita transformare licet, ut correlatio illa inter modulos et complementa eluceat. Obtinemus enim ex illa:

$$(1-u^4)(1+v^4) = 1-u^4v^4+2uv(1-u^2v^2) = (1-u^2v^2)(1+uv)^2$$
$$(1+u^4)(1-v^4) = 1-u^4v^4-2uv(1-u^2v^2) = (1-u^2v^2)(1-uv)^2,$$

quibus in se ductis aequationibus prodit:

$$(1-u^8)(1-v^8) = (1-u^2v^2)^4.$$

Iam sit:

$$1-u^8 = k'k' = u'^8$$
$$1-v^8 = \lambda'\lambda' = v'^8;$$

extractis radicibus fit:

$$u'^2v'^2 = 1-u^2v^2$$

sive:

$$u^2v^2+u'^2v'^2 = \sqrt{k\lambda}+\sqrt{k'\lambda'} = 1,$$

quam ipsam elegantissimam formulam iam Cl. Legendre exhibuit. Neque ineleganter illa per formulas nostras analyticas probatur, quippe e quibus casu $n = 3$ fluit:

$$\lambda = k^3\sin^4\operatorname{coam}4\omega, \quad \lambda' = \frac{k'^3}{\Delta^4\operatorname{am}4\omega},$$

unde:

$$\sqrt{k\lambda} = k^2\sin^2\operatorname{coam}4\omega = \frac{k^2\cos^2\operatorname{am}4\omega}{\Delta^2\operatorname{am}4\omega}$$
$$\sqrt{k'\lambda'} = \frac{k'^2}{\Delta^2\operatorname{am}4\omega},$$

unde cum sit:

$$k'k'+kk\cos^2\operatorname{am}4\omega = 1-kk\sin^2\operatorname{am}4\omega = \Delta^2\operatorname{am}4\omega,$$

obtinemus, quod demonstrandum erat:

$$\sqrt{k\lambda}+\sqrt{k'\lambda'} = 1.$$

Ut exemplo secundo simpliciorem inter u, v, u', v' eruam aequationem, ita ago. Aequationem propositam:

$$u^6-v^6+5u^2v^2(u^2-v^2)+4uv(1-u^4v^4) = 0$$

exhibeo, ut sequitur:

$$(u^2-v^2)(u^4+6u^2v^2+v^4)+4uv(1-u^4v^4) = 0,$$

quam facile patet induere posse formas duas sequentes:

$$(u^2-v^2)(u+v)^4 = -4uv(1-u^4)(1+v^4)$$
$$(u^2-v^2)(u-v)^4 = -4uv(1+u^4)(1-v^4),$$

quibus in se ductis aequationibus prodit:

$$(u^2-v^2)^6 = 16u^2v^2(1-u^8)(1-v^8) = 16u^2v^2u'^8v'^8.$$

Quia simul, ut supra probatum est, u^8 in u'^8, v^8 in v'^8 abit, obtinemus etiam:

$$(v'^2-u'^2)^6 = 16u'^2v'^2(1-u'^8)(1-v'^8) = 16u'^2v'^2u^8v^8.$$

Hinc facta divisione et extractis radicibus, eruitur:

$$\frac{u^2-v^2}{v'^2-u'^2} = \frac{u'v'}{uv}, \text{ sive } uv(u^2-v^2) = u'v'(v'^2-u'^2)$$

sive:

$$\sqrt[4]{k\lambda}(\sqrt{k}-\sqrt{\lambda}) = \sqrt[4]{k'\lambda'}(\sqrt{\lambda'}-\sqrt{k'}).$$

31.

Alia adhuc aequationum modularium:

$$u^4-v^4+2uv(1-u^2v^2) = 0$$
$$u^6-v^6+5u^2v^2(u^2-v^2)+4uv(1-u^4v^4) = 0$$

insignis proprietas vel ipso intuitu invenitur, videlicet immutatas eas manere, siquidem loco u, v ponatur $\frac{1}{u}, \frac{1}{v}$. Quod ut generaliter de aequationibus modularibus demonstretur, adnotentur sequentia, quae ad alias etiam quaestiones usui esse possunt.

Ubi ponitur $y = kx$, obtinetur:

$$\frac{dy}{\sqrt{(1-y^2)\left(1-\frac{y^2}{k^2}\right)}} = \frac{kdx}{\sqrt{(1-x^2)(1-k^2x^2)}},$$

unde cum simul $x = 0$, $y = 0$:

$$\int_0^y \frac{dy}{\sqrt{(1-y^2)\left(1-\frac{y^2}{k^2}\right)}} = k\int_0^x \frac{dx}{\sqrt{(1-x^2)(1-k^2x^2)}}.$$

Hinc posito:

$$\int_0^x \frac{dx}{\sqrt{(1-x^2)(1-k^2x^2)}} = u,$$

fit:

$$\int_0^y \frac{dy}{\sqrt{(1-y^2)\left(1-\frac{y^2}{k^2}\right)}} = ku,$$

unde $x = \sin\operatorname{am}(u,k)$, $y = \sin\operatorname{am}\left(ku, \frac{1}{k}\right)$. Hinc provenit aequatio:

$$\sin\operatorname{am}\left(ku, \frac{1}{k}\right) = k\sin\operatorname{am}(u,k),$$

unde etiam:

$$\cos\operatorname{am}\left(ku, \frac{1}{k}\right) = \Delta\operatorname{am}(u,k)$$

$$\Delta\operatorname{am}\left(ku, \frac{1}{k}\right) = \cos\operatorname{am}(u,k)$$

$$\operatorname{tg}\operatorname{am}\left(ku, \frac{1}{k}\right) = \frac{k}{k'}\cos\operatorname{coam}(u,k)$$

$$\sin\operatorname{coam}\left(ku, \frac{1}{k}\right) = \frac{1}{\sin\operatorname{coam}(u,k)}$$

$$\cos\operatorname{coam}\left(ku, \frac{1}{k}\right) = ik'\operatorname{tg}\operatorname{am}(u,k)$$

$$\Delta\operatorname{coam}\left(ku, \frac{1}{k}\right) = \frac{ik'}{k\cos\operatorname{am}(u,k)}$$

$$\operatorname{tg}\operatorname{coam}\left(ku, \frac{1}{k}\right) = \frac{-i}{\cos\operatorname{coam}(u,k)}.$$

Porro ponendo iu loco u, quia complementum moduli $\frac{1}{k}$ fit $\frac{ik'}{k}$, obtinemus adiumento formularum §[i] 19.:

$$\sin\operatorname{am}\left(ku, \frac{ik'}{k}\right) = \cos\operatorname{coam}(u,k')$$

$$\cos\operatorname{am}\left(ku, \frac{ik'}{k}\right) = \sin\operatorname{coam}(u,k')$$

$$\Delta\operatorname{am}\left(ku, \frac{ik'}{k}\right) = \frac{1}{\Delta\operatorname{am}(u,k')}$$

$$\operatorname{tg}\operatorname{am}\left(ku, \frac{ik'}{k}\right) = \operatorname{cotg}\operatorname{coam}(u,k')$$

$$\sin\operatorname{coam}\left(ku, \frac{ik'}{k}\right) = \cos\operatorname{am}(u,k')$$

$$\cos\operatorname{coam}\left(ku, \frac{ik'}{k}\right) = \sin\operatorname{am}(u,k')$$

$$\Delta\operatorname{coam}\left(ku, \frac{ik'}{k}\right) = \frac{\Delta\operatorname{am}(u,k')}{k}$$

$$\operatorname{tg}\operatorname{coam}\left(ku, \frac{ik'}{k}\right) = \operatorname{cotg}\operatorname{am}(u,k').$$

Iam investigemus, quaenam evadant K, K' seu arg. am$\left(\frac{\pi}{2}, k\right)$, arg. am$\left(\frac{\pi}{2}, k'\right)$, siquidem loco k ponitur $\frac{1}{k}$; seu investigemus valores expressionum arg. am$\left(\frac{\pi}{2}, \frac{1}{k}\right)$, arg. am$\left(\frac{\pi}{2}, \frac{ik'}{k}\right)$, quae expressiones e notatione a Cl? Legendre adhibita forent $F^1\left(\frac{1}{k}\right)$, $F^1\left(\frac{ik'}{k}\right)$. Fit autem primum:

$$\text{arg am}\left(\frac{\pi}{2}, \frac{1}{k}\right) = \int_0^1 \frac{dy}{\sqrt{\left(1-y^2\right)\left(1-\frac{y^2}{k^2}\right)}} = \int_0^k \frac{dy}{\sqrt{\left(1-y^2\right)\left(1-\frac{y^2}{k^2}\right)}} + \int_k^1 \frac{dy}{\sqrt{\left(1-y^2\right)\left(1-\frac{y^2}{k^2}\right)}}$$

Posito $y = kx$, fit:

$$\int_0^k \frac{dy}{\sqrt{\left(1-y^2\right)\left(1-\frac{y^2}{k^2}\right)}} = k\int_0^1 \frac{dx}{\sqrt{(1-x^2)(1-k^2x^2)}} = kK.$$

Ut alterum eruatur integrale $\int_k^1 \frac{dy}{\sqrt{\left(1-y^2\right)\left(1-\frac{y^2}{k^2}\right)}}$, ponamus $y = \sqrt{1-k'k'x^2}$, unde $\frac{dy}{\sqrt{\left(1-y^2\right)\left(\frac{y^2}{k^2}-1\right)}} = \frac{-kdx}{\sqrt{(1-x^2)(1-k'k'x^2)}}$. Iam quia x inde a 0 usque ad 1 crescit, simul atque y inde a 1 usque ad k decrescit, obtinemus:

$$\int_k^1 \frac{dy}{\sqrt{\left(1-y^2\right)\left(1-\frac{y^2}{k^2}\right)}} = -i\int_k \frac{dy}{\sqrt{\left(1-y^2\right)\left(\frac{y^2}{k^2}-1\right)}} = -i\int_0^1 \frac{kdx}{\sqrt{(1-x^2)(1-k'k'x^2)}} = -ikK'.$$

Hinc prodit:

$$\text{arg. am}\left(\frac{\pi}{2}, \frac{1}{k}\right) = k\left\{\text{arg. am}\left(\frac{\pi}{2}, k\right) - i\,\text{arg. am}\left(\frac{\pi}{2}, k'\right)\right\} = k\{K - iK'\},$$

sive ubi k in $\frac{1}{k}$ mutatur, abit K in $k\{K-iK'\}$.

Posito secundo loco $y = \cos\varphi$, fit:

$$\int_0^1 \frac{dy}{\sqrt{\left(1-y^2\right)\left(1+\frac{k'k'}{kk}y^2\right)}} = k\int_0^{\frac{\pi}{2}} \frac{d\varphi}{\sqrt{1-k'k'\sin^2\varphi}} = kK',$$

unde:

$$\text{arg. am}\left(\frac{\pi}{2}, \frac{ik'}{k}\right) = k\,\text{arg. am}\left(\frac{\pi}{2}, k'\right) = kK',$$

seu ubi k in $\frac{1}{k}$ mutatur, abit K' in kK'.

Generaliter igitur, mutato k in $\frac{1}{k}$, abit $mK+im'K'$ in $k\{mK+(m'-m)iK'\}$, unde $\sin\operatorname{coam}\left\{\frac{p(mK+m'iK')}{n}, k\right\}$ in $\sin\operatorname{coam}\left\{\frac{kp(mK+(m'-m)iK')}{n}, \frac{1}{k}\right\}$, id quod e formula

$$\sin\operatorname{coam}\left(ku, \frac{1}{k}\right) = \frac{1}{\sin\operatorname{coam}(u, k)}$$

fit:

$$\sin\operatorname{coam}\left\{\frac{kp(mK+(m'-m)iK')}{n}, \frac{1}{k}\right\} = \frac{1}{\sin\operatorname{coam}\left\{\frac{p(mK+(m'-m)iK')}{n}, k\right\}}.$$

Iam igitur, posito $\frac{mK+m'iK'}{n} = \omega$, $\frac{mK+(m'-m)iK'}{n} = \omega_1$, expressio:

$$\lambda = k^n[\sin\operatorname{coam} 2\omega \sin\operatorname{coam} 4\omega \sin\operatorname{coam} 6\omega \ldots \sin\operatorname{coam}(n-1)\omega]^4,$$

mutato k in $\frac{1}{k}$, in hanc abit:

$$\frac{1}{k^n[\sin\operatorname{coam} 2\omega_1 \sin\operatorname{coam} 4\omega^1 \sin\operatorname{coam} 6\omega_1 \ldots \sin\operatorname{coam}(n-1)\omega_1]^4} = \frac{1}{\mu},$$

ubi μ et ipsa est radix aequationis modularis, seu e modulorum numero, in quos per transformationem n^{ti} ordinis modulum propositum k transformare licet. Namque e valoribus, quos ω induere potest, ut prodeat modulus transformatus, erit etiam ille ω_1. Unde iam causa patet, cur generaliter aequationes modulares, mutato k in $\frac{1}{k}$, λ in $\frac{1}{\lambda}$, immutatae manere debeant.

Adnotabo adhuc, ubi secundum eandem transformationis legem quampiam simul transformatur k in $k^{(m)}$, λ in $\lambda^{(m)}$, quoties $k^{(m)}$ loco k ponatur, etiam λ in $\lambda^{(m)}$ abire; unde aequationes modulares, ubi simul k in $k^{(m)}$, λ in $\lambda^{(m)}$ mutatur, immutatae manere debent. Ita ex. g. aequatio $\sqrt[4]{k\lambda}+\sqrt[4]{k'\lambda'} = 1$, quae est pro transformatione tertii ordinis, immutata manere debet, ubi loco k, λ resp. ponitur $\frac{1-k'}{1+k'}$, $\frac{1-\lambda'}{1+\lambda'}$, unde loco k', λ' ponetur $\frac{2\sqrt{k'}}{1+k'}$, $\frac{2\sqrt{\lambda'}}{1+\lambda'}$, id quod per transformationem secundi ordinis fieri notum est. Quippe aequatio $\sqrt[4]{k\lambda}+\sqrt[4]{k'\lambda'} = 1$ in hanc abit:

$$\sqrt{\frac{(1-k')(1-\lambda')}{(1+k')(1+\lambda')}} + \frac{2\sqrt[8]{k'\lambda'}}{\sqrt{(1+k')(1+\lambda')}} = 1,$$

sive:

$$2\sqrt[8]{k'\lambda'} = \sqrt{(1+k')(1+\lambda')} - \sqrt{(1-k')(1-\lambda')}.$$

Qua in se ipsa ducta prodit:

$$4\sqrt{k'\lambda'} = 2(1+k'\lambda')-2k\lambda, \text{ sive } k\lambda = 1+k'\lambda'-2\sqrt{k'\lambda'},$$

quae extractis radicibus in propositam redit:

$$\sqrt{k\lambda} = 1-\sqrt{k'\lambda'} \text{ sive } \sqrt{k\lambda}+\sqrt{k'\lambda'} = 1.$$

Quod exemplum iam a Cl°. Legendre propositum est. Generaliter autem de compositione transformationum probari potest, transformationibus duabus aut pluribus successive adhibitis, ad eandem perveniri, quocunque illae adhibeantur ordine.

32.

At inter affectus aequationum modularium id maxime memorabile ac singulare mihi videor animadvertere, *quod eidem omnes aequationi differentiali tertii ordinis satisfaciunt.* Cuius tamen investigatio paullo longius repetenda erit.

Satis notum est*), posito

$$aK+bK' = Q,$$

fore:

$$k(1-k^2)\frac{d^2Q}{dk^2}+(1-3k^2)\frac{dQ}{dk} = kQ,$$

designantibus a, b constantes quaslibet. Ita etiam posito

$$a'K+b'K' = Q',$$

designantibus a', b' alias constantes quaslibet, erit

$$k(1-k^2)\frac{d^2Q'}{dk^2}+(1-3k^2)\frac{dQ'}{dk} = kQ'.$$

Quibus combinatis aequationibus, obtinetur:

$$k(1-k^2)\left\{Q\frac{d^2Q'}{dk^2}-Q'\frac{d^2Q}{dk^2}\right\}+(1-3k^2)\left\{Q\frac{dQ'}{dk}-Q'\frac{dQ}{dk}\right\} = 0,$$

unde integratione facta:

$$k(1-k^2)\left\{Q\frac{dQ'}{dk}-Q'\frac{dQ}{dk}\right\} = (ab'-a'b)k(1-k^2)\left\{K\frac{dK'}{dk}-K'\frac{dK}{dk}\right\} = (ab'-a'b)C.$$

Constans C a Cl°. Legendre e casu speciali inventa est $= -\frac{\pi}{2}$, unde iam:

$$Q\frac{dQ'}{dk}-Q'\frac{dQ}{dk} = -\tfrac{1}{2}\frac{\pi(ab'-a'b)}{k(1-k^2)},$$

sive

$$d\frac{Q'}{Q} = -\tfrac{1}{2}\frac{\pi(ab'-a'b)dk}{k(1-k^2)QQ}.$$

*) Cf. Legendre Traité des F. E. Tom. I. Cap. XIII.

Similiter designante λ alium modulum quemlibet, erit posito

$$\alpha\Lambda+\beta\Lambda' = L, \qquad \alpha'\Lambda+\beta'\Lambda' = L',$$

$$d\frac{L'}{L} = -\tfrac{1}{2}\,\frac{\pi(\alpha\beta'-\alpha'\beta)d\lambda}{\lambda(1-\lambda^2)LL}.$$

Sit λ modulus, in quem k per transformationem primam n^{ti} ordinis transformatur; sit porro $Q = K$, $Q' = K'$, $L = \Lambda$, $L' = \Lambda'$; erit:

$$\frac{L'}{L} = \frac{\Lambda'}{\Lambda} = \frac{nK'}{K} = \frac{nQ'}{Q},$$

unde:

$$\frac{ndk}{k(1-k^2)KK} = \frac{d\lambda}{\lambda(1-\lambda^2)\Lambda\Lambda}.$$

Invenimus autem pro ea transformatione $\Lambda = \frac{K}{n\mathrm{M}}$, unde iam:

$$\mathrm{MM} = \frac{1}{n}\cdot\frac{\lambda(1-\lambda^2)dk}{k(1-k^2)d\lambda}.$$

In transformatione secunda vidimus esse $\frac{\Lambda_1'}{\Lambda_1} = \frac{1}{n}\cdot\frac{K'}{K}$, $\Lambda_1 = \frac{K}{\mathrm{M}_1}$, unde:

$$\frac{dk}{k(1-k^2)KK} = \frac{nd\lambda_1}{\lambda_1(1-\lambda_1^2)\Lambda_1\Lambda_1},$$

unde et hic:

$$\mathrm{M}_1\mathrm{M}_1 = \frac{1}{n}\cdot\frac{\lambda_1(1-\lambda_1^2)dk}{k(1-k^2)d\lambda_1}.$$

Generaliter autem, quicunque sit modulus λ, sive realis sive imaginarius, in quem per transformationem n^{ti} ordinis transformari potest modulus propositus k, valebit aequatio:

$$MM = \frac{1}{n}\cdot\frac{\lambda(1-\lambda^2)dk}{k(1-k^2)d\lambda}.$$

Quod ut probetur, adnotabo generaliter obtineri aequationes formae:

$$\alpha\Lambda+i\beta\Lambda' = \frac{aK+ibK'}{nM}$$

$$\alpha'\Lambda'+i\beta'\Lambda = \frac{a'K'+ib'K}{nM},$$

designantibus a, a', α, α' numeros impares, b, b', β, β' numeros pares, utrosque positivos vel negativos eiusmodi, ut sit $aa'+bb'=n$, $\alpha\alpha'+\beta\beta'=1$ *). Hinc posito:

$$aK+ibK'=Q,\qquad a'K'+ib'K=Q'$$
$$\alpha\Lambda+i\beta\Lambda'=L,\qquad \alpha'\Lambda'+i\beta'\Lambda=L',$$

obtinemus, quia $aa'+bb'=n$, $\alpha\alpha'+\beta\beta'=1$:

$$d\frac{Q'}{Q}=-\tfrac{1}{2}\frac{n\pi\, dk}{k(1-k^2)QQ},\qquad d\frac{L'}{L}=-\tfrac{1}{2}\frac{\pi d\lambda}{\lambda(1-\lambda^2)LL},$$

unde cum sit: $\dfrac{Q'}{Q}=\dfrac{L'}{L}$, $L=\dfrac{Q}{nM}$,

generaliter fit: $MM=\dfrac{1}{n}\cdot\dfrac{\lambda(1-\lambda^2)dk}{k(1-k^2)d\lambda}$.

Adnotabo adhuc, aequationem inventam ita quoque exhiberi posse:

$$MM=\frac{1}{n}\cdot\frac{\lambda^2(1-\lambda^2)d(k^2)}{k^2(1-k^2)d(\lambda^2)}=\frac{1}{n}\cdot\frac{\lambda'^2(1-\lambda'^2)d(k'^2)}{k'^2(1-k'^2)d(\lambda'^2)},$$

unde videmus, expressionem MM non mutari, ubi loco k, λ complementa ponuntur k', λ', sive quod supra demonstravimus, transformationibus complementariis, signi ratione non habita, eundem esse multiplicatorem M. Porro mutando k in λ, λ in k, quo facto transformatio in supplementariam abit, mutatur MM in

$$\frac{1}{n}\cdot\frac{k(1-k^2)d\lambda}{\lambda(1-\lambda^2)dk}=\frac{1}{nnMM},\quad \text{sive } M \text{ in } \frac{1}{nM},$$

quod et ipsum supra probatum est.

33.

Posito $Q=aK+ibK'$, $L=\alpha\Lambda+i\beta\Lambda'$, constantes a, b, α, β ita semper determinare licet, ut sit $L=\dfrac{Q}{M}$, sive $Q=ML$. Porro habentur aequationes:

$$(1.)\qquad (k-k^3)\frac{d^2Q}{dk^2}+(1-3k^2)\frac{dQ}{dk}-kQ=0$$

$$(2.)\qquad (\lambda-\lambda^3)\frac{d^2L}{d\lambda^2}+(1-3\lambda^2)\frac{dL}{d\lambda}-\lambda L=0,$$

*) Accuratior numerorum a, a', b, b' etc. determinatio pro singulis eiusdem ordinis transformationibus gravibus laborare difficultatibus videtur. Immo haec determinatio, nisi egregie fallimur, maximea limitibus pendet, inter quos modulus k versatur, ita ut pro limitibus diversis plane alia evadat: quod quam intricatam reddat quaestionem, expertus cognoscet. Ante omnia autem accuratius in naturam modulorum imaginariorum inquirendum esse videtur, quae adhuc tota iacet quaestio.

quas etiam hunc in modum repraesentare licet:

$$(3.)\qquad \frac{d}{dk}\left\{\frac{(k-k^3)dQ}{dk}\right\}-kQ = 0$$

$$(4.)\qquad \frac{d}{d\lambda}\left\{\frac{(\lambda-\lambda^3)dL}{d\lambda}\right\}-\lambda L = 0.$$

Substituamus in aequatione:

$$(k-k^3)\frac{d^2Q}{dk^2}+(1-3k^2)\frac{dQ}{dk}-kQ = 0$$

$Q = ML$, prodit:

$$\left.\begin{array}{l} L\left\{(k-k^3)\frac{d^2M}{dk^2}+(1-3k^2)\frac{dM}{dk}-kM\right\} \\ +\frac{dL}{dk}\left\{2(k-k^3)\frac{dM}{dk}+(1-3k^2)M\right\}+(k-k^3)M\frac{d^2L}{dk^2}\end{array}\right\} = 0,$$

qua per M multiplicata, obtinemus:

$$(5.)\qquad LM\left\{(k-k^3)\frac{d^2M}{dk^2}+(1-3k^2)\frac{dM}{dk}-kM\right\}+\frac{d}{dk}\left\{\frac{(k-k^3)MMdL}{dk}\right\} = 0.$$

At e §° antecedente fit:

$$MM = \frac{(\lambda-\lambda^3)dk}{n(k-k^3)d\lambda},\quad \text{unde}\quad \frac{(k-k^3)MMdL}{dk} = \frac{(\lambda-\lambda^3)dL}{nd\lambda}.$$

Porro ex aequatione (4.) fit:

$$d\left\{\frac{(\lambda-\lambda^3)dL}{d\lambda}\right\} = \lambda L d\lambda,$$

unde:

$$\frac{d}{dk}\left\{\frac{(k-k^3)MMdL}{dk}\right\} = \frac{1}{n}\frac{d}{dk}\left\{\frac{(\lambda-\lambda^3)dL}{d\lambda}\right\} = \frac{\lambda L d\lambda}{ndk}.$$

Hinc aequatio (5.) divisa per L in hanc abit:

$$(6.)\qquad M\left\{(k-k^3)\frac{d^2M}{dk^2}+(1-3k^2)\frac{dM}{dk}-kM\right\}+\frac{\lambda d\lambda}{ndk} = 0.$$

Ubi in hac aequatione valor ipsius M ex aequatione $MM = \frac{(\lambda-\lambda^3)dk}{n(k-k^3)d\lambda}$ substituitur, obtinetur aequatio differentialis inter ipsos modulos k, λ, quam facile patet ad ordinem tertium ascendere. Facto calculo paullo molesto invenitur:

$$(7.)\qquad \frac{3d^2\lambda^2}{dk^4}-\frac{2d\lambda}{dk}\cdot\frac{d^3\lambda}{dk^3}+\frac{d\lambda^2}{dk^2}\left\{\left[\frac{1+k^2}{k-k^3}\right]^2-\left[\frac{1+\lambda^2}{\lambda-\lambda^3}\right]^2\frac{d\lambda^2}{dk^2}\right\} = 0.$$

In hac aequatione dk ut differentiale constans consideratum est. Quam ubi in aliam transformare placet, in qua differentiale nullum constans positum est, ponendum erit:

$$\frac{d^2\lambda}{dk^2} = \frac{d^2\lambda}{dk^2} - \frac{d\lambda\, d^2k}{dk^3}$$

$$\frac{d^3\lambda}{dk^3} = \frac{d^3\lambda}{dk^3} - \frac{3d^2\lambda\, d^2k}{dk^4} - \frac{d\lambda\, d^3k}{dk^4} + \frac{3d\lambda\, d^2k^2}{dk^5}$$

unde:

$$\frac{3d^2\lambda^2}{dk^4} - \frac{2d\lambda}{dk}\frac{d^3\lambda}{dk^3} = \frac{3d^2\lambda^2}{dk^4} - \frac{3d\lambda^2 d^2k^2}{dk^6} + \frac{2d\lambda^2 d^3k}{dk^5} - \frac{2d\lambda\, d^3\lambda}{dk^4}.$$

Hinc aequatio (7.) multiplicata per dk^6 in sequentem abit, in qua differentiale nullum constans positum est, vel in qua ut tale, quodcunque placet, considerari potest:

$$(8.)\quad 3\left\{dk^2d^2\lambda^2 - d\lambda^2d^2k^2\right\} - 2dk\,d\lambda\left\{dk\,d^3\lambda - d\lambda\,d^3k\right\} + dk^2d\lambda^2\left\{\left[\frac{1+k^2}{k-k^3}\right]^2 dk^2 - \left[\frac{1+\lambda^2}{\lambda-\lambda^3}\right]^2 d\lambda^2\right\} = 0.$$

Hanc patet, elementis k et λ inter se commutatis, immutatam manere aequationem, id quod supra de aequationibus modularibus probavimus.

Operae pretium est, alia adhuc methodo aequationem illam differentialem tertii ordinis investigare. Quem in finem introducamus in aequationem, unde proficiscimur:

$$(k-k^3)\frac{d^2Q}{dk^2} + (1-3k^2)\frac{dQ}{dk} - kQ = 0,$$

quantitatem

$$(k-k^3)QQ = s.$$

Fit

$$\frac{ds}{dk} = (1-3k^2)QQ + 2(k-k^3)Q\frac{dQ}{dk}$$

$$\frac{d^2s}{dk^2} = -6kQQ + 4(1-3k^2)Q\frac{dQ}{dk} + 2(k-k^3)\left[\frac{dQ}{dk}\right]^2 + 2(k-k^3)Q\frac{d^2Q}{dk^2}.$$

Qua in aequatione ubi ponitur:

$$(k-k^3)\frac{d^2Q}{dk^2} = kQ - (1-3k^2)\frac{dQ}{dk},$$

prodit:

$$\frac{d^2s}{dk^2} = -4kQQ + 2(1-3k^2)Q\frac{dQ}{dk} + 2(k-k^3)\left[\frac{dQ}{dk}\right]^2$$

$$= 2\frac{dQ}{dk}\left\{(1-3k^2)Q + (k-k^3)\frac{dQ}{dk}\right\} - 4kQQ.$$

Qua aequatione ducta in $2s = 2(k-k^3)QQ$, obtinetur:

$$\frac{2s\,d^2s}{dk^2} = 2(k-k^3)Q\frac{dQ}{dk}\left\{2(1-3k^2)QQ+2(k-k^3)Q\frac{dQ}{dk}\right\}-8k^2(1-k^2)Q^4,$$

sive cum sit:

$$2(k-k^3)Q\frac{dQ}{dk} = \frac{ds}{dk}-(1-3k^2)QQ$$

$$2(1-3k^2)QQ+2(k-k^3)Q\frac{dQ}{dk} = \frac{ds}{dk}+(1-3k^2)QQ,$$

obtinemus:

$$\frac{2s\,d^2s}{dk^2} = \left[\frac{ds}{dk}\right]^2-(1-3k^2)^2Q^4-8k^2(1-k^2)Q^4 = \left[\frac{ds}{dk}\right]^2-(1+k^2)^2Q^4,$$

seu

$$(9.)\qquad \frac{2s\,d^2s}{dk^2}-\left[\frac{ds}{dk}\right]^2+\left[\frac{1+k^2}{k-k^3}\right]^2 ss = 0.$$

Iam vero posito $a'K+b'K' = Q'$, $\frac{Q'}{Q} = t$, vidimus esse $\frac{dt}{dk} = \frac{m}{(k-k^3)QQ} = \frac{m}{s}$, designante m constantem; unde $s = \frac{m\,dk}{dt}$. Aequationem (9.) in aliam transformemus, in qua dt constans positum est. Erit $\frac{ds}{dk} = \frac{m\,d^2k}{dt\,dk}$, $\frac{d^2s}{dk^2} = \frac{m\,d^3k}{dt\,dk^2}-\frac{m\,d^2k^2}{dt\,dk^3}$; quibus substitutis ex aequatione (9.) prodit:

$$\frac{2d^3k}{dt^2dk}-\frac{3d^2k^2}{dt^2dk^2}+\left[\frac{1+k^2}{k-k^3}\right]^2\frac{dk^2}{dt^2} = 0,$$

sive

$$(10.)\qquad 2d^3k\,dk-3d^2k^2+\left[\frac{1+k^2}{k-k^3}\right]^2 dk^4 = 0,$$

ubi secundum t, quod ex aequatione evasit, differentiandum est.

Ponendo $\frac{\alpha'\Lambda+\beta'\Lambda'}{\alpha\Lambda+\beta\Lambda'} = \omega$, constantes α, β, α', β', quoties λ est modulus transformatus, ita determinari poterunt, ut sit $t = \omega$; nec non simili modo obtinemus:

$$(11.)\qquad 2d^3\lambda\,d\lambda-3d^2\lambda^2+\left[\frac{1+\lambda^2}{\lambda-\lambda^3}\right]^2 d\lambda^4 = 0,$$

in qua aequatione et ipsa secundum $\omega = t$ differentiandum erit. Multiplicetur aequatio (10.) per $d\lambda^2$, aequatio (11.) per dk^2: subtractione facta obtinetur:

$$(12.)\quad 2dk\,d\lambda\left\{d\lambda\,d^3k-dk\,d^3\lambda\right\}-3\left\{d\lambda^2d^2k^2-dk^2d^2\lambda^2\right\}+dk^2d\lambda^2\left\{\left[\frac{1+k^2}{k-k^3}\right]^2dk^2-\left[\frac{1+\lambda^2}{\lambda-\lambda^3}\right]^2d\lambda^2\right\} = 0.$$

At haec aequatio cum aequatione (8.) convenit, in qua scimus, differentiale quodcunque placeat tamquam constans considerari posse, ideoque etsi inventa sit suppositione facta, dt esse differentiale constans, valebit etiam, quodcunque aliud ut tale consideratur.

Ecce igitur aequationem differentialem tertii ordinis, quae innumeras habet solutiones algebraicas, particulares tamen, videlicet aequationes quas diximus modulares. At integrale completum a functionibus ellipticis pendet, quippe quod est $t = \omega$, sive

$$\frac{a'K+b'K'}{aK+bK'} = \frac{\alpha'\Lambda+\beta'\Lambda'}{\alpha\Lambda+\beta\Lambda'},$$

quam ita etiam repraesentare licet aequationem:

$$mK\Lambda + m'K'\Lambda' + m''K\Lambda' + m'''K'\Lambda = 0,$$

designantibus m, m', m'', m''' constantes arbitrarias. Quam integrationem altissimae indaginis esse censemus.

Inquirere possemus, an aequationes modulares pro transformationibus tertii et quinti ordinis reapse, quod debent, aequationi nostrae differentiali tertii ordinis satisfaciant. Quod vero cum nimis prolixos calculos sibi poscere videatur, idem de transformatione secundi ordinis, ubi $\lambda = \frac{1-k'}{1+k'}$, demonstrare sufficiat.

Consideretur dk' ut constans, fit:

$$\lambda = \frac{1-k'}{1+k'} = -1+\frac{2}{1+k'} \qquad k^2+k'^2 = 1$$

$$\frac{d\lambda}{dk'} = \frac{-2}{(1+k')^2} \qquad \frac{dk}{dk'} = \frac{-k'}{k}$$

$$\frac{d^2\lambda}{dk'^2} = \frac{4}{(1+k')^3} \qquad \frac{d^2k}{dk'^2} = \frac{-1}{k} - \frac{k'^2}{k^3} = \frac{-1}{k^3}$$

$$\frac{d^3\lambda}{dk'^3} = \frac{-12}{(1+k')^4} \qquad \frac{d^3k}{dk'^3} = \frac{-3k'}{k^5}.$$

Hinc fit:

$$\frac{dk^2d^2\lambda^2 - d\lambda^2d^2k^2}{dk'^6} = \frac{16k'^2}{k^2(1+k')^6} - \frac{4}{k^6(1+k')^4}$$

$$= \frac{4[4k^4k'^2-(1+k')^2]}{k^6(1+k')^6} = \frac{4[4k'^2(1-k')^2-1]}{k^6(1+k')^4}.$$

Porro obtinetur:

$$\frac{dk\,d^3\lambda - d\lambda\,d^3k}{dk'^4} = \frac{12k'}{k(1+k')^4} - \frac{6k'}{k^5(1+k')^2} = \frac{6k'[2(1-k')^2-1]}{k^5(1+k')^2}$$

$$\frac{dk\,d\lambda[dk\,d^3\lambda - d\lambda\,d^3k]}{dk'^6} = \frac{12k'^2[2(1-k')^2-1]}{k^6(1+k')^4},$$

unde:

$$\frac{3[dk^2d^2\lambda^2 - d\lambda^2d^2k^2] - 2dk\,d\lambda[dk\,d^3\lambda - d\lambda\,d^3k]}{dk'^6} = \frac{12(2k'^2-1)}{k^6(1+k')^4}.$$

Porro fit

$$\left[\frac{1+k^2}{k-k^3}\right]^2\frac{dk^2}{dk'^2} = \frac{(1+k^2)^2}{k^4k'^2}$$

$$\left[\frac{1+\lambda^2}{\lambda-\lambda^3}\right]^2\frac{d\lambda^2}{dk'^2} = \frac{4}{(1+k')^4}\left[\frac{1+k'}{1-k'}\right]^2\left[\frac{1+k'^2}{2k'}\right]^2 = \frac{(1+k'^2)^2}{k'^2k^4},$$

unde:

$$\left[\frac{1+k^2}{k-k^3}\right]^2\frac{dk^2}{dk'^2} - \left[\frac{1+\lambda^2}{\lambda-\lambda^3}\right]^2\frac{d\lambda^2}{dk'^2} = \frac{3(1-2k'^2)}{k^4k'^2}$$

$$\frac{dk^2d\lambda^2}{dk'^4}\left\{\left[\frac{1+k^2}{k-k^3}\right]^2\frac{dk^2}{dk'^2} - \left[\frac{1+\lambda^2}{\lambda-\lambda^3}\right]^2\frac{d\lambda^2}{dk'^2}\right\} = \frac{12(1-2k'^2)}{k^6(1+k')^4}.$$

Hinc tandem fit, quod debet:

$$\left.\begin{array}{l}\dfrac{3[dk^2d^2\lambda^2 - d\lambda^2d^2k^2] - 2dk\,d\lambda[dk\,d^3\lambda - d\lambda\,d^3k]}{dk'^6} \\ + \dfrac{dk^2d\lambda^2}{dk'^4}\left\{\left[\dfrac{1+k^2}{k-k^3}\right]^2\dfrac{dk^2}{dk'^2} - \left[\dfrac{1+\lambda^2}{\lambda-\lambda^3}\right]^2\dfrac{d\lambda^2}{dk'^2}\right\}\end{array}\right\} = \frac{12(2k'^2-1)}{k^6(1+k')^4} + \frac{12(1-2k'^2)}{k^6(1+k')^4} = 0.$$

Ubi methodi expeditae in promptu essent, si quas aequatio differentialis solutiones algebraicas habet, eas eruendi omnes: e sola aequatione differentiali a nobis proposita aequationes modulares, quae singulos transformationum ordines spectant, elicere possemus omnes. Quam tamen materiem arduam qui attigerit, praeter Cl^m. Condorcet, scio neminem, attentione analystarum dignam.

34.

Aequatio supra inventa:

$$MM = \frac{1}{n}\cdot\frac{\lambda(1-\lambda^2)}{k(1-k^2)}\cdot\frac{dk}{d\lambda},$$

cuius ope ex aequatione modulari inventa statim etiam quantitatem M determinare licet, digna esse videtur, cui adhuc paulisper immoremur. Non patet primo aspectu, quomodo valores quantitatis M in transformationibus tertii et quinti ordinis inventi cum aequatione illa conveniant. Quod igitur accuratius examinemus.

a) In transformatione *tertii* ordinis, posito $u=\sqrt[4]{k}$, $v=\sqrt[4]{\lambda}$, invenimus:

$$u^4-v^4+2uv(1-u^2v^2)=0, \tag{1.}$$

quam ita quoque exhibuimus aequationem (§. 16.):

$$\left(\frac{v+2u^3}{v}\right)\left(\frac{u-2v^3}{u}\right)=-3. \tag{2.}$$

Porro fieri vidimus:

$$M=\frac{v}{v+2u^3}=\frac{2v^3-u}{3u}. \tag{3.}$$

Differentiata aequatione (1.), obtinemus:

$$\frac{du}{dv}=\frac{2v^3-u+3u^2v^2}{2u^3+v-3u^2v^3},$$

sive loco 3 posito $\left(\frac{v+2u^3}{v}\right)\left(\frac{2v^3-u}{u}\right)$:

$$\frac{du}{dv}=\frac{2v^3-u}{2u^3+v}\cdot\frac{1+u^2v^2+2u^5v}{1+u^2v^2-2uv^5}. \tag{4.}$$

Ex aequatione (1.) sequitur:

$$\begin{aligned}1-u^8&=(1+u^4)[1-v^4+2uv(1-u^2v^2)]\\&=1-u^4v^4+u^4-v^4+2uv(1+u^4)(1-u^2v^2)\\&=1-u^4v^4+2u^5v(1-u^2v^2)=(1-u^2v^2)(1+u^2v^2+2u^5v).\end{aligned}$$

Eodem modo invenitur:

$$1-v^8=(1-u^2v^2)(1+u^2v^2-2uv^5),$$

unde:

$$\frac{1-v^8}{1-u^8}=\frac{1+u^2v^2-2uv^5}{1+u^2v^2+2u^5v},$$

sive ex aequatione (4.):

$$\frac{1-v^8}{1-u^8}\cdot\frac{du}{dv}=\frac{2v^3-u}{2u^3+v}.$$

Qua aequatione ducta in

$$\frac{v}{3u}=\frac{v^2}{(2u^3+v)(2v^3-u)},$$

prodit:

$$\frac{1}{3}\cdot\frac{v(1-v^8)}{u(1-u^8)}\cdot\frac{du}{dv}=\frac{1}{3}\cdot\frac{\lambda(1-\lambda^2)}{k(1-k^2)}\cdot\frac{dk}{d\lambda}=\left[\frac{v}{v+2u^3}\right]^2=MM,$$

Q. D. E.

b) In transformatione *quinti* ordinis, posito $u = \sqrt[4]{k}$, $v = \sqrt[4]{\lambda}$, invenimus:

$$(1.)\qquad u^6 - v^6 + 5u^2v^2(u^2 - v^2) + 4uv(1 - u^4v^4) = 0,$$

quam his etiam modis exhibuimus aequationem (§§. 16. 30.):

$$(2.)\qquad \frac{u+v^5}{u(1+u^3v)} \cdot \frac{v-u^5}{v(1-uv^3)} = 5$$

$$(3.)\qquad (u^2-v^2)^6 = 16u^2v^2(1-u^8)(1-v^8).$$

Porro invenimus:

$$(4.)\qquad M = \frac{v(1-uv^3)}{v-u^5} = \frac{u+v^5}{5u(1+u^3v)}.$$

Differentiata aequatione (3.), obtinemus:

$$6uv(1-u^8)(1-v^8)(u\,du - v\,dv) = u(u^2-v^2)(1-u^8)(1-5v^8)dv + v(u^2-v^2)(1-v^8)(1-5u^8)du,$$

sive:

$$(5.)\qquad v(1-v^8)[5u^2 - u^{10} + v^2 - 5u^8v^2]du = u(1-u^8)[5v^2 - v^{10} + u^2 - 5u^2v^8]dv.$$

Aequatione (1.) ducta in u^4, v^4, eruitur:

$$5u^2 - u^{10} + v^2 - 5u^8v^2 = (1-u^4v^4)(v^2+5u^2+4u^5v)$$
$$5v^2 - v^{10} + u^2 - 5u^2v^8 = (1-u^4v^4)(u^2+5v^2-4uv^5),$$

unde aequatio (5.) in hanc abit:

$$(6.)\qquad \frac{v(1-v^8)}{u(1-u^8)} \cdot \frac{du}{dv} = \frac{u^2+5v^2-4uv^5}{v^2+5u^2+4u^5v}.$$

Ponatur $u+v^5 = A$, $u+u^4v = B$, $v-u^5 = C$, $v-uv^4 = D$, ita ut:

$$\frac{AC}{BD} = 5, \text{ sive } AC = 5BD$$

$$\frac{D}{C} = \frac{A}{5B} = M;$$

$$u^2+5v^2-4uv^5 = uA + 5vD$$
$$v^2+5u^2+4u^5v = vC + 5uB,$$

erit:

$$(7.)\qquad \frac{v(1-v^8)}{u(1-u^8)} \cdot \frac{du}{dv} = \frac{uA+5vD}{vC+5uB} = \frac{uAB+vAC}{vCD+uAC} \cdot \frac{D}{B}$$
$$= \frac{uB+vC}{vD+uA} \cdot \frac{AD}{BC} = \frac{AD}{BC} = 5MM.$$

Fit enim:

$$uB+vC = vD+uA = u^2+v^2.$$

Unde etiam:

$$MM = \frac{1}{5} \cdot \frac{v(1-v^8)}{u(1-u^8)} \cdot \frac{du}{dv} = \frac{1}{5} \cdot \frac{\lambda(1-\lambda^2)}{k(1-k^2)} \cdot \frac{dk}{d\lambda}.$$

Q. D. E.

THEORIA EVOLUTIONIS FUNCTIONUM ELLIPTICARUM.

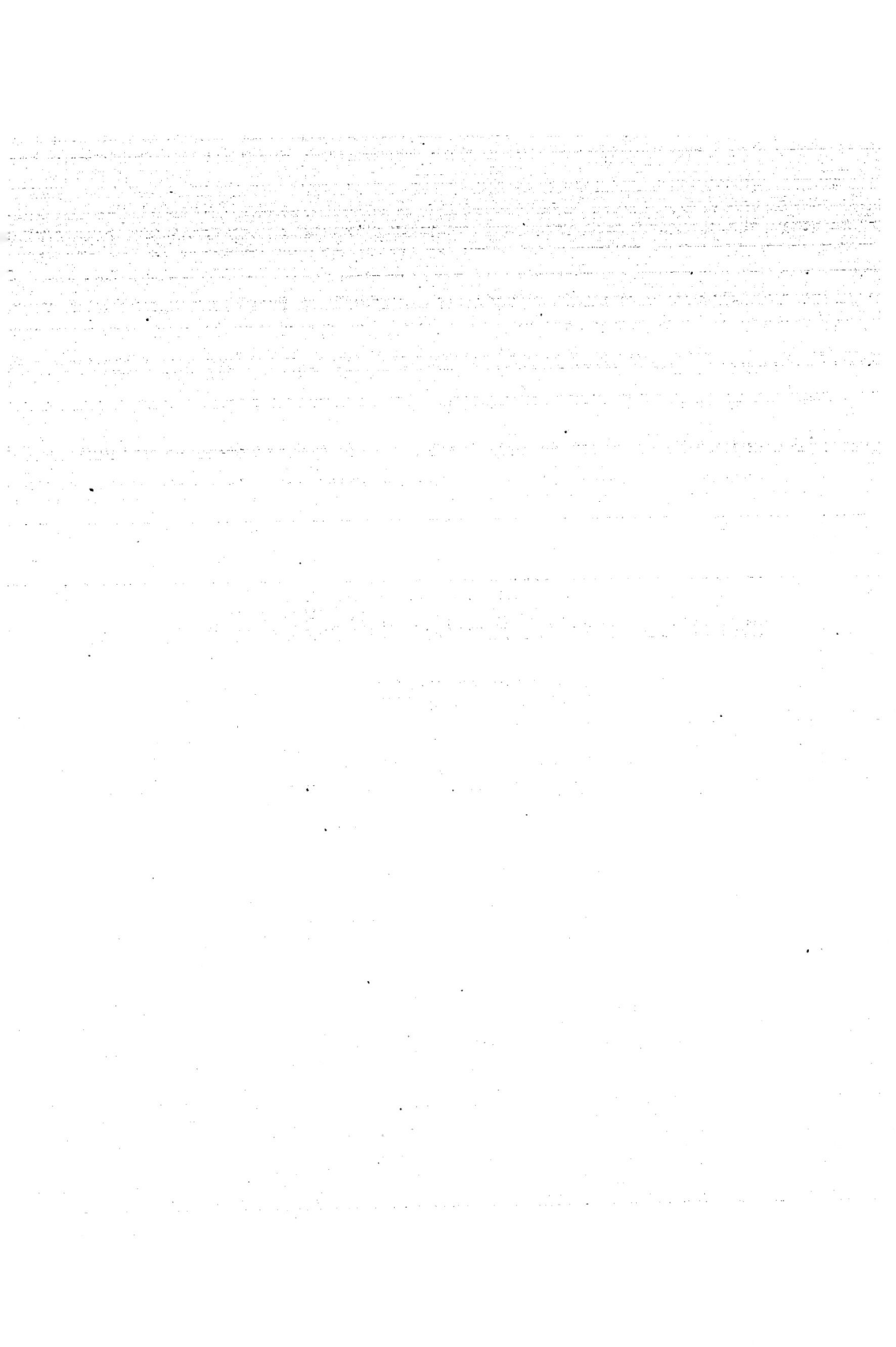

DE EVOLUTIONE FUNCTIONUM ELLIPTICARUM IN PRODUCTA INFINITA.

35.

Proposito modulo k reali, unitate minore, videmus modulum

$$\lambda = k^n \left\{ \sin\operatorname{coam}\frac{2K}{n}\sin\operatorname{coam}\frac{4K}{n}\cdots\sin\operatorname{coam}\frac{(n-1)K}{n}\right\}^4,$$

in quem ille per transformationem primam n^{ti} ordinis mutatur, crescente numero n, celerrime ad nihilum convergere, adeoque pro limite $n=\infty$ fieri $\lambda = 0$. Tum erit $\Lambda = \frac{\pi}{2}$, $\operatorname{am}(u,\lambda) = u$, unde e formulis $\Lambda = \frac{K}{nM}$, $\Lambda' = \frac{K'}{M}$ obtinemus:

$$nM = \frac{2K}{\pi},\quad \frac{\Lambda'}{n} = \frac{K'}{nM} = \frac{\pi K'}{2K}.$$

Ponamus iam in formulis pro transformatione primae supplementaria §. 27 $\frac{u}{n}$ loco u, $n=\infty$: abit $\operatorname{am}\left(\frac{u}{M},\lambda\right)$ in $\operatorname{am}\left(\frac{u}{nM},\lambda\right) = \frac{\pi u}{2K}$, $y = \sin\operatorname{am}\left(\frac{u}{M},\lambda\right)$ in $\sin\frac{\pi u}{2K}$, porro $\operatorname{am}(nu)$ in $\operatorname{am}(u)$. Hinc e formulis illis nanciscimur sequentes:

$$\sin\operatorname{am} u = \frac{2Ky}{\pi}\cdot\frac{\left(1-\dfrac{y^2}{\sin^2\dfrac{i\pi K'}{K}}\right)\left(1-\dfrac{y^2}{\sin^2\dfrac{2i\pi K'}{K}}\right)\left(1-\dfrac{y^2}{\sin^2\dfrac{3i\pi K'}{K}}\right)\cdots}{\left(1-\dfrac{y^2}{\sin^2\dfrac{i\pi K'}{2K}}\right)\left(1-\dfrac{y^2}{\sin^2\dfrac{3i\pi K'}{2K}}\right)\left(1-\dfrac{y^2}{\sin^2\dfrac{5i\pi K'}{2K}}\right)\cdots}$$

$$\cos\operatorname{am} u = \sqrt{1-y^2}\cdot\frac{\left(1-\dfrac{y^2}{\cos^2\dfrac{i\pi K'}{K}}\right)\left(1-\dfrac{y^2}{\cos^2\dfrac{2i\pi K'}{K}}\right)\left(1-\dfrac{y^2}{\cos^2\dfrac{3i\pi K'}{K}}\right)\cdots}{\left(1-\dfrac{y^2}{\sin^2\dfrac{i\pi K'}{2K}}\right)\left(1-\dfrac{y^2}{\sin^2\dfrac{3i\pi K'}{2K}}\right)\left(1-\dfrac{y^2}{\sin^2\dfrac{5i\pi K'}{2K}}\right)\cdots}$$

$$\Delta \operatorname{am} u = \frac{\left(1-\dfrac{y^2}{\cos^2\dfrac{i\pi K'}{2K}}\right)\left(1-\dfrac{y^2}{\cos^2\dfrac{3i\pi K'}{2K}}\right)\left(1-\dfrac{y^2}{\cos^2\dfrac{5i\pi K'}{2K}}\right)\cdots}{\left(1-\dfrac{y^2}{\sin^2\dfrac{i\pi K'}{2K}}\right)\left(1-\dfrac{y^2}{\sin^2\dfrac{3i\pi K'}{2K}}\right)\left(1-\dfrac{y^2}{\sin^2\dfrac{5i\pi K'}{2K}}\right)\cdots}$$

$$\sqrt{\frac{1-\sin\operatorname{am} u}{1+\sin\operatorname{am} u}} = \sqrt{\frac{1-y}{1+y}}\cdot\frac{\left(1-\dfrac{y}{\cos\dfrac{i\pi K'}{K}}\right)\left(1-\dfrac{y}{\cos\dfrac{2i\pi K'}{K}}\right)\left(1-\dfrac{y}{\cos\dfrac{3i\pi K'}{K}}\right)\cdots}{\left(1+\dfrac{y}{\cos\dfrac{i\pi K'}{K}}\right)\left(1+\dfrac{y}{\cos\dfrac{2i\pi K'}{K}}\right)\left(1+\dfrac{y}{\cos\dfrac{3i\pi K'}{K}}\right)\cdots}$$

$$\sqrt{\frac{1-k\sin\operatorname{am} u}{1+k\sin\operatorname{am} u}} = \frac{\left(1-\dfrac{y}{\cos\dfrac{i\pi K'}{2K}}\right)\left(1-\dfrac{y}{\cos\dfrac{3i\pi K'}{2K}}\right)\left(1-\dfrac{y}{\cos\dfrac{5i\pi K'}{2K}}\right)\cdots}{\left(1+\dfrac{y}{\cos\dfrac{i\pi K'}{2K}}\right)\left(1+\dfrac{y}{\cos\dfrac{3i\pi K'}{2K}}\right)\left(1+\dfrac{y}{\cos\dfrac{5i\pi K'}{2K}}\right)\cdots}$$

$$\sin\operatorname{am} u = -\frac{\pi y}{kK}\cdot\left(\frac{\cos\dfrac{i\pi K'}{2K}}{\sin^2\dfrac{i\pi K'}{2K}-y^2}+\frac{\cos\dfrac{3i\pi K'}{2K}}{\sin^2\dfrac{3i\pi K'}{2K}-y^2}+\frac{\cos\dfrac{5i\pi K'}{2K}}{\sin^2\dfrac{5i\pi K'}{2K}-y^2}+\cdots\right)$$

$$\cos\operatorname{am} u = \frac{i\pi\sqrt{1-y^2}}{kK}\cdot\left(\frac{\sin\dfrac{i\pi K'}{2K}}{\sin^2\dfrac{i\pi K'}{2K}-y^2}-\frac{\sin\dfrac{3i\pi K'}{2K}}{\sin^2\dfrac{3i\pi K'}{2K}-y^2}+\frac{\sin\dfrac{5i\pi K'}{2K}}{\sin^2\dfrac{5i\pi K'}{2K}-y^2}-\cdots\right).$$

Ponamus in sequentibus $e^{\frac{-\pi K'}{K}} = q$, $\frac{\pi u}{2K} = x$, sive $u = \frac{2Kx}{\pi}$, unde $y = \sin\frac{\pi u}{2K} = \sin x$; fit:

$$\sin\frac{mi\pi K'}{K} = \frac{q^m - q^{-m}}{2i} = \frac{i(1-q^{2m})}{2q^m}$$

$$\cos\frac{mi\pi K'}{K} = \frac{q^m + q^{-m}}{2} = \frac{1+q^{2m}}{2q^m},$$

unde:

$$1-\frac{y^2}{\sin^2\dfrac{mi\pi K'}{K}} = 1+\frac{4q^{2m}\sin^2 x}{(1-q^{2m})^2} = \frac{1-2q^{2m}\cos 2x+q^{4m}}{(1-q^{2m})^2}$$

$$1-\frac{y^2}{\cos^2\frac{mi\pi K'}{K}} = 1-\frac{4q^{2m}\sin^2 x}{(1+q^{2m})^2} = \frac{1+2q^{2m}\cos 2x+q^{4m}}{(1+q^{2m})^2}$$

$$1\pm\frac{y}{\cos\frac{mi\pi K'}{K}} = 1\pm\frac{2q^m\sin x}{1+q^{2m}} = \frac{1\pm 2q^m\sin x+q^{2m}}{1+q^{2m}}$$

$$\frac{-\cos\frac{mi\pi K'}{K}}{\sin^2\frac{mi\pi K'}{K}-y^2} = \frac{2q^m(1+q^{2m})}{1-2q^{2m}\cos 2x+q^{4m}}$$

$$\frac{i\sin\frac{mi\pi K'}{K}}{\sin^2\frac{mi\pi K'}{K}-y^2} = \frac{2q^m(1-q^{2m})}{1-2q^{2m}\cos 2x+q^{4m}}.$$

His praeparatis atque posito brevitatis causa:

$$A = \left\{\frac{(1-q\;)(1-q^3)(1-q^5)\dots}{(1-q^2)(1-q^4)(1-q^6)\dots}\right\}^2$$

$$B = \left\{\frac{(1-q\;)(1-q^3)(1-q^5)\dots}{(1+q^2)(1+q^4)(1+q^6)\dots}\right\}^2$$

$$C = \left\{\frac{(1-q\;)(1-q^3)(1-q^5)\dots}{(1+q\;)(1+q^3)(1+q^5)\dots}\right\}^2,$$

prodeunt functionum ellipticarum evolutiones in producta infinita fundamentales:

$$(1.)\quad \sin\operatorname{am}\frac{2Kx}{\pi} = \frac{2AK}{\pi}\sin x\cdot\frac{(1-2q^2\cos 2x+q^4)(1-2q^4\cos 2x+q^8)(1-2q^6\cos 2x+q^{12})\dots}{(1-2q\cos 2x+q^2)(1-2q^3\cos 2x+q^6)(1-2q^5\cos 2x+q^{10})\dots}$$

$$(2.)\quad \cos\operatorname{am}\frac{2Kx}{\pi} = B\cos x\cdot\frac{(1+2q^2\cos 2x+q^4)(1+2q^4\cos 2x+q^8)(1+2q^6\cos 2x+q^{12})\dots}{(1-2q\cos 2x+q^2)(1-2q^3\cos 2x+q^6)(1-2q^5\cos 2x+q^{10})\dots}$$

$$(3.)\quad \Delta\operatorname{am}\frac{2Kx}{\pi} = C\cdot\frac{(1+2q\cos 2x+q^2)(1+2q^3\cos 2x+q^6)(1+2q^5\cos 2x+q^{10})\dots}{(1-2q\cos 2x+q^2)(1-2q^3\cos 2x+q^6)(1-2q^5\cos 2x+q^{10})\dots}$$

$$(4.)\quad \sqrt{\frac{1-\sin\operatorname{am}\frac{2Kx}{\pi}}{1+\sin\operatorname{am}\frac{2Kx}{\pi}}} = \sqrt{\frac{1-\sin x}{1+\sin x}}\cdot\frac{(1-2q\sin x+q^2)(1-2q^2\sin x+q^4)(1-2q^3\sin x+q^6)\dots}{(1+2q\sin x+q^2)(1+2q^2\sin x+q^4)(1+2q^3\sin x+q^6)\dots}$$

$$(5.)\quad \sqrt{\frac{1-k\sin\operatorname{am}\frac{2Kx}{\pi}}{1+k\sin\operatorname{am}\frac{2Kx}{\pi}}} = \frac{(1-2\sqrt{q}\sin x+q)(1-2\sqrt{q^3}\sin x+q^3)(1-2\sqrt{q^5}\sin x+q^5)\dots}{(1+2\sqrt{q}\sin x+q)(1+2\sqrt{q^3}\sin x+q^3)(1+2\sqrt{q^5}\sin x+q^5)\dots}$$

nec non aliud formularum systema, quod resolutionem propositarum in fractiones simplices suppeditat:

$$(6.)\ \sin\operatorname{am}\frac{2Kx}{\pi}=\frac{2\pi}{kK}\sin x\left(\frac{\sqrt{q}(1+q)}{1-2q\cos 2x+q^2}+\frac{\sqrt{q^3}(1+q^3)}{1-2q^3\cos 2x+q^6}+\frac{\sqrt{q^5}(1+q^5)}{1-2q^5\cos 2x+q^{10}}+\cdots\right)$$

$$(7.)\ \cos\operatorname{am}\frac{2Kx}{\pi}=\frac{2\pi}{kK}\cos x\left(\frac{\sqrt{q}(1-q)}{1-2q\cos 2x+q^2}-\frac{\sqrt{q^3}(1-q^3)}{1-2q^3\cos 2x+q^6}+\frac{\sqrt{q^5}(1-q^5)}{1-2q^5\cos 2x+q^{10}}-\cdots\right).$$

Quibus addimus ex eodem fonte manantes:

$$(8.)\ 1-\Delta\operatorname{am}\frac{2Kx}{\pi}=\frac{4\pi\sin^2 x}{K}\left(\frac{q\left(\frac{1+q}{1-q}\right)}{1-2q\cos 2x+q^2}-\frac{q^3\left(\frac{1+q^3}{1-q^3}\right)}{1-2q^3\cos 2x+q^6}+\frac{q^5\left(\frac{1+q^5}{1-q^5}\right)}{1-2q^5\cos 2x+q^{10}}-\cdots\right)$$

$$(9.)\quad \operatorname{am}\frac{2Kx}{\pi}=\pm x+2\operatorname{arctg}\frac{(1+q)\operatorname{tg}x}{1-q}-2\operatorname{arctg}\frac{(1+q^3)\operatorname{tg}x}{1-q^3}+2\operatorname{arctg}\frac{(1+q^5)\operatorname{tg}x}{1-q^5}-\cdots$$

In formula postrema signum superius eligendum est, quoties in termino negativo, inferius, quoties in termino positivo computationem sistis.

36.

Contemplemur formulas (1.), (2.), (3.), in quibus ante omnia quantitatum, quas per A, B, C designavimus, valores eruendi sunt. Facile quidem invenitur, ponendo $x=\frac{\pi}{2}$, e formulis (3.), (1.):

$$k'=C\left\{\frac{(1-q)(1-q^3)(1-q^5)\ldots}{(1+q)(1+q^3)(1+q^5)\ldots}\right\}^2=CC,$$

unde

$$C=\sqrt{k'},$$

$$1=\frac{2AK}{\pi}\left\{\frac{1+q^2)(1+q^4)(1+q^6)\ldots}{1+q)(1+q^3)(1+q^5)\ldots}\right\}^2=\frac{2AK}{\pi}\cdot\frac{C}{B}=\frac{2\sqrt{k'}AK}{\pi B},$$

unde

$$B=\frac{2\sqrt{k'}AK}{\pi}.$$

At ut ipsius A eruatur valor, ad alia artificia confugiendum est.

Ponamus $e^{ix}=U$: ubi x in $x+\frac{i\pi K'}{2K}$ mutatur, abit U in $\sqrt{q}U$, $\sin\operatorname{am}\frac{2Kx}{\pi}$ in

$$\sin\operatorname{am}\left(\frac{2Kx}{\pi}+iK'\right)=\frac{1}{k\sin\operatorname{am}\frac{2Kx}{\pi}}.$$

E formula (1.) autem obtinemus:

$$\sin\operatorname{am}\frac{2Kx}{\pi} = \frac{AK}{\pi}\left(\frac{U-U^{-1}}{i}\right)\frac{[(1-q^2U^2)(1-q^4U^2)\ldots][(1-q^2U^{-2})(1-q^4U^{-2})\ldots]}{[(1-qU^2)(1-q^3U^2)\ldots][(1-qU^{-2})(1-q^3U^{-2})\ldots]},$$

unde mutando x in $x+\frac{i\pi K'}{2K}$:

$$\frac{1}{k\sin\operatorname{am}\frac{2Kx}{\pi}} = \frac{AK}{\pi}\left(\frac{\sqrt{q}U-\sqrt{q^{-1}}U^{-1}}{i}\right)\frac{[(1-q^3U^2)(1-q^5U^2)\ldots][(1-qU^{-2})(1-q^3U^{-2})\ldots]}{[(1-q^2U^2)(1-q^4U^2)\ldots][(1-U^{-2})(1-q^2U^{-2})\ldots]},$$

quibus in se ductis aequationibus, cum sit:

$$\frac{\sqrt{q}U-\sqrt{q^{-1}}U^{-1}}{1-U^{-2}} = -\frac{1}{\sqrt{q}}\cdot\frac{1-qU^2}{U-U^{-1}},$$

prodit:

$$\frac{1}{k} = \frac{1}{\sqrt{q}}\left(\frac{AK}{\pi}\right)^2, \quad \text{sive} \quad A = \frac{\pi\sqrt[4]{q}}{\sqrt{k}\,K}; \quad \text{unde} \quad \frac{2KA}{\pi} = \frac{2\sqrt[4]{q}}{\sqrt{k}}.$$

Hinc erit $B = \frac{2\sqrt{k'}AK}{\pi} = 2\sqrt[4]{q}\sqrt{\frac{k'}{k}}$. Iam igitur fit:

$$\sin\operatorname{am}\frac{2Kx}{\pi} = \frac{1}{\sqrt{k}}\cdot\frac{2\sqrt[4]{q}\sin x(1-2q^2\cos 2x+q^4)(1-2q^4\cos 2x+q^8)(1-2q^6\cos 2x+q^{12})\ldots}{(1-2q\cos 2x+q^2)(1-2q^3\cos 2x+q^6)(1-2q^5\cos 2x+q^{10})\ldots}$$

$$\cos\operatorname{am}\frac{2Kx}{\pi} = \sqrt{\frac{k'}{k}}\cdot\frac{2\sqrt[4]{q}\cos x(1+2q^2\cos 2x+q^4)(1+2q^4\cos 2x+q^8)(1+2q^6\cos 2x+q^{12})\ldots}{(1-2q\cos 2x+q^2)(1-2q^3\cos 2x+q^6)(1-2q^5\cos 2x+q^{10})\ldots}$$

$$\Delta\operatorname{am}\frac{2Kx}{\pi} = \sqrt{k'}\cdot\frac{(1+2q\cos 2x+q^2)(1+2q^3\cos 2x+q^6)(1+2q^5\cos 2x+q^{10})\ldots}{(1-2q\cos 2x+q^2)(1-2q^3\cos 2x+q^6)(1-2q^5\cos 2x+q^{10})\ldots}.$$

Aequationibus in se ductis:

$$B = 2\sqrt[4]{q}\sqrt{\frac{k'}{k}} = \left\{\frac{(1-q)(1-q^3)(1-q^5)\ldots}{(1+q^2)(1+q^4)(1+q^6)\ldots}\right\}^2$$

$$C = \sqrt{k'} = \left\{\frac{(1-q)(1-q^3)(1-q^5)\ldots}{(1+q)(1+q^3)(1+q^5)\ldots}\right\}^2,$$

prodit:

$$\frac{2\sqrt[4]{q}\,k'}{\sqrt{k}} = \frac{[(1-q)(1-q^3)(1-q^5)\ldots]^4}{[(1+q)(1+q^3)(1+q^5)\ldots]^2}.$$

Iam vero secundum Eulerum in *Introductione (de Partitione Numerorum)* est:

$$(1+q)(1+q^2)(1+q^3)\cdots = \frac{(1-q^2)(1-q^4)(1-q^6)\ldots}{(1-q)(1-q^2)(1-q^3)\ldots}$$
$$= \frac{1}{(1-q)(1-q^3)(1-q^5)\ldots},$$

unde obtinemus:

$$(1.)\qquad [(1-q)(1-q^3)(1-q^5)(1-q^7)\dots]^6 = \frac{2\sqrt[4]{q}\,k'}{\sqrt{k}}.$$

Advocata formula:

$$A = \frac{\pi\sqrt[4]{q}}{\sqrt{k}\,K} = \left\{\frac{(1-q)(1-q^3)(1-q^5)\dots}{(1-q^2)(1-q^4)(1-q^6)\dots}\right\}^2,$$

fit:

$$(2.)\qquad [(1-q^2)(1-q^4)(1-q^6)(1-q^8)\dots]^6 = \frac{2kk'K^3}{\pi^3\sqrt{q}},$$

unde etiam:

$$(3.)\qquad [(1-q)(1-q^2)(1-q^3)(1-q^4)\dots]^6 = \frac{4\sqrt{k}\,k'k'K^3}{\pi^3\sqrt[4]{q}}.$$

Quibus addere licet, quae facile sequuntur, formulas:

$$(4.)\qquad [(1+q)(1+q^3)(1+q^5)(1+q^7)\dots]^6 = \frac{2\sqrt[4]{q}}{\sqrt{kk'}}$$

$$(5.)\qquad [(1+q^2)(1+q^4)(1+q^6)(1+q^8)\dots]^6 = \frac{k}{4\sqrt{k'}\sqrt{q}}$$

$$(6.)\qquad [(1+q)(1+q^2)(1+q^3)(1+q^4)\dots]^6 = \frac{\sqrt{k}}{2k'\sqrt[4]{q}}.$$

E quibus etiam colligitur:

$$(7.)\qquad k = 4\sqrt{q}\left\{\frac{(1+q^2)(1+q^4)(1+q^6)\dots}{(1+q)(1+q^3)(1+q^5)\dots}\right\}^4$$

$$(8.)\qquad k' = \left\{\frac{(1-q)(1-q^3)(1-q^5)\dots}{(1+q)(1+q^3)(1+q^5)\dots}\right\}^4$$

$$(9.)\qquad \frac{2K}{\pi} = \left\{\frac{(1-q^2)(1-q^4)(1-q^6)\dots}{(1-q)(1-q^3)(1-q^5)\dots}\right\}^2\left\{\frac{(1+q)(1+q^3)(1+q^5)\dots}{(1+q^2)(1+q^4)(1+q^6)\dots}\right\}^2$$

$$(10.)\qquad \frac{2kK}{\pi} = 4\sqrt{q}\left\{\frac{(1-q^4)(1-q^8)(1-q^{12})\dots}{(1-q^2)(1-q^6)(1-q^{10})\dots}\right\}^2$$

$$(11.)\qquad \frac{2k'K}{\pi} = \left\{\frac{(1-q)(1-q^2)(1-q^3)\dots}{(1+q)(1+q^2)(1+q^3)\dots}\right\}^2$$

$$(12.)\qquad \frac{2\sqrt{k}\,K}{\pi} = 2\sqrt[4]{q}\left\{\frac{(1-q^2)(1-q^4)(1-q^6)\dots}{(1-q)(1-q^3)(1-q^5)\dots}\right\}^2$$

$$(13.)\qquad \frac{2\sqrt{k'}\,K}{\pi} = \left\{\frac{(1-q^2)(1-q^4)(1-q^6)\dots}{(1+q^2)(1+q^4)(1+q^6)\dots}\right\}^2.$$

E formulis (7.), (8.) sequitur aequatio identica satis abstrusa:

$$(14.)\quad [(1-q)(1-q^3)(1-q^5)\ldots]^8+16q[(1+q^2)(1+q^4)(1+q^6)\ldots]^8=[(1+q)(1+q^3)(1+q^5)\ldots]^8.$$

37.

Vidimus supra, ubi de proprietatibus aequationum modularium actum est, mutato k in $\frac{1}{k}$, abire K in $k(K-iK')$, K' in kK'; porro fieri:

$$\sin\operatorname{am}\left(ku, \frac{ik'}{k}\right)=\cos\operatorname{coam}(u,k')$$

$$\cos\operatorname{am}\left(ku, \frac{ik'}{k}\right)=\sin\operatorname{coam}(u,k')$$

$$\Delta\operatorname{am}\left(ku, \frac{ik'}{k}\right)=\frac{1}{\Delta\operatorname{am}(u,k')}.$$

Commutatis inter se k et k', hinc sequitur, ubi k' in $\frac{1}{k'}$ seu k in $\frac{ik}{k'}$ abeat, simul abire K in $k'K$, K' in $k'(K'-iK)$; porro fieri:

$$\sin\operatorname{am}\left(k'u, \frac{ik}{k'}\right)=\cos\operatorname{coam}u$$

$$\cos\operatorname{am}\left(k'u, \frac{ik}{k'}\right)=\sin\operatorname{coam}u$$

$$\Delta\operatorname{am}\left(k'u, \frac{ik}{k'}\right)=\frac{1}{\Delta\operatorname{am}u},$$

unde etiam:

$$\operatorname{am}\left(k'u, \frac{ik}{k'}\right)=\frac{\pi}{2}-\operatorname{coam}u.$$

At mutato K in $k'K$, K' in $k'(K'-iK)$, abit $q=e^{\frac{-\pi K'}{K}}$ in $-q$, unde vice versa fluit

Theorema I.

Mutato q in $-q$, abit:

$$k \text{ in } \frac{ik}{k'},\quad k' \text{ in } \frac{1}{k'}$$

$$K \text{ in } k'K,\quad K' \text{ in } k'(K'-iK)$$

$$\sin\text{am}\,\frac{2Kx}{\pi} \quad \text{in} \quad \cos\text{coam}\,\frac{2Kx}{\pi}$$

$$\cos\text{am}\,\frac{2Kx}{\pi} \quad \text{in} \quad \sin\text{coam}\,\frac{2Kx}{\pi}$$

$$\Delta\text{am}\,\frac{2Kx}{\pi} \quad \text{in} \quad \frac{1}{\Delta\text{am}\,\frac{2Kx}{\pi}}.$$

$$\text{am}\,\frac{2Kx}{\pi} \quad \text{in} \quad \frac{\pi}{2}-\text{coam}\,\frac{2Kx}{\pi};$$

mutato simul q in $-q$, x in $\frac{\pi}{2}-x$, abit:

$$\text{am}\,\frac{2Kx}{\pi} \quad \text{in} \quad \frac{\pi}{2}-\text{am}\,\frac{2Kx}{\pi}$$

$$\sin\text{am}\,\frac{2Kx}{\pi} \quad \text{in} \quad \cos\text{am}\,\frac{2Kx}{\pi}$$

$$\cos\text{am}\,\frac{2Kx}{\pi} \quad \text{in} \quad \sin\text{am}\,\frac{2Kx}{\pi}$$

$$\Delta\text{am}\,\frac{2Kx}{\pi} \quad \text{in} \quad \frac{1}{k'}\Delta\text{am}\,\frac{2Kx}{\pi}.$$

Inquiramus adhuc, quasnam functiones ellipticae, mutato q vel in q^2 vel in $\sqrt{q}$, subeant mutationes.

Vidimus supra, modulum λ, per transformationem realem primam n^{ti} ordinis a modulo k derivatum, ea insigni gaudere facultate, ut sit:

$$\frac{\Lambda'}{\Lambda} = n\frac{K'}{K};$$

unde mutato k in λ, abit $q = e^{\frac{-\pi K'}{K}}$ in q^n. Idem, a nobis de transformationibus imparis ordinis generaliter probatum, iam dudum a Cl°. Legendre de transformatione secundi ordinis probatum est, videlicet, posito $\lambda = \frac{1-k'}{1+k'}$, fieri:

$$\Lambda = \frac{1+k'}{2}K, \quad \Lambda' = (1+k')K', \quad \frac{\Lambda'}{\Lambda} = 2\frac{K'}{K},$$

unde videmus, mutato k in $\frac{1-k'}{1+k'}$, abire q in q^2. Hinc vice versa obtinemus

Theorema II.

Mutato q in q^2, abit k in $\frac{1-k'}{1+k'}$, K in $\frac{1+k'}{2}K$, unde etiam:

$$\begin{array}{lll} k' \text{ in } \dfrac{2\sqrt{k'}}{1+k'} & \quad & 1+k \text{ in } \dfrac{2}{1+k'} \\ k'K \text{ in } \sqrt{k'}K & & 1-k \text{ in } \dfrac{2k'}{1+k'} \\ \sqrt{k} \text{ in } \dfrac{k}{1+k'} & & 1+k' \text{ in } \dfrac{(1+\sqrt{k'})^2}{1+k'} \\ \sqrt{k}K \text{ in } \dfrac{kK}{2} & & 1-k' \text{ in } \dfrac{(1-\sqrt{k'})^2}{1+k'}. \end{array}$$

Ex inversione huius theorematis obtinetur alterum

Theorema III.

Mutato q in $\sqrt{q}$, abit k in $\dfrac{2\sqrt{k}}{1+k}$, K in $(1+k)K$,

unde etiam:

$$\begin{array}{lll} k' \text{ in } \dfrac{1-k}{1+k} & \quad & 1+k \text{ in } \dfrac{(1+\sqrt{k})^2}{1+k} \\ \sqrt{k'} \text{ in } \dfrac{k'}{1+k} & & 1-k \text{ in } \dfrac{(1-\sqrt{k})^2}{1+k} \\ kK \text{ in } 2\sqrt{k}K & & 1+k' \text{ in } \dfrac{2}{1+k} \\ \sqrt{k'}K \text{ in } k'K & & 1-k' \text{ in } \dfrac{2k}{1+k}. \end{array}$$

Quae tria theoremata evolutionibus §§. 35., 36. propositis multimodis confirmantur suamque in sequentibus frequentissimam inveniunt applicationem, quippe quorum ope vel ex aliis alias derivare licet formulas, vel aliunde inventae commode confirmantur.

38.

Quantitates, in quas, posito q^r loco q, abeunt k, k', K, designemus per $k^{(r)}$, $k^{(r)\prime}$, $K^{(r)}$, ita ut $k^{(r)}$ sit modulus per transformationem realem primam r^{ti} ordinis erutus eiusque complementum $k^{(r)\prime}$. Ponamus in aequatione:

$$\sqrt{k'} = \left\{\frac{(1-q)(1-q^3)(1-q^5)(1-q^7)\dots}{(1+q)(1+q^3)(1+q^5)(1+q^7)\dots}\right\}^2$$

loco q successive q^2, q^4, q^8, q^{16}, etc., prodit facta multiplicatione infinita:

$$\sqrt{k^{(2)\prime}k^{(4)\prime}k^{(8)\prime}k^{(16)\prime}\ldots} = \left\{\frac{(1-q^2)(1-q^4)(1-q^6)(1-q^8)\ldots}{(1+q^2)(1+q^4)(1+q^6)(1+q^8)\ldots}\right\}^2;$$

at invenimus:

$$\left\{\frac{(1-q^2)(1-q^4)(1-q^6)(1-q^8)\ldots}{(1+q^2)(1+q^4)(1+q^6)(1+q^8)\ldots}\right\}^2 = \frac{2\sqrt{k'}\,K}{\pi},$$

unde:

$$(1.)\qquad \frac{2K}{\pi} = \sqrt{\frac{k^{(2)\prime}k^{(4)\prime}k^{(8)\prime}k^{(16)\prime}\ldots\ldots}{k'}}.$$

Cum sit $k^{(2)\prime} = \frac{2\sqrt{k'}}{1+k'}$, fit ex (1.):

$$\left(\frac{2K}{\pi}\right)^2 = \frac{1}{k'}\cdot\frac{2\sqrt{k'}}{1+k'}\cdot\frac{2\sqrt{k^{(2)\prime}}}{1+k^{(2)\prime}}\cdot\frac{2\sqrt{k^{(4)\prime}}}{1+k^{(4)\prime}}\cdot\frac{2\sqrt{k^{(8)\prime}}}{1+k^{(8)\prime}}\cdots,$$

unde divisione facta per (1.):

$$(2.)\qquad \frac{2K}{\pi} = \frac{2}{1+k'}\cdot\frac{2}{1+k^{(2)\prime}}\cdot\frac{2}{1+k^{(4)\prime}}\cdot\frac{2}{1+k^{(8)\prime}}\cdots$$

Quae etiam eo obtinetur formula, quod sit:

$$\frac{2K}{\pi} = \frac{2K^{(2)}}{\pi}\cdot\frac{2}{1+k'}$$

$$\frac{2K^{(2)}}{\pi} = \frac{2K^{(4)}}{\pi}\cdot\frac{2}{1+k^{(2)\prime}}$$

$$\frac{2K^{(4)}}{\pi} = \frac{2K^{(8)}}{\pi}\cdot\frac{2}{1+k^{(4)\prime}}$$

$$\ldots\qquad,$$

unde cum, crescente r in infinitum, limes expressionis $\frac{2K^{(r)}}{\pi}$ sit 1, facto producto infinito, prodit (2.). Posito:

$$m = 1,\qquad n = k'$$

$$m' = \frac{m+n}{2},\qquad n' = \sqrt{mn}$$

$$m'' = \frac{m'+n'}{2},\qquad n'' = \sqrt{m'n'}$$

$$m''' = \frac{m''+n''}{2},\qquad n''' = \sqrt{m''n''}$$

$$\ldots\qquad,$$

fit:

$$k^{(2)\prime} = \frac{2\sqrt{k'}}{1+k'} = \frac{n'}{m'}$$

$$k^{(4)\prime} = \frac{2\sqrt{k^{(2)\prime}}}{1+k^{(2)\prime}} = \frac{n''}{m''}$$

$$k^{(8)\prime} = \frac{2\sqrt{k^{(4)\prime}}}{1+k^{(4)\prime}} = \frac{n'''}{m'''}$$

$$\cdots\quad ,$$

unde:

$$\frac{2}{1+k'} = \frac{m}{m'}, \qquad \frac{2}{1+k^{(2)\prime}} = \frac{m'}{m''}, \qquad \frac{2}{1+k^{(4)\prime}} = \frac{m''}{m'''}, \quad \ldots$$

ideoque:

$$\frac{2K}{\pi} = \frac{m}{m'} \cdot \frac{m'}{m''} \cdot \frac{m''}{m'''} \cdot \frac{m'''}{m''''} \cdots$$

seu designante μ limitem communem, ad quem $m^{(p)}$, $n^{(p)}$ convergunt, crescente p in infinitum:

$$(8.) \qquad \frac{2K}{\pi} = \frac{1}{\mu}.$$

Quae abunde nota sunt.

Ponamus rursus in formula:

$$\Delta \operatorname{am} \frac{2Kx}{\pi} = \sqrt{k'}\, \frac{(1+2q\cos 2x+q^2)(1+2q^3\cos 2x+q^6)(1+2q^5\cos 2x+q^{10})\ldots}{(1-2q\cos 2x+q^2)(1-2q^3\cos 2x+q^6)(1-2q^5\cos 2x+q^{10})\ldots}$$

loco q successive q^2, q^4, q^8, etc.; sit porro:

$$S = \Delta \operatorname{am}\left(\frac{2K^{(2)}x}{\pi}, k^{(2)}\right) \Delta \operatorname{am}\left(\frac{2K^{(4)}x}{\pi}, k^{(4)}\right) \Delta \operatorname{am}\left(\frac{2K^{(8)}x}{\pi}, k^{(8)}\right) \ldots .$$

Facto producto infinito, cum sit:

$$\frac{2\sqrt{k'}\,K}{\pi} = \sqrt{k^{(2)\prime} k^{(4)\prime} k^{(8)\prime} k^{(16)\prime} \ldots},$$

obtinemus:

$$S = \frac{2\sqrt{k'}\,K}{\pi} \cdot \frac{(1+2q^2\cos 2x+q^4)(1+2q^4\cos 2x+q^8)(1+2q^6\cos 2x+q^{12})\ldots}{(1-2q^2\cos 2x+q^4)(1-2q^4\cos 2x+q^8)(1-2q^6\cos 2x+q^{12})\ldots}.$$

Iam vero e formulis:

$$\sin\operatorname{am}\frac{2Kx}{\pi} = \frac{2}{\sqrt{k}}\cdot\frac{\sqrt[4]{q}\sin x(1-2q^2\cos 2x+q^4)(1-2q^4\cos 2x+q^8)(1-2q^6\cos 2x+q^{12})\ldots}{(1-2q\cos 2x+q^2)(1-2q^3\cos 2x+q^6)(1-2q^5\cos 2x+q^{10})\ldots}$$

$$\cos\operatorname{am}\frac{2Kx}{\pi} = 2\sqrt{\frac{k'}{k}}\cdot\frac{\sqrt[4]{q}\cos x(1+2q^2\cos 2x+q^4)(1+2q^4\cos 2x+q^8)(1+2q^6\cos 2x+q^{12})\ldots}{(1-2q\cos 2x+q^2)(1-2q^3\cos 2x+q^6)(1-2q^5\cos 2x+q^{10})\ldots}$$

obtinemus:

$$\operatorname{tg}\operatorname{am}\frac{2Kx}{\pi} = \frac{1}{\sqrt{k'}}\cdot\frac{\operatorname{tg}x(1-2q^2\cos 2x+q^4)(1-2q^4\cos 2x+q^8)(1-2q^6\cos 2x+q^{12})\ldots}{(1+2q^2\cos 2x+q^4)(1+2q^4\cos 2x+q^8)(1+2q^6\cos 2x+q^{12})\ldots},$$

unde prodit formula memorabilis:

$$(4.)\qquad \operatorname{tg}x = \frac{S.\operatorname{tg}\operatorname{am}\frac{2Kx}{\pi}}{\frac{2K}{\pi}}.$$

Ut eandem per formulas notas demonstremus, advocemus formulam pro transformatione secundi ordinis, qualem Cl. Gauss exhibuit in commentatione inscripta: »*Determinatio Attractionis*« etc.:

$$\sin\operatorname{am}\frac{2Kx}{\pi} = \frac{(1+k^{(2)})\sin\operatorname{am}\left(\frac{2K^{(2)}x}{\pi},\ k^{(2)}\right)}{1+k^{(2)}\sin^2\operatorname{am}\left(\frac{2K^{(2)}x}{\pi},\ k^{(2)}\right)},$$

quae, brevitatis causa posito:

$$\operatorname{am}\left(\frac{2K^{(r)}x}{\pi},\ k^{(r)}\right) = \varphi^{(r)},\ \Delta\operatorname{am}\left(\frac{2K^{(r)}x}{\pi},\ k^{(r)}\right) = \Delta^{(r)},$$

ita exhibetur:

$$\sin\varphi = \frac{(1+k^{(2)})\sin\varphi^{(2)}}{1+k^{(2)}\sin^2\varphi^{(2)}},$$

unde etiam:

$$\cos\varphi = \frac{\cos\varphi^{(2)}\,\Delta^{(2)}}{1+k^{(2)}\sin^2\varphi^{(2)}}$$

$$\Delta\varphi = \frac{1-k^{(2)}\sin^2\varphi^{(2)}}{1+k^{(2)}\sin^2\varphi^{(2)}}$$

$$\operatorname{tg}\varphi = \frac{(1+k^{(2)})\operatorname{tg}\varphi^{(2)}}{\Delta^{(2)}}.$$

Formula postrema ita quoque repraesentari potest:

$$\frac{\operatorname{tg}\varphi}{\frac{2K}{\pi}} = \frac{\operatorname{tg}\varphi^{(2)}}{\frac{2K^{(2)}}{\pi}}\cdot\frac{1}{\Delta^{(2)}},$$

unde loco q successive posito $q^2, q^4, q^8, \ldots,$ quo facto k, K, φ abeunt in $k^{(2)}, k^{(4)}, k^{(8)}, \ldots; K^{(2)}, K^{(4)}, K^{(8)}, \ldots; \varphi^{(2)}, \varphi^{(4)}, \varphi^{(8)}, \ldots,$ obtinemus:

$$\frac{\operatorname{tg}\varphi^{(2)}}{\frac{2K^{(2)}}{\pi}} = \frac{\operatorname{tg}\varphi^{(4)}}{\frac{2K^{(4)}}{\pi}}\cdot\frac{1}{\Delta^{(4)}}$$

$$\frac{\operatorname{tg}\varphi^{(4)}}{\frac{2K^{(4)}}{\pi}} = \frac{\operatorname{tg}\varphi^{(8)}}{\frac{2K^{(8)}}{\pi}}\cdot\frac{1}{\Delta^{(8)}}$$

$$\frac{\operatorname{tg}\varphi^{(8)}}{\frac{2K^{(8)}}{\pi}} = \frac{\operatorname{tg}\varphi^{(16)}}{\frac{2K^{(16)}}{\pi}}\cdot\frac{1}{\Delta^{(16)}}$$

$$\cdot\quad\cdot\quad\cdot$$

Iam limes expressionis:

$$\frac{\operatorname{tg}\varphi^{(p)}}{\frac{2K^{(p)}}{\pi}} = \frac{\operatorname{tg}\operatorname{am}\left(\frac{2K^{(p)}x}{\pi}, k^{(p)}\right)}{\frac{2K^{(p)}}{\pi}},$$

crescente p in infinitum, fit:

$$\operatorname{tang} x;$$

tum enim fit $k^{(p)} = 0$, $K^{(p)} = \frac{\pi}{2}$, $\operatorname{am}(u, k^{(p)}) = u$; unde iam, facto producto infinito et posito, ut supra, $S = \Delta^{(2)}\Delta^{(4)}\Delta^{(8)}\ldots$, prodit:

$$\frac{\operatorname{tg}\varphi}{\frac{2K}{\pi}} = \frac{\operatorname{tg} x}{S},$$

quae est formula demonstranda.

E formula:

$$\operatorname{tg} x = \frac{S.\operatorname{tg}\varphi}{\frac{2K}{\pi}}$$

algorithmus non inelegans peti potest ad computanda integralia elliptica primae speciei *indefinita*; idque ope formulae, probatu facilis:

$$\Delta^{(2)} = \sqrt{\frac{2(\Delta + k')}{(1+k')(1+\Delta)}}.$$

Quem in finem proponimus

Theorema.

Posito:

$$\int_0^{\varphi} \frac{d\varphi}{\sqrt{mm\cos^2\varphi + nn\sin^2\varphi}} = \Phi$$

$$\sqrt{mm\cos^2\varphi + nn\sin^2\varphi} = \Delta,$$

formentur expressiones:

$$\frac{m+n}{2} = m' \qquad \sqrt{mn} = n' \qquad \Delta' = \sqrt{\frac{mm'(\Delta+n)}{m+\Delta}}$$

$$\frac{m'+n'}{2} = m'' \qquad \sqrt{m'n'} = n'' \qquad \Delta'' = \sqrt{\frac{m'm''(\Delta'+n')}{m'+\Delta'}}$$

$$\frac{m''+n''}{2} = m''' \qquad \sqrt{m''n''} = n''' \qquad \Delta''' = \sqrt{\frac{m''m'''(\Delta''+n'')}{m''+\Delta''}}$$

$$\cdot \qquad \cdot \qquad \cdot \qquad \cdot \quad ,$$

designante μ limitem communem, ad quem quantitates $m^{(p)}$, $\Delta^{(p)}$, $n^{(p)}$ crescente p rapidissime convergunt; erit:

$$\operatorname{tg}\mu\Phi = \frac{\Delta'\Delta''\Delta'''\ldots}{mm'm''\ldots}\cdot\operatorname{tg}\varphi.$$

Iisdem methodis, quibus in antecedentibus usi sumus, invenitur etiam valor producti infiniti:

$$\frac{2\sqrt[4]{q}}{\sqrt{k}}\cdot\frac{2\sqrt[4]{q^2}}{\sqrt{k^{(2)}}}\cdot\frac{2\sqrt[4]{q^4}}{\sqrt{k^{(4)}}}\cdot\frac{2\sqrt[4]{q^8}}{\sqrt{k^{(8)}}}\ldots$$

Quem in finem allegamus formulas §. 36, (4.), (5.):

$$[(1+q)(1+q^3)(1+q^5)(1+q^7)\ldots]^6 = \frac{2\sqrt[4]{q}}{\sqrt{kk'}}$$

$$[(1+q^2)(1+q^4)(1+q^6)(1+q^8)\ldots]^6 = \frac{k}{4\sqrt{k'}\sqrt{q}},$$

quarum posterior e priore nascitur, loco q posito successive q^2, q^4, q^8 etc. et facto producto infinito, unde obtinemus:

$$\frac{k}{4\sqrt{k'}\sqrt{q}} = \frac{2\sqrt[4]{q^2}}{\sqrt{k^{(2)}k^{(2)\prime}}}\cdot\frac{2\sqrt[4]{q^4}}{\sqrt{k^{(4)}k^{(4)\prime}}}\cdot\frac{2\sqrt[4]{q^8}}{\sqrt{k^{(8)}k^{(8)\prime}}}\ldots$$

Iam vero eruimus (1.):

$$\frac{2K}{\pi} = \sqrt{\frac{k^{(2)\prime}k^{(4)\prime}k^{(8)\prime}\ldots}{k'}},$$

unde:

$$(5.)\qquad \frac{\sqrt{k}}{2\sqrt[4]{q}}\cdot\frac{2K}{\pi} = \frac{2\sqrt[4]{q}}{\sqrt{k}}\cdot\frac{2\sqrt[4]{q^2}}{\sqrt{k^{(2)}}}\cdot\frac{2\sqrt[4]{q^4}}{\sqrt{k^{(4)}}}\cdot\frac{2\sqrt[4]{q^8}}{\sqrt{k^{(8)}}}\cdots$$

Quae licet aliena videri possint ab instituto nostro, cum nec elegantia careant et magnopere faciant ad perspiciendam naturam evolutionum propositarum, apposuisse iuvat.

EVOLUTIO FUNCTIONUM ELLIPTICARUM IN SERIES SECUNDUM SINUS VEL COSINUS MULTIPLORUM ARGUMENTI PROGREDIENTES.

39.

E formulis supra traditis:

$$(1.)\quad \sin\mathrm{am}\frac{2Kx}{\pi} = \frac{2\sqrt[4]{q}}{\sqrt{k}}\sin x\cdot\frac{(1-2q^2\cos 2x+q^4)(1-2q^4\cos 2x+q^8)(1-2q^6\cos 2x+q^{12})\ldots}{(1-2q\cos 2x+q^2)(1-2q^3\cos 2x+q^6)(1-2q^5\cos 2x+q^{10})\ldots}$$

$$(2.)\quad \cos\mathrm{am}\frac{2Kx}{\pi} = \frac{2\sqrt[4]{q}\sqrt{k'}}{\sqrt{k}}\cos x\cdot\frac{(1+2q^2\cos 2x+q^4)(1+2q^4\cos 2x+q^8)(1+2q^6\cos 2x+q^{12})\ldots}{(1-2q\cos 2x+q^2)(1-2q^3\cos 2x+q^6)(1-2q^5\cos 2x+q^{10})\ldots}$$

$$(3.)\quad \Delta\mathrm{am}\frac{2Kx}{\pi} = \sqrt{k'}\cdot\frac{(1+2q\cos 2x+q^2)(1+2q^3\cos 2x+q^6)(1+2q^5\cos 2x+q^{10})\ldots}{(1-2q\cos 2x+q^2)(1-2q^3\cos 2x+q^6)(1-2q^5\cos 2x+q^{10})\ldots}$$

$$(4.)\quad \sqrt{\frac{1-\sin\mathrm{am}\frac{2Kx}{\pi}}{1+\sin\mathrm{am}\frac{2Kx}{\pi}}} = \sqrt{\frac{1-\sin x}{1+\sin x}}\cdot\frac{(1-2q\sin x+q^2)(1-2q^2\sin x+q^4)(1-2q^3\sin x+q^6)\ldots}{(1+2q\sin x+q^2)(1+2q^2\sin x+q^4)(1+2q^3\sin x+q^6)\ldots}$$

$$(5.)\quad \sqrt{\frac{1-k\sin\mathrm{am}\frac{2Kx}{\pi}}{1+k\sin\mathrm{am}\frac{2Kx}{\pi}}} = \frac{(1-2\sqrt{q}\sin x+q)(1-2\sqrt{q^3}\sin x+q^3)(1-2\sqrt{q^5}\sin x+q^5)\ldots}{(1+2\sqrt{q}\sin x+q)(1+2\sqrt{q^3}\sin x+q^3)(1+2\sqrt{q^5}\sin x+q^5)\ldots},$$

logarithmis singulorum factorum in altera aequationum parte evolutis, post reductiones obvias, sequuntur hae:

$$(6.)\quad \log\sin\mathrm{am}\frac{2Kx}{\pi} = \log\left\{\frac{2\sqrt[4]{q}}{\sqrt{k}}\sin x\right\}+\frac{2q\cos 2x}{1+q}+\frac{2q^2\cos 4x}{2(1+q^2)}+\frac{2q^3\cos 6x}{3(1+q^3)}+\cdots$$

$$(7.)\quad \log\cos\mathrm{am}\frac{2Kx}{\pi} = \log\left\{2\sqrt[4]{q}\sqrt{\frac{k'}{k}}\cos x\right\}+\frac{2q\cos 2x}{1-q}+\frac{2q^2\cos 4x}{2(1+q^2)}+\frac{2q^3\cos 6x}{3(1-q^3)}+\cdots$$

$$(8.)\quad \log\Delta\mathrm{am}\frac{2Kx}{\pi} = \log\sqrt{k'}+\frac{4q\cos 2x}{1-q^2}+\frac{4q^3\cos 6x}{3(1-q^6)}+\frac{4q^5\cos 10x}{5(1-q^{10})}+\cdots$$

$$(9.)\quad \log\sqrt{\frac{1+\sin\operatorname{am}\frac{2Kx}{\pi}}{1-\sin\operatorname{am}\frac{2Kx}{\pi}}} = \log\sqrt{\frac{1+\sin x}{1-\sin x}}+\frac{4q\sin x}{1-q}-\frac{4q^3\sin 3x}{3(1-q^3)}+\frac{4q^5\sin 5x}{5(1-q^5)}-\cdots$$

$$(10.)\quad \log\sqrt{\frac{1+k\sin\operatorname{am}\frac{2Kx}{\pi}}{1-k\sin\operatorname{am}\frac{2Kx}{\pi}}} = \frac{4\sqrt{q}\sin x}{1-q}-\frac{4\sqrt{q^3}\sin 3x}{3(1-q^3)}+\frac{4\sqrt{q^5}\sin 5x}{5(1-q^5)}-\cdots$$

Quibus formulis differentiatis, ubi adnotamus formulas differentiales probatu faciles:

$$\frac{d\log\sin\operatorname{am}\frac{2Kx}{\pi}}{dx} = \frac{2k'K}{\pi}\cdot\frac{\cos\operatorname{am}\frac{2Kx}{\pi}}{\cos\operatorname{coam}\frac{2Kx}{\pi}}$$

$$-\frac{d\log\cos\operatorname{am}\frac{2Kx}{\pi}}{dx} = \frac{2K}{\pi}\cdot\frac{\sin\operatorname{am}\frac{2Kx}{\pi}}{\sin\operatorname{coam}\frac{2Kx}{\pi}} = \frac{2K}{\pi}\cdot\operatorname{tg}\tfrac{1}{2}\operatorname{am}\frac{4Kx}{\pi}$$

$$-\frac{d\log\Delta\operatorname{am}\frac{2Kx}{\pi}}{dx} = \frac{2k^2K}{\pi}\cdot\sin\operatorname{am}\frac{2Kx}{\pi}\sin\operatorname{coam}\frac{2Kx}{\pi}$$

$$\frac{d\log\sqrt{\frac{1+\sin\operatorname{am}\frac{2Kx}{\pi}}{1-\sin\operatorname{am}\frac{2Kx}{\pi}}}}{dx} = \frac{2K}{\pi}\cdot\frac{1}{\sin\operatorname{coam}\frac{2Kx}{\pi}}$$

$$\frac{d\log\sqrt{\frac{1+k\sin\operatorname{am}\frac{2Kx}{\pi}}{1-k\sin\operatorname{am}\frac{2Kx}{\pi}}}}{dx} = \frac{2kK}{\pi}\cdot\sin\operatorname{coam}\frac{2Kx}{\pi},$$

eruimus sequentes:

$$(11.)\quad \frac{2k'K}{\pi}\cdot\frac{\cos\operatorname{am}\frac{2Kx}{\pi}}{\cos\operatorname{coam}\frac{2Kx}{\pi}} = \operatorname{cotg} x-\frac{4q\sin 2x}{1+q}-\frac{4q^2\sin 4x}{1+q^2}-\frac{4q^3\sin 6x}{1+q^3}-\cdots$$

$$(12.)\quad \frac{2K}{\pi}\cdot\frac{\sin\operatorname{am}\frac{2Kx}{\pi}}{\sin\operatorname{coam}\frac{2Kx}{\pi}} = \operatorname{tg}x + \frac{4q\sin 2x}{1-q} + \frac{4q^2\sin 4x}{1+q^2} + \frac{4q^3\sin 6x}{1-q^3} + \cdots$$

$$(13.)\quad \frac{2k^2K}{\pi}\cdot\sin\operatorname{am}\frac{2Kx}{\pi}\sin\operatorname{coam}\frac{2Kx}{\pi} = \frac{8q\sin 2x}{1-q^2} + \frac{8q^3\sin 6x}{1-q^6} + \frac{8q^5\sin 10x}{1-q^{10}} + \cdots$$

$$(14.)\quad \frac{2K}{\pi\sin\operatorname{coam}\frac{2Kx}{\pi}} = \frac{1}{\cos x} + \frac{4q\cos x}{1-q} - \frac{4q^3\cos 3x}{1-q^3} + \frac{4q^5\cos 5x}{1-q^5} - \cdots$$

$$(15.)\quad \frac{2kK}{\pi}\cdot\sin\operatorname{coam}\frac{2Kx}{\pi} = \frac{4\sqrt{q}\cos x}{1-q} - \frac{4\sqrt{q^3}\cos 3x}{1-q^3} + \frac{4\sqrt{q^5}\cos 5x}{1-q^5} - \cdots$$

Ubi in his formulis loco x ponitur $\frac{\pi}{2}-x$, eruitur:

$$(16.)\quad \frac{2k'K}{\pi}\cdot\frac{\cos\operatorname{coam}\frac{2Kx}{\pi}}{\cos\operatorname{am}\frac{2Kx}{\pi}} = \operatorname{tg}x - \frac{4q\sin 2x}{1+q} + \frac{4q^2\sin 4x}{1+q^2} - \frac{4q^3\sin 6x}{1+q^3} + \cdots$$

$$(17.)\quad \frac{2K}{\pi}\cdot\frac{\sin\operatorname{coam}\frac{2Kx}{\pi}}{\sin\operatorname{am}\frac{2Kx}{\pi}} = \operatorname{cotg}x + \frac{4q\sin 2x}{1-q} - \frac{4q^2\sin 4x}{1+q^2} + \frac{4q^3\sin 6x}{1-q^3} - \cdots$$

$$(18.)\quad \frac{2K}{\pi\sin\operatorname{am}\frac{2Kx}{\pi}} = \frac{1}{\sin x} + \frac{4q\sin x}{1-q} + \frac{4q^3\sin 3x}{1-q^3} + \frac{4q^5\sin 5x}{1-q^5} + \cdots$$

$$(19.)\quad \frac{2kK}{\pi}\cdot\sin\operatorname{am}\frac{2Kx}{\pi} = \frac{4\sqrt{q}\sin x}{1-q} + \frac{4\sqrt{q^3}\sin 3x}{1-q^3} + \frac{4\sqrt{q^5}\sin 5x}{1-q^5} + \cdots$$

Formula (13.), ponendo $\frac{\pi}{2}-x$ loco x, immutata manet.

Mutando q in $-q$, e theoremate I. §. 37. formulae (11.), (12.) in (17.), (16.) abeunt; (13.) immutata manet; e formulis (14.), (15.), (18.), (19.) obtinemus:

$$(20.)\quad \frac{2k'K}{\pi\cos\operatorname{am}\frac{2Kx}{\pi}} = \frac{1}{\cos x} - \frac{4q\cos x}{1+q} + \frac{4q^3\cos 3x}{1+q^3} - \frac{4q^5\cos 5x}{1+q^5} + \cdots$$

$$(21.)\quad \frac{2kK}{\pi}\cdot\cos\operatorname{am}\frac{2Kx}{\pi} = \frac{4\sqrt{q}\cos x}{1+q} + \frac{4\sqrt{q^3}\cos 3x}{1+q^3} + \frac{4\sqrt{q^5}\cos 5x}{1+q^5} + \cdots$$

$$(22.)\qquad \frac{2k'K}{\pi\cos\operatorname{coam}\frac{2Kx}{\pi}} = \frac{1}{\sin x} - \frac{4q\sin x}{1+q} - \frac{4q^3\sin 3x}{1+q^3} - \frac{4q^5\sin 5x}{1+q^5} - \cdots$$

$$(23.)\qquad \frac{2kK}{\pi}\cdot\cos\operatorname{coam}\frac{2Kx}{\pi} = \frac{4\sqrt{q}\sin x}{1+q} - \frac{4\sqrt{q^3}\sin 3x}{1+q^3} + \frac{4\sqrt{q^5}\sin 5x}{1+q^5} - \cdots$$

Formulae (19.), (21.) per evolutiones notas ex iis etiam facile derivari possunt, quas supra attulimus §. 35. (6.), (7.):

$$\sin\operatorname{am}\frac{2Kx}{\pi} = \frac{2\pi}{kK}\sin x\left(\frac{\sqrt{q}(1+q)}{1-2q\cos 2x+q^2} + \frac{\sqrt{q^3}(1+q^3)}{1-2q^3\cos 2x+q^6} + \frac{\sqrt{q^5}(1+q^5)}{1-2q^5\cos 2x+q^{10}} + \cdots\right)$$

$$\cos\operatorname{am}\frac{2Kx}{\pi} = \frac{2\pi}{kK}\cos x\left(\frac{\sqrt{q}(1-q)}{1-2q\cos 2x+q^2} - \frac{\sqrt{q^3}(1-q^3)}{1-2q^3\cos 2x+q^6} + \frac{\sqrt{q^5}(1-q^5)}{1-2q^5\cos 2x+q^{10}} - \cdots\right).$$

E formula (9.) §. 35.:

$$\operatorname{am}\frac{2Kx}{\pi} = \pm x + 2\operatorname{arctg}\frac{(1+q)\operatorname{tg}x}{1-q} - 2\operatorname{arctg}\frac{(1+q^3)\operatorname{tg}x}{1-q^3} + 2\operatorname{arctg}\frac{(1+q^5)\operatorname{tg}x}{1-q^5} - \cdots$$

sequitur adhuc:

$$(24.)\qquad \operatorname{am}\frac{2Kx}{\pi} = x + \frac{2q\sin 2x}{1+q^2} + \frac{2q^2\sin 4x}{2(1+q^4)} + \frac{2q^3\sin 6x}{3(1+q^6)} + \cdots$$

Eandem enim pro signi ambigui ratione ita repraesentare licet:

$$\begin{array}{l} +x + 2\operatorname{arctg}\frac{(1+q)t}{1-q} - 2\operatorname{arctg}\frac{(1+q^3)t}{1-q^3} + 2\operatorname{arctg}\frac{(1+q^5)t}{1-q^5} - \cdots \\ \quad -2x \qquad\qquad\qquad +2x \qquad\qquad\qquad -2x \qquad\qquad\qquad + \cdots, \end{array}$$

siquidem brevitatis causa $t = \operatorname{tg}x$. Fit autem:

$$\operatorname{arctg}\frac{(1+q)t}{1-q} - x = \operatorname{arctg}\frac{(1+q)t-(1-q)t}{1-q+(1+q)tt} = \operatorname{arctg}\frac{2qt}{1+tt-q(1-tt)} = \operatorname{arctg}\frac{q\sin 2x}{1-q\cos 2x},$$

unde:

$$\operatorname{am}\frac{2Kx}{\pi} = x + 2\operatorname{arctg}\frac{q\sin 2x}{1-q\cos 2x} - 2\operatorname{arctg}\frac{q^3\sin 2x}{1-q^3\cos 2x} + 2\operatorname{arctg}\frac{q^5\sin 2x}{1-q^5\cos 2x} - \cdots,$$

sive cum sit:

$$\operatorname{arctg}\frac{q\sin 2x}{1-q\cos 2x} = q\sin 2x + \frac{q^2\sin 4x}{2} + \frac{q^3\sin 6x}{3} + \cdots,$$

fit:

$$\operatorname{am}\frac{2Kx}{\pi} = x + \frac{2q\sin 2x}{1+q^2} + \frac{2q^2\sin 4x}{2(1+q^4)} + \frac{2q^3\sin 6x}{3(1+q^6)} + \cdots,$$

quae est formula (24.). E cuius differentiatione prodit:

$$(25.)\qquad \frac{2K}{\pi}\cdot\Delta\,\mathrm{am}\frac{2Kx}{\pi} = 1+\frac{4q\cos 2x}{1+q^2}+\frac{4q^2\cos 4x}{1+q^4}+\frac{4q^3\cos 6x}{1+q^6}+\cdots,$$

unde etiam, posito $-q$ loco q seu $\frac{\pi}{2}-x$ loco x:

$$(26.)\qquad \frac{2k'K}{\pi\Delta\,\mathrm{am}\frac{2Kx}{\pi}} = 1-\frac{4q\cos 2x}{1+q^2}+\frac{4q^2\cos 4x}{1+q^4}-\frac{4q^3\cos 6x}{1+q^6}+\cdots.$$

40.

E formulis propositis, ponendo $x=0$ vel aliis modis, facile eruuntur sequentes:

$$(1.)\qquad \log k = \log 4\sqrt{q}-\frac{4q}{1+q}+\frac{4q^2}{2(1+q^2)}-\frac{4q^3}{3(1+q^3)}+\frac{4q^4}{4(1+q^4)}-\cdots$$

$$(2.)\qquad -\log k' = \frac{8q}{1-q^2}+\frac{8q^3}{3(1-q^6)}+\frac{8q^5}{5(1-q^{10})}+\frac{8q^7}{7(1-q^{14})}+\cdots$$

$$(3.)\qquad \log\frac{2K}{\pi} = \frac{4q}{1+q}+\frac{4q^3}{3(1+q^3)}+\frac{4q^5}{5(1+q^5)}+\frac{4q^7}{7(1+q^7)}+\cdots$$

$$(4.)\qquad \frac{2K}{\pi} = 1+\frac{4q}{1-q}-\frac{4q^3}{1-q^3}+\frac{4q^5}{1-q^5}-\cdots$$

$$= 1+\frac{4q}{1+q^2}+\frac{4q^2}{1+q^4}+\frac{4q^3}{1+q^6}+\cdots$$

$$(5.)\qquad \frac{2kK}{\pi} = \frac{4\sqrt{q}}{1-q}-\frac{4\sqrt{q^3}}{1-q^3}+\frac{4\sqrt{q^5}}{1-q^5}-\cdots$$

$$= \frac{4\sqrt{q}}{1+q}+\frac{4\sqrt{q^3}}{1+q^3}+\frac{4\sqrt{q^5}}{1+q^5}+\cdots$$

$$(6.)\qquad \frac{2k'K}{\pi} = 1-\frac{4q}{1+q}+\frac{4q^3}{1+q^3}-\frac{4q^5}{1+q^5}+\cdots$$

$$= 1-\frac{4q}{1+q^2}+\frac{4q^2}{1+q^4}-\frac{4q^3}{1+q^6}+\cdots$$

$$(7.)\qquad \frac{2\sqrt{k'}K}{\pi} = 1-\frac{4q^2}{1+q^2}+\frac{4q^6}{1+q^6}-\frac{4q^{10}}{1+q^{10}}+\cdots$$

$$= 1-\frac{4q^2}{1+q^4}+\frac{4q^4}{1+q^8}-\frac{4q^6}{1+q^{12}}+\cdots$$

$$(8.)\quad \frac{4KK}{\pi\pi} = 1+\frac{8q}{1-q}+\frac{16q^2}{1+q^2}+\frac{24q^3}{1-q^3}+\cdots$$
$$= 1+\frac{8q}{(1-q)^2}+\frac{8q^2}{(1+q^2)^2}+\frac{8q^3}{(1-q^3)^2}+\cdots$$

$$(9.)\quad \frac{4kkKK}{\pi\pi} = \frac{16q}{1-q^2}+\frac{48q^3}{1-q^6}+\frac{80q^5}{1-q^{10}}+\cdots$$
$$= \frac{16q(1+q^2)}{(1-q^2)^2}+\frac{16q^3(1+q^6)}{(1-q^6)^2}+\frac{16q^5(1+q^{10})}{(1-q^{10})^2}+\cdots$$

$$(10.)\quad \frac{4k'k'KK}{\pi\pi} = 1-\frac{8q}{1+q}+\frac{16q^2}{1+q^2}-\frac{24q^3}{1+q^3}+\cdots$$
$$= 1-\frac{8q}{(1+q)^2}+\frac{8q^2}{(1+q^2)^2}-\frac{8q^3}{(1+q^3)^2}+\cdots$$

$$(11.)\quad \frac{4kk'KK}{\pi\pi} = \frac{4\sqrt{q}}{1+q}-\frac{12\sqrt{q^3}}{1+q^3}+\frac{20\sqrt{q^5}}{1+q^5}-\cdots$$
$$= \frac{4\sqrt{q}(1-q)}{(1+q)^2}-\frac{4\sqrt{q^3}(1-q^3)}{(1+q^3)^2}+\frac{4\sqrt{q^5}(1-q^5)}{(1+q^5)^2}-\cdots$$

$$(12.)\quad \frac{4k'KK}{\pi\pi} = 1-\frac{8q^2}{1+q^2}+\frac{16q^4}{1+q^4}-\frac{24q^6}{1+q^6}+\cdots$$
$$= 1-\frac{8q^2}{(1+q^2)^2}+\frac{8q^4}{(1+q^4)^2}-\frac{8q^6}{(1+q^6)^2}+\cdots$$

$$(13.)\quad \frac{4kKK}{\pi\pi} = \frac{4\sqrt{q}}{1-q}+\frac{12\sqrt{q^3}}{1-q^3}+\frac{20\sqrt{q^5}}{1-q^5}+\cdots$$
$$= \frac{4\sqrt{q}(1+q)}{(1-q)^2}+\frac{4\sqrt{q^3}(1+q^3)}{(1-q^3)^2}+\frac{4\sqrt{q^5}(1+q^5)}{(1-q^5)^2}+\cdots.$$

Formulas (4.)—(13.) duplici modo repraesentavimus; facile autem repraesentatio altera ex altera sequitur, ubi singuli denominatores in seriem evolvuntur. Adnotemus adhuc, secundum theoremata §. 37. proposita e duabus ex earum numero, (4.) et (8.), derivari posse omnes. Ponendo enim $\sqrt{q}$ loco q, cum abeat K in $(1+k)K$, subtrahendo e formula (4.) prodit (5.); deinde ponendo $-q$ loco q, abit K in $k'K$, unde e formulis (4.), (8.) prodeunt (6.), (10.); (5.) immutata manet. Ponendo q^2 loco q, abit $k'K$ in $\sqrt{k'}K$, unde e (6.), (10.) prodeunt (7.), (12.). Ex (8.), (10.), quia $kk+k'k'=1$, prodit (9.). Ponendo $\sqrt{q}$ loco q, abit kK in $2\sqrt{k}K$, unde e (9.) prodit (13.). Ponendo $-q$ loco q, abit kKK in $ikk'KK$, unde e (13.) prodit (11.). Ceterum pro ipso modulo vel complemento eiusmodi series non extare videntur.

Formulis propositis ad dignitates ipsius q evolutis, obtinemus:

$$(14.)\quad \log k = \log 4\sqrt{q} - 4q + 6q^2 - \frac{16}{3}q^3 + 3q^4 - \frac{24}{5}q^5 + 8q^6 - \frac{32}{7}q^7 + \frac{3}{2}q^8 - \frac{52}{9}q^9 + \frac{36}{5}q^{10} - \cdots$$

$$(15.)\quad -\log k' = 8q + \frac{32}{3}q^3 + \frac{48}{5}q^5 + \frac{64}{7}q^7 + \frac{104}{9}q^9 + \frac{96}{11}q^{11} + \frac{112}{13}q^{13} + \frac{192}{15}q^{15} + \cdots$$

$$(16.)\quad \log\frac{2K}{\pi} = 4q - 4q^2 + \frac{16}{3}q^3 - 4q^4 + \frac{24}{5}q^5 - \frac{16}{3}q^6 + \frac{32}{7}q^7 - 4q^8 + \frac{52}{9}q^9 - \frac{24}{5}q^{10} + \cdots$$

$$(17.)\quad \frac{2K}{\pi} = 1 + 4q + 4q^2 + 4q^4 + 8q^5 + 4q^8 + 4q^9 + 8q^{10} + 8q^{13} + 4q^{16} + 8q^{17} + 4q^{18} + \cdots$$

$$(18.)\quad \frac{2kK}{\pi} = 4\sqrt{q} + 8\sqrt{q^5} + 4\sqrt{q^9} + 8\sqrt{q^{13}} + 8\sqrt{q^{17}} + 12\sqrt{q^{25}} + 8\sqrt{q^{29}} + 8\sqrt{q^{37}} + \cdots$$

$$(19.)\quad \frac{2k'K}{\pi} = 1 - 4q + 4q^2 + 4q^4 - 8q^5 + 4q^8 - 4q^9 + 8q^{10} - 8q^{13} + 4q^{16} - 8q^{17} + 4q^{18} + \cdots$$

$$(20.)\quad \frac{2\sqrt{k'}K}{\pi} = 1 - 4q^2 + 4q^4 + 4q^8 - 8q^{10} + 4q^{16} - 4q^{18} + 8q^{20} - 8q^{26} + 4q^{32} - \cdots$$

$$(21.)\quad \frac{4KK}{\pi\pi} = 1 + 8q + 24q^2 + 32q^3 + 24q^4 + 48q^5 + 96q^6 + 64q^7 + 24q^8 + \cdots$$

$$(22.)\quad \frac{4kkKK}{\pi\pi} = 16q + 64q^3 + 96q^5 + 128q^7 + 208q^9 + 192q^{11} + 224q^{13} + 384q^{15} + \cdots$$

$$(23.)\quad \frac{4k'k'KK}{\pi\pi} = 1 - 8q + 24q^2 - 32q^3 + 24q^4 - 48q^5 + 96q^6 - 64q^7 + 24q^8 - \cdots$$

$$(24.)\quad \frac{4kk'KK}{\pi\pi} = 4\sqrt{q} - 16\sqrt{q^3} + 24\sqrt{q^5} - 32\sqrt{q^7} + 52\sqrt{q^9} - 48\sqrt{q^{11}} + 56\sqrt{q^{13}} - \cdots$$

$$(25.)\quad \frac{4k'KK}{\pi\pi} = 1 - 8q^2 + 24q^4 - 32q^6 + 24q^8 - 48q^{10} + 96q^{12} - 64q^{14} + 24q^{16} - 104q^{18} + \cdots$$

$$(26.)\quad \frac{4kKK}{\pi\pi} = 4\sqrt{q} + 16\sqrt{q^3} + 24\sqrt{q^5} + 32\sqrt{q^7} + 52\sqrt{q^9} + 48\sqrt{q^{11}} + 56\sqrt{q^{13}} + \cdots$$

Quarum serierum lex et ratio quo melius perspiciatur, denotabimus eas signo summatorio Σ termino earum generali praefixo. Statuamus, p esse *numerum imparem*, $\varphi(p)$ *summam factorum ipsius* p. Tum fit:

$$(27.)\quad \log k = \log 4\sqrt{q} - 4\sum\frac{\varphi(p)}{p}\left\{q^p - \frac{3q^{2p}}{2} - \frac{3}{4}q^{4p} - \frac{3}{8}q^{8p} - \frac{3}{16}q^{16p} - \cdots\right\}$$

$$(28.)\quad -\log k' = 8\sum\frac{\varphi(p)}{p}q^p$$

$$(29.)\quad \log\frac{2K}{\pi} = 4\sum\frac{\varphi(p)}{p}\left\{q^p - q^{2p} - q^{4p} - q^{8p} - q^{16p} - \cdots\right\}.$$

Porro sit m *numerus impar, cuius factores primi omnes formam* $4a-1$, *n numerus impar, cuius factores primi omnes formam* $4a+1$ *habent,* $\psi(n)$ *numerus factorum ipsius* n, l numerus quicunque a 0 usque ad ∞: obtinemus:

$$(30.)\qquad \frac{2K}{\pi} = 1+4\sum\psi(n)q^{2^l m^2 n}$$

$$(31.)\qquad \frac{2kK}{\pi} = 4\sum\psi(n)q^{\frac{m^2 n}{2}}$$

$$(32.)\qquad \frac{2k'K}{\pi} = 1-4\sum\psi(n)q^{m^2 n}+4\sum\psi(n)q^{2^{l+1}m^2 n}$$

$$(33.)\qquad \frac{2\sqrt{k'}K}{\pi} = 1-4\sum\psi(n)q^{2m^2 n}+4\sum\psi(n)q^{2^{l+2}m^2 n}.$$

Designante p rursus numerum imparem, $\varphi(p)$ summam factorum ipsius p: fit:

$$(34.)\qquad \frac{4KK}{\pi\pi} = 1+8\sum\varphi(p)[q^p+3q^{2p}+3q^{4p}+3q^{8p}+3q^{16p}+\cdots]$$

$$(35.)\qquad \frac{4kkKK}{\pi\pi} = 16\sum\varphi(p)q^p$$

$$(36.)\qquad \frac{4k'k'KK}{\pi\pi} = 1+8\sum\varphi(p)[-q^p+3q^{2p}+3q^{4p}+3q^{8p}+3q^{16p}+\cdots]$$

$$(37.)\qquad \frac{4kk'KK}{\pi\pi} = 4\sum(-1)^{\frac{p-1}{2}}\varphi(p)\sqrt{q^p}$$

$$(38.)\qquad \frac{4k'KK}{\pi\pi} = 1+8\sum\varphi(p)[-q^{2p}+3q^{4p}+3q^{8p}+3q^{16p}+3q^{32p}+\cdots]$$

$$(39.)\qquad \frac{4kKK}{\pi\pi} = 4\sum\varphi(p)\sqrt{q^p}.$$

Demonstremus formulam (27.). Invenimus (1.):

$$\log k = \log 4\sqrt{q}-\frac{4q}{1+q}+\frac{4q^2}{2(1+q^2)}-\frac{4q^3}{3(1+q^3)}+\cdots,$$

quod ponamus $=\log 4\sqrt{q}+4\sum A^{(x)}q^x$. Sit x numerus impar $p=mm'$, e quovis termino $-\frac{q^m}{m(1+q^m)}$ prodit $\frac{-q^p}{m}$, unde constat, fore $A^{(p)}=-\frac{\varphi(p)}{p}$. Iam sit x numerus par $=2^l p=2^l mm'$: e terminis

$$\frac{-q^m}{m(1+q^m)}+\frac{q^{2m}}{2m(1+q^{2m})}+\frac{q^{4m}}{4m(1+q^{4m})}+\frac{q^{8m}}{8m(1+q^{8m})}+\cdots+\frac{q^{2^l m}}{2^l m(1+q^{2^l m})}$$

provenit:

$$\frac{q^x}{m}\left\{1-\frac{1}{2}-\frac{1}{4}-\frac{1}{8}\cdots-\frac{1}{2^{l-1}}+\frac{1}{2^l}\right\}=\frac{3q^x}{2^l m},$$

unde $A^{(x)}=\frac{3\varphi(p)}{2^l p}$, id quod formulam propositam suppeditat.

Demonstremus formulam (30.). Invenimus (4.):

$$\frac{2K}{\pi} = 1+\frac{4q}{1-q}-\frac{4q^3}{1-q^3}+\frac{4q^5}{1-q^5}-\cdots = 1+4\sum A^{(x)}q^x.$$

Sit $B^{(x)}$ numerus factorum ipsius x, qui formam $4m+1$ habent, $C^{(x)}$ numerus factorum, qui formam $4m+3$ habent, facile patet, fore $A^{(x)} = B^{(x)}-C^{(x)}$. Sit $x = 2^i nn'$, ita ut n sit numerus impar, cuius factores primi omnes formam $4m+1$, n' numerus impar, cuius factores primi omnes formam $4m-1$ habent, facile probatur, nisi sit n' numerus quadratus, semper fore $B^{(x)}-C^{(x)} = 0$, ubi vero n' est numerus quadratus, fore $B^{(x)}-C^{(x)} = B^{(n)} = \psi(n)$, unde formula (30.) fluit.

Postremo probemus formulam (34.). Invenimus (8.):

$$\frac{4KK}{\pi\pi} = 1+\frac{8q}{1-q}+\frac{16q^2}{1+q^2}+\frac{24q^3}{1-q^3}+\frac{32q^4}{1+q^4}+\cdots = 1+8\sum A^{(x)}q^x.$$

Designante x numerum imparem, facile patet, fore $A^{(x)} = \varphi(x)$; ubi vero x numerus par $= 2^i p$, designante p numerum imparem, quoties m factor ipsius p, e terminis

$$8\left\{\frac{mq^m}{1-q^m}+\frac{2mq^{2m}}{1+q^{2m}}+\frac{4mq^{4m}}{1+q^{4m}}+\frac{8mq^{8m}}{1+q^{8m}}+\cdots+\frac{2^i mq^{2^i m}}{1+q^{2^i m}}\right\}$$

prodit $8mq^x\{1-2-4-8-\cdots-2^{i-1}+2^i\} = 24mq^x$, unde eo casu $A^{(x)} = 3\varphi(p)$, id quod formulam propositam suggerit. Reliquae similiter demonstrantur vel ex his deduci possunt.

Expressiones $\cos\operatorname{am}\frac{2Kx}{\pi}$, $\Delta\operatorname{am}\frac{2Kx}{\pi}$, $\frac{1}{\cos\operatorname{am}\frac{2Kx}{\pi}}$ ad dignitates ipsius x evolutae coefficientem ipsius x^2 nanciscuntur resp. $-\frac{1}{2}\left(\frac{2K}{\pi}\right)^2$, $-\frac{1}{2}\left(\frac{2kK}{\pi}\right)^2$, $+\frac{1}{2}\left(\frac{2K}{\pi}\right)^2$, unde e formulis $\S^i$ antecedentis (21.), (25.), (20.) prodire videmus sequentes:

$$(40.)\quad k\left(\frac{2K}{\pi}\right)^2 = 4\left\{\frac{\sqrt{q}}{1+q}+\frac{9\sqrt{q^3}}{1+q^3}+\frac{25\sqrt{q^5}}{1+q^5}+\frac{49\sqrt{q^7}}{1+q^7}+\cdots\right\}$$
$$= 4\left\{\frac{\sqrt{q}(1+6q+q^2)}{(1-q)^3}-\frac{\sqrt{q^3}(1+6q^3+q^6)}{(1-q^3)^3}+\frac{\sqrt{q^5}(1+6q^5+q^{10})}{(1-q^5)^3}-\cdots\right\}$$

$$(41.)\quad k'\left(\frac{2K}{\pi}\right)^3 = 1+4\left\{\frac{q}{1+q}-\frac{9q^3}{1+q^3}+\frac{25q^5}{1+q^5}-\frac{49q^7}{1+q^7}+\cdots\right\}$$
$$= 1+4\left\{\frac{q(1-6q^2+q^4)}{(1+q^2)^3}-\frac{q^2(1-6q^4+q^8)}{(1+q^4)^3}+\frac{q^3(1-6q^6+q^{12})}{(1+q^6)^3}-\cdots\right\}$$
$$(42.)\quad kk\left(\frac{2K}{\pi}\right)^3 = 16\left\{\frac{q}{1+q^2}+\frac{4q^2}{1+q^4}+\frac{9q^3}{1+q^6}+\frac{16q^4}{1+q^8}+\cdots\right\}$$
$$= 16\left\{\frac{q(1+q)}{(1-q)^3}-\frac{q^3(1+q^3)}{(1-q^3)^3}+\frac{q^5(1+q^5)}{(1-q^5)^3}+\cdots\right\}.$$

Ex his, posito $-q$ loco q, obtinemus:

$$(43.)\quad kk'k'\left(\frac{2K}{\pi}\right)^3 = 4\left\{\frac{\sqrt{q}}{1-q}-\frac{9\sqrt{q^3}}{1-q^3}+\frac{25\sqrt{q^5}}{1-q^5}-\frac{49\sqrt{q^7}}{1-q^7}+\cdots\right\}$$
$$(44.)\quad k'k'\left(\frac{2K}{\pi}\right)^3 = 1-4\left\{\frac{q}{1-q}-\frac{9q^3}{1-q^3}+\frac{25q^5}{1-q^5}-\frac{49q^7}{1-q^7}+\cdots\right\}$$
$$(45.)\quad k'kk\left(\frac{2K}{\pi}\right)^3 = 16\left\{\frac{q}{1+q^2}-\frac{4q^2}{1+q^4}+\frac{9q^3}{1+q^6}-\frac{16q^4}{1+q^8}+\cdots\right\}.$$

Formulis (42.), (44.) additis, obtinemus $\left(\frac{2K}{\pi}\right)^3$; (40.) et (43.), (41.) et (45.) subductis, obtinemus $\left(\frac{2kK}{\pi}\right)^3$, $\left(\frac{2k'K}{\pi}\right)^3$, e quibus, posito resp. $\sqrt{q}$, q^2 loco q, prodit $\left(\frac{4\sqrt{k}K}{\pi}\right)^3$, $\left(\frac{2\sqrt{k'}K}{\pi}\right)^3$; e $\left(\frac{4\sqrt{k}K}{\pi}\right)^3$, posito $-q$ loco q, obtinetur $\left(\frac{4\sqrt{kk'}K}{\pi}\right)^3$.

Sub finem, posito $k = \sin\vartheta$, evolvamus ipsum $\vartheta = \arcsin k$. Vidimus, posito $\sqrt{q}$ loco q, abire k' in $\frac{1-k}{1+k}$; ponamus rursus $-q$ loco q, abit k in $\frac{ik}{k'}$ sive in $i\,\mathrm{tang}\,\vartheta$, ita ut, posito $i\sqrt{q}$ loco q, expressio $\frac{-\log k'}{2i}$ mutetur in:

$$-\frac{1}{2i}\log\left(\frac{1-i\,\mathrm{tang}\,\vartheta}{1+i\,\mathrm{tang}\,\vartheta}\right) = \vartheta.$$

Hinc e formula (2.):

$$-\log k' = \frac{8q}{1-q^2}+\frac{8q^3}{3(1-q^6)}+\frac{8q^5}{5(1-q^{10})}+\frac{8q^7}{7(1-q^{14})}+\cdots$$

eruimus:

$$(46.)\qquad \vartheta = \arcsin k = \frac{4\sqrt{q}}{1+q}-\frac{4\sqrt{q^3}}{3(1+q^3)}+\frac{4\sqrt{q^5}}{5(1+q^5)}-\frac{4\sqrt{q^7}}{7(1+q^7)}+\cdots,$$

quae in hanc facile transformatur:

$$(47.)\qquad \frac{\vartheta}{4} = \mathrm{arc\,tg}\sqrt{q}-\mathrm{arc\,tg}\sqrt{q^3}+\mathrm{arc\,tg}\sqrt{q^5}-\mathrm{arc\,tg}\sqrt{q^7}+\cdots,$$

quae inter formulas elegantissimas censeri debet.

41.

Aequationem supra exhibitam:

$$\frac{2kK}{\pi}\sin\operatorname{am}\frac{2Kx}{\pi} = \frac{4\sqrt{q}\sin x}{1-q}+\frac{4\sqrt{q^3}\sin 3x}{1-q^3}+\frac{4\sqrt{q^5}\sin 5x}{1-q^5}+\cdots$$

in se ipsam ducamus. Loco $2\sin mx\,\sin nx$ ubique substituto

$$\cos(m-n)x-\cos(m+n)x,$$

factum induit formam:

$$\left(\frac{2kK}{\pi}\right)^2\sin^2\operatorname{am}\frac{2Kx}{\pi} = A+A'\cos 2x+A''\cos 4x+A'''\cos 6x+\cdots$$

Invenitur:

$$A = \frac{8q}{(1-q)^2}+\frac{8q^3}{(1-q^3)^2}+\frac{8q^5}{(1-q^5)^2}+\cdots$$

Porro fit:

$$A^{(n)} = 16B^{(n)}-8C^{(n)} = 8[2B^{(n)}-C^{(n)}],$$

siquidem ponitur:

$$B^{(n)} = \frac{q^{n+1}}{(1-q)(1-q^{2n+1})}+\frac{q^{n+3}}{(1-q^3)(1-q^{2n+3})}+\frac{q^{n+5}}{(1-q^5)(1-q^{2n+5})}+\text{ etc. in inf.}$$

$$C^{(n)} = \frac{q^n}{(1-q)(1-q^{2n-1})}+\frac{q^n}{(1-q^3)(1-q^{2n-3})}+\frac{q^n}{(1-q^5)(1-q^{2n-5})}+\cdots+\frac{q^n}{(1-q^{2n-1})(1-q)}.$$

Iam cum sit:

$$\frac{q^{n+m}}{(1-q^m)(1-q^{2n+m})} = \frac{q^n}{1-q^{2n}}\left\{\frac{q^m}{1-q^m}-\frac{q^{2n+m}}{1-q^{2n+m}}\right\},$$

fit:

$$B^{(n)} = \left\{\begin{array}{l}\dfrac{q^n}{1-q^{2n}}\left\{\dfrac{q}{1-q}+\dfrac{q^3}{1-q^3}+\dfrac{q^5}{1-q^5}+\cdots\right\}\\ -\dfrac{q^n}{1-q^{2n}}\left\{\dfrac{q^{2n+1}}{1-q^{2n+1}}+\dfrac{q^{2n+3}}{1-q^{2n+3}}+\dfrac{q^{2n+5}}{1-q^{2n+5}}+\cdots\right\}\end{array}\right\},$$

sive sublatis, qui se destruunt, terminis:

$$B^{(n)} = \frac{q^n}{1-q^{2n}}\left\{\frac{q}{1-q}+\frac{q^3}{1-q^3}+\cdots+\frac{q^{2n-1}}{1-q^{2n-1}}\right\}.$$

Porro fit:

$$\frac{q^n}{(1-q^m)(1-q^{2n-m})} = \frac{q^n}{1-q^{2n}}\left\{\frac{q^m}{1-q^m}+\frac{q^{2n-m}}{1-q^{2n-m}}+1\right\},$$

unde:

$$C^{(n)} = \frac{nq^n}{1-q^{2n}} + \frac{2q^n}{1-q^{2n}}\left\{\frac{q}{1-q} + \frac{q^3}{1-q^3} + \cdots + \frac{q^{2n-1}}{1-q^{2n-1}}\right\}.$$

Hinc tandem prodit:

$$A^{(n)} = 8[2B^{(n)} - C^{(n)}] = \frac{-8nq^n}{1-q^{2n}},$$

unde iam:

$$(1.)\quad \left(\frac{2kK}{\pi}\right)^2 \sin^2 \mathrm{am}\,\frac{2Kx}{\pi} = A - 8\left\{\frac{q\cos 2x}{1-q^2} + \frac{2q^2\cos 4x}{1-q^4} + \frac{3q^3\cos 6x}{1-q^6} + \cdots\right\}.$$

Simili modo vel ex (1.) invenitur:

$$(2.)\quad \left(\frac{2kK}{\pi}\right)^2 \cos^2 \mathrm{am}\,\frac{2Kx}{\pi} = B + 8\left\{\frac{q\cos 2x}{1-q^2} + \frac{2q^2\cos 4x}{1-q^4} + \frac{3q^3\cos 6x}{1-q^6} + \cdots\right\},$$

siquidem:

$$A = 8\left\{\frac{q}{(1-q)^2} + \frac{q^3}{(1-q^3)^2} + \frac{q^5}{(1-q^5)^2} + \cdots\right\}$$

$$B = 8\left\{\frac{q}{(1+q)^2} + \frac{q^3}{(1+q^3)^2} + \frac{q^5}{(1+q^5)^2} + \cdots\right\}.$$

E noto calculi integralis theoremate fit, quoties

$$\varphi(x) = A + A'\cos 2x + A''\cos 4x + A'''\cos 6x + \cdots,$$

terminus primus seu constans:

$$A = \frac{2}{\pi}\int_0^{\frac{\pi}{2}} \varphi(x)\,dx$$

unde nanciscimur hoc loco:

$$A = \frac{2}{\pi}\left(\frac{2kK}{\pi}\right)^2 \int_0^{\frac{\pi}{2}} \sin^2 \mathrm{am}\,\frac{2Kx}{\pi}\,dx$$

$$B = \frac{2}{\pi}\left(\frac{2kK}{\pi}\right)^2 \int_0^{\frac{\pi}{2}} \cos^2 \mathrm{am}\,\frac{2Kx}{\pi}\,dx.$$

Ponamus cum Cl°. Legendre:

$$E^{\mathrm{I}} = \int_0^{\frac{\pi}{2}} d\varphi\,\Delta(\varphi) = \frac{2K}{\pi}\int_0^{\frac{\pi}{2}} dx\,\Delta^2 \mathrm{am}\,\frac{2Kx}{\pi},$$

erit:

$$A = \frac{2K}{\pi}\cdot\frac{2K}{\pi} - \frac{2K}{\pi}\cdot\frac{2E^{\mathrm{I}}}{\pi}$$

$$B = \frac{2K}{\pi}\cdot\frac{2E^{\mathrm{I}}}{\pi} - \left(\frac{2k'K}{\pi}\right)^2.$$

Hinc etiam, cum, mutato q in $-q$, abeat A in $-B$, K in $k'K$, sequitur simul abire E^{I} in $\frac{E^{\mathrm{I}}}{k'}$.

Adnotemus adhuc e formula (1.) sequi:

$$(3.)\quad kk\left(\frac{2K}{\pi}\right)^4 = 16\left\{\frac{q}{1-q^2}+\frac{2^3q^2}{1-q^4}+\frac{3^3q^3}{1-q^6}+\frac{4^3q^4}{1-q^8}+\cdots\right\}$$
$$= 16\left\{\frac{q(1+4q+q^2)}{(1-q)^4}+\frac{q^3(1+4q^3+q^6)}{(1-q^3)^4}+\frac{q^5(1+4q^5+q^{10})}{(1-q^5)^4}+\cdots\right\},$$

unde etiam, mutato q in $-q$:

$$(4.)\quad k^2k'^2\left(\frac{2K}{\pi}\right)^4 = 16\left\{\frac{q}{1-q^2}-\frac{2^3q^2}{1-q^4}+\frac{3^3q^3}{1-q^6}-\frac{4^3q^4}{1-q^8}+\cdots\right\}$$
$$= 16\left\{\frac{q(1-4q+q^2)}{(1+q)^4}+\frac{q^3(1-4q^3+q^6)}{(1+q^3)^4}+\frac{q^5(1-4q^5+q^{10})}{(1+q^5)^4}+\cdots\right\}.$$

Subtracta formula (4.) a (3.), prodit:

$$(5.)\quad \left(\frac{2kK}{\pi}\right)^4 = 256\left\{\frac{q^2}{1-q^4}+\frac{2^3q^4}{1-q^8}+\frac{3^3q^6}{1-q^{12}}+\frac{4^3q^8}{1-q^{16}}+\cdots\right\}$$
$$= 256\left\{\frac{q^2(1+4q^2+q^4)}{(1-q^2)^4}+\frac{q^6(1+4q^6+q^{12})}{(1-q^6)^4}+\frac{q^{10}(1+4q^{10}+q^{20})}{(1-q^{10})^4}+\cdots\right\},$$

quam etiam e (3.), mutato q in q^2, obtines.

42.

Methodo simili atque formula (1.) §^i antecedentis inventa est, in expressionem

$$\frac{\left(\frac{2K}{\pi}\right)^2}{\sin^2\operatorname{am}\frac{2Kx}{\pi}}$$

in seriem evolvendam inquirere possemus, siquidem formula (18.) §. 39. in se ipsam ducatur. Id quod tamen facilius ex ipsa (1.) §^i 41. absolvitur consideratione sequente.

Etenim formula:

$$\frac{d\log\sin\operatorname{am}\frac{2Kx}{\pi}}{dx} = \frac{2K}{\pi}\cdot\frac{\sqrt{1-(1+kk)\sin^2\operatorname{am}\frac{2Kx}{\pi}+kk\sin^4\operatorname{am}\frac{2Kx}{\pi}}}{\sin\operatorname{am}\frac{2Kx}{\pi}}$$

iterum differentiata, factis reductionibus, obtinemus:

$$(1.)\qquad \frac{d^2\log\sin\operatorname{am}\frac{2Kx}{\pi}}{dx^2} = \left(\frac{2K}{\pi}\right)^2\left\{kk\sin^2\operatorname{am}\frac{2Kx}{\pi} - \frac{1}{\sin^2\operatorname{am}\frac{2Kx}{\pi}}\right\}.$$

Iam vero invenimus §. 39. (6.):

$$\log\sin\operatorname{am}\frac{2Kx}{\pi} = \log\left(\frac{2\sqrt[4]{q}}{\sqrt{k}}\right) + \log\sin x + 2\left\{\frac{q\cos 2x}{1+q} + \frac{q^2\cos 4x}{2(1+q^2)} + \frac{q^3\cos 6x}{3(1+q^3)} + \cdots\right\},$$

unde:

$$\frac{d^2\log\sin\operatorname{am}\frac{2Kx}{\pi}}{dx^2} = -\frac{1}{\sin^2 x} - 8\left\{\frac{q\cos 2x}{1+q} + \frac{2q^2\cos 4x}{1+q^2} + \frac{3q^3\cos 6x}{1+q^3} + \cdots\right\}.$$

Porro est §. 41. (1.):

$$\left(\frac{2kK}{\pi}\right)^2\sin^2\operatorname{am}\frac{2Kx}{\pi} = \frac{2K}{\pi}\cdot\frac{2K}{\pi} - \frac{2K}{\pi}\cdot\frac{2E^{\mathrm{I}}}{\pi} - 8\left\{\frac{q\cos 2x}{1-q^2} + \frac{2q^2\cos 4x}{1-q^4} + \frac{3q^3\cos 6x}{1-q^6} + \cdots\right\},$$

unde, cum e formula (1.) sit:

$$\frac{\left(\frac{2K}{\pi}\right)^2}{\sin^2\operatorname{am}\frac{2Kx}{\pi}} = \left(\frac{2kK}{\pi}\right)^2\sin^2\operatorname{am}\frac{2Kx}{\pi} - \frac{d^2\log\sin\operatorname{am}\frac{2Kx}{\pi}}{dx^2},$$

provenit, quod quaerimus:

$$(2.)\qquad \frac{\left(\frac{2K}{\pi}\right)^2}{\sin^2\operatorname{am}\frac{2Kx}{\pi}} = \frac{2K}{\pi}\cdot\frac{2K}{\pi} - \frac{2K}{\pi}\cdot\frac{2E^{\mathrm{I}}}{\pi} + \frac{1}{\sin^2 x} - 8\left\{\frac{q^2\cos 2x}{1-q^2} + \frac{2q^4\cos 4x}{1-q^4} + \frac{3q^6\cos 6x}{1-q^6} + \cdots\right\}.$$

Mutatis simul q in $-q$ et x in $\frac{\pi}{2}-x$, unde K in $k'K$, E^{I} in $\frac{E^{\mathrm{I}}}{k'}$ (§. 41.), $\sin\operatorname{am}\frac{2Kx}{\pi}$ in $\cos\operatorname{am}\frac{2Kx}{\pi}$ abit, e (2.) prodit:

$$(3.)\qquad \frac{\left(\frac{2k'K}{\pi}\right)^2}{\cos^2\operatorname{am}\frac{2Kx}{\pi}} = \left(\frac{2k'K}{\pi}\right)^2 - \frac{2K}{\pi}\cdot\frac{2E^{\mathrm{I}}}{\pi} + \frac{1}{\cos^2 x} + 8\left\{\frac{q^2\cos 2x}{1-q^2} - \frac{2q^4\cos 4x}{1-q^4} + \frac{3q^6\cos 6x}{1-q^6} - \cdots\right\}.$$

His adiungo, quae facile e §. 41. (1.) sequuntur, hasce:

$$(4.)\quad \left(\frac{2K}{\pi}\right)^2 \Delta^2\mathrm{am}\frac{2Kx}{\pi} = \frac{2K}{\pi}\cdot\frac{2E^{\mathrm{I}}}{\pi}+8\left\{\frac{q\cos 2x}{1-q^2}+\frac{2q^2\cos 4x}{1-q^4}+\frac{3q^3\cos 6x}{1-q^6}+\cdots\right\}$$

$$(5.)\quad \left(\frac{2k'K}{\pi}\right)^2\frac{1}{\Delta^2\mathrm{am}\frac{2Kx}{\pi}} = \frac{2K}{\pi}\cdot\frac{2E^{\mathrm{I}}}{\pi}-8\left\{\frac{q\cos 2x}{1-q^2}-\frac{2q^2\cos 4x}{1-q^4}+\frac{3q^3\cos 6x}{1-q^6}-\cdots\right\},$$

quarum (5.) e (4.) sequitur, mutato x in $\frac{\pi}{2}-x$ seu q in $-q$.

Posito $y = \sin\mathrm{am}\frac{2Kx}{\pi}$, $\sqrt{(1-y^2)(1-k^2y^2)} = R$, fit:

$$\frac{dy}{dx} = \frac{2K}{\pi}\cdot R$$

$$\frac{d^2y}{dx^2} = -\left(\frac{2K}{\pi}\right)^2 y(1+k^2-2k^2y^2)$$

$$\frac{d^3y}{dx^3} = -\left(\frac{2K}{\pi}\right)^3 (1+k^2-6k^2y^2)R$$

$$\frac{d^4y}{dx^4} = \left(\frac{2K}{\pi}\right)^4 y(1+14k^2+k^4-20k^2(1+k^2)y^2+24k^4y^4)$$

$$\frac{d^5y}{dx^5} = \left(\frac{2K}{\pi}\right)^5 \left(1+14k^2+k^4-60k^2(1+k^2)y^2+120k^4y^4\right)R$$

etc. etc.,

unde:

$$y = \sin\mathrm{am}\frac{2Kx}{\pi} = \frac{2Kx}{\pi}-\frac{1+k^2}{2.3}\left(\frac{2Kx}{\pi}\right)^3+\frac{1+14k^2+k^4}{2.3.4.5}\left(\frac{2Kx}{\pi}\right)^5-\cdots$$

ideoque:

$$\frac{\left(\frac{2K}{\pi}\right)^2}{\sin^2\mathrm{am}\frac{2Kx}{\pi}} = \frac{1}{x^2}+\frac{1+k^2}{3}\left(\frac{2K}{\pi}\right)^2+\frac{1-k^2+k^4}{15}\left(\frac{2K}{\pi}\right)^4 x^2+\cdots,$$

qua formula comparata cum (2.), eruitur:

$$\frac{1+k^2}{3}\left(\frac{2K}{\pi}\right)^2 = \frac{1}{3}+\left(\frac{2K}{\pi}\right)^2-\frac{2K}{\pi}\cdot\frac{2E^{\mathrm{I}}}{\pi}-8\left\{\frac{q^2}{1-q^2}+\frac{2q^4}{1-q^4}+\frac{3q^6}{1-q^6}+\cdots\right\},$$

sive:

$$(6.)\quad \frac{q^2}{1-q^2}+\frac{2q^4}{1-q^4}+\frac{3q^6}{1-q^6}+\frac{4q^8}{1-q^8}+\cdots = \frac{1+\left(\frac{2K}{\pi}\right)^2(2-k^2)-3\,\frac{2K}{\pi}\cdot\frac{2E^{\mathrm{I}}}{\pi}}{2.3.4}.$$

Porro fit:

$$\frac{1-k^2+k^4}{15}\left(\frac{2K}{\pi}\right)^4 = \frac{1}{15}+16\left\{\frac{q^2}{1-q^2}+\frac{2^3q^4}{1-q^4}+\frac{3^3q^6}{1-q^6}+\frac{4^3q^8}{1-q^8}+\cdots\right\},$$

sive cum sit $15 = 2.2^3 - 1$:

$$(1-k^2+k^4)\left(\frac{2K}{\pi}\right)^4 = 1+2.16\left\{\frac{2^3q^2}{1-q^2}+\frac{4^3q^4}{1-q^4}+\frac{6^3q^6}{1-q^6}+\frac{8^3q^8}{1-q^8}+\cdots\right\}$$
$$-16\left\{\frac{q^2}{1-q^2}+\frac{2^3q^4}{1-q^4}+\frac{3^3q^6}{1-q^6}+\frac{4^3q^8}{1-q^8}+\cdots\right\}.$$

De hac formula detrahatur sequens §. 41. (3.):

$$k^2\left(\frac{2K}{\pi}\right)^4 = 16\left\{\frac{q}{1-q^2}+\frac{2^3q^2}{1-q^4}+\frac{3^3q^3}{1-q^6}+\frac{4^3q^4}{1-q^8}+\cdots\right\},$$

fit residuum:

(7.) $$\left(\frac{2k'K}{\pi}\right)^4 = 1-16\left\{\frac{q}{1-q}-\frac{2^3q^2}{1-q^2}+\frac{3^3q^3}{1-q^3}-\frac{4^3q^4}{1-q^4}+\cdots\right\},$$

unde etiam, mutato q in $-q$:

(8.) $$\left(\frac{2K}{\pi}\right)^4 = 1+16\left\{\frac{q}{1+q}+\frac{2^3q^2}{1-q^2}+\frac{3^3q^3}{1+q^3}+\frac{4^3q^4}{1-q^4}+\cdots\right\},$$

quae difficiliores indagatu erant formulae. Quas si iis iungis, quas supra invenimus, iam quatuor primas dignitates ipsorum $\frac{2K}{\pi}$, $\frac{2kK}{\pi}$ in series satis concinnas evolutas habes.

FORMULAE GENERALES PRO FUNCTIONIBUS

$$\sin^n \mathrm{am}\frac{2Kx}{\pi}, \qquad \frac{1}{\sin^n \mathrm{am}\frac{2Kx}{\pi}}$$

IN SERIES EVOLVENDIS SECUNDUM SINUS VEL COSINUS MULTIPLORUM IPSIUS x PROGREDIENTES.

43.

Inventis evolutionibus functionum

$$\sin\mathrm{am}\frac{2Kx}{\pi},\quad \sin^2\mathrm{am}\frac{2Kx}{\pi},\quad \frac{1}{\sin\mathrm{am}\frac{2Kx}{\pi}},\quad \frac{1}{\sin^2\mathrm{am}\frac{2Kx}{\pi}},$$

iam quaestio se offert de evolutionibus altiorum dignitatum ipsius

$$\sin\mathrm{am}\frac{2Kx}{\pi},\quad \frac{1}{\sin\mathrm{am}\frac{2Kx}{\pi}}$$

peragendis. Facilis quidem in trigonometria analytica via constat, qua, evolutione inventa ipsorum $\sin x$, $\cos x$, progredi possis ad evolutionem expressionum $\sin^n x$, $\cos^n x$; nimirum id succedit formularum notarum ope, quibus $\sin^n x$, $\cos^n x$ per sinus vel cosinus multiplorum ipsius x lineariter exhibentur. At in theoria functionum ellipticarum illud deficit subsidium; ad aliud confugiendum erit, quod in sequentibus exponemus.

Formula, quae ex elementis patet:

$$\frac{d\sin^n \mathrm{am}\, u}{du^2} = n\sin^{n-1}\mathrm{am}\, u\sqrt{1-(1+k^2)\sin^2\mathrm{am}\, u + k^2\sin^4\mathrm{am}\, u},$$

iterum differentiata, prodit:

$$(1.)\quad \frac{d^2\sin^n \mathrm{am}\, u}{du^2} = n(n-1)\sin^{n-2}\mathrm{am}\, u - n^2(1+k^2)\sin^n\mathrm{am}\, u + n(n+1)k^2\sin^{n+2}\mathrm{am}\, u.$$

Posito successive $n = 1, 3, 5, 7\ldots$, $n = 2, 4, 6, 8\ldots$, hinc duplex formetur aequationum series:

I.

$$\begin{aligned}
\frac{d^2\sin\mathrm{am}\, u}{du^2} &= \phantom{6\sin\mathrm{am}\, u} - (1+k^2)\sin\mathrm{am}\, u + 2k^2\sin^3\mathrm{am}\, u \\
\frac{d^2\sin^3\mathrm{am}\, u}{du^2} &= 6\sin\mathrm{am}\, u - 9(1+k^2)\sin^3\mathrm{am}\, u + 12k^2\sin^5\mathrm{am}\, u \\
\frac{d^2\sin^5\mathrm{am}\, u}{du^2} &= 20\sin^3\mathrm{am}\, u - 25(1+k^2)\sin^5\mathrm{am}\, u + 30k^2\sin^7\mathrm{am}\, u \\
\frac{d^2\sin^7\mathrm{am}\, u}{du^2} &= 42\sin^5\mathrm{am}\, u - 49(1+k^2)\sin^7\mathrm{am}\, u + 56k^2\sin^9\mathrm{am}\, u \\
&\quad \text{etc.} \qquad\qquad \text{etc.}
\end{aligned}$$

II.

$$\begin{aligned}
\frac{d^2\sin^2\mathrm{am}\, u}{du^2} &= 2 \phantom{\sin^2\mathrm{am}\, u} - 4(1+k^2)\sin^2\mathrm{am}\, u + 6k^2\sin^4\mathrm{am}\, u \\
\frac{d^2\sin^4\mathrm{am}\, u}{du^2} &= 12\sin^2\mathrm{am}\, u - 16(1+k^2)\sin^4\mathrm{am}\, u + 20k^2\sin^6\mathrm{am}\, u \\
\frac{d^2\sin^6\mathrm{am}\, u}{du^2} &= 30\sin^4\mathrm{am}\, u - 36(1+k^2)\sin^6\mathrm{am}\, u + 42k^2\sin^8\mathrm{am}\, u \\
\frac{d^2\sin^8\mathrm{am}\, u}{du^2} &= 56\sin^6\mathrm{am}\, u - 64(1+k^2)\sin^8\mathrm{am}\, u + 72k^2\sin^{10}\mathrm{am}\, u \\
&\quad \text{etc.} \qquad\qquad \text{etc.}
\end{aligned}$$

Ex aequationibus I., II. eruis successive, posito $\Pi n = 1.2.3\ldots n$:

I. a.

$$\Pi 2.k^2\sin^3\operatorname{am}u = \frac{d^2\sin\operatorname{am}u}{du^2}+(1+k^2)\sin\operatorname{am}u$$

$$\Pi 4.k^4\sin^5\operatorname{am}u = \frac{d^4\sin\operatorname{am}u}{du^4}+10(1+k^2)\frac{d^2\sin\operatorname{am}u}{du^2}+3(3+2k^2+3k^4)\sin\operatorname{am}u$$

$$\Pi 6.k^6\sin^7\operatorname{am}u = \frac{d^6\sin\operatorname{am}u}{du^6}+35(1+k^2)\frac{d^4\sin\operatorname{am}u}{du^4}+7(37+38k^2+37k^4)\frac{d^2\sin\operatorname{am}u}{du^2}$$
$$+45(5+3k^2+3k^4+5k^6)\sin\operatorname{am}u$$

$$\Pi 8.k^8\sin^9\operatorname{am}u = \frac{d^8\sin\operatorname{am}u}{du^8}+84(1+k^2)\frac{d^6\sin\operatorname{am}u}{du^6}+42(47+58k^2+47k^4)\frac{d^4\sin\operatorname{am}u}{du^4}$$
$$+4(3229+3315k^2+3315k^4+3229k^6)\frac{d^2\sin\operatorname{am}u}{du^2}$$
$$+315(35+20k^2+18k^4+20k^6+35k^8)\sin\operatorname{am}u$$

etc. etc.

II. a.

$$\Pi 3.k^2\sin^4\operatorname{am}u = \frac{d^2\sin^2\operatorname{am}u}{du^2}+4(1+k^2)\sin^2\operatorname{am}u-2$$

$$\Pi 5.k^4\sin^6\operatorname{am}u = \frac{d^4\sin^2\operatorname{am}u}{du^4}+20(1+k^2)\frac{d^2\sin^2\operatorname{am}u}{du^2}+8(8+7k^2+8k^4)\sin^2\operatorname{am}u-32(1+k^2)$$

$$\Pi 7.k^6\sin^8\operatorname{am}u = \frac{d^6\sin^2\operatorname{am}u}{du^6}+56(1+k^2)\frac{d^4\sin^2\operatorname{am}u}{du^4}+112(7+8k^2+7k^4)\frac{d^2\sin^2\operatorname{am}u}{du^2}$$
$$+128(18+15k^2+15k^4+18k^6)\sin^2\operatorname{am}u-48(24+23k^2+24k^4)$$

etc. etc.

Ita videmus, generaliter poni posse:

(2.)
$$\Pi 2n.k^{2n}\sin^{2n+1}\operatorname{am}u$$
$$= \frac{d^{2n}\sin\operatorname{am}u}{du^{2n}}+A_n^{(1)}\frac{d^{2n-2}\sin\operatorname{am}u}{du^{2n-2}}+A_n^{(2)}\frac{d^{2n-4}\sin\operatorname{am}u}{du^{2n-4}}+\cdots+A_n^{(n)}\sin\operatorname{am}u$$

(3.)
$$\Pi(2n-1).k^{2n-2}\sin^{2n}\operatorname{am}u$$
$$= \frac{d^{2n-2}\sin^2\operatorname{am}u}{du^{2n-2}}+B_n^{(1)}\frac{d^{2n-4}\sin^2\operatorname{am}u}{du^{2n-4}}+B_n^{(2)}\frac{d^{2n-6}\sin^2\operatorname{am}u}{du^{2n-6}}+\cdots+B_n^{(n-1)}\sin^2\operatorname{am}u+B_n^{(n)},$$

designantibus $A_n^{(m)}$, $B_n^{(m)}$ functiones ipsius k^2 integras rationales m^{ti} ordinis, excepta $B_n^{(n)}$, quae est $(n-2)^{ti}$. Porro e formula, unde profecti sumus, generali:

$$\frac{d^2\sin^n\operatorname{am}u}{du^2} = n(n-1)\sin^{n-2}\operatorname{am}u-n^2(1+k^2)\sin^n\operatorname{am}u+n(n+1)k^2\sin^{n+2}\operatorname{am}u$$

patet, fore:

$$(4.)\qquad A_n^{(m)} = A_{n-1}^{(m)} + (2n-1)^2(1+k^2)A_{n-1}^{(m-1)} - (2n-2)^2(2n-1)(2n-3)k^2 A_{n-2}^{(m-2)}$$

$$(5.)\qquad B_n^{(m)} = B_{n-1}^{(m)} + (2n-2)^2(1+k^2)B_{n-1}^{(m-1)} - (2n-3)^2(2n-2)(2n-4)k^2 B_{n-2}^{(m-2)},$$

quibus in formulis, quoties $m > n$, poni debet $A_n^{(m)} = 0$, $B_n^{(m)} = 0$.

Mutato u in $u+iK'$, cum $\sin\operatorname{am} u$ abeat in $\frac{1}{k\sin\operatorname{am} u}$, in formulis propositis loco $\sin\operatorname{am} u$ poni poterit $\frac{1}{k\sin\operatorname{am} u}$, unde proveniunt sequentes:

$$\frac{\Pi 2}{\sin^3\operatorname{am} u} = \frac{d^2}{du^2}\frac{1}{\sin\operatorname{am} u} + (1+k^2)\frac{1}{\sin\operatorname{am} u}$$

$$\frac{\Pi 3}{\sin^4\operatorname{am} u} = \frac{d^2}{du^2}\frac{1}{\sin^2\operatorname{am} u} + 4(1+k^2)\frac{1}{\sin^2\operatorname{am} u} \qquad -2k^2$$

$$\frac{\Pi 4}{\sin^5\operatorname{am} u} = \frac{d^4}{du^4}\frac{1}{\sin\operatorname{am} u} + 10(1+k^2)\frac{d^2}{du^2}\frac{1}{\sin\operatorname{am} u} + \frac{3(3+2k^2+3k^4)}{\sin\operatorname{am} u}$$

$$\frac{\Pi 5}{\sin^6\operatorname{am} u} = \frac{d^4}{du^4}\frac{1}{\sin^2\operatorname{am} u} + 20(1+k^2)\frac{d^2}{du^2}\frac{1}{\sin^2\operatorname{am} u} + \frac{8(8+7k^2+8k^4)}{\sin^2\operatorname{am} u} - 32k^2(1+k^2)$$

etc. etc.,

ac generaliter:

$$(6.)\qquad \frac{\Pi 2n}{\sin^{2n+1}\operatorname{am} u}$$

$$= \frac{d^{2n}}{du^{2n}}\frac{1}{\sin\operatorname{am} u} + A_n^{(1)}\frac{d^{2n-2}}{du^{2n-2}}\frac{1}{\sin\operatorname{am} u} + A_n^{(2)}\frac{d^{2n-4}}{du^{2n-4}}\frac{1}{\sin\operatorname{am} u} + \cdots + A_n^{(n)}\frac{1}{\sin\operatorname{am} u}$$

$$(7.)\qquad \frac{\Pi(2n-1)}{\sin^{2n}\operatorname{am} u}$$

$$= \frac{d^{2n-2}}{du^{2n-2}}\frac{1}{\sin^2\operatorname{am} u} + B_n^{(1)}\frac{d^{2n-4}}{du^{2n-4}}\frac{1}{\sin^2\operatorname{am} u} + B_n^{(2)}\frac{d^{2n-6}}{du^{2n-6}}\frac{1}{\sin^2\operatorname{am} u} + \cdots + B_n^{(n-1)}\frac{1}{\sin^2\operatorname{am} u} + k^2.$$

44.

Quum inventum sit antecedentibus, siquidem ponitur $u = \frac{2Kx}{\pi}$, expressiones

$$\sin^n\operatorname{am}\frac{2Kx}{\pi}, \quad \frac{1}{\sin^n\operatorname{am}\frac{2Kx}{\pi}}$$

per hasce:

$$\sin\operatorname{am}\frac{2Kx}{\pi},\quad \sin^2\operatorname{am}\frac{2Kx}{\pi},\quad \frac{1}{\sin\operatorname{am}\frac{2Kx}{\pi}},\quad \frac{1}{\sin^2\operatorname{am}\frac{2Kx}{\pi}}$$

earumque differentialia, secundum argumentum u seu x sumpta, lineariter exprimi posse, iam ex harum evolutionibus, secundum sinus vel cosinus multiplorum ipsius x progredientibus, illarum sponte demanant.

Ita nanciscimur:

I.

e formula:

$$\frac{2kK}{\pi}\sin\operatorname{am}\frac{2Kx}{\pi} = 4\left\{\frac{\sqrt{q}\sin x}{1-q}+\frac{\sqrt{q^3}\sin 3x}{1-q^3}+\frac{\sqrt{q^5}\sin 5x}{1-q^5}+\cdots\right\}$$

sequentes:

$$\begin{aligned}
&2\left(\frac{2kK}{\pi}\right)^3\sin^3\operatorname{am}\frac{2Kx}{\pi}\\
&= 4\left\{(1+k^2)\left(\frac{2K}{\pi}\right)^2-1\right\}\frac{\sqrt{q}\sin x}{1-q}\\
&+4\left\{(1+k^2)\left(\frac{2K}{\pi}\right)^2-3^2\right\}\frac{\sqrt{q^3}\sin 3x}{1-q^3}\\
&+4\left\{(1+k^2)\left(\frac{2K}{\pi}\right)^2-5^2\right\}\frac{\sqrt{q^5}\sin 5x}{1-q^5}\\
&+\quad .\quad .\quad .\quad .
\end{aligned}$$

$$\begin{aligned}
&2.3.4\left(\frac{2kK}{\pi}\right)^5\sin^5\operatorname{am}\frac{2Kx}{\pi}\\
&= 4\left\{3(3+2k^2+3k^4)\left(\frac{2K}{\pi}\right)^4-\quad 10(1+k^2)\left(\frac{2K}{\pi}\right)^2+1\right\}\frac{\sqrt{q}\sin x}{1-q}\\
&+4\left\{3(3+2k^2+3k^4)\left(\frac{2K}{\pi}\right)^4-3^2.10(1+k^2)\left(\frac{2K}{\pi}\right)^2+3^4\right\}\frac{\sqrt{q^3}\sin 3x}{1-q^3}\\
&+4\left\{3(3+2k^2+3k^4)\left(\frac{2K}{\pi}\right)^4-5^2.10(1+k^2)\left(\frac{2K}{\pi}\right)^2+5^4\right\}\frac{\sqrt{q^5}\sin 5x}{1-q^5}\\
&+\quad .\quad .\quad .\quad .\quad .
\end{aligned}$$

etc. etc.

II.

e formula:

$$\left(\frac{2kK}{\pi}\right)^2 \sin^2 \operatorname{am}\frac{2Kx}{\pi} = \frac{2K}{\pi}\cdot\frac{2K}{\pi} - \frac{2K}{\pi}\cdot\frac{2E^{\mathrm{I}}}{\pi} - 4\left\{\frac{2q\cos 2x}{1-q^2} + \frac{4q^2\cos 4x}{1-q^4} + \frac{6q^3\cos 6x}{1-q^6} + \cdots\right\}$$

sequentes:

$$\begin{aligned} &2.3\left(\frac{2kK}{\pi}\right)^4 \sin^4 \operatorname{am}\frac{2Kx}{\pi} \\ &= 4(1+k^2)\left(\frac{2K}{\pi}\right)^3\left(\frac{2K}{\pi} - \frac{2E^{\mathrm{I}}}{\pi}\right) - 2k^2\left(\frac{2K}{\pi}\right)^4 \\ &-4\left\{2.4(1+k^2)\left(\frac{2K}{\pi}\right)^2 - 2^3\right\}\frac{q\cos 2x}{1-q^2} \\ &-4\left\{4.4(1+k^2)\left(\frac{2K}{\pi}\right)^2 - 4^3\right\}\frac{q^2\cos 4x}{1-q^4} \\ &-4\left\{6.4(1+k^2)\left(\frac{2K}{\pi}\right)^2 - 6^3\right\}\frac{q^3\cos 6x}{1-q^6} \\ &- \quad . \quad . \quad . \end{aligned}$$

$$\begin{aligned} &2.3.4.5\left(\frac{2kK}{\pi}\right)^6 \sin^6 \operatorname{am}\frac{2Kx}{\pi} \\ &= 8(8+7k^2+8k^4)\left(\frac{2K}{\pi}\right)^5\left(\frac{2K}{\pi} - \frac{2E^{\mathrm{I}}}{\pi}\right) - 32k^2(1+k^2)\left(\frac{2K}{\pi}\right)^6 \\ &-4\left\{2.8(8+7k^2+8k^4)\left(\frac{2K}{\pi}\right)^4 - 2^3.20(1+k^2)\left(\frac{2K}{\pi}\right)^2 + 2^5\right\}\frac{q\cos 2x}{1-q^2} \\ &-4\left\{4.8(8+7k^2+8k^4)\left(\frac{2K}{\pi}\right)^4 - 4^3.20(1+k^2)\left(\frac{2K}{\pi}\right)^2 + 4^5\right\}\frac{q^2\cos 4x}{1-q^4} \\ &-4\left\{6.8(8+7k^2+8k^4)\left(\frac{2K}{\pi}\right)^4 - 6^3.20(1+k^2)\left(\frac{2K}{\pi}\right)^2 + 6^5\right\}\frac{q^3\cos 6x}{1-q^6} \\ &- \quad . \quad . \quad . \quad . \quad . \end{aligned}$$

etc. etc.

III.

e formula:

$$\frac{\frac{2K}{\pi}}{\sin \operatorname{am}\frac{2Kx}{\pi}} = \frac{1}{\sin x} + \frac{4q\sin x}{1-q} + \frac{4q^3\sin 3x}{1-q^3} + \frac{4q^5\sin 5x}{1-q^5} + \cdots$$

sequentes:

$$\frac{2\left(\frac{2K}{\pi}\right)^3}{\sin^3 \mathrm{am}\,\frac{2Kx}{\pi}}$$

$$= (1+k^2)\left(\frac{2K}{\pi}\right)^2\frac{1}{\sin x}+\frac{d^2}{dx^2}\frac{1}{\sin x}$$

$$+4\left\{(1+k^2)\left(\frac{2K}{\pi}\right)^2-1\right\}\frac{q\sin x}{1-q}$$

$$+4\left\{(1+k^2)\left(\frac{2K}{\pi}\right)^2-3^2\right\}\frac{q^3\sin 3x}{1-q^3}$$

$$+4\left\{(1+k^2)\left(\frac{2K}{\pi}\right)^2-5^2\right\}\frac{q^5\sin 5x}{1-q^5}$$

$$+\quad\cdot\quad\cdot\quad\cdot$$

$$\frac{2\,.\,3\,.\,4\left(\frac{2K}{\pi}\right)^5}{\sin^5 \mathrm{am}\,\frac{2Kx}{\pi}}$$

$$= \frac{3(3+2k^2+3k^4)\left(\frac{2K}{\pi}\right)^4}{\sin x}+10(1+k^2)\left(\frac{2K}{\pi}\right)^2\frac{d^2}{dx^2}\frac{1}{\sin x}+\frac{d^4}{dx^4}\frac{1}{\sin x}$$

$$+4\left\{3(3+2k^2+3k^4)\left(\frac{2K}{\pi}\right)^4-\quad 10(1+k^2)\left(\frac{2K}{\pi}\right)^2+1\right\}\frac{q\sin x}{1-q}$$

$$+4\left\{3(3+2k^2+3k^4)\left(\frac{2K}{\pi}\right)^4-3^2.10(1+k^2)\left(\frac{2K}{\pi}\right)^2+3^4\right\}\frac{q^3\sin 3x}{1-q^3}$$

$$+4\left\{3(3+2k^2+3k^4)\left(\frac{2K}{\pi}\right)^4-5^2.10(1+k^2)\left(\frac{2K}{\pi}\right)^2+5^4\right\}\frac{q^5\sin 5x}{1-q^5}$$

$$+\quad\cdot\quad\cdot\quad\cdot\quad\cdot$$

etc. etc.

IV.

e formula:

$$\frac{\left(\frac{2K}{\pi}\right)^2}{\sin^2 \mathrm{am}\,\frac{2Kx}{\pi}}$$

$$= \frac{2K}{\pi}\left(\frac{2K}{\pi}-\frac{2E^{\mathrm{I}}}{\pi}\right)+\frac{1}{\sin^2 x}-4\left\{\frac{2q^2\cos 2x}{1-q^2}+\frac{4q^4\cos 4x}{1-q^4}+\frac{6q^6\cos 6x}{1-q^6}+\cdots\right\}$$

sequentes:

$$\frac{2.3\left(\frac{2K}{\pi}\right)^4}{\sin^4\mathrm{am}\frac{2Kx}{\pi}}$$

$$= 4(1+k^2)\left(\frac{2K}{\pi}\right)^3\left(\frac{2K}{\pi}-\frac{2E^{\mathrm{I}}}{\pi}\right)-2k^2\left(\frac{2K}{\pi}\right)^4$$

$$+\frac{4(1+k^2)\left(\frac{2K}{\pi}\right)^2}{\sin^2 x}+\frac{d^2}{dx^2}\frac{1}{\sin^2 x}$$

$$-4\left\{2.4(1+k^2)\left(\frac{2K}{\pi}\right)^2-2^3\right\}\frac{q^2\cos 2x}{1-q^2}$$

$$-4\left\{4.4(1+k^2)\left(\frac{2K}{\pi}\right)^2-4^3\right\}\frac{q^4\cos 4x}{1-q^4}$$

$$-4\left\{6.4(1+k^2)\left(\frac{2K}{\pi}\right)^2-6^3\right\}\frac{q^6\cos 6x}{1-q^6}$$

$$- \quad . \quad . \quad .$$

$$\frac{2.3.4.5\left(\frac{2K}{\pi}\right)^6}{\sin^6\mathrm{am}\frac{2Kx}{\pi}}$$

$$= 8(8+7k^2+8k^4)\left(\frac{2K}{\pi}\right)^5\left(\frac{2K}{\pi}-\frac{2E^{\mathrm{I}}}{\pi}\right)-32k^2(1+k^2)\left(\frac{2K}{\pi}\right)^6$$

$$+\frac{8(8+7k^2+8k^4)\left(\frac{2K}{\pi}\right)^4}{\sin^2 x}+20(1+k^2)\left(\frac{2K}{\pi}\right)^2\frac{d^2}{dx^2}\frac{1}{\sin^2 x}+\frac{d^4}{dx^4}\frac{1}{\sin^2 x}$$

$$-4\left\{2.8(8+7k^2+8k^4)\left(\frac{2K}{\pi}\right)^4-2^3.20(1+k^2)\left(\frac{2K}{\pi}\right)^2+2^5\right\}\frac{q^2\cos 2x}{1-q^2}$$

$$-4\left\{4.8(8+7k^2+8k^4)\left(\frac{2K}{\pi}\right)^4-4^3.20(1+k^2)\left(\frac{2K}{\pi}\right)^2+4^5\right\}\frac{q^4\cos 4x}{1-q^4}$$

$$-4\left\{6.8(8+7k^2+8k^4)\left(\frac{2K}{\pi}\right)^4-6^3.20(1+k^2)\left(\frac{2K}{\pi}\right)^2+6^5\right\}\frac{q^6\cos 6x}{1-q^6}$$

$$- \quad . \quad . \quad . \quad .$$

etc. etc.

45.

Exempla antecedentibus proposita docent, quomodo e formulis (2.), (3.), (6.), (7.) §. 43. evolutiones functionum $\sin^n \text{am} \frac{2Kx}{\pi}$, $\frac{1}{\sin^n \text{am} \frac{2Kx}{\pi}}$ inveniantur. Quantitates $A_n^{(m)}$, $B_n^{(m)}$, a quibus illae pendent, ope formularum (4.), (5.) ibidem successive eruere licet. At expressiones earum generales indagandi quaestio, cum nimis illae complicatae evadant, quam ut eas per inductionem assequi liceat, paullo altius est repetenda. Quem in finem sequentia antemittimus.

Nota est formula elementaris:

$$\sin \text{am}(u+v) - \sin \text{am}(u-v) = \frac{2 \sin \text{am}\, v \cos \text{am}\, u\, \Delta\, \text{am}\, u}{1 - k^2 \sin^2 \text{am}\, u \sin^2 \text{am}\, v},$$

qua integrata secundum u, prodit:

$$(1.) \qquad \int_0^u du \left\{ \sin \text{am}(u+v) - \sin \text{am}(u-v) \right\} = \frac{1}{k} \log \left(\frac{1 + k \sin \text{am}\, u \sin \text{am}\, v}{1 - k \sin \text{am}\, u \sin \text{am}\, v} \right).$$

E theoremate Tayloriano fit:

$$\sin \text{am}(u+v) - \sin \text{am}(u-v) = 2 \left\{ \frac{d \sin \text{am}\, u}{du} \cdot v + \frac{d^3 \sin \text{am}\, u}{du^3} \cdot \frac{v^3}{\Pi 3} + \frac{d^5 \sin \text{am}\, u}{du^5} \cdot \frac{v^5}{\Pi 5} + \cdots \right\},$$

unde:

$$\int_0^u du \left\{ \sin \text{am}(u+v) - \sin \text{am}(u-v) \right\} = 2 \left\{ \sin \text{am}\, u . v + \frac{d^2 \sin \text{am}\, u}{du^2} \cdot \frac{v^3}{\Pi 3} + \frac{d^4 \sin \text{am}\, u}{du^4} \cdot \frac{v^5}{\Pi 5} + \cdots \right\}.$$

Facile enim constat, posito $u = 0$, et $\sin \text{am}\, u$ et generaliter $\frac{d^{2m} \sin \text{am}\, u}{du^{2m}}$ evanescere. Hinc aequatio (1.), etiam altera eius parte evoluta, in hanc abit:

$$(2.) \qquad \sin \text{am}\, u . v + \frac{d^2 \sin \text{am}\, u}{du^2} \cdot \frac{v^3}{\Pi 3} + \frac{d^4 \sin \text{am}\, u}{du^4} \cdot \frac{v^5}{\Pi 5} + \cdots$$
$$= \sin \text{am}\, u \sin \text{am}\, v + \frac{k^2}{3} \sin^3 \text{am}\, u \sin^3 \text{am}\, v + \frac{k^4}{5} \sin^5 \text{am}\, u \sin^5 \text{am}\, v + \cdots$$

Porro aequationibus notis:

$$\sin \text{am}(u+v) + \sin \text{am}(u-v) = \frac{2 \sin \text{am}\, u \cos \text{am}\, v \Delta\, \text{am}\, v}{1 - k^2 \sin^2 \text{am}\, u \sin^2 \text{am}\, v}$$

$$\sin \text{am}(u+v) - \sin \text{am}(u-v) = \frac{2 \sin \text{am}\, v \cos \text{am}\, u \Delta\, \text{am}\, u}{1 - k^2 \sin^2 \text{am}\, u \sin^2 \text{am}\, v}$$

in se ductis, obtinemus:

$$(3.)\quad \sin^2\operatorname{am}(u+v)-\sin^2\operatorname{am}(u-v)$$
$$=\frac{4\sin\operatorname{am}u\cos\operatorname{am}u\Delta\operatorname{am}u.\sin\operatorname{am}v\cos\operatorname{am}v\Delta\operatorname{am}v}{[1-k^2\sin^2\operatorname{am}u\sin^2\operatorname{am}v]^2}=\frac{d\sin^2\operatorname{am}u.d\sin^2\operatorname{am}v}{[1-k^2\sin^2\operatorname{am}u\sin^2\operatorname{am}v]^2du\,dv}.$$

Integratione facta secundum v, provenit:

$$\int_0^v dv\{\sin^2\operatorname{am}(u+v)-\sin^2\operatorname{am}(u-v)\}$$
$$=\frac{2\sin\operatorname{am}u\cos\operatorname{am}u\Delta\operatorname{am}u.\sin^2\operatorname{am}v}{1-k^2\sin^2\operatorname{am}u\sin^2\operatorname{am}v}=\frac{\sin^2\operatorname{am}v.d\sin^2\operatorname{am}u}{(1-k^2\sin^2\operatorname{am}u\sin^2\operatorname{am}v)du}.$$

Qua denuo integrata secundum alterum elementum u, obtinemus:

$$(4.)\quad \int_0^u du\int_0^v dv\{\sin^2\operatorname{am}(u+v)-\sin^2\operatorname{am}(u-v)\} = -\frac{1}{k^2}\log(1-k^2\sin^2\operatorname{am}u\sin^2\operatorname{am}v).$$

E theoremate Tayloriano fit:

$$\sin^2\operatorname{am}(u+v)-\sin^2\operatorname{am}(u-v)$$
$$=2\left\{\frac{d\sin^2\operatorname{am}u}{du}\cdot v+\frac{d^3\sin^2\operatorname{am}u}{du^3}\cdot\frac{v^3}{\Pi 3}+\frac{d^5\sin^2\operatorname{am}u}{du^5}\cdot\frac{v^5}{\Pi 5}+\cdots\right\},$$

unde:

$$\int_0^v dv\{\sin^2\operatorname{am}(u+v)-\sin^2\operatorname{am}(u-v)\}$$
$$=2\left\{\frac{d\sin^2\operatorname{am}u}{du}\cdot\frac{v^2}{\Pi 2}+\frac{d^3\sin^2\operatorname{am}u}{du^3}\cdot\frac{v^4}{\Pi 4}+\frac{d^5\sin^2\operatorname{am}u}{du^5}\cdot\frac{v^6}{\Pi 6}+\cdots\right\}$$

$$\int_0^u du\int_0^v dv\{\sin^2\operatorname{am}(u+v)-\sin^2\operatorname{am}(u-v)\}$$
$$=2\left\{\sin^2\operatorname{am}u\cdot\frac{v^2}{\Pi 2}+\frac{d^2\sin^2\operatorname{am}u}{du^2}\cdot\frac{v^4}{\Pi 4}+\frac{d^4\sin^2\operatorname{am}u}{du^4}\cdot\frac{v^6}{\Pi 6}+\cdots\right\}-2\left\{U^{(2)}\frac{v^4}{\Pi 4}+U^{(4)}\frac{v^6}{\Pi 6}\right.$$

siquidem per characterem $U^{(2m)}$ valorem expressionis $\frac{d^{2m}\sin^2\operatorname{am}u}{du^{2m}}$ denotamus, quem obtinet, posito $u=0$. Hinc aequatio (4.), etiam altera eius parte evoluta, in hanc abit:

$$(5.)\quad \sin^2\operatorname{am}u\cdot\frac{v^2}{\Pi 2}+\frac{d^2\sin^2\operatorname{am}u}{du^2}\cdot\frac{v^4}{\Pi 4}+\frac{d^4\sin^2\operatorname{am}u}{du^4}\cdot\frac{v^6}{\Pi 6}+\cdots-\left\{U^{(2)}\frac{v^4}{\Pi 4}+U^{(4)}\frac{v^6}{\Pi 6}+\cdots\right\}$$
$$=\frac{1}{2}\sin^2\operatorname{am}u\sin^2\operatorname{am}v+\frac{k^2}{4}\sin^4\operatorname{am}u\sin^4\operatorname{am}v+\frac{k^4}{6}\sin^6\operatorname{am}u\sin^6\operatorname{am}v+\cdots$$

His rite praeparatis, ponatur:

$$u = \sin\operatorname{am} u + R_1 \sin^3\operatorname{am} u + R_2 \sin^5\operatorname{am} u + R_3 \sin^7\operatorname{am} u + \cdots,$$

ac generaliter:

$$\begin{aligned} u^n &= [\sin\operatorname{am} u + R_1 \sin^3\operatorname{am} u + R_2 \sin^5\operatorname{am} u + R_3 \sin^7\operatorname{am} u + \cdots]^n \\ &= \sin^n\operatorname{am} u + R_1^{(n)} \sin^{n+2}\operatorname{am} u + R_2^{(n)} \sin^{n+4}\operatorname{am} u + R_3^{(n)} \sin^{n+6}\operatorname{am} u + \cdots, \end{aligned}$$

porro e reversione seriei:

$$u = \sin\operatorname{am} u + R_1 \sin^3\operatorname{am} u + R_2 \sin^5\operatorname{am} u + R_3 \sin^7\operatorname{am} u + \cdots$$

oriatur haec:

$$\sin\operatorname{am} u = u + S_1 u^3 + S_2 u^5 + S_3 u^7 + \cdots,$$

ac sit rursus:

$$\sin^n\operatorname{am} u = [u + S_1 u^3 + S_2 u^5 + S_3 u^7 + \cdots]^n = u^n + S_1^{(n)} u^{n+2} + S_2^{(n)} u^{n+4} + S_3^{(n)} u^{n+6} + \cdots$$

Iam ex aequatione (2.):

$$\begin{aligned} &\sin\operatorname{am} u \,.\, v + \frac{d^2 \sin\operatorname{am} u}{du^2} \cdot \frac{v^3}{\Pi 3} + \frac{d^4 \sin\operatorname{am} u}{du^4} \cdot \frac{v^5}{\Pi 5} + \cdots \\ &= \sin\operatorname{am} u \sin\operatorname{am} v + \frac{k^2}{3} \sin^3\operatorname{am} u \sin^3\operatorname{am} v + \frac{k^4}{5} \sin^5\operatorname{am} u \sin^5\operatorname{am} v + \cdots, \end{aligned}$$

evolutis v, v^3, v^5, etc. in series secundum dignitates ipsius $\sin\operatorname{am} v$ progredientes, in utraque aequationis parte coefficientibus eiusdem dignitatis $\sin^{2n+1}\operatorname{am} v$ inter se comparatis, provenit:

$$(6.)\qquad \begin{aligned} &\frac{k^{2n} \sin^{2n+1}\operatorname{am} u}{2n+1} \\ &= R_n^{(1)} \sin\operatorname{am} u + R_{n-1}^{(3)} \frac{d^2 \sin\operatorname{am} u}{\Pi 3 \,.\, du^2} + R_{n-2}^{(5)} \frac{d^4 \sin\operatorname{am} u}{\Pi 5 \,.\, du^4} + \cdots + \frac{d^{2n} \sin\operatorname{am} u}{\Pi(2n+1) du^{2n}}. \end{aligned}$$

Eodem modo e formula (5.) provenit:

$$(7.)\qquad \begin{aligned} &\frac{k^{2n-2} \sin^{2n}\operatorname{am} u}{2n} \\ &= R_{n-1}^{(2)} \frac{\sin^2\operatorname{am} u}{\Pi 2} + R_{n-2}^{(4)} \frac{d^2 \sin^2\operatorname{am} u}{\Pi 4 \,.\, du^2} + R_{n-3}^{(6)} \frac{d^4 \sin^2\operatorname{am} u}{\Pi 6 \,.\, du^4} + \cdots + \frac{d^{2n-2} \sin^2\operatorname{am} u}{\Pi 2n \,.\, du^{2n-2}} \\ &\quad - \left\{ \frac{R_{n-2}^{(4)}}{3 \,.\, 4} + \frac{R_{n-3}^{(6)}}{5 \,.\, 6} S_1^{(2)} + \frac{R_{n-4}^{(8)}}{7 \,.\, 8} S_2^{(2)} + \cdots + \frac{S_{n-2}^{(2)}}{(2n-1)\, 2n} \right\} \text{*)} \end{aligned}$$

*) Fit enim e notatione proposita: $\sin^2\operatorname{am} u = u^2 + S_1^{(2)} u^4 + S_2^{(2)} u^6 + S_3^{(2)} u^8 + \ldots$, unde, cum sit $U^{(2m)} = \dfrac{d^{2m} \sin^2\operatorname{am} u}{du^{2m}}$, pro valore $u = 0$: $U^{(2m)} = \Pi 2m \,.\, S_{m-1}^{(2)}$.

E (6.), (7.), mutato u in $u+iK'$, sequitur:

$$(8.)\qquad \frac{1}{(2n+1)\sin^{2n+1}\operatorname{am}u}$$

$$=\frac{R_n^{(1)}}{\sin\operatorname{am}u}+\frac{R_{n-1}^{(3)}}{\Pi 3}\cdot\frac{d^2}{du^2}\frac{1}{\sin\operatorname{am}u}+\frac{R_{n-2}^{(5)}}{\Pi 5}\cdot\frac{d^4}{du^4}\frac{1}{\sin\operatorname{am}u}+\cdots+\frac{1}{\Pi(2n+1)}\cdot\frac{d^{2n}}{du^{2n}}\frac{1}{\sin\operatorname{am}u}$$

$$(9.)\qquad \frac{1}{2n\sin^{2n}\operatorname{am}u}$$

$$=\frac{R_{n-1}^{(2)}}{\Pi 2.\sin^2\operatorname{am}u}+\frac{R_{n-2}^{(4)}}{\Pi 4}\cdot\frac{d^2}{du^2}\frac{1}{\sin^2\operatorname{am}u}+\frac{R_{n-3}^{(6)}}{\Pi 6}\cdot\frac{d^4}{du^4}\frac{1}{\sin^2\operatorname{am}u}+\cdots+\frac{1}{\Pi 2n}\cdot\frac{d^{2n-2}}{du^{2n-2}}\frac{1}{\sin^2\operatorname{am}u}$$

$$-k^2\left\{\frac{R_{n-2}^{(4)}}{3.4}+\frac{R_{n-3}^{(6)}}{5.6}S_1^{(2)}+\frac{R_{n-4}^{(8)}}{7.8}S_2^{(2)}+\cdots+\frac{S_{n-2}^{(2)}}{(2n-1)2n}\right\}.$$

Quae sunt formulae, quas quaesivimus, generales, quarum ope $\sin^n\operatorname{am}u$, $\frac{1}{\sin^n\operatorname{am}u}$ e $\sin\operatorname{am}u$, $\sin^2\operatorname{am}u$, $\frac{1}{\sin\operatorname{am}u}$, $\frac{1}{\sin^2\operatorname{am}u}$ eorumque differentialibus inveniuntur.

Adnotabo hac occasione, ubi vice versa $\sin\operatorname{am}v$, $\sin^2\operatorname{am}v$, $\sin^3\operatorname{am}v$, etc. secundum dignitates ipsius v evolvis, e formulis (2.), (5.) erui:

$$(10.)\qquad \frac{d^{2n}\sin\operatorname{am}u}{\Pi(2n+1)du^{2n}}$$

$$=S_n^{(1)}\sin\operatorname{am}u+\frac{k^2}{3}S_{n-1}^{(3)}\sin^3\operatorname{am}u+\frac{k^4}{5}S_{n-2}^{(5)}\sin^5\operatorname{am}u+\cdots+\frac{k^{2n}}{2n+1}\sin^{2n+1}\operatorname{am}u$$

$$(11.)\qquad \frac{d^{2n}\sin^2\operatorname{am}u}{\Pi(2n+2)du^{2n}}-\frac{S_{n-1}^{(3)}}{(2n+1)(2n+2)}$$

$$=\frac{1}{2}S_n^{(2)}\sin^2\operatorname{am}u+\frac{k^2}{4}S_{n-1}^{(4)}\sin^4\operatorname{am}u+\frac{k^4}{6}S_{n-2}^{(6)}\sin^6\operatorname{am}u+\cdots+\frac{k^{2n}}{2n+2}\sin^{2n+2}\operatorname{am}u.$$

Pauca adhuc de inventione ipsarum $R_m^{(n)}$, $S_m^{(n)}$ adiicienda sunt. Posito $\sin\operatorname{am}u=y$, fit e definitione proposita:

$$u=\int_0^y\frac{dy}{\sqrt{(1-y^2)(1-k^2y^2)}}=y+R_1y^3+R_2y^5+R_3y^7+\cdots$$

sive:

$$\frac{1}{\sqrt{(1-y^2)(1-k^2y^2)}}=1+3R_1y^2+5R_2y^4+7R_3y^6+\cdots;$$

unde:

$$3R_1 = \frac{1+k^2}{2}, \quad 5R_2 = \frac{1.3}{2.4}+\frac{1}{2}\cdot\frac{1}{2}k^2+\frac{1.3}{2.4}k^4$$

$$7R_3 = \frac{1.3.5}{2.4.6}+\frac{1.3}{2.4}\cdot\frac{1}{2}k^2+\frac{1}{2}\cdot\frac{1.3}{2.4}k^4+\frac{1.3.5}{2.4.6}k^6$$

$$9R_4 = \frac{1.3.5.7}{2.4.6.8}+\frac{1.3.5}{2.4.6}\cdot\frac{1}{2}k^2+\frac{1.3}{2.4}\cdot\frac{1.3}{2.4}k^4+\frac{1}{2}\cdot\frac{1.3.5}{2.4.6}k^6+\frac{1.3.5.7}{2.4.6.8}k^8$$

etc. etc.

sive etiam:

$$3R_1 = \frac{1}{2}\cdot(1+k^2)$$

$$5R_2 = \frac{1.3}{2.4}(1+k^2)^2-\frac{1}{2}\cdot k^2$$

$$7R_3 = \frac{1.3.5}{2.4.6}(1+k^2)^3-\frac{1.3}{2.2}k^2(1+k^2)$$

$$9R_4 = \frac{1.3.5.7}{2.4.6.8}(1+k^2)^4-\frac{1.3.5}{2.4.2}k^2(1+k^2)^2+\frac{1.3}{2.4}k^4$$

$$11R_5 = \frac{1.3.5.7.9}{2.4.6.8.10}(1+k^2)^5-\frac{1.3.5.7}{2.4.6.2}k^2(1+k^2)^3+\frac{1.3.5}{2.2.4}k^4(1+k^2)$$

$$13R_6 = \frac{1.3\ldots11}{2.4\ldots12}(1+k^2)^6-\frac{1.3.5.7.9}{2.4.6.8.2}k^2(1+k^2)^4+\frac{1.3.5.7}{2.4.2.4}k^4(1+k^2)^2-\frac{1.3.5}{2.4.6}k^6$$

etc. etc.

sive etiam:

$$3R_1 = 1-\frac{1}{2}\cdot k'^2$$

$$5R_2 = 1-\frac{1}{2}\cdot 2k'^2+\frac{1.3}{2.4}\cdot k'^4$$

$$7R_3 = 1-\frac{1}{2}\cdot 3k'^2+\frac{1.3}{2.4}\cdot 3k'^4-\frac{1.3.5}{2.4.6}\cdot k'^6$$

$$9R_4 = 1-\frac{1}{2}\cdot 4k'^2+\frac{1.3}{2.4}\cdot 6k'^4-\frac{1.3.5}{2.4.6}\cdot 4k'^6+\frac{1.3.5.7}{2.4.6.8}k'^8$$

etc. etc.

sive denique:

$$3R_1 = k^2+\frac{1}{2}\cdot k'^2$$

$$5R_2 = k^4+\frac{1}{2}\cdot 2k^2k'^2+\frac{1.3}{2.4}\cdot k'^4$$

$$7R_3 = k^6+\frac{1}{2}\cdot 3k^4k'^2+\frac{1.3}{2.4}\cdot 3k^2k'^4+\frac{1.3.5}{2.4.6}\cdot k'^6$$

$$9R_4 = k^8+\frac{1}{2}\cdot 4k^6k'^2+\frac{1.3}{2.4}\cdot 6k^4k'^4+\frac{1.3.5}{2.4.6}\cdot 4k^2k'^6+\frac{1.3.5.7}{2.4.6.8}k'^8$$

etc. etc.

Ex his quatuor quantitates R_m exprimendi modis modus secundus repraesentationem earum satis memorabilem et concinnam suppeditat, siquidem introducitur quantitas:

$$r = \frac{1+k^2}{2k}.$$

Ita exempli gratia fit:

$$\frac{13R_6}{k^6} = \frac{1.3\ldots11}{1.2\ldots6}r^6 - \frac{1.3.5.7.9}{1.2.3.4.2}r^4 + \frac{1.3.5.7}{1.2.2.4}r^2 - \frac{1.3.5}{2.4.6},$$

qua expressione sex vicibus secundum r integratis, obtinemus:

$$13\int^6 \frac{R_6 dr^6}{k^6} = \frac{r^{12}}{2.4\ldots12} - \frac{r^{10}}{2.4.6.8.10.2} + \frac{r^8}{2.4.6.8.2.4} - \frac{r^6}{2.4.6.2.4.6} + C'r^4 - C''r^2 + C''',$$

designantibus C', C'', C''' constantes arbitrarias. Quibus commode determinatis prodit:

$$13\int^6 \frac{R_6 dr^6}{k^6} = \frac{(r^2-1)^6}{2^6.\Pi 6},$$

unde vicissim:

$$13R_6 = \frac{k^6 d^6 (r^2-1)^6}{2^6.\Pi 6.dr^6};$$

eodemque modo obtinetur generaliter:

$$(2m+1)R_m = \frac{k^m d^m (r^2-1)^m}{2^m.\Pi m.dr^m}. \tag{12.}$$

Conferatur commentatiuncula (*Crelle Journal II. p.* 223) inscripta:

»Ueber eine besondere Gattung algebraischer Functionen, die aus der »Entwicklung der Function $(1-2xz+z^2)^{-\frac{1}{2}}$ entstehn.«

Inventis quantitatibus R_m, per algorithmos notos pervenitur ad eruendas quantitates $R_m^{(n)}$, $S_m^{(n)}$ eas, ut sit:

$$[1+R_1x+R_2x^2+R_3x^3+\cdots]^n = 1+R_1^{(n)}x+R_2^{(n)}x^2+R_3^{(n)}x^3+\cdots,$$

porro ubi ponitur:

$$y = x[1+R_1x^2+R_2x^4+R_3x^6+\cdots],$$

fiat:

$$x^n = y^n[1+S_1^{(n)}y^2+S_2^{(n)}y^4+S_3^{(n)}y^6+\cdots];$$

quae cum definitione quantitatum $R_m^{(n)}$, $S_m^{(n)}$ supra proposita conveniunt. Fit autem, posito:

$$\varphi(x) = 1+R_1x+R_2x^2+R_3x^3+\dots,$$

e theorematis a Cl.[is] Maclaurin et Lagrange inventis:

$$R_m^{(n)} = \frac{d^m[\varphi x]^n}{\Pi m . dx^m}$$

$$S_m^{(n)} = \frac{n}{2m+n}\cdot\frac{d^m[\varphi x]^{-(2m+n)}}{\Pi m . dx^m},$$

siquidem transactis differentiationibus ponitur $x = 0$.

46.

Formularum (6.), (7.), (8.), (9.), §. 45. beneficio nanciscimur evolutiones generales:

$$(1.)\qquad \frac{\left(\frac{2kK}{\pi}\right)^{2n+1}\sin^{2n+1}\mathrm{am}\,\frac{2Kx}{\pi}}{2n+1}$$

$$= 4\left\{R_n^{(1)}\left(\frac{2K}{\pi}\right)^{2n}-\frac{R_{n-1}^{(3)}}{\Pi 3}\left(\frac{2K}{\pi}\right)^{2n-2}+\frac{R_{n-2}^{(5)}}{\Pi 5}\left(\frac{2K}{\pi}\right)^{2n-4}-\dots+\frac{(-1)^n}{\Pi(2n+1)}\right\}\frac{\sqrt{q}\sin x}{1-q}$$

$$+4\left\{R_n^{(1)}\left(\frac{2K}{\pi}\right)^{2n}-\frac{3^2R_{n-1}^{(3)}}{\Pi 3}\left(\frac{2K}{\pi}\right)^{2n-2}+\frac{3^4R_{n-2}^{(5)}}{\Pi 5}\left(\frac{2K}{\pi}\right)^{2n-4}-\dots+\frac{(-1)^n 3^{2n}}{\Pi(2n+1)}\right\}\frac{\sqrt{q^3}\sin 3x}{1-q^3}$$

$$+4\left\{R_n^{(1)}\left(\frac{2K}{\pi}\right)^{2n}-\frac{5^2R_{n-1}^{(3)}}{\Pi 3}\left(\frac{2K}{\pi}\right)^{2n-2}+\frac{5^4R_{n-2}^{(5)}}{\Pi 5}\left(\frac{2K}{\pi}\right)^{2n-4}-\dots+\frac{(-1)^n 5^{2n}}{\Pi(2n+1)}\right\}\frac{\sqrt{q^5}\sin 5x}{1-q^5}$$

$$+\quad\cdot\quad\cdot\quad\cdot\quad\cdot\quad\cdot\quad\cdot$$

$$(2.)\qquad \frac{\left(\frac{2kK}{\pi}\right)^{2n}\sin^{2n}\mathrm{am}\,\frac{2Kx}{\pi}}{2n}$$

$$=\frac{R_{n-1}^{(2)}}{\Pi 2}\left(\frac{2K}{\pi}\right)^{2n-1}\left(\frac{2K}{\pi}-\frac{2E^{\mathrm{I}}}{\pi}\right)-k^2\left(\frac{2K}{\pi}\right)^{2n}\left\{\frac{R_{n-2}^{(4)}}{3.4}+\frac{R_{n-3}^{(6)}}{5.6}S_1^{(2)}+\frac{R_{n-4}^{(8)}}{7.8}S_2^{(2)}+\dots+\frac{S_{n-2}^{(2)}}{(2n-1)2n}\right\}$$

$$-4\left\{\frac{2R_{n-1}^{(2)}\left(\frac{2K}{\pi}\right)^{2n-2}}{\Pi 2}-\frac{2^3R_{n-2}^{(4)}\left(\frac{2K}{\pi}\right)^{2n-4}}{\Pi 4}+\dots+\frac{(-1)^{n-1}2^{2n-1}}{\Pi 2n}\right\}\frac{q\cos 2x}{1-q^2}$$

$$-4\left\{\frac{4R_{n-1}^{(2)}\left(\frac{2K}{\pi}\right)^{2n-2}}{\Pi 2}-\frac{4^3R_{n-2}^{(4)}\left(\frac{2K}{\pi}\right)^{2n-4}}{\Pi 4}+\dots+\frac{(-1)^{n-1}4^{2n-1}}{\Pi 2n}\right\}\frac{q^2\cos 4x}{1-q^4}$$

$$-4\left\{\frac{6R_{n-1}^{(2)}\left(\frac{2K}{\pi}\right)^{2n-2}}{\Pi 2}-\frac{6^3R_{n-2}^{(4)}\left(\frac{2K}{\pi}\right)^{2n-4}}{\Pi 4}+\dots+\frac{(-1)^{n-1}6^{2n-1}}{\Pi 2n}\right\}\frac{q^3\cos 6x}{1-q^6}$$

$$-\quad\cdot\quad\cdot\quad\cdot\quad\cdot\quad\cdot\quad\cdot$$

(3.)
$$\frac{\left(\frac{2K}{\pi}\right)^{2n+1}}{(2n+1)\sin^{2n+1}\operatorname{am}\frac{2Kx}{\pi}}$$

$$= \frac{R_n^{(1)}\left(\frac{2K}{\pi}\right)^{2n}}{\sin x} + \frac{R_{n-1}^{(3)}\left(\frac{2K}{\pi}\right)^{2n-2}}{\Pi 3}\cdot\frac{d^2}{dx^2}\frac{1}{\sin x} + \cdots + \frac{1}{\Pi(2n+1)}\cdot\frac{d^{2n}}{dx^{2n}}\frac{1}{\sin x}$$

$$+4\left\{R_n^{(1)}\left(\frac{2K}{\pi}\right)^{2n} - \frac{R_{n-1}^{(3)}\left(\frac{2K}{\pi}\right)^{2n-2}}{\Pi 3} + \cdots + \frac{(-1)^n}{\Pi(2n+1)}\right\}\frac{q\sin x}{1-q}$$

$$+4\left\{R_n^{(1)}\left(\frac{2K}{\pi}\right)^{2n} - \frac{3^2 R_{n-1}^{(3)}\left(\frac{2K}{\pi}\right)^{2n-2}}{\Pi 3} + \cdots + \frac{(-1)^n 3^{2n}}{\Pi(2n+1)}\right\}\frac{q^3\sin 3x}{1-q^3}$$

$$+4\left\{R_n^{(1)}\left(\frac{2K}{\pi}\right)^{2n} - \frac{5^2 R_{n-1}^{(3)}\left(\frac{2K}{\pi}\right)^{2n-2}}{\Pi 3} + \cdots + \frac{(-1)^n 5^{2n}}{\Pi(2n+1)}\right\}\frac{q^5\sin 5x}{1-q^5}$$

$$+ \quad \cdot \quad \cdot \quad \cdot \quad \cdot$$

(4.)
$$\frac{\left(\frac{2K}{\pi}\right)^{2n}}{2n\,.\,\sin^{2n}\operatorname{am}\frac{2Kx}{\pi}}$$

$$= \frac{1}{2}R_{n-1}^{(2)}\left(\frac{2K}{\pi}\right)^{2n-1}\left(\frac{2K}{\pi}-\frac{2E^{\mathrm{I}}}{\pi}\right) - k^2\left(\frac{2K}{\pi}\right)^{2n}\left\{\frac{1}{3.4}R_{n-2}^{(4)} + \frac{1}{5.6}R_{n-3}^{(6)}S_1^{(2)} + \frac{1}{7.8}R_{n-4}^{(8)}S_2^{(2)} + \cdots + \frac{1}{(2n-1)2n}S_{n-2}^{(2)}\right\}$$

$$+\frac{R_{n-1}^{(2)}\left(\frac{2K}{\pi}\right)^{2n-2}}{\Pi 2\,.\sin^2 x} + \frac{R_{n-2}^{(4)}\left(\frac{2K}{\pi}\right)^{2n-4}}{\Pi 4}\cdot\frac{d^2}{dx^2}\frac{1}{\sin^2 x} + \cdots + \frac{1}{\Pi 2n}\cdot\frac{d^{2n-2}}{dx^{2n-2}}\frac{1}{\sin^2 x}$$

$$-4\left\{\frac{2R_{n-1}^{(2)}\left(\frac{2K}{\pi}\right)^{2n-2}}{\Pi 2} - \frac{2^3 R_{n-2}^{(4)}\left(\frac{2K}{\pi}\right)^{2n-4}}{\Pi 4} + \cdots + \frac{(-1)^{n-1}2^{2n-1}}{\Pi 2n}\right\}\frac{q^2\cos 2x}{1-q^2}$$

$$-4\left\{\frac{4R_{n-1}^{(2)}\left(\frac{2K}{\pi}\right)^{2n-2}}{\Pi 2} - \frac{4^3 R_{n-2}^{(4)}\left(\frac{2K}{\pi}\right)^{2n-4}}{\Pi 4} + \cdots + \frac{(-1)^{n-1}4^{2n-1}}{\Pi 2n}\right\}\frac{q^4\cos 4x}{1-q^4}$$

$$-4\left\{\frac{6R_{n-1}^{(2)}\left(\frac{2K}{\pi}\right)^{2n-2}}{\Pi 2} - \frac{6^3 R_{n-2}^{(4)}\left(\frac{2K}{\pi}\right)^{2n-4}}{\Pi 4} + \cdots + \frac{(-1)^{n-1}6^{2n-1}}{\Pi 2n}\right\}\frac{q^6\cos 6x}{1-q^6}$$

$$- \quad \cdot \quad \cdot \quad \cdot \quad \cdot \quad \cdot$$

E formulis (6.), (7.), (8.), (9.) §. 45. aliae deduci possunt, quae respectu functionum $\cos\operatorname{am} u$, $\operatorname{tang}\operatorname{am} u$, $\Delta\operatorname{am} u$ easdem partes agunt, quas illae respectu functionis $\sin\operatorname{am} u$. Etenim e formula:

$$\sin\operatorname{am}\left(k'u,\ \frac{ik}{k'}\right) = \cos\operatorname{coam} u,$$

unde etiam:

$$\sin\operatorname{am}\left(k'(K-u),\ \frac{ik}{k'}\right) = \cos\operatorname{am} u,$$

videmus, in formulis propositis, ubi ponitur $\frac{ik}{k'}$ loco k et $k'(K-u)$ loco u, abire $\sin\operatorname{am} u$ in $\cos\operatorname{am} u$, unde inveniuntur similes formulae, quae ipsi $\cos\operatorname{am} u$ respondent. Porro ex aequatione:

$$\sin\operatorname{am} iu = i\operatorname{tang}\operatorname{am}(u, k')$$

patet, simul mutari posse u in iu, k in k', $\sin\operatorname{am} u$ in $i\operatorname{tang}\operatorname{am} u$; unde formulas pro $\operatorname{tang}\operatorname{am} u$ eruimus. Ex his deinde, quia

$$\operatorname{cotang}\operatorname{am}(u+iK') = -i\Delta\operatorname{am} u,$$

formulas pro $\Delta\operatorname{am} u$ eruere licet, quae formulis (6.), (7.), (8.), (9.) §. 45. respondent. Quibus inventis, methodo plane simili ex evolutionibus functionum:

$$\cos\operatorname{am}\frac{2Kx}{\pi},\quad \cos^2\operatorname{am}\frac{2Kx}{\pi},\quad \Delta\operatorname{am}\frac{2Kx}{\pi},\quad \Delta^2\operatorname{am}\frac{2Kx}{\pi}$$

$$\frac{1}{\cos\operatorname{am}\frac{2Kx}{\pi}},\quad \frac{1}{\cos^2\operatorname{am}\frac{2Kx}{\pi}},\quad \frac{1}{\Delta\operatorname{am}\frac{2Kx}{\pi}},\quad \frac{1}{\Delta^2\operatorname{am}\frac{2Kx}{\pi}},$$

a nobis propositis, evolutiones generales deducis functionum:

$$\cos^n\operatorname{am}\frac{2Kx}{\pi},\quad \Delta^n\operatorname{am}\frac{2Kx}{\pi}.$$

Quae sufficiat addigitasse.

Transformationes insignes serierum, in quas functiones ellipticas evolvimus, nanciscimur, posito ix loco x et adhibitis formulis, quas de reductione argumenti imaginarii ad argumentum reale in primis fundamentis dedimus. Quae vero cum in promptu sint, hoc loco diutius his nolumus immorari.

INTEGRALIUM ELLIPTICORUM SECUNDA SPECIES IN SERIES EVOLVITUR.

47.

Integrata formula supra exhibita §. 41. (1.):

$$\left(\frac{2kK}{\pi}\right)^2 \sin^2 \mathrm{am}\frac{2Kx}{\pi} = \frac{2K}{\pi}\frac{2K}{\pi} - \frac{2K}{\pi}\frac{2E^{\mathrm{I}}}{\pi} - 4\left\{\frac{2q\cos 2x}{1-q^2} + \frac{4q^2\cos 4x}{1-q^4} + \frac{6q^3\cos 6x}{1-q^6} + \cdots\right\}$$

inde a $x = 0$ usque ad $x = x$, provenit:

$$\left(\frac{2kK}{\pi}\right)^2 \int_0^x \sin^2 \mathrm{am}\frac{2Kx}{\pi}\,dx$$

$$= \left\{\frac{2K}{\pi}\frac{2K}{\pi} - \frac{2K}{\pi}\frac{2E^{\mathrm{I}}}{\pi}\right\}x - 4\left\{\frac{q\sin 2x}{1-q^2} + \frac{q^2\sin 4x}{1-q^4} + \frac{q^3\sin 6x}{1-q^6} + \frac{q^4\sin 8x}{1-q^8} + \cdots\right\}.$$

Designemus in sequentibus per characterem $\frac{2K}{\pi}Z\left(\frac{2Kx}{\pi}\right)$ expressionem:

$$(1.)\qquad \frac{2K}{\pi}Z\left(\frac{2Kx}{\pi}\right) = \frac{2Kx}{\pi}\left(\frac{2K}{\pi} - \frac{2E^{\mathrm{I}}}{\pi}\right) - \left(\frac{2kK}{\pi}\right)^2 \int_0^x \sin^2 \mathrm{am}\frac{2Kx}{\pi}\,dx$$

$$= 4\left\{\frac{q\sin 2x}{1-q^2} + \frac{q^2\sin 4x}{1-q^4} + \frac{q^3\sin 6x}{1-q^6} + \frac{q^4\sin 8x}{1-q^8} + \cdots\right\}.$$

E Cl^{i}. Legendre notatione erit, posito $\frac{2Kx}{\pi} = u$, $\varphi = \mathrm{am}\,u$:

$$(2.)\qquad Z(u) = \frac{F^{\mathrm{I}}E(\varphi) - E^{\mathrm{I}}F(\varphi)}{F^{\mathrm{I}}}.$$

Functionem $Z(u)$ loco ipsius $E(\varphi)$ in analysin functionum ellipticarum introducere convenit; quam ceterum ope formulae (2.) ad terminos Cl^{o}. Legendre usitatos revocare in promptu est. Adumbremus paucis, quomodo ex ipsa evolutione functionis Z, quam formula (1.) suppeditat, complures eius proprietates, etsi notas, derivare liceat.

Mutetur in (1.) x in $x+\frac{\pi}{2}$, prodit:

$$\frac{2K}{\pi}Z\left(\frac{2Kx}{\pi}+K\right) = -4\left\{\frac{q\sin 2x}{1-q^2} - \frac{q^2\sin 4x}{1-q^4} + \frac{q^3\sin 6x}{1-q^6} - \cdots\right\},$$

unde:

$$\frac{2K}{\pi}Z\left(\frac{2Kx}{\pi}\right) - \frac{2K}{\pi}Z\left(\frac{2Kx}{\pi}+K\right) = 8\left\{\frac{q\sin 2x}{1-q^2} + \frac{q^3\sin 6x}{1-q^6} + \frac{q^5\sin 10x}{1-q^{10}} + \cdots\right\}.$$

24*

Porro mutetur in (1.) x in $2x$, q in q^2, simulque k in $k^{(2)}$, K in $K^{(2)}$, prodit:

$$\frac{2K^{(2)}}{\pi} Z\left(\frac{4K^{(2)}x}{\pi}, k^{(2)}\right) = 4\left\{\frac{q^2 \sin 4x}{1-q^4} + \frac{q^4 \sin 8x}{1-q^8} + \frac{q^6 \sin 12x}{1-q^{12}} + \cdots\right\},$$

unde:

$$\frac{2K}{\pi} Z\left(\frac{2Kx}{\pi}\right) - \frac{2K^{(2)}}{\pi} Z\left(\frac{4K^{(2)}x}{\pi}, k^{(2)}\right) = 4\left\{\frac{q \sin 2x}{1-q^2} + \frac{q^3 \sin 6x}{1-q^6} + \frac{q^5 \sin 10x}{1-q^{10}} + \cdots\right\}.$$

At supra invenimus:

$$\frac{2kK}{\pi} \sin\operatorname{am} \frac{2Kx}{\pi} = 4\left\{\frac{\sqrt{q} \sin x}{1-q} + \frac{\sqrt{q^3} \sin 3x}{1-q^3} + \frac{\sqrt{q^5} \sin 5x}{1-q^5} + \cdots\right\},$$

unde, mutato q in q^2, x in $2x$:

$$\frac{2k^{(2)}K^{(2)}}{\pi} \sin\operatorname{am}\left(\frac{4K^{(2)}x}{\pi}, k^{(2)}\right) = 4\left\{\frac{q \sin 2x}{1-q^2} + \frac{q^3 \sin 6x}{1-q^6} + \frac{q^5 \sin 10x}{1-q^{10}} + \cdots\right\}.$$

Hinc sequitur:

$$(3.)\qquad \frac{2K}{\pi}\left\{Z\left(\frac{2Kx}{\pi}\right) - Z\left(\frac{2Kx}{\pi} + K\right)\right\} = \frac{4k^{(2)}K^{(2)}}{\pi} \sin\operatorname{am}\left(\frac{4K^{(2)}x}{\pi}, k^{(2)}\right)$$

$$(4.)\qquad \frac{2K}{\pi} Z\left(\frac{2Kx}{\pi}\right) - \frac{2K^{(2)}}{\pi} Z\left(\frac{4K^{(2)}x}{\pi}, k^{(2)}\right) = \frac{2k^{(2)}K^{(2)}}{\pi} \sin\operatorname{am}\left(\frac{4K^{(2)}x}{\pi}, k^{(2)}\right)$$

$$(5.)\qquad \frac{2K}{\pi} Z\left(\frac{2Kx}{\pi}\right) + \frac{2K}{\pi} Z\left(\frac{2Kx}{\pi} + K\right) - \frac{4K^{(2)}}{\pi} Z\left(\frac{4K^{(2)}x}{\pi}, k^{(2)}\right) = 0.$$

In quibus formulis, quarum (4.), (5.) transformationem functionis Z secundi ordinis suppeditant, est:

$$k^{(2)} = \frac{1-k'}{1+k'},\quad K^{(2)} = \frac{1+k'}{2} \cdot K,\quad \sin\operatorname{am}\left(\frac{4K^{(2)}x}{\pi}, k^{(2)}\right) = (1+k') \sin\operatorname{am} \frac{2Kx}{\pi} \cdot \sin\operatorname{coam} \frac{2Kx}{\pi},$$

uti de transformatione secundi ordinis, a Cl°. Legendre proposita, constat. Unde formulam (3.) ita quoque repraesentare licet, posito $u = \frac{2Kx}{\pi}$:

$$(6.)\qquad Z(u) - Z(u+K) = k^2 \sin\operatorname{am} u \sin\operatorname{coam} u.$$

Ponamus brevitatis causa: $\operatorname{am}\left(\frac{2mK^{(m)}x}{\pi}, k^{(m)}\right) = \varphi^{(m)}$, e formula (4.), posito successive $k^{(2)}, k^{(4)}, k^{(8)}, \ldots$ loco k; $2x$, $4x$, $8x$, ... loco x, prodit:

$$(7.)\quad K \cdot Z(u) = F^{\mathrm{I}}E(\varphi) - E^{\mathrm{I}}F(\varphi) = k^{(2)}K^{(2)} \sin\varphi^{(2)} + k^{(4)}K^{(4)} \sin\varphi^{(4)} + k^{(8)}K^{(8)} \sin\varphi^{(8)} + \cdots,$$

quam dedit Cl. Legendre formulam.

Simili modo e formula §[i] 41:

$$\frac{2K}{\pi}\frac{2K}{\pi}-\frac{2K}{\pi}\frac{2E^1}{\pi} = 8\left\{\frac{q}{(1-q)^2}+\frac{q^3}{(1-q^3)^2}+\frac{q^5}{(1-q^5)^2}+\frac{q^7}{(1-q^7)^2}+\cdots\right\},$$

quam etiam hunc in modum evolvere licet:

$$\frac{2K}{\pi}\frac{2K}{\pi}-\frac{2K}{\pi}\frac{2E^1}{\pi} = 8\left\{\frac{q}{1-q^2}+\frac{2q^2}{1-q^4}+\frac{3q^3}{1-q^6}+\frac{4q^4}{1-q^8}+\cdots\right\},$$

comparata cum hac, quam supra invenimus:

$$\left(\frac{2kK}{\pi}\right)^2 = 16\left\{\frac{q}{1-q^2}+\frac{3q^3}{1-q^6}+\frac{5q^5}{1-q^{10}}+\frac{7q^7}{1-q^{14}}+\cdots\right\},$$

prodit:

$$(8.)\qquad 2K(K-E^1) = (kK)^2+2(k^{(2)}K^{(2)})^2+4(k^{(4)}K^{(4)})^2+8(k^{(8)}K^{(8)})^2+\cdots,$$

quae cum ea convenit, quam Cl. Gauss dedit in commentatione *Determinatio Attractionis* etc. §. 17.

48.

Eadem methodo, qua §. 41. eruimus evolutionem expressionis $\left(\frac{2kK}{\pi}\right)^2\sin^2\mathrm{am}\frac{2Kx}{\pi}$, inquiramus in expressionem $\left\{\frac{2K}{\pi}Z\left(\frac{2Kx}{\pi}\right)\right\}^2$ in seriem evolvendam. Ponamus:

$$\left(\frac{2K}{\pi}\right)^2 Z\left(\frac{2Kx}{\pi}\right)Z\left(\frac{2Kx}{\pi}\right) = 16\left\{\frac{q\sin 2x}{1-q^2}+\frac{q^2\sin 4x}{1-q^4}+\frac{q^3\sin 6x}{1-q^6}+\cdots\right\}^2$$
$$= 8\left\{A+A'\cos 2x+A''\cos 4x+A'''\cos 6x+\cdots\right\},$$

quam expressionem propositam induere videmus formam, dum loco $2\sin 2mx\sin 2m'x$ ubique ponitur $\cos 2(m-m')x-\cos 2(m+m')x$. Fit primum:

$$A = \frac{q^2}{(1-q^2)^2}+\frac{q^4}{(1-q^4)^2}+\frac{q^6}{(1-q^6)^2}+\frac{q^8}{(1-q^8)^2}+\cdots$$

Deinde generaliter obtinemus $A^{(n)} = 2B^{(n)}-C^{(n)}$, siquidem ponitur:

$$B^{(n)} = \frac{q^{n+2}}{(1-q^2)(1-q^{2n+2})}+\frac{q^{n+4}}{(1-q^4)(1-q^{2n+4})}+\frac{q^{n+6}}{(1-q^6)(1-q^{2n+6})}+\cdots$$

$$C^{(n)} = \frac{q^n}{(1-q^2)(1-q^{2n-2})}+\frac{q^n}{(1-q^4)(1-q^{2n-4})}+\cdots+\frac{q^n}{(1-q^{2n-2})(1-q^2)}.$$

In singulis harum expressionum terminis substituatur respective:

$$\frac{q^{n+m}}{(1-q^m)(1-q^{2n+m})} = \frac{q^n}{1-q^{2n}}\left\{\frac{q^m}{1-q^m}-\frac{q^{2n+m}}{1-q^{2n+m}}\right\}$$

$$\frac{q^n}{(1-q^m)(1-q^{2n-m})} = \frac{q^n}{1-q^{2n}}\left\{\frac{q^m}{1-q^m}+\frac{q^{2n-m}}{1-q^{2n-m}}+1\right\},$$

prodit:

$$B^{(n)} = \frac{q^n}{1-q^{2n}}\left\{\frac{q^2}{1-q^2}+\frac{q^4}{1-q^4}+\frac{q^6}{1-q^6}+\cdots\right\}$$
$$-\frac{q^n}{1-q^{2n}}\left\{\frac{q^{2n+2}}{1-q^{2n+2}}+\frac{q^{2n+4}}{1-q^{2n+4}}+\frac{q^{2n+6}}{1-q^{2n+6}}+\cdots\right\}$$
$$=\frac{q^n}{1-q^{2n}}\left\{\frac{q^2}{1-q^2}+\frac{q^4}{1-q^4}+\frac{q^6}{1-q^6}+\cdots+\frac{q^{2n}}{1-q^{2n}}\right\}$$

$$C^{(n)} = \frac{(n-1)q^n}{1-q^{2n}}+\frac{2q^n}{1-q^{2n}}\left\{\frac{q^2}{1-q^2}+\frac{q^4}{1-q^4}+\frac{q^6}{1-q^6}+\cdots+\frac{q^{2n-2}}{1-q^{2n-2}}\right\};$$

unde:

$$A^{(n)} = 2B^{(n)}-C^{(n)} = -\frac{(n-1)q^n}{1-q^{2n}}+\frac{2q^{3n}}{(1-q^{2n})^2} = -\frac{nq^n}{1-q^{2n}}+\frac{q^n(1+q^{2n})}{(1-q^{2n})^2}.$$

His collectis, invenitur evolutio quaesita:

$$(1.)\quad \left(\frac{2K}{\pi}\right)^2 Z\left(\frac{2Kx}{\pi}\right)Z\left(\frac{2Kx}{\pi}\right) = 8A-8\left\{\frac{q\cos 2x}{1-q^2}+\frac{2q^2\cos 4x}{1-q^4}+\frac{3q^3\cos 6x}{1-q^6}+\cdots\right\}$$
$$+8\left\{\frac{q(1+q^2)\cos 2x}{(1-q^2)^2}+\frac{q^2(1+q^4)\cos 4x}{(1-q^4)^2}+\frac{q^3(1+q^6)\cos 6x}{(1-q^6)^2}+\cdots\right\}.$$

Ipsum $A = \frac{q^2}{(1-q^2)^2}+\frac{q^4}{(1-q^4)^2}+\frac{q^6}{(1-q^6)^2}+\cdots$ cum etiam hunc in modum evolvere liceat:

$$A = \frac{q^2}{1-q^2}+\frac{2q^4}{1-q^4}+\frac{3q^6}{1-q^6}+\frac{4q^8}{1-q^8}+\cdots,$$

invenimus e §. 42. (6.):

$$(2.)\qquad 8A = \frac{(2-k^2)\left(\frac{2K}{\pi}\right)^2-3\,\frac{2K}{\pi}\cdot\frac{2E^{\mathrm{I}}}{\pi}+1}{3}.$$

Porro autem constat esse:

$$8A = \frac{2}{\pi}\cdot\left(\frac{2K}{\pi}\right)^2\int_0^{\frac{\pi}{2}} Z\left(\frac{2Kx}{\pi}\right)Z\left(\frac{2Kx}{\pi}\right)dx;$$

integrata enim aequatione (1.) a $x=0$ usque ad $x=\frac{\pi}{2}$, termini omnes praeter primum evanescunt; unde, si Cl[i]. Legendre notationibus uti placet:

$$(3.)\qquad \int_0^{\frac{\pi}{2}} \frac{[F^1E(\varphi)-E^1F(\varphi)]^3}{\Delta(\varphi)}\,d\varphi = \frac{(2-k^2)F^1F^1F^1-3F^1F^1E^1+\frac{1}{4}\pi\pi F^1}{3},$$

quae est integralis definiti satis abstrusi determinatio.

INTEGRALIA ELLIPTICA TERTIAE SPECIEI INDEFINITA AD CASUM REVOCANTUR DEFINITUM, IN QUO AMPLITUDO PARAMETRUM AEQUAT.

19.

Antequam ad tertiam speciem integralium ellipticorum in seriem evolvendam accedamus, paucis, quae theoriae illorum adiicere contigit, seorsim exponemus, idque fere ipsis signis claro eius autori usitatis. Mox idem novis adhibitis denominationibus proponetur.

Proficiscimur a theorematibus quibusdam notis de specie secunda integralium ellipticorum. Fit:

$$\sin\mathrm{am}(u+a)+\sin\mathrm{am}(u-a) = \frac{2\sin\mathrm{am}\,u\cos\mathrm{am}\,a\,\Delta\mathrm{am}\,a}{1-k^2\sin^2\mathrm{am}\,a\sin^2\mathrm{am}\,u}$$

$$\sin\mathrm{am}(u+a)-\sin\mathrm{am}(u-a) = \frac{2\sin\mathrm{am}\,a\cos\mathrm{am}\,u\,\Delta\mathrm{am}\,u}{1-k^2\sin^2\mathrm{am}\,a\sin^2\mathrm{am}\,u},$$

unde:

$$\sin^2\mathrm{am}(u+a)-\sin^2\mathrm{am}(u-a) = \frac{4\sin\mathrm{am}\,a\cos\mathrm{am}\,a\,\Delta\mathrm{am}\,a\sin\mathrm{am}\,u\cos\mathrm{am}\,u\,\Delta\mathrm{am}\,u}{[1-k^2\sin^2\mathrm{am}\,a\sin^2\mathrm{am}\,u]^2},$$

qua integrata formula secundum u, prodit:

$$(1.)\qquad \int_0^u du.[\sin^2\mathrm{am}(u+a)-\sin^2\mathrm{am}(u-a)] = \frac{2\sin\mathrm{am}\,a\cos\mathrm{am}\,a\,\Delta\mathrm{am}\,a\sin^2\mathrm{am}\,u}{1-k^2\sin^2\mathrm{am}\,a\sin^2\mathrm{am}\,u},$$

uti iam supra invenimus.

Ponatur: $\mathrm{am}\,u=\varphi$, $\mathrm{am}\,a=\alpha$, $\mathrm{am}(u+a)=\sigma$, $\mathrm{am}(u-a)=\vartheta$, erit e notatione Cl[i]. Legendre:

$$k^2\int_0^u du\sin^2\mathrm{am}\,u = F(\varphi)-E(\varphi),$$

unde etiam, cum sit $F(\sigma)-F(a)=F(\varphi)$, $F(\vartheta)+F(a)=F(\varphi)$:

$$k^2\int_0^u du \sin^2 \mathrm{am}(u+a) = F(\varphi)-E(\sigma)+E(\alpha)$$

$$k^2\int_0^u du \sin^2 \mathrm{am}(u-a) = F(\varphi)-E(\vartheta)-E(\alpha).$$

Hinc aequatio (1.) in hanc abit:

$$(2.)\qquad 2E(\alpha)-[E(\sigma)-E(\vartheta)] = \frac{2k^2\sin\alpha\cos\alpha\Delta\alpha\sin^2\varphi}{1-k^2\sin^2\alpha\sin^2\varphi}.$$

Commutatis inter se u et a, abit α in φ, ϑ in $-\vartheta$, σ immutatum manet, unde ex (2.) prodit:

$$2E(\varphi)-[E(\sigma)+E(\vartheta)] = \frac{2k^2\sin\varphi\cos\varphi\Delta\varphi\sin^2\alpha}{1-k^2\sin^2\alpha\sin^2\varphi},$$

qua addita aequationi (2.), provenit:

$$(3.)\qquad E(\varphi)+E(\alpha)-E(\sigma) = k^2\sin\alpha\sin\varphi\sin\sigma,$$

quod est theorema de additione functionis E, a Cl°. Legendre prolatum, l. c. cap. IX. pag. 43. c'.

Integralia formae:

$$\int_0^\varphi \frac{\sin^2\varphi\, d\varphi}{[1-k^2\sin^2\alpha\sin^2\varphi]\Delta(\varphi)}$$

secundum eam, quam Cl. Legendre instituit, integralium ellipticorum distributionem in species, speciem *tertiam* constituunt. Quantitatem $-k^2\sin^2\alpha$, quam per n designat, parametrum vocat; nos in sequentibus ipsum angulum α *parametrum* dicemus. Quorum integralium, multiplicata aequatione (2.) per

$$\frac{d\varphi}{\Delta(\varphi)} = \frac{d\sigma}{\Delta(\sigma)} = \frac{d\vartheta}{\Delta(\vartheta)}$$

ac integratione instituta a $\varphi=0$ usque ad $\varphi=\varphi$, quo facto ipsius σ limites erunt: $\sigma=\alpha$, $\sigma=\sigma$, ipsius ϑ limites: $\vartheta=-\alpha$, $\vartheta=\vartheta$, expressionem eruimus sequentem:

$$\int_0^\varphi \frac{2k^2\sin\alpha\cos\alpha\Delta\alpha\sin^2\varphi\, d\varphi}{[1-k^2\sin^2\alpha\sin^2\varphi]\Delta(\varphi)} = 2F(\varphi)E(\alpha)-\int_\alpha^\sigma \frac{E(\sigma)d\sigma}{\Delta(\sigma)}+\int_{-\alpha}^\vartheta \frac{E(\vartheta)d\vartheta}{\Delta(\vartheta)}.$$

Facile constat, cum sit $E(-\varphi)=-E(\varphi)$, esse:

$$\int_0^\varphi \frac{E(\varphi)d\varphi}{\Delta(\varphi)} = \int_0^{-\varphi}\frac{E(\varphi)d\varphi}{\Delta(\varphi)} \quad \text{sive} \quad \int_{-\varphi}^{+\varphi}\frac{E(\varphi)d\varphi}{\Delta(\varphi)} = 0,$$

unde, cum sit:

$$\int_\alpha^\sigma \frac{E(\sigma)\,d\sigma}{\Delta(\sigma)} = \int_0^\sigma \frac{E(\varphi)\,d\varphi}{\Delta(\varphi)} - \int_0^\alpha \frac{E(\varphi)\,d\varphi}{\Delta(\varphi)}$$

$$\int_{-\alpha}^\vartheta \frac{E(\vartheta)\,d\vartheta}{\Delta(\vartheta)} = \int_0^\vartheta \frac{E(\varphi)\,d\varphi}{\Delta(\varphi)} - \int_0^{-\alpha} \frac{E(\varphi)\,d\varphi}{\Delta(\varphi)} = \int_0^\vartheta \frac{E(\varphi)\,d\varphi}{\Delta(\varphi)} - \int_0^\alpha \frac{E(\varphi)\,d\varphi}{\Delta(\varphi)},$$

nacti sumus novum ac memorabile

Theorema I.

Determinentur anguli ϑ, σ *ita, ut sit:*

$$F(\varphi)+F(\alpha) = F(\sigma), \quad F(\varphi)-F(\alpha) = F(\vartheta),$$

erit:

$$\int_0^\varphi \frac{k^2 \sin\alpha\cos\alpha\,\Delta\alpha\,\sin^2\varphi\,d\varphi}{[1-k^2\sin^2\alpha\sin^2\varphi]\Delta(\varphi)}$$

$$= F(\varphi)E(\alpha)-\frac{1}{2}\int_\vartheta^\sigma \frac{E(\varphi)\,d\varphi}{\Delta(\varphi)} = F(\varphi)E(\alpha)-\frac{1}{2}\int_0^\sigma \frac{E(\varphi)\,d\varphi}{\Delta(\varphi)} + \frac{1}{2}\int_0^\vartheta \frac{E(\varphi)\,d\varphi}{\Delta(\varphi)},$$

ita ut tertia species integralium ellipticorum, quae ab elementis tribus pendet, modulo k, *amplitudine* φ, *parametro* α, *revocata sit ad speciem primam et secundam et transcendentem novam:*

$$\int_0^\varphi \frac{E(\varphi)\,d\varphi}{\Delta(\varphi)},$$

quae tantum a duobus elementis pendent omnes.

50.

Ponamus $F(\alpha_2) = 2F(\alpha)$, quoties $\varphi = \alpha$, fit $\sigma = \alpha_2$, $\vartheta = 0$, quo igitur casu e theoremate proposito nanciscimur:

$$(1.)\qquad \int_0^\alpha \frac{k^2 \sin\alpha\cos\alpha\,\Delta\alpha\,\sin^2\varphi\,d\varphi}{[1-k^2\sin^2\alpha\,\sin^2\varphi]\Delta(\varphi)} = F(\alpha)E(\alpha)-\frac{1}{2}\int_0^{\alpha_2} \frac{E(\varphi)\,d\varphi}{\Delta(\varphi)}.$$

Quae docet formula, in locum transcendentis novae substitui posse et hanc:

$$\int_0^\alpha \frac{\sin^2\varphi\,d\varphi}{[1-k^2\sin^2\alpha\,\sin^2\varphi]\Delta(\varphi)},$$

quod est integrale tertiae speciei *definitum*, in quo amplitudo parametrum aequat, quod igitur et ipsum tantum a duobus elementis pendet, a modulo k et quantitate illa, quae simul et parameter est et amplitudo.

Ponamus $2F(\mu) = F(\varphi)+F(\alpha) = F(\sigma)$, $2F(\delta) = F(\varphi)-F(\alpha) = F(\vartheta)$, erit ex (1.):

$$\frac{1}{2}\int_0^\sigma \frac{E(\varphi)\,d\varphi}{\Delta(\varphi)} = F(\mu)E(\mu)-\int_0^\mu \frac{k^2\sin\mu\cos\mu\,\Delta\mu\sin^2\varphi\,d\varphi}{[1-k^2\sin^2\mu\sin^2\varphi]\Delta(\varphi)}$$

$$\frac{1}{2}\int_0^\vartheta \frac{E(\varphi)\,d\varphi}{\Delta(\varphi)} = F(\delta)E(\delta)-\int_0^\delta \frac{k^2\sin\delta\cos\delta\,\Delta\delta\sin^2\varphi\,d\varphi}{[1-k^2\sin^2\delta\sin^2\varphi]\Delta(\varphi)},$$

quibus in theoremate, in §° antecedente proposito, substitutis formulis, obtinemus sequens

Theorema II.

Determinentur anguli μ, δ ***ita, ut sit:***

$$F(\mu) = \frac{F(\varphi)+F(\alpha)}{2},\quad F(\delta) = \frac{F(\varphi)-F(\alpha)}{2},$$

erit:

$$k^2\sin\alpha\cos\alpha\,\Delta\alpha.\int_0^\varphi \frac{\sin^2\varphi\,d\varphi}{[1-k^2\sin^2\alpha\sin^2\varphi]\Delta(\varphi)} = F(\varphi)E(\alpha)-F(\mu)E(\mu)+F(\delta)E(\delta)$$
$$+k^2\sin\mu\cos\mu\,\Delta\mu.\int_0^\mu \frac{\sin^2\varphi\,d\varphi}{[1-k^2\sin^2\mu\sin^2\varphi]\Delta(\varphi)}$$
$$-k^2\sin\delta\cos\delta\,\Delta\delta.\int_0^\delta \frac{\sin^2\varphi\,d\varphi}{[1-k^2\sin^2\delta\sin^2\varphi]\Delta(\varphi)},$$

qua formula integralia tertiae speciei indefinita revocantur ad definita, in quibus amplitudo parametrum aequat, ideoque, quae ab elementis tribus pendebant, ad alias transcendentes, quae tantum duobus constant.

Commutatis inter se α et φ, abit ϑ in $-\vartheta$, σ immutatum manet, unde, cum insuper sit:

$$\int_{-\vartheta}^\sigma \frac{E(\varphi)\,d\varphi}{\Delta(\varphi)} = \int_{+\vartheta}^\sigma \frac{E(\varphi)\,d\varphi}{\Delta(\varphi)},$$

e theoremate I:

$$\int_0^\varphi \frac{k^2\sin\alpha\cos\alpha\,\Delta\alpha\sin^2\varphi\,d\varphi}{[1-k^2\sin^2\alpha\sin^2\varphi]\Delta(\varphi)} = F(\varphi)E(\alpha)-\frac{1}{2}\int_\vartheta^\sigma \frac{E(\varphi)\,d\varphi}{\Delta(\varphi)}$$

obtinemus:

$$\int_0^\alpha \frac{k^2\sin\varphi\cos\varphi\,\Delta\varphi\sin^2\alpha\,d\alpha}{[1-k^2\sin^2\varphi\sin^2\alpha]\Delta(\alpha)} = F(\alpha)E(\varphi)-\frac{1}{2}\int_\vartheta^\sigma \frac{E(\varphi)\,d\varphi}{\Delta(\varphi)}.$$

Hinc, subductione facta, prodit:

$$(2.)\quad \int_0^{\varphi} \frac{k^2 \sin\alpha \cos\alpha \,\Delta\alpha \sin^2\varphi \, d\varphi}{[1-k^2\sin^2\alpha \sin^2\varphi]\Delta(\varphi)} - \int_0^{\alpha} \frac{k^2 \sin\varphi \cos\varphi \,\Delta\varphi \sin^2\alpha \, d\alpha}{[1-k^2\sin^2\varphi \sin^2\alpha]\Delta(\alpha)} = F(\varphi)E(\alpha) - F(\alpha)E(\varphi),$$

quae docet formula, ***integrale tertiae speciei semper revocari posse ad aliud, in quo, qui erat parameter, fit amplitudo, quae erat amplitudo, fit parameter.***

Ubi in formula (2.) ponitur $\varphi = \frac{\pi}{2}$, obtinemus:

$$(3.)\quad \int_0^{\frac{\pi}{2}} \frac{k^2 \sin\alpha \cos\alpha \,\Delta\alpha \sin^2\varphi \, d\varphi}{[1-k^2\sin^2\alpha \sin^2\varphi]\Delta(\varphi)} = F^{\text{I}} E(\alpha) - E^{\text{I}} F(\alpha).$$

Formulae (2.), (3.) cum iis conveniunt, quae a Cl°. Legendre exhibitae sunt cap. XXIII. pag. 141. (n'), (p').

INTEGRALIA ELLIPTICA TERTIAE SPECIEI IN SERIEM EVOLVUNTUR. QUOMODO ILLA PER TRANSCENDENTEM NOVAM Θ COMMODE EXPRIMUNTUR.

51.

E formula:

$$\sin^2 \text{am} \frac{2K}{\pi}(x+A) - \sin^2 \text{am} \frac{2K}{\pi}(x-A)$$

$$= \frac{4 \sin \text{am} \frac{2KA}{\pi} \cos \text{am} \frac{2KA}{\pi} \Delta \text{am} \frac{2KA}{\pi} \sin \text{am} \frac{2Kx}{\pi} \cos \text{am} \frac{2Kx}{\pi} \Delta \text{am} \frac{2Kx}{\pi}}{\left\{1 - k^2 \sin^2 \text{am} \frac{2KA}{\pi} \sin^2 \text{am} \frac{2Kx}{\pi}\right\}^2},$$

quae ex elementis constat, eruimus integrando:

$$(1.)\quad \frac{2K}{\pi} \int_0^x dx \left\{\sin^2 \text{am} \frac{2K}{\pi}(x+A) - \sin^2 \text{am} \frac{2K}{\pi}(x-A)\right\}$$

$$= \frac{2 \sin \text{am} \frac{2KA}{\pi} \cos \text{am} \frac{2KA}{\pi} \Delta \text{am} \frac{2KA}{\pi} \sin^2 \text{am} \frac{2Kx}{\pi}}{1 - k^2 \sin^2 \text{am} \frac{2KA}{\pi} \sin^2 \text{am} \frac{2Kx}{\pi}}.$$

Iam dedimus §. 41. formulam:

$$\left(\frac{2kK}{\pi}\right)^2 \sin^2 \operatorname{am} \frac{2Kx}{\pi} = \frac{2K}{\pi}\frac{2K}{\pi} - \frac{2K}{\pi}\frac{2E^{\mathrm{I}}}{\pi} - 4\left\{\frac{2q\cos 2x}{1-q^2} + \frac{4q^2\cos 4x}{1-q^4} + \frac{6q^3\cos 6x}{1-q^6} + \cdots\right\},$$

unde:

$$\left(\frac{2kK}{\pi}\right)^2 \left\{\sin^2 \operatorname{am} \frac{2K}{\pi}(x+A) - \sin^2 \operatorname{am} \frac{2K}{\pi}(x-A)\right\}$$

$$= 4\left\{\frac{2q\cos 2(x-A)}{1-q^2} + \frac{4q^2\cos 4(x-A)}{1-q^4} + \frac{6q^3\cos 6(x-A)}{1-q^6} + \cdots\right\}$$

$$-4\left\{\frac{2q\cos 2(x+A)}{1-q^2} + \frac{4q^2\cos 4(x+A)}{1-q^4} + \frac{6q^3\cos 6(x+A)}{1-q^6} + \cdots\right\}$$

$$= 8\left\{\frac{2q\sin 2A\sin 2x}{1-q^2} + \frac{4q^2\sin 4A\sin 4x}{1-q^4} + \frac{6q^3\sin 6A\sin 6x}{1-q^6} + \cdots\right\}.$$

Hinc fit ex (1.):

$$(2.)\qquad \frac{2K}{\pi}\cdot\frac{2k^2\sin\operatorname{am}\frac{2KA}{\pi}\cos\operatorname{am}\frac{2KA}{\pi}\Delta\operatorname{am}\frac{2KA}{\pi}\sin^2\operatorname{am}\frac{2Kx}{\pi}}{1-k^2\sin^2\operatorname{am}\frac{2KA}{\pi}\sin^2\operatorname{am}\frac{2Kx}{\pi}}$$

$$= \text{const.} + 4\left\{\frac{q\sin 2(x-A)}{1-q^2} + \frac{q^2\sin 4(x-A)}{1-q^4} + \frac{q^3\sin 6(x-A)}{1-q^6} + \cdots\right\}$$

$$-4\left\{\frac{q\sin 2(x+A)}{1-q^2} + \frac{q^2\sin 4(x+A)}{1-q^4} + \frac{q^3\sin 6(x+A)}{1-q^6} + \cdots\right\}$$

$$= \text{const.} - 8\left\{\frac{q\sin 2A\cos 2x}{1-q^2} + \frac{q^2\sin 4A\cos 4x}{1-q^4} + \frac{q^3\sin 6A\cos 6x}{1-q^6} + \cdots\right\},$$

ubi ita determinari debet *constans*, ut expressio proposita pro $x = 0$ evanescat, unde e §. 47. (1.):

$$\text{const.} = 8\left\{\frac{q\sin 2A}{1-q^2} + \frac{q^2\sin 4A}{1-q^4} + \frac{q^3\sin 6A}{1-q^6} + \cdots\right\} = 2\cdot\frac{2K}{\pi}Z\left(\frac{2KA}{\pi}\right).$$

Formula (2.) a $x = 0$ usque ad $x = \frac{\pi}{2}$ integrata, cum prodeat $\frac{\pi}{2}\cdot$const., reliquis evanescentibus terminis, posito $\frac{2KA}{\pi} = a$, $\frac{2Kx}{\pi} = u$, eruimus integrale definitum:

$$\int_0^K \frac{k^2\sin\operatorname{am} a\cos\operatorname{am} a\,\Delta\operatorname{am} a\sin^2\operatorname{am} u\,du}{1-k^2\sin^2\operatorname{am} a\sin^2\operatorname{am} u} = K.Z(a),$$

quod idem est atque (3.) §. 50.

Designabimus in sequentibus per characterem $\Pi(u, a, k)$ seu brevius per $\Pi(u, a)$ *) integrale:

$$\Pi(u, a) = \int_0^u \frac{k^2 \sin \operatorname{am} a \cos \operatorname{am} a \Delta \operatorname{am} a \sin^2 \operatorname{am} u \, du}{1 - k^2 \sin^2 \operatorname{am} a \sin^2 \operatorname{am} u} = \int_0^\varphi \frac{k^2 \sin \alpha \cos \alpha \Delta \alpha \sin^2 \varphi \, d\varphi}{[1 - k^2 \sin^2 \alpha \sin^2 \varphi] \Delta(\varphi)},$$

siquidem $\varphi = \operatorname{am} u$, $\alpha = \operatorname{am} a$. Quibus positis, aequatione (2.) rursus integrata a $x = 0$ usque ad $x = x$, prodit:

$$(3.) \qquad \Pi\left(\frac{2Kx}{\pi}, \frac{2KA}{\pi}\right)$$

$$= \frac{2Kx}{\pi} Z\left(\frac{2KA}{\pi}\right) - \left\{\frac{q \cos 2(x-A)}{1-q^2} + \frac{q^2 \cos 4(x-A)}{2(1-q^4)} + \frac{q^3 \cos 6(x-A)}{3(1-q^6)} + \cdots\right\}$$

$$+ \frac{q \cos 2(x+A)}{1-q^2} + \frac{q^2 \cos 4(x+A)}{2(1-q^4)} + \frac{q^3 \cos 6(x+A)}{3(1-q^6)} + \cdots$$

$$= \frac{2Kx}{\pi} Z\left(\frac{2KA}{\pi}\right) - 2\left\{\frac{q \sin 2A \sin 2x}{1-q^2} + \frac{q^2 \sin 4A \sin 4x}{2(1-q^4)} + \frac{q^3 \sin 6A \sin 6x}{3(1-q^6)} + \cdots\right\},$$

quae est integralis elliptici tertiae speciei evolutio quaesita.

Ubi adnotatur evolutio nota:

$$-\log(1 - 2q\cos 2x + q^2) = 2\left\{q \cos 2x + \frac{q^2 \cos 4x}{2} + \frac{q^3 \cos 6x}{3} + \frac{q^4 \cos 8x}{4} + \cdots\right\},$$

videmus formulam (3.), singulis evolutis denominatoribus $1-q^2$, $1-q^4$, $1-q^6$, etc., hanc induere formam:

$$(4.) \qquad \Pi\left(\frac{2Kx}{\pi}, \frac{2KA}{\pi}\right)$$

$$= \frac{2Kx}{\pi} Z\left(\frac{2KA}{\pi}\right) + \frac{1}{2} \log \left\{\frac{(1-2q\cos 2(x-A)+q^2)(1-2q^3\cos 2(x-A)+q^6)\cdots}{(1-2q\cos 2(x+A)+q^2)(1-2q^3\cos 2(x+A)+q^6)\cdots}\right\}.$$

52.

Integrata formula (1.) §. 47:

$$\frac{2K}{\pi} Z\left(\frac{2Kx}{\pi}\right) = 4\left\{\frac{q \sin 2x}{1-q^2} + \frac{q^2 \sin 4x}{1-q^4} + \frac{q^3 \sin 6x}{1-q^6} + \cdots\right\}$$

---

*) Cl. Legendre paullo alia est denotatio; ponit enim ille $\Pi(n, \varphi) = \int_0^\varphi \frac{d\varphi}{[1 + n\sin^2\varphi]\Delta(\varphi)}$, ita ut, quod nobis est $\Pi(u, a)$, illi sit:

$$\frac{-\cos\alpha\Delta\alpha}{\sin\alpha} F(\varphi) + \frac{\cos\alpha\Delta\alpha}{\sin\alpha} \Pi(-k^2\sin^2\alpha, \varphi).$$

Quod signum Π ne cum signo multiplicatorio Π, saepius a nobis adhibito, commutetur, vix moneri debet.

a $x = 0$ usque ad $x = x$, prodit:

$$\frac{2K}{\pi}\int_0^x Z\left(\frac{2Kx}{\pi}\right)dx = -2\left\{\frac{q\cos 2x}{1-q^2}+\frac{q^2\cos 4x}{2(1-q^4)}+\frac{q^3\cos 6x}{3(1-q^6)}+\cdots\right\}+\text{const.}$$
$$= \log[(1-2q\cos 2x+q^2)(1-2q^3\cos 2x+q^6)(1-2q^5\cos 2x+q^{10})\cdots]+\text{const.},$$

ubi *constans*, ita determinata, ut integrale pro $x = 0$ evanescat, fit:

$$= 2\left\{\frac{q}{1-q^2}+\frac{q^2}{2(1-q^4)}+\frac{q^3}{3(1-q^6)}+\cdots\right\} = -\log[(1-q)(1-q^3)(1-q^5)\cdots]^2,$$

ideoque:

$$(1.)\quad \frac{2K}{\pi}\int_0^x Z\left(\frac{2Kx}{\pi}\right)dx = \log\left\{\frac{(1-2q\cos 2x+q^2)(1-2q^3\cos 2x+q^6)(1-2q^5\cos 2x+q^{10})\cdots}{[(1-q)(1-q^3)(1-q^5)\cdots]^2}\right\}.$$

Designabimus in posterum per characterem $\Theta(u)$ expressionem:

$$\Theta(u) = \Theta(0)e^{\int_0^u Z(u)du},$$

designante $\Theta(0)$ constantem, quam adhuc indeterminatam relinquimus, dum commodam eius determinationem infra obtinebimus; erit ex (1.):

$$(2.)\quad \frac{\Theta\left(\frac{2Kx}{\pi}\right)}{\Theta(0)} = \frac{(1-2q\cos 2x+q^2)(1-2q^3\cos 2x+q^6)(1-2q^5\cos 2x+q^{10})\cdots}{[(1-q)(1-q^3)(1-q^5)\cdots]^2},$$

unde formula (4.) §. 51. in hanc abit:

$$\Pi\left(\frac{2Kx}{\pi},\frac{2KA}{\pi}\right) = \frac{2Kx}{\pi}Z\left(\frac{2KA}{\pi}\right)+\frac{1}{2}\log\frac{\Theta\left(\frac{2K}{\pi}(x-A)\right)}{\Theta\left(\frac{2K}{\pi}(x+A)\right)},$$

sive, rursus posito $\frac{2Kx}{\pi} = u$, $\frac{2KA}{\pi} = a$:

$$(3.)\quad \Pi(u,a) = uZ(a)+\frac{1}{2}\log\frac{\Theta(u-a)}{\Theta(u+a)} = u\frac{\Theta'(a)}{\Theta(a)}+\frac{1}{2}\log\frac{\Theta(u-a)}{\Theta(u+a)},$$

siquidem ponitur: $\frac{d\Theta(u)}{du} = \Theta'(u)$. Quae est commoda expressio integralis elliptici Π per transcendentem novam Θ.

Facile constat, esse $\Theta(-u) = \Theta(u)$, unde, commutatis inter se a et u e (3.) prodit:

$$\Pi(a,u) = aZ(u)+\frac{1}{2}\log\frac{\Theta(u-a)}{\Theta(u+a)},$$

quibus a (3.) subductis, fit:

$$(4.)\qquad \Pi(u,a)-\Pi(a,u) = uZ(a)-aZ(u),$$

quae eadem est atque formula (2.) §. 50. Hinc posito $\Pi(K,a) = \Pi^1(a)$, evanescente $\Pi(a,K)$, $Z(K)$, fit:

$$\Pi^1(a) = KZ(a),$$

quae est Cl[i]. Legendre, quam supra exhibuimus (3.) §. 50., formula.

Posito $u = a$, e (3.) fit:

$$(5.)\qquad \Pi(a,a) = aZ(a)+\frac{1}{2}\log\frac{\Theta(0)}{\Theta(2a)} = aZ(a)-\frac{1}{2}\log\frac{\Theta(2a)}{\Theta(0)}.$$

Videmus igitur, transcendentem novam sive per integrale $\int\frac{E(\varphi)d\varphi}{\Delta(\varphi)}$ definiri posse ope formulae:

$$(6.)\qquad \frac{\Theta(u)}{\Theta(0)} = e^{\int_0^u Z(u)\,du} = e^{\int_0^\varphi \frac{F^1E(\varphi)-E^1F(\varphi)}{F^1\Delta(\varphi)}\cdot d\varphi},$$

sive per integrale definitum tertiae speciei ope formulae:

$$(7.)\qquad \frac{\Theta(2a)}{\Theta(0)} = e^{2aZ(a)-2\Pi(a,a)}.$$

E formula (5.) nanciscimur:

$$\frac{1}{2}\log\frac{\Theta(u-a)}{\Theta(u+a)} = \frac{u-a}{2}Z\left(\frac{u-a}{2}\right)-\Pi\left(\frac{u-a}{2},\frac{u-a}{2}\right)$$
$$-\frac{u+a}{2}Z\left(\frac{u+a}{2}\right)+\Pi\left(\frac{u+a}{2},\frac{u+a}{2}\right),$$

unde (3.) in hanc abit formulam:

$$(8.)\qquad \Pi(u,a) = uZ(a)+\frac{u-a}{2}Z\left(\frac{u-a}{2}\right)-\frac{u+a}{2}Z\left(\frac{u+a}{2}\right)$$
$$-\Pi\left(\frac{u-a}{2},\frac{u-a}{2}\right)+\Pi\left(\frac{u+a}{2},\frac{u+a}{2}\right),$$

quae est pro reductione integralis tertiae speciei indefiniti ad definita, atque cum Theoremate II. §. 50. convenit.

Corollarium.

Uti iam supra ex evolutionibus inventis algorithmos ad computum idoneos deduximus, minus ut nova proferantur, quam quo melius earum perspiciatur natura: idem rursus agamus de inventa evolutione functionis:

$$\frac{\Theta\left(\frac{2Kx}{\pi}\right)}{\Theta(0)} = e^{\int_0^{\varphi} \frac{F^{\mathrm{I}} E(\varphi) - E^{\mathrm{I}} F(\varphi)}{F^{\mathrm{I}} \Delta(\varphi)} d\varphi}$$

$$= \frac{(1-2q\cos 2x+q^2)(1-2q^3\cos 2x+q^6)(1-2q^5\cos 2x+q^{10})\ldots}{[(1-q)(1-q^3)(1-q^5)\ldots]^2}.$$

Quem in finem antemittamus sequentia.

Ponatur productum infinitum:

$$T = \left(\frac{1-q}{1+q}\right)\left(\frac{1-q^2}{1+q^2}\right)^{\frac{1}{2}}\left(\frac{1-q^4}{1+q^4}\right)^{\frac{1}{4}}\left(\frac{1-q^8}{1+q^8}\right)^{\frac{1}{8}}\ldots,$$

siquidem iteratis vicibus substituitur:

$$1-q^2 = (1-q)(1+q),\quad 1-q^4 = (1-q^2)(1+q^2),\quad 1-q^8 = (1-q^4)(1+q^4),\ \ldots,$$

prodit:

$$T = \left(1-q\right)\left(\frac{1-q}{1+q}\right)^{\frac{1}{2}}\left(\frac{1-q^2}{1+q^2}\right)^{\frac{1}{4}}\left(\frac{1-q^4}{1+q^4}\right)^{\frac{1}{8}}\left(\frac{1-q^8}{1+q^8}\right)^{\frac{1}{16}}\ldots$$

$$= \left(1-q\right)\left(1-q\right)^{\frac{1}{2}}\left(\frac{1-q}{1+q}\right)^{\frac{1}{4}}\left(\frac{1-q^2}{1+q^2}\right)^{\frac{1}{8}}\left(\frac{1-q^4}{1+q^4}\right)^{\frac{1}{16}}\ldots$$

$$= \left(1-q\right)\left(1-q\right)^{\frac{1}{2}}\left(1-q\right)^{\frac{1}{4}}\left(\frac{1-q}{1+q}\right)^{\frac{1}{8}}\left(\frac{1-q^2}{1+q^2}\right)^{\frac{1}{16}}\ldots$$

. . . . . .

unde videmus, fore:

$$(1.)\qquad T = (1-q)(1-q)^{\frac{1}{2}}(1-q)^{\frac{1}{4}}(1-q)^{\frac{1}{8}}(1-q)^{\frac{1}{16}}\ldots = (1-q)^2$$

Sive etiam, cum sit:

$$T = \left(\frac{1-q}{1+q}\right)\left(\frac{1-q^2}{1+q^2}\right)^{\frac{1}{2}}\left(\frac{1-q^4}{1+q^4}\right)^{\frac{1}{4}}\left(\frac{1-q^8}{1+q^8}\right)^{\frac{1}{8}}\ldots$$

$$= \left(1-q\right)\left(\frac{1-q}{1+q}\right)^{\frac{1}{2}}\left(\frac{1-q^2}{1+q^2}\right)^{\frac{1}{4}}\left(\frac{1-q^4}{1+q^4}\right)^{\frac{1}{8}}\ldots,$$

fit $T = (1-q)\sqrt{T}$, unde $T = (1-q)^2$.

Itaque fit

$$(2.)\qquad 1-q = \left(\frac{1-q}{1+q}\right)^{\frac{1}{2}}\left(\frac{1-q^2}{1+q^2}\right)^{\frac{1}{4}}\left(\frac{1-q^4}{1+q^4}\right)^{\frac{1}{8}}\cdots,$$

qua in formula loco q successive ponamus $q, q^3, q^5, q^7, \ldots$ et instituamus infinitam multiplicationem. Advocata formula supra exhibita:

$$\sqrt[4]{k'} = \left(\frac{1-q}{1+q}\right)\left(\frac{1-q^3}{1+q^3}\right)\left(\frac{1-q^5}{1+q^5}\right)\left(\frac{1-q^7}{1+q^7}\right)\cdots,$$

prodit:

$$(1-q)(1-q^3)(1-q^5)(1-q^7)\cdots = [k']^{\frac{1}{8}}[k^{(2)\prime}]^{\frac{1}{16}}[k^{(4)\prime}]^{\frac{1}{32}}\ldots,$$

siquidem designamus, ut supra, per $k^{(r)\prime}$ quantitatem, quae eodem modo a q^r pendet atque k' a q, sive complementum moduli per transformationem primam r^{ti} ordinis eruti.

Porro invenimus §. 36:

$$\{(1-q)(1-q^3)(1-q^5)(1-q^7)\cdots\}^6 = \frac{2\sqrt[4]{q}\,k'}{\sqrt{k}},$$

unde iam:

$$(3.)\qquad q = e^{\frac{-\pi K'}{K}} = \frac{kk}{16k'}[k^{(2)\prime}]^{\frac{3}{2}}[k^{(4)\prime}]^{\frac{3}{4}}[k^{(8)\prime}]^{\frac{3}{8}}\ldots$$

Posito $m=1,\ n=k';\ \frac{m+n}{2}=m',\ \sqrt{mn}=n';\ \frac{m'+n'}{2}=m'',\ \sqrt{m'n'}=n''$; etc., notum est fieri $k^{(2)\prime}=\frac{n'}{m'},\ k^{(4)\prime}=\frac{n''}{m''},\ k^{(8)\prime}=\frac{n'''}{m'''}$, etc., unde:

$$(4.)\qquad q = \frac{mm-nn}{16mn}\cdot\left\{\left(\frac{n'}{m'}\right)^{\frac{1}{2}}\left(\frac{n''}{m''}\right)^{\frac{1}{4}}\left(\frac{n'''}{m'''}\right)^{\frac{1}{8}}\cdots\right\}^3.$$

Hinc etiam fluit, designante $\mu = \frac{\pi}{2K}$ limitem communem, ad quem quantitates $m^{(p)}, n^{(p)}$ convergunt:

$$(5.)\qquad K' = \frac{1}{2\mu}\left\{\log\frac{16mn}{mm-nn}+\frac{3}{2}\log\frac{m'}{n'}+\frac{3}{4}\log\frac{m''}{n''}+\frac{3}{8}\log\frac{m'''}{n'''}+\cdots\right\},$$

quae formulae computum expeditissimum suppeditant. Docet (5.), quomodo ex eadem quantitatum serie, quam ad inveniendum valorem functionis K calculatam habere debes, ipsius etiam K' valor confestim proveniat.

Formulam (3.) transformemus. Fit, ut notum est:

$$k' = \frac{1-k^{(2)}}{1+k^{(2)}}; \quad k = \frac{2\sqrt{k^{(2)}}}{1+k^{(2)}}, \quad \text{unde} \quad \frac{kk}{k'} = \frac{4k^{(2)}}{k^{(2)'}k^{(2)'}}.$$

Hinc obtinemus, siquidem iteratis vicibus simul loco k substituimus $k^{(2)}$ atque radicem quadraticam extrahimus:

$$\frac{kk}{16k'} \cdot \{k^{(2)'}\}^{\frac{3}{2}} = \left\{\frac{k^{(2)}k^{(2)}}{16k^{(2)'}}\right\}^{\frac{1}{2}}$$

$$\left\{\frac{k^{(2)}k^{(2)}}{16k^{(2)'}}\right\}^{\frac{1}{2}} \{k^{(4)'}\}^{\frac{3}{4}} = \left\{\frac{k^{(4)}k^{(4)}}{16k^{(4)'}}\right\}^{\frac{1}{4}}$$

$$\left\{\frac{k^{(4)}k^{(4)}}{16k^{(4)'}}\right\}^{\frac{1}{4}} \{k^{(8)'}\}^{\frac{3}{8}} = \left\{\frac{k^{(8)}k^{(8)}}{16k^{(8)'}}\right\}^{\frac{1}{8}}$$

$$\cdot \quad \cdot \quad \cdot \quad \cdot \quad \cdot \quad ;$$

unde, posito $r = 2^p$:

$$\frac{kk}{16k'} \{k^{(2)'}\}^{\frac{3}{2}} \{k^{(4)'}\}^{\frac{3}{4}} \{k^{(8)'}\}^{\frac{3}{8}} \cdots \{k^{(r)'}\}^{\frac{3}{r}} = \left\{\frac{k^{(r)}k^{(r)}}{16k^{(r)'}}\right\}^{\frac{1}{r}}.$$

Hinc videmus e formula (3.), $q = e^{\frac{-\pi K'}{K}}$ limitem fore expressionis $\left\{\frac{k^{(r)}k^{(r)}}{16}\right\}^{\frac{1}{r}}$, crescente p seu r in infinitum, quod est theorema a Cl°. Legendre inventum.

Nec non vel ipso intuitu formulae a nobis exhibitae:

$$k = 4\sqrt{q}\left\{\frac{(1+q^2)(1+q^4)(1+q^6)(1+q^8)\ldots}{(1+q)(1+q^3)(1+q^5)(1+q^7)\ldots}\right\}^4$$

patet, neglectis quantitatibus ordinis q^r, fore:

$$q = \sqrt[r]{\frac{k^{(r)}k^{(r)}}{16}},$$

quod cum dicto theoremate convenit.

Iam in formula nostra:

$$1-q = \left\{\frac{1-q}{1+q}\right\}^{\frac{1}{2}} \left\{\frac{1-q^2}{1+q^2}\right\}^{\frac{1}{4}} \left\{\frac{1-q^4}{1+q^4}\right\}^{\frac{1}{8}} \cdots$$

loco q substituamus successive duplicem quantitatum seriem:

$$qe^{2ix}, \quad q^3e^{2ix}, \quad q^5e^{2ix}, \quad q^7e^{2ix}, \ldots$$
$$qe^{-2ix}, \quad q^3e^{-2ix}, \quad q^5e^{-2ix}, \quad q^7e^{-2ix}, \ldots$$

et infinitam instituamus multiplicationem. Advocetur formula §^{i} 36:

$$\Delta \operatorname{am} \frac{2Kx}{\pi} = \sqrt{k'} \frac{(1+2q\cos 2x+q^2)(1+2q^3\cos 2x+q^6)(1+2q^5\cos 2x+q^{10})\dots}{(1-2q\cos 2x+q^2)(1-2q^3\cos 2x+q^6)(1-2q^5\cos 2x+q^{10})\dots},$$

ac designemus per $\Delta^{(r)}$ expressionem

$$\Delta \operatorname{am}\left(\frac{2rK^{(r)}x}{\pi}, k^{(r)}\right) = \sqrt{k^{(r)\prime}} \frac{(1+2q^r\cos 2rx+q^{2r})(1+2q^{3r}\cos 2rx+q^{6r})(1+2q^{5r}\cos 2rx+q^{10r})\dots}{(1-2q^r\cos 2rx+q^{2r})(1-2q^{3r}\cos 2rx+q^{6r})(1-2q^{5r}\cos 2rx+q^{10r})\dots},$$

provenit:

$$\frac{1}{\Delta^{\frac{1}{2}}\Delta^{(2)\frac{1}{4}}\Delta^{(4)\frac{1}{8}}\Delta^{(8)\frac{1}{16}}\dots} = \frac{(1-2q\cos 2x+q^2)(1-2q^3\cos 2x+q^6)(1-2q^5\cos 2x+q^{10})\dots}{[(1-q)(1-q^3)(1-q^5)\dots]^2}.$$

Factorem constantem, quem adiecimus, $\frac{1}{[(1-q)(1-q^3)(1-q^5)\dots]^2}$, ex supra inventis sive eo determinavimus, quod utraque expressio, posito $x=0$, unitati aequalis evadat. Iam vero invenimus:

$$\frac{\Theta\left(\frac{2Kx}{\pi}\right)}{\Theta(0)} = \frac{(1-2q\cos 2x+q^2)(1-2q^3\cos 2x+q^6)(1-2q^5\cos 2x+q^{10})\dots}{[(1-q)(1-q^3)(1-q^5)\dots]^2},$$

unde:

$$\frac{\Theta\left(\frac{2Kx}{\pi}\right)}{\Theta(0)} = \frac{1}{\Delta^{\frac{1}{2}}\Delta^{(2)\frac{1}{4}}\Delta^{(4)\frac{1}{8}}\Delta^{(8)\frac{1}{16}}\dots}.$$

Hinc, posito $\frac{2Kx}{\pi} = u$, $\operatorname{am} u = \varphi$, et advocatis formulis, quas Cl. Legendre de transformatione secundi ordinis proposuit, nanciscimur sequens, quod computum expeditum functionis Θ suppeditat,

Theorema.

Ponatur $\operatorname{am} u = \varphi$, $m=1$, $n=k'$, $\Delta(\varphi) = \sqrt{mm\cos^2\varphi + nn\sin^2\varphi} = \Delta$ et calculetur series quantitatum:

$$m' = \frac{m+n}{2}, \quad m'' = \frac{m'+n'}{2}, \quad m''' = \frac{m''+n''}{2}, \quad \dots,$$

$$n' = \sqrt{mn}, \quad n'' = \sqrt{m'n'}, \quad n''' = \sqrt{m''n''}, \quad \dots,$$

$$\Delta' = \frac{\Delta\Delta+n'n'}{2\Delta}, \quad \Delta'' = \frac{\Delta'\Delta'+n''n''}{2\Delta'}, \quad \Delta''' = \frac{\Delta''\Delta''+n'''n'''}{2\Delta''}, \dots,$$

erit:

$$\frac{\Theta(u)}{\Theta(0)} = e^{\int_0^\varphi \frac{F^I E(\varphi) - E^I F(\varphi)}{F^I \Delta(\varphi)} d\varphi} = \left\{\frac{m}{\Delta}\right\}^{\frac{1}{2}} \cdot \left\{\frac{m'}{\Delta'}\right\}^{\frac{1}{4}} \cdot \left\{\frac{m''}{\Delta''}\right\}^{\frac{1}{8}} \cdot \left\{\frac{m'''}{\Delta'''}\right\}^{\frac{1}{16}} \cdots$$

Cuius theorematis absque evolutionum consideratione per formulas notas ac finitas demonstrandi negotio, cum in promptu sit, supersedemus.

DE ADDITIONE ARGUMENTORUM ET PARAMETRI ET AMPLITUDINIS IN TERTIA SPECIE INTEGRALIUM ELLIPTICORUM.

53.

Formulam in analysi functionis Θ fundamentalem, et cuius nobis in sequentibus frequentissimus usus erit, nanciscimur consideratione sequente. Etenim quia positum est:

$$\Pi(u, a) = \int_0^u \frac{k^2 \sin \operatorname{am} a \cos \operatorname{am} a \, \Delta \operatorname{am} a \sin^2 \operatorname{am} u \, du}{1 - k^2 \sin^2 \operatorname{am} a \sin^2 \operatorname{am} u},$$

fit:

$$\frac{d\Pi(u, a)}{du} = \frac{k^2 \sin \operatorname{am} a \cos \operatorname{am} a \, \Delta \operatorname{am} a \sin^2 \operatorname{am} u}{1 - k^2 \sin^2 \operatorname{am} a \sin^2 \operatorname{am} u}.$$

Qua formula secundum a integrata ab $a = 0$ usque ad $a = a$, prodit:

$$(1.) \qquad \int_0^a da \frac{d\Pi(u,a)}{du} = -\frac{1}{2} \log(1 - k^2 \sin^2 \operatorname{am} a \sin^2 \operatorname{am} u).$$

Fit autem e (3.) §. 52:

$$(2.) \qquad \frac{d\Pi(u,a)}{du} = Z(a) + \frac{1}{2} \frac{\Theta'(u-a)}{\Theta(u-a)} - \frac{1}{2} \frac{\Theta'(u+a)}{\Theta(u+a)},$$

unde:

$$\int_0^a da \frac{d\Pi(u,a)}{du} = \log \frac{\Theta(a)}{\Theta(0)} - \frac{1}{2} \log \Theta(u-a) - \frac{1}{2} \log \Theta(u+a) + \log \Theta(u),$$

quibus substitutis, dum a logarithmis ad numeros transis, e (1.) obtines:

$$(3.) \qquad \Theta(u+a)\Theta(u-a) = \left\{\frac{\Theta(u)\,\Theta(a)}{\Theta(0)}\right\}^2 (1 - k^2 \sin^2 \operatorname{am} a \sin^2 \operatorname{am} u).$$

Formulam (2.) ita repraesentare possumus:

$$\frac{k^2 \sin \operatorname{am} a \cos \operatorname{am} a \, \Delta \operatorname{am} a \sin^2 \operatorname{am} u}{1 - k^2 \sin^2 \operatorname{am} a \sin^2 \operatorname{am} u} = Z(a) + \frac{1}{2} Z(u-a) - \frac{1}{2} Z(u+a),$$

unde, commutatis a et u:

$$\frac{k^2 \sin am u \cos am u \Delta am u \sin^2 am a}{1-k^2 \sin^2 am a \sin^2 am u} = Z(u)-\frac{1}{2}Z(u-a)-\frac{1}{2}Z(u+a),$$

quibus additis formulis prodit:

$$(4.)\qquad Z(u)+Z(a)-Z(u+a) = k^2 \sin am u \sin am a \sin am(u+a),$$

quae est pro additione functionis Z atque convenit cum formula (3.) §. 49:

$$E(\varphi)+E(\alpha)-E(\sigma) = k^2 \sin\varphi \sin\alpha \sin\sigma.$$

Posito $a = K$, cum facile constet esse $Z(K) = \frac{F^1E^1-E^1F^1}{F^1} = 0$, prodit e (4.):

$$(5.)\qquad Z(u)-Z(u+K) = k^2 \sin am u \sin coam u,$$

quam §. 47. ex evolutione ipsius Z derivavimus. Posito $-u$ loco u, $K-u = v$, e formula (5.) obtinemus:

$$(6.)\qquad Z(u)+Z(v) = k^2 \sin am u \sin am v.$$

Posito $u = v = \frac{K}{2}$, fit: $2Z\left(\frac{K}{2}\right) = 1-k'$ *).

Formulam (5.) inde a $u = 0$ usque ad $u = u$ integremus. Cum sit $\int_0^u Z(u)du = \log\frac{\Theta(u)}{\Theta(0)}$, prodit:

$$\log\frac{\Theta(u)}{\Theta(0)}-\log\frac{\Theta(u+K)}{\Theta(K)} = -\log\Delta am u$$

sive:

$$(7.)\qquad \frac{\Theta(0)}{\Theta(K)}\cdot\frac{\Theta(u+K)}{\Theta(u)} = \Delta am u.$$

Posito $u = -K$, eruimus e (7.) valorem ipsius:

$$(8.)\qquad \frac{\Theta(K)}{\Theta(0)} = \frac{1}{\sqrt{k'}},$$

unde (7.) formam induit:

$$(9.)\qquad \frac{\Theta(u+K)}{\Theta(u)} = \frac{\Delta am u}{\sqrt{k'}}.$$

---

*) Est enim $\sin am\frac{K}{2} = \sqrt{\frac{1}{1+k'}}$, $\cos am\frac{K}{2} = \sqrt{\frac{k'}{1+k'}}$, $\Delta am\frac{K}{2} = \sqrt{k'}$, $\operatorname{tg} am\frac{K}{2} = \frac{1}{\sqrt{k'}}$.

Formulam (9.) ex inventa evolutione:

$$\frac{\Theta\left(\frac{2Kx}{\pi}\right)}{\Theta(0)} = \frac{(1-2q\cos 2x+q^2)(1-2q^3\cos 2x+q^6)(1-2q^5\cos 2x+q^{10})\dots}{[(1-q)(1-q^3)(1-q^5)\dots]^2}$$

facile confirmamus. Fit enim, mutato x in $x+\frac{\pi}{2}$:

$$\frac{\Theta\left(\frac{2Kx}{\pi}+K\right)}{\Theta(0)} = \frac{(1+2q\cos 2x+q^2)(1+2q^3\cos 2x+q^6)(1+2q^5\cos 2x+q^{10})\dots}{[(1-q)(1-q^3)(1-q^5)\dots]^2},$$

unde:

$$\frac{\Theta\left(\frac{2Kx}{\pi}+K\right)}{\Theta\left(\frac{2Kx}{\pi}\right)} = \frac{(1+2q\cos 2x+q^2)(1+2q^3\cos 2x+q^6)(1+2q^5\cos 2x+q^{10})\dots}{(1-2q\cos 2x+q^2)(1-2q^3\cos 2x+q^6)(1-2q^5\cos 2x+q^{10})\dots},$$

quam ipsam expressionem invenimus §. 35. $= \frac{\Delta\operatorname{am}\frac{2Kx}{\pi}}{\sqrt{k'}}$, uti debet.

E formula (9.) expressiones $\Pi(u+K, a)$, $\Pi(u, a+K)$ statim ad ipsum $\Pi(u, a)$ revocamus. Fit enim:

$$\begin{aligned}
(10.)\quad \Pi(u+K, a) &= (u+K)Z(a)+\frac{1}{2}\log\frac{\Theta(u+K-a)}{\Theta(u+K+a)} \\
&= (u+K)Z(a)+\frac{1}{2}\log\frac{\Theta(u-a)}{\Theta(u+a)}+\frac{1}{2}\log\frac{\Delta\operatorname{am}(u-a)}{\Delta\operatorname{am}(u+a)} \\
&= \Pi(u, a)+KZ(a)+\frac{1}{2}\log\frac{\Delta\operatorname{am}(u-a)}{\Delta\operatorname{am}(u+a)},
\end{aligned}$$

$$\begin{aligned}
(11.)\quad \Pi(u, a+K) &= uZ(a+K)+\frac{1}{2}\log\frac{\Theta(u-a-K)}{\Theta(u+a+K)} \\
&= uZ(a)-k^2\sin\operatorname{am}a\sin\operatorname{coam}a\,.\,u+\frac{1}{2}\log\frac{\Theta(u-a)}{\Theta(u+a)}+\frac{1}{2}\log\frac{\Delta\operatorname{am}(u-a)}{\Delta\operatorname{am}(u+a)} \\
&= \Pi(u, a)-k^2\sin\operatorname{am}a\sin\operatorname{coam}a\,.\,u+\frac{1}{2}\log\frac{\Delta\operatorname{am}(u-a)}{\Delta\operatorname{am}(u+a)}.
\end{aligned}$$

54.

E formula fundamentali, cuius ope functio Π per functiones Z, Θ definitur:

$$(I.)\qquad \Pi(u, a) = uZ(a)+\frac{1}{2}\log\frac{\Theta(u-a)}{\Theta(u+a)},$$

advocatis sequentibus et ipsis in analysi functionum Z, Θ fundamentalibus:

$$\text{(II.)}\quad Z(u)+Z(a)-Z(u+a) = k^2 \sin\operatorname{am} a \sin\operatorname{am} u \sin\operatorname{am}(u+a)$$

$$\text{(III.)}\quad \Theta(u+a)\Theta(u-a) = \left\{\frac{\Theta(u)\Theta(a)}{\Theta(0)}\right\}^2 (1-k^2\sin^2\operatorname{am} a \sin^2\operatorname{am} u),$$

iam facile formulas obtines et pro exprimendo $\Pi(u+v, a)$ per $\Pi(u,a)$, $\Pi(v,a)$ quod vocabimus de *additione argumenti amplitudinis*, et pro exprimendo $\Pi(u,a+b)$ per $\Pi(u,a)$, $\Pi(u,b)$, quod vocabimus de *additione argumenti parametri* theorema. Quem in finem adnotamus sequentia.

E formulis:

$$\Pi(u,a) = uZ(a)+\frac{1}{2}\log\frac{\Theta(u-a)}{\Theta(u+a)}$$

$$\Pi(v,a) = vZ(a)+\frac{1}{2}\log\frac{\Theta(v-a)}{\Theta(v+a)}$$

$$\Pi(u+v,a) = (u+v)Z(a)+\frac{1}{2}\log\frac{\Theta(u+v-a)}{\Theta(u+v+a)}$$

sequitur:

$$\text{(1.)}\quad \Pi(u,a)+\Pi(v,a)-\Pi(u+v,a) = \frac{1}{2}\log\frac{\Theta(u-a)\Theta(v-a)\Theta(u+v+a)}{\Theta(u+a)\Theta(v+a)\Theta(u+v-a)}.$$

Expressionem sub signo logarithmico contentam:

$$\frac{\Theta(u-a)\Theta(v-a)\Theta(u+v+a)}{\Theta(u+a)\Theta(v+a)\Theta(u+v-a)}$$

ope theorematis fundamentalis (III.) duplici ratione ad functiones ellipticas revocare licet. Fit enim ex eo primum:

$$\Theta(u-a)\Theta(v-a) = \left\{\frac{\Theta\left(\frac{u-v}{2}\right)\Theta\left(\frac{u+v}{2}-a\right)}{\Theta(0)}\right\}^2\left(1-k^2\sin^2\operatorname{am}\left(\frac{u-v}{2}\right)\sin^2\operatorname{am}\left(\frac{u+v}{2}-a\right)\right)$$

$$\Theta(u+a)\Theta(v+a) = \left\{\frac{\Theta\left(\frac{u-v}{2}\right)\Theta\left(\frac{u+v}{2}+a\right)}{\Theta(0)}\right\}^2\left(1-k^2\sin^2\operatorname{am}\left(\frac{u-v}{2}\right)\sin^2\operatorname{am}\left(\frac{u+v}{2}+a\right)\right)$$

$$\Theta(u+v-a)\Theta(a) = \left\{\frac{\Theta\left(\frac{u+v}{2}\right)\Theta\left(\frac{u+v}{2}-a\right)}{\Theta(0)}\right\}^2\left(1-k^2\sin^2\operatorname{am}\left(\frac{u+v}{2}\right)\sin^2\operatorname{am}\left(\frac{u+v}{2}-a\right)\right)$$

$$\Theta(u+v+a)\Theta(a) = \left\{\frac{\Theta\left(\frac{u+v}{2}\right)\Theta\left(\frac{u+v}{2}+a\right)}{\Theta(0)}\right\}^2\left(1-k^2\sin^2\operatorname{am}\left(\frac{u+v}{2}\right)\sin^2\operatorname{am}\left(\frac{u+v}{2}+a\right)\right),$$

quarum formularum prima et quarta in se ductis ac per secundam et tertiam divisis, provenit:

$$(2.)\quad \frac{\Theta(u-a)\,\Theta(v-a)\,\Theta(u+v+a)}{\Theta(u+a)\,\Theta(v+a)\,\Theta(u+v-a)}$$

$$= \frac{\left\{1-k^2\sin^2\operatorname{am}\left(\frac{u-v}{2}\right)\sin^2\operatorname{am}\left(\frac{u+v}{2}-a\right)\right\}\left\{1-k^2\sin^2\operatorname{am}\left(\frac{u+v}{2}\right)\sin^2\operatorname{am}\left(\frac{u+v}{2}+a\right)\right\}}{\left\{1-k^2\sin^2\operatorname{am}\left(\frac{u-v}{2}\right)\sin^2\operatorname{am}\left(\frac{u+v}{2}+a\right)\right\}\left\{1-k^2\sin^2\operatorname{am}\left(\frac{u+v}{2}\right)\sin^2\operatorname{am}\left(\frac{u+v}{2}-a\right)\right\}}.$$

Sic etiam, quae est altera ratio, ubi theorema fundamentale (III.) hunc in modum repraesentas:

$$\left\{\frac{\Theta(u)\,\Theta(v)}{\Theta(0)}\right\}^2 = \frac{\Theta(u+v)\,\Theta(u-v)}{1-k^2\sin^2\operatorname{am}u\sin^2\operatorname{am}v},$$

fit:

$$\left\{\frac{\Theta(u-a)\,\Theta(v-a)}{\Theta(0)}\right\}^2 = \frac{\Theta(u-v)\,\Theta(u+v-2a)}{1-k^2\sin^2\operatorname{am}(u-a)\sin^2\operatorname{am}(v-a)}$$

$$\left\{\frac{\Theta(u+a)\,\Theta(v+a)}{\Theta(0)}\right\}^2 = \frac{\Theta(u-v)\,\Theta(u+v+2a)}{1-k^2\sin^2\operatorname{am}(u+a)\sin^2\operatorname{am}(v+a)}$$

$$\left\{\frac{\Theta(a)\,\Theta(u+v-a)}{\Theta(0)}\right\}^2 = \frac{\Theta(u+v)\,\Theta(u+v-2a)}{1-k^2\sin^2\operatorname{am}a\sin^2\operatorname{am}(u+v-a)}$$

$$\left\{\frac{\Theta(a)\,\Theta(u+v+a)}{\Theta(0)}\right\}^2 = \frac{\Theta(u+v)\,\Theta(u+v+2a)}{1-k^2\sin^2\operatorname{am}a\sin^2\operatorname{am}(u+v+a)},$$

quarum formularum rursus prima et quarta in se ductis ac per secundam et tertiam divisis, extractisque radicibus provenit:

$$(3.)\quad \frac{\Theta(u-a)\,\Theta(v-a)\,\Theta(u+v+a)}{\Theta(u+a)\,\Theta(v+a)\,\Theta(u+v-a)}$$

$$= \sqrt{\frac{[1-k^2\sin^2\operatorname{am}(u+a)\sin^2\operatorname{am}(v+a)][1-k^2\sin^2\operatorname{am}a\sin^2\operatorname{am}(u+v-a)]}{[1-k^2\sin^2\operatorname{am}(u-a)\sin^2\operatorname{am}(v-a)][1-k^2\sin^2\operatorname{am}a\sin^2\operatorname{am}(u+v+a)]}}.$$

Ut ex ipsis elementis cognoscatur, quomodo expressiones (2.), (3.) altera in alteram transformari possint, adnoto sequentia.

Ubi in formula, iam saepius adhibita:

$$\sin\operatorname{am}(u+v)\sin\operatorname{am}(u-v) = \frac{\sin^2\operatorname{am}u-\sin^2\operatorname{am}v}{1-k^2\sin^2\operatorname{am}u\sin^2\operatorname{am}v}$$

loco u, v resp. ponis $u+v$, $u-v$, prodit:

$$\sin\operatorname{am}2u\sin\operatorname{am}2v = \frac{\sin^2\operatorname{am}(u+v)-\sin^2\operatorname{am}(u-v)}{1-k^2\sin^2\operatorname{am}(u+v)\sin^2\operatorname{am}(u-v)}.$$

Porro dedimus formulam:

$$\sin^2 \mathrm{am}(u+v)-\sin^2 \mathrm{am}(u-v) = \frac{4 \sin \mathrm{am}\, u \cos \mathrm{am}\, u\, \Delta \mathrm{am}\, u \sin \mathrm{am}\, v \cos \mathrm{am}\, v\, \Delta \mathrm{am}\, v}{[1-k^2 \sin^2 \mathrm{am}\, u \sin^2 \mathrm{am}\, v]^2},$$

unde, multiplicatione facta, obtinemus:

$$(4.)\quad 1-k^2 \sin^2 \mathrm{am}(u+v) \sin^2 \mathrm{am}(u-v) = \frac{4 \sin \mathrm{am}\, u \cos \mathrm{am}\, u\, \Delta \mathrm{am}\, u \sin \mathrm{am}\, v \cos \mathrm{am}\, v\, \Delta \mathrm{am}\, v}{\sin \mathrm{am}\, 2u \sin \mathrm{am}\, 2v [1-k^2 \sin^2 \mathrm{am}\, u \sin^2 \mathrm{am}\, v]^2}$$

$$= \frac{[1-k^2 \sin^4 \mathrm{am}\, u][1-k^2 \sin^4 \mathrm{am}\, v]\ ^{*)}}{[1-k^2 \sin^2 \mathrm{am}\, u \sin^2 \mathrm{am}\, v]^2},$$

cuius formulae beneficio formulae (2.), (3.) iam facile altera in alteram abeunt.

E formula (4.) adhuc deduci potest haec generalior:

$$(5.)\quad \frac{[1-k^2 \sin^2 \mathrm{am}\, u \sin^2 \mathrm{am}\, v][1-k^2 \sin^2 \mathrm{am}\, u' \sin^2 \mathrm{am}\, v']}{[1-k^2 \sin^2 \mathrm{am}\, u \sin^2 \mathrm{am}\, u'][1-k^2 \sin^2 \mathrm{am}\, v \sin^2 \mathrm{am}\, v']}$$

$$= \sqrt{\frac{[1-k^2 \sin^2 \mathrm{am}(u+u') \sin^2 \mathrm{am}(u-u')][1-k^2 \sin^2 \mathrm{am}(v+v') \sin^2 \mathrm{am}(v-v')]}{[1-k^2 \sin^2 \mathrm{am}(u+v) \sin^2 \mathrm{am}(u-v)][1-k^2 \sin^2 \mathrm{am}(u'+v') \sin^2 \mathrm{am}(u'-v')]}}.$$

At Cl. Legendre eo loco, quo de additione argumenti amplitudinis agit, (cap. XVI. *Comparaison des fonctions elliptiques de la troisième espèce*) eam, quae sub signo logarithmico invenitur, quantitatem sub forma exhibet hac:

$$\frac{1-k^2 \sin \mathrm{am}\, a \sin \mathrm{am}\, u \sin \mathrm{am}\, v \sin \mathrm{am}(u+v-a)}{1+k^2 \sin \mathrm{am}\, a \sin \mathrm{am}\, u \sin \mathrm{am}\, v \sin \mathrm{am}(u+v+a)},$$

quae non primo intuitu patet, quomodo cum expressionibus a nobis inventis sive (2.) sive (3.) conveniat. Transformatio satis abstrusa hunc in modum peragitur.

E formula elementari, cuius frequentissimam iam fecimus applicationem, fit:

$$\sin \mathrm{am}\, u \sin \mathrm{am}\, v = \frac{\sin^2 \mathrm{am}\left(\frac{u+v}{2}\right) - \sin^2 \mathrm{am}\left(\frac{u-v}{2}\right)}{1-k^2 \sin^2 \mathrm{am}\left(\frac{u+v}{2}\right) \sin^2 \mathrm{am}\left(\frac{u-v}{2}\right)}$$

$$\sin \mathrm{am}\, a \sin \mathrm{am}(u+v-a) = \frac{\sin^2 \mathrm{am}\left(\frac{u+v}{2}\right) - \sin^2 \mathrm{am}\left(\frac{u+v}{2}-a\right)}{1-k^2 \sin^2 \mathrm{am}\left(\frac{u+v}{2}\right) \sin^2 \mathrm{am}\left(\frac{u+v}{2}-a\right)};$$

quibus in se ductis aequationibus, prodit:

*) Nota enim est formula: $\sin \mathrm{am}\, 2u = \frac{2 \sin \mathrm{am}\, u \cos \mathrm{am}\, u\, \Delta \mathrm{am}\, u}{1-k^2 \sin^4 \mathrm{am}\, u}$.

$$\left\{1-k^2\sin^2\mathrm{am}\left(\frac{u+v}{2}\right)\sin^2\mathrm{am}\left(\frac{u-v}{2}\right)\right\}\left\{1-k^2\sin^2\mathrm{am}\left(\frac{u+v}{2}\right)\sin^2\mathrm{am}\left(\frac{u+v}{2}-a\right)\right\}$$
$$\times\left\{1-k^2\sin\mathrm{am}\,a\sin\mathrm{am}\,u\sin\mathrm{am}\,v\sin\mathrm{am}(u+v-a)\right\}$$
$$=\left\{1-k^2\sin^2\mathrm{am}\left(\frac{u+v}{2}\right)\sin^2\mathrm{am}\left(\frac{u-v}{2}\right)\right\}\left\{1-k^2\sin^2\mathrm{am}\left(\frac{u+v}{2}\right)\sin^2\mathrm{am}\left(\frac{u+v}{2}-a\right)\right\}$$
$$-k^2\left\{\sin^2\mathrm{am}\left(\frac{u+v}{2}\right)-\sin^2\mathrm{am}\left(\frac{u-v}{2}\right)\right\}\left\{\sin^2\mathrm{am}\left(\frac{u+v}{2}\right)-\sin^2\mathrm{am}\left(\frac{u+v}{2}-a\right)\right\}.$$

Altera aequationis pars evoluta, terminis

$$-k^2\sin^2\mathrm{am}\left(\frac{u+v}{2}\right)\left\{\sin^2\mathrm{am}\left(\frac{u-v}{2}\right)+\sin^2\mathrm{am}\left(\frac{u+v}{2}-a\right)\right\}$$
$$+k^2\sin^2\mathrm{am}\left(\frac{u+v}{2}\right)\left\{\sin^2\mathrm{am}\left(\frac{u-v}{2}\right)+\sin^2\mathrm{am}\left(\frac{u+v}{2}-a\right)\right\}$$

se mutuo destruentibus, fit:

$$1+k^4\sin^4\mathrm{am}\left(\frac{u+v}{2}\right)\sin^2\mathrm{am}\left(\frac{u-v}{2}\right)\sin^2\mathrm{am}\left(\frac{u+v}{2}-a\right)$$
$$-k^2\sin^4\mathrm{am}\left(\frac{u+v}{2}\right)-k^2\sin^2\mathrm{am}\left(\frac{u-v}{2}\right)\sin^2\mathrm{am}\left(\frac{u+v}{2}-a\right)$$
$$=\left\{1-k^2\sin^4\mathrm{am}\left(\frac{u+v}{2}\right)\right\}\left\{1-k^2\sin^2\mathrm{am}\left(\frac{u-v}{2}\right)\sin^2\mathrm{am}\left(\frac{u+v}{2}-a\right)\right\},$$

unde tandem prodit:

$$(6.)\quad \frac{1-k^2\sin^2\mathrm{am}\left(\frac{u+v}{2}\right)\sin^2\mathrm{am}\left(\frac{u-v}{2}\right)}{1-k^2\sin^4\mathrm{am}\left(\frac{u+v}{2}\right)}\left\{1-k^2\sin\mathrm{am}\,a\sin\mathrm{am}\,u\sin\mathrm{am}\,v\sin\mathrm{am}(u+v-a)\right\}$$
$$=\frac{1-k^2\sin^2\mathrm{am}\left(\frac{u-v}{2}\right)\sin^2\mathrm{am}\left(\frac{u+v}{2}-a\right)}{1-k^2\sin^2\mathrm{am}\left(\frac{u+v}{2}\right)\sin^2\mathrm{am}\left(\frac{u+v}{2}-a\right)}.$$

Hinc, mutato a in $-a$, eruimus:

$$\frac{1-k^2\sin^2\mathrm{am}\left(\frac{u+v}{2}\right)\sin^2\mathrm{am}\left(\frac{u-v}{2}\right)}{1-k^2\sin^4\mathrm{am}\left(\frac{u+v}{2}\right)}\left\{1+k^2\sin\mathrm{am}\,a\sin\mathrm{am}\,u\sin\mathrm{am}\,v\sin\mathrm{am}(u+v+a)\right\}$$
$$=\frac{1-k^2\sin^2\mathrm{am}\left(\frac{u-v}{2}\right)\sin^2\mathrm{am}\left(\frac{u+v}{2}+a\right)}{1-k^2\sin^2\mathrm{am}\left(\frac{u+v}{2}\right)\sin^2\mathrm{am}\left(\frac{u+v}{2}+a\right)},$$

unde, divisione facta:

$$(7.)\quad \frac{1-k^2\sin\mathrm{am}\,a\sin\mathrm{am}\,u\sin\mathrm{am}\,v\sin\mathrm{am}(u+v-a)}{1+k^2\sin\mathrm{am}\,a\sin\mathrm{am}\,u\sin\mathrm{am}\,v\sin\mathrm{am}(u+v+a)}$$

$$= \frac{1-k^2\sin^2\mathrm{am}\left(\frac{u-v}{2}\right)\sin^2\mathrm{am}\left(\frac{u+v}{2}-a\right)}{1-k^2\sin^2\mathrm{am}\left(\frac{u-v}{2}\right)\sin^2\mathrm{am}\left(\frac{u+v}{2}+a\right)}\cdot\frac{1-k^2\sin^2\mathrm{am}\left(\frac{u+v}{2}\right)\sin^2\mathrm{am}\left(\frac{u+v}{2}+a\right)}{1-k^2\sin^2\mathrm{am}\left(\frac{u+v}{2}\right)\sin^2\mathrm{am}\left(\frac{u+v}{2}-a\right)},$$

quae est transformatio quaesita expressionis a Cl^o. Legendre propositae in expressionem (2.).

Formulam (6.), posito u, a, v loco $\frac{u-v}{2}$, $\frac{u+v}{2}$, $\frac{u+v}{2}-a$, ita quoque repraesentare licet:

$$(8.)\quad 1-k^2\sin\mathrm{am}(a+u)\sin\mathrm{am}(a-u)\sin\mathrm{am}(a+v)\sin\mathrm{am}(a-v)$$

$$= \frac{[1-k^2\sin^4\mathrm{am}\,a][1-k^2\sin^2\mathrm{am}\,u\sin^2\mathrm{am}\,v]}{[1-k^2\sin^2\mathrm{am}\,a\sin^2\mathrm{am}\,u][1-k^2\sin^2\mathrm{am}\,a\sin^2\mathrm{am}\,v]},$$

unde formula (4.) ut casus specialis fluit, posito $u = v$.

55.

E formulis §^{i} antecedentis (1.), (2.), (3.), (7.) sequitur:

$$(1.)\quad \Pi(u,a)+\Pi(v,a)-\Pi(u+v,a)$$

$$= \frac{1}{2}\log\frac{\left\{1-k^2\sin^2\mathrm{am}\left(\frac{u-v}{2}\right)\sin^2\mathrm{am}\left(\frac{u+v}{2}-a\right)\right\}\left\{1-k^2\sin^2\mathrm{am}\left(\frac{u+v}{2}\right)\sin^2\mathrm{am}\left(\frac{u+v}{2}+a\right)\right\}}{\left\{1-k^2\sin^2\mathrm{am}\left(\frac{u-v}{2}\right)\sin^2\mathrm{am}\left(\frac{u+v}{2}+a\right)\right\}\left\{1-k^2\sin^2\mathrm{am}\left(\frac{u+v}{2}\right)\sin^2\mathrm{am}\left(\frac{u+v}{2}-a\right)\right\}}$$

$$= \frac{1}{4}\log\frac{[1-k^2\sin^2\mathrm{am}(u+a)\sin^2\mathrm{am}(v+a)][1-k^2\sin^2\mathrm{am}\,a\sin^2\mathrm{am}(u+v-a)]}{[1-k^2\sin^2\mathrm{am}(u-a)\sin^2\mathrm{am}(v-a)][1-k^2\sin^2\mathrm{am}\,a\sin^2\mathrm{am}(u+v+a)]}$$

$$= \frac{1}{2}\log\frac{1-k^2\sin\mathrm{am}\,a\sin\mathrm{am}\,u\sin\mathrm{am}\,v\sin\mathrm{am}(u+v-a)}{1+k^2\sin\mathrm{am}\,a\sin\mathrm{am}\,u\sin\mathrm{am}\,v\sin\mathrm{am}(u+v+a)},$$

quod est theorema de additione argumenti *amplitudinis*. Prorsus eadem methodo investigari potest alterum de additione argumenti *parametri*, at ope theorematis de reductione parametri ad amplitudinem, quod nobis suppeditavit formula (4.) §. 52:

$$(\mathrm{IV.})\quad \Pi(u,a)-\Pi(a,u) = uZ(a)-aZ(u),$$

e formula (1.) idem sponte fluit. Etenim e (IV.) fit:

$$\begin{aligned}\Pi(a,u)\quad-\Pi(u,a)\quad&=aZ(u)\qquad-uZ(a)\\ \Pi(b,u)\quad-\Pi(u,b)\quad&=bZ(u)\qquad-uZ(b)\\ \Pi(a+b,u)-\Pi(u,a+b)&=(a+b)Z(u)-uZ(a+b),\end{aligned}$$

unde:

$$\begin{aligned}&\Pi(u,a)+\Pi(u,b)-\Pi(u,a+b)\\ &=\Pi(a,u)+\Pi(b,u)-\Pi(a+b,u)+u[Z(a)+Z(b)-Z(a+b)],\end{aligned}$$

sive cum sit ex (1.):

$$\Pi(a,u)+\Pi(b,u)-\Pi(a+b,u)=\frac{1}{2}\log\frac{1-k^2\sin\operatorname{am}u\sin\operatorname{am}a\sin\operatorname{am}b\sin\operatorname{am}(a+b-u)}{1+k^2\sin\operatorname{am}u\sin\operatorname{am}a\sin\operatorname{am}b\sin\operatorname{am}(a+b+u)},$$

porro e (II.):

$$Z(a)+Z(b)-Z(a+b)=k^2\sin\operatorname{am}a\sin\operatorname{am}b\sin\operatorname{am}(a+b),$$

fit:

$$(2.)\qquad \Pi(u,a)+\Pi(u,b)-\Pi(u,a+b)$$
$$=k^2\sin\operatorname{am}a\sin\operatorname{am}b\sin\operatorname{am}(a+b).u+\frac{1}{2}\log\frac{1-k^2\sin\operatorname{am}u\sin\operatorname{am}a\sin\operatorname{am}b\sin\operatorname{am}(a+b-u)}{1+k^2\sin\operatorname{am}u\sin\operatorname{am}a\sin\operatorname{am}b\sin\operatorname{am}(a+b+u)},$$

quod est theorema quaesitum de additione argumenti *parametri*.

Alias eruimus formulas satis memorabiles consideratione sequente. Fit enim e theoremate (III.):

$$\left\{\frac{\Theta(u-a)\,\Theta(v-b)}{\Theta(0)}\right\}^2=\frac{\Theta(u+v-a-b)\,\Theta(u-v-a+b)}{1-k^2\sin^2\operatorname{am}(u-a)\sin^2\operatorname{am}(v-b)}$$
$$\left\{\frac{\Theta(u+a)\,\Theta(v+b)}{\Theta(0)}\right\}^2=\frac{\Theta(u+v+a+b)\,\Theta(u-v+a-b)}{1-k^2\sin^2\operatorname{am}(u+a)\sin^2\operatorname{am}(v+b)}.$$

Iam e theoremate (I.) erit:

$$\Pi(u,a)+\Pi(v,b)=uZ(a)+vZ(b)+\frac{1}{2}\log\frac{\Theta(u-a)\,\Theta(v-b)}{\Theta(u+a)\,\Theta(v+b)}$$
$$\Pi(u+v,a+b)+\Pi(u-v,a-b)$$
$$=(u+v)Z(a+b)+(u-v)Z(a-b)+\frac{1}{2}\log\frac{\Theta(u+v-a-b)\,\Theta(u-v-a+b)}{\Theta(u+v+a+b)\,\Theta(u-v+a-b)},$$

unde:

$$(3.)\qquad \Pi(u+v,a+b)+\Pi(u-v,a-b)-2\Pi(u,a)-2\Pi(v,b)$$
$$=(u+v)Z(a+b)+(u-v)Z(a-b)-2uZ(a)-2vZ(b)+\frac{1}{2}\log\frac{1-k^2\sin^2\operatorname{am}(u-a)\sin^2\operatorname{am}(v-b)}{1-k^2\sin^2\operatorname{am}(u+a)\sin^2\operatorname{am}(v+b)},$$

sive cum sit:

$$\begin{aligned}Z(a)+Z(b)-Z(a+b)&=k^2\sin\operatorname{am}a\sin\operatorname{am}b\sin\operatorname{am}(a+b)\\ Z(a)-Z(b)-Z(a-b)&=-k^2\sin\operatorname{am}a\sin\operatorname{am}b\sin\operatorname{am}(a-b),\end{aligned}$$

prodit:

$$(4.)\quad \Pi(u+v, a+b)+\Pi(u-v, a-b)-2\Pi(u, a)-2\Pi(v, b)$$
$$= -k^2 \sin\operatorname{am} a \sin\operatorname{am} b[\sin\operatorname{am}(a+b)\cdot(u+v)-\sin\operatorname{am}(a-b)\cdot(u-v)]$$
$$+\frac{1}{2}\log\frac{1-k^2\sin^2\operatorname{am}(u-a)\sin^2\operatorname{am}(v-b)}{1-k^2\sin^2\operatorname{am}(u+a)\sin^2\operatorname{am}(v+b)}.$$

Commutatis inter se u et v, obtinemus:

$$(5.)\quad \Pi(u+v, a+b)-\Pi(u-v, a-b)-2\Pi(v, a)-2\Pi(u, b)$$
$$= -k^2 \sin\operatorname{am} a \sin\operatorname{am} b[\sin\operatorname{am}(a+b)\cdot(u+v)+\sin\operatorname{am}(a-b)\cdot(u-v)]$$
$$+\frac{1}{2}\log\frac{1-k^2\sin^2\operatorname{am}(v-a)\sin^2\operatorname{am}(u-b)}{1-k^2\sin^2\operatorname{am}(v+a)\sin^2\operatorname{am}(u+b)}.$$

Additis (4.) et (5.), obtinemus:

$$(6.)\quad \Pi(u+v, a+b)-\Pi(u, a)-\Pi(u, b)-\Pi(v, a)-\Pi(v, b)$$
$$= -k^2 \sin\operatorname{am} a \sin\operatorname{am} b \sin\operatorname{am}(a+b)\cdot(u+v)$$
$$+\frac{1}{4}\log\left\{\frac{1-k^2\sin^2\operatorname{am}(u-a)\sin^2\operatorname{am}(v-b)}{1-k^2\sin^2\operatorname{am}(u+a)\sin^2\operatorname{am}(v+b)}\cdot\frac{1-k^2\sin^2\operatorname{am}(v-a)\sin^2\operatorname{am}(u-b)}{1-k^2\sin^2\operatorname{am}(v+a)\sin^2\operatorname{am}(u+b)}\right\}.$$

Posito $v=0$, e (4.), (5.) prodit:

$$(7.)\quad \Pi(u, a+b)+\Pi(u, a-b)-2\Pi(u, a)$$
$$= -k^2 \sin\operatorname{am} a \sin\operatorname{am} b[\sin\operatorname{am}(a+b)-\sin\operatorname{am}(a-b)]u+\frac{1}{2}\log\frac{1-k^2\sin^2\operatorname{am} b\sin^2\operatorname{am}(u-a)}{1-k^2\sin^2\operatorname{am} b\sin^2\operatorname{am}(u+a)}$$

$$(8.)\quad \Pi(u, a+b)-\Pi(u, a-b)-2\Pi(u, b)$$
$$= -k^2 \sin\operatorname{am} a \sin\operatorname{am} b[\sin\operatorname{am}(a+b)+\sin\operatorname{am}(a-b)]u+\frac{1}{2}\log\frac{1-k^2\sin^2\operatorname{am} a\sin^2\operatorname{am}(u-b)}{1-k^2\sin^2\operatorname{am} a\sin^2\operatorname{am}(u+b)}.$$

Posito $b=0$, e (4.), (5.) prodit:

$$(9.)\quad \Pi(u+v, a)+\Pi(u-v, a)-2\Pi(u, a) = \frac{1}{2}\log\frac{1-k^2\sin^2\operatorname{am} v\sin^2\operatorname{am}(u-a)}{1-k^2\sin^2\operatorname{am} v\sin^2\operatorname{am}(u+a)}$$

$$(10.)\quad \Pi(u+v, a)-\Pi(u-v, a)-2\Pi(v, a) = \frac{1}{2}\log\frac{1-k^2\sin^2\operatorname{am} u\sin^2\operatorname{am}(v-a)}{1-k^2\sin^2\operatorname{am} u\sin^2\operatorname{am}(v+a)}.$$

REDUCTIONES EXPRESSIONUM $Z(iu)$, $\Theta(iu)$ AD ARGUMENTUM REALE. REDUCTIO GENERALIS TERTIAE SPECIEI INTEGRALIUM ELLIPTICORUM, IN QUIBUS ARGUMENTA ET AMPLITUDINIS ET PARAMETRI IMAGINARIA SUNT.

56.

Revertimur ad analysin functionum Z, Θ, quarum insignem usum in theoria nostra antecedentibus comprobavimus. Quaeramus de reductione expressionum $Z(iu)$, $\Theta(iu)$ ad argumentum reale. Idem primum signis Cl°. Legendre usitatis exsequemur, deinde ad notationes nostras accommodabimus.

Novimus in elementis §. 19. pag. 85, simul locum habere aequationes:

$$\sin\varphi = i\operatorname{tg}\psi,\quad \frac{d\varphi}{\Delta(\varphi)} = \frac{id\psi}{\Delta(\psi,k')},\quad F(\varphi) = iF(\psi,k').$$

Hinc fit:

$$d\varphi\,\Delta(\varphi) = \frac{id\psi(1+kk\operatorname{tg}^2\psi)}{\Delta(\psi,k')} = \frac{id\psi\,\Delta(\psi,k')}{\cos^2\psi},$$

unde, integratione facta:

$$\int_0^\varphi \Delta(\varphi)\,d\varphi = i\left\{\operatorname{tg}\psi\Delta(\psi,k')+\int_0^\psi \frac{k'k'\sin^2\psi}{\Delta(\psi,k')}\,d\psi\right\}$$

sive:

$$(1.)\qquad E(\varphi) = i[\operatorname{tg}\psi\,\Delta(\psi,k')+F(\psi,k')-E(\psi,k')].$$

Multiplicando per $\dfrac{d\varphi}{\Delta(\varphi)} = \dfrac{id\psi}{\Delta(\psi,k')}$ et integrando eruimus:

$$(2.)\qquad \int_0^\varphi \frac{E(\varphi)}{\Delta(\varphi)}\,d\varphi = \log\cos\psi-\frac{1}{2}\left\{F(\psi,k')\right\}^2+\int_0^\psi \frac{E(\psi,k')}{\Delta(\psi,k')}\,d\psi.$$

Ex aequatione (1.) sequitur:

$$\frac{F^1E(\varphi)-E^1F(\varphi)}{i} = F^1\operatorname{tg}\psi\,\Delta(\psi,k')-[F^1E(\psi,k')+(E^1-F^1)F(\psi,k')].$$

Iam adnotetur theorema egregium Cl^i. Legendre (pag. 61):

$$F^1E^1(k')+F^1(k')E^1-F^1F^1(k') = \frac{\pi}{2},$$

unde:

$$F^1E(\psi,k')+(E^1-F^1)F(\psi,k') = \frac{F^1}{F^1(k')}[F^1(k')E(\psi,k')-E^1(k')F(\psi,k')]+\frac{\pi F(\psi,k')}{2F^1(k')},$$

ideoque:

$$(3.)\quad \frac{F^{\text{I}}E(\varphi)-E^{\text{I}}F(\varphi)}{iF^{\text{I}}} = \operatorname{tg}\psi\,\Delta(\psi,k') - \frac{F^{\text{I}}(k')\,E(\psi,k')-E^{\text{I}}(k')\,F(\psi,k')}{F^{\text{I}}(k')} - \frac{\pi F(\psi,k')}{2F^{\text{I}}F^{\text{I}}(k')}.$$

E notatione nostra erat:

$$\varphi = \operatorname{am}(iu),\quad \psi = \operatorname{am}(u,k'),\quad F(\varphi) = iu,\quad F(\psi,k') = u;$$

porro:

$$\frac{F^{\text{I}}E(\varphi)-E^{\text{I}}F(\varphi)}{F^{\text{I}}} = Z(iu,k),\quad \frac{F^{\text{I}}(k')E(\psi,k')-E^{\text{I}}(k')F(\psi,k')}{F^{\text{I}}(k')} = Z(u,k'),$$

unde aequatio (3.) ita repraesentatur:

$$(4.)\quad iZ(iu,k) = -\operatorname{tg}\operatorname{am}(u,k')\,\Delta\operatorname{am}(u,k') + \frac{\pi u}{2KK'} + Z(u,k').$$

Hinc prodit integrando:

$$\int_0^u i\,du\,Z(iu,k) = \log\cos\operatorname{am}(u,k') + \frac{\pi uu}{4KK'} + \int_0^u Z(u,k')\,du,$$

sive cum sit $\int_0^u du\,Z(u) = \log\frac{\Theta(u)}{\Theta(0)}$:

$$(5.)\quad \frac{\Theta(iu,k)}{\Theta(0,k)} = e^{\frac{\pi uu}{4KK'}}\cos\operatorname{am}(u,k')\,\frac{\Theta(u,k')}{\Theta(0,k')}.$$

Formulae (4.), (5.) functiones $Z(iu)$, $\Theta(iu)$ ad argumentum reale revocant.

57.

Mutetur in (5.) $\S^{\text{i}}$ praecedentis u in $u+2K'$, prodit:

$$\frac{\Theta(iu+2iK')}{\Theta(0)} = -e^{\frac{\pi(u+2K')^2}{4KK'}}\cos\operatorname{am}(u,k')\,\frac{\Theta(u,k')}{\Theta(0,k')}{}^{*)} = -e^{\frac{\pi(K'+u)}{K}}\,\frac{\Theta(iu)}{\Theta(0)},$$

sive posito u loco iu:

$$(1.)\quad \Theta(u+2iK') = -e^{\frac{\pi(K'-iu)}{K}}\,\Theta(u).$$

Ponatur in (5.) $\S^{\text{i}}$ praecedentis $u+K'$ loco u: cum sit

$$\cos\operatorname{am}(u+K',k') = -\frac{k\sin\operatorname{am}(u,k')}{\Delta\operatorname{am}(u,k')}$$

$$\Theta(u+K',k') = \frac{\Delta\operatorname{am}(u,k')}{\sqrt{k}}\,\Theta(u,k'),\ \text{v. } \S.53.\ (9.),$$

*) Fit enim $\Theta(u+2K,k) = \Theta(u)$ ideoque etiam $\Theta(u+2K',k') = \Theta(u,k')$.

prodit:

$$\frac{\Theta(iu+iK')}{\Theta(0)} = -e^{\frac{\pi(u+K')^2}{4KK'}}\sqrt{k}\sin\operatorname{am}(u,k')\frac{\Theta(u,k')}{\Theta(0,k')}$$

$$= -e^{\frac{\pi(2u+K')}{4K}}\sqrt{k}\operatorname{tg}\operatorname{am}(u,k')\frac{\Theta(iu)}{\Theta(0)},$$

unde posito rursus u loco iu:

$$(2.)\qquad \Theta(u+iK') = ie^{\frac{\pi(K'-2iu)}{4K}}\sqrt{k}\sin\operatorname{am}u\,\Theta(u).$$

Sumptis logarithmis et differentiando, ex (1.), (2.) prodit:

$$(3.)\qquad Z(u+2iK') = \frac{-i\pi}{K}+Z(u)$$

$$(4.)\qquad Z(u+iK') = \frac{-i\pi}{2K}+\operatorname{cotg}\operatorname{am}u\,\Delta\operatorname{am}u+Z(u).$$

Posito $u=0$, ex (1.)—(4.) fit:

$$(5.)\qquad \begin{cases}\Theta(2iK') = -e^{\frac{\pi K'}{K}}\Theta(0), & \Theta(iK') = 0\\ Z(2iK') = \dfrac{-i\pi}{K}, & Z(iK') = \infty.\end{cases}$$

Formulae (1.), (2.) egregiam inveniunt confirmationem e natura producti infiniti, in quod functionem Θ evolvimus:

$$(6.)\qquad \frac{\Theta\left(\frac{2Kx}{\pi}\right)}{\Theta(0)} = \frac{(1-2q\cos 2x+q^2)(1-2q^3\cos 2x+q^6)(1-2q^5\cos 2x+q^{10})\ldots}{[(1-q)(1-q^3)(1-q^5)\ldots]^2}$$

$$= \frac{[(1-qe^{2ix})(1-q^3e^{2ix})(1-q^5e^{2ix})\ldots][(1-qe^{-2ix})(1-q^3e^{-2ix})(1-q^5e^{-2ix})\ldots]}{[(1-q)(1-q^3)(1-q^5)\ldots]^2}.$$

Ubi enim mutatur x in $x+\frac{i\pi K'}{K}$, quo facto abit e^{ix} in qe^{ix}, abit productum

$$[(1-qe^{2ix})(1-q^3e^{2ix})(1-q^5e^{2ix})\ldots][(1-qe^{-2ix})(1-q^3e^{-2ix})(1-q^5e^{-2ix})\ldots]$$

in hoc:

$$\frac{-1}{qe^{2ix}}[(1-qe^{2ix})(1-q^3e^{2ix})(1-q^5e^{2ix})\ldots][(1-qe^{-2ix})(1-q^3e^{-2ix})(1-q^5e^{-2ix})\ldots],$$

unde:

$$(7.)\qquad \Theta\left(\frac{2Kx}{\pi}+2iK'\right) = -\frac{\Theta\left(\frac{2Kx}{\pi}\right)}{qe^{2ix}}.$$

Mutato vero x in $x+\frac{i\pi K'}{2K}$, abit e^{ix} in $\sqrt{q}\,e^{ix}$, unde productum:

$$[(1-qe^{2ix})(1-q^3e^{2ix})(1-q^5e^{2ix})\dots][(1-qe^{-2ix})(1-q^3e^{-2ix})(1-q^5e^{-2ix})\dots]$$

in hoc:

$$(1-e^{-2ix})[(1-q^2e^{2ix})(1-q^4e^{2ix})\dots][(1-q^2e^{-2ix})(1-q^4e^{-2ix})\dots]$$

$$=\frac{i}{e^{ix}}\cdot 2\sin x(1-2q^2\cos 2x+q^4)(1-2q^4\cos 2x+q^8)(1-2q^6\cos 2x+q^{12})\dots$$

At dedimus §. 36. formulam:

$$\sin\operatorname{am}\frac{2Kx}{\pi}=\frac{1}{\sqrt{k}}\cdot\frac{2\sqrt[4]{q}\sin x(1-2q^2\cos 2x+q^4)(1-2q^4\cos 2x+q^8)\dots}{(1-2q\cos 2x+q^2)(1-2q^3\cos 2x+q^6)(1-2q^5\cos 2x+q^{10})\dots},$$

unde videmus, fore:

$$\Theta\left(\frac{2Kx}{\pi}+iK'\right)=\frac{i\sqrt{k}\sin\operatorname{am}\frac{2Kx}{\pi}\,\Theta\left(\frac{2Kx}{\pi}\right)}{\sqrt[4]{q}\,e^{ix}}. \tag{8.}$$

Formulae (7.), (8.) autem, posito $\frac{2Kx}{\pi}=u$, cum formulis (1.), (2.) conveniunt.

E formula (9.) §. 53:

$$\Theta(u+K)=\frac{\Delta\operatorname{am}u}{\sqrt{k'}}\cdot\Theta(u),$$

posito iu loco u, sequitur:

$$\Theta(iu+K)=\frac{\Delta\operatorname{am}(u,k')}{\sqrt{k'}\cos\operatorname{am}(u,k')}\cdot\Theta(iu),$$

unde e (5.) §. 56:

$$\frac{\Theta(iu+K)}{\Theta(0)}=\frac{1}{\sqrt{k'}}e^{\frac{\pi uu}{4KK'}}\Delta\operatorname{am}(u,k')\cdot\frac{\Theta(u,k')}{\Theta(0,k')}$$

sive e formula allegata (9.) §. 53:

$$\frac{\Theta(iu+K)}{\Theta(0)}=\sqrt{\frac{k}{k'}}\,e^{\frac{\pi uu}{4KK'}}\frac{\Theta(u+K',k')}{\Theta(0,k')}. \tag{9.}$$

Hinc sumendo logarithmos et differentiando obtinemus:

$$iZ(iu+K)=\frac{\pi u}{2KK'}+Z(u+K',k'). \tag{10.}$$

58.

Formularum §§. 56. 57. inventarum facilis fit applicatio ad analysin functionum Π casibus, quibus argumenta sive amplitudinis sive parametri sive utriusque imaginaria sunt.

Demonstremus primum, expressionem $\Pi(u, a+iK')$ revocari posse ad $\Pi(u, a)$, unde patet, posito $n = -k^2 \sin^2 \operatorname{am} a$, integralia:

$$\int_0^{\varphi} \frac{d\varphi}{\left(1+n\sin^2\varphi\right)\Delta(\varphi)}, \quad \int_0^{\varphi} \frac{d\varphi}{\left(1+\frac{k^2}{n}\sin^2\varphi\right)\Delta(\varphi)}$$

alterum ab altero pendere; quod est insigne theorema a Cl^o. Legendre prolatum cap. XV.

Invenimus:

$$\Pi(u, a+iK') = uZ(a+iK') + \frac{1}{2}\log\frac{\Theta(a-u+iK')}{\Theta(a+u+iK')}.$$

Fit autem e (2.), (4.) §. 57:

$$\frac{\Theta(a-u+iK')}{\Theta(a+u+iK')} = e^{\frac{i\pi u}{K}} \frac{\sin\operatorname{am}(a-u)}{\sin\operatorname{am}(a+u)} \cdot \frac{\Theta(a-u)}{\Theta(a+u)}$$

$$uZ(a+iK') = -\frac{i\pi u}{2K} + u\operatorname{cotg}\operatorname{am} a\, \Delta\operatorname{am} a + uZ(a),$$

unde, terminis $\frac{i\pi u}{2K} - \frac{i\pi u}{2K}$ se destruentibus:

$$(1.)\quad \Pi(u, a+iK') = \Pi(u, a) + u\operatorname{cotg}\operatorname{am} a\, \Delta\operatorname{am} a + \frac{1}{2}\log\frac{\sin\operatorname{am}(a-u)}{\sin\operatorname{am}(a+u)}.$$

Ponamus in hac formula ia loco a, fit:

$$\operatorname{cotg}\operatorname{am} ia\, \Delta\operatorname{am} ia = \frac{-i\Delta\operatorname{am}(a, k')}{\sin\operatorname{am}(a, k')\cos\operatorname{am}(a, k')}$$

$$\frac{\sin\operatorname{am}(ia-u)}{\sin\operatorname{am}(ia+u)} = \frac{\Delta\operatorname{am} u - \operatorname{cotg}\operatorname{am} ia\, \Delta\operatorname{am} ia \operatorname{tg}\operatorname{am} u}{\Delta\operatorname{am} u + \operatorname{cotg}\operatorname{am} ia\, \Delta\operatorname{am} ia \operatorname{tg}\operatorname{am} u},$$

sive posito brevitatis gratia:

$$\frac{\Delta\operatorname{am}(a, k')}{\sin\operatorname{am}(a, k')\cos\operatorname{am}(a, k')} = \sqrt{\alpha},$$

fit:

$$\frac{\sin\operatorname{am}(ia-u)}{\sin\operatorname{am}(ia+u)} = \frac{\Delta\operatorname{am} u + i\sqrt{\alpha}\operatorname{tg}\operatorname{am} u}{\Delta\operatorname{am} u - i\sqrt{\alpha}\operatorname{tg}\operatorname{am} u},$$

unde (1.) abit in:

$$(2.)\qquad \frac{\Pi(u, ia+iK')-\Pi(u, ia)}{i} = -\sqrt{\alpha}\,.\,u + \operatorname{arctg}\frac{\sqrt{\alpha}\operatorname{tg}\operatorname{am}u}{\Delta\operatorname{am}u},$$

quae cum formula (f') a Cl°. Legendre exhibita convenit.

59.

Alias formulas, pro reductione argumenti imaginarii ad reale fundamentales, obtinemus e (9.), (10.) §. 57. Quarum primum observo hanc, qua argumenta et amplitudinis et parametri imaginaria ad argumenta realia revocantur:

$$(1.)\qquad \Pi(iu, ia+K) = \Pi(u, a+K', k'),$$

quae hunc in modum demonstratur. Fit enim:

$$\Pi(iu, ia+K) = iuZ(ia+K)+\frac{1}{2}\log\frac{\Theta(ia-iu+K)}{\Theta(ia+iu+K)};$$

porro e (10.) §. 57:

$$iuZ(ia+K) = \frac{\pi u a}{2KK'}+uZ(a+K', k'),$$

e (9.) §. 57:

$$\frac{\Theta(ia-iu+K)}{\Theta(0,k)} = \sqrt{\frac{k}{k'}}\,e^{\frac{\pi(a-u)^2}{4KK'}}\,\frac{\Theta(a-u+K', k')}{\Theta(0,k')}$$

$$\frac{\Theta(ia+iu+K)}{\Theta(0,k)} = \sqrt{\frac{k}{k'}}\,e^{\frac{\pi(a+u)^2}{4KK'}}\,\frac{\Theta(a+u+K', k')}{\Theta(0,k')},$$

unde:

$$\frac{\Theta(ia-iu+K)}{\Theta(ia+iu+K)} = e^{\frac{-\pi a u}{KK'}}\,\frac{\Theta(a-u+K', k')}{\Theta(a+u+K', k')},$$

ideoque, terminis $\frac{\pi u a}{2KK'}-\frac{\pi u a}{2KK'}$ se destruentibus:

$$\Pi(iu, ia+K) = uZ(a+K', k')+\frac{1}{2}\log\frac{\Theta(a-u+K', k')}{\Theta(a+u+K', k')} = \Pi(u, a+K', k'),$$

quod demonstrandum erat.

Mutato in (1.) a in $-ia$, prodit:

$$(2.)\qquad \Pi(iu, a+K) = -\Pi(u, ia+K', k').$$

Formula (1.) facile etiam probatur consideratione ipsius integralis, per quod functionem Π definivimus:

$$\Pi(u,a) = \int_0^u \frac{k^2 \sin\mathrm{am}\, a \cos\mathrm{am}\, a\, \Delta\,\mathrm{am}\, a \sin^2\mathrm{am}\, u}{1-k^2\sin^2\mathrm{am}\, a \sin^2\mathrm{am}\, u}\, du,$$

unde:

$$\Pi(iu, ia+K) = \int_0^u \frac{ik^2 \sin\mathrm{am}(ia+K)\cos\mathrm{am}(ia+K)\,\Delta\,\mathrm{am}(ia+K)\sin^2\mathrm{am}\, iu}{1-k^2\sin^2\mathrm{am}(ia+K)\sin^2\mathrm{am}\, iu}\, du.$$

Fit enim e formulis §[i] 19:

$$\begin{aligned}
\sin\mathrm{am}(ia+K) &= \sin\mathrm{coam}\, ia = \frac{\Delta\,\mathrm{coam}(a,k')}{k} = \frac{\Delta\,\mathrm{am}(a+K',k')}{k}\\
\cos\mathrm{am}(ia+K) &= -\cos\mathrm{coam}\, ia = \frac{-ik'}{k}\cos\mathrm{coam}(a,k') = \frac{ik'}{k}\cos\mathrm{am}(a+K',k')\\
\Delta\,\mathrm{am}(ia+K) &= \Delta\,\mathrm{coam}\, ia = k'\sin\mathrm{coam}(a,k') = k'\sin\mathrm{am}(a+K',k'),
\end{aligned}$$

unde:

$$\begin{aligned}
&ikk\sin\mathrm{am}(ia+K)\,.\,\cos\mathrm{am}(ia+K)\,.\,\Delta\,\mathrm{am}(ia+K)\\
&= -k'k'\sin\mathrm{am}(a+K',k')\cos\mathrm{am}(a+K',k')\,\Delta\,\mathrm{am}(a+K',k').
\end{aligned}$$

Porro fit:

$$\begin{aligned}
&\frac{\sin^2\mathrm{am}\, iu}{1-k^2\sin^2\mathrm{am}(ia+K)\sin^2\mathrm{am}\, iu} = \frac{-\mathrm{tg}^2\mathrm{am}(u,k')}{1+\Delta^2\mathrm{am}(a+K',k')\,\mathrm{tg}^2\mathrm{am}(u,k')}\\
&= \frac{-\sin^2\mathrm{am}(u,k')}{\cos^2\mathrm{am}(u,k')+\Delta^2\mathrm{am}(a+K',k')\sin^2\mathrm{am}(u,k')} = \frac{-\sin^2\mathrm{am}(u,k')}{1-k'k'\sin^2\mathrm{am}(a+K',k')\sin^2\mathrm{am}(u,k')},
\end{aligned}$$

unde:

$$\Pi(iu, ia+K) = \int_0^u \frac{k'k'\sin\mathrm{am}(a+K',k')\cos\mathrm{am}(a+K',k')\,\Delta\,\mathrm{am}(a+K',k')\sin^2\mathrm{am}(u,k')}{1-k'k'\sin^2\mathrm{am}(a+K',k')\sin^2\mathrm{am}(u,k')}\, du,$$

sive:

$$\Pi(iu, ia+K) = \Pi(u, a+K', k'),$$

quod demonstrandum erat.

E formulis (9.), (10.) §[i] 57. simili modo atque (1.) comprobare possumus formulam sequentem, quae docet, functiones binas argumenti imaginarii parametri, quarum moduli alter alterius complementum, ad se invicem revocari posse:

$$(8.)\qquad i\Pi(u, ia+K) + i\Pi(a, iu+K', k') = \frac{\pi a u}{2KK'} + uZ(a+K',k') + aZ(u+K,k).$$

Fit enim:

$$i\Pi(u, ia+K) \quad = iuZ(ia+K) \quad +\frac{i}{2}\log\frac{\Theta(ia+K-u)}{\Theta(ia+K+u)}$$

$$i\Pi(a, iu+K', k') = iaZ(iu+K', k')+\frac{i}{2}\log\frac{\Theta(iu+K'-a, k')}{\Theta(iu+K'+a, k')},$$

Iam fit:

$$\frac{\Theta(ia+K-u)}{\Theta(0)} = \frac{\Theta(i(a+iu)+K)}{\Theta(0)} = \sqrt{\frac{k}{k'}}\, e^{\frac{\pi(a+iu)^2}{4KK'}}\,\frac{\Theta(a+iu+K', k')}{\Theta(0, k')}$$

$$\frac{\Theta(ia+K+u)}{\Theta(0)} = \frac{\Theta(i(a-iu)+K)}{\Theta(0)} = \sqrt{\frac{k}{k'}}\, e^{\frac{\pi(a-iu)^2}{4KK'}}\,\frac{\Theta(a-iu+K', k')}{\Theta(0, k')},$$

unde, cum sit $\Theta(u+K) = \Theta(K-u)$:

$$\frac{\Theta(ia+K-u)}{\Theta(ia+K+u)} = e^{\frac{i\pi au}{KK'}}\,\frac{\Theta(iu+K'+a, k')}{\Theta(iu+K'-a, k')},$$

ideoque:

$$\frac{i}{2}\log\frac{\Theta(ia+K-u)}{\Theta(ia+K+u)}+\frac{i}{2}\log\frac{\Theta(iu+K'-a, k')}{\Theta(iu+K'+a, k')} = -\frac{\pi au}{2KK'}.$$

Porro fit:

$$iuZ(ia+K) \quad = \frac{\pi au}{2KK'}+uZ(a+K', k')$$

$$iaZ(iu+K', k') = \frac{\pi au}{2KK'}+aZ(u+K, k),$$

unde:

$$i\Pi(u, ia+K)+i\Pi(a, iu+K', k') = \frac{\pi au}{2KK'}+uZ(a+K', k')+aZ(u+K, k),$$

q. d. e.

60.

Patet e formulis:

$$\sin\operatorname{am}(K+iu) \quad = \frac{1}{k}\Delta\operatorname{coam}(u, k')$$

$$\sin\operatorname{am}(u+iK') = \frac{1}{k}\cdot\frac{1}{\sin\operatorname{am} u},$$

argumentum u, quod, dum $\sin\operatorname{am} u$ a 0 usque ad 1 crescit, a 0 ad K transit, ubi $\sin\operatorname{am} u$ a 1 usque ad $\frac{1}{k}$ crescere pergat, imaginarium induere valorem formae $K+iv$, ita ut simul v a 0 usque ad K' crescat; deinde crescente

$\sin\mathrm{am}\,u$ a $\frac{1}{k}$ usque ad ∞, induere u formam $v+iK'$, ita ut simul v a K usque ad 0 decrescat*).

Hinc videmus, siquidem in tertia specie integralium ellipticorum, quae schemate contenta est:

$$\int_0^\varphi \frac{d\varphi}{(1+n\sin^2\varphi)\,\Delta(\varphi)},$$

ponatur, uti fecimus, $n=-k^2\sin^2\mathrm{am}\,a$, quoties sit n negativum

$$\begin{array}{llll} \text{inter} & 0 \text{ et } -kk, & \text{poni debere} & n=-k^2\sin^2\mathrm{am}\,a \\ ,, & -kk \text{ et } -1, & ,, \quad ,, & n=-k^2\sin^2\mathrm{am}(ia+K) \\ ,, & -1 \text{ et } -\infty, & ,, \quad ,, & n=-k^2\sin^2\mathrm{am}(a+iK'), \end{array}$$

designante a quantitatem realem. Porro cum sit $-kk\sin^2\mathrm{am}\,ia = kk\,\mathrm{tg}^2\mathrm{am}(a,k')$, patet, quoties sit n positivum quodlibet, poni debere:

$$n=-kk\sin^2\mathrm{am}\,ia.$$

Hinc quatuor classes integralium ellipticorum tertiae speciei nacti sumus, quae respondent schematis, quae argumenta induunt:

$$1)\ a,\qquad 2)\ ia+K,\qquad 3)\ a+iK',\qquad 4)\ ia,$$

quarum tres primae pertinent ad n negativum, quarta ad positivum.

At per formulam (1.) §[i] 58. videmus, functionem $\Pi(u, a+iK')$ reduci ad $\Pi(u,a)$, sive classem tertiam, in qua n est inter -1 et $-\infty$, reduci ad primam, in qua n est inter 0 et $-kk$. Porro e formula (11.) §[i] 53.**), functionem $\Pi(u, ia)$ semper reduci ad $\Pi(u, ia+K)$, sive classem quartam, in qua n est positivum, ad secundam, in qua n est negativum inter $-kk$ et -1. Unde iam nacti sumus theorema, *propositum integrale:*

---

*) Obtinebitur simul:

$$\begin{array}{lcccccccc} \sin\mathrm{am}\,u = 0, & \frac{1}{\sqrt{1+k'}}, & 1, & \frac{1}{\sqrt{k}}, & \frac{1}{k}, & \frac{\sqrt{1+k'}}{k}, & \infty \\ u=0, & \frac{K}{2}, & K, & K+\frac{iK'}{2}, & K+iK', & \frac{K}{2}+iK', & iK'. \end{array}$$

**) Haec formula scilicet, posito ia loco a, in sequentem abit:

$$\frac{\Pi(u, ia+K)-\Pi(u, ia)}{i} = -\alpha u + \mathrm{arc\,tg}\,[\alpha\sin\mathrm{am}\,u\sin\mathrm{coam}\,u],$$

siquidem ponitur $\alpha = \frac{kk\,\mathrm{tg}\,\mathrm{am}(a,k')}{\Delta\mathrm{am}(a,k')}$. Quae facile per formulas elementares §[i] 19. succedit transformatio.

$$\int_0^\varphi \frac{d\varphi}{(1+n\sin^2\varphi)\Delta(\varphi)},$$

quaecunque sit n quantitas realis positiva seu negativa, semper reduci posse ad integrale simile, in quo n negativum est inter 0 *et* —1. Quod est egregium inventum Cl[i]. Legendre.

Iam vero consideremus casum generalem, quo et amplitudo et parameter formam habent imaginariam quamlibet: constat, eum casum amplecti expressionem:

$$\Pi(u+iv, a+ib),$$

designantibus u, v, a, b quantitates reales. At e formulis §[i] 55. videmus, eiusmodi expressionem reduci ad quatuor hasce:

$$1)\ \Pi(u,a),\quad 2)\ \Pi(iv,ib),\quad 3)\ \Pi(u,ib),\quad 4)\ \Pi(iv,a),$$

vel, si placet, ad quatuor hasce:

$$1)\ \Pi(u,a-K),\quad 2)\ \Pi(iv,ib+K),\quad 3)\ \Pi(u,ib+K),\quad 4)\ \Pi(iv,a-K).$$

Generaliter enim expressio $\Pi(u+v, a+b)$ in expressiones $\Pi(u,a)$, $\Pi(v,b)$, $\Pi(u,b)$, $\Pi(v,a)$ redit, e quibus quatuor propositae prodeunt, siquidem loco v ponis iv, loco a, b vero $a-K$ et $K+ib$. Porro e formulis (1.), (2.) §[i] 59. fit:

$$\begin{aligned}\Pi(iv, ib+K) &= \Pi(v, b+K', k')\\ \Pi(iv, a-K) &= -\Pi(v, ia+K', k'),\end{aligned}$$

unde expressiones 1), 2) in classem primam redeunt $\Pi(u,a)$, expressiones 3), 4) in classem secundam $\Pi(u, ia+K)$; id quod nobis suppeditat

Theorema.

Integrale propositum formae

$$\int_0^\varphi \frac{d\varphi}{(1+n\sin^2\varphi)\Delta(\varphi)},$$

quodcunque sit n et φ, sive reale sive imaginarium, revocari potest ad integralia similia, in quibus et φ reale et n reale negativum inter 0 *et* —1.

Et hoc theorema debetur Cl°. Legendre, nisi quod ille reales tantum amplitudines contemplatus est.

Formulis (4.), (5.) §[i] 55. reducitur $\Pi(u+v, a+b)+\Pi(u-v, a-b)$ ad $\Pi(u,a)$ et $\Pi(v,b)$, $\Pi(u+v, a+b)-\Pi(u-v, a-b)$ ad $\Pi(u,b)$ et $\Pi(v,a)$. Hinc patet, posito:

$$\Pi(u+iv, a+ib)+\Pi(u-iv, a-ib) = L$$
$$\frac{\Pi(u+iv, a+ib)-\Pi(u-iv, a-ib)}{i} = M,$$

pendere L a functionibus $\Pi(u, a-K)$, $\Pi(iv, ib+K)$, M a functionibus $\Pi(u, ib+K)$, $\Pi(iv, a-K)$, ideoque redire L in classem primam, M in classem secundam.

Haec sunt fundamenta theoriae tertiae speciei integralium ellipticorum, e principiis novis deducta. Alia infra videbuntur.

FUNCTIONES ELLIPTICAE SUNT FUNCTIONES FRACTAE. DE FUNCTIONIBUS H, Θ, QUAE NUMERATORIS ET DENOMINATORIS LOCUM TENENT.

61.

Evolutiones §. 35. exhibitae genuinam functionum ellipticarum naturam declarant, videlicet esse eas functiones fractas, ut quas iam ex elementis novimus, pro innumeris argumenti valoribus inter se diversis et evanescere et in infinitum abire. Iam antecedentibus ad functionem delati sumus, quae fractionis, in quam evolvimus ipsum

$$\sin\operatorname{am}\frac{2Kx}{\pi} = \frac{1}{\sqrt{k}}\cdot\frac{2\sqrt[4]{q}\sin x(1-2q^2\cos 2x+q^4)(1-2q^4\cos 2x+q^8)(1-2q^6\cos 2x+q^{12})\dots}{(1-2q\cos 2x+q^2)(1-2q^3\cos 2x+q^6)(1-2q^5\cos 2x+q^{10})\dots},$$

denominatorem constituit, functionem dico:

$$\frac{\Theta\left(\frac{2Kx}{\pi}\right)}{\Theta(0)} = \frac{(1-2q\cos 2x+q^2)(1-2q^3\cos 2x+q^6)(1-2q^5\cos 2x+q^{10})\dots}{[(1-q)(1-q^3)(1-q^5)(1-q^7)\dots]^2}.$$

Iam et numeratorem particulari charactere denotemus, atque ponamus:

$$\frac{H\left(\frac{2Kx}{\pi}\right)}{\Theta(0)} = \frac{2\sqrt[4]{q}\sin x(1-2q^2\cos 2x+q^4)(1-2q^4\cos 2x+q^8)(1-2q^6\cos 2x+q^{12})\dots}{[(1-q)(1-q^3)(1-q^5)(1-q^7)\dots]^2}$$

erit:

$$\sin\operatorname{am}\frac{2Kx}{\pi} = \frac{1}{\sqrt{k}}\cdot\frac{H\left(\frac{2Kx}{\pi}\right)}{\Theta\left(\frac{2Kx}{\pi}\right)}.$$

Reliquis advocatis evolutionibus §. 36. traditis, invenimus:

$$\cos\operatorname{am}\frac{2Kx}{\pi} = \sqrt{\frac{k'}{k}}\cdot\frac{H\left(\frac{2K}{\pi}\left(x+\frac{\pi}{2}\right)\right)}{\Theta\left(\frac{2Kx}{\pi}\right)},$$

$$\Delta\operatorname{am}\frac{2Kx}{\pi} = \sqrt{k'}\cdot\frac{\Theta\left(\frac{2K}{\pi}\left(x+\frac{\pi}{2}\right)\right)}{\Theta\left(\frac{2Kx}{\pi}\right)},$$

unde, posito $\frac{2Kx}{\pi} = u$:

(1.) $\sin\operatorname{am}u = \frac{1}{\sqrt{k}}\cdot\frac{H(u)}{\Theta(u)}$; $\cos\operatorname{am}u = \sqrt{\frac{k'}{k}}\cdot\frac{H(u+K)}{\Theta(u)}$; $\Delta\operatorname{am}u = \sqrt{k'}\cdot\frac{\Theta(u+K)}{\Theta(u)}$.

Hinc fluunt formulae speciales:

(2.) $$\Theta(K) = \frac{\Theta(0)}{\sqrt{k'}};\quad H(K) = \sqrt{\frac{k}{k'}}\Theta(0).$$

Posito $H'(u) = \frac{dH(u)}{du}$, cum sit:

$$H'(u) = \sqrt{k}\cos\operatorname{am}u\,\Delta\operatorname{am}u\,\Theta(u) + \sqrt{k}\sin\operatorname{am}u\,\Theta'(u),$$

pro valoribus $u = 0$, $u = K$ obtinemus:

(3.) $$H'(0) = \sqrt{k}\,\Theta(0) = \frac{H(K)\Theta(0)}{\Theta(K)};\quad H'(K) = \sqrt{k}\,\Theta'(K) = 0\,^{*}).$$

E (2.) sequitur adhuc:

(4.) $$\sqrt{k} = \frac{H(K)}{\Theta(K)};\quad \sqrt{k'} = \frac{\Theta(0)}{\Theta(K)}.$$

Ceterum fit:

(5.) $$\Theta(u+2K) = \Theta(-u) = \Theta(u)$$

(6.) $$H(u+2K) = H(-u) = -H(u);\quad H(u+4K) = H(u).$$

E formula (2.) §. 57.:

$$\Theta(u+iK') = ie^{\frac{\pi(K'-2iu)}{4K}}\sqrt{k}\sin\operatorname{am}u\,\Theta(u)$$

*) Fit enim $Z(K) = 0$, unde etiam $\Theta'(K) = \Theta(K)Z(K) = 0$.

sequitur:

$$(7.)\qquad \Theta(u+iK') = ie^{\frac{\pi(K'-2iu)}{4K}} H(u).$$

Mutato in hac formula u in $u+iK'$ et advocata (1.) §. 57.:

$$(8.)\qquad \Theta(u+2iK') = -e^{\frac{\pi(K'-iu)}{K}} \Theta(u),$$

prodit:

$$(9.)\qquad H(u+iK') = ie^{\frac{\pi(K'-2iu)}{4K}} \Theta(u),$$

unde, rursus mutato u in $u+iK'$, e (7.):

$$(10.)\qquad H(u+2iK') = -e^{\frac{\pi(K'-iu)}{K}} H(u).$$

E formulis (7.) — (10.) derivari possunt generaliores:

$$(11.)\qquad e^{\frac{\pi uu}{4KK'}} \Theta(u) = (-1)^m e^{\frac{\pi(u+2miK')^2}{4KK'}} \Theta(u+2miK')$$

$$(12.)\qquad e^{\frac{\pi uu}{4KK'}} H(u) = (-1)^m e^{\frac{\pi(u+2miK')^2}{4KK'}} H(u+2miK')$$

$$(13.)\qquad e^{\frac{\pi uu}{4KK'}} H(u) = (-i)^{2m+1} e^{\frac{\pi(u+(2m+1)iK')^2}{4KK'}} \Theta(u+(2m+1)iK')$$

$$(14.)\qquad e^{\frac{\pi uu}{4KK'}} \Theta(u) = (-i)^{2m+1} e^{\frac{\pi(u+(2m+1)iK')^2}{4KK'}} H(u+(2m+1)iK').$$

E (12.), (13.) fit:

$$(15.)\qquad \Theta((2m+1)iK') = 0; \quad H(2miK') = 0.$$

Formulae (5.), (6.) demonstrant, functiones $\Theta(u)$, $H(u)$, mutato u in $u+4K$, formulae (11.), (12.), functiones

$$e^{\frac{\pi uu}{4KK'}} \Theta(u), \qquad e^{\frac{\pi uu}{4KK'}} H(u),$$

mutato u in $u+4iK'$, immutatas manere; unde illae cum functionibus ellipticis alteram periodum realem, hae alteram periodum imaginariam communem habent.

E formula (5.) §. 56.:

$$\frac{\Theta(iu,k)}{\Theta(0,k)} = e^{\frac{\pi uu}{4KK'}} \cos\operatorname{am}(u,k') \frac{\Theta(u,k')}{\Theta(0,k')}$$

sequitur:

$$\frac{H(iu,k)}{\Theta(0,k)} = \sqrt{k}\sin\operatorname{am}(iu,k)\frac{\Theta(iu,k)}{\Theta(0,k)} = ie^{\frac{\pi uu}{4KK'}}\sqrt{k}\sin\operatorname{am}(u,k')\frac{\Theta(u,k')}{\Theta(0,k')},$$

unde e (1.):

$$(16.)\qquad \frac{\Theta(iu,k)}{\Theta(0,k)} = \sqrt{\frac{k}{k'}}\, e^{\frac{\pi uu}{4KK'}}\, \frac{H(u+K',k')}{\Theta(0,k')}$$

$$(17.)\qquad \frac{H(iu,k)}{\Theta(0,k)} = i\sqrt{\frac{k}{k'}}\, e^{\frac{\pi uu}{4KK'}}\, \frac{H(u,k')}{\Theta(0,k')}.$$

E (16.) sequitur, mutato u in iu et commutatis k et k':

$$(18.)\qquad \frac{H(iu+K,k)}{\Theta(0,k)} = \sqrt{\frac{k}{k'}}\, e^{\frac{\pi uu}{4KK'}}\, \frac{\Theta(u,k')}{\Theta(0,k')},$$

cui adiungatur (9.) §. 57.:

$$(19.)\qquad \frac{\Theta(iu+K,k)}{\Theta(0,k)} = \sqrt{\frac{k}{k'}}\, e^{\frac{\pi uu}{4KK'}}\, \frac{\Theta(u+K',k')}{\Theta(0,k')}.$$

E formula supra inventa:

$$\Theta(u+v)\,\Theta(u-v) = \frac{\Theta^2(u)\,\Theta^2(v)}{\Theta^2(0)}(1-k^2\sin^2\operatorname{am}u\sin^2\operatorname{am}v)$$

sequitur:

$$(20.)\qquad \Theta(u+v)\,\Theta(u-v) = \frac{\Theta^2(u)\,\Theta^2(v)-H^2(u)\,H^2(v)}{\Theta^2(0)}.$$

Qua ducta formula in:

$$k\sin\operatorname{am}(u+v)\sin\operatorname{am}(u-v) = \frac{k\sin^2\operatorname{am}u-k\sin^2\operatorname{am}v}{1-k^2\sin^2\operatorname{am}u\sin^2\operatorname{am}v} = \frac{H^2(u)\,\Theta^2(v)-\Theta^2(u)\,H^2(v)}{\Theta^2(u)\,\Theta^2(v)-H^2(u)\,H^2(v)},$$

prodit:

$$(21.)\qquad H(u+v)\,H(u-v) = \frac{H^2(u)\,\Theta^2(v)-\Theta^2(u)\,H^2(v)}{\Theta^2(0)}.$$

DE EVOLUTIONE FUNCTIONUM H, Θ IN SERIES. EVOLUTIO TERTIA FUNCTIONUM ELLIPTICARUM.

62.

Evolvamus functiones:

$$\frac{\Theta\left(\frac{2Kx}{\pi}\right)}{\Theta(0)} = \frac{(1-2q\cos 2x+q^2)(1-2q^3\cos 2x+q^6)(1-2q^5\cos 2x+q^{10})\dots}{[(1-q)(1-q^3)(1-q^5)\dots]^2}$$

$$\frac{H\left(\frac{2Kx}{\pi}\right)}{\Theta(0)} = \frac{2\sqrt[4]{q}\sin x(1-2q^2\cos 2x+q^4)(1-2q^4\cos 2x+q^8)(1-2q^6\cos 2x+q^{12})\dots}{[(1-q)(1-q^3)(1-q^5)\dots]^2}$$

in series:

$$\frac{\Theta\left(\frac{2Kx}{\pi}\right)}{\Theta(0)} = A-2A'\cos 2x+2A''\cos 4x-2A'''\cos 6x+2A^{\text{IV}}\cos 8x-\dots$$

$$\frac{H\left(\frac{2Kx}{\pi}\right)}{\Theta(0)} = 2\sqrt[4]{q}\,[B'\sin x-B''\sin 3x+B'''\sin 5x-B^{\text{IV}}\sin 7x+\dots].$$

Determinationem ipsarum $A, A', A'', A''', \dots;$ $B', B'', B''', B^{\text{IV}}, \dots$ nanciscimur ope aequationum (7.)—(10.) §^{i} antecedentis, quae, posito $u=\frac{2Kx}{\pi}$, $q=e^{\frac{-\pi K'}{K}}$, in sequentes abeunt:

$$\Theta\left(\frac{2Kx}{\pi}\right) = -qe^{2ix}\,\Theta\left(\frac{2Kx}{\pi}+2iK'\right)$$

$$H\left(\frac{2Kx}{\pi}\right) = -qe^{2ix}\,H\left(\frac{2Kx}{\pi}+2iK'\right)$$

$$i\Theta\left(\frac{2Kx}{\pi}\right) = \sqrt[4]{q}\,e^{ix}\,H\left(\frac{2Kx}{\pi}+iK'\right)$$

$$iH\left(\frac{2Kx}{\pi}\right) = \sqrt[4]{q}\,e^{ix}\,\Theta\left(\frac{2Kx}{\pi}+iK'\right).$$

Quem in finem evolutiones propositas ita exhibemus:

$$\frac{\Theta\left(\frac{2Kx}{\pi}\right)}{\Theta(0)} = A-A'e^{2ix}+A''e^{4ix}-A'''e^{6ix}+A^{\text{IV}}e^{8ix}-\dots$$
$$-A'e^{-2ix}+A''e^{-4ix}-A'''e^{-6ix}+A^{\text{IV}}e^{-8ix}-\dots$$

$$\frac{iH\left(\frac{2Kx}{\pi}\right)}{\Theta(0)} = \sqrt[4]{q}\,[B'e^{ix}-B''e^{3ix}+B'''e^{5ix}-B^{\text{IV}}e^{7ix}+\dots]$$
$$-\sqrt[4]{q}\,[B'e^{-ix}-B''e^{-3ix}+B'''e^{-5ix}-B^{\text{IV}}e^{-7ix}+\dots].$$

Mutato x in $x-i\log q$, abit e^{mix} in $q^m e^{mix}$, e^{-mix} in $\frac{e^{-mix}}{q^m}$; porro $\Theta\left(\frac{2Kx}{\pi}\right)$, $H\left(\frac{2Kx}{\pi}\right)$ in $\Theta\left(\frac{2Kx}{\pi}+2iK'\right)$, $H\left(\frac{2Kx}{\pi}+2iK'\right)$. Hinc nanciscimur:

$$\frac{\Theta\left(\frac{2Kx}{\pi}\right)}{\Theta(0)} = -qe^{2ix}\cdot\frac{\Theta\left(\frac{2Kx}{\pi}+2iK'\right)}{\Theta(0)}$$

$$= \frac{A'}{q} - Aqe^{2ix} + A'q^3e^{4ix} - A''q^5e^{6ix} + A'''q^7e^{8ix} - \cdots$$

$$-\frac{A''}{q^3}e^{-2ix} + \frac{A'''}{q^5}e^{-4ix} - \frac{A^{\text{IV}}}{q^7}e^{-6ix} + \frac{A^{\text{V}}}{q^9}e^{-8ix} - \cdots$$

$$\frac{iH\left(\frac{2Kx}{\pi}\right)}{\Theta(0)} = -qe^{2ix}\cdot\frac{iH\left(\frac{2Kx}{\pi}+2iK'\right)}{\Theta(0)}$$

$$= \sqrt[4]{q}\left\{B'e^{ix} - B'q^2e^{3ix} + B''q^4e^{5ix} - B'''q^6e^{7ix} + \cdots\right\}$$

$$-\sqrt[4]{q}\left\{\frac{B''}{q^2}e^{-ix} - \frac{B'''}{q^4}e^{-3ix} + \frac{B^{\text{IV}}}{q^6}e^{-5ix} - \frac{B^{\text{V}}}{q^8}e^{-7ix} + \cdots\right\}.$$

Quibus cum expressionibus propositis comparatis, eruimus:

$$A' = Aq,\quad A'' = A'q^3,\quad A''' = A''q^5,\quad A^{\text{IV}} = A'''q^7,\ldots,$$
$$B'' = B'q^2,\quad B''' = B''q^4,\quad B^{\text{IV}} = B'''q^6,\quad B^{\text{V}} = B^{\text{IV}}q^8,\ldots$$

ideoque:

$$A' = Aq,\quad A'' = Aq^4,\quad A''' = Aq^9,\quad A^{\text{IV}} = Aq^{16},\ldots,$$
$$B'' = B'q^2,\quad B''' = B'q^6,\quad B^{\text{IV}} = B'q^{12},\quad B^{\text{V}} = B'q^{20},\ldots,$$

unde evolutiones quaesitae fiunt:

$$\frac{\Theta\left(\frac{2Kx}{\pi}\right)}{\Theta(0)} = A[1-2q\cos 2x+2q^4\cos 4x-2q^9\cos 6x+2q^{16}\cos 8x-\cdots]$$

$$\frac{H\left(\frac{2Kx}{\pi}\right)}{\Theta(0)} = 2\sqrt[4]{q}B'[\sin x-q^2\sin 3x+q^{2.3}\sin 5x-q^{3.4}\sin 7x+q^{4.5}\sin 9x-\cdots]$$

$$= B'[2\sqrt[4]{q}\sin x-2\sqrt[4]{q^9}\sin 3x+2\sqrt[4]{q^{25}}\sin 5x-2\sqrt[4]{q^{49}}\sin 7x+\cdots].$$

Evolutiones inventas alteram ex altera derivare licuisset ope formulae:

$$iH\left(\frac{2Kx}{\pi}\right) = \sqrt[4]{q}e^{ix}\Theta\left(\frac{2Kx}{\pi}+iK'\right).$$

Inventa enim serie:

$$\frac{\Theta\left(\frac{2Kx}{\pi}\right)}{\Theta(0)} = A[1-q(e^{2ix}+e^{-2ix})+q^4(e^{4ix}+e^{-4ix})-q^9(e^{6ix}+e^{-6ix})+\cdots],$$

mutando x in $x-i\log\sqrt{q}$, quo facto e^{2mix}, e^{-2mix} abeunt in $q^m e^{2mix}$, $\frac{e^{-2mix}}{q^m}$, $\Theta\left(\frac{2Kx}{\pi}\right)$ in $\Theta\left(\frac{2Kx}{\pi}+iK'\right)$, et multiplicando per $\sqrt[4]{q}\,e^{ix}$, obtinemus:

$$\frac{iH\left(\frac{2Kx}{\pi}\right)}{\Theta(0)} = \sqrt[4]{q}\,e^{ix}\,\frac{\Theta\left(\frac{2Kx}{\pi}+iK'\right)}{\Theta(0)}$$

$$= A[\sqrt[4]{q}(e^{ix}-e^{-ix})-\sqrt[4]{q^9}(e^{3ix}-e^{-3ix})+\sqrt[4]{q^{25}}(e^{5ix}-e^{-5ix})-\cdots]$$

sive:

$$\frac{H\left(\frac{2Kx}{\pi}\right)}{\Theta(0)} = A[2\sqrt[4]{q}\sin x-2\sqrt[4]{q^9}\sin 3x+2\sqrt[4]{q^{25}}\sin 5x-2\sqrt[4]{q^{49}}\sin 7x+\cdots].$$

Qua insuper analysi eruimus:

$$B' = A.$$

63.

Determinatio ipsius A artificia particularia poscit. Ponamus, quod ex antecedentibus licet:

$$(1-2q\cos 2x+q^2)(1-2q^3\cos 2x+q^6)(1-2q^5\cos 2x+q^{10})\ldots$$
$$= P(q)[1-2q\cos 2x+2q^4\cos 4x-2q^9\cos 6x+2q^{16}\cos 8x-\cdots]$$
$$\sin x(1-2q^2\cos 2x+q^4)(1-2q^4\cos 2x+q^8)(1-2q^6\cos 2x+q^{12})\ldots$$
$$= P(q)[\sin x-q^{1.2}\sin 3x+q^{2.3}\sin 5x-q^{3.4}\sin 7x+q^{4.5}\sin 9x-\cdots];$$

fit:

$$A = \frac{P(q)}{[(1-q)(1-q^3)(1-q^5)\ldots]^2}.$$

Expressio secunda immutata manet, ubi ducitur in primam, et post factum productum ponitur q^2 loco q. Hinc obtinemus aequationem identicam:

$$P(q^2)\,P(q^2)[\sin x-q^4\sin 3x+q^{12}\sin 5x-q^{24}\sin 7x+\cdots]$$
$$\times[1-2q^2\cos 2x+2q^8\cos 4x-2q^{18}\cos 6x+\cdots]$$
$$= P(q)[\sin x-q^2\sin 3x+q^6\sin 5x-q^{12}\sin 7x+\cdots].$$

Ipsam iam instituamus multiplicationem, ita ut ubique loco $2\sin mx\cos nx$ scribatur $\sin(m+n)x+\sin(m-n)x$: facile patet, coefficientem ipsius $\sin x$ in producto evoluto fore:

$$1+q^2+q^6+q^{12}+q^{20}+\cdots,$$

ita ut prodeat:

$$\frac{P(q)\ldots}{P(q^2)P(q^2)} = 1+q^2+q^6+q^{12}+q^{20}+\cdots$$

At invenimus e secunda formularum propositarum, posito $x=\frac{\pi}{2}$:

$$[(1+q^2)(1+q^4)(1+q^6)\ldots]^2 = P(q)[1+q^2+q^6+q^{12}+q^{20}+\cdots],$$

unde:

$$\frac{P(q)P(q)}{P(q^2)P(q^2)} = [(1+q^2)(1+q^4)(1+q^6)\ldots]^2$$

sive:

$$\frac{P(q)}{P(q^2)} = (1+q^2)(1+q^4)(1+q^6)\ldots$$
$$= \frac{(1-q^4)(1-q^8)(1-q^{12})\ldots}{(1-q^2)(1-q^4)(1-q^6)\ldots}.$$

Hinc e methodo iam saepius adhibita*) sequitur:

$$P(q) = \frac{1}{(1-q^2)(1-q^4)(1-q^6)(1-q^8)\ldots}.$$

Hinc tandem provenit:

$$A = \frac{1}{(1-q^2)(1-q^4)(1-q^6)\ldots}\cdot\frac{1}{[(1-q)(1-q^3)(1-q^5)\ldots]^2}$$
$$= \frac{(1+q)(1+q^2)(1+q^3)(1+q^4)\ldots}{(1-q)(1-q^2)(1-q^3)(1-q^4)\ldots}$$

sive ex iis, quas §. 36. dedimus, evolutionibus:

$$\frac{1}{A} = \sqrt{\frac{2k'K}{\pi}}.$$

Quantitatem illam, quam hactenus indeterminatam reliquimus, $\Theta(0)$ ponamus iam:

$$\Theta(0) = \frac{1}{A} = \sqrt{\frac{2k'K}{\pi}},$$

invenitur:

$$(1.)\qquad \Theta\left(\frac{2Kx}{\pi}\right) = 1-2q\cos 2x+2q^4\cos 4x-2q^9\cos 6x+2q^{16}\cos 8x-\cdots$$

$$(2.)\qquad H\left(\frac{2Kx}{\pi}\right) = 2\sqrt[4]{q}\sin x-2\sqrt[4]{q^9}\sin 3x+2\sqrt[4]{q^{25}}\sin 5x-2\sqrt[4]{q^{49}}\sin 7x+\cdots$$

*) Videlicet ponendo successive $q^2, q^4, q^8, q^{16}\ldots$ loco q et instituendo multiplicationem infinitam.

64.

Aequationem identicam, quam antecedentibus comprobatum ivimus:

$$(1-2q\cos 2x+q^2)(1-2q^3\cos 2x+q^6)(1-2q^5\cos 2x+q^{10})\dots$$
$$=\frac{1-2q\cos 2x+2q^4\cos 4x-2q^9\cos 6x+2q^{16}\cos 8x-\dots}{(1-q^2)(1-q^4)(1-q^6)(1-q^8)\dots},$$

alia adhuc via, a praecedente omnino diversa, investigare placet. Quem in finem tamquam lemmata antemittamus formulas duas sequentes:

$$(1.)\qquad (1+qz)(1+q^3z)(1+q^5z)(1+q^7z)\dots$$
$$=1+\frac{qz}{1-q^2}+\frac{q^4z^2}{(1-q^2)(1-q^4)}+\frac{q^9z^3}{(1-q^2)(1-q^4)(1-q^6)}+\frac{q^{16}z^4}{(1-q^2)(1-q^4)(1-q^6)(1-q^8)}+\dots$$

$$(2.)\qquad \frac{1}{(1-qz)(1-q^2z)(1-q^3z)(1-q^4z)\dots}$$
$$=1+\frac{q}{1-q}\cdot\frac{z}{1-qz}+\frac{q^4}{(1-q)(1-q^2)}\cdot\frac{z^2}{(1-qz)(1-q^2z)}$$
$$+\frac{q^9}{(1-q)(1-q^2)(1-q^3)}\cdot\frac{z^3}{(1-qz)(1-q^2z)(1-q^3z)}+\dots$$

Ad demonstrationem prioris observo, expressionem:

$$(1+qz)(1+q^3z)(1+q^5z)(1+q^7z)\dots,$$

posito q^2z loco z et multiplicatione facta per $(1+qz)$, immutatam manere; unde, posito:

$$(1+qz)(1+q^3z)(1+q^5z)\dots = 1+A'z+A''z^2+A'''z^3+\dots,$$

eruitur:

$$1+A'z+A''z^2+A'''z^3+\dots = (1+qz)(1+A'q^2z+A''q^4z^2+A'''q^6z^3+\dots)$$

ideoque, facta evolutione:

$$A'=q+q^2A',\quad A''=q^3A'+q^4A'',\quad A'''=q^5A''+q^6A''',\ \dots$$

sive:

$$A'=\frac{q}{1-q^2},\quad A''=\frac{q^3A'}{1-q^4},\quad A'''=\frac{q^5A''}{1-q^6},\dots,$$

unde:

$$A'=\frac{q}{1-q^2},\quad A''=\frac{q^4}{(1-q^2)(1-q^4)},\quad A'''=\frac{q^9}{(1-q^2)(1-q^4)(1-q^6)},\ \dots,$$

sicut propositum est.

Ad demonstrationem formulae (2.) observo, expressionem:

$$\frac{1}{(1-qz)(1-q^2z)(1-q^3z)(1-q^4z)\dots},$$

posito qz loco z et multiplicatione facta per $\frac{1}{1-qz}$, immutatam manere; unde, posito:

$$\frac{1}{(1-qz)(1-q^2z)(1-q^3z)(1-q^4z)\dots}$$
$$= 1+\frac{A'z}{1-qz}+\frac{A''z^2}{(1-qz)(1-q^2z)}+\frac{A'''z^3}{(1-qz)(1-q^2z)(1-q^3z)}+\dots,$$

obtinemus:

$$1+\frac{A'z}{1-qz}+\frac{A''z^2}{(1-qz)(1-q^2z)}+\frac{A'''z^3}{(1-qz)(1-q^2z)(1-q^3z)}+\dots$$
$$=\frac{1}{1-qz}+\frac{A'qz}{(1-qz)(1-q^2z)}+\frac{A''q^2z^2}{(1-qz)(1-q^2z)(1-q^3z)}+\frac{A'''q^3z^3}{(1-qz)(1-q^2z)(1-q^3z)(1-q^4z)}+\dots$$
$$=1+\frac{(q+A'q)z}{1-qz}+\frac{(q^3A'+q^2A'')z^2}{(1-qz)(1-q^2z)}+\frac{(q^5A''+q^3A''')z^3}{(1-qz)(1-q^2z)(1-q^3z)}+\dots\text{*)}.$$

Hinc fluit:

$$A' = q+A'q,\quad A'' = q^3A'+q^2A'',\qquad A''' = q^5A''+q^3A''',\dots$$

ideoque:

$$A' = \frac{q}{1-q},\quad A'' = \frac{q^3A'}{1-q^2},\qquad A''' = \frac{q^5A''}{1-q^3},\dots,$$

unde:

$$A' = \frac{q}{1-q},\quad A'' = \frac{q^4}{(1-q)(1-q^2)},\quad A''' = \frac{q^9}{(1-q)(1-q^2)(1-q^3)},\dots,$$

sicuti propositum est.

Iam formemus productum:

$$\left\{(1+qz)(1+q^3z)(1+q^5z)\cdots\right\}\left\{\left(1+\frac{q}{z}\right)\left(1+\frac{q^3}{z}\right)\left(1+\frac{q^5}{z}\right)\cdots\right\}$$
$$=\left\{1+\frac{q}{1-q^2}\,z+\frac{q^4}{(1-q^2)(1-q^4)}\,z^2+\frac{q^9}{(1-q^2)(1-q^4)(1-q^6)}\,z^3+\cdots\right\}$$
$$\times\left\{1+\frac{q}{1-q^2}\,\frac{1}{z}+\frac{q^4}{(1-q^2)(1-q^4)}\,\frac{1}{z^2}+\frac{q^9}{(1-q^2)(1-q^4)(1-q^6)}\,\frac{1}{z^3}+\cdots\right\}.$$

Coefficientem ipsius z^n sive etiam $\frac{1}{z^n}$, quem ponemus $B^{(n)}$, eruimus sequentem:

*) Substituendo scilicet in singulis terminis resp. $\frac{1}{1-qz} = 1+\frac{qz}{1-qz}$, $\frac{1}{1-q^2z} = 1+\frac{q^2z}{1-q^2z}$, $\frac{1}{1-q^3z} = 1+\frac{q^3z}{1-q^3z}$, etc.

$$B^{(n)} = \frac{q^{nn}}{(1-q^2)(1-q^4)\cdots(1-q^{2n})}$$
$$\times\left\{\begin{array}{l} 1+\frac{q^2}{1-q^2}\cdot\frac{q^{2n}}{1-q^{2n+2}}+\frac{q^8}{(1-q^2)(1-q^4)}\cdot\frac{q^{4n}}{(1-q^{2n+2})(1-q^{2n+4})} \\ +\frac{q^{18}}{(1-q^2)(1-q^4)(1-q^6)}\cdot\frac{q^{6n}}{(1-q^{2n+2})(1-q^{2n+4})(1-q^{2n+6})}+\cdots \end{array}\right\}.$$

At e formula (2.), posito q^2 loco q et $z = q^{2n}$, expressionem, quae uncis inclusa conspicitur, invenimus

$$= \frac{1}{(1-q^{2n+2})(1-q^{2n+4})(1-q^{2n+6})(1-q^{2n+8})\cdots},$$

unde:

$$B^{(n)} = \frac{q^{nn}}{(1-q^2)(1-q^4)(1-q^6)(1-q^8)\cdots}$$

ideoque:

$$\{(1+qz)(1+q^3z)(1+q^5z)\cdots\}\left\{\left(1+\frac{q}{z}\right)\left(1+\frac{q^3}{z}\right)\left(1+\frac{q^5}{z}\right)\cdots\right\}$$
$$= \frac{1+q\left(z+\frac{1}{z}\right)+q^4\left(z^2+\frac{1}{z^2}\right)+q^9\left(z^3+\frac{1}{z^3}\right)+\cdots}{(1-q^2)(1-q^4)(1-q^6)(1-q^8)\cdots}$$

sive, posito $z = e^{2ix}$ et mutato q in $-q$:

$$(1-2q\cos 2x+q^2)(1-2q^3\cos 2x+q^6)(1-2q^5\cos 2x+q^{10})\cdots$$
$$= \frac{1-2q\cos 2x+2q^4\cos 4x-2q^9\cos 6x+\cdots}{(1-q^2)(1-q^4)(1-q^6)(1-q^8)\cdots}.$$

Quod demonstrandum erat.

Ubi ponitur $-qz^2$ loco z atque per $\sqrt[4]{q}\,z$ multiplicatur, prodit:

$$\sqrt[4]{q}\left(z-\frac{1}{z}\right)\{(1-q^2z^2)(1-q^4z^2)(1-q^6z^2)\cdots\}\left\{\left(1-\frac{q^2}{z^2}\right)\left(1-\frac{q^4}{z^2}\right)\left(1-\frac{q^6}{z^2}\right)\cdots\right\}$$
$$= \frac{\sqrt[4]{q}\left(z-\frac{1}{z}\right)-\sqrt[4]{q^9}\left(z^3-\frac{1}{z^3}\right)+\sqrt[4]{q^{25}}\left(z^5-\frac{1}{z^5}\right)-\cdots}{(1-q^2)(1-q^4)(1-q^6)(1-q^8)\cdots}$$

sive, posito $z = e^{ix}$:

$$2\sqrt[4]{q}\sin x(1-2q^2\cos 2x+q^4)(1-2q^4\cos 2x+q^8)(1-2q^6\cos 2x+q^{12})\cdots$$
$$= \frac{2\sqrt[4]{q}\sin x-2\sqrt[4]{q^9}\sin 3x+2\sqrt[4]{q^{25}}\sin 5x-2\sqrt[4]{q^{49}}\sin 7x+\cdots}{(1-q^2)(1-q^4)(1-q^6)(1-q^8)\cdots},$$

quae est altera evolutio inventa.

65.

Evolutiones functionum:

(1.) $\Theta\left(\frac{2Kx}{\pi}\right) = 1-2q\cos 2x+2q^4\cos 4x-2q^9\cos 6x+2q^{16}\cos 8x-\cdots$

(2.) $H\left(\frac{2Kx}{\pi}\right) = 2\sqrt[4]{q}\sin x-2\sqrt[4]{q^9}\sin 3x+2\sqrt[4]{q^{25}}\sin 5x-2\sqrt[4]{q^{49}}\sin 7x+\cdots$.

sponte ad evolutionem novam functionum ellipticarum ducunt. Etenim e formulis (1.) §. 61., ponendo $u=\frac{2Kx}{\pi}$, obtinemus:

$$\sin\operatorname{am}\frac{2Kx}{\pi} = \frac{1}{\sqrt{k}}\cdot\frac{H\left(\frac{2Kx}{\pi}\right)}{\Theta\left(\frac{2Kx}{\pi}\right)}$$

$$\cos\operatorname{am}\frac{2Kx}{\pi} = \sqrt{\frac{k'}{k}}\cdot\frac{H\left(\frac{2K}{\pi}\left(x+\frac{\pi}{2}\right)\right)}{\Theta\left(\frac{2Kx}{\pi}\right)}$$

$$\Delta\operatorname{am}\frac{2Kx}{\pi} = \sqrt{k'}\cdot\frac{\Theta\left(\frac{2K}{\pi}\left(x+\frac{\pi}{2}\right)\right)}{\Theta\left(\frac{2Kx}{\pi}\right)},$$

unde:

(3.) $\sin\operatorname{am}\frac{2Kx}{\pi} = \frac{1}{\sqrt{k}}\cdot\frac{2\sqrt[4]{q}\sin x-2\sqrt[4]{q^9}\sin 3x+2\sqrt[4]{q^{25}}\sin 5x-2\sqrt[4]{q^{49}}\sin 7x+\cdots}{1-2q\cos 2x+2q^4\cos 4x-2q^9\cos 6x+2q^{16}\cos 8x-\cdots}$

(4.) $\cos\operatorname{am}\frac{2Kx}{\pi} = \sqrt{\frac{k'}{k}}\cdot\frac{2\sqrt[4]{q}\cos x+2\sqrt[4]{q^9}\cos 3x+2\sqrt[4]{q^{25}}\cos 5x+2\sqrt[4]{q^{49}}\cos 7x+\cdots}{1-2q\cos 2x+2q^4\cos 4x-2q^9\cos 6x+2q^{16}\cos 8x-\cdots}$

(5.) $\Delta\operatorname{am}\frac{2Kx}{\pi} = \sqrt{k'}\cdot\frac{1+2q\cos 2x+2q^4\cos 4x+2q^9\cos 6x+2q^{16}\cos 8x+\cdots}{1-2q\cos 2x+2q^4\cos 4x-2q^9\cos 6x+2q^{16}\cos 8x-\cdots}$.

Porro e (2.), (3.) §. 61., cum positum sit $\Theta(0)=\sqrt{\frac{2k'K}{\pi}}$, obtinemus:

$$\Theta(K)=\sqrt{\frac{2K}{\pi}},\quad H(K)=\sqrt{\frac{2kK}{\pi}},\quad \Theta(0)=\sqrt{\frac{2k'K}{\pi}},\quad H'(0)=\sqrt{\frac{2kk'K}{\pi}},$$

unde e (1.), (2.):

(6.) $\sqrt{\frac{2K}{\pi}} = 1+2q+2q^4+2q^9+2q^{16}+2q^{25}+\cdots$

(7.) $\sqrt{\frac{2kK}{\pi}} = 2\sqrt[4]{q}+2\sqrt[4]{q^9}+2\sqrt[4]{q^{25}}+2\sqrt[4]{q^{49}}+2\sqrt[4]{q^{81}}+\cdots$

30*

$$(8.)\quad \sqrt{\frac{2k'K}{\pi}} = 1-2q+2q^4-2q^9+2q^{16}-2q^{25}+\cdots$$

$$(9.)\quad \sqrt{kk'\left(\frac{2K}{\pi}\right)^3} = 2\sqrt[4]{q}-6\sqrt[4]{q^9}+10\sqrt[4]{q^{25}}-14\sqrt[4]{q^{49}}+18\sqrt[4]{q^{81}}-\cdots \,*),$$

unde etiam:

$$(10.)\quad \sqrt{k} = \frac{2\sqrt[4]{q}+2\sqrt[4]{q^9}+2\sqrt[4]{q^{25}}+2\sqrt[4]{q^{49}}+2\sqrt[4]{q^{81}}+\cdots}{1+2q+2q^4+2q^9+2q^{16}+\cdots}$$

$$(11.)\quad \sqrt{k'} = \frac{1-2q+2q^4-2q^9+2q^{16}-2q^{25}+\cdots}{1+2q+2q^4+2q^9+2q^{16}+2q^{25}+\cdots}.$$

Fit porro, cum sit $Z(u) = \frac{\Theta'(u)}{\Theta(u)}$, $\Pi(u,a) = uZ(a)+\frac{1}{2}\log\frac{\Theta(u-a)}{\Theta(u+a)}$:

$$(12.)\quad \frac{2K}{\pi}\cdot Z\left(\frac{2Kx}{\pi}\right) = \frac{4q\sin 2x-8q^4\sin 4x+12q^9\sin 6x-16q^{16}\sin 8x+\cdots}{1-2q\cos 2x+2q^4\cos 4x-2q^9\cos 6x+2q^{16}\cos 8x-\cdots}$$

$$(13.)\quad \Pi\left(\frac{2Kx}{\pi},\frac{2KA}{\pi}\right)$$

$$= \frac{2Kx}{\pi}\cdot Z\left(\frac{2KA}{\pi}\right)+\frac{1}{2}\log\frac{1-2q\cos 2(x-A)+2q^4\cos 4(x-A)-2q^9\cos 6(x-A)+\cdots}{1-2q\cos 2(x+A)+2q^4\cos 4(x+A)-2q^9\cos 6(x+A)+\cdots}.$$

Quae est evolutio tertia functionum ellipticarum.

66.

Ex evolutionibus inventis:

$$(1.)\quad [(1-q^2)(1-q^4)(1-q^6)\cdots](1-2q\cos 2x+q^2)(1-2q^3\cos 2x+q^6)(1-2q^5\cos 2x+q^{10})\cdots$$
$$= 1-2q\cos 2x+2q^4\cos 4x-2q^9\cos 6x+2q^{16}\cos 8x-\cdots$$
$$[(1-q^2)(1-q^4)(1-q^6)\cdots]\sin x(1-2q^2\cos 2x+q^4)(1-2q^4\cos 2x+q^8)(1-2q^6\cos 2x+q^{12})\cdots$$
$$= \sin x-q^2\sin 3x+q^6\sin 5x-q^{12}\sin 7x+q^{20}\sin 9x-\cdots,$$

quarum postremam, posito $\sqrt{q}$ loco q, ita quoque exhibere licet:

$$(2.)\quad [(1-q)(1-q^2)(1-q^3)\cdots]\sin x(1-2q\cos 2x+q^2)(1-2q^2\cos 2x+q^4)(1-2q^3\cos 2x+q^6)\cdots$$
$$= \sin x-q\sin 3x+q^3\sin 5x-q^6\sin 7x+q^{10}\sin 9x-q^{15}\sin 11x+\cdots,$$

sequitur, posito $x = 0$, $x = \frac{\pi}{2}$:

---

*) Etenim, cum sit $\frac{dH}{dx} = \frac{2K}{\pi}\cdot\frac{dH}{du}$, differentiata (2.) secundum x et posito deinde $x = 0$, prodit $\frac{2K}{\pi}H'(0) = \sqrt{kk'\left(\frac{2K}{\pi}\right)^3}$.

$$(3.)\quad \frac{(1-q)(1-q^2)(1-q^3)(1-q^4)\cdots}{(1+q)(1+q^2)(1+q^3)(1+q^4)\cdots} = 1-2q+2q^4-2q^9+2q^{16}-\cdots$$

$$(4.)\quad \frac{(1-q^2)(1-q^4)(1-q^6)(1-q^8)\cdots}{(1-q)(1-q^3)(1-q^5)(1-q^7)\cdots} = 1+q+q^3+q^6+q^{10}+q^{15}+\cdots$$

$$(5.)\quad [(1-q)(1-q^2)(1-q^3)(1-q^4)\cdots]^3 = 1-3q+5q^3-7q^6+9q^{10}-\cdots$$

Ponamus in (2.) $x=\frac{\pi}{3}$, fit $\sin x=+\sqrt{\frac{3}{4}}$, $\sin 3x=0$, $\sin 5x=-\sqrt{\frac{3}{4}}$, $\sin 7x=+\sqrt{\frac{3}{4}}$, etc.; porro $(1-q)(1-2q\cos 2x+q^2)=1-q^3$, unde (2.) in hanc abit formulam:

$$(1-q^3)(1-q^6)(1-q^9)(1-q^{12})\cdots = 1-q^3-q^6+q^{15}+q^{21}-q^{36}-\cdots$$

sive:

$$(6.)\quad (1-q)(1-q^2)(1-q^3)(1-q^4)\cdots = 1-q-q^2+q^5+q^7-q^{12}-\cdots,$$

cuius seriei terminus generalis est:

$$(-1)^n q^{\frac{3nn\pm n}{2}}.$$

Comparatis inter se (5.), (6.), obtinemus:

$$(7.)\quad [1-q-q^2+q^5+q^7-q^{12}-\cdots]^3 = 1-3q+5q^3-7q^6+9q^{10}-\cdots,$$

Formulam (4.) etiam Cl. Gauss invenit in commentatione: ***Summatio serierum quarundam singularium.*** Comm. Gott. Vol. I. a. 1808—1811. Quam ille deduxit e sequente formula memorabili:

$$(8.)\quad \frac{(1-qz)(1-q^3z)(1-q^5z)(1-q^7z)\ldots}{(1-q)(1-q^3)(1-q^5)(1-q^7)\ldots}$$
$$= 1+\frac{q(1-z)}{1-q}+\frac{q^3(1-z)(1-qz)}{(1-q)(1-q^2)}+\frac{q^6(1-z)(1-qz)(1-q^2z)}{(1-q)(1-q^2)(1-q^3)}+\cdots,$$

posito $z=q$. Cui addi possunt formulae similes, quarum demonstrationem hoc loco omitto:

$$(9.)\quad \frac{1}{2}\,\frac{(1+z)(1+qz)(1+q^2z)\ldots}{(1+q)(1+q^2)(1+q^3)\ldots}+\frac{1}{2}\,\frac{(1-z)(1-qz)(1-q^2z)\ldots}{(1+q)(1+q^2)(1+q^3)\ldots}$$
$$= 1-\frac{q(1-z^2)}{1-q^2}+\frac{q^4(1-z^2)(1-q^2z^2)}{(1-q^2)(1-q^4)}-\frac{q^9(1-z^2)(1-q^2z^2)(1-q^4z^2)}{(1-q^2)(1-q^4)(1-q^6)}+\cdots$$

$$(10.)\quad \frac{q}{2z}\,\frac{(1+z)(1+qz)(1+q^2z)\ldots}{(1+q)(1+q^2)(1+q^3)\ldots}-\frac{q}{2z}\,\frac{(1-z)(1-qz)(1-q^2z)\ldots}{(1+q)(1+q^2)(1+q^3)\ldots}$$
$$= q-\frac{q^4(1-z^2)}{1-q^2}+\frac{q^9(1-z^2)(1-q^2z^2)}{(1-q^2)(1-q^4)}-\frac{q^{16}(1-z^2)(1-q^2z^2)(1-q^4z^2)}{(1-q^2)(1-q^4)(1-q^6)}+\cdots,$$

quarum (9.), posito $z = q$, praebet:

$$\frac{1}{2}+\frac{1}{2}\,\frac{(1-q)(1-q^2)(1-q^3)\dots}{(1+q)(1+q^2)(1+q^3)\dots} = 1-q+q^4-q^9+\cdots$$

sive:

$$\frac{(1-q)(1-q^2)(1-q^3)(1-q^4)\dots}{(1+q)(1+q^2)(1+q^3)(1+q^4)\dots} = 1-2q+2q^4-2q^9+\cdots,$$

quae est formula (3.).

Formula (6.), quae profundissimae indaginis est, ut quae a trisectione functionum ellipticarum pendet, iam e longo tempore a Cl°. Euler inventa est et luculenter demonstrata. De qua insigni demonstratione alibi nobis fusius agendum erit.

His addamus evolutiones sequentes:

$$(11.)\quad \frac{\sqrt{kk'\left(\frac{2K}{\pi}\right)^3}}{\Theta\left(\frac{2Kx}{\pi}\right)} = \frac{2\sqrt[4]{q}\,[(1-q^2)(1-q^4)(1-q^6)(1-q^8)\dots]^2}{(1-2q\cos 2x+q^2)(1-2q^3\cos 2x+q^6)(1-2q^5\cos 2x+q^{10})\dots}$$

$$= \frac{2\sqrt[4]{q}(1-q^2)}{1-2q\cos 2x+q^2} - \frac{2\sqrt[4]{q^9}(1-q^6)}{1-2q^3\cos 2x+q^6} + \frac{2\sqrt[4]{q^{25}}(1-q^{10})}{1-2q^5\cos 2x+q^{10}} - \cdots$$

$$(12.)\quad \frac{\sqrt{kk'\left(\frac{2K}{\pi}\right)^3}}{H\left(\frac{2Kx}{\pi}\right)} = \frac{[(1-q^2)(1-q^4)(1-q^6)(1-q^8)\dots]^2}{\sin x(1-2q^2\cos 2x+q^4)(1-2q^4\cos 2x+q^8)(1-2q^6\cos 2x+q^{12})\dots}$$

$$= \frac{1}{\sin x} - \frac{4q^2(1+q^2)\sin x}{1-2q^2\cos 2x+q^4} + \frac{4q^6(1+q^4)\sin x}{1-2q^4\cos 2x+q^8} - \frac{4q^{12}(1+q^6)\sin x}{1-2q^6\cos 2x+q^{12}} + \cdots$$

$$= \frac{1}{\sin x}\left\{\frac{(1-q^2)(1-q^4)}{1-2q^2\cos 2x+q^4} - \frac{q^2(1-q^4)(1-q^8)}{1-2q^4\cos 2x+q^8} + \frac{q^6(1-q^6)(1-q^{12})}{1-2q^6\cos 2x+q^{12}} - \cdots\right\},$$

quae e nota theoria resolutionis fractionum compositarum in simplices facile obtinentur.

Hinc deducuntur evolutiones speciales:

$$(13.)\quad \frac{2kK}{\pi} = 4\sqrt{q}\left(\frac{1+q^2}{1-q^2}\right) - 4\sqrt{q^9}\left(\frac{1+q^6}{1-q^6}\right) + 4\sqrt{q^{25}}\left(\frac{1+q^{10}}{1-q^{10}}\right) - \cdots$$

$$(14.)\quad \frac{2k'K}{\pi} = 1 - \frac{4q}{1+q} + \frac{4q^3}{1+q^2} - \frac{4q^6}{1+q^3} + \frac{4q^{10}}{1+q^4} - \cdots$$

Quibus cum evolutionibus expressionum $\frac{2kK}{\pi}$, $\frac{2k'K}{\pi}$ supra exhibitis comparatis, prodit

$$\frac{\sqrt{q}}{1-q}-\frac{\sqrt{q^3}}{1-q^3}+\frac{\sqrt{q^5}}{1-q^5}-\frac{\sqrt{q^7}}{1-q^7}+\cdots = \sqrt{q}\left(\frac{1+q^2}{1-q^2}\right)-\sqrt{q^9}\left(\frac{1+q^6}{1-q^6}\right)+\sqrt{q^{25}}\left(\frac{1+q^{10}}{1-q^{10}}\right)-\cdots$$

$$1-\frac{4q}{1+q}+\frac{4q^3}{1+q^3}-\frac{4q^5}{1+q^5}+\frac{4q^7}{1+q^7}-\cdots = 1-\frac{4q}{1+q}+\frac{4q^3}{1+q^2}-\frac{4q^6}{1+q^3}+\frac{4q^{10}}{1+q^4}-\cdots$$

Simili modo Cl. Clausen nuper observavit *), seriem:

$$\frac{q}{1-q}+\frac{q^2}{1-q^2}+\frac{q^3}{1-q^3}+\frac{q^4}{1-q^4}+\cdots$$

transformari posse in hanc:

$$q\left(\frac{1+q}{1-q}\right)+q^4\left(\frac{1+q^2}{1-q^2}\right)+q^9\left(\frac{1+q^3}{1-q^3}\right)+q^{16}\left(\frac{1+q^4}{1-q^4}\right)+\cdots$$

Invenimus supra evolutiones ipsorum $\frac{2K}{\pi}$, $\frac{2kK}{\pi}$ eorumque dignitatum secundae, tertiae, quartae in series. Quae igitur evolutiones dignitatis secundae, quartae, sextae, octavae expressionum:

$$\sqrt{\frac{2K}{\pi}} = 1+2q+2q^4+2q^9+2q^{16}+\cdots$$

$$\sqrt{\frac{2kK}{\pi}} = 2\sqrt[4]{q}+2\sqrt[4]{q^9}+2\sqrt[4]{q^{25}}+2\sqrt[4]{q^{49}}+\cdots$$

suppeditant, unde varia theoremata arithmetica fluunt. Ita exempli gratia e formula:

$$\begin{aligned}\left(\frac{2K}{\pi}\right)^2 &= \{1+2q+2q^4+2q^9+2q^{16}+\cdots\}^4 \\ &= 1+8\left\{\frac{q}{1-q}+\frac{2q^2}{1+q^2}+\frac{3q^3}{1-q^3}+\frac{4q^4}{1+q^4}+\cdots\right\} \\ &= 1+8\Sigma\varphi(p)\{q^p+3q^{2p}+3q^{4p}+3q^{8p}+\cdots\},\end{aligned}$$

ubi p numerus impar quilibet, $\varphi(p)$ summa factorum ipsius p, fluit tamquam corollarium theorema inclytum Fermatianum, numerum unumquemque esse summam quatuor quadratorum.

*) Crelle Journal etc. Tom. III. pag. 95.

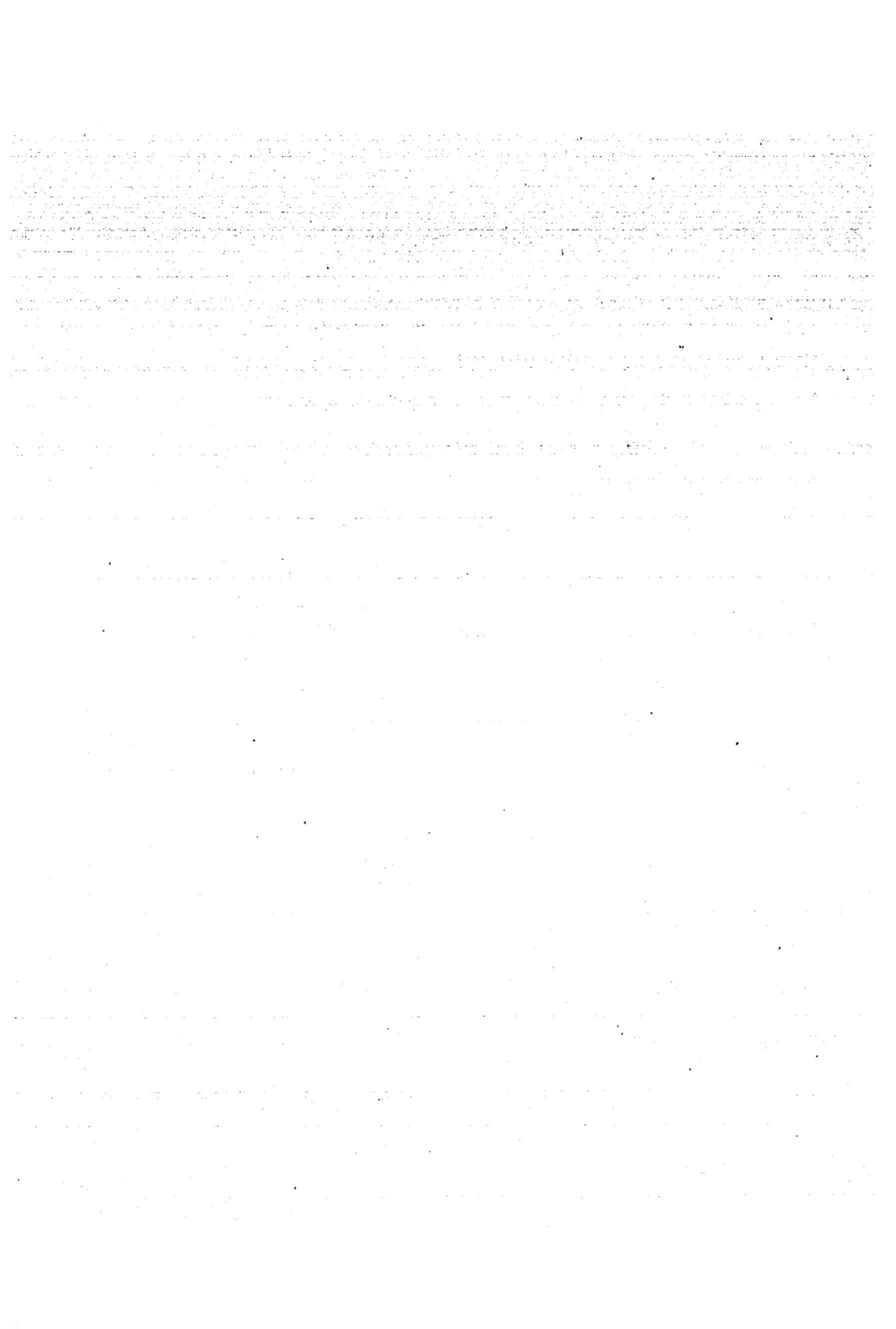

ADDITION

AU MÉMOIRE DE M. ABEL

SUR LES FONCTIONS ELLIPTIQUES

VOL. II. P. 101 DU JOURNAL DE M. CRELLE

PAR

M. C. G. J. JACOBI
A KŒNIGSBERG.

Crelle Journal für die reine und angewandte Mathematik, Bd. 3. p. 85.

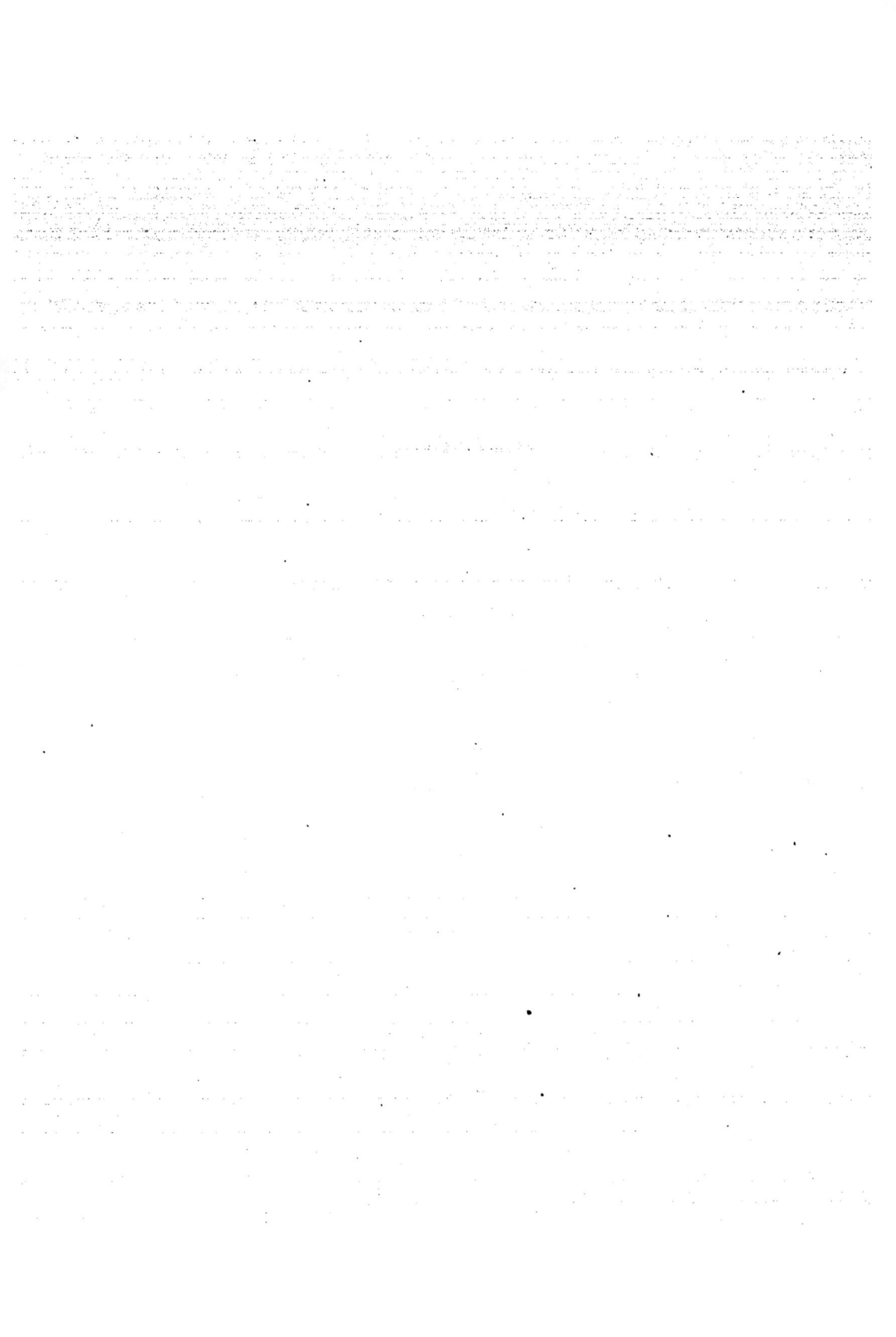

ADDITION
AU MÉMOIRE DE M. ABEL SUR LES FONCTIONS ELLIPTIQUES.

VOL. II. P. 101 DU JOURNAL DE M. CRELLE.

M. Abel dans son excellent Mémoire sur les fonctions elliptiques a prouvé le premier, que les équations du degré nn, desquelles dépend la division d'une fonction elliptique de première espèce en n parties, peuvent être résolues algébriquement. Cependant la méthode de cet auteur est susceptible d'une grande simplification. Je veux la proposer ici en deux mots, en me servant de la notation de M. Abel.

Si l'on désigne par p, q deux racines quelconques de l'équation $x^{2n+1}-1=0$, on aura l'expression

$$\sum_{-n}^{+n}{}_m \sum_{-n}^{+n}{}_\mu \varphi\left(\beta+\frac{2m\omega+2\mu\varpi i}{2n+1}\right)p^m q^\mu$$

égale à une expression de la forme

$$\sqrt[2n+1]{A+Bf((2n+1)\beta)F((2n+1)\beta)}\,,$$

A et B étant des fonctions rationnelles et entières de $\varphi((2n+1)\beta)$. Or, en donnant à p et q toutes leurs valeurs possibles, on pourra au moyen de ces expressions, qui seront au nombre de $(2n+1)^2$, exprimer linéairement toutes les racines, sans avoir besoin de résoudre encore une équation du $n^{\text{ième}}$ degré. Aussi on saura exprimer toutes les racines au moyen des puissances entières de deux de ces expressions.

Kœnigsberg, 25. Janvier 1828.

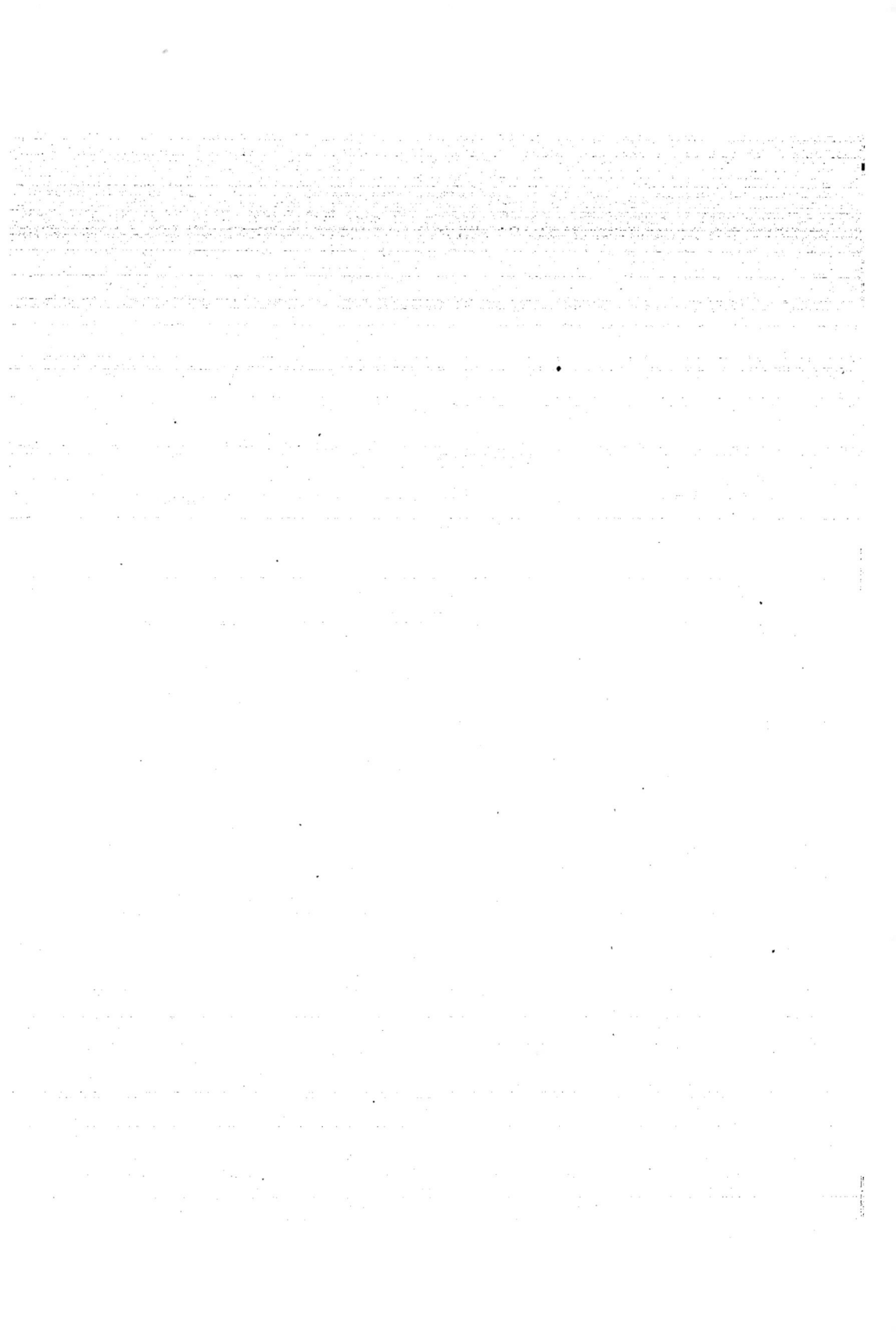

NOTE
SUR LA DÉCOMPOSITION D'UN NOMBRE DONNÉ
EN QUATRE CARRÉS

PAR

M. C. G. J. JACOBI

PROF. EN PHIL. A KŒNIGSBERG.

Crelle Journal für die reine und angewandte Mathematik, Bd. 3. p. 191.

NOTE SUR LA DECOMPOSITION D'UN NOMBRE DONNE EN QUATRE CARRÉS.

Soit n un nombre impair quelconque, on sait que $4n$ peut être décomposé en quatre carrés impairs.

S'il s'agit de tous les quatre nombres possibles $a, b, c, d,$ tels que $a^2+b^2+c^2+d^2 = 4n$, une même décomposition en quatre carrés différents entre eux donnera $24 = 1.2.3.4$ manières de déterminer $a, b, c, d.$ Si deux de ces carrés sont égaux, ce nombre se réduit à $12 = \frac{1.2.3.4}{1.2}$. Si encore les deux autres sont égaux, le nombre sera $6 = \frac{1.2.3.4}{1.2.1.2}$, et il sera $4 = \frac{1.2.3.4}{1.2.3}$, si trois des quatre carrés sont égaux; enfin il sera 1, si les carrés sont égaux tous les quatre.

Cela posé, je tire de la *théorie des fonctions elliptiques* le théorème suivant:

Soit n un nombre impair quelconque, si l'on peut trouver de m manières quatre nombres impairs a, b, c, d tels que $a^2+b^2+c^2+d^2 = 4n$, en ayant attention de compter une même solution autant de fois que les quatre carrés peuvent être permutés entre eux, m sera égal à la somme des facteurs du nombre n. Donc si, par exemple, n est un nombre premier, on aura $m = n+1$.

Soit par exemple $n = 15$, on a $4.15 = 60 = 1+1+3^2+7^2 = 5^2+5^2+1+3^2$. Puisque deux carrés dans ces deux solutions sont égaux entre eux, on a $m = 12+12 = 24$.

Ce théorème remarquable parait être assez difficile à démontrer par les méthodes connues de la théorie des nombres. La démonstration fournie par la théorie des fonctions elliptiques est entièrement analytique.

24. Avril 1828.

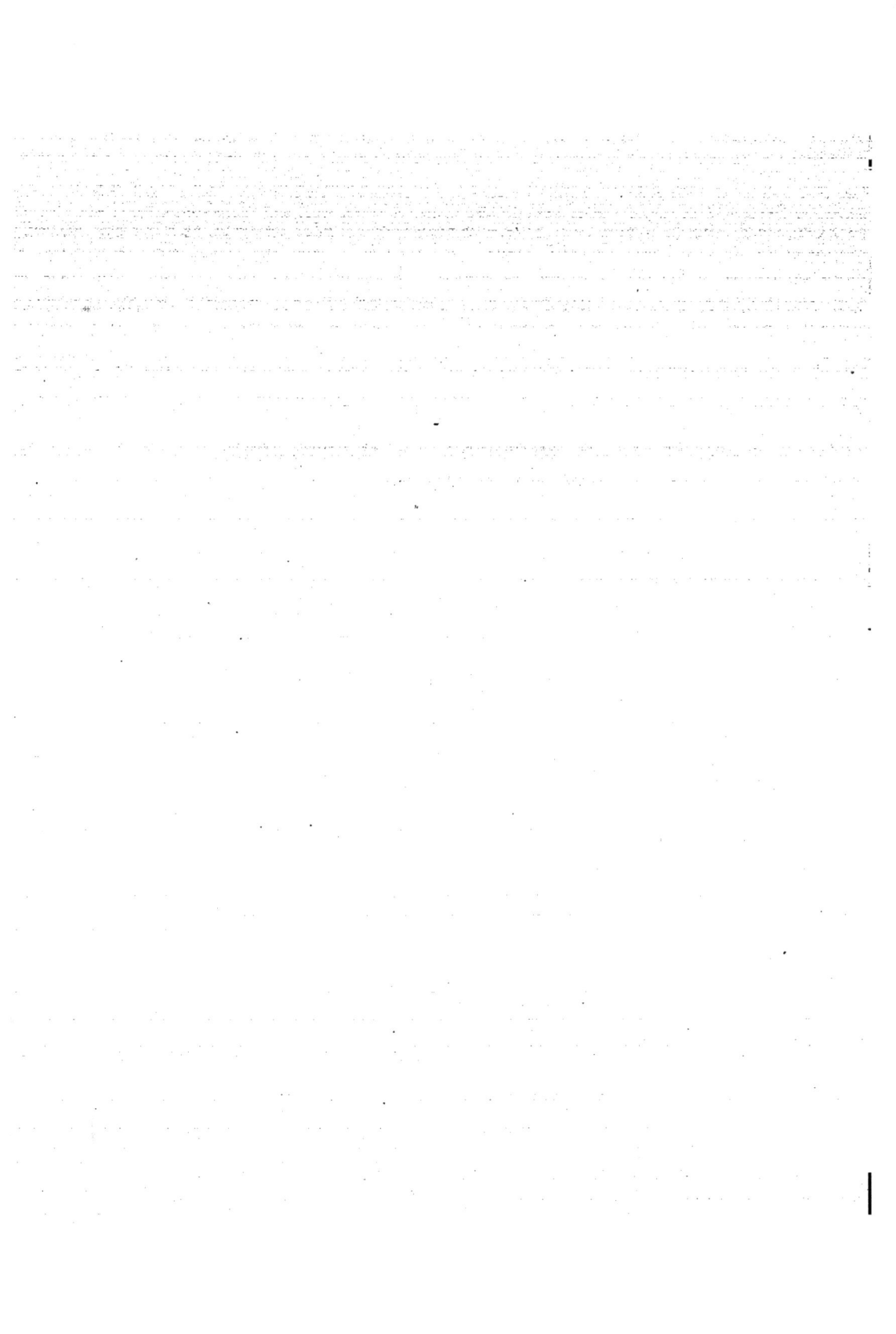

NOTICES

SUR

LES FONCTIONS ELLIPTIQUES

PAR

M. C. G. J. JACOBI

PROF. EN PHIL. A KOENIGSBERG.

Crelle Journal für die reine und angewandte Mathematik,
Bd. 3. p. 192—195, 303—310, 403—404, Bd. 4. p. 185—193.

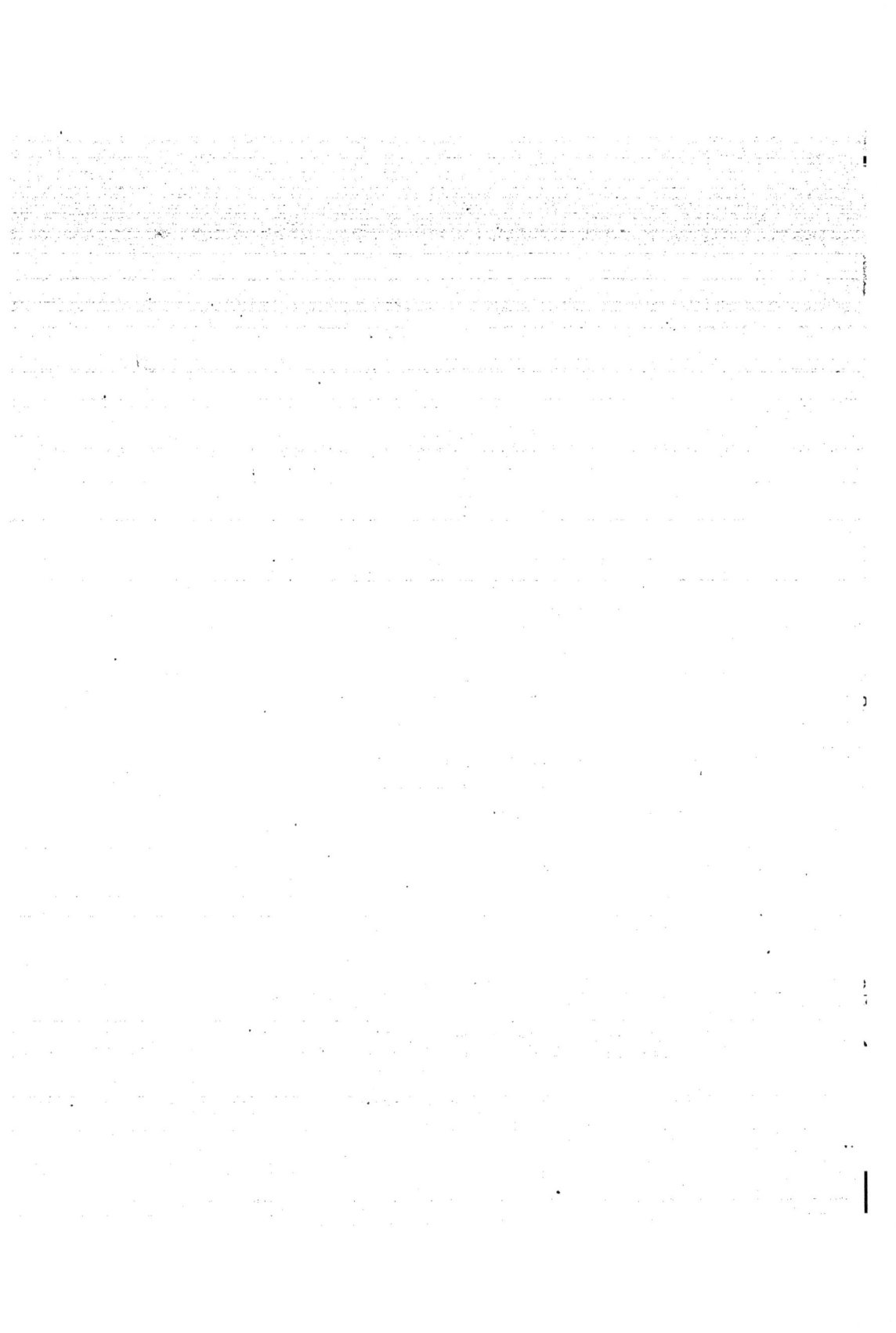

NOTE SUR LES FONCTIONS ELLIPTIQUES.

(Extrait d'une lettre à M. Crelle.)

Je commence par rappeler ma notation à la mémoire. Soit

$$\int_0^{\varphi} \frac{d\varphi}{\sqrt{1-k^2\sin^2\varphi}} = u,$$

je désigne l'amplitude φ par $\varphi = \operatorname{am} u$. Puis je suppose

$$\int_0^{\frac{\pi}{2}} \frac{d\varphi}{\sqrt{1-k^2\sin^2\varphi}} = K, \qquad \int_0^{\frac{\pi}{2}} \frac{d\varphi}{\sqrt{1-k'^2\sin^2\varphi}} = K',$$

où $k^2+k'^2 = 1$, k' étant le complément de k.

Cela posé, si l'on fait $e^{\frac{-K'\pi}{K}} = q$, je trouve entre autres:

$$(1.)\qquad \sin\operatorname{am}\frac{2Kx}{\pi} = \frac{2}{\sqrt{k}}\cdot\frac{q^{\frac{1}{4}}\sin x - q^{\frac{9}{4}}\sin 3x + q^{\frac{25}{4}}\sin 5x - q^{\frac{49}{4}}\sin 7x + \cdots}{1-2q\cos 2x + 2q^4\cos 4x - 2q^9\cos 6x + 2q^{16}\cos 8x - \cdots}.$$

Voilà encore d'autres formules:

$$(2.)\qquad \cos\operatorname{am}\frac{2Kx}{\pi} = 2\sqrt{\frac{k'}{k}}\cdot\frac{q^{\frac{1}{4}}\cos x + q^{\frac{9}{4}}\cos 3x + q^{\frac{25}{4}}\cos 5x + q^{\frac{49}{4}}\cos 7x + \cdots}{1-2q\cos 2x + 2q^4\cos 4x - 2q^9\cos 6x + 2q^{16}\cos 8x - \cdots},$$

$$(3.)\qquad \sqrt{1-k^2\sin^2\operatorname{am}\frac{2Kx}{\pi}} = \sqrt{k'}\cdot\frac{1+2q\cos 2x + 2q^4\cos 4x + 2q^9\cos 6x + 2q^{16}\cos 8x + \cdots}{1-2q\cos 2x + 2q^4\cos 4x - 2q^9\cos 6x + 2q^{16}\cos 8x - \cdots},$$

$$(4.)\qquad \operatorname{tang}\tfrac{1}{2}\operatorname{am}\frac{2Kx}{\pi} = \frac{\sin\frac{x}{2} + q\sin\frac{3x}{2} - q^3\sin\frac{5x}{2} - q^6\sin\frac{7x}{2} + q^{10}\sin\frac{9x}{2} + \cdots}{\cos\frac{x}{2} - q\cos\frac{3x}{2} - q^3\cos\frac{5x}{2} + q^6\cos\frac{7x}{2} + q^{10}\cos\frac{9x}{2} - \cdots}.$$

Les exposants des coefficients des trois premières formules sont les nombres carrés, ceux de la dernière formule les nombres trigonaux. Donc les séries convergent si rapidement, que leur calcul est très-aisé.

De $q = e^{\frac{-K'\pi}{K}}$ on tire les séries suivantes pour k et K:

$$\sqrt{\frac{2K}{\pi}} = 1 + 2q + 2q^4 + 2q^9 + 2q^{16} + 2q^{25} + \cdots$$

$$\tfrac{1}{2}\sqrt{k} = \frac{q^{\frac{1}{4}} + q^{\frac{9}{4}} + q^{\frac{25}{4}} + q^{\frac{49}{4}} + \cdots}{1 + 2q + 2q^4 + 2q^9 + 2q^{16} + 2q^{25} + \cdots}.$$

Je passe sous silence d'autres formules. Dans l'état actuel des choses on peut dire qu'une série soit sommée, si elle a été réduite aux fonctions elliptiques.

L'analyse se trouve extrêmement enrichie par là. Euler, par exemple, remarque dans son *Introductio*, chapitre *de partitione numerorum* que le produit $(1-q)(1-q^2)(1-q^3)(1-q^4)\ldots$ est égal à

$$1 - q - q^2 + q^5 + q^7 - q^{12} - q^{15} + q^{22} + \cdots,$$

où les exposants sont les nombres pentagonaux, résultat qu'il a démontré dans les *Acta Petrop.*, qui m'a toujours paru très-remarquable et qui était un fait isolé dans l'analyse. Cette série peut être sommée par les fonctions elliptiques. Si $q = e^{\frac{-K'\pi}{K}}$, je trouve:

$$\sqrt[24]{\frac{k^2}{q}}\sqrt[3]{2k'}\sqrt{\frac{K}{\pi}}.$$

Il existe encore nombre de résultats semblables.

D'ici on peut jeter un beau coup d'oeil sur la théorie de la transformation. Je ferai voir dans un mémoire plus étendu, non encore fini à mon grand regret, qu'un module donné peut toujours être transformé en $n+1$ autres, au moyen d'une substitution qui se rapporte au nombre n, ce nombre étant premier (voyez ma première lettre à M. Schumacher, no. 123. de son journal d'astronomie)*). Je trouve ces $n+1$ modules et les expressions qui s'y rapportent, en mettant

$$q^n,\ q^{\frac{1}{n}},\ \alpha q^{\frac{1}{n}},\ \alpha^2 q^{\frac{1}{n}},\ \alpha^3 q^{\frac{1}{n}}, \ldots\ \alpha^{n-1} q^{\frac{1}{n}} \text{ au lieu de } q, \text{ où } \alpha^n = 1.$$

Deux seulement de ces modules sont réels. Ils sont:

$$\tfrac{1}{2}\sqrt{\lambda} = \frac{q^{\frac{n}{4}} + q^{\frac{9n}{4}} + q^{\frac{25n}{4}} + q^{\frac{49n}{4}} + \cdots}{1 + 2q^n + 2q^{4n} + 2q^{9n} + 2q^{16n} + \cdots}, \quad \tfrac{1}{2}\sqrt{\lambda} = \frac{q^{\frac{1}{4n}} + q^{\frac{9}{4n}} + q^{\frac{25}{4n}} + q^{\frac{49}{4n}} + \cdots}{1 + 2q^{\frac{1}{n}} + 2q^{\frac{4}{n}} + 2q^{\frac{9}{n}} + 2q^{\frac{16}{n}} + \cdots},$$

où λ est le module transformé. Si n n'est pas premier, il y en a encore plusieurs.

*) Voir p. 31 de ce volume.

Le résultat suivant entre autres me semble remarquable. Il existe toujours une équation différentielle du troisième ordre entre deux modules k et λ, tels qu'ils peuvent être transformés l'un dans l'autre. Voici cette équation:

$$3\left(\frac{d^2\lambda}{dk^2}\right)^2-2\frac{d\lambda}{dk}\cdot\frac{d^3\lambda}{dk^3}+\left(\frac{d\lambda}{dk}\right)^2\left\{\left(\frac{1+k^2}{k-k^3}\right)^2-\left(\frac{1+\lambda^2}{\lambda-\lambda^3}\right)^2\left(\frac{d\lambda}{dk}\right)^2\right\}=0,$$

où dk est constant. On voit que cette équation différentielle admet un nombre infini de solutions algébriques, savoir toutes les équations algébriques entre les modules qui se rapportent aux transformations de divers ordres. Mais ce ne sont que des solutions particulières. Ce sont les transcendantes elliptiques, qui offrent la solution générale. Si l'on suppose

$$\int_0^{\frac{\pi}{2}}\frac{d\varphi}{\sqrt{1-\lambda^2\sin^2\varphi}}=\Lambda,\quad \int_0^{\frac{\pi}{2}}\frac{d\varphi}{\sqrt{1-\lambda'^2\sin^2\varphi}}=\Lambda',$$

où $\lambda^2+\lambda'^2=1$, comme ci-dessus, on a:

$$\frac{\Lambda'}{\Lambda}=\frac{mK+m'K'}{pK+p'K'},$$

où m, m', p, p' sont des constantes arbitraires. Ces équations aux modules qui, d'après ce qui a été dit plus haut, s'élèvent au degré $n+1$, n étant un nombre premier, ont trois propriétés essentielles. Elles restent invariables,

1) si l'on change k et λ,

2) en posant k' et λ' au lieu de k et λ,

3) en mettant $\frac{1}{k}$ et $\frac{1}{\lambda}$ au lieu de k et λ.

Il est d'ailleurs remarquable, qu'elles prennent la forme la plus simple pour la racine quatrième des modules. Si par exemple on met $\sqrt[4]{k}=u$, $\sqrt[4]{\lambda}=v$, on trouve:

$$u^4-v^4-2uv(1-u^2v^2)=0,\quad \text{pour } n=3,$$
$$u^6-v^6+5u^2v^2(u^2-v^2)-4uv(1-u^4v^4)=0,\quad \text{pour } n=5.$$

Donc il faut que ces équations satisfassent à l'équation différentielle rapportée ci-dessus.

J'ajoute encore une remarque.

M. Abel a proposé tome II. page 286. du Journal de M. Crelle le théorème suivant:

„Si l'équation différentielle séparée

$$\frac{a\,dx}{\sqrt{\alpha+\beta x+\gamma x^2+\delta x^3+\varepsilon x^4}}=\frac{dy}{\sqrt{\alpha+\beta y+\gamma y^2+\delta y^3+\varepsilon y^4}},$$

où $\alpha, \beta, \gamma, \delta, \varepsilon, a$ sont réelles, est algébriquement intégrable, il faut nécessairement, que la quantité a soit un nombre rationnel.“

On voit sans peine que ce théorème est semblable à celui de la trigonométrie analytique, savoir que n doit être un nombre rationnel, si l'on veut que $\sin nx$ puisse être exprimé algébriquement par $\sin x$. Mais il faut étendre ce théorème beaucoup plus pour les fonctions elliptiques. Il existe un nombre infini d'échelles de modules pour lesquelles a peut aussi avoir la forme $a+b\sqrt{-1}$. Ce sont tous ceux, où le module par la transformation se change dans son complément. Un de ces modules par exemple est $k=\sqrt{\frac{1}{2}}$. Cette nouvelle méthode pour la multiplication est encore remarquable, parcequ'elle a lieu dans les cas, où la transformation rentre dans la multiplication, c'est-à-dire où le module transformé devient égal à celui d'où l'on est parti. Par exemple pour $n=5$, $k=\sqrt{\frac{1}{2}}$, $u=\sqrt[8]{\frac{1}{2}}$, on trouve que l'équation

$$u^6-v^6+5u^2v^2(u^2-v^2)-4uv(1-u^4v^4)=0$$

a la racine $v=(1+\sqrt{-1})u^5$, d'où l'on tire $v^8=\lambda^2=\frac{1}{2}$, de sorte qu'on a ici $\lambda^2=k^2$. Tout cela découle immédiatement des principes établis par M. Abel.

Kœnigsberg, 2. Avril 1828.

SUITE DES NOTICES SUR LES FONCTIONS ELLIPTIQUES

(Extrait d'une lettre à M. Crelle.)

J'ajoute aux formules données dans ma dernière lettre les développements des fonctions elliptiques de seconde et de troisième espèce.

Soit, en adoptant la notation de M. Legendre,

$$\Delta=\sqrt{1-k^2\sin^2\varphi},\quad E(\varphi)=\int_0^{\varphi}\Delta d\varphi,\quad E^{\text{I}}=\int_0^{\frac{\pi}{2}}\Delta d\varphi,\quad F(\varphi)=\int_0^{\varphi}\frac{d\varphi}{\Delta},\quad F^{\text{I}}=\int_0^{\frac{\pi}{2}}\frac{d\varphi}{\Delta},$$

de manière que F^{I} soit ce que je désigne par K: si l'on met

$$\varphi=\operatorname{am}\frac{2Kx}{\pi},\qquad q=e^{\frac{-K'\pi}{K}},$$

conformément à la notation dont j'ai coutume de me servir pour ma part, on aura:

$$\text{(1.)}\quad F^{\text{I}}E(\varphi)-E^{\text{I}}F(\varphi)=2\pi\frac{q\sin 2x-2q^4\sin 4x+3q^9\sin 6x-4q^{16}\sin 8x+\cdots}{1-2q\cos 2x+2q^4\cos 4x-2q^9\cos 6x+2q^{16}\cos 8x-\cdots}$$
$$=2\pi\left\{\frac{q\sin 2x}{1-q^2}+\frac{q^2\sin 4x}{1-q^4}+\frac{q^3\sin 6x}{1-q^6}+\cdots\right\}.$$

M. Legendre a démontré que l'expression suivante, dépendante des fonctions elliptiques de seconde et de troisième espèce:

$$\text{(2.)}\qquad \int_0^{\varphi}\frac{2k^2\sin A\cos A\,\Delta A\sin^2\varphi\,d\varphi}{(1-k^2\sin^2 A\sin^2\varphi)\Delta\varphi}-\frac{2F(\varphi)}{F^{\text{I}}}(F^{\text{I}}E(A)-E^{\text{I}}F(A)),$$

reste la même si l'on échange entre eux les angles A et φ. Si l'on met $\varphi=\operatorname{am}\frac{2Kx}{\pi}$, $A=\operatorname{am}\frac{2K\alpha}{\pi}$, je trouve qu'elle est égale à

$$\log\frac{1-2q\cos 2(x-\alpha)+2q^4\cos 4(x-\alpha)-2q^9\cos 6(x-\alpha)+\cdots}{1-2q\cos 2(x+\alpha)+2q^4\cos 4(x+\alpha)-2q^9\cos 6(x+\alpha)+\cdots}$$
$$=\;-4\left\{\frac{q\sin 2\alpha\sin 2x}{1-q^2}+\frac{q^2\sin 4\alpha\sin 4x}{2(1-q^4)}+\frac{q^3\sin 6\alpha\sin 6x}{3(1-q^6)}+\cdots\right\},$$

formules symétriques en α et x, et dont la première embrasse tous les cas des fonctions elliptiques de troisième espèce, pourvu qu'on donne à α des valeurs réelles ou imaginaires quelconques.

On peut remplacer les fonctions elliptiques par la nouvelle transcendante:

$$1-2q\cos 2x+2q^4\cos 4x-2q^9\cos 6x+2q^{16}\cos 8x-\cdots = \Theta(x).$$

Si l'on met $-\log q=\frac{\pi K'}{K}=\omega$, $i=\sqrt{-1}$, on aura:

$$(3.)\qquad \Theta(x+\pi) = \Theta(x),$$

$$(4.)\qquad \Theta(x+i\omega) = -\frac{e^{-2ix}}{q}\Theta(x),$$

$$(5.)\qquad \Theta\left(\frac{i\omega}{2}\right) = 0,$$

$$(6.)\qquad \Theta\left(x+\frac{\pi}{2}\right) = \Theta(x,-q).$$

Soit

$$-i\sqrt[4]{q}.e^{ix}\Theta\left(x+\frac{i\omega}{2}\right) = i\sqrt[4]{q}.e^{-ix}\Theta\left(x-\frac{i\omega}{2}\right) = \mathrm{H}(x),$$

on aura:

$$\mathrm{H}(x) = 2\sqrt[4]{q}\sin x-2\sqrt[4]{q^9}\sin 3x+2\sqrt[4]{q^{25}}\sin 5x-2\sqrt[4]{q^{49}}\sin 7x+\cdots$$

On aura de plus:

$$(7.)\qquad \mathrm{H}(x+\pi) = -\mathrm{H}(x),$$

$$(8.)\qquad \mathrm{H}\left(x+\frac{i\omega}{2}\right) = \frac{ie^{-ix}}{\sqrt[4]{q}}\Theta(x),$$

$$(9.)\qquad \Theta\left(x+\frac{i\omega}{2}\right) = \frac{ie^{-ix}}{\sqrt[4]{q}}\mathrm{H}(x),$$

$$(10.)\qquad \mathrm{H}(i\omega) = 0,$$

$$(11.)\qquad \mathrm{H}(x+i\omega) = -\frac{e^{-2ix}}{q}\mathrm{H}(x).$$

Les fonctions elliptiques peuvent être exprimées par les fonctions $\Theta(x)$ et $\mathrm{H}(x)$ qu'on peut réduire à une seule, au moyen des formules:

$$(12.)\qquad \sin\mathrm{am}\frac{2Kx}{\pi} = \frac{1}{\sqrt{k}}\cdot\frac{\mathrm{H}(x)}{\Theta(x)},$$

$$(13.)\qquad \cos\mathrm{am}\frac{2Kx}{\pi} = \sqrt{\frac{k'}{k}}\cdot\frac{\mathrm{H}\left(x+\frac{\pi}{2}\right)}{\Theta(x)},$$

(14.) $$\Delta \operatorname{am} \frac{2Kx}{\pi} = \sqrt{k'} \cdot \frac{\Theta\left(x+\frac{\pi}{2}\right)}{\Theta(x)}.$$

Les constantes k, k', K se trouvent à l'aide des formules:

(15.) $$\sqrt{\frac{2K}{\pi}} = \Theta\left(\frac{\pi}{2}\right) = 1+2q+2q^4+2q^9+2q^{16}+\cdots$$

(16.) $$\sqrt{\frac{2k'K}{\pi}} = \Theta(0) = 1-2q+2q^4-2q^9+2q^{16}-\cdots$$

(17.) $$\sqrt{\frac{2kK}{\pi}} = \sqrt[4]{q}.\Theta\left(\frac{\pi}{2}+i\omega\right) = \mathrm{H}\left(\frac{\pi}{2}\right) = 2\sqrt[4]{q}+2\sqrt[4]{q^9}+2\sqrt[4]{q^{25}}+\cdots$$

La fonction elliptique de troisième espèce (2.) devient simplement:

$$\log \frac{\Theta(x-\alpha)}{\Theta(x+\alpha)}.$$

On tire de l'équation (12.) les deux autres (13.), (14.), le théorème d'**Euler** sur la sommation des fonctions elliptiques, l'équation différentielle

$$d \sin \operatorname{am} \frac{2Kx}{\pi} = \frac{2K}{\pi} \cos \operatorname{am} \frac{2Kx}{\pi} \Delta \operatorname{am} \frac{2Kx}{\pi} dx$$

et quantité d'autres formules, à l'aide de l'équation identique:

(18.) $$\mathrm{H}(x,q)\Theta(X,q)-\mathrm{H}(X,q)\Theta(x,q) = \mathrm{H}\left(\frac{x-X}{2}, \sqrt{q}\right)\mathrm{H}\left(\frac{\pi}{2}-\frac{x+X}{2}, \sqrt{q}\right),$$

ou en d'autres termes:

(19.) $$\begin{aligned}&[\sqrt[4]{q}\sin x-\sqrt[4]{q^9}\sin 3x+\sqrt[4]{q^{25}}\sin 5x-\cdots][1-2q\cos 2X+2q^4\cos 4X-2q^9\cos 6X+\cdots]\\ &-[\sqrt[4]{q}\sin X-\sqrt[4]{q^9}\sin 3X+\sqrt[4]{q^{25}}\sin 5X-\cdots][1-2q\cos 2x+2q^4\cos 4x-2q^9\cos 6x+\cdots]\\ &= 2\left[\sqrt[8]{q}\sin\frac{x-X}{2}-\sqrt[8]{q^9}\sin\frac{3(x-X)}{2}+\sqrt[8]{q^{25}}\sin\frac{5(x-X)}{2}-\cdots\right]\\ &\times\left[\sqrt[8]{q}\cos\frac{x+X}{2}+\sqrt[8]{q^9}\cos\frac{3(x+X)}{2}+\sqrt[8]{q^{25}}\cos\frac{5(x+X)}{2}+\cdots\right],\end{aligned}$$

équation remarquable et facile à démontrer au moyen des premiers éléments de la trigonométrie.

Les fonctions $\Theta(x)$ et $\mathrm{H}(x)$ peuvent être résolues en facteurs. On trouve

$$\Theta(x) = C(1-2q\cos 2x+q^2)(1-2q^3\cos 2x+q^6)(1-2q^5\cos 2x+q^{10})\cdots$$
$$\mathrm{H}(x) = 2\sqrt[4]{q}\,C\sin x(1-2q^2\cos 2x+q^4)(1-2q^4\cos 2x+q^8)(1-2q^6\cos 2x+q^{12})\ldots,$$

C étant une constante. En appliquant seulement à ces formules le théorème de **Côtes**, on trouve sur-le-champ la théorie générale de la transformation et de la multiplication des fonctions Θ ou H, et par suite en même temps celle des fonctions elliptiques. En effet, on a suivant le théorème de Côtes, n étant un nombre impair quelconque:

$$(20.)\qquad \Theta(x)\Theta\left(x+\frac{2\pi}{n}\right)\Theta\left(x+\frac{4\pi}{n}\right)\cdots\Theta\left(x+\frac{2(n-1)\pi}{n}\right) = C'\Theta(nx,q^n)$$

$$(21.)\qquad (-1)^{\frac{n-1}{2}}\mathrm{H}(x)\mathrm{H}\left(x+\frac{2\pi}{n}\right)\mathrm{H}\left(x+\frac{4\pi}{n}\right)\cdots\mathrm{H}\left(x+\frac{2(n-1)\pi}{n}\right) = C'\mathrm{H}(nx,q^n),$$

C' étant une autre constante. Nommons $K^{(n)}$, $k^{(n)}$ les quantités qui dépendent de la même manière de q^n que K, k de q: on tire de la formule

$$\sin\operatorname{am}\left(\frac{2Kx}{\pi},k\right) = \frac{1}{\sqrt{k}}\,\frac{\mathrm{H}(x,q)}{\Theta(x,q)}$$

la suivante:

$$\sin\operatorname{am}\left(\frac{2K^{(n)}x}{\pi},k^{(n)}\right) = \frac{1}{\sqrt{k^{(n)}}}\,\frac{\mathrm{H}(x,q^n)}{\Theta(x,q^n)}.$$

Cela posé, les équations (20.), (21.) étant divisées l'une par l'autre, on en tire:

$$\sin\operatorname{am}\left(\frac{2nK^{(n)}x}{\pi},k^{(n)}\right)$$

$$=(-1)^{\frac{n-1}{2}}\sqrt{\frac{k^n}{k^{(n)}}}\sin\operatorname{am}\frac{2Kx}{\pi}\sin\operatorname{am}\frac{2K}{\pi}\left(x+\frac{2\pi}{n}\right)\sin\operatorname{am}\frac{2K}{\pi}\left(x+\frac{4\pi}{n}\right)\cdots\sin\operatorname{am}\frac{2K}{\pi}\left(x+\frac{2(n-1)\pi}{n}\right),$$

formule générale pour la transformation des fonctions elliptiques, telle que je l'ai établie le premier. On trouve d'une manière analogue les autres transformations réelles ou imaginaires attachées au nombre n.

Puisque les fonctions elliptiques s'expriment aisément à l'aide de la fonction $\Theta(x)$, on peut essayer réciproquement d'exprimer celle-ci par les fonctions elliptiques. On y parvient en intégrant l'équation (1.). Cela donne:

$$(22.)\qquad \log\frac{\Theta(x)}{\sqrt{\frac{2k'K}{\pi}}} = \int_0^{\varphi}\frac{F^1E(\varphi)-E^1F(\varphi)}{F^1\Delta\varphi}d\varphi,$$

φ étant toujours l'amplitude de $\frac{2Kx}{\pi}$. On peut aussi exprimer la fonction $\log\frac{\Theta(x)}{\sqrt{\frac{2k'K}{\pi}}}$ au moyen d'une intégrale définie. En effet, la formule (2.) donne

$$(23.)\quad -\log\frac{\Theta(2a)}{\sqrt{\frac{2k'K}{\pi}}} = \int_0^A \frac{2k^2\sin A\cos A\,\Delta A\sin^2\varphi}{(1-k^2\sin^2 A\sin^2\varphi)\,\Delta\varphi}\,d\varphi - 2\frac{F(A)}{F^1}\big(F^1E(A)-E^1F(A)\big).$$

Passons à d'autres objets. Étant mis, comme ci-dessus,

$$\omega = -\log q = \frac{\pi K'}{K},$$

on a

$$\Theta(x) = 1-2e^{-\omega}\cos 2x + 2e^{-4\omega}\cos 4x - 2e^{-9\omega}\cos 6x + \cdots$$

$$\mathrm{H}(x) = 2e^{-\frac{\omega}{4}}\sin x - 2e^{-\frac{9\omega}{4}}\sin 3x + 2e^{-\frac{25\omega}{4}}\sin 5x - 2e^{-\frac{49\omega}{4}}\sin 7x + \cdots.$$

De là on tire

$$(24.)\quad \frac{\partial^2\Theta}{\partial x^2} = 4\frac{\partial\Theta}{\partial\omega},\quad \frac{\partial^2\mathrm{H}}{\partial x^2} = 4\frac{\partial\mathrm{H}}{\partial\omega}.$$

Il existe entre les deux intégrales $z=\Theta$, $z=\mathrm{H}$ de l'équation $\frac{\partial^2 z}{\partial x^2} = 4\frac{\partial z}{\partial\omega}$ la relation

$$\mathrm{H}(x) = ie^{-\left(ix+\frac{\omega}{4}\right)}\,\Theta\left(x-\frac{i\omega}{2}\right),$$

$$\Theta(x) = ie^{-\left(ix+\frac{\omega}{4}\right)}\,\mathrm{H}\left(x-\frac{i\omega}{2}\right).$$

Généralement $z=\mathfrak{S}(x)$ étant une intégrale de l'équation $\frac{\partial^2 z}{\partial x^2} = 4\frac{\partial z}{\partial\omega}$, une autre sera

$$z = e^{-\left(ix+\frac{\omega}{4}\right)}\,\mathfrak{S}\left(x-\frac{i\omega}{2}\right),$$

théorème facile à vérifier.

Soit

$$u = \sqrt{\frac{2k'K}{\pi}} = 1-2q+2q^4-2q^9+2q^{16}-\cdots$$

$$v = \sqrt{kk'\left(\frac{2K}{\pi}\right)^3} = 2\sqrt[4]{q}-6\sqrt[4]{q^9}+10\sqrt[4]{q^{25}}-14\sqrt[4]{q^{49}}+\cdots,$$

on tire des équations $\frac{\partial^2\Theta}{\partial x^2} = 4\frac{\partial\Theta}{\partial\omega}$, $\frac{\partial^2\mathrm{H}}{\partial x^2} = 4\frac{\partial\mathrm{H}}{\partial\omega}$ les développements suivants de Θ et de H, savoir:

$$(25.)\quad \Theta = u + \frac{(2x)^2}{2}\frac{du}{d\omega} + \frac{(2x)^4}{2.3.4}\frac{d^2u}{d\omega^2} + \frac{(2x)^6}{2.3.4.5.6}\frac{d^3u}{d\omega^3} + \cdots$$

(26.) $$2H = 2xv + \frac{(2x)^3}{2.3}\frac{dv}{d\omega} + \frac{(2x)^5}{2.3.4.5}\frac{d^2v}{d\omega^2} + \frac{(2x)^7}{2.3.4.5.6.7}\frac{d^3v}{d\omega^3} + \cdots$$

Cela donne:

(27.) $$\sin\operatorname{am}\frac{2Kx}{\pi} = \frac{1}{2\sqrt{k}}\cdot\frac{2xv + \frac{(2x)^3}{2.3}\frac{dv}{d\omega} + \frac{(2x)^5}{2.3.4.5}\frac{d^2v}{d\omega^2} + \frac{(2x)^7}{2.3.4.5.6.7}\frac{d^3v}{d\omega^3} + \cdots}{u + \frac{(2x)^2}{2}\frac{du}{d\omega} + \frac{(2x)^4}{2.3.4}\frac{d^2u}{d\omega^2} + \frac{(2x)^6}{2.3.4.5.6}\frac{d^3u}{d\omega^3} + \cdots}.$$

On trouve les valeurs de $\frac{d^nu}{d\omega^n}$, $\frac{d^nv}{d\omega^n}$ au moyen de la formule:

(28.) $$\frac{d\omega}{dk} = \frac{-2}{k(1-k^2)\left(\frac{2K}{\pi}\right)^2}$$

qui se déduit aisément des formules connues.

M. Poisson, dans ses savantes recherches sur les intégrales définies, a fait connaître plusieurs propriétés de la fonction $\Theta(x)$. Les méthodes délicates, propres à cet illustre géomètre, trouvent une belle vérification dans la théorie des fonctions elliptiques. Par exemple M. Poisson démontre dans le dix-neuvième cahier du Journal de l'école polytechnique la formule remarquable:

$$\sqrt{\frac{1}{x}} = \frac{1+2e^{-\pi x}+2e^{-4\pi x}+2e^{-9\pi x}+2e^{-16\pi x}+\cdots}{1+2e^{-\frac{\pi}{x}}+2e^{-\frac{4\pi}{x}}+2e^{-\frac{9\pi}{x}}+2e^{-\frac{16\pi}{x}}+\cdots}.$$

Soit $x = \frac{K'}{K}$, en mettant au lieu du module k son complément $k' = \sqrt{1-k^2}$, x deviendra $\frac{K}{K'} = \frac{1}{x}$. Or on a:

$$\sqrt{\frac{2K}{\pi}} = 1+2q+2q^4+2q^9+2q^{16}+\cdots$$
$$= 1+2e^{-\pi x}+2e^{-4\pi x}+2e^{-9\pi x}+2e^{-16\pi x}+\cdots,$$

et par suite, en changeant k en k':

$$\sqrt{\frac{2K'}{\pi}} = 1+2e^{-\frac{\pi}{x}}+2e^{-\frac{4\pi}{x}}+2e^{-\frac{9\pi}{x}}+2e^{-\frac{16\pi}{x}}+\cdots$$

De là on tire sur-le-champ la formule de M. Poisson.

Nous ferons encore quelques remarques sur la théorie de la transformation. Le module k étant changé en λ par une transformation attachée au nombre n, on aura une équation algébrique entre k et λ dont le degré, relatif à l'une ou l'autre des deux variables, est égal à la somme des facteurs du nombre n. On trouve toutes les valeurs de $\sqrt{\lambda}$ en mettant dans l'équation

$$\sqrt{k} = \frac{2\sqrt[4]{q}+2\sqrt[4]{q^9}+2\sqrt[4]{q^{25}}+\cdots}{1+2q+2q^4+2q^{16}+\cdots}$$

$q^{\frac{a'}{a}}$ au lieu de q, aa' étant égal au nombre n. Soit

$$\frac{dy}{\sqrt{(1-y^2)(1-\lambda^2y^2)}} = \frac{\mathfrak{M}dx}{\sqrt{(1-x^2)(1-k^2x^2)}}$$

l'équation différentielle à laquelle on satisfait par une expression rationnelle de y en x, dans laquelle x monte jusqu'à la $n^{ième}$ puissance : on pourra exprimer $\mathfrak{M}$ rationnellement en k et λ au moyen de la formule générale

$$\mathfrak{M}^2 = \frac{n(k-k^3)\,d\lambda}{(\lambda-\lambda^3)\,dk}.$$

Éliminant λ au moyen de l'équation modulaire, on aura une équation du même degré entre k et $\mathfrak{M}$. Ces équations entre k et $\mathfrak{M}$ jouissent d'une propriété remarquable. Savoir, n étant un nombre premier quelconque, on peut exprimer linéairement la moitié des valeurs de $\sqrt{\mathfrak{M}}$ au moyen de l'autre moitié. En effet si l'on désigne par $\mathfrak{M}, \mathfrak{M}', \mathfrak{M}'', \mathfrak{M}''', \ldots, \mathfrak{M}^{(n)}$ les racines de l'équation du $(n+1)^{ième}$ degré trouvée entre $\mathfrak{M}$ et k, on aura :

$$\begin{aligned}
\sqrt{\mathfrak{M}} &= \sqrt{(-1)^{\frac{n-1}{2}}n.A},\\
\sqrt{\mathfrak{M}'} &= A+A'+A''+A'''+\cdots+A^{\left(\frac{n-1}{2}\right)},\\
\sqrt{\mathfrak{M}''} &= A+\alpha A'+\alpha^4A''+\alpha^9A'''+\cdots+\alpha^{\left(\frac{n-1}{2}\right)^2}A^{\left(\frac{n-1}{2}\right)},\\
\sqrt{\mathfrak{M}'''} &= A+\beta A'+\beta^4A''+\beta^9A'''+\cdots+\beta^{\left(\frac{n-1}{2}\right)^2}A^{\left(\frac{n-1}{2}\right)},\\
&\cdots\cdots\cdots\cdots\cdots
\end{aligned}$$

α, β, etc. étant les racines imaginaires de l'équation $x^n = 1$. Donc on peut exprimer linéairement les racines carrées des $n+1$ racines par d'autres quantités dont le nombre n'est que $\frac{n+1}{2}$. Cela donne le théorème énoncé, un des plus importants dans la théorie algébrique de la transformation et de la division des fonctions elliptiques. On aura le même théorème par rapport aux équations qui donnent $\lambda\mathfrak{M}$, $\lambda'\mathfrak{M}$, etc. en k. Une équation semblable pour $n=5$, $x=\lambda\mathfrak{M}$ est:

$$x^6-10kx^5+35k^2x^4-60k^3x^3+55k^4x^2-[26k^5+256(k-k^3)]x+5k^6=0.$$

Si l'on fait $x = y + k$, cette équation se change en l'équation plus simple:

$$y^6 - 4ky^5 - 256(k - k^3)(y + k) = 0.$$

On pourra satisfaire par l'analyse des fonctions elliptiques à une demande d'Euler à l'égard du théorème de Fermat, que tout nombre entier est la somme de quatre nombres carrés: savoir de démontrer que la quatrième puissance d'une série

$$A + A'q + A''q^4 + A'''q^9 + A^{\text{IV}}q^{16} + \cdots$$

puisse contenir toutes les puissances de q. En effet je trouve:

$$\begin{aligned}\left(\frac{2K}{\pi}\right)^2 &= [1 + 2q + 2q^4 + 2q^9 + 2q^{16} + \cdots]^4 \\ &= 1 + \frac{8q}{1-q} + \frac{16q^2}{1+q^2} + \frac{24q^3}{1-q^3} + \frac{32q^4}{1+q^4} + \cdots \\ &= 1 + \frac{8q}{(1-q)^2} + \frac{8q^2}{(1+q^2)^2} + \frac{8q^3}{(1-q^3)^2} + \frac{8q^4}{(1+q^4)^2} + \cdots \\ &= 1 + 8\Sigma\varphi(p)[q^p + 3q^{2p} + 3q^{4p} + 3q^{8p} + 3q^{16p} + 3q^{32p} + \cdots],\end{aligned}$$

p étant un nombre impair quelconque et $\varphi(p)$ la somme des facteurs du nombre p; formule dont le théorème de Fermat est un corollaire. On tire encore de cette formule et d'autres semblables des théorèmes sur le nombre de toutes les décompositions possibles d'un nombre donné en quatre nombres carrés. Un théorème semblable a été proposé dans le deuxième cahier p. 191 du troisième volume de votre Journal*). En examinant avec attention l'algorithme de l'analyse qui conduit à ces résultats remarquables, on parviendra à établir de nouvelles méthodes dans la théorie des nombres.

Les fonctions elliptiques diffèrent essentiellement des transcendantes ordinaires. Elles ont une manière d'être pour ainsi dire absolue. Leur caractère principal est d'embrasser tout ce qu'il y a de périodique dans l'analyse. En effet, les fonctions trigonométriques ayant une période réelle, les exponentielles une période imaginaire, les fonctions elliptiques embrassent les deux cas, puisqu'on a en même temps

$$\sin\operatorname{am}(u + 4K) = \sin\operatorname{am} u$$
$$\sin\operatorname{am}(u + 2iK') = \sin\operatorname{am} u,$$

i étant $= \sqrt{-1}$. D'ailleurs on démontre aisément qu'une fonction analytique

*) Voir p. 247 de ce volume.

ne saurait avoir plus de deux périodes, l'une réelle et l'autre imaginaire ou l'une et l'autre imaginaires. Ce dernier cas répond à un module k imaginaire. Le quotient $\frac{K'}{K}$ des deux périodes d'une fonction proposée détermine le module k des fonctions elliptiques par lesquelles elle doit être exprimée au moyen des formules (15.), (17.). Il conviendra peut-être d'introduire dans l'analyse des fonctions elliptiques ce quotient $\frac{K'}{K}$ comme module au lieu de k. À l'égard de ce quotient j'ai trouvé:

que k ne change pas de valeur, si l'on écrit au lieu de $\frac{K'}{K}$ l'expression

$$\frac{1}{i}\,\frac{bK+ib'K'}{aK+ia'K'} = \frac{KK'-i(abKK+a'b'K'K')}{aaKK+a'a'K'K'},$$

a, a', b, b' étant des nombres entiers quelconques, a un nombre impair, b un nombre pair, tels que $ab'-a'b=1$;

théorème remarquable et qui doit être envisagé comme un des théorèmes fondamentaux de l'analyse des fonctions elliptiques.

Les méthodes qui m'ont conduit à la théorie générale de la transformation des fonctions elliptiques s'appliquent également à une classe très-étendue d'intégrales doubles, triples, et même d'intégrales multiples d'un ordre quelconque. Un premier essai sur cette matière épineuse à été donné dans un petit mémoire qui a pour titre:

De singulari quadam duplicis integralis transformatione,

inséré dans le second volume de votre Journal.

Vous voyez, Monsieur, que la théorie des fonctions elliptiques est un vaste objet de recherches qui dans le cours de ses développements embrasse presque toute l'algèbre, la théorie des intégrales définies et la science des nombres. Quel titre de gloire pour l'illustre auteur du *Traité des fonctions elliptiques*, que d'avoir créé cette belle théorie et d'avoir allumé ce flambeau à la postérité.

Kœnigsberg, 21. Juillet 1828.

SUITE DES NOTICES SUR LES FONCTIONS ELLIPTIQUES.

I. Les formules données dans le troisième cahier vol. 3. de ce Journal *) contiennent la découverte importante, *que les fonctions elliptiques de troisième espèce, dans lesquelles entrent trois variables, peuvent être ramenées à d'autres transcendantes qui n'en ont que deux.* De là on tire aisément toute la théorie des fonctions elliptiques de troisième espèce.

II. Soit $q = e^{\frac{-\pi K'}{K}}$, $q' = e^{\frac{-\pi K}{K'}}$, de sorte que l'on trouve q' en place de q, en mettant k' au lieu de k, ou en changeant le module et son complément. Si l'on met

$$\Theta(x, q) = 1 - 2q\cos 2x + 2q^4\cos 4x - 2q^9\cos 6x + \cdots$$
$$\mathrm{H}(x, q) = 2\sqrt[4]{q}\sin x - 2\sqrt[4]{q^9}\sin 3x + 2\sqrt[4]{q^{25}}\sin 5x - \cdots,$$

on aura:

$$\Theta(ix, q) = \sqrt{\frac{K}{K'}}\, e^{\frac{Kxx}{\pi K'}}\, \mathrm{H}\left(\frac{Kx}{K'} + \frac{\pi}{2}, q'\right),$$
$$\mathrm{H}(ix, q) = i\sqrt{\frac{K}{K'}}\, e^{\frac{Kxx}{\pi K'}}\, \mathrm{H}\left(\frac{Kx}{K'}, q'\right),$$

i étant toujours $= \sqrt{-1}$, formules très-remarquables. On pourra déduire l'une de l'autre au moyen de la formule $\sin \mathrm{am}(iu, k) = i \operatorname{tang} \mathrm{am}(u, k')$.

III. Je suis parvenu à résoudre un problème dont la difficulté avait éludé long-temps tous mes efforts, savoir de trouver l'expression générale et algébrique des formules de multiplication. En effet, on sait qu'en supposant $z = \sin \mathrm{am}\, nu$, $x = \sin \mathrm{am}\, u$, n étant un nombre impair quelconque, on a:

---

*) Voir p. 255 de ce volume.

$$z = \frac{A'x + A'''x^3 + A^{\text{v}}x^5 + \cdots + A^{(nn)}x^{nn}}{1 + A''x^2 + A^{\text{IV}}x^4 + \cdots + A^{(nn-1)}x^{nn-1}} = \frac{U}{V},$$

$A', A'', A''', \ldots$ étant des fonctions rationnelles et entières de k. On peut aussi trouver successivement pour chaque valeur donnée de n, par exemple pour $n = 3, 5, 7, \ldots$, les expressions de U et de V; mais trouver généralement pour un nombre indéfini n les valeurs algébriques de $A', A'', A''', \ldots$ en k, est un problème, où toutes les méthodes connues paraissent être en défaut. Or, $z = \frac{U}{V}$ étant une substitution rationnelle quelconque qui sert ou à la transformation ou à la multiplication des fonctions elliptiques de première espèce, je suis parvenu à sommer par parties le numérateur et le dénominateur de la substitution à faire et à définir l'un et l'autre au moyen d'une équation aux différences partielles entre x et k. Dans le cas de la multiplication on tire de cette équation les expressions générales de $A', A'', A''', \ldots$. On trouve par exemple:

$$A'' = 0, \quad A^{\text{IV}} = -\frac{n^2(n^2-1)k^2}{3.4}, \quad A^{\text{VI}} = \frac{n^2(n^2-1)(n^2-4)k^2(1+k^2)}{3.5.6},$$

$$A^{\text{VIII}} = -\frac{2n^2(n^2-1)(n^2-4)(n^2-9)k^2(1+k^4)}{3.3.5.7.8} - \frac{n^2(n^2-1)(n^2-4)(17n^2-69)k^4}{3.3.4.5.7.8},$$

etc. etc. etc.

On trouve très-facilement chaque terme $A^{(m)}$ par les deux termes $A^{(m-2)}$, $A^{(m-4)}$ qui le précèdent. En vertu d'une remarque faite dans une autre occasion, savoir qu'étant mis $\frac{1}{kx}$ au lieu de x, z se change en $\frac{1}{\lambda z}$, λ étant le module transformé, on tire aussitôt le numérateur U du dénominateur et réciproquement. Le cas de n pair ne demande que quelques légères modifications.

Kœnigsberg le 3. Oct. 1828.

SUITE DES NOTICES SUR LES FONCTIONS ELLIPTIQUES.

I.

Je vais rapporter ici l'équation aux différences partielles qui sert à définir les substitutions à faire pour parvenir à une transformation des fonctions elliptiques, et dont j'ai donné la notice dans le troisième volume de ce Journal*).

Soit, en faisant usage de la notation dont je me sers ordinairement,

$$x = \sqrt{k}\sin\operatorname{am}(u,k); \quad y = \sqrt{\lambda}\sin\operatorname{am}\left(\frac{u}{M},\lambda\right),$$

λ étant le module dans lequel se change le module k par la transformation correspondante à un nombre n impair, on sait qu'on a

$$(-1)^{\left(\frac{n-1}{2}\right)}y = \frac{x\{B^{\left(\frac{n-1}{2}\right)} + B^{\left(\frac{n-3}{2}\right)}x^2 + \cdots + Bx^{n-1}\}}{B + B'x^2 + B''x^4 + \cdots + B^{\left(\frac{n-1}{2}\right)}x^{n-1}},$$

les quantités λ, M, B, B', ... $B^{\left(\frac{n-1}{2}\right)}$ étant déterminées convenablement en fonctions de k. On aura ici

$$B = \sqrt{\frac{\lambda'}{k'M}}, \quad B^{\left(\frac{n-1}{2}\right)} = \sqrt{\frac{\lambda\lambda'}{kk'M^3}}.$$

Soit

$$U = x\{B^{\left(\frac{n-1}{2}\right)} + B^{\left(\frac{n-3}{2}\right)}x^2 + \cdots + Bx^{n-1}\},$$

$$V = B + B'x^2 + B''x^4 + \cdots + B^{\left(\frac{n-1}{2}\right)}x^{n-1}$$

et de plus $\alpha = \frac{1+kk}{k}$, les fonctions U, V satisferont l'une et l'autre à l'équation aux différences partielles suivante:

*) Voir p. 264 de ce volume.

$$(1.)\qquad n(n-1)x^2z+(n-1)(\alpha x-2x^3)\frac{\partial z}{\partial x}+(1-\alpha x^2+x^4)\frac{\partial^2 z}{\partial x^2}=2n(\alpha\alpha-4)\frac{\partial z}{\partial \alpha}.$$

L'équation modulaire étant supposée connue, l'équation (1.) suffit pour trouver toutes les quantités $B, B', \ldots B^{\left(\frac{n-1}{2}\right)}$ exprimées en fonctions rationnelles des deux modules k et λ. On pourra donc dire en quelque sorte que cette équation contienne la solution générale du problème de la transformation des fonctions elliptiques, et sous une forme tout à fait différente de celle sous laquelle nous l'avons fait connaître, M. Abel et moi, dans nos recherches sur cette matière. Elle donne aussi d'une manière directe les formules relatives à la multiplication. En effet, étant supposé $x=\sqrt{k}\,\sin\operatorname{am} u$, $y=\sqrt{k}\,\sin\operatorname{am} nu$, si l'on met:

$$(-1)^{\frac{n-1}{2}}y=\frac{Bx^{nn}+B'x^{nn-2}+B''x^{nn-4}+\cdots+B^{\left(\frac{nn-1}{2}\right)}x}{B+B'x^2+B''x^4+\cdots+B^{\left(\frac{nn-1}{2}\right)}x^{nn-1}},$$

on trouve:

$$B=\sqrt{n},\qquad B'=0,$$

$$n^2(n^2-1)B+\quad * \quad+3.4B''=0,$$

$$*\quad+4(n^2-4)\alpha B''+5.6B'''=0,$$

$$(n^2-4)(n^2-5)B''+6(n^2-6)\alpha B'''+7.8B^{IV}=2n^2(\alpha\alpha-4)\frac{\partial B'''}{\partial\alpha},$$

$$(n^2-6)(n^2-7)B'''+8(n^2-8)\alpha B^{IV}+9.10B^{V}=2n^2(\alpha\alpha-4)\frac{\partial B^{IV}}{\partial\alpha},$$

. . . .

$$5.4B^{\left(\frac{nn-5}{2}\right)}+(n^2-3)3\alpha B^{\left(\frac{nn-3}{2}\right)}+(n^2-2)(n^2-1)B^{\left(\frac{nn-1}{2}\right)}=2n^2(\alpha\alpha-4)\frac{\partial B^{\left(\frac{nn-3}{2}\right)}}{\partial\alpha},$$

$$3.2B^{\left(\frac{nn-3}{2}\right)}+(n^2-1)\,\alpha B^{\left(\frac{nn-1}{2}\right)}+\quad * \quad=0,$$

$$B^{\left(\frac{nn-1}{2}\right)}=(-1)^{\frac{n-1}{2}}\sqrt{n^3}.$$

On tire aisément de ces équations les valeurs de $B, B', B'', \ldots B^{\left(\frac{nn-1}{2}\right)}$, soit en partant de $B=\sqrt{n}$ ou de $B^{\left(\frac{nn-1}{2}\right)}=(-1)^{\frac{n-1}{2}}\sqrt{n^3}$. Tout cela s'applique aussi, de légères modifications étant faites, au cas où n est un nombre pair.

Il est très-remarquable que l'équation (1.) ait des intégrales algébriques. Son intégration générale peut être réduite à celle de l'équation connue et plus simple:

$$\frac{\partial^2 z}{\partial v^2} = \frac{\partial z}{\partial \omega}.$$

En effet soit $z = \psi(v,\omega)$ une intégrale quelconque de celle-ci, si l'on met $x = \sqrt{k}\sin\varphi$, on aura, en employant la notation de M. Legendre, l'intégrale suivante de l'équation (1.):

$$z = \frac{\psi\left(\frac{n\pi F(\varphi)}{2F^{\mathrm{I}}}, \frac{n\pi F^{\mathrm{I}}(k')}{4F^{\mathrm{I}}}\right)}{\sqrt{k'F^{\mathrm{I}}}\, e^{n\int_0^{\varphi}\frac{F^{\mathrm{I}}E(\varphi)-E^{\mathrm{I}}F(\varphi)}{F^{\mathrm{I}}\Delta\varphi}d\varphi}}.$$

II.

Supposant $x = \sin\mathrm{am}\, u$, les quantités $\sin\mathrm{am}\, 2u$, $\sin\mathrm{am}\, 3u$, $\sin\mathrm{am}\, 4u$, ... peuvent être exprimées d'une manière assez remarquable au moyen des différentielles des quantités $\sqrt{x^2(1-x^2)(1-k^2x^2)}$, $\sqrt{\frac{(1-x^2)(1-k^2x^2)}{x^2}}$, prises par rapport à x^2. Soit:

$$\sqrt{x^2(1-x^2)(1-k^2x^2)} = A, \quad \sqrt{\frac{(1-x^2)(1-k^2x^2)}{x^2}} = B,$$

on trouve:

$$\sin\mathrm{am}\, 2u = -\frac{1}{x^2}\,\frac{1}{\frac{dB}{d(x^2)}},$$

$$\sin\mathrm{am}\, 3u = -x^3\,\frac{\frac{d^2B}{d(x^2)^2}}{\frac{d^2A}{d(x^2)^2}},$$

$$\sin\mathrm{am}\, 4u = -\frac{1}{x^4}\,\frac{\frac{1}{2.3}\frac{d^3A}{d(x^2)^3}}{\frac{1}{2}\frac{d^2B}{d(x^2)^2}\,\frac{1}{2}\frac{d^2B}{d(x^2)^2} - \frac{dB}{d(x^2)}\,\frac{1}{2.3}\frac{d^3B}{d(x^2)^3}},$$

$$\sin\mathrm{am}\, 5u = x^5\cdot\frac{\frac{1}{2.3}\frac{d^3B}{d(x^2)^3}\,\frac{1}{2.3}\frac{d^3B}{d(x^2)^3} - \frac{1}{2}\frac{d^2B}{d(x^2)^2}\,\frac{1}{2.3.4}\frac{d^4B}{d(x^2)^4}}{\frac{1}{2.3}\frac{d^3A}{d(x^2)^3}\,\frac{1}{2.3}\frac{d^3A}{d(x^2)^3} - \frac{1}{2}\frac{d^2A}{d(x^2)^2}\,\frac{1}{2.3.4}\frac{d^4A}{d(x^2)^4}},$$

. . . .

La loi générale de la composition de ces expressions est aisée à saisir. On aura des formules analogues si l'on veut employer au lieu des différentielles de

$$\sqrt{x^2(1-x^2)(1-k^2x^2)},\quad \sqrt{\frac{(1-x^2)(1-k^2x^2)}{x^2}}$$

celles des quantités:

$$\frac{1}{\sqrt{x^2(1-x^2)(1-k^2x^2)}},\quad \frac{1}{\sqrt{\frac{(1-x^2)(1-k^2x^2)}{x^2}}}.$$

III.

Nous allons établir dans ce qui suit les formules générales relatives à la transformation des intégrales elliptiques de la seconde et de la troisième espèce.

Soit n un nombre impair quelconque, ω une quantité telle que $\sin\operatorname{am} 2n\omega = 0$ et soit en même temps n le nombre le plus petit pour lequel $\sin\operatorname{am} 2n\omega$ s'évanouit, si l'on met

$$\lambda = k^n \{\sin\operatorname{coam} 2\omega \sin\operatorname{coam} 4\omega \ldots \sin\operatorname{coam}(n-1)\omega\}^4,$$
$$M = (-1)^{\frac{n-1}{2}} \left\{\frac{\sin\operatorname{coam} 2\omega \sin\operatorname{coam} 4\omega \ldots \sin\operatorname{coam}(n-1)\omega}{\sin\operatorname{am} 2\omega \sin\operatorname{am} 4\omega \ldots \sin\operatorname{am}(n-1)\omega}\right\}^2,$$

on a la formule connue:

$$(1.)\quad \frac{\lambda}{kM}\sin\operatorname{am}\left(\frac{u}{M},\lambda\right) = \sin\operatorname{am} u + \sin\operatorname{am}(u+4\omega) + \sin\operatorname{am}(u+8\omega) + \cdots + \sin\operatorname{am}(u+4(n-1)\omega).$$

Cela posé, je remarque qu'on a:

$$\sin^2\operatorname{am}(u+a') - \sin^2\operatorname{am}(u+a) = \sin\operatorname{am}(a'-a)\frac{d\sin\operatorname{am}(u+a)\sin\operatorname{am}(u+a')}{du},$$

formule facile à vérifier. Soit $a' = a+b$, $a'' = a+2b$, et généralement $a^{(m)} = a+mb$; en mettant successivement a', a''; a'', a'''; ... $a^{(n-1)}, a^{(n)}$ au lieu de a, a' et ajoutant, il vient:

$$\sin^2\operatorname{am}(u+a^{(n)}) - \sin^2\operatorname{am}(u+a) = \sin\operatorname{am} b \cdot \frac{d\Sigma\sin\operatorname{am}(u+a)\sin\operatorname{am}(u+a')}{du}.$$

Or, on a en même temps:

$$\sin^2\operatorname{am}(u+a^{(n)}) - \sin^2\operatorname{am}(u+a) = \sin\operatorname{am} nb \cdot \frac{d\sin\operatorname{am}(u+a)\sin\operatorname{am}(u+a^{(n)})}{du};$$

de là on tire, en intégrant, cette formule remarquable:

$$(2.)\quad \sin\operatorname{am} b\,\Sigma\sin\operatorname{am}(u+a)\sin\operatorname{am}(u+a') = \sin\operatorname{am} nb \sin\operatorname{am}(u+a)\sin\operatorname{am}(u+a^{(n)}) + \text{const.}$$

Soit $\sin\operatorname{am} nb = 0$, il vient:

$$(3.)\quad \Sigma\sin\operatorname{am}(u+a)\sin\operatorname{am}(u+a') = \text{const.}$$

Au moyen de cette formule on tire de la formule (1.) la suivante:

$$\frac{\lambda^2}{k^2 M^2}\sin^2 \mathrm{am}\left(\frac{u}{M},\lambda\right) = \sin^2 \mathrm{am}\, u + \sin^2 \mathrm{am}(u+4\omega) + \cdots + \sin^2 \mathrm{am}(u+4(n-1)\omega) + \mathrm{const},$$

ou, puisqu'on a $\sin^2 \mathrm{am}\left(\frac{u}{M},\lambda\right) = 0$ pour $u = 0$, celle qui suit:

(4.)
$$\frac{\lambda^2}{k^2 M^2}\sin^2 \mathrm{am}\left(\frac{u}{M},\lambda\right) = \sin^2 \mathrm{am}\, u + \sin^2 \mathrm{am}(u+4\omega) + \cdots + \sin^2 \mathrm{am}(u+4(n-1)\omega)$$
$$- 2[\sin^2 \mathrm{am}\, 4\omega + \sin^2 \mathrm{am}\, 8\omega + \cdots + \sin^2 \mathrm{am}\, 2(n-1)\omega].$$

Cela donne aussi:

(5.)
$$\frac{\lambda^2}{k^2 M^2}\cos^2 \mathrm{am}\left(\frac{u}{M},\lambda\right) = \cos^2 \mathrm{am}\, u + \cos^2 \mathrm{am}(u+4\omega) + \cdots + \cos^2 \mathrm{am}(u+4(n-1)\omega)$$
$$- 2[\cos^2 \mathrm{coam}\, 4\omega + \cos^2 \mathrm{coam}\, 8\omega + \cdots + \cos^2 \mathrm{coam}\, 2(n-1)\omega],$$

(6.)
$$\frac{1}{M^2}\Delta^2 \mathrm{am}\left(\frac{u}{M},\lambda\right) = \Delta^2 \mathrm{am}\, u + \Delta^2 \mathrm{am}(u+4\omega) + \cdots + \Delta^2 \mathrm{am}(u+4(n-1)\omega)$$
$$+ 2[\cot\mathrm{g}^2 \mathrm{am}\, 4\omega + \cot\mathrm{g}^2 \mathrm{am}\, 8\omega + \cdots + \cot\mathrm{g}^2 \mathrm{am}\, 2(n-1)\omega].$$

En intégrant on a, pour la fonction complète de la seconde espèce:

(7.)
$$\frac{E^{\mathrm{I}}(\lambda)}{M^2 F^{\mathrm{I}}(\lambda)} - n\frac{E^{\mathrm{I}}(k)}{F^{\mathrm{I}}(k)} = 2[\cot\mathrm{g}^2 \mathrm{am}\, 4\omega + \cot\mathrm{g}^2 \mathrm{am}\, 8\omega + \cdots + \cot\mathrm{g}^2 \mathrm{am}\, 2(n-1)\omega].$$

Soit $\varphi = \mathrm{am}\, u$, si l'on met

$$Z(u) = \frac{F^{\mathrm{I}}E(\varphi) - E^{\mathrm{I}}F(\varphi)}{F^{\mathrm{I}}},$$

on tire des formules (6.), (7.) cette autre qui offre la transformation des intégrales elliptiques indéfinies de la seconde espèce:

(8.)
$$\frac{1}{M}Z\left(\frac{u}{M},\lambda\right) = Z(u) + Z(u+4\omega) + \cdots + Z(u+4(n-1)\omega),$$

formule qui peut être transformée en celle-ci:

(9.)
$$nZ(u) - \frac{1}{M}Z\left(\frac{u}{M},\lambda\right) = 2k^2 \sin \mathrm{am}\, u \cos \mathrm{am}\, u\, \Delta\, \mathrm{am}\, u\, \Sigma\, \frac{\sin^2 \mathrm{am}\, 2m\omega}{1 - k^2 \sin^2 \mathrm{am}\, 2m\omega \sin^2 \mathrm{am}\, u},$$

où l'on donnera à m toutes les valeurs $1, 2, 3, \ldots, \frac{n-1}{2}$.

Soit $a = \mathrm{am}\, a$, je considère les fonctions elliptiques de la troisième espèce sous la forme:

$$k^2 \sin a \cos a \Delta a \int_0^{\varphi} \frac{\sin^2 \varphi . \, d\varphi}{[1 - k^2 \sin^2 a \sin^2 \varphi]\Delta\varphi} = \varPi(u, a).$$

En introduisant la nouvelle transcendante

$$\sqrt{\frac{2k'F^{\mathrm{I}}}{\pi}}\, e^{\int_0^{\varphi} \frac{F^{\mathrm{I}}E(\varphi)-E^{\mathrm{I}}F(\varphi)}{F^{\mathrm{I}}\Delta\varphi}d\varphi} = \Theta(u),$$

on a:

$$Z(u) = \frac{1}{\Theta(u)}\frac{d\Theta(u)}{du},$$

$$\Pi(u,a) = uZ(a) + \tfrac{1}{2}\log\frac{\Theta(u-a)}{\Theta(u+a)}.$$

Cette dernière formule fait voir que les fonctions elliptiques de la troisième espèce, qui dépendent de trois éléments, peuvent être réduites à d'autres transcendantes qui n'en ont que deux. L'intégration de la formule (9.) donne les formules générales pour la transformation de la fonction $\Theta(u)$, desquelles on peut déduire celles des fonctions elliptiques de la troisième espèce. Quant à ces dernières, on trouve:

$$(10.)\qquad \Pi\left(\frac{u}{M},\frac{a}{M},\lambda\right) - n\Pi(u,a,k)$$

$$= \frac{u}{M}Z\left(\frac{a}{M},\lambda\right) - nuZ(a,k) + \tfrac{1}{2}\log\prod\frac{1-k^2\sin^2\mathrm{am}\,2m\omega\sin^2\mathrm{am}\,(u-a)}{1-k^2\sin^2\mathrm{am}\,2m\omega\sin^2\mathrm{am}\,(u+a)},$$

en désignant par $\prod$ le produit de tous les facteurs que l'on obtient en donnant à m les valeurs $1, 2, 3, \ldots, \frac{n-1}{2}$.

On peut aussi parvenir directement de la fonction $\Theta(u)$ aux formules de transformation en partant de son développement en produit infini, comme nous l'avons montré dans le troisième volume de ce Journal*). De là, en suivant une marche inverse de celle qu'on vient de présenter, on tire sur-le-champ les formules relatives à la transformation des fonctions elliptiques de la première et de la troisième espèce, et en différentiant, celles de la transformation des fonctions elliptiques de la seconde espèce. Tout cela s'applique encore, à quelques légères modifications près, au cas où n est un nombre pair.

IV.

Pour exprimer $\sin\mathrm{am}(u,k)$ par $\sin\mathrm{am}\left(\frac{u}{M},\lambda\right)$ ou $\sin\mathrm{am}\left(\frac{u}{M},\lambda\right)$ par $\sin\mathrm{am}\,nu$, il y a à résoudre une équation algébrique du $n^{\text{ième}}$ degré. Nous allons présenter les expressions algébriques et générales de ses racines.

*) Voir p. 257, 258 de ce volume.

Désignons par $\Phi(u, \omega, k)$ l'expression suivante:

$$\Pi[1-k^2\sin^2\text{am}\,2m\omega\sin^2\text{am}\,u],$$

en donnant toujours à m les valeurs $1, 2, 3, \ldots, \frac{n-1}{2}$; soit ω' une quantité telle qu'on ait

$$k = \lambda^n[\sin\text{coam}(2\omega', \lambda)\sin\text{coam}(4\omega', \lambda)\ldots\sin\text{coam}((n-1)\omega', \lambda)]^4\text{*}),$$

soit de plus

$$A_p = \frac{\Phi(4p\omega', \omega', \lambda)\,\Phi\left(\frac{u}{M}, \omega', \lambda\right)}{\Phi\left(\frac{u}{M}+4p\omega', \omega', \lambda\right)},$$

on aura, en désignant par p l'un des nombres $0, 1, 2, 3, \ldots, n-1$:

(1.) $$\frac{nkM}{\lambda}\sin\text{am}(u+4p\omega, k)$$

$$= \sin\text{am}\left(\frac{u}{M}, \lambda\right) + \alpha\sin\text{am}\left(\frac{u}{M}+4\omega', \lambda\right)\sqrt[n]{A_1} + \alpha^2\sin\text{am}\left(\frac{u}{M}+8\omega', \lambda\right)\sqrt[n]{A_2} + \cdots$$

$$+ \alpha^{n-1}\sin\text{am}\left(\frac{u}{M}+4(n-1)\omega', \lambda\right)\sqrt[n]{A_{n-1}},$$

α étant une racine quelconque de l'équation $x^n = 1$. En mettant au lieu de α toutes ses valeurs, on aura toutes les racines de l'équation proposée, qui répondent aux différentes valeurs du nombre p. Il faut remarquer encore qu'on a:

$$\sqrt[n]{A_p}\sqrt[n]{A_{n-p}} = 1-\lambda^2\sin^2\text{am}(4p\omega', \lambda)\sin^2\text{am}\left(\frac{u}{M}, \lambda\right).$$

On pourra exprimer généralement tous les radicaux $\sqrt[n]{A_1}, \sqrt[n]{A_2}, \ldots, \sqrt[n]{A_{n-1}}$, par les puissances de l'un d'entre eux.

Ce théorème est un des plus importants, trouvés jusqu'ici dans la théorie des fonctions elliptiques. Il fournit aussi la solution algébrique et générale de l'équation du degré nn, de laquelle dépend la division de la fonction elliptique en n parties, comme on va le voir dans ce qui suit.

Supposons pour plus de simplicité que n soit un nombre premier**), le nombre de toutes les transformations correspondantes au nombre n sera $n+1$. Ce sont celles qui répondent aux valeurs suivantes de ω:

---

*) Soit $\omega = \frac{mK+m'iK'}{n}$, on aura $\omega' = \frac{\mu K+\mu' iK'}{nM}$, μ, μ' étant des nombres entiers quelconques positifs ou négatifs, tels que $m\mu'-\mu m' = 1$.

**) Il n'y a qu'à faire de légères modifications dans le cas où n est un nombre composé.

$$\frac{K}{n},\ \frac{iK'}{n},\ \frac{iK'}{n}+\frac{K}{n},\ \frac{iK'}{n}+\frac{2K}{n},\ \ldots,\ \frac{iK'}{n}+\frac{(n-1)K}{n}.$$

Soient les valeurs de λ et de M qui répondent à ces différentes valeurs de ω:

$$\lambda,\ \lambda_1,\ \lambda_2,\ \lambda_3,\ \ldots,\ \lambda_n,$$
$$M,\ M_1,\ M_2,\ M_3,\ \ldots,\ M_n;$$

on prouvera aisément la formule remarquable:

$$(2.)\qquad \sin\operatorname{am}(nu,k)+\sin\operatorname{am}(u,k)$$
$$=\frac{\lambda}{nkM}\sin\operatorname{am}\left(\frac{u}{M},\lambda\right)+\frac{\lambda_1}{nkM_1}\sin\operatorname{am}\left(\frac{u}{M_1},\lambda_1\right)+\frac{\lambda_2}{nkM_2}\sin\operatorname{am}\left(\frac{u}{M_2},\lambda_2\right)+\cdots+\frac{\lambda_n}{nkM_n}\sin\operatorname{am}\left(\frac{u}{M_n},\lambda_n\right).$$

En changeant dans la formule (1.) u en $\frac{u}{M_p}$, k en λ_p, λ en k, M en $\frac{1}{nM_p}$, $\frac{u}{M}$ en nu, on parviendra à exprimer toutes les quantités

$$\frac{\lambda_p}{nkM_p}\sin\operatorname{am}\left(\frac{u}{M_p},\lambda_p\right)\ \text{par}\ \sin\operatorname{am}(nu,k).$$

Soit

$$\frac{\Phi(4p\omega,\omega)\,\Phi(nu,\omega)}{\Phi(nu+4p\omega,\omega)}=B_p,$$

et désignons par $B_p, B'_p, B''_p, B'''_p, \ldots, B^{(n)}_p$ les valeurs de B_p qui répondent aux différentes valeurs de ω, et par $\omega, \omega_1, \omega_2, \omega_3, \ldots, \omega_n$ les différentes valeurs de ω, on a:

$$(3.)\qquad n\sin\operatorname{am}\left(u+\frac{4mK+4m'iK'}{n}\right)$$
$$=\left\{\begin{array}{l}
\sin\operatorname{am} nu\\
+\ \alpha\sin\operatorname{am}(nu+4\omega)\sqrt[n]{B_1}+\cdots\cdots+\alpha^{n-1}\sin\operatorname{am}(nu+4(n-1)\omega)\sqrt[n]{B_{n-1}}\\
+\ \beta\sin\operatorname{am}(nu+4\omega_1)\sqrt[n]{B'_1}+\cdots\cdots+\beta^{n-1}\sin\operatorname{am}(nu+4(n-1)\omega_1)\sqrt[n]{B'_{n-1}}\\
+\ \alpha\beta\sin\operatorname{am}(nu+4\omega_2)\sqrt[n]{B''_1}+\cdots\cdots+\alpha^{n-1}\beta^{n-1}\sin\operatorname{am}(nu+4(n-1)\omega_2)\sqrt[n]{B''_{n-1}}\\
+\ \alpha^2\beta\sin\operatorname{am}(nu+4\omega_3)\sqrt[n]{B'''_1}+\cdots\cdots+\alpha^{2(n-1)}\beta^{n-1}\sin\operatorname{am}(nu+4(n-1)\omega_3)\sqrt[n]{B'''_{n-1}}\\
\cdot\ \cdot\ \cdot\ \cdot\ \cdot\ \cdot\ \cdot\ \cdot\ \cdot\ \cdot\ \cdot\ \cdot\ \cdot\ \cdot\ \cdot\ \cdot\ \cdot\ \cdot\ \cdot\ \cdot\\
+\ \alpha^{n-1}\beta\sin\operatorname{am}(nu+4\omega_n)\sqrt[n]{B^{(n)}_1}+\cdots\cdots+\alpha^{(n-1)^2}\beta^{n-1}\sin\operatorname{am}(nu+4(n-1)\omega_n)\sqrt[n]{B^{(n)}_{n-1}},
\end{array}\right.$$

m et m' étant des nombres entiers quelconques, et α, β des racines de l'équation $x^n=1$. En donnant à α, β toutes les valeurs dont elles sont susceptibles, on aura les valeurs différentes de l'expression $\sin\operatorname{am}\left(u+\frac{4mK+4m'iK'}{n}\right)$, qui sont au nombre de nn. Ce sont les nn racines de l'équation à résoudre, présentées sous la forme la plus simple, telle que je l'avais présentée dans le troisième volume de ce Journal (cah. 1.)*). Je remarque encore que l'on peut exprimer tous les radicaux, qui sont au nombre de $nn-1$, par les puissances de deux quelconques d'entre eux qui ne se trouvent pas dans la même série horizontale.

V.

Puisqu'on peut exprimer rationnellement $\sin\operatorname{am}\left(\frac{u}{M},\lambda\right)$, $\sin\operatorname{am}\left(\frac{u}{M_1},\lambda_1\right)$, ..., $\sin\operatorname{am}\left(\frac{u}{M_n},\lambda_n\right)$ par $\sin\operatorname{am}(u,k)$, on pourra aussi exprimer les premières quantités par une quelconque d'entre elles; mais pour cela il y a à résoudre une équation algébrique du $n^{\text{ième}}$ degré dans chaque cas. Nous allons rapporter dans ce qui suit les expressions générales et algébriques des racines de ces équations.

En conservant les notations du numéro précédent, soit

$$C_p = \frac{\Phi\left(\frac{u}{M},\omega',\lambda\right)}{\Phi\left(\frac{u}{M}+4p\omega',\omega',\lambda\right)},$$

on aura:

$$(1.)\qquad \sqrt{\frac{\lambda_m}{\lambda}}\sin\operatorname{am}\left(\frac{u}{M_m},\lambda_m\right)$$

$$=\frac{\sin\operatorname{am}\left(\frac{u}{M},\lambda\right)+\alpha\sin\operatorname{am}\left(\frac{u}{M}+4\omega',\lambda\right)\sqrt[n]{C_1}+\cdots+\alpha^{(n-1)^2}\sin\operatorname{am}\left(\frac{u}{M}+4(n-1)\omega',\lambda\right)\sqrt[n]{C_{n-1}}}{1+\alpha\sqrt[n]{C_1}+\alpha^4\sqrt[n]{C_2}+\cdots+\alpha^{(n-1)^2}\sqrt[n]{C_{n-1}}},$$

α étant une racine quelconque de l'équation $x^n=1$. En donnant à α toutes ses valeurs, on aura les n expressions qui répondent aux différents modules $\lambda_1, \lambda_2, \ldots, \lambda_n$. Chaque expression, telle que

$$\sqrt{\frac{\lambda_m}{\lambda}}\sin\operatorname{am}\left(\frac{u}{M_m},\lambda_m\right),$$

étant donnée par la résolution d'une équation algébrique du $n^{\text{ième}}$ degré dont les racines ont pour expression générale

$$\sqrt{\frac{\lambda_m}{\lambda}}\sin\operatorname{am}\left(\frac{u}{M_m}+4p\omega'_m,\lambda_m\right),$$

ω'_m étant la même chose par rapport au module λ_m que ω' l'est par rapport à λ: on aura les expressions algébriques de toutes ces racines, qui sont au nombre de

*) Voir p. 243 de ce volume.

n et qui répondent à un même module λ_m, en multipliant les radicaux par $\alpha^{\nu p}\beta^p$ au lieu de $\alpha^{\nu p}$, β étant encore une racine quelconque de l'équation $x^n = 1$. On pourra aussi exprimer tous les radicaux par les puissances de l'un d'entre eux. Du reste, ayant supposé que n est un nombre premier, la formule (1.) aura à subir quelques modifications lorsque n sera un nombre quelconque.

VI.

Je termine ces remarques par l'énoncé du théorème suivant, fourni par les mêmes méthodes qui m'ont conduit aux résultats précédents.

> Etant supposés connus tous les modules dans lesquels on peut transformer un module donné k à l'aide d'une transformation correspondante au nombre n, on peut exprimer par ces modules toutes les quantités de la forme $\sin^2 \operatorname{am} \frac{2mK + 2m'iK'}{n}$, m, m' étant des nombres quelconques, sans qu'il soit nécessaire de résoudre une équation algébrique.

Les résultats dont je viens de donner ici une exposition rapide, font partie de ceux qu'on trouvera dans la seconde partie de mon ouvrage sur les fonctions elliptiques (*Fundamenta nova theoriae functionum ellipticarum*). La première partie de cet ouvrage paraîtra incessament.

Kœnigsberg, le 11. Janvier 1829.

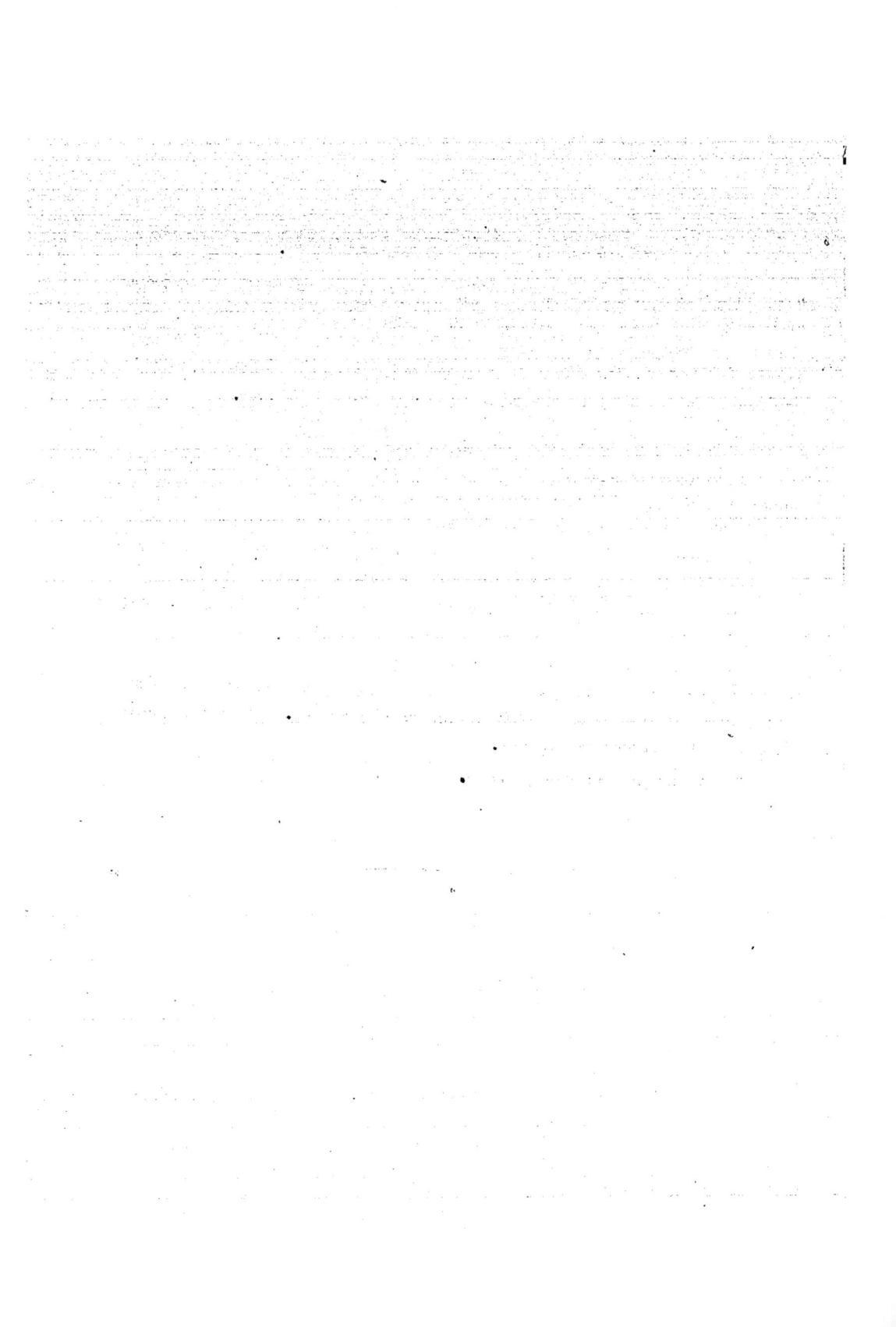

UEBER DIE ANWENDUNG

DER ELLIPTISCHEN TRANSCENDENTEN

AUF EIN BEKANNTES PROBLEM DER ELEMENTARGEOMETRIE

VON

HERRN PROFESSOR DR. C. G. J. JACOBI

ZU KÖNIGSBERG IN PREUSSEN

Crelle Journal für die reine und angewandte Mathematik, Bd. 3. p. 376.

UEBER DIE ANWENDUNG DER ELLIPTISCHEN TRANSCENDENTEN AUF EIN BEKANNTES PROBLEM DER ELEMENTARGEOMETRIE:

DIE RELATION ZWISCHEN DER DISTANZ DER MITTELPUNKTE UND DEN RADIEN ZWEIER KREISE ZU FINDEN, VON DENEN DER EINE EINEM UNREGELMÄSSIGEN POLYGON EINGESCHRIEBEN, DER ANDERE DEMSELBEN UMGESCHRIEBEN IST.

1.

Bei einem jeden Dreieck findet bekanntlich eine Gleichung zwischen den Radien des eingeschriebenen und umgeschriebenen Kreises und der Distanz ihrer Mittelpunkte Statt, welche Euler zuerst aufgestellt hat. Weniger bekannt scheint die ähnliche Relation bei einem Viereck zu sein, das zu gleicher Zeit einem Kreise eingeschrieben und einem anderen umgeschrieben werden kann; doch kann sie hier noch leicht auf mannichfachen Wegen gefunden werden; wie denn die Theorie dieser Vierecke häufiger untersucht worden ist. Schwieriger ist das Problem beim Fünfeck und bei den höheren Polygonen, so dafs Herr Steiner, der es gewohnt ist, die bekannten Grenzen hinter sich zu lassen, diese Theorie wesentlich erweitert zu haben schien, indem er im 2ten Bande des Crelleschen Journals S. 289, nachdem er zuvor S. 96 desselben Bandes das Problem wieder in Anregung gebracht hatte, noch für das Fünfeck, Sechseck und Achteck die entsprechenden Gleichungen aufstellte. Leider aber hat dieser grofse Geometer nicht die Analysis dieser interessanten Resultate mitgetheilt.

Ehe wir nun aber selbst unsere Weise dieses Problem zu behandeln den Geometern vorlegen, sehen wir uns genöthigt, im Namen des vor Kurzem verstorbenen Russischen Staatsraths Nicolaus Fufs, die von Herrn Steiner gegebenen Resultate in Anspruch zu nehmen; welcher, ohne es zu wollen und ohne es zu wissen, dieselben und noch überdies die Gleichung für das Siebeneck, bei weitem die schwierigste, gefunden hat. Dieser ausgezeichnete Analyst war nämlich in dem leider nicht häufigen Irrthum, das Problem, das er sich stellte, nur in einem particulären Falle aufgelöst zu haben, während er in der That die allgemeine Lösung gab.

Man liest nämlich in dem 13ten Bande der Petersburger *Nova Acta* S. 166—189 eine Abhandlung von diesem Verfasser vom Jahre 1798, welche den Titel führt:

De Polygonis symmetrice irregularibus circulo simul inscriptis et circumscriptis.

Schon im 10ten Bande der *Nova Acta* für das Jahr 1792 hatte derselbe verschiedene und zum Theil neue Probleme über die Vierecke gelöst, welche zugleich einem Kreise eingeschrieben und umgeschrieben sind, und auch die Relation gegeben, welche zwischen den Radien beider Kreise und der Distanz ihrer Mittelpunkte Statt hat. Er habe seitdem, erzählt er, diese Untersuchungen auf Polygone von mehr als vier Seiten auszudehnen gesucht; es sei ihm aber nicht gelungen. Denn mit der wachsenden Seitenzahl würden die Fundamentalformeln so verwickelt, dass man an ihre Entwirrung Oel und Mühe verschwende. Er habe daher das mit den gröfsten Schwierigkeiten behaftete allgemeine Problem verlassen, und wolle sich hier auf solche Polygone beschränken, welche man symmetrisch unregelmäfsige (*symmetrice irregularia*) nennen könne, die nämlich einen Durchmesser haben, der durch beide Centra geht, und das Polygon in zwei gleiche und ähnliche Theile theilt.

Es thut aber diese Beschränkung bei dem Problem, das sich Fufs in seiner Abhandlung stellt, nämlich jene Gleichung zwischen den Radien und der Distanz der Centra zu finden, keinesweges der Allgemeinheit Eintrag. Denn zuerst ist klar, dass, wenn eine Ecke des Polygons in jenem durch beide Centra gehenden Durchmesser sich befindet, das Polygon auch zu beiden Seiten des Durchmessers symmetrisch liegen wird. Es kann aber immer eine Ecke des Polygons in dem Umfange des Kreises, in welchen es eingeschrieben sein soll, beliebig angenommen werden. Denn Herr J. V. Poncelet hat in seinem berühmten Werke, *Traité des Propriétés projectives des Figures,* S. 361, den schönen Satz bewiesen, dass,

wenn irgend ein Polygon zugleich einem Kegelschnitt eingeschrieben und einem andern umgeschrieben ist, es eine unendliche Menge ähnlicher giebt, welche diese Eigenschaft in Bezug auf die beiden Curven haben; oder, wenn man nach dieser Bedingung von einem beliebigen Anfangspunkte aus irgend ein anderes Polygon construiren will, es sich immer von selbst schliefsen wird; und umgekehrt, wenn man, von irgend einem Punkte aus, einem Kegelschnitt ein Polygon einschreiben will, dessen Seiten einen andern berühren, und es sich nicht von selbst schliefst, kein anderes diese Eigenschaft haben wird.

Für unsern Fall sind die Kegelschnitte nur Kreise. Aber auf diesen Fall läfst sich der allgemeinere leicht reduciren, indem man, wie Herr Poncelet an einem andern Orte gezeigt hat, zwei Kegelschnitte, wofern sie nur nicht vier Punkte gemein haben, immer so perspectivisch projiciren kann, dass man in der Projection zwei Kreise erhält.

Da also die Annahme, die Fufs gemacht, dass eine Ecke in dem Durchmesser liege, welcher durch beide Centra geht, der Allgemeinheit nicht schadet, so ist es auch nicht zu verwundern, wenn die Formeln, die er in seinem beschränkten Falle findet, wirklich allgemein sind und mit den von Herrn Steiner gegebenen übereinkommen. Dieses letzte wollen wir kürzlich im Folgenden zeigen, da es nicht sogleich in die Augen fällt.

2.

Nennt man den Radius des umgeschriebenen Kreises R, des eingeschriebenen r, und die Distanz der beiden Mittelpunkte a, so giebt Herr Steiner für das Fünfeck zwischen R, r, a die Gleichung:

$$r(R-a) = (R+a)\sqrt{(R-r+a)(R-r-a)} + (R+a)\sqrt{(R-r-a)2R}.$$

Setzt man mit Fufs

$$R+a = p, \quad R-a = q,$$

so verwandelt sich diese Gleichung in

$$qr = p\sqrt{(p-r)(q-r)} + p\sqrt{(q-r)(p+q)}.$$

Fufs findet S. 174 die Gleichung:

$$\frac{ppqq-rr(pp+qq)}{ppqq+rr(pp-qq)} = \pm\sqrt{\frac{q-r}{p+q}}.$$

Er bemerkt, dass dieser Gleichung die Werthe $r = -p$ und $r = \frac{pq}{p+q}$ Genüge thun, und dass sich daher die Gleichung, nachdem man das Wurzelzeichen weggeschafft, durch $p+r$ und $pq-r(p+q)$ werde dividiren lassen. Nach diesen Reductionen giebt er die Gleichung:

$$p^3q^3+ppqqr(p+q)-pqrr(p+q)^2-r^3(p+q)(p-q)^2=0.$$

Wenn man Herrn Steiners Gleichung:

$$qr=p\sqrt{(p-r)(q-r)}+p\sqrt{(q-r)(p+q)}$$

quadrirt, so erhält man:

$$q^2r^2-p^2(q-r)(2p+q-r)=2p^2(q-r)\sqrt{(p-r)(p+q)}.$$

Wird diese Gleichung wieder quadrirt, so erhält man:

$$q^4r^4-2p^2q^2r^2(q-r)(2p+q-r)+p^4(q-r)^2(q+r)^2=0.$$

Nun ist:

$$2(q-r)(2p+q-r)=2(q-r)^2+4p(q-r)=(q-r)^2+(q+r)^2+4[pq-r(p+q)],$$

wonach sich die Gleichung so darstellen läſst:

$$q^4r^4-p^2q^2r^2(q-r)^2-4p^2q^2r^2[pq-r(p+q)]+p^2(q+r)^2[(q-r)^2p^2-q^2r^2]=0.$$

Es ist aber

$$q^4r^4-p^2q^2r^2(q-r)^2=-q^2r^2(qr+pq-pr)(pq-pr-qr),$$
$$(q-r)^2p^2-q^2r^2=[(q-r)p+qr](pq-pr-qr).$$

Man kann daher, wie bei Fuſs, durch $pq-pr-qr$ dividiren und erhält dann:

$$q^2r^2(pr-qr-pq)-4p^2q^2r^2+p^2(q+r)^2(pq+qr-pr)=0.$$

Entwickelt man nach den Potenzen von r, so erhält man genau die von Fuſs gegebene Gleichung. Nach den Potenzen von p geordnet, wird sie:

$$p^3(q+r)^2(q-r)+p^2qr(q-r)^2-pq^2r^2(q-r)-q^3r^3=0.$$

Fuſs giebt ferner noch die Bedeutung seiner überflüssigen Factoren $p+r$ und $pq-r(p+q)$; und für diesen Fall, wie für die übrigen, numerische Beispiele.

3.

Für das Sechseck findet Herr Steiner:

$$3(R^2-a^2)^4=4r^2(R^2+a^2)(R^2-a^2)^2+16r^4a^2R^2,$$

welche Gleichung sich, wenn man wieder $R+a=p$, $R-a=q$ setzt, in folgende verwandelt:

$$3p^4q^4=2r^2(p^2+q^2)p^2q^2+r^4(p+q)^2(p-q)^2,$$

welche mit der von Fuſs S. 180 gegebenen übereinkommt:

$$3p^4q^4-2ppqqrr(pp+qq)=r^4(pp-qq)^2.$$

Für das Siebeneck findet Fuſs die Gleichung:

$$[pq-r(p-q)-2rr]2pqr\sqrt{(p-r)(p+q)}+[ppqq-rr(pp+qq)]2r\sqrt{(q-r)(p+q)}$$
$$=\pm[pq-r(p-q)][ppqq+rr(pp-qq)].$$

Für das Achteck giebt Fuſs die Gleichung:

$$ppr\sqrt{qq-rr}+qqr\sqrt{pp-rr}=pqrr-pq\sqrt{(pp-rr)(qq-rr)}.$$

Quadrirt man diese Gleichung, so resultirt:

$$4p^2q^2r^2\sqrt{(pp-rr)(qq-rr)}=p^2q^2r^4+p^2q^2(p^2-r^2)(q^2-r^2)-p^4r^2(q^2-r^2)-q^4r^2(p^2-r^2)$$
$$=r^4(p^2+q^2)^2-2r^2p^2q^2(p^2+q^2)+p^4q^4=[r^2(p^2+q^2)-p^2q^2]^2.$$

Die Gleichung, rational gemacht, wird also:

$$[r^2(p^2+q^2)-p^2q^2]^4=16p^4q^4r^4(p^2-r^2)(q^2-r^2).$$

Aber diese Gleichung scheint nicht mit der sehr verwickelten, welche Herr Steiner giebt, in Übereinstimmung gebracht werden zu können.

Fuſs bemerkt noch, dass wenn man einen Winkel μ aus dem Winkel ν durch die Gleichung $\cos\nu=-\operatorname{cotg}\mu$ bestimmt, man setzen könne:

$$a=R\frac{\sin\frac{\mu-\nu}{2}-\sin\frac{\mu+\nu}{2}}{\sin\frac{\mu-\nu}{2}+\sin\frac{\mu+\nu}{2}}=-R\frac{\operatorname{tang}\frac{\nu}{2}}{\operatorname{tang}\frac{\mu}{2}},$$

$$r=2R\frac{\sin\frac{\mu-\nu}{2}\sin\frac{\mu+\nu}{2}}{\sin\frac{\mu-\nu}{2}+\sin\frac{\mu+\nu}{2}}=R\frac{\sin\frac{\mu-\nu}{2}\sin\frac{\mu+\nu}{2}}{\sin\frac{\mu}{2}\cos\frac{\nu}{2}},$$

woraus auch

$$p=R+a=R\frac{\sin\frac{\mu-\nu}{2}}{\sin\frac{\mu}{2}\cos\frac{\nu}{2}},$$

$$q=R-a=R\frac{\sin\frac{\mu+\nu}{2}}{\sin\frac{\mu}{2}\cos\frac{\nu}{2}}$$

folgt, welche Formeln durch ihre Eleganz sich empfehlen.

Ich habe diese Formeln anführen wollen, weil es vielleicht Einigen interessant scheinen dürfte, sie mit den Resultaten zu vergleichen, welche sich aus der Theorie der elliptischen Transcendenten ergeben.

4.

Wir wollen jetzt die Fundamentalformeln aufstellen, auf welchen die hier anzustellenden Betrachtungen beruhen. Es seien demnach zwei Kreise gegeben, von denen der eine, mit dem Halbmesser R und Mittelpunkt C, den andern mit dem Halbmesser r und Mittelpunkt c umschliefsen möge. Die Distanz der Mittelpunkte cC heifse a. Aus irgend einem Punkte A des Kreises C ziehe man eine Tangente an den Kreis c, welche den ersten wieder in A' schneidet; auf gleiche Weise ziehe man an den Kreis c die Tangenten $A'A''$, $A''A'''$, $A'''A^{IV}$ u. s. w., wo A, A', A'', A''', A^{IV} u. s. w. in dem gröfsern Kreise C liegen und $AA'A''A'''\ldots$ ein Stück eines Polygons oder ein ungeschlossenes Polygon ist, das dem Kreise C eingeschrieben, dem Kreise c umgeschrieben ist.

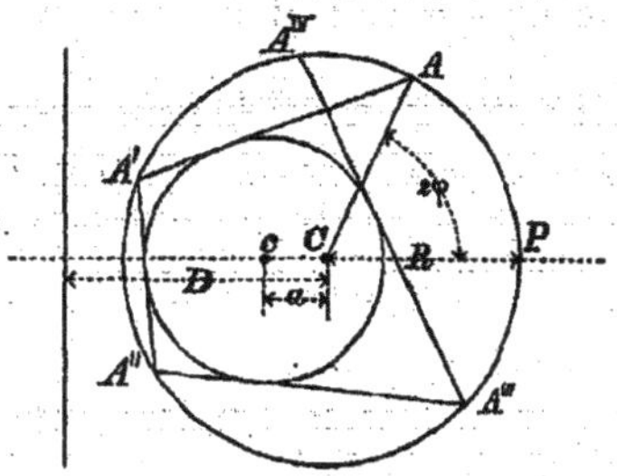

Man ziehe den Durchmesser cC, welcher den Kreis C in P schneiden möge, so dass $CP = R$, $cP = R+a$. Jetzt nenne man die Winkel $ACP = 2\varphi$, $A'CP = 2\varphi'$, $A''CP = 2\varphi''$, $A'''CP = 2\varphi'''$, u. s. w., so ist leicht zu sehen, dass zwischen je zwei Winkeln, die aufeinander folgen, die Gleichungen stattfinden:

$$R\cos(\varphi'-\varphi)+a\cos(\varphi'+\varphi) = r,$$
$$R\cos(\varphi''-\varphi')+a\cos(\varphi''+\varphi') = r,$$
$$R\cos(\varphi'''-\varphi'')+a\cos(\varphi'''+\varphi'') = r,$$
$$\ldots\ldots\ldots\ldots\ldots$$

welche Gleichungen man auch so darstellen kann:

$$(R+a)\cos\varphi'\cos\varphi+(R-a)\sin\varphi'\sin\varphi = r,$$
$$(R+a)\cos\varphi''\cos\varphi'+(R-a)\sin\varphi''\sin\varphi' = r,$$
$$(R+a)\cos\varphi'''\cos\varphi''+(R-a)\sin\varphi'''\sin\varphi'' = r,$$
$$\ldots\ldots\ldots\ldots\ldots$$

Zieht man jede dieser Gleichungen von der folgenden ab und bemerkt, dass immer

$$\frac{\cos x-\cos y}{\sin y-\sin x} = \operatorname{tang}\frac{x+y}{2},$$

so folgt sogleich:

$$\operatorname{tang}\frac{\varphi''+\varphi}{2} = \frac{R-a}{R+a}\operatorname{tang}\varphi',$$
$$\operatorname{tang}\frac{\varphi'''+\varphi'}{2} = \frac{R-a}{R+a}\operatorname{tang}\varphi'',$$
$$\cdots\cdots\cdots\cdots$$

In dieser Form der Gleichungen springt es sogleich in die Augen, dass sie mit denjenigen übereinkommen, welche zur Vervielfachung der elliptischen Transcendenten aufgestellt werden.

Setzt man nämlich das elliptische Integral, in dem k irgend eine Constante bedeutet,

$$\int_0^{\varphi}\frac{d\varphi}{\sqrt{1-kk\sin^2\varphi}} = u,$$

und nach einer von mir angegebenen Bezeichnung die Amplitude φ

$$\varphi = \operatorname{am} u;$$

ferner ebenso

$$\alpha = \operatorname{am} t,$$

wo α irgend einen Winkel bedeuten möge,

$$\varphi' = \operatorname{am}(u+t),$$
$$\varphi'' = \operatorname{am}(u+2t),$$

so wird in den Elementen der Theorie der elliptischen Functionen die Gleichung gegeben:

$$\operatorname{tang}\frac{\varphi+\varphi''}{2} = \Delta\operatorname{am} t\operatorname{tang}\varphi',$$

wo

$$\Delta\operatorname{am} t = \sqrt{1-kk\sin^2\alpha} = \sqrt{1-kk\sin^2\operatorname{am} t}.$$

Bestimmt man also in unserem Falle die Gröfsen k und t oder α durch die beiden Gleichungen:

$$\frac{R-a}{R+a} = \Delta\operatorname{am} t = \sqrt{1-kk\sin^2\alpha}; \quad \varphi' = \operatorname{am}(u+t),$$

so wird man haben:

$$\varphi = \operatorname{am} u,$$
$$\varphi' = \operatorname{am}(u+t),$$
$$\varphi'' = \operatorname{am}(u+2t),$$
$$\varphi''' = \operatorname{am}(u+3t),$$
$$\varphi^{\text{IV}} = \operatorname{am}(u+4t),$$
$$\cdots\cdots\cdots$$

wo $2\varphi'$, $2\varphi''$, $2\varphi'''$, $2\varphi^{\text{IV}}$ durch die §. 4. angegebene Construction gefunden werden.

5.

Wir wollen jetzt die Gröfsen a und k bestimmen, welches vermittelst der Gleichungen $\varphi = \operatorname{am} u$, $\alpha = \operatorname{am} t$, $\varphi' = \operatorname{am}(u+t)$, $\Delta \operatorname{am} t = \sqrt{1-kk\sin^2\alpha} = \frac{R-a}{R+a}$ geschieht. Die Elemente der Theorie der elliptischen Functionen geben uns die Gleichung:

$$\cos\varphi\cos\varphi' + \sin\varphi\sin\varphi'\sqrt{1-kk\sin^2\alpha} = \cos\alpha.$$

Nach unseren obigen Formeln ist:

$$\cos\varphi\cos\varphi' + \sin\varphi\sin\varphi'\frac{R-a}{R+a} = \frac{r}{R+a}.$$

Dieses giebt uns zur Bestimmung von a und k die beiden Gleichungen:

$$\sqrt{1-kk\sin^2\alpha} = \frac{R-a}{R+a} \text{ und } \cos\alpha = \frac{r}{R+a},$$

woraus folgt:

$$kk = \frac{4Ra}{(R+a)^2-rr}, \quad 1-kk = k'k' = \frac{(R-a)^2-rr}{(R+a)^2-rr}.$$

Ferner hat man:

$$R+a = \frac{r}{\cos\alpha}, \quad 2R = \frac{r(1+\Delta)}{\cos\alpha}, \quad r = \frac{2R\cos\alpha}{1+\Delta},$$

$$R-a = \frac{r\Delta}{\cos\alpha}, \quad 2a = \frac{r(1-\Delta)}{\cos\alpha}, \quad a = R\frac{(1-\Delta)}{1+\Delta},$$

wo der Kürze halber für $\Delta \operatorname{am} t$ blofs Δ geschrieben ist.

Diese Formeln geben ein leichtes Mittel, wenn man $\operatorname{am} u = \varphi$, und $\operatorname{am} t = \alpha$ kennt, daraus $\operatorname{am}(u+mt)$ zu finden, was die Aufgabe der Multiplication der elliptischen Functionen ist, und zwar durch eine Construction der Elementargeometrie. Man beschreibe nämlich aus einem Punkte c mit einem beliebigen Radius r einen Kreis, und aus dem Mittelpunkte C, der um $a = cC$ von c entfernt ist, einen zweiten Kreis mit dem Radius R, wo a und R durch die Gleichungen

$$a = \frac{r(1-\Delta)}{2\cos\alpha}, \quad R = \frac{r(1+\Delta)}{2\cos\alpha}$$

bestimmt werden. Bestimmt man nun den Punkt A in der Peripherie des Kreises C, indem man $ACP = 2\varphi$ macht (§. 4.), und die Punkte

$A', A'', A''', \ldots, A^{(m)}$ durch die §. 4. angegebene Construction, so wird $\sphericalangle A^{(m)}CP = \varphi^{(m)} = \operatorname{am}(u+mt)$.

Will man blofs $\operatorname{am} mt$ bestimmen, so fällt der Punkt A mit dem Punkt P zusammen. Uebrigens bemerke ich, dass die Winkel $2\varphi, 2\varphi', 2\varphi'', 2\varphi''', \ldots$ immerfort wachsend angenommen werden, so dass sie auch 360^0 überschreiten können.

Diese Construction scheint vor der Construction, die Lagrange mittelst des sphärischen Dreiecks gegeben hat, nicht ohne Vorzüge zu sein.

6.

Es ist ein bemerkenswerther Umstand, dass die Gröfsen k, α gänzlich von φ oder u unabhängig sind. Wo man daher den Punkt A in der Peripherie des Kreises C annimmt, wird immer, wenn man $\sphericalangle ACP = \varphi = \operatorname{am} u$, $\sphericalangle A'CP = \varphi' = \operatorname{am}(u+t)$ macht, die Linie AA' einen Kreis berühren, dessen Lage und Gröfse durch die Gleichungen $a = \frac{R(1-\Delta)}{1+\Delta}$, $r = \frac{2R\cos\alpha}{1+\Delta}$ bestimmt werden. Man denkt sich dann nämlich CP als eine feste Linie, von welcher an der Winkel 2φ gezählt wird, und in welcher der Mittelpunkt des Kreises c zu liegen kommt. Ebenso wird immer, wo man auch A angenommen hat, die Linie AA'' einen Kreis berühren, dessen Lage und Gröfse durch die Gleichungen $a = \frac{R(1-\Delta^{(2)})}{1+\Delta^{(2)}}$, $r = \frac{2R\cos\alpha^{(2)}}{1+\Delta^{(2)}}$ bestimmt werden, wenn man $\alpha^{(2)} = \operatorname{am} 2t$, $\Delta^{(2)} = \sqrt{1-kk\sin^2\alpha^{(2)}}$ setzt. Und allgemein wird immer, wo man auch den Anfangspunkt A angenommen hat, die Linie $AA^{(m)}$, welche das Polygon schliefst, einen Kreis berühren, dessen Elemente durch die Gleichungen $a = \frac{R(1-\Delta^{(m)})}{1+\Delta^{(m)}}$, $r = \frac{2R\cos\alpha^{(m)}}{1+\Delta^{(m)}}$ gegeben sind, wo $\alpha^{(m)} = \operatorname{am} mt$, $\Delta^{(m)} = \sqrt{1-kk\sin^2\alpha^{(m)}}$. Die Mittelpunkte aller dieser Kreise liegen in der festen Linie CP.

Wir wollen jetzt beweisen, dass diese Kreise ein System bilden, welche dieselbe Linie zum Orte der gleichen Tangenten haben, welche zweckmäfsige Benennung Herr Steiner in seinen geometrischen Arbeiten in dem Crelleschen Journal eingeführt hat. Es ist dieses bei zwei Kreisen eine gerade Linie, welche auf der Verbindungslinie der Mittelpunkte senkrecht steht, und eben, was ihr Name andeutet, die Eigenschaft hat, dass wenn man von irgend einem ihrer Punkte die Tangenten an die beiden Kreise legt, diese Tangenten gleich werden. Da wir schon wissen, dass jene Kreise ihre Mittelpunkte in derselben geraden Linie haben, so brauchen wir bloſs zu zeigen, dass für irgend einen Punkt die von ihm aus an alle Kreise gelegten Tangenten gleich sind, indem dieselbe Eigenschaft dann alle Punkte der durch ihn gehenden und auf CP senkrecht stehenden Linie haben werden.

Zu diesem Ende wollen wir den Punkt in der Linie CP selbst aufsuchen, welcher diese Eigenschaft in Bezug auf die beiden Kreise C, c hat. Wir wollen D die Distanz dieses Punktes von C nennen, so wird seine Distanz von c, $D-a$. Die Tangente an den ersten Kreis wird $\sqrt{DD-RR}$, an den zweiten Kreis $\sqrt{(D-a)^2-rr}$. Beides gleich gesetzt giebt

$$DD-RR=(D-a)^2-rr,$$

oder

$$D=\frac{RR+aa-rr}{2a}=\frac{(R+a)^2-rr}{2a}-R.$$

Oben aber fanden wir

$$kk=\frac{4Ra}{(R+a)^2-rr},$$

woraus

$$\frac{(R+a)^2-rr}{2a}=\frac{2R}{kk},$$

und also

$$D=\frac{2R}{kk}-R.$$

Wir sehen, dass a in dem Ausdruck für D gar nicht vorkommt, sondern dass es bloſs von k abhängt. Für alle jene Kreise aber ist dieses k dasselbe, und nur im a unterscheiden sie sich. Hätten wir daher für C und irgend einen anderen Kreis den Ort ihrer gleichen Tangenten gesucht, so hätten wir denselben Ausdruck für D gefunden, so dass also alle jene Kreise einen gemeinschaftlichen Ort der gleichen Tangenten haben.

Die analytische Bestimmung der Elemente des Kreises, den die Linie $AA^{(m)}$ beständig berührt, während der Punkt A sich in der Peripherie des Kreises C bewegt, wäre selbst für kleinere m ein Problem von kaum zu übersteigender Schwierigkeit gewesen, welches auf diese Weise auf die Elemente einer bekannten Theorie zurückgeführt und dadurch in aller Allgemeinheit gelöst ist.

Der specielle Satz, dass AA'' beständig einen Kreis während seiner Bewegung berührt, läſst sich auch folgendermaſsen aussprechen:

Wenn man in einen Kreis einen Winkel einschreibt, der einem andern zu gleicher Zeit umgeschrieben ist, und man denselben sich unter diesen Bedingungen bewegen läſst, d. h. so, dass seine Spitze die Peripherie des Kreises durchläuft, während seine Schenkel den anderen Kreis berühren, so wird die Sehne, die er in dem ersten Kreise, in den er eingeschrieben ist, abschneidet, während der Bewegung beständig einen dritten Kreis berühren, welcher mit den gegebenen denselben Ort der gleichen Tangenten hat.

Diesen Satz giebt Herr Poncelet S. 326 seines angeführten Werkes. Durch die oben angedeutete Weise perspectivischer Projection lassen sich diese Sätze auf das System zweier Ellipsen ausdehnen.

7.

Aber Herr Poncelet giebt diesen Sätzen noch eine weit gröſsere Ausdehnung. Wir haben angenommen, dass die Seiten des Polygons einen und denselben Kreis, oder in der Projection, denselben Kegelschnitt berühren. Poncelet bestimmt nur, dass sie überhaupt in einer bestimmten Folge gegebene Kegelschnitte berühren, so dass auch, wenn man will, ein Kegelschnitt mehrere Seiten berühren kann, wo dann gedacht werden kann, dass in diesen Kegelschnitt mehrere zusammen fallen. Er unterwirft diese Kegelschnitte bloſs der Bedingung, dass sie alle mit dem Kegelschnitt, in welchen das Polygon eingeschrieben ist, die reellen oder idealen Secanten*) gemeinschaftlich haben. Er giebt demnach S. 327 folgenden Satz:

*) Herr Poncelet bestimmt eine gemeinschaftliche Secante zweier Kegelschnitte aus folgenden Eigenschaften, welche zugleich zu ihrer allgemeinsten Definition dienen. Man bestimme in ihnen die Durchmesser AB, $A'B'$, welche zur Richtung der gemeinschaftlichen Secante conjugirt sind; so müssen erstens beide Durchmesser, wenn es nöthig ist, verlängert, sie in demselben Punkt O schneiden. Wenn ferner $AB = a$, $A'B' = a'$, und die mit der gegebenen Linie parallelen, diesen conjugirten Durchmesser resp. b, b' sind, so muss zweitens

$$\frac{bb}{aa} OA . OB = \frac{b'b'}{a'a'} OA' . OB'$$

sein. Diese Bestimmungen, welche augenscheinlich erfüllt sind, wenn die Linie beide Kegelschnitte wirklich schneidet, behalten ihren Sinn auch, wenn sie auſserhalb beider fällt, in welchem Falle sie Poncelet die ideale Secante nennt. Für zwei Kreise, die sich nicht schneiden, ist die ideale gemeinschaftliche Secante der Ort der gleichen Tangenten bei Herrn Steiner.

Wenn man einem Kegelschnitt ein Polygon einschreibt, dessen Seiten, mit Ausnahme einer, andere Kegelschnitte berühren, die mit einander und mit jenem gemeinschaftliche Secanten haben, und man das Polygon unter diesen Bedingungen variiren läſst, so werden die freie Seite und alle Diagonalen sich auf anderen Kegelschnitten wälzen, die mit den gegebenen gemeinschaftliche Secanten haben.

Aber auch diese Verallgemeinerung ergiebt sich leicht aus unseren Betrachtungen für Kreise, worauf man sogleich sie durch Projection auf Kegelschnitte erweitern kann. Ja wir erhalten sogleich unmittelbar wieder den analytischen Ausdruck für die Elemente des gesuchten Kreises in aller Allgemeinheit.

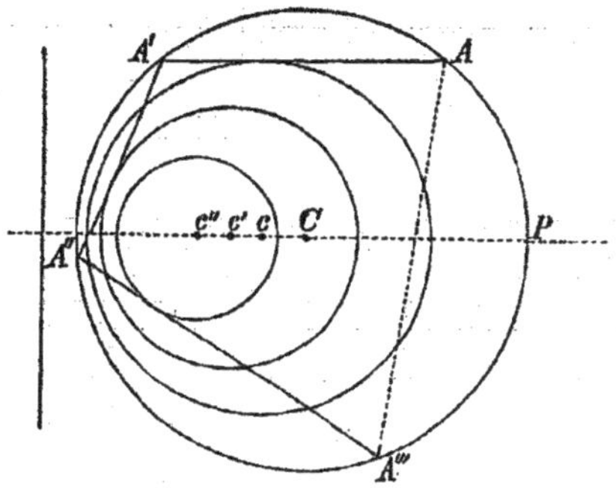

Es seien die Kreise, wie sie aufeinander folgen, $c, c', c'', c''', \ldots, c^{(m-1)}$, wie oben nach ihren Mittelpunkten benannt, ihre Radien resp. $r, r', r'', r''', \ldots, r^{(m-1)}$; die Distanzen ihrer Mittelpunkte von C, $cC = a$, $c'C = a'$, $c''C = a''$, $c'''C = a'''$, $\ldots$, $c^{(m-1)}C = a^{(m-1)}$. Man bestimme ferner die Winkel $\alpha, \alpha_1, \alpha_2, \alpha_3, \ldots, \alpha_{m-1}$ durch die Gleichungen:

$$\cos\alpha = \frac{r}{R+a}, \quad \cos\alpha_1 = \frac{r'}{R+a'}, \quad \cos\alpha_2 = \frac{r''}{R+a''}, \ldots, \cos\alpha_{m-1} = \frac{r^{(m-1)}}{R+a^{(m-1)}},$$

und setze

$$\alpha = \operatorname{am} t, \quad \alpha_1 = \operatorname{am} t', \quad \alpha_2 = \operatorname{am} t'', \quad \ldots, \quad \alpha_{m-1} = \operatorname{am} t^{(m-1)}.$$

Jetzt ziehe man aus einem beliebigen Punkte A des Kreises C die Tangente AA' an den Kreis c, die Tangente $A'A''$ an den Kreis c', die Tangente $A''A'''$ an den Kreis c'', u. s. w., die Tangente $A^{(m-1)}A^{(m)}$ an den Kreis $c^{(m-1)}$, wo $A, A', A'', \ldots, A^{(m)}$ alle in der Peripherie des Kreises C liegen, und nenne wieder

$$ACP = 2\varphi, \quad A'CP = 2\varphi', \quad A''CP = 2\varphi'', \quad \ldots, \quad A^{(m)}CP = 2\varphi^{(m)},$$

so hat man, wenn $\varphi = \operatorname{am} u$:

$$\varphi' = \operatorname{am}(u+t), \quad \varphi'' = \operatorname{am}(u+t+t'), \quad \varphi''' = \operatorname{am}(u+t+t'+t''), \ldots$$
$$\ldots \varphi^{(m)} = \operatorname{am}(u+t+t'+\cdots+t^{(m-1)}).$$

Nach §. 6. also wird, wenn man $t+t'+t''+\cdots+t^{(m-1)} = s$ setzt, die Linie $A^{(m)}A$, welche das Polygon schliefst, während der Drehung einen Kreis berühren, dessen Elemente durch die Gleichungen

$$r_m = \frac{2R\cos\operatorname{am} s}{1+\Delta\operatorname{am} s},$$
$$a_m = \frac{R(1-\Delta\operatorname{am} s)}{1+\Delta\operatorname{am} s}$$

bestimmt sind, wo r_m seinen Radius, a_m die Distanz seines Mittelpunktes in der Linie CP von C bedeutet. Die Bedingung, dass die Kreise einen gemeinschaftlichen Ort der gleichen Tangenten haben, kommt mit der Identität des Moduls überein.

Das Vorhergehende giebt eine Construction der Addition mehrerer elliptischen Functionen, wie wir oben die Construction der Multiplication fanden. Uebrigens erhellt aus unsern Formeln noch der Satz, dass, in welcher Ordnung auch die Seiten AA', $A'A''$, $A''A'''$ u.s.w. die gegebenen Kreise berühren, der Endpunkt $A^{(m)}$ immer derselbe sein wird.

8.

Man bestimme jetzt K durch die Gleichung $\operatorname{am} K = \frac{\pi}{2}$, so hat man bekanntlich $\operatorname{am}(u+2K) = \operatorname{am} u + \pi$, und allgemein, wenn h eine ganze Zahl ist, $\operatorname{am}(u+2hK) = \operatorname{am} u + h\pi$. Dieses vorausgeschickt, hätten wir eigentlich, wenn $AA'A''\ldots A^{(m)}A$ die ganze Peripherie h mal durchmifst, genauer setzen müssen: $s = 2hK - (t+t'+t''+\cdots+t^{(m-1)})$. Doch ändert dies die Formeln für a_m und r_m nicht. Reduciren sich alle Kreise $c, c', c'', \ldots, c^{(m-1)}, c^{(m)}$ auf den einen c, so wird für diesen Fall das Polygon ein geschlossenes, dem Kreise c umgeschriebenes und dem Kreise C eingeschriebenes Polygon. Für diesen Fall wird $s = t = t' = t'' = \cdots = t^{(m-1)}$, wodurch man erhält:

$$(m+1)t = 2hK \quad \text{oder} \quad t = \frac{2hK}{m+1}.$$

Dieses ist der analytische Ausdruck für die Relation, die zwischen der Gröfse und Lage zweier Kreise stattfinden mufs, damit sich dem einen ein $(m+1)$-eck einschreiben lasse, das dem andern umgeschrieben ist, und h mal die ganze Peripherie durchmifst. Für diejenigen, welche weniger an die hier gebrauchte Bezeichnung gewöhnt sind, wollen wir sie folgendermafsen als Theorem hinstellen:

Theorem.

Wenn R und r die Radien zweier Kreise sind, von denen jener einem n-eck umgeschrieben, dieser demselben eingeschrieben ist, die Distanz ihrer Mittelpunkte a heifst, und man die Gröfsen k und α durch die Gleichungen

$$\cos\alpha = \frac{r}{R+a},\quad kk = \frac{4Ra}{(R+a)^2-rr}$$

bestimmt, so ist immer:

$$\int_0^\alpha \frac{d\varphi}{\sqrt{1-kk\sin^2\varphi}} = \frac{h}{n}\int_0^\pi \frac{d\varphi}{\sqrt{1-kk\sin^2\varphi}},$$

wo h die Zahl der Umläufe des Vielecks durch die ganze Peripherie bedeutet. Diese Gleichung giebt zugleich die zwischen r, R, a stattfindende Bedingungsgleichung.

Da die Bedingungsgleichung $t = \frac{2hK}{n}$ von u gänzlich unabhängig ist, so folgt daraus, dass die Wahl des Anfangspunktes A von keinem Einfluss ist, wie Poncelet in dem zu Anfang angeführten Satze gezeigt hat. Übrigens kann man immer annehmen, dass h und n keinen Factor gemein haben, weil sonst das Vieleck in sich zurückkehrt.

So ist die in der Überschrift bezeichnete Aufgabe vollständig und in ihrer ganzen Allgemeinheit gelöst.

9.

Es sei $n = 2m$, also das Polygon von einer geraden Seitenzahl; dann sind A und $A^{(m)}$, A' und $A^{(m+1)}$, A'' und $A^{(m+2)}, \ldots A^{(m-1)}$ und $A^{(2m-1)}$ gegenüberstehende Ecken; und $AA^{(m)}$, $A'A^{(m+1)}$, $A''A^{(m+2)}, \ldots$ die diese verbindenden Diagonalen. Diese werden dem Obigen zufolge einen Kreis berühren, dessen Elemente durch die Gleichungen

$$a = \frac{R(1-\Delta\,\mathrm{am}\,mt)}{1+\Delta\,\mathrm{am}\,mt},\quad r = \frac{2R\cos\mathrm{am}\,mt}{1+\Delta\,\mathrm{am}\,mt}$$

gegeben sind. Aber da $t = \frac{2hK}{2m}$, wo h eine ungerade Zahl ist, so wird $mt = hK$, woraus $\operatorname{am} mt = \frac{h\pi}{2}$. Es wird daher $r = 0$, $a = R\frac{1-\sqrt{1-kk}}{1+\sqrt{1-kk}}$. Der Kreis reducirt sich daher auf einen Punkt, in welchem sich alle jene Diagonalen schneiden, und welcher für alle die unendlich vielen Vielecke, die sich nach einem verschiedenen Anfangspunkte A unter den gegebenen Bedingungen construiren lassen, derselbe bleibt, da seine Bestimmung, die in der Gleichung $a = R\frac{1-\sqrt{1-kk}}{1+\sqrt{1-kk}}$ enthalten ist, von u oder φ gänzlich frei ist. Dieser Punkt ist einer der beiden, welche für die Schaar Kreise, welche denselben Ort der gleichen Tangenten haben, eine Art Grenze bilden, und durch welche alle jene Kreise, welche diese Schaar Kreise rechtwinklig schneiden und ihren Mittelpunkt in der Linie der gleichen Tangenten haben, gehen müssen. S. die Abhandlung von Herrn Steiner im 1sten Bande des Crelleschen Journals S. 161 ff.

Dieser Satz findet sich bei Herrn Poncelet am angeführten Ort S. 364 auf das System zweier Kegelschnitte erweitert.

Es dürfte nicht ohne Interesse für die Theorie der elliptischen Functionen sein, ähnliche Betrachtungen unmittelbar für das System zweier Kegelschnitte anzustellen. Das Integral dürfte dann in einer complicirteren Form erscheinen, die sich jedoch auf jene einfachere reduciren lassen muss. Vielleicht nehme ich später Gelegenheit, hierauf wieder zurückzukommen.

Den 1. April 1828.

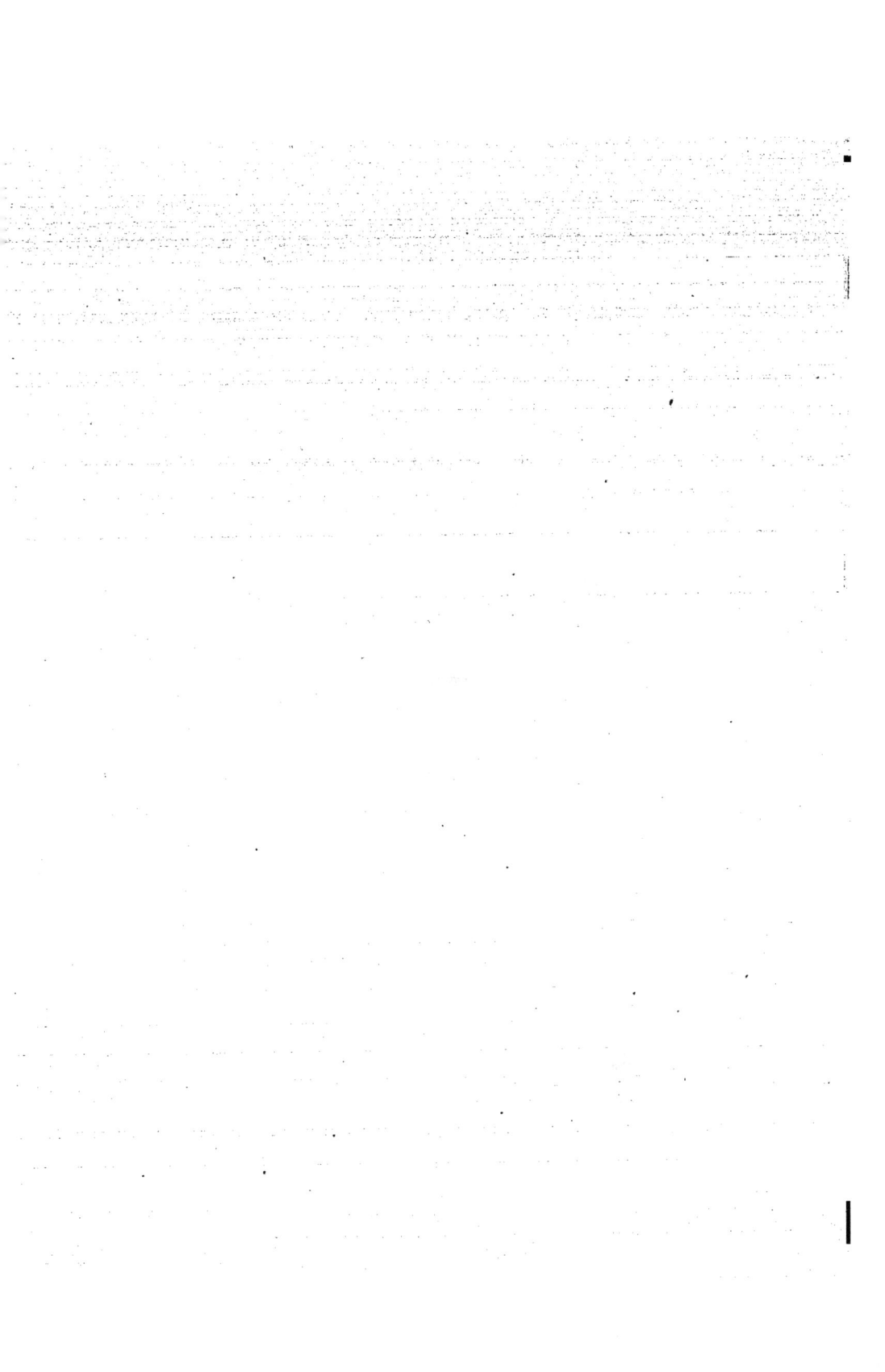

DE

FUNCTIONIBUS ELLIPTICIS

COMMENTATIO PRIMA ET ALTERA

AUCTORE

C. G. J. JACOBI

PROF. MATH. REGIOM.

Crelle Journal für die reine und angewandte Mathematik,
Bd. 4. p. 371—390, Bd. 6. p. 397—403.

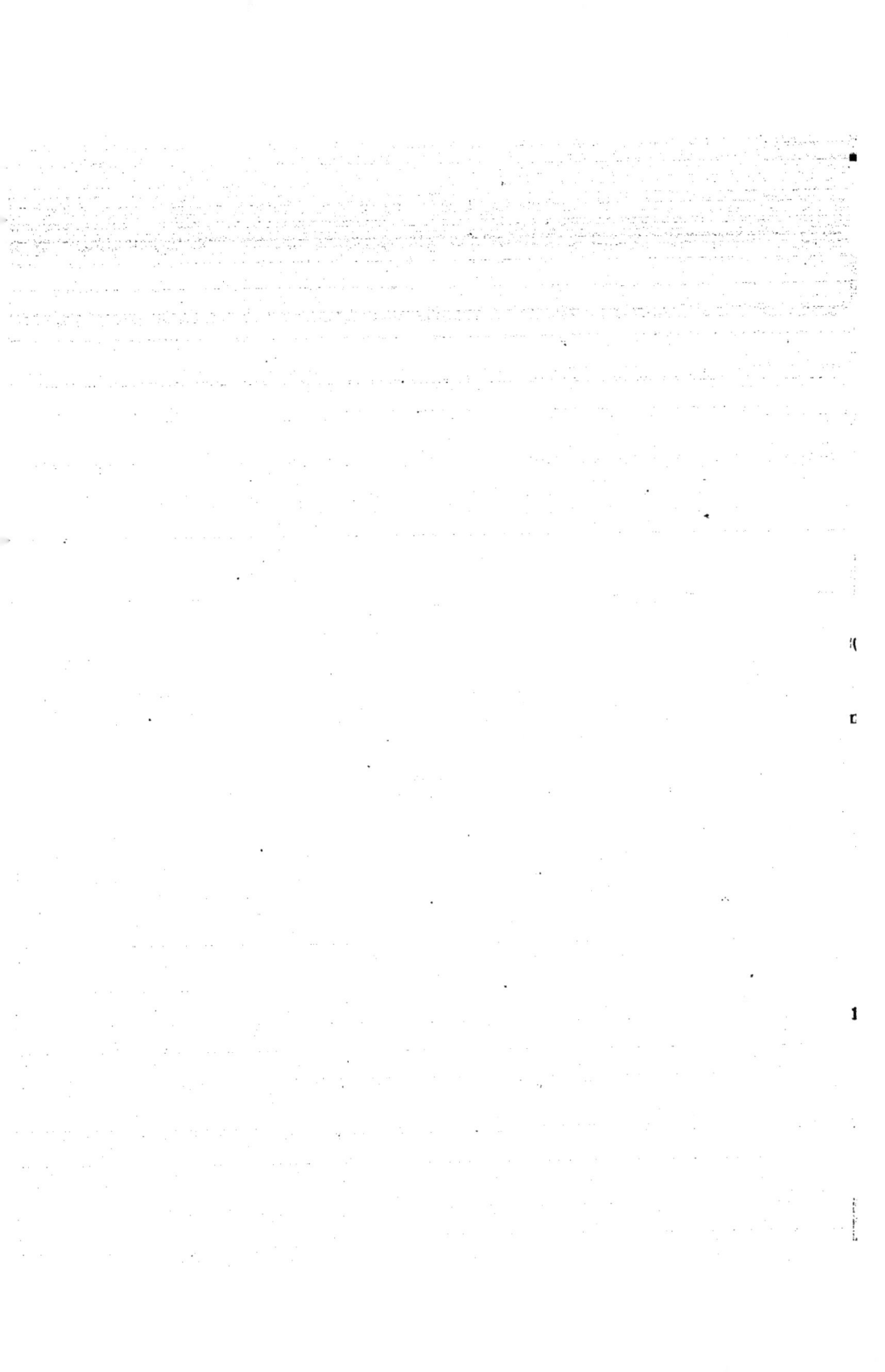

DE FUNCTIONIBUS ELLIPTICIS COMMENTATIO PRIMA *).

A. De transformatione functionum $E(u)$, $\Pi(u, a)$, quae ad speciem secundam et tertiam integralium ellipticorum pertinent. De transformatione functionis $\Omega(u)$.

1.

Iisdem, quas in *Fundamentis* proposui, adhibitis denominationibus, sit n numerus quilibet impar, sint m, m' numeri quilibet, per eundem ipsius n factorem uterque simul non divisibiles: demonstravi in *Fundamentis* theorema in theoria transformationis functionum ellipticarum fundamentale, posito $\omega = \frac{mK + m'iK'}{n}$,

$$\lambda = k^n \{\sin \operatorname{coam} 2\omega \sin \operatorname{coam} 4\omega \ldots \sin \operatorname{coam}(n-1)\omega\}^4,$$

$$M = (-1)^{\frac{n-1}{2}} \left\{ \frac{\sin \operatorname{coam} 2\omega \sin \operatorname{coam} 4\omega \ldots \sin \operatorname{coam}(n-1)\omega}{\sin \operatorname{am} 2\omega \sin \operatorname{am} 4\omega \ldots \sin \operatorname{am}(n-1)\omega} \right\}^2$$

atque insuper

$$x = \sin \operatorname{am} u, \quad y = \sin \operatorname{am}\left(\frac{u}{M}, \lambda\right)$$

fore

$$y = \frac{x}{M} \cdot \frac{\left(1 - \frac{x^2}{\sin^2 \operatorname{am} 2\omega}\right)\left(1 - \frac{x^2}{\sin^2 \operatorname{am} 4\omega}\right) \ldots \left(1 - \frac{x^2}{\sin^2 \operatorname{am}(n-1)\omega}\right)}{(1 - k^2 \sin^2 \operatorname{am} 2\omega \,.\, x^2)(1 - k^2 \sin^2 \operatorname{am} 4\omega \,.\, x^2) \ldots (1 - k^2 \sin^4 \operatorname{am}(n-1)\omega \,.\, x^2)}.$$

E qua deinde formula derivavimus (*Fund.* §. 23) aequationem identicam, quae valet, quaecunque sit x quantitas:

$$(1.) \quad x \Pi(x^2 - \sin^2 \operatorname{am} 2p\omega) - \frac{\lambda}{kM} \sin \operatorname{am}\left(\frac{u}{M}, \lambda\right) \Pi\left(x^2 - \frac{1}{k^2 \sin^2 \operatorname{am} 2p\omega}\right)$$
$$= [x - \sin \operatorname{am} u][x - \sin \operatorname{am}(u + 4\omega)] \ldots [x - \sin \operatorname{am}(u + 4(n-1)\omega)],$$

*) Prima haec commentatio seriem incipit commentationum, quae ut continuatio *Fundamentorum* spectari potest.

siquidem in productis praefixo Π designatis numero p tribuuntur valores $1, 2, 3, \ldots, \frac{n-1}{2}$.

Formula (1.), singulis elementi x dignitatibus in utraque aequationis parte inter se comparatis, suppeditat nobis summas combinationum expressionum

$$\sin\operatorname{am} u,\quad \sin\operatorname{am}(u+4\omega),\quad \sin\operatorname{am}(u+8\omega),\quad \ldots,\quad \sin\operatorname{am}(u+4(n-1)\omega).$$

Fit exempli gratia summa harum expressionum

$$= \frac{\lambda}{kM}\sin\operatorname{am}\left(\frac{u}{M}, \lambda\right);$$

summa *ambarum*

$$= -[\sin^2\operatorname{am} 2\omega + \sin^2\operatorname{am} 4\omega + \cdots + \sin^2\operatorname{am}(n-1)\omega],$$

quam quantitatem constantem designabimus per $-\rho$. Hinc etiam deducitur summa quadratorum

$$\sin^2\operatorname{am} u + \sin^2\operatorname{am}(u+4\omega) + \cdots + \sin^2\operatorname{am}(u+4(n-1)\omega) = \frac{\lambda^2}{k^2M^2}\sin^2\operatorname{am}\left(\frac{u}{M}, \lambda\right) + 2\rho,$$

sive

$$(2.)\qquad \frac{\lambda^2}{k^2M^2}\sin^2\operatorname{am}\left(\frac{u}{M}, \lambda\right) = \Sigma \sin^2\operatorname{am} u - 2\rho,$$

siquidem per $\Sigma\varphi(u)$ designamus expressionem

$$\Sigma\varphi(u) = \varphi(u) + \varphi(u+4\omega) + \varphi(u+8\omega) + \cdots + \varphi(u+4(n-1)\omega).$$

E (2.) sequitur etiam:

$$(3.)\qquad \frac{\lambda^2}{k^2M^2}\cos^2\operatorname{am}\left(\frac{u}{M}, \lambda\right) = \Sigma \cos^2\operatorname{am} u - 2\sigma,$$

$$(4.)\qquad \frac{1}{M^2}\Delta^2\operatorname{am}\left(\frac{u}{M}, \lambda\right) = \Sigma \Delta^2\operatorname{am} u + 2\tau,$$

siquidem

$$(5.)\qquad \frac{\lambda^2}{k^2M^2} = n - 2\rho - 2\sigma,$$

$$(6.)\qquad \frac{1}{M^2} = n - 2k^2\rho + 2\tau.$$

Expressio $\cos\operatorname{am}\left(\frac{u}{M}, \lambda\right)$ cum evanescat, posito $u = K$, obtinemus e (3.):

$$(7.)\qquad \sigma = \cos^2\operatorname{coam} 2\omega + \cos^2\operatorname{coam} 4\omega + \cdots + \cos^2\operatorname{coam}(n-1)\omega.$$

Expressio $\Delta\operatorname{am}\left(\frac{u}{M}, \lambda\right)$ cum evanescat, posito $u = K + iK'$, atque insuper sit:

$$\Delta \operatorname{am}(u+K+iK') = \Delta \operatorname{coam}(u+iK') = ik' \operatorname{tg} \operatorname{am} u$$

(v. ***Fund.*** §. 19), e (4.) obtinemus:

$$\tau = k'k'[\operatorname{tg}^2 \operatorname{am} 2\omega + \operatorname{tg}^2 \operatorname{am} 4\omega + \cdots + \operatorname{tg}^2 \operatorname{am}(n-1)\omega]. \tag{8.}$$

2.

Formulas (2.), (3.), (4.) etiam hunc in modum repraesentare licet:

$$\frac{\lambda^2}{k^2 M^2} \sin^2 \operatorname{am}\left(\frac{u}{M}, \lambda\right) = \sin^2 \operatorname{am} u + \Sigma[\sin^2 \operatorname{am}(u+2p\omega) + \sin^2 \operatorname{am}(u-2p\omega)] - 2\rho, \tag{9.}$$

$$\frac{\lambda^2}{k^2 M^2} \cos^2 \operatorname{am}\left(\frac{u}{M}, \lambda\right) = \cos^2 \operatorname{am} u + \Sigma[\cos^2 \operatorname{am}(u+2p\omega) + \cos^2 \operatorname{am}(u-2p\omega)] - 2\sigma, \tag{10.}$$

$$\frac{1}{M^2} \Delta^2 \operatorname{am}\left(\frac{u}{M}, \lambda\right) = \Delta^2 \operatorname{am} u + \Sigma[\Delta^2 \operatorname{am}(u+2p\omega) + \Delta^2 \operatorname{am}(u-2p\omega)] + 2\tau, \tag{11.}$$

semper tribuendo numero p valores $1, 2, 3, \ldots, \frac{n-1}{2}$.

Ponatur iam:

$$\int_0^u \Delta^2 \operatorname{am} u \, du = E(u),$$

qui paulo discrepat notationis modus ab eo, quem Cl. Legendre adhibuit, quo etiam in ***Fundamentis*** passim usi sumus. Posito enim $\varphi = \operatorname{am} u$, designat ille integralia elliptica, quae ad speciem secundam pertinent, per:

$$E(\varphi) = E(\operatorname{am} u) = \int_0^\varphi \Delta\varphi \, d\varphi = \int_0^u \Delta^2 \operatorname{am} u \, du,$$

ita ut nobis $E(u)$, quod illi $E(\operatorname{am} u)$. Porro per characterem E, argumento non adiecto, semper designabimus functionem:

$$E = E(K) = \int_0^{\frac{\pi}{2}} \Delta\varphi \, d\varphi,$$

quam ille per E^{I} denotat, eodemque modo per E' functionem:

$$E' = E(K', k') = \int_0^{\frac{\pi}{2}} \Delta(\varphi, k') \, d\varphi.$$

His stabilitis, fit:

$$\int_0^u [\Delta^2 \operatorname{am}(u+2p\omega) + \Delta^2 \operatorname{am}(u-2p\omega)] du = E(u+2p\omega) + E(u-2p\omega).$$

Constans non adiicienda erit, quia utraque aequationis pars, posito $u = 0$, evanescit*). Unde e (11.), integratione facta ab $u = 0$ usque ad $u = u$:

$$(12.)\qquad \frac{1}{M}E\left(\frac{u}{M}, \lambda\right) = E(u) + \Sigma[E(u+2p\omega) + E(u-2p\omega)] + 2\tau u.$$

Formulam (12.) transformare licet ope theorematis noti de additione integralium ellipticorum, quae ad speciem secundam pertinent:

$$E(u+a) + E(u-a) = 2E(u) - \frac{2k^2 \sin^2 \operatorname{am} a \sin \operatorname{am} u \cos \operatorname{am} u \,\Delta \operatorname{am} u}{1 - k^2 \sin^2 \operatorname{am} a \sin^2 \operatorname{am} u},$$

quod, differentiatione facta, facile ex elementis comprobatur (v. *Fund.* §. 49). Cuius ope (12.) in hanc abit:

$$(13.)\quad nE(u) - \frac{1}{M}E\left(\frac{u}{M}, \lambda\right) + 2\tau u = 2k^2 \sin \operatorname{am} u \cos \operatorname{am} u \,\Delta \operatorname{am} u \sum \frac{\sin^2 \operatorname{am} 2p\omega}{1 - k^2 \sin^2 \operatorname{am} 2p\omega \sin^2 \operatorname{am} u}.$$

Formulae (12.), (13.) concernunt transformationem integralium ellipticorum, quae ad speciem secundam pertinent. Easdem mox sub forma commodiore exhibebimus.

Ponamus:

$$\int_0^u E(u)\,du = \log \Omega(u),$$

cum sit:

$$\frac{2k^2 \sin \operatorname{am} u \cos \operatorname{am} u \,\Delta \operatorname{am} u \sin^2 \operatorname{am} 2p\omega}{1 - k^2 \sin^2 \operatorname{am} 2p\omega \sin^2 \operatorname{am} u} = -\frac{d \log(1 - k^2 \sin^2 \operatorname{am} 2p\omega \sin^2 \operatorname{am} u)}{du},$$

nanciscimur e (13.), iterum integratione facta ab $u = 0$ usque ad $u = u$:

$$n \log \Omega(u) - \log \Omega\left(\frac{u}{M}, \lambda\right) + \tau u u = -\Sigma \log(1 - k^2 \sin^2 \operatorname{am} 2p\omega \sin^2 \operatorname{am} u),$$

sive:

$$(14.)\qquad e^{-\tau u u} \cdot \frac{\Omega\left(\frac{u}{M}, \lambda\right)}{\Omega^n(u)} = \Pi(1 - k^2 \sin^2 \operatorname{am} 2p\omega \sin^2 \operatorname{am} u)$$

siquidem, ut supra, designatur per $\Pi\varphi(p)$ productum

$$\Pi\varphi(p) = \varphi(1)\varphi(2)\varphi(3)\ldots\varphi\left(\frac{n-1}{2}\right).$$

Posito $\sin \operatorname{am} u = x$, (14.) ita repraesentatur:

*) Fit enim generaliter $E(-u) = -E(u)$.

$$(15.)\quad e^{-\tau uu}\cdot\frac{\Omega\left(\frac{u}{M},\lambda\right)}{\Omega^n(u)} = (1-k^2\sin^2\mathrm{am}\,2\omega.xx)(1-k^2\sin^2\mathrm{am}\,4\omega.xx)\ldots(1-k^2\sin^2\mathrm{am}(n-1)\omega.xx).$$

Haec expressio denominatorem constituit substitutionis rationalis, quae ad transformationem functionum ellipticarum adhibita est (v. supra),

$$\sin\mathrm{am}\left(\frac{u}{M},\lambda\right) = \frac{\frac{x}{M}\left(1-\frac{xx}{\sin^2\mathrm{am}\,2\omega}\right)\left(1-\frac{xx}{\sin^2\mathrm{am}\,4\omega}\right)\cdots\left(1-\frac{xx}{\sin^2\mathrm{am}(n-1)\omega}\right)}{(1-k^2\sin^2\mathrm{am}\,2\omega.xx)(1-k^2\sin^2\mathrm{am}\,4\omega.xx)\ldots(1-k^2\sin^2\mathrm{am}(n-1)\omega.xx)};$$

quem igitur denominatorem ope transcendentis novae $\Omega(u)$ seorsim exprimere licet. Quod est gravissimum theorema et maximi usus in universa theoria functionum ellipticarum.

Sit substitutio illa, siquidem $x = \sin\mathrm{am}\,u$:

$$\sin\mathrm{am}\left(\frac{u}{M},\lambda\right) = \frac{x}{M}\cdot\frac{1+A'x^2+A''x^4+\cdots+A^{\left(\frac{n-1}{2}\right)}x^{n-1}}{1+B'x^2+B''x^4+\cdots+B^{\left(\frac{n-1}{2}\right)}x^{n-1}},$$

posito

$$1+A'x^2+A''x^4+\cdots+A^{\left(\frac{n-1}{2}\right)}x^{n-1} = \Pi\left(1-\frac{\sin^2\mathrm{am}\,u}{\sin^2\mathrm{am}\,2p\omega}\right)$$
$$= \left(1-\frac{\sin^2\mathrm{am}\,u}{\sin^2\mathrm{am}\,2\omega}\right)\left(1-\frac{\sin^2\mathrm{am}\,u}{\sin^2\mathrm{am}\,4\omega}\right)\cdots\left(1-\frac{\sin^2\mathrm{am}\,u}{\sin^2\mathrm{am}(n-1)\omega}\right),$$

$$1+B'x^2+B''x^4+\cdots+B^{\left(\frac{n-1}{2}\right)}x^{n-1} = \Pi(1-k^2\sin^2\mathrm{am}\,2p\omega\sin^2\mathrm{am}\,u)$$
$$= (1-k^2\sin^2\mathrm{am}\,2\omega\sin^2\mathrm{am}\,u)(1-k^2\sin^2\mathrm{am}\,4\omega\sin^2\mathrm{am}\,u)\cdots(1-k^2\sin^2\mathrm{am}(n-1)\omega\sin^2\mathrm{am}\,u),$$

erit:

$$(16.)\quad e^{-\tau uu}\cdot\frac{\Omega\left(\frac{u}{M},\lambda\right)}{\Omega^n(u)} = 1+B'\sin^2\mathrm{am}\,u+B''\sin^4\mathrm{am}\,u+\cdots+B^{\left(\frac{n-1}{2}\right)}\sin^{n-1}\mathrm{am}\,u.$$

Hinc sequitur, sumptis logarithmis et differentiatione instituta,

$$(17.)\quad nE(u)-\frac{1}{M}E\left(\frac{u}{M},\lambda\right)+2\tau u$$
$$= -\frac{\cos\mathrm{am}\,u\,\Delta\mathrm{am}\,u\,[2B'\sin\mathrm{am}\,u+4B''\sin^3\mathrm{am}\,u+\cdots+(n-1)B^{\left(\frac{n-1}{2}\right)}\sin^{n-2}\mathrm{am}\,u]}{1+B'\sin^2\mathrm{am}\,u+B''\sin^4\mathrm{am}\,u+\cdots+B^{\left(\frac{n-1}{2}\right)}\sin^{n-1}\mathrm{am}\,u}.$$

Quae docet formula elegantissima, quomodo ex ipso denominatore expressionis, pro functione transformata $\sin\mathrm{am}\left(\frac{u}{M},\lambda\right)$ inventae, continuo eruatur transformatio integralis elliptici, quod ad speciem secundam pertinet.

Valorem constantis τ eruis e (17.), ponendo u infinite parvum, quo facto $E(u) = u$, $\sin\operatorname{am} u = u$, $\cos\operatorname{am} u = \Delta\operatorname{am} u = 1$; unde fit:

$$n - \frac{1}{MM} + 2\tau = -2B',$$

id quod, cum sit $B' = -k^2\rho$, cum formula (6.) convenit.

Adnotemus adhuc, ubi a formula (12.) proficisceris, integratione facta obtineri:

$$(18.) \qquad \Omega\left(\frac{u}{M}, \lambda\right) = e^{\tau uu} \cdot \left\{ \begin{array}{l} \Omega(u) \dfrac{\Omega(u+2\omega)\Omega(u+4\omega)\ldots\Omega(u+(n-1)\omega)}{\Omega(2\omega)\Omega(4\omega)\ldots\Omega((n-1)\omega)} \\ \times \dfrac{\Omega(u-2\omega)\Omega(u-4\omega)\ldots\Omega(u-(n-1)\omega)}{\Omega(2\omega)\Omega(4\omega)\ldots\Omega((n-1)\omega)} \end{array} \right\}.$$

3.

Ponamus brevitatis causa, siquidem $x = \sin\operatorname{am} u$,

$$U = \frac{x}{M}\left(1 + A'x^2 + A''x^4 + \cdots + A^{\left(\frac{n-1}{2}\right)} x^{n-1}\right),$$

$$V = \quad 1 + B'x^2 + B''x^4 + \cdots + B^{\left(\frac{n-1}{2}\right)} x^{n-1},$$

ita ut:

$$\sin\operatorname{am}\left(\frac{u}{M}, \lambda\right) = \frac{U}{V}.$$

Fit (17.):

$$nE(u) - \frac{1}{M} E\left(\frac{u}{M}, \lambda\right) + 2\tau u = -\frac{dV}{Vdu},$$

unde, differentiatione facta,

$$n\Delta^2\operatorname{am} u - \frac{1}{M^2}\Delta^2\operatorname{am}\left(\frac{u}{M}, \lambda\right) + 2\tau = \frac{dVdV - Vd^2V}{VVdu^2},$$

quae formula, advocata (6.):

$$\frac{1}{M^2} = n - 2k^2\rho + 2\tau,$$

in hanc abit:

$$(19.) \qquad -nk^2\sin^2\operatorname{am} u + \frac{\lambda^2}{M^2}\sin^2\operatorname{am}\left(\frac{u}{M}, \lambda\right) + 2k^2\rho = \frac{dVdV - Vd^2V}{VVdu^2},$$

sive, multiplicatione facta per VV, in hanc:

$$k^2(2\rho - n\sin^2\operatorname{am} u)VV + \frac{\lambda^2}{M^2}UU = \frac{dV}{du}\frac{dV}{du} - V\frac{d^2V}{du^2}.$$

Porro vidimus in *Fundamentis* §. 21, posito $u+iK'$ loco u, sive $\frac{1}{k\sin\operatorname{am}u}$ loco $\sin\operatorname{am}u$, abire

$$V \text{ in } \sqrt{\frac{\lambda}{k^n}}\cdot\frac{U}{\sin^n\operatorname{am}u},\quad \sin\operatorname{am}\left(\frac{u}{M},\lambda\right) \text{ in } \frac{1}{\lambda\sin\operatorname{am}\left(\frac{u}{M},\lambda\right)},$$

unde expressio:

$$\frac{dVdV-Vd^2V}{VVdu^2} = -\frac{d^2\log V}{du^2}$$

abit in:

$$\frac{nd^2\log\sin\operatorname{am}u}{du^2}-\frac{d^2\log U}{du^2} = n\left\{k^2\sin^2\operatorname{am}u-\frac{1}{\sin^2\operatorname{am}u}\right\}-\frac{d^2\log U}{du^2}\,{}^{*)},$$

ideoque (19.) in:

$$-nk^2\sin^2\operatorname{am}u+\frac{1}{M^2\sin^2\operatorname{am}\left(\frac{u}{M},\lambda\right)}+2k^2\rho = \frac{dUdU-Ud^2U}{UUdu^2},$$

unde, multiplicatione facta per UU, fit:

$$k^2(2\rho-n\sin^2\operatorname{am}u)UU+\frac{1}{M^2}VV = \frac{dU}{du}\frac{dU}{du}-U\frac{d^2U}{du^2}.$$

Formulis inventis:

$$(20.)\qquad k^2(2\rho-n\sin^2\operatorname{am}u)VV+\frac{\lambda^2}{M^2}UU = \frac{dV}{du}\frac{dV}{du}-V\frac{d^2V}{du^2},$$

$$(21.)\qquad k^2(2\rho-n\sin^2\operatorname{am}u)UU+\frac{1}{M^2}VV = \frac{dU}{du}\frac{dU}{du}-U\frac{d^2U}{du^2}$$

adiungi debet haec:

$$(22.)\qquad V\frac{dU}{du}-U\frac{dV}{du} = \frac{1}{M}\sqrt{(VV-UU)(VV-\lambda^2UU)},$$

quae e differentiatione aequationis $\sin\operatorname{am}\left(\frac{u}{M},\lambda\right)=\frac{U}{V}$ prodit; cuius ope e (20.), (21.) quantitatum U, V alterutram eliminare licet; quo facto pervenietur ad aequationem differentialem tertii ordinis. Quod sane est theorema memorabile, satis reconditum, numeratorem et denominatorem substitutionis U, V singulos definiri posse per aequationem differentialem tertii ordinis.

Ipsas aequationes differentiales tertii ordinis prolixitatis causa non

---

*) v. *Fund.* §. 42 (1.).

apponam; omnibus casibus commodius videbitur, aequationibus (20.)—(22.), quae earum locum tenent, iunctis uti. Quarum usum insignem ad formationem algebraicam functionum U, V, sive ipsius, quae ad transformationem ducit, substitutionis alio loco fusius demonstrabo. Hoc loco tantum adnotemus adhuc verificationem formularum (20.), (21.) sequentem.

Divisa enim (20.) per VV, (21.) per UU, prodit:

$$k^2(2\rho - n\sin^2 \operatorname{am} u) + \frac{\lambda^2}{M^2}\sin^2 \operatorname{am}\left(\frac{u}{M}, \lambda\right) = -\frac{d^2 \log V}{du^2},$$

$$k^2(2\rho - n\sin^2 \operatorname{am} u) + \frac{1}{M^2\sin^2 \operatorname{am}\left(\frac{u}{M}, \lambda\right)} = -\frac{d^2 \log U}{du^2},$$

unde, subtractione facta:

$$\frac{1}{M^2}\left\{\lambda^2 \sin^2 \operatorname{am}\left(\frac{u}{M}, \lambda\right) - \frac{1}{\sin^2 \operatorname{am}\left(\frac{u}{M}, \lambda\right)}\right\} = \frac{d^2 \log \sin \operatorname{am}\left(\frac{u}{M}, \lambda\right)}{du^2},$$

quae statim prodit e formula:

$$\frac{d^2 \log \sin \operatorname{am} u}{du^2} = k^2 \sin^2 \operatorname{am} u - \frac{1}{\sin^2 \operatorname{am} u},$$

posito $\frac{u}{M}$ loco u et λ loco k.

Integrale completum aequationum differentialium tertii ordinis, quibus functiones U, V definiuntur, in promptu esse non videtur.

4.

Integrata formula supra allegata §. 2.:

$$(23.)\qquad E(u+a) + E(u-a) = 2E(u) - \frac{2k^2 \sin^2 \operatorname{am} a \sin \operatorname{am} u \cos \operatorname{am} u \,\Delta \operatorname{am} u}{1 - k^2 \sin^2 \operatorname{am} a \sin^2 \operatorname{am} u}$$

inde a $u = 0$ usque ad $u = u$, obtinemus:

$$\log \frac{\Omega(u+a)}{\Omega(a)} + \log \frac{\Omega(u-a)}{\Omega(a)} = 2 \log \Omega(u) + \log(1 - k^2 \sin^2 \operatorname{am} a \sin^2 \operatorname{am} u),$$

unde prodit formula in analysi functionis Ω fundamentalis:

$$(24.)\qquad \frac{\Omega(u+a)\Omega(u-a)}{\Omega^2(a)\Omega^2(u)} = 1 - k^2 \sin^2 \operatorname{am} a \sin^2 \operatorname{am} u.$$

E formula (23.), a et u inter se commutatis, fit:

(25.) $$E(u+a)-E(u-a) = 2E(a)-\frac{2k^2 \sin \operatorname{am} a \cos \operatorname{am} a \,\Delta \operatorname{am} a \sin^2 \operatorname{am} u}{1-k^2 \sin^2 \operatorname{am} a \sin^2 \operatorname{am} u},$$

qua integrata inde a $u = 0$, obtinemus:

$$\log\frac{\Omega(u+a)}{\Omega(u-a)}-2uE(a) = -2k^2 \sin \operatorname{am} a \cos \operatorname{am} a \,\Delta \operatorname{am} a \int_0^u \frac{\sin^2 \operatorname{am} u \, du}{1-k^2 \sin^2 \operatorname{am} a \sin^2 \operatorname{am} u}.$$

Designavi in *Fundamentis* per characterem $\Pi(u, a)$ integrale, quod secundum eam, quam Cl. Legendre instituit, distributionem integralium ellipticorum in classes, ad speciem tertiam pertinet,

$$\Pi(u, a) = k^2 \sin \operatorname{am} a \cos \operatorname{am} a \,\Delta \operatorname{am} a \int_0^u \frac{\sin^2 \operatorname{am} u \, du}{1-k^2 \sin^2 \operatorname{am} a \sin^2 \operatorname{am} u},$$

qua adhibita denotatione, fit:

(26.) $$\Pi(u, a) = uE(a)+\tfrac{1}{2}\log\frac{\Omega(u-a)}{\Omega(u+a)}.$$

Quae est formula fundamentalis pro reductione integralium ellipticorum, quae ad speciem tertiam pertinent, ad functiones $E(u)$, $\Omega(u)$. Cf. *Fund.* §§. 49. sqq.

Ope formulae (26.) e formulis pro transformatione functionum $E(u)$, $\Omega(u)$ inventis, extemplo nanciscimur eas, quae transformationem integralium ellipticorum tertiae speciei sive functionis Π concernunt. Fit enim e (26.), posito $\frac{u}{M}$, $\frac{a}{M}$, λ loco u, a, k:

(27.) $$\Pi\left(\frac{u}{M}, \frac{a}{M}, \lambda\right) = \frac{u}{M}E\left(\frac{a}{M}, \lambda\right)+\tfrac{1}{2}\log\frac{\Omega\left(\frac{u-a}{M}, \lambda\right)}{\Omega\left(\frac{u+a}{M}, \lambda\right)},$$

de qua formula subtrahamus sequentem:

$$n\Pi(u, a) = nuE(a)+\frac{n}{2}\log\frac{\Omega(u-a)}{\Omega(u+a)},$$

prodit:

(28.) $$\Pi\left(\frac{u}{M}, \frac{a}{M}, \lambda\right)-n\Pi(u, a)$$

$$= u\left\{\frac{1}{M}E\left(\frac{a}{M}, \lambda\right)-nE(a)\right\}+\tfrac{1}{2}\log\frac{\Omega\left(\frac{u-a}{M}, \lambda\right)}{\Omega^n(u-a)}-\tfrac{1}{2}\log\frac{\Omega\left(\frac{u+a}{M}, \lambda\right)}{\Omega^n(u+a)},$$

quae formula ope (16.), (17.) in sequentem abit:

(29.) $$\Pi\left(\frac{u}{M}, \frac{a}{M}, \lambda\right) - n\Pi(u, a)$$

$$= \left\{\frac{\cos\operatorname{am} a\,\Delta\operatorname{am} a\,[2B'\sin\operatorname{am} a + 4B''\sin^3\operatorname{am} a + \cdots + (n-1)B^{\left(\frac{n-1}{2}\right)}\sin^{n-2}\operatorname{am} a]}{1 + B'\sin^2\operatorname{am} a + B''\sin^4\operatorname{am} a + \cdots + B^{\left(\frac{n-1}{2}\right)}\sin^{n-1}\operatorname{am} a}\right\} u$$

$$+ \tfrac{1}{2}\log\frac{1 + B'\sin^2\operatorname{am}(u-a) + B''\sin^4\operatorname{am}(u-a) + \cdots + B^{\left(\frac{n-1}{2}\right)}\sin^{n-1}\operatorname{am}(u-a)}{1 + B'\sin^2\operatorname{am}(u+a) + B''\sin^4\operatorname{am}(u+a) + \cdots + B^{\left(\frac{n-1}{2}\right)}\sin^{n-1}\operatorname{am}(u+a)},$$

quae formula fundamentalis docet, quomodo ex ipso denominatore substitutionis confestim eruatur transformatio integralium ellipticorum, quae ad speciem tertiam pertinent.

Eandem aliter exhibere licet per formulas (12.), (18.), quarum ope fit e (27.):

$$\Pi\left(\frac{u}{M}, \frac{a}{M}, \lambda\right) - \frac{u}{M}E\left(\frac{a}{M}, \lambda\right) + 2\tau a u$$

$$= \tfrac{1}{2}\log\frac{\Omega(u-a)}{\Omega(u+a)} + \Sigma\left\{\tfrac{1}{2}\log\frac{\Omega(u+2p\omega-a)}{\Omega(u+2p\omega+a)} + \tfrac{1}{2}\log\frac{\Omega(u-2p\omega-a)}{\Omega(u-2p\omega+a)}\right\}$$

$$= \tfrac{1}{2}\log\frac{\Omega(u-a)}{\Omega(u+a)} + \Sigma\left\{\tfrac{1}{2}\log\frac{\Omega(u-a+2p\omega)}{\Omega(u+a-2p\omega)} + \tfrac{1}{2}\log\frac{\Omega(u-a-2p\omega)}{\Omega(u+a+2p\omega)}\right\},$$

unde sequentes duas deducimus formulas:

(30.) $$\Pi\left(\frac{u}{M}, \frac{a}{M}, \lambda\right) + u\left\{nE(a) - \frac{1}{M}E\left(\frac{a}{M}, \lambda\right) + 2\tau a\right\}$$
$$= \Pi(u, a) + \Pi(u+2\omega, a) + \Pi(u+4\omega, a) + \cdots + \Pi(u+(n-1)\omega, a)$$
$$+ \Pi(u-2\omega, a) + \Pi(u-4\omega, a) + \cdots + \Pi(u-(n-1)\omega, a),$$

(31.) $$\Pi\left(\frac{u}{M}, \frac{a}{M}, \lambda\right) = \Pi(u, a) + \Pi(u, a+2\omega) + \Pi(u, a+4\omega) + \cdots + \Pi(u, a+(n-1)\omega)$$
$$+ \Pi(u, a-2\omega) + \Pi(u, a-4\omega) + \cdots + \Pi(u, a-(n-1)\omega);$$

quae et ipsae sunt formulae novae fundamentales. Dedimus in *Fund.* §. 55. (7.) formulam:

$$\Pi(u, a+b) + \Pi(u, a-b) - 2\Pi(u, a)$$

$$= -2k^2\sin\operatorname{am} a\cos\operatorname{am} a\,\Delta\operatorname{am} a\,\frac{\sin^2\operatorname{am} b}{1 - k^2\sin^2\operatorname{am} b\sin^2\operatorname{am} a}\cdot u + \tfrac{1}{2}\log\frac{1 - k^2\sin^2\operatorname{am} b\sin^2\operatorname{am}(u-a)}{1 - k^2\sin^2\operatorname{am} b\sin^2\operatorname{am}(u+a)},$$

cuius ope fit e (31.):

(32.) $$\Pi\left(\frac{u}{M}, \frac{a}{M}, \lambda\right) - n\Pi(u, a)$$

$$= -2k^2\sin\operatorname{am} a\cos\operatorname{am} a\,\Delta\operatorname{am} a\,\Sigma\frac{\sin^2\operatorname{am} 2p\omega}{1 - k^2\sin^2\operatorname{am} 2p\omega\sin^2\operatorname{am} a}\cdot u + \Sigma\tfrac{1}{2}\log\frac{1 - k^2\sin^2\operatorname{am} 2p\omega\sin^2\operatorname{am}(u-a)}{1 - k^2\sin^2\operatorname{am} 2p\omega\sin^2\operatorname{am}(u+a)},$$

siquidem numero p valores tribuis $1, 2, 3, \ldots, \frac{n-1}{2}$. Quae facile etiam e (29.) sequitur formula.

B. De functionibus simpliciter periodicis $\chi(u) = e^{ruu}\Omega(u)$ earumque singularibus proprietatibus.

5.

Accuratius examinemus functionem nostram $\Omega(u)$, eiusque primum reductionem pro argumento imaginario formae iu ad argumentum reale tradamus.

Posito $\sin\varphi = i\operatorname{tg}\psi$, fit:

$$\frac{d\varphi}{\Delta\varphi} = \frac{i d\psi}{\Delta(\psi, k')},$$
$$\Delta\varphi\, d\varphi = \frac{i\Delta(\psi, k')d\psi}{\cos^2\psi},$$

unde, integratione facta:

$$\int_0^{\varphi} \Delta\varphi\, d\varphi = i\left\{\operatorname{tg}\psi\, \Delta(\psi, k') + \int_0^{\psi} \frac{k'k'\sin^2\psi}{\Delta(\psi, k')}\, d\psi\right\}.$$

Haec formula, posito:

$$\varphi = \operatorname{am}(iu, k), \quad \text{unde} \quad \psi = \operatorname{am}(u, k'),$$

e notatione nostra ita repraesentatur:

(1.) $$E(iu) = i[\operatorname{tg}\operatorname{am}(u, k')\,\Delta\operatorname{am}(u, k') + u - E(u, k')],$$

unde, integratione facta:

$$\log\Omega(iu) = \log\cos\operatorname{am}(u, k') - \frac{uu}{2} + \log\Omega(u, k'),$$

sive:

(2.) $$\Omega(iu) = e^{-\frac{uu}{2}}\cos\operatorname{am}(u, k')\,\Omega(u, k').$$

Cf. *Fund.* §. 56. (1.), (2.).

6.

His praemissis, quaeramus iam, quasnam subeat mutationes functio $\Omega(u)$, dum functiones ellipticae immutatae manent, i. e. dum argumentum u mutatur in $u + 4mK + 4m'iK'$, designantibus m, m' numeros positivos sive negativos.

Nota est ex elementis formula:

(3.) $$E(u + 2mK) = E(u) + 2mE,$$

siquidem per simplicem litteram E, argumento non addito, designamus functionem integram $E(K)$, quam Cl. Legendre designat per E^{I}; plagula apposita, per characterem E' designabimus functionem integram, quae ad complementum moduli pertinet, sive functionem $E' = E(K', k')$, sicuti initio indicavimus. Integrata (3.), obtinemus:

$$\log \frac{\Omega(u+2mK)}{\Omega(2mK)} = 2mE.u + \log \Omega(u),$$

sive:

$$\frac{\Omega(u+2mK)}{\Omega(2mK)} = e^{2mE.u}\,\Omega(u). \tag{4.}$$

Posito in hac formula $u = -2mK$, cum sit $\Omega(-u) = \Omega(u)$, $\Omega(0) = 1$, prodit:

$$\Omega(2mK) = e^{2mmEK},$$

cuius ope (4.) abit in:

$$\Omega(u+2mK) = e^{2mE.(u+mK)}\,\Omega(u), \tag{5.}$$

sive in:

$$e^{-\frac{E}{2K}(u+2mK)^2}\,\Omega(u+2mK) = e^{-\frac{Euu}{2K}}\,\Omega(u), \tag{6.}$$

quae docet formula, functionem

$$e^{-\frac{Euu}{2K}}\,\Omega(u),$$

mutato u in $u+2mK$, immutatam manere ideoque cum functionibus ellipticis argumenti u periodum realem communem habere.

Ponatur in formula (2.) $u+2m'K'$ loco u, fit:

$$\Omega(iu+2m'iK') = (-1)^{m'} e^{-\frac{(u+2m'K')^2}{2}} \cos\operatorname{am}(u,k')\,\Omega(u+2m'K', k'),$$

unde, cum sit e (6.):

$$e^{-\frac{E'}{2K'}(u+2m'K')^2}\,\Omega(u+2m'K', k') = e^{-\frac{E'uu}{2K'}}\,\Omega(u,k'),$$

obtinemus:

$$e^{-\frac{E'}{2K'}(u+2m'K')^2}\,\Omega(iu+2m'iK') = (-1)^{m'} e^{-\frac{(u+2m'K')^2}{2}} \cos\operatorname{am}(u,k')\, e^{-\frac{E'uu}{2K'}}\,\Omega(u,k'),$$

sive:

$$e^{\frac{K'-E'}{2K'}(u+2m'K')^2}\,\Omega(iu+2m'iK') = (-1)^{m'} e^{-\frac{E'uu}{2K'}} \cos\operatorname{am}(u,k')\,\Omega(u,k')$$

$$= (-1)^{m'} e^{\frac{(K'-E')uu}{2K'}}\,\Omega(iu),$$

unde, posito $-iu$ loco u, sive u loco iu:

$$(7.)\qquad e^{-\frac{K'-E'}{2K'}(u+2m'iK')^2}\Omega(u+2m'iK') = (-1)^{m'}e^{-\frac{K'-E'}{2K'}uu}\Omega(u),$$

quae docet formula, expressionem

$$e^{-\frac{(K'-E')uu}{2K'}}\Omega(u),$$

mutato u in $u+4m'iK'$, immutatam manere, sive cum functionibus ellipticis argumenti u alteram periodum imaginariam communem habere.

Adnotare convenit, e formula nota, a Cl. Legendre inventa,

$$KE'+K'E-KK' = \frac{\pi}{2}$$

sive:

$$\frac{E}{K}+\frac{E'}{K'}-1 = \frac{\pi}{2KK'}$$

sequi:

$$-\frac{K'-E'}{2K'} = \frac{\pi}{4KK'}-\frac{E}{2K},$$

unde formulam (7.) etiam hunc in modum repraesentare licet:

$$(8.)\qquad e^{\left(\frac{\pi}{4KK'}-\frac{E}{2K}\right)(u+2m'iK')^2}\Omega(u+2m'iK') = (-1)^{m'}e^{\left(\frac{\pi}{4KK'}-\frac{E}{2K}\right)uu}\Omega(u).$$

Mutato in hac formula u in $u+2mK$, prodit e (6.):

$$e^{\left(\frac{\pi}{4KK'}-\frac{E}{2K}\right)(u+2mK+2m'iK')^2}\Omega(u+2mK+2m'iK') = (-1)^{m'}e^{\frac{\pi}{4KK'}(u+2mK)^2}e^{-\frac{Euu}{2K}}\Omega(u).$$

Fit autem:

$$\frac{\pi}{4KK'}[(u+2mK+2m'iK')^2-(u+2mK)^2]$$
$$= \frac{m'i\pi}{4K}[4u+4mK+4m'iK']+mm'i\pi$$
$$= \frac{m'i\pi}{4K(mK+m'iK')}[(u+2mK+2m'iK')^2-uu]+mm'i\pi.$$

Hinc ubi adnotamus, esse $e^{mm'i\pi} = (-1)^{mm'}$, atque brevitatis causa ponimus:

$$r = \frac{m'i\pi}{4K(mK+m'iK')}-\frac{E}{2K},$$

obtinemus formulam:

$$(9.)\qquad e^{r(u+2mK+2m'iK')^2}\Omega(u+2mK+2m'iK') = (-1)^{m'(m+1)}e^{ruu}\Omega(u),$$

quae docet formula, expressionem

$$e^{\left(\frac{m'i\pi}{4K(mK+m'iK')}-\frac{E}{2K}\right)uu}\Omega(u) = e^{ruu}\Omega(u),$$

mutato u in $u+4mK+4m'iK'$, immutatam manere, unde et ipsa cum functionibus ellipticis argumenti u periodum communem habet.

Adnotare convenit, valorem ipsius r non mutari, ubi loco m, m' ponitur pm, pm'.

Formula (9.) etiam hunc in modum repraesentari potest:

$$(10.)\qquad \Omega(u+2mK+2m'iK') = (-1)^{m'(m+1)}e^{-4r(mK+m'iK')(u+mK+m'iK')}\Omega(u)$$
$$= (-1)^{m'(m+1)}e^{\frac{2E(mK+m'iK')-m'i\pi}{K}(u+mK+m'iK')}\Omega(u),$$

quae docet formula generalis, quasnam functio $\Omega(u)$ mutationes patitur, dum functiones ellipticae immutatae manent. Posito $u=0$, obtinemus e (10.):

$$(11.)\qquad \Omega(2mK+2m'iK') = (-1)^{m'}e^{\frac{2E}{K}(mK+m'iK')^2+m'm'\pi\frac{K'}{K}}.$$

Sumptis logarithmis et differentiatione instituta, e (10.) obtinemus:

$$(12.)\qquad E(u+2mK+2m'iK') = E(u)+\frac{2E(mK+m'iK')}{K}-\frac{m'i\pi}{K}$$
$$= E(u)+2mE+2m'i(K'-E'),$$

unde, posito $u=0$,

$$(13.)\qquad E(2mK+2m'iK') = 2mE+2m'i(K'-E').$$

7.

Ponamus in sequentibus:

$$\chi(u) = e^{ruu}\Omega(u),$$

erit e (9.), posito $2m$, $2m'$ loco m, m':

$$\chi(u+4mK+4m'iK') = \chi(u),$$

ita ut $\chi(u)$ sit functio periodica. Iam igitur pro innumeris valoribus, quos r induere potest, dum numeris m, m' alios et alios tribuis valores, innumeras nacti sumus functiones periodicas $\chi(u)$, quae singulae cum functionibus ellipticis unam periodum communem habent. Et vice versa, quamcunque ex innumeris periodis, quas functiones ellipticae habent, eligere placet, quantitatem r ita semper determinare licet, ut functio:

$$\chi(u) = e^{ruu}\Omega(u)$$

eadem gaudeat periodo. E variis functionibus illis periodicis $\chi(u)$ in *Fundamentis* eam elegimus, quae cum functionibus ellipticis periodum realem communem habet, pro qua $m' = 0$ ideoque $r = -\frac{E}{2K}$. Quam functionem ibidem designavimus per characterem particularem Θ, ita ut:

$$\frac{\Theta(u)}{\Theta(0)} = e^{-\frac{Euu}{2K}}\Omega(u),$$

omniaque, quae loco citato de functione Θ proposita sunt, vel nulla vel levi mutatione facta, ad functionem generaliorem $\chi(u)$ extenduntur.

E formulis supra exhibitis:

$$\frac{\Omega(u+a)\Omega(u-a)}{\Omega^2(a)\Omega^2(u)} = 1-k^2\sin^2\operatorname{am} a\sin^2\operatorname{am} u,$$

$$\Pi(u,a) = \frac{u}{\Omega(a)}\cdot\frac{d\Omega(a)}{da}+\tfrac{1}{2}\log\frac{\Omega(u-a)}{\Omega(u+a)},$$

sequitur etiam, posito:

$$\chi(u) = e^{ruu}\Omega(u),$$

quaecunque sit r constans:

$$\text{(14.)}\qquad \frac{\chi(u+a)\chi(u-a)}{\chi^2(a)\chi^2(u)} = 1-k^2\sin^2\operatorname{am} a\sin^2\operatorname{am} u,$$

$$\text{(15.)}\qquad \Pi(u,a) = \frac{u}{\chi(a)}\cdot\frac{d\chi(a)}{da}+\tfrac{1}{2}\log\frac{\chi(u-a)}{\chi(u+a)}.$$

8.

Ponamus, ut supra:

$$mK+m'iK' = n\omega,$$

designante n numerum imparem, m, m' numeros quoslibet positivos seu negativos eiusmodi, ut numeri m, m', n per eundem non divisibiles sint numerum; ex antecedentibus fit:

$$\chi(u+4n\omega) = \chi(u).$$

Formemus iam productum

$$\frac{\chi(u)\chi(u+4\omega)\chi(u+8\omega)\ldots\chi(u+4(n-1)\omega)}{\chi^2(4\omega)\chi^2(8\omega)\ldots\chi^2(2(n-1)\omega)} = \psi(u),$$

patet, posito $u+4\omega$ loco u, quemlibet factorem in subsequentem abire, ultimum vero in primum; unde, cum productum ex omnibus conflatum nil mutetur, fit:

$$\psi(u+4\omega) = \psi(u),$$

ideoque etiam, designante p numerum quemlibet positivum seu negativum:

$$\psi(u+4p\omega) = \psi(u).$$

Jam cum generaliter sit:

$$\chi(u+4(n-p)\omega) = \chi(u-4p\omega),$$

fit e (14.):

$$\frac{\chi(u+4\omega)\,\chi(u+4(n-1)\omega)}{\chi^2(4\omega)} = (1-k^2\sin^2\operatorname{am}4\omega\sin^2\operatorname{am}u)\chi^2(u),$$

$$\frac{\chi(u+8\omega)\,\chi(u+4(n-2)\omega)}{\chi^2(8\omega)} = (1-k^2\sin^2\operatorname{am}8\omega\sin^2\operatorname{am}u)\chi^2(u),$$

$$\cdots\cdots\cdots\cdots\cdots\cdots\cdots\cdots\cdots$$

unde productum $\psi(u)$ etiam hunc in modum exhibere licet:

$$(16.)\quad \psi(u) = \chi^n(u)[1+B'\sin^2\operatorname{am}u+B''\sin^4\operatorname{am}u+\cdots+B^{\left(\frac{n-1}{2}\right)}\sin^{n-1}\operatorname{am}u],$$

siquidem, ut supra, ponis denominatorem substitutionis:

$$(1-k^2\sin^2\operatorname{am}4\omega\sin^2\operatorname{am}u)\dots(1-k^2\sin^2\operatorname{am}2(n-1)\omega\sin^2\operatorname{am}u)$$
$$= 1+B'\sin^2\operatorname{am}u+B''\sin^4\operatorname{am}u+\cdots+B^{\left(\frac{n-1}{2}\right)}\sin^{n-1}\operatorname{am}u.$$

Iam cum sit $\psi(u+4p\omega) = \psi(u)$, fluit e (16.) formula fundamentalis maximi momenti,

$$(17.)\quad \frac{\chi(u+4p\omega)}{\chi(u)}$$
$$= \sqrt[n]{\frac{1+B'\sin^2\operatorname{am}u+B''\sin^4\operatorname{am}u+\cdots+B^{\left(\frac{n-1}{2}\right)}\sin^{n-1}\operatorname{am}u}{1+B'\sin^2\operatorname{am}(u+4p\omega)+B''\sin^4\operatorname{am}(u+4p\omega)+\cdots+B^{\left(\frac{n-1}{2}\right)}\sin^{n-1}\operatorname{am}(u+4p\omega)}}.$$

Posito $u=0$, fit e (17.):

$$(18.)\quad \chi(4p\omega) = \frac{1}{\sqrt[n]{1+B'\sin^2\operatorname{am}4p\omega+B''\sin^4\operatorname{am}4p\omega+\cdots+B^{\left(\frac{n-1}{2}\right)}\sin^{n-1}\operatorname{am}4p\omega}}.$$

9.

Posito $\sin\operatorname{am}u = x$, cum sit:

$$\sin\operatorname{am}(u\pm a) = \frac{x\cos\operatorname{am}a\,\Delta\operatorname{am}a\pm\sqrt{(1-xx)(1-k^2xx)}\sin\operatorname{am}a}{1-k^2\sin^2\operatorname{am}a.xx},$$

videmus, expressionem

$$\frac{1+B'\sin^2\operatorname{am}(u\pm 4p\omega)+B''\sin^4\operatorname{am}(u\pm 4p\omega)+\cdots+B^{\left(\frac{n-1}{2}\right)}\sin^{n-1}\operatorname{am}(u\pm 4p\omega)}{1+B'\sin^2\operatorname{am}4p\omega+B''\sin^4\operatorname{am}4p\omega+\cdots+B^{\left(\frac{n-1}{2}\right)}\sin^{n-1}\operatorname{am}4p\omega}$$

induere formam:

$$\frac{V^{(p)}\pm\sqrt{(1-xx)(1-k^2xx)}\,W^{(p)}}{(1-k^2\sin^2\operatorname{am}4p\omega.xx)^{n-1}},$$

designantibus $V^{(p)}$, $W^{(p)}$ functiones ipsius x integras rationales. Hinc, ubi insuper ponitur:

$$V=1+B'\sin^2\operatorname{am}u+B''\sin^4\operatorname{am}u+\cdots+B^{\left(\frac{n-1}{2}\right)}\sin^{n-1}\operatorname{am}u,$$

fit e (17.), (18.):

$$(19.)\qquad \frac{\chi(u+4p\omega)}{\chi(4p\omega)\chi(u)}=\sqrt[n]{\frac{V(1-k^2\sin^2\operatorname{am}4p\omega.xx)^{n-1}}{V^{(p)}+\sqrt{(1-xx)(1-k^2xx)}\,W^{(p)}}},$$

$$(20.)\qquad \frac{\chi(u-4p\omega)}{\chi(4p\omega)\chi(u)}=\sqrt[n]{\frac{V(1-k^2\sin^2\operatorname{am}4p\omega.xx)^{n-1}}{V^{(p)}-\sqrt{(1-xx)(1-k^2xx)}\,W^{(p)}}}.$$

Quibus in se ductis, cum sit e (14.):

$$\frac{\chi(u+4p\omega)\chi(u-4p\omega)}{\chi^2(4p\omega)\chi^2(u)}=1-k^2\sin^2\operatorname{am}4p\omega.xx,$$

obtinemus:

$$[1-k^2\sin^2\operatorname{am}4p\omega.xx]^n=\frac{VV(1-k^2\sin^2\operatorname{am}4p\omega.xx)^{2n-2}}{V^{(p)}V^{(p)}-(1-xx)(1-k^2xx)W^{(p)}W^{(p)}},$$

sive:

$$V^{(p)}V^{(p)}-(1-xx)(1-k^2xx)W^{(p)}W^{(p)}=VV(1-k^2\sin^2\operatorname{am}4p\omega.xx)^{n-2}.$$

Iam vero functio V factorem continet $1-k^2\sin^2\operatorname{am}4p\omega.xx$, ita ut, posito

$$V=V_p(1-k^2\sin^2\operatorname{am}4p\omega.xx),$$

sit V_p functio integra: qua substituta, fit:

$$(21.)\qquad V^{(p)}V^{(p)}-(1-xx)(1-k^2xx)W^{(p)}W^{(p)}=V_pV_p(1-k^2\sin^2\operatorname{am}4p\omega.xx)^n.$$

Hinc e (19.), (20.) facile sequitur:

$$(22.)\qquad \frac{\chi(u+4p\omega)}{\chi(4p\omega)\chi(u)}=\sqrt[n]{\frac{V^{(p)}-\sqrt{(1-xx)(1-k^2xx)}\,W^{(p)}}{V_p}},$$

$$(23.)\qquad \frac{\chi(u-4p\omega)}{\chi(4p\omega)\chi(u)}=\sqrt[n]{\frac{V^{(p)}+\sqrt{(1-xx)(1-k^2xx)}\,W^{(p)}}{V_p}}.$$

Erit insuper $V^{(p)}$ functio ipsius x par ordinis $2n-4$,
$W^{(p)}$ - - impar ordinis $2n-5$,
V_p - - par ordinis $n-3$.

10.

Ponamus brevitatis causa:

$$\Phi(u) = 1 + B'\sin^2 \operatorname{am} u + B''\sin^4 \operatorname{am} u + \cdots + B^{\left(\frac{n-1}{2}\right)}\sin^{n-1}\operatorname{am} u,$$

fit e (17.):

$$\text{(24.)}\qquad \frac{\chi(u+4p\omega)}{\chi(u)} = \sqrt[n]{\frac{\Phi(u)}{\Phi(u+4p\omega)}};$$

sumptis logarithmis et differentiatione instituta, prodit:

$$\text{(25.)}\qquad \frac{\chi'(u+4p\omega)}{\chi(u+4p\omega)} - \frac{\chi'(u)}{\chi(u)} = \frac{1}{n}\frac{\Phi'(u)}{\Phi(u)} - \frac{1}{n}\frac{\Phi'(u+4p\omega)}{\Phi(u+4p\omega)},$$

siquidem ponitur

$$\chi'(u) = \frac{d\chi(u)}{du},\quad \Phi'(u) = \frac{d\Phi(u)}{du}.$$

Fit porro, cum sit $\chi(u) = e^{ruu}\Omega(u)$:

$$\frac{\chi'(u)}{\chi(u)} = 2ru + \frac{\Omega'(u)}{\Omega(u)} = 2ru + E(u),$$

siquidem $\Omega'(u) = \frac{d\Omega(u)}{du}$. Iam posito $u = 0$, e (25.) eruis:

$$\frac{\chi'(4p\omega)}{\chi(4p\omega)} = -\frac{1}{n}\frac{\Phi'(4p\omega)}{\Phi(4p\omega)},$$

sive, posito brevitatis causa $\operatorname{am} 4p\omega = \alpha_p$:

$$\text{(26.)}\qquad E(4p\omega) + 8rp\omega = -\frac{1}{n}\frac{\Phi'(4p\omega)}{\Phi(4p\omega)}$$

$$= -\frac{1}{n}\frac{\cos\alpha_p\Delta\alpha_p[2B'\sin\alpha_p + 4B''\sin^3\alpha_p + \cdots + (n-1)B^{\left(\frac{n-1}{2}\right)}\sin^{n-2}\alpha_p]}{1 + B'\sin^2\alpha_p + B''\sin^4\alpha_p + \cdots + B^{\left(\frac{n-1}{2}\right)}\sin^{n-1}\alpha_p}.$$

Quae formula docet, quomodo species secunda integralium ellipticorum, casu, quo argumentum est pars aliquota ipsius $4(mK + m'iK')$, exhiberi possit.

E formula (15.) obtinemus:

$$\Pi(u,a) = u\frac{\chi'(a)}{\chi(a)} + \tfrac{1}{2}\log\frac{\chi(u-a)}{\chi(u+a)} = u[E(a) + 2ra] + \tfrac{1}{2}\log\frac{\chi(u-a)}{\chi(u+a)},$$

unde, advocata (24.):

$$(27.)\qquad \Pi(4p\omega, a) = 4p\omega[E(a)+2ra]+\tfrac{1}{2}\log\frac{\chi(a-4p\omega)}{\chi(a+4p\omega)}$$
$$= 4p\omega[E(a)+2ra]+\frac{1}{2n}\log\frac{\Phi(a+4p\omega)}{\Phi(a-4p\omega)},$$

$$(28.)\qquad \Pi(u,4p\omega) = u[E(4p\omega)+8rp\omega]+\tfrac{1}{2}\log\frac{\chi(u-4p\omega)}{\chi(u+4p\omega)}$$
$$= -\frac{u}{n}\cdot\frac{\Phi'(4p\omega)}{\Phi(4p\omega)}+\frac{1}{2n}\log\frac{\Phi(u+4p\omega)}{\Phi(u-4p\omega)},$$

sive:

$$(29.)\qquad \Pi(4p\omega, a) = 4p\omega[E(a)+2ra]$$
$$+\frac{1}{2n}\log\frac{1+B'\sin^2\mathrm{am}(a+4p\omega)+B''\sin^4\mathrm{am}(a+4p\omega)+\cdots+B^{\left(\frac{n-1}{2}\right)}\sin^{n-1}\mathrm{am}(a+4p\omega)}{1+B'\sin^2\mathrm{am}(a-4p\omega)+B''\sin^4\mathrm{am}(a-4p\omega)+\cdots+B^{\left(\frac{n-1}{2}\right)}\sin^{n-1}\mathrm{am}(a-4p\omega)},$$

$$(30.)\qquad \Pi(u, 4p\omega)$$
$$= -\frac{u}{n}\cdot\frac{\cos\alpha_p\Delta\alpha_p[2B'\sin\alpha_p+4B''\sin^3\alpha_p+\cdots+(n-1)B^{\left(\frac{n-1}{2}\right)}\sin^{n-2}\alpha_p]}{1+B'\sin^2\alpha_p+B''\sin^4\alpha_p+\cdots+B^{\left(\frac{n-1}{2}\right)}\sin^{n-1}\alpha_p}$$
$$+\frac{1}{2n}\log\frac{1+B'\sin^2\mathrm{am}(u+4p\omega)+B''\sin^4\mathrm{am}(u+4p\omega)+\cdots+B^{\left(\frac{n-1}{2}\right)}\sin^{n-1}\mathrm{am}(u+4p\omega)}{1+B'\sin^2\mathrm{am}(u-4p\omega)+B''\sin^4\mathrm{am}(u-4p\omega)+\cdots+B^{\left(\frac{n-1}{2}\right)}\sin^{n-1}\mathrm{am}(u-4p\omega)}.$$

Quae formulae docent, quomodo exhiberi possit species tertia integralium ellipticorum casibus, quibus sive amplitudinis sive parametri argumentum (v. ***Fund.*** §. 49.) est pars aliquota ipsius $4(mK+m'iK')$.

11.

In formula fundamentali (24.):

$$\frac{\chi(u+4p\omega)}{\chi(u)} = \sqrt[n]{\frac{\Phi(u)}{\Phi(u+4p\omega)}}$$
$$= \sqrt[n]{\frac{1+B'\sin^2\mathrm{am}\,u+B''\sin^4\mathrm{am}\,u+\cdots+B^{\left(\frac{n-1}{2}\right)}\sin^{n-1}\mathrm{am}\,u}{1+B'\sin^2\mathrm{am}(u+4p\omega)+B''\sin^4\mathrm{am}(u+4p\omega)+\cdots+B^{\left(\frac{n-1}{2}\right)}\sin^{n-1}\mathrm{am}(u+4p\omega)}}$$

altera aequationis pars functionem continet $\chi(u)$, quae unam habet periodum, altera autem functione $\sin\mathrm{am}\,u$ constat, quae praeter hanc alia adhuc gaudet, ut quae dupliciter periodica est. Dum igitur ad eam alteram applicas periodum, expressio

$$\frac{\chi(u+4p\omega)}{\chi(u)}$$

mutabitur quidem, neque tamen aliam subire potest mutationem, nisi quae oritur ex ambiguitate n^{tt} radicalis. Quod theorema gravissimum, expressionem

$$\frac{\chi(u+4p\omega)}{\chi(u)},$$

quae cum functionibus ellipticis unam habet periodum communem, dum ei aliam, qua illae gaudent, applicas periodum, aliam mutationem non pati, nisi quod per radicem aequationis $x^n = 1$ multiplicatur, ex ipsa natura functionis $\chi(u)$ iam comprobemus.

Ponamus

$$mK + m'iK' = Q, \quad \mu K + \mu' iK' = Q',$$

sit porro:

$$aK + a'iK' = pQ + p'Q',$$

unde, quoties p, p', m, m', μ, μ' quantitates reales:

$$a = pm + p'\mu, \quad a' = pm' + p'\mu'$$

ideoque:

$$p = \frac{\mu' a - \mu a'}{m\mu' - m'\mu}, \quad p' = \frac{ma' - m'a}{m\mu' - m'\mu}.$$

Sint m, m', μ, μ' numeri integri positivi vel negativi quilibet eiusmodi, ut

$$m\mu' - m'\mu = 1,$$

erit:

$$p = \mu' a - \mu a', \quad p' = ma' - m'a,$$

unde patet, quicunque sint numeri integri a, a', etiam p, p' integros fore et vice versa. Fit porro:

$$K = \mu' Q - m'Q', \quad iK' = mQ' - \mu Q.$$

Iam quicunque sint numeri integri positivi seu negativi a, a', erit

$$\sin\operatorname{am}(u + 4aK + 4a'iK') = \sin\operatorname{am} u,$$

unde etiam, quicunque sint numeri integri positivi seu negativi p, p':

$$\sin\operatorname{am}(u + 4pQ + 4p'Q') = \sin\operatorname{am} u.$$

Innumerae periodi, quibus gaudent functiones ellipticae, componi possunt omnes e binis, quae continentur aequationibus:

$$\sin\operatorname{am}(u + 4K) = \sin\operatorname{am} u, \quad \sin\operatorname{am}(u + 4iK') = \sin\operatorname{am} u.$$

Quarum in locum ex antecedentibus patet substitui posse has:

$$\sin\operatorname{am}(u+4Q) = \sin\operatorname{am} u, \quad \sin\operatorname{am}(u+4Q') = \sin\operatorname{am} u,$$

siquidem:

$$Q = mK + m'iK', \quad Q' = \mu K + \mu' iK',$$

designantibus m, m', μ, μ' numeros integros positivos vel negativos eiusmodi, ut sit $m\mu' - m'\mu = 1$. Unde videmus, periodos, quibus functiones ellipticae gaudent, inumeris modis e binis componi posse. Eiusmodi autem binas periodos, e quibus reliquae componi possunt omnes, vocabimus periodos coniugatas.

Posito, ut supra, $\omega = \frac{Q}{n} = \frac{mK + m'iK'}{n}$, quaeramus iam, quod propositum est, quaenam evadat expressio

$$\frac{\chi(u+4p\omega)}{\chi(u)} = \frac{\chi\left(u+\frac{4pQ}{n}\right)}{\chi(u)},$$

mutato u in $u+4Q'$ seu generalius in $u+4p'Q'$, designante p' numerum positivum vel negativum quemlibet. Vidimus, posito:

$$r = \frac{m'i\pi}{4K(mK+m'iK')} - \frac{E}{2K} = \frac{m'i\pi}{4KQ} - \frac{E}{2K},$$

fore:

$$e^{r(u+4Q)^2}\Omega(u+4Q) = e^{ruu}\Omega(u);$$

unde etiam, posito μ, μ' loco m, m', ideoque Q' loco Q, atque

$$r' = \frac{\mu' i\pi}{4KQ'} - \frac{E}{2K},$$

fit:

$$e^{r'(u+4Q')^2}\Omega(u+4Q') = e^{r'uu}\Omega(u).$$

Mutato u in $u+\frac{4pQ}{n} = u+4p\omega$, prodit:

$$e^{r'\left(u+\frac{4pQ}{n}+4Q'\right)^2}\Omega\left(u+\frac{4pQ}{n}+4Q'\right) = e^{r'\left(u+\frac{4pQ}{n}\right)^2}\Omega\left(u+\frac{4pQ}{n}\right),$$

unde:

$$e^{r'.\frac{32pQQ'}{n}}\cdot\frac{\Omega\left(u+\frac{4pQ}{n}+4Q'\right)}{\Omega(u+4Q')} = \frac{\Omega\left(u+\frac{4pQ}{n}\right)}{\Omega(u)}.$$

Sequitur autem e formula $\chi(u) = e^{ruu}\Omega(u)$:

$$\frac{\chi\left(u+\frac{4pQ}{n}+4Q'\right)}{\chi(u+4Q')} = e^{r.\frac{4pQ}{n}\left(2u+8Q'+\frac{4pQ}{n}\right)}.\frac{\Omega\left(u+\frac{4pQ}{n}+4Q'\right)}{\Omega(u+4Q')}$$

$$= e^{r.\frac{4pQ}{n}\left(2u+8Q'+\frac{4pQ}{n}\right)-r'.\frac{32pQQ'}{n}}.\frac{\Omega\left(u+\frac{4pQ}{n}\right)}{\Omega(u)},$$

unde:

$$\frac{\chi\left(u+\frac{4pQ}{n}+4Q'\right)}{\chi(u+4Q')} = e^{\frac{32pQQ'}{n}(r-r')}.\frac{\chi\left(u+\frac{4pQ}{n}\right)}{\chi(u)}.$$

Fit autem

$$r-r' = \frac{m'i\pi}{4KQ}-\frac{\mu'i\pi}{4KQ'} = \frac{i\pi}{K}.\frac{m'Q'-\mu'Q}{4QQ'}$$

ideoque, cum sit $m'Q'-\mu'Q = -K$:

$$\frac{32pQQ'}{n}(r-r') = -\frac{8ip\pi}{n},$$

unde obtinemus formulam fundamentalem:

$$(31.)\qquad \frac{\chi\left(u+\frac{4pQ}{n}+4Q'\right)}{\chi(u+4Q')} = e^{-\frac{8ip\pi}{n}}.\frac{\chi\left(u+\frac{4pQ}{n}\right)}{\chi(u)}$$

sive hanc generaliorem:

$$(32.)\qquad \frac{\chi\left(u+\frac{4pQ}{n}+4p'Q'\right)}{\chi(u+4p'Q')} = e^{-\frac{8pp'i\pi}{n}}.\frac{\chi\left(u+\frac{4pQ}{n}\right)}{\chi(u)}.$$

Videmus igitur, quod demonstrandum erat, expressionem

$$\frac{\chi\left(u+\frac{4pQ}{n}\right)}{\chi(u)} = \frac{\chi(u+4p\omega)}{\chi(u)},$$

quae cum functionibus ellipticis unam periodum communem habet sive immutata manet, mutato u in $u+4Q$, dum ei periodum coniugatam applicas sive u in $u+4Q'$ mutatur, multiplicari per n^{tam} radicem unitatis.

Quin adeo ipsius, quam eligere debes, n^{tae} radicis unitatis expressionem analyticam suggerit formula (32.); quae satis delicata est quaestio.

Haec iam ad maiora viam sternunt. Hisce enim ut fundamentis in commentationibus subsequentibus transformationes inversas et sectionem functionum ellipticarum superstruemus, intricatam et elegantem quaestionem.

Regiomonti, m. Apr. 1829.

DE FUNCTIONIBUS ELLIPTICIS COMMENTATIO ALTERA.

De summis serierum functionum ellipticarum, quarum argumenta seriem arithmeticam constituunt.

Proponemus in sequentibus formulas quasdam elementares circa summas functionum ellipticarum, quarum argumenta seriem arithmeticam constituunt. Quae cum in aliis quaestionibus usui esse possunt tum summa facilitate formulas generales de functionum ellipticarum transformatione suppeditant.

Proficiscor a formula nota de additione integralium ellipticorum, quae ad secundam speciem pertinent:

$$(1.)\qquad E(a)+E(u)-E(a+u) = k^2 \sin\operatorname{am} a \sin\operatorname{am} u \sin\operatorname{am}(u+a),$$

in qua e notatione in commentatione priore de functionibus ellipticis proposita:

$$E(u) = \int_0^u \Delta^2 \operatorname{am} u\, du.$$

Scribamus in formula (1.) pa loco a, unde illa fit:

$$E(pa)+E(u)-E(u+pa) = k^2 \sin\operatorname{am} pa \sin\operatorname{am} u \sin\operatorname{am}(u+pa);$$

atque posito successive u, $u+a$, $u+2a$, ... $u+(n-1)a$ loco u, summationem instituamus. Designata generaliter per $\Sigma^{(n)} F(u)$ summa:

$$\Sigma^{(n)} F(u) = F(u)+F(u+a)+F(u+2a)+\cdots+F(u+(n-1)a),$$

fit:

$$nE(pa)+\Sigma^{(n)} E(u)-\Sigma^{(n)} E(u+pa) = k^2 \sin\operatorname{am} pa\, \Sigma^{(n)} \sin\operatorname{am} u \sin\operatorname{am}(u+pa).$$

Eodem modo e formula:

$$E(na)+E(u)-E(u+na) = k^2 \sin\operatorname{am} na \sin\operatorname{am} u \sin\operatorname{am}(u+na),$$

loco u posito successive u, $u+a$, $u+2a$, ... $u+(p-1)a$ et summatione facta, obtines:

$$pE(na)+\Sigma^{(p)}E(u)-\Sigma^{(p)}E(u+na) = k^2\sin\operatorname{am} na\,\Sigma^{(p)}\sin\operatorname{am} u\sin\operatorname{am}(u+na).$$

Iam observo, esse:

$$\Sigma^{(n+p)}E(u) = \Sigma^{(n)}E(u)+\Sigma^{(p)}E(u+na) = \Sigma^{(p)}E(u)+\Sigma^{(n)}E(u+pa)$$

ideoque:

$$\Sigma^{(n)}E(u)-\Sigma^{(n)}E(u+pa) = \Sigma^{(p)}E(u)-\Sigma^{(p)}E(u+na).$$

Unde e duabus formulis appositis invenimus:

$$(2.)\qquad \left.\begin{array}{l} k^2\sin\operatorname{am} pa\,\Sigma^{(n)}\sin\operatorname{am} u\sin\operatorname{am}(u+pa)\\ -k^2\sin\operatorname{am} na\,\Sigma^{(p)}\sin\operatorname{am} u\sin\operatorname{am}(u+na)\end{array}\right\} = nE(pa)-pE(na).$$

Casus est memorabilis, quo $\sin\operatorname{am} na$ neque simul $\sin\operatorname{am} pa$ evanescit, quo casu (2.) fit:

$$(3.)\qquad \Sigma^{(n)}\sin\operatorname{am} u\sin\operatorname{am}(u+pa) = \frac{nE(pa)-pE(na)}{k^2\sin\operatorname{am} pa}.$$

Iam observo, in elementis probari formulas:

$$\cos\operatorname{am} a = \cos\operatorname{am} u\cos\operatorname{am}(u+a) + \Delta\operatorname{am} a\sin\operatorname{am} u\sin\operatorname{am}(u+a),$$
$$\Delta\operatorname{am} a = \Delta\operatorname{am} u\;\Delta\operatorname{am}(u+a)+k^2\cos\operatorname{am} a\sin\operatorname{am} u\sin\operatorname{am}(u+a),$$

unde e (3.) nanciscimur etiam:

$$(4.)\quad \Sigma^{(n)}\cos\operatorname{am} u\cos\operatorname{am}(u+pa) = n\cos\operatorname{am} pa-\frac{\Delta\operatorname{am} pa}{k^2\sin\operatorname{am} pa}[nE(pa)-pE(na)],$$

$$(5.)\quad \Sigma^{(n)}\;\Delta\operatorname{am} u\;\Delta\operatorname{am}(u+pa) = n\Delta\operatorname{am} pa-\operatorname{cotg}\operatorname{am} pa\,[nE(pa)-pE(na)].$$

Videmus igitur, quoties $\sin\operatorname{am} na$ evanescat, neque simul $\sin\operatorname{am} pa$, expressiones

$$\Sigma^{(n)}\sin\operatorname{am} u\sin\operatorname{am}(u+pa),$$
$$\Sigma^{(n)}\cos\operatorname{am} u\cos\operatorname{am}(u+pa),$$
$$\Sigma^{(n)}\;\Delta\operatorname{am} u\;\Delta\operatorname{am}(u+pa)$$

ab argumento u independentes esse. Ceterum posito, ut in ***Fundamentis***,

$$\omega = \frac{mK+m'iK'}{n},$$

designantibus m, m' numeros quoslibet positivos seu negativos, qui cum ipso n utrique eundem non habent factorem communem: ut $\sin\operatorname{am} na$ neque simul

$\sin \mathrm{am} pa$ evanescat, fieri debet $a = 2\mu\omega$, designante μ numerum integrum quemlibet, dummodo μp per n non divisibilis sit.

Alias circa summas functionum ellipticarum formulas hunc in modum nanvisceris. Posito enim:

$$\mathrm{am}\, u = \alpha,\quad \mathrm{am}\, v = \beta,\quad \mathrm{am}(u+v) = \sigma,\quad \mathrm{am}(u-v) = \vartheta,$$

e formulis *Fundam.* §. 18. (24.) — (29.) sequitur:

$$\cos\sigma\,\Delta\vartheta + \cos\vartheta\,\Delta\sigma = \frac{2\cos\beta\,\Delta\beta\cos\alpha\,\Delta\alpha}{1-k^2\sin^2\beta\sin^2\alpha},$$

$$\Delta\sigma\sin\vartheta + \Delta\vartheta\sin\sigma = \frac{2\cos\beta\sin\alpha\,\Delta\alpha}{1-k^2\sin^2\beta\sin^2\alpha},$$

$$\sin\sigma\cos\vartheta + \sin\vartheta\cos\sigma = \frac{2\Delta\beta\sin\alpha\cos\alpha}{1-k^2\sin^2\beta\sin^2\alpha}.$$

Simul autem dedimus formulas §. 18. (4.) — (6.):

$$\sin\sigma - \sin\vartheta = \frac{2\sin\beta\cos\alpha\,\Delta\alpha}{1-k^2\sin^2\beta\sin^2\alpha},$$

$$\cos\vartheta - \cos\sigma = \frac{2\sin\beta\,\Delta\beta\sin\alpha\,\Delta\alpha}{1-k^2\sin^2\beta\sin^2\alpha},$$

$$\Delta\vartheta - \Delta\sigma = \frac{2k^2\sin\beta\cos\beta\sin\alpha\cos\alpha}{1-k^2\sin^2\beta\sin^2\alpha},$$

quibus cum prioribus combinatis, prodit:

(6.) $$\cos\sigma\,\Delta\vartheta + \cos\vartheta\,\Delta\sigma = \frac{\Delta\beta}{\mathrm{tg}\,\beta}(\sin\sigma - \sin\vartheta),$$

(7.) $$\Delta\sigma\sin\vartheta + \Delta\vartheta\sin\sigma = \frac{1}{\Delta\beta\,\mathrm{tg}\,\beta}(\cos\vartheta - \cos\sigma),$$

(8.) $$\sin\sigma\cos\vartheta + \sin\vartheta\cos\sigma = \frac{\Delta\beta}{k^2\sin\beta\cos\beta}(\Delta\vartheta - \Delta\sigma).$$

Posito $u+\frac{a}{2}$ loco u et $v = \frac{a}{2}$, fit:

$$\beta = \mathrm{am}\frac{a}{2},\quad \sigma = \mathrm{am}(u+a),\quad \vartheta = \mathrm{am}\, u,$$

unde (6.) — (8.) ita repraesentantur:

$$\cos\operatorname{am}u\,\Delta\operatorname{am}(u+a)+\cos\operatorname{am}(u+a)\,\Delta\operatorname{am}u = \frac{\Delta\operatorname{am}\frac{a}{2}}{\operatorname{tg}\operatorname{am}\frac{a}{2}}[\sin\operatorname{am}(u+a)-\sin\operatorname{am}u],$$

$$\Delta\operatorname{am}u\sin\operatorname{am}(u+a)+\Delta\operatorname{am}(u+a)\sin\operatorname{am}u = \frac{1}{\Delta\operatorname{am}\frac{a}{2}\operatorname{tg}\operatorname{am}\frac{a}{2}}[\cos\operatorname{am}u-\cos\operatorname{am}(u+a)],$$

$$\sin\operatorname{am}u\cos\operatorname{am}(u+a)+\sin\operatorname{am}(u+a)\cos\operatorname{am}u = \frac{\Delta\operatorname{am}\frac{a}{2}}{k^2\sin\operatorname{am}\frac{a}{2}\cos\operatorname{am}\frac{a}{2}}[\Delta\operatorname{am}u-\Delta\operatorname{am}(u+a)].$$

In his formulis loco a scribatur pa, atque loco u successive posito u, $u+a, \dots$ $u+(n-1)a$, summatio instituatur; deinde in iisdem formulis loco a scribatur na, atque loco u successive posito u, $u+a, \dots$ $u+(p-1)a$, rursus summatio instituatur. Utrisque summis inter se comparatis, ubi insuper observas, generaliter esse:

$$\Sigma^{(n)}F(u)-\Sigma^{(n)}F(u+pa) = \Sigma^{(p)}F(u)-\Sigma^{(p)}F(u+na),$$

obtines:

$$(9.)\qquad \frac{\operatorname{tg}\operatorname{am}\frac{pa}{2}}{\Delta\operatorname{am}\frac{pa}{2}}\Sigma^{(n)}[\cos\operatorname{am}u\,\Delta\operatorname{am}(u+pa)+\cos\operatorname{am}(u+pa)\,\Delta\operatorname{am}u]$$

$$= \frac{\operatorname{tg}\operatorname{am}\frac{na}{2}}{\Delta\operatorname{am}\frac{na}{2}}\Sigma^{(p)}[\cos\operatorname{am}u\,\Delta\operatorname{am}(u+na)+\cos\operatorname{am}(u+na)\,\Delta\operatorname{am}u],$$

$$(10.)\qquad \operatorname{tg}\operatorname{am}\frac{pa}{2}\,\Delta\operatorname{am}\frac{pa}{2}\,\Sigma^{(n)}[\Delta\operatorname{am}u\sin\operatorname{am}(u+pa)+\Delta\operatorname{am}(u+pa)\sin\operatorname{am}u]$$

$$= \operatorname{tg}\operatorname{am}\frac{na}{2}\,\Delta\operatorname{am}\frac{na}{2}\,\Sigma^{(p)}[\Delta\operatorname{am}u\sin\operatorname{am}(u+na)+\Delta\operatorname{am}(u+na)\sin\operatorname{am}u],$$

$$(11.)\qquad \frac{\sin\operatorname{am}\frac{pa}{2}\cos\operatorname{am}\frac{pa}{2}}{\Delta\operatorname{am}\frac{pa}{2}}\Sigma^{(n)}[\sin\operatorname{am}u\cos\operatorname{am}(u+pa)+\sin\operatorname{am}(u+pa)\cos\operatorname{am}u]$$

$$= \frac{\sin\operatorname{am}\frac{na}{2}\cos\operatorname{am}\frac{na}{2}}{\Delta\operatorname{am}\frac{na}{2}}\Sigma^{(p)}[\sin\operatorname{am}u\cos\operatorname{am}(u+na)+\sin\operatorname{am}(u+na)\cos\operatorname{am}u].$$

Casu speciali, quo $\sin\mathrm{am}\frac{na}{2}$ neque simul $\sin\mathrm{am}\,pa$ evanescit, e (9.) — (11.) sequuntur formulae memorabiles:

$$(12.)\qquad \Sigma^{(n)}[\cos\mathrm{am}\,u\;\;\Delta\,\mathrm{am}(u+pa)+\cos\mathrm{am}(u+pa)\;\;\Delta\,\mathrm{am}\,u] = 0,$$

$$(13.)\qquad \Sigma^{(n)}[\;\Delta\,\mathrm{am}\,u\sin\mathrm{am}(u+pa)+\;\Delta\,\mathrm{am}(u+pa)\sin\mathrm{am}\,u] = 0,$$

$$(14.)\qquad \Sigma^{(n)}[\sin\mathrm{am}\,u\cos\mathrm{am}(u+pa)+\sin\mathrm{am}(u+pa)\cos\mathrm{am}\,u] = 0.$$

Iam ope formularum (3.) — (5.), (12.) — (14.) formulas generales de functionum ellipticarum transformatione condimus.

Demonstratio nova formularum fundamentalium de transformatione functionum ellipticarum.

Consideremus expressiones:

$$R = \sin\mathrm{am}\,u+\sin\mathrm{am}(u+4\omega)+\sin\mathrm{am}(u+8\omega)+\cdots+\sin\mathrm{am}(u+4(n-1)\omega),$$

$$S = \cos\mathrm{am}\,u+\cos\mathrm{am}(u+4\omega)+\cos\mathrm{am}(u+8\omega)+\cdots+\cos\mathrm{am}(u+4(n-1)\omega),$$

$$T = \;\Delta\,\mathrm{am}\,u+\;\Delta\,\mathrm{am}(u+4\omega)+\;\Delta\,\mathrm{am}(u+8\omega)+\cdots+\;\Delta\,\mathrm{am}(u+4(n-1)\omega),$$

in quibus n sit numerus impar, $\omega = \dfrac{mK+m'iK'}{n}$, uti supra atque in *Fundamentis*, ita ut, posito $4\omega = a$, quoties $p<n$ aut certe p per n non divisibilis, $\sin\mathrm{am}\,\frac{na}{2} = 0$ neque tamen simul $\sin\mathrm{am}\,pa = 0$.

Ubi brevitatis causa designamus per $\Sigma F(u)$ summam:

$$\Sigma F(u) = F(u)+F(u+4\omega)+\cdots+F(u+4(n-1)\omega),$$

expressiones R, S, T brevius ita repraesentare licet:

$$R = \Sigma\sin\mathrm{am}\,u,\qquad S = \Sigma\cos\mathrm{am}\,u,\qquad T = \Sigma\,\Delta\,\mathrm{am}\,u.$$

Quaeramus expressionum R, S, T quadrata et producta binarum.

Fit, uti ipsa multiplicatione instituta apparet:

$$\begin{aligned} RR = \Sigma\sin^2\mathrm{am}\,u &+\Sigma\sin\mathrm{am}\,u\sin\mathrm{am}(u+4\omega)\\ &+\Sigma\sin\mathrm{am}\,u\sin\mathrm{am}(u+8\omega)\\ &+\;\cdot\;\cdot\;\cdot\;\cdot\;\cdot\;\cdot\;\cdot\;\cdot\;\cdot\\ &+\Sigma\sin\mathrm{am}\,u\sin\mathrm{am}(u+4(n-1)\omega),\end{aligned}$$

$$\begin{aligned} SS = \Sigma\cos^2\mathrm{am}\,u &+\Sigma\cos\mathrm{am}\,u\cos\mathrm{am}(u+4\omega)\\ &+\Sigma\cos\mathrm{am}\,u\cos\mathrm{am}(u+8\omega)\\ &+\;\cdot\;\cdot\;\cdot\;\cdot\;\cdot\;\cdot\;\cdot\;\cdot\;\cdot\\ &+\Sigma\cos\mathrm{am}\,u\cos\mathrm{am}(u+4(n-1)\omega),\end{aligned}$$

$$\begin{aligned} TT = \Sigma\, \Delta^2 \mathrm{am}\, u &+ \Sigma\, \Delta\, \mathrm{am}\, u\, \Delta\, \mathrm{am}(u+4\omega) \\ &+ \Sigma\, \Delta\, \mathrm{am}\, u\, \Delta\, \mathrm{am}(u+8\omega) \\ &+ \cdot\;\cdot\;\cdot\;\cdot\;\cdot\;\cdot\;\cdot\;\cdot \\ &+ \Sigma\, \Delta\, \mathrm{am}\, u\, \Delta\, \mathrm{am}(u+4(n-1)\omega). \end{aligned}$$

Iam ex iis, quae supra proposuimus, apparet, expressiones huiusmodi:

$$\begin{gathered} \Sigma \sin \mathrm{am}\, u \sin \mathrm{am}(u+4p\omega), \\ \Sigma \cos \mathrm{am}\, u \cos \mathrm{am}(u+4p\omega), \\ \Sigma\, \Delta\, \mathrm{am}\, u\;\; \Delta\, \mathrm{am}(u+4p\omega), \end{gathered}$$

in quibus uti in antecedentibus $p<n$, constantibus aequales esse, sive ab argumento u non pendere. Unde ponere licet:

$$\text{(15.)}\qquad \begin{cases} RR = \Sigma \sin^2 \mathrm{am}\, u - 2\rho, \\ SS = \Sigma \cos^2 \mathrm{am}\, u - 2\sigma, \\ TT = \Sigma\, \Delta^2\, \mathrm{am}\, u + 2\tau, \end{cases}$$

designantibus ρ, σ, τ constantes, quarum valores e valoribus specialibus ipsius u peti possunt. Quem in finem adnoto formulas elementares:

$$\begin{aligned} \sin \mathrm{am}\, 4(n-n')\omega &= -\sin \mathrm{am}\, 4n'\omega, \\ \cos \mathrm{am}(K+4(n-n')\omega) &= -\cos \mathrm{am}(K+4n'\omega), \\ \Delta\, \mathrm{am}(K+iK'+4(n-n')\omega) &= -\,\Delta\, \mathrm{am}(K+iK'+4n'\omega), \end{aligned}$$

porro formulas:

$$\sin \mathrm{am}\, 0 = \cos \mathrm{am}\, K = \Delta\, \mathrm{am}(K+iK') = 0,$$

e quibus patet, posito resp. $u=0$, $u=K$, $u=K+iK'$, expressiones R, S, T ideoque etiam RR, SS, TT evanescere. Hinc cum insuper sit:

$$\Delta\, \mathrm{am}(K+iK'+u) = ik' \operatorname{tg} \mathrm{am}\, u,$$

eruimus e (15.), posito resp. $u=0$, $u=K$, $u=K+iK'$:

$$\begin{aligned} \rho &= \sin^2 \mathrm{am}\, 4\omega + \sin^2 \mathrm{am}\, 8\omega + \cdots + \sin^2 \mathrm{am}\, 2(n-1)\omega, \\ \sigma &= \cos^2 \mathrm{coam}\, 4\omega + \cos^2 \mathrm{coam}\, 8\omega + \cdots + \cos^2 \mathrm{coam}\, 2(n-1)\omega, \\ \tau &= k'k'[\operatorname{tg}^2 \mathrm{am}\, 4\omega + \operatorname{tg}^2 \mathrm{am}\, 8\omega + \cdots + \operatorname{tg}^2 \mathrm{am}\, 2(n-1)\omega]. \end{aligned}$$

Quantitates ρ, σ, τ eaedem sunt, quas et in commentatione priore de functionibus ellipticis eadem denotatione exhibuimus.

E formulis (15.) sequitur:

$$\begin{aligned} RR+SS &= n - 2\rho - 2\sigma, \\ k^2 RR + TT &= n - 2k^2\rho + 2\tau, \end{aligned}$$

unde ponere licet:

$$R = \sqrt{n-2\rho-2\sigma}\,.\sin\psi,$$
$$S = \sqrt{n-2\rho-2\sigma}\,.\cos\psi,$$
$$T = \sqrt{n-2k^2\rho+2\tau}\sqrt{1-\frac{k^2(n-2\rho-2\sigma)}{n-2k^2\rho+2\tau}\sin^2\psi},$$

sive, posito:

$$\frac{k^2(n-2\rho-2\sigma)}{n-2k^2\rho+2\tau} = \lambda\lambda, \quad n-2k^2\rho+2\tau = \frac{1}{MM},$$

fit:

$$R = \frac{\lambda}{kM}\sin\psi, \quad S = \frac{\lambda}{kM}\cos\psi, \quad T = \frac{1}{M}\sqrt{1-\lambda\lambda\sin^2\psi}.$$

Quaeramus iam producta binarum expressionum R, S, T. Instituta multiplicatione, invenitur:

$$\begin{aligned} ST = & \;\Sigma \cos\mathrm{am}\,u\,\Delta\mathrm{am}\,u \\ & +\tfrac{1}{2}\Sigma[\cos\mathrm{am}\,u\,\Delta\mathrm{am}(u+4\omega)+\cos\mathrm{am}(u+4\omega)\,\Delta\mathrm{am}\,u] \\ & +\tfrac{1}{2}\Sigma[\cos\mathrm{am}\,u\,\Delta\mathrm{am}(u+8\omega)+\cos\mathrm{am}(u+8\omega)\,\Delta\mathrm{am}\,u] \\ & + \cdots\cdots\cdots\cdots \\ & +\tfrac{1}{2}\Sigma[\cos\mathrm{am}\,u\,\Delta\mathrm{am}(u+4(n-1)\omega)+\cos\mathrm{am}(u+4(n-1)\omega)\,\Delta\mathrm{am}\,u]. \end{aligned}$$

Adiecimus factorem $\frac{1}{2}$, cum in summis, quibus adiectus est, unusquisque terminus bis occurrat. Iam vero e (12.), posito $a = 4\omega$, quoties, ut in antecedentibus, $p<n$, fit:

$$\Sigma[\cos\mathrm{am}\,u\,\Delta\mathrm{am}(u+4p\omega)+\cos\mathrm{am}(u+4p\omega)\,\Delta\mathrm{am}\,u] = 0,$$

unde simpliciter:

$$ST = \Sigma\cos\mathrm{am}\,u\,\Delta\mathrm{am}\,u.$$

Eodem modo invenitur ope formularum (13.), (14.):

$$TR = \Sigma\;\Delta\;\mathrm{am}\,u\sin\mathrm{am}\,u,$$
$$RS = \Sigma\sin\mathrm{am}\,u\cos\mathrm{am}\,u.$$

Sequitur autem e formulis:

$$R = \Sigma\sin\mathrm{am}\,u, \quad S = \Sigma\cos\mathrm{am}\,u, \quad T = \Sigma\,\Delta\mathrm{am}\,u,$$

instituta differentiatione:

$$\frac{dR}{du} = \Sigma\cos\mathrm{am}\,u\;\Delta\;\mathrm{am}\,u = ST,$$
$$\frac{dS}{du} = -\;\Sigma\;\Delta\;\mathrm{am}\,u\sin\mathrm{am}\,u = -TR,$$
$$\frac{dT}{du} = -k^2\Sigma\sin\mathrm{am}\,u\cos\mathrm{am}\,u = -k^2RS$$

unde, cum ex antecedentibus sit:

$$R = \frac{\lambda}{kM}\sin\psi, \quad S = \frac{\lambda}{kM}\cos\psi, \quad T = \frac{1}{M}\sqrt{1-\lambda\lambda\sin^2\psi},$$

fit:

$$\frac{d\psi}{du} = \frac{1}{M}\sqrt{1-\lambda\lambda\sin^2\psi}, \quad \text{sive} \quad \frac{du}{M} = \frac{d\psi}{\sqrt{1-\lambda\lambda\sin^2\psi}},$$

unde, cum ψ et u simul evanescant:

$$\psi = \operatorname{am}\left(\frac{u}{M}, \lambda\right).$$

Nacti igitur sumus valores ipsarum R, S, T:

$$R = \frac{\lambda}{kM}\sin\operatorname{am}\left(\frac{u}{M}, \lambda\right),$$

$$S = \frac{\lambda}{kM}\cos\operatorname{am}\left(\frac{u}{M}, \lambda\right),$$

$$T = \frac{1}{M}\ \Delta\operatorname{am}\left(\frac{u}{M}, \lambda\right),$$

sive quod idem est:

$$\frac{\lambda}{kM}\sin\operatorname{am}\left(\frac{u}{M}, \lambda\right) = \sin\operatorname{am} u + \sin\operatorname{am}(u+4\omega) + \cdots + \sin\operatorname{am}(u+4(n-1)\omega),$$

$$\frac{\lambda}{kM}\cos\operatorname{am}\left(\frac{u}{M}, \lambda\right) = \cos\operatorname{am} u + \cos\operatorname{am}(u+4\omega) + \cdots + \cos\operatorname{am}(u+4(n-1)\omega),$$

$$\frac{1}{M}\ \Delta\operatorname{am}\left(\frac{u}{M}, \lambda\right) = \Delta\operatorname{am} u + \Delta\operatorname{am}(u+4\omega) + \cdots + \Delta\operatorname{am}(u+4(n-1)\omega).$$

Quae sunt formulae de functionum ellipticarum transformatione fundamentales.

NOTE

SUR UNE NOUVELLE APPLICATION

DE L'ANALYSE DES FONCTIONS ELLIPTIQUES

A L'ALGÈBRE

PAR

M. C. G. J. JACOBI

PROF. EN MATH. A KŒNIGSBERG

Crelle Journal für die reine und angewandte Mathematik, Bd. 7. p. 41—43.

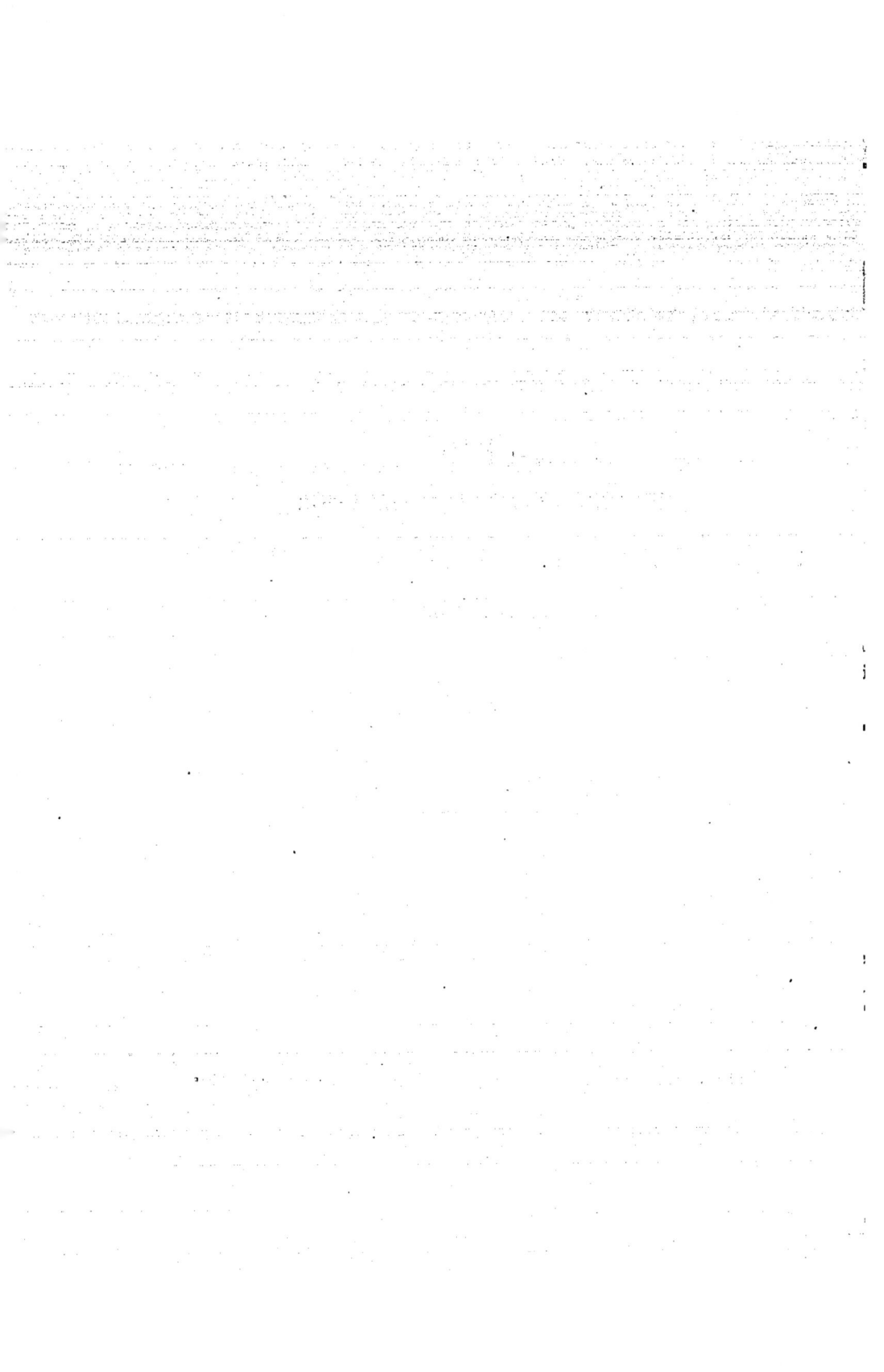

NOTE SUR UNE NOUVELLE APPLICATION DE L'ANALYSE DES FONCTIONS ELLIPTIQUES A L'ALGÈBRE.

Dans une des notes sur les fonctions elliptiques insérées dans les tomes précédents de ce Journal j'ai avancé que les fonctions elliptiques doivent entrer dans toutes les parties de l'analyse mathématique et contribuer essentiellement à leur progrès. Je veux présenter dans ce qui suit un exemple assez remarquable d'une application de la théorie des fonctions elliptiques aux fractions continues.

Tout le monde connaît les algorithmes qui servent à réduire la racine carrée d'un nombre en fraction continue. On sait aussi que par des procédés analogues on peut réduire en fraction continue la racine carrée d'une expression algébrique et rationnelle, et qu'il est possible de donner dans chaque moment le quotient complet qui rend la fraction exacte et qui aura la forme $\frac{\sqrt{R}+J}{N}$, $\sqrt{R}$ étant la racine à réduire en fraction continue, et J et N des expressions rationnelles de la variable. Supposons que R soit une fonction entière qui ne surpasse pas le quatrième degré. On prouve aisément que J et N sont aussi des fonctions entières, l'une du second degré, l'autre seulement du premier. On donne facilement les règles générales pour passer d'un quotient complet au suivant. Mais en voulant effectuer les calculs algébriques qu'exige la recherche des quotients complets et par suite celle des dénominateurs de la fraction continue cherchée, on se trouve arrêté dès les premiers pas par la longueur rebutante du calcul. En effet les expressions algébriques que l'on rencontre en opérant sur la racine proposée deviennent tellement embrouillées qu'il paraît être impossible d'y trouver une espèce d'ordre et de régularité. Et comme il est extrêmement difficile de passer même au second ou troisième dénominateur, l'on ne pourra espérer d'autant moins de trouver par induction une loi générale. Toutefois en approfondissant les relations qui lient entre eux les quotients complets successifs, et en examinant en même temps la formation des expressions algébriques qui donnent la multiplication des fonctions elliptiques, on parvient à exprimer généralement au moyen de ces dernières par des formules simples et élégantes un quelconque des quotients complets. C'est ce qu'on verra dans la solution du problème suivant.

Problème.

Supposons:

$$R = z(z-1)\left(z-\frac{1}{\cos^2\alpha}\right)\left(z-\frac{1}{\Delta^2\alpha}\right)$$
$$= z^4 - az^3 + bz^2 - cz,$$

où l'on a:

$$a = \frac{3-2(1+k^2)\sin^2\alpha+k^2\sin^4\alpha}{\cos^2\alpha\,\Delta^2\alpha},$$
$$b = \frac{3-(1+k^2)\sin^2\alpha}{\cos^2\alpha\,\Delta^2\alpha},$$
$$c = \frac{1}{\cos^2\alpha\,\Delta^2\alpha},$$

$\Delta\alpha$ étant, comme à l'ordinaire, $=\sqrt{1-k^2\sin^2\alpha}$: la racine $\sqrt{R}$ réduite en fraction continue prendra la forme:

$$\sqrt{R} = zz - \tfrac{1}{2}az + i_1 + \frac{1}{M_1 z + m_1} + \frac{1}{M_2 z + m_2} + \cdots + \frac{1}{M_{n-1}z + m_{n-1}} + \frac{1}{\dfrac{\sqrt{R}+zz-\frac{1}{2}az+i_n}{q_n(r_n z-1)}},$$

$\dfrac{\sqrt{R}+zz-\frac{1}{2}az+i_n}{q_n(r_n z-1)}$ étant le $n^{ième}$ quotient complet: il s'agit de donner l'expression générale de i_n, r_n, q_n.

Solution.

Soit $\alpha = \operatorname{am} u$, $\alpha_n = \operatorname{am} nu$, on aura:

$$i_n = \frac{1}{2\cos^2\alpha\,\Delta^2\alpha}\left(1-\frac{\sin^2\alpha}{\sin^2\alpha_{2n}}\right),$$
$$r_n = 1-\frac{\sin^2\alpha}{\sin^2\alpha_{2n+1}},$$

et de plus, n étant un nombre impair:

$$q_n = \frac{1}{4\cos^4\alpha\,\Delta^4\alpha}\left\{\frac{\left(1-\frac{\sin^2\alpha}{\sin^2\alpha_2}\right)\left(1-\frac{\sin^2\alpha}{\sin^2\alpha_6}\right)\cdots\left(1-\frac{\sin^2\alpha}{\sin^2\alpha_{2n}}\right)}{\left(1-\frac{\sin^2\alpha}{\sin^2\alpha_4}\right)\left(1-\frac{\sin^2\alpha}{\sin^2\alpha_8}\right)\cdots\left(1-\frac{\sin^2\alpha}{\sin^2\alpha_{2n-2}}\right)}\right\}^2,$$

n étant pair:

$$q_n = -\left\{\frac{\left(1-\frac{\sin^2\alpha}{\sin^2\alpha_4}\right)\left(1-\frac{\sin^2\alpha}{\sin^2\alpha_8}\right)\cdots\left(1-\frac{\sin^2\alpha}{\sin^2\alpha_{2n}}\right)}{\left(1-\frac{\sin^2\alpha}{\sin^2\alpha_2}\right)\left(1-\frac{\sin^2\alpha}{\sin^2\alpha_6}\right)\cdots\left(1-\frac{\sin^2\alpha}{\sin^2\alpha_{2n-2}}\right)}\right\}^2.$$

Entre deux q_n successifs, on aura l'équation:

$$q_n q_{n-1} = -i_n^2.$$

On peut aussi donner à ces formules la forme suivante:

$$i_n = \frac{1}{2\cos^2\alpha\,\Delta^2\alpha}\cdot\frac{\sin\alpha_{2n+1}\sin\alpha_{2n-1}}{\sin^2\alpha_{2n}}(1-k^2\sin^2\alpha\sin^2\alpha_{2n}),$$

$$r_n = \frac{\sin\alpha_{2n+2}\sin\alpha_{2n}}{\sin^2\alpha_{2n+1}}(1-k^2\sin^2\alpha\sin^2\alpha_{2n+1}),$$

et n étant impair:

$$q_n = \frac{\sin^2\alpha}{4\cos^4\alpha\,\Delta^4\alpha}\sin^2\alpha_{2n+1}\left(\frac{\sin\alpha_4\sin\alpha_8\ldots\sin\alpha_{2n-2}}{\sin\alpha_2\sin\alpha_6\ldots\sin\alpha_{2n}}\right)^4$$

$$\times\left\{\frac{(1-k^2\sin^2\alpha\sin^2\alpha_2)(1-k^2\sin^2\alpha\sin^2\alpha_6)\ldots(1-k^2\sin^2\alpha\sin^2\alpha_{2n})}{(1-k^2\sin^2\alpha\sin^2\alpha_4)(1-k^2\sin^2\alpha\sin^2\alpha_8)\ldots(1-k^2\sin^2\alpha\sin^2\alpha_{2n-2})}\right\}^2,$$

n étant pair:

$$q_n = -\frac{\sin^2\alpha_{2n+1}}{\sin^2\alpha}\left(\frac{\sin\alpha_2\sin\alpha_6\ldots\sin\alpha_{2n-2}}{\sin\alpha_4\sin\alpha_8\ldots\sin\alpha_{2n}}\right)^4$$

$$\times\left\{\frac{(1-k^2\sin^2\alpha\sin^2\alpha_4)(1-k^2\sin^2\alpha\sin^2\alpha_8)\ldots(1-k^2\sin^2\alpha\sin^2\alpha_{2n})}{(1-k^2\sin^2\alpha\sin^2\alpha_2)(1-k^2\sin^2\alpha\sin^2\alpha_6)\ldots(1-k^2\sin^2\alpha\sin^2\alpha_{2n-2})}\right\}^2.$$

Lorsque R surpasse le quatrième degré, la fraction continue dans laquelle on convertit $\sqrt{R}$ dépend des formules de multiplication de transcendantes plus élevées que les transcendantes elliptiques.

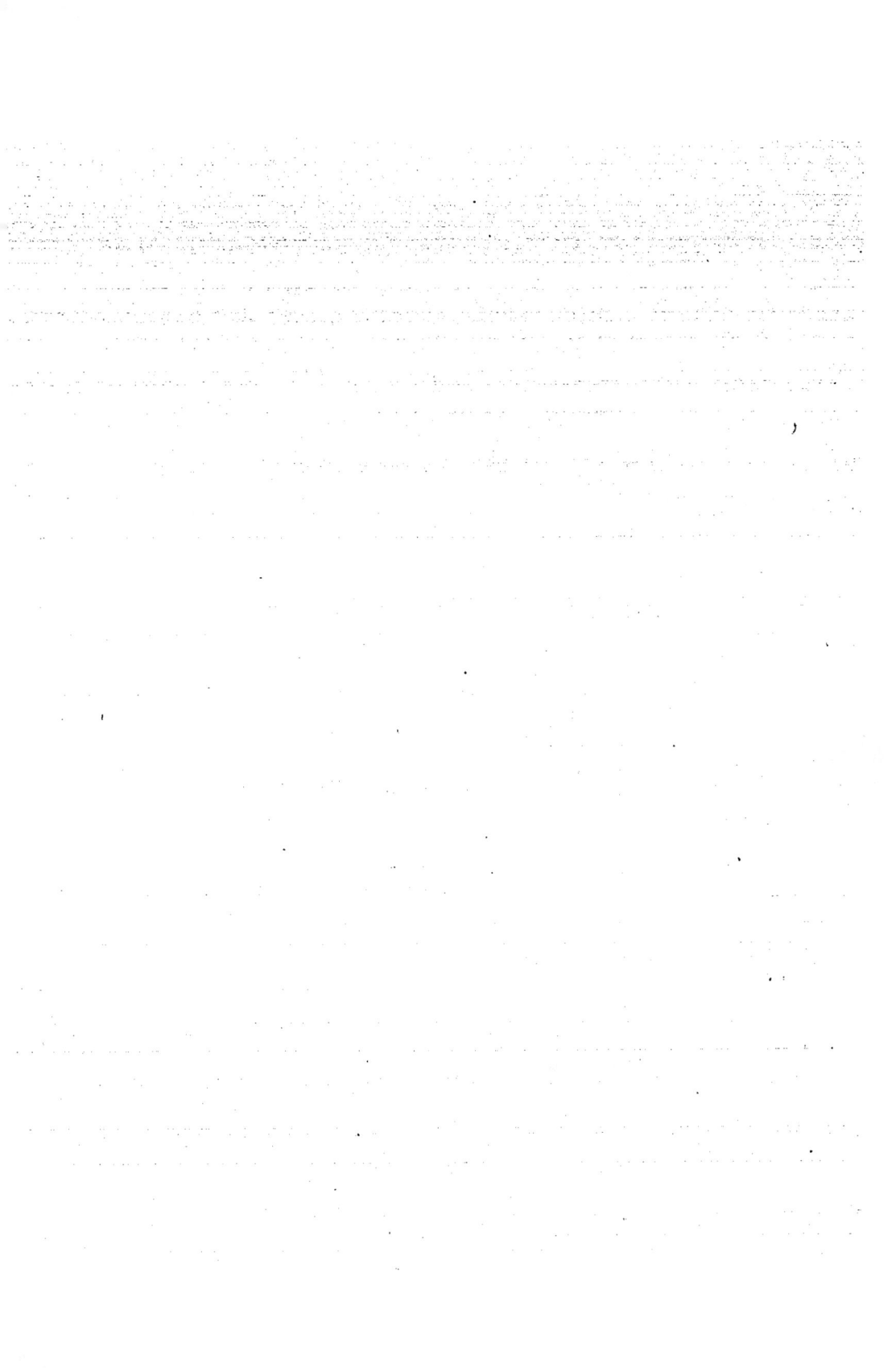

FORMULAE NOVAE

IN THEORIA TRANSCENDENTIUM ELLIPTICARUM

FUNDAMENTALES

AUCTORE

C. G. J. JACOBI

PROF. ORD. MATH. REGIOM.

Crelle Journal für die reine und angewandte Mathematik, Bd. 15. p. 199—204.

FORMULAE NOVAE IN THEORIA TRANSCENDENTIUM ELLIPTICARUM FUNDAMENTALES.

1.

Extat inter differentias quatuor quantitatum w, x, y, z relatio identica nota et frequentissimi usus:

$$(w-x)(y-z)+(w-y)(z-x)+(w-z)(x-y) = 0.$$

Quae relatio, quod et ipsum notum est, ea insigni gaudet proprietate, ut valeat adhuc, si in locum differentiarum earum sinus ponantur, unde prodit:

$$\sin(w-x)\sin(y-z)+\sin(w-y)\sin(z-x)+\sin(w-z)\sin(x-y) = 0.$$

Quae formula, posito:

$$w-x = a, \quad x-y = u, \quad y-z = b,$$

etiam sic exhiberi potest:

$$\sin a \sin b+\sin u \sin(u+a+b) = \sin(u+a)\sin(u+b).$$

Formulam quaerens antecedenti similem in theoria functionum ellipticarum, ita egi.

In formula nota pro additione integralium ellipticorum:

$$\sin\mathrm{am}(u+v) = \frac{\sin\mathrm{am}\, u \cos\mathrm{am}\, v \,\Delta\mathrm{am}\, v+\sin\mathrm{am}\, v \cos\mathrm{am}\, u \,\Delta\mathrm{am}\, u}{1-k^2\sin^2\mathrm{am}\, u \sin^2\mathrm{am}\, v}$$

statuamus $u+a$ loco u, $u+b$ loco v ac consideremus a, b ut constantes, u ut variabilem: formulam antecedentem ita repraesentare licet:

$$(1.) \qquad \sin\mathrm{am}(2u+a+b) = \frac{d[\sin\mathrm{am}(u+a)\sin\mathrm{am}(u+b)]}{[1-k^2\sin^2\mathrm{am}(u+a)\sin^2\mathrm{am}(u+b)]du},$$

unde, integratione facta, prodit:

$$(2.)\quad \int_0^u \sin\operatorname{am}(2u+a+b)du = \frac{1}{2k}\log\frac{1+k\sin\operatorname{am}(u+a)\sin\operatorname{am}(u+b)}{1-k\sin\operatorname{am}(u+a)\sin\operatorname{am}(u+b)} - \frac{1}{2k}\log\frac{1+k\sin\operatorname{am}a\sin\operatorname{am}b}{1-k\sin\operatorname{am}a\sin\operatorname{am}b}.$$

Expressio ad laevam eadem manet, quoties $a+b$ eadem fit; unde etiam expressio ad dextram valorem mutare non debet, si b ponimus $=0$ atque loco a scribimus $a+b$. Hinc si a logarithmis ad numeros ascendimus, provenit aequatio:

$$(3.)\quad \frac{[1+k\sin\operatorname{am}(u+a)\sin\operatorname{am}(u+b)][1-k\sin\operatorname{am}a\sin\operatorname{am}b]}{[1-k\sin\operatorname{am}(u+a)\sin\operatorname{am}(u+b)][1+k\sin\operatorname{am}a\sin\operatorname{am}b]} = \frac{1+k\sin\operatorname{am}(u+a+b)\sin\operatorname{am}u}{1-k\sin\operatorname{am}(u+a+b)\sin\operatorname{am}u}.$$

Si expressionem ad laevam ponimus:

$$\frac{P+kQ}{P-kQ} = \frac{1+k\sin\operatorname{am}(u+a+b)\sin\operatorname{am}u}{1-k\sin\operatorname{am}(u+a+b)\sin\operatorname{am}u},$$

ubi:

$$P = 1-k^2\sin\operatorname{am}a\sin\operatorname{am}b\sin\operatorname{am}(u+a)\sin\operatorname{am}(u+b),$$
$$Q = \sin\operatorname{am}(u+a)\sin\operatorname{am}(u+b)-\sin\operatorname{am}a\sin\operatorname{am}b,$$

sequitur e (3.):

$$P\sin\operatorname{am}u\sin\operatorname{am}(u+a+b) = Q,$$

quod suggerit formulam quaesitam:

$$(4.)\quad \sin\operatorname{am}a\sin\operatorname{am}b+\sin\operatorname{am}u\sin\operatorname{am}(u+a+b)-\sin\operatorname{am}(u+a)\sin\operatorname{am}(u+b) = k^2\sin\operatorname{am}a\sin\operatorname{am}b\sin\operatorname{am}u\sin\operatorname{am}(u+a)\sin\operatorname{am}(u+b)\sin\operatorname{am}(u+a+b).$$

Quae est formula nova, maximi momenti per totam theoriam functionum ellipticarum.

Si rursus introducimus differentias quatuor quantitatum, formulam (4.) sic repraesentare licet:

$$\sin\operatorname{am}(w-x)\sin\operatorname{am}(y-z)+\sin\operatorname{am}(w-y)\sin\operatorname{am}(z-x)+\sin\operatorname{am}(w-z)\sin\operatorname{am}(x-y)$$
$$+k^2\sin\operatorname{am}(w-x)\sin\operatorname{am}(w-y)\sin\operatorname{am}(w-z)\sin\operatorname{am}(x-y)\sin\operatorname{am}(y-z)\sin\operatorname{am}(z-x) = 0.$$

Similitudo formularum functiones trigonometricas et ellipticas spectantium maior adhuc existit, si loco sinuum introducimus tangentes. Ponendo enim $a\sqrt{-1}$, $b\sqrt{-1}$, $u\sqrt{-1}$ loco a, b, u, prodit e (4.), cum sit $\sin\operatorname{am}(u\sqrt{-1}) = \sqrt{-1}\operatorname{tg}\operatorname{am}(u, k')$, si loco k' restituimus modulum k, formula haec:

$$(5.)\quad \operatorname{tg}\operatorname{am}a\operatorname{tg}\operatorname{am}b+\operatorname{tg}\operatorname{am}u\operatorname{tg}\operatorname{am}(u+a+b)-\operatorname{tg}\operatorname{am}(u+a)\operatorname{tg}\operatorname{am}(u+b) = k'^2\operatorname{tg}\operatorname{am}a\operatorname{tg}\operatorname{am}b\operatorname{tg}\operatorname{am}u\operatorname{tg}\operatorname{am}(u+a)\operatorname{tg}\operatorname{am}(u+b)\operatorname{tg}\operatorname{am}(u+a+b).$$

Quae, posito $k=0$, in formulam trigonometricam abit:

$$(6.)\quad \begin{aligned} &\operatorname{tg} a \operatorname{tg} b+\operatorname{tg} u \operatorname{tg}(u+a+b)-\operatorname{tg}(u+a) \operatorname{tg}(u+b) \\ &= \operatorname{tg} a \operatorname{tg} b \operatorname{tg} u \operatorname{tg}(u+a) \operatorname{tg}(u+b) \operatorname{tg}(u+a+b). \end{aligned}$$

In qua igitur formula, si loco tangentium ponimus tangentes amplitudinis, nil mutabitur, nisi quod terminus ad dextram nanciscitur factorem k'^2.

E formula pro additione integralium secundae speciei:

$$E(u)+E(v)-E(u+v) = k^2 \sin\operatorname{am} u \sin\operatorname{am} v \sin\operatorname{am}(u+v)$$

habetur:

$$E(a)+E(b)-E(a+b) = k^2 \sin\operatorname{am} a \sin\operatorname{am} b \sin\operatorname{am}(a+b),$$

$$E(u)+E(a+b)-E(u+a+b) = k^2 \sin\operatorname{am} u \sin\operatorname{am}(a+b) \sin\operatorname{am}(u+a+b),$$

quibus additis, fit e (4.):

$$(7.)\quad \begin{aligned} &E(a)+E(b)+E(u)-E(u+a+b) \\ &= k^2 \sin\operatorname{am}(u+a) \sin\operatorname{am}(u+b) \sin\operatorname{am}(a+b)[1+k^2 \sin\operatorname{am} a \sin\operatorname{am} b \sin\operatorname{am} u \sin\operatorname{am}(u+a+b)], \end{aligned}$$

quae est formula respectu ipsorum a, b, u symmetrica. Cuiusmodi adnotari merentur, quia per additiones successivas ducimur ad formulas, quae, cum natura sua symmetricae sint, tamen sub forma insymmetrica prodeant, quam non semper in promptu est quomodo ad symmetriam idonee revocemus.

Formula (4.), methodo assignata a me inventa, variis aliis modis demonstrari potest. Cl. Richelot hanc eius demonstrationem mihi communicavit.

Sit:

$$\frac{w+x-y-z}{2}=\alpha, \qquad \frac{w-x+y-z}{2}=\beta, \qquad \frac{w-x-y+z}{2}=\gamma,$$

erit:

$$\begin{aligned} w-x&=\beta+\gamma, & w-y&=\gamma+\alpha, & w-z&=\alpha+\beta, \\ y-z&=\beta-\gamma, & z-x&=\gamma-\alpha, & x-y&=\alpha-\beta, \end{aligned}$$

unde, cum generaliter sit:

$$\sin\operatorname{am}(u+v) \sin\operatorname{am}(u-v) = \frac{\sin^2\operatorname{am} u-\sin^2\operatorname{am} v}{1-k^2\sin^2\operatorname{am} u \sin^2\operatorname{am} v},$$

obtinemus:

$$\sin\operatorname{am}(w-x) \sin\operatorname{am}(y-z) = \frac{\sin^2\operatorname{am}\beta-\sin^2\operatorname{am}\gamma}{1-k^2\sin^2\operatorname{am}\beta \sin^2\operatorname{am}\gamma},$$

$$\sin\operatorname{am}(w-y) \sin\operatorname{am}(z-x) = \frac{\sin^2\operatorname{am}\gamma-\sin^2\operatorname{am}\alpha}{1-k^2\sin^2\operatorname{am}\gamma \sin^2\operatorname{am}\alpha},$$

$$\sin\operatorname{am}(w-z) \sin\operatorname{am}(x-y) = \frac{\sin^2\operatorname{am}\alpha-\sin^2\operatorname{am}\beta}{1-k^2\sin^2\operatorname{am}\alpha \sin^2\operatorname{am}\beta}.$$

Theorema demonstrandum est, summam trium expressionum ad laevam aequare earum productum per $-k^2$ multiplicatum, sive, posito brevitatis causa:

$$\sin^2 \mathrm{am}\,\alpha = t, \qquad \sin^2 \mathrm{am}\,\beta = t', \qquad \sin^2 \mathrm{am}\,\gamma = t'',$$

haberi identice:

$$\frac{t'-t''}{1-k^2t't''}+\frac{t''-t}{1-k^2t''t}+\frac{t-t'}{1-k^2tt'} = \frac{-k^2(t'-t'')(t''-t)(t-t')}{(1-k^2t't'')(1-k^2t''t)(1-k^2tt')},$$

quod facile patet, cum sit:

$$(t'-t'')t+(t''-t)t'+(t-t')t'' = 0,$$
$$(t'^2-t''^2)t+(t''^2-t^2)t'+(t^2-t'^2)t'' = (t'-t'')(t''-t)(t-t').$$

Observo adhuc, e (2.), posito $b = 0$, fluere formulam:

$$(8.) \qquad \int_0^u \sin \mathrm{am}(2u+a)du = \frac{1}{2k}\log\frac{1+k\sin \mathrm{am}\,u \sin \mathrm{am}(u+a)}{1-k\sin \mathrm{am}\,u \sin \mathrm{am}(u+a)}.$$

Iam e formula (4.) profecti aliam formulam in theoria transcendentium $\Theta(u)$ seu $\Omega(u)$ fundamentalem et quae altioris indaginis est adstruamus.

2.

E formula pro additione integralium ellipticorum secundae speciei fit:

$$E(u+a)+E(u+b)-E(2u+a+b) = k^2\sin \mathrm{am}(u+a)\sin \mathrm{am}(u+b)\sin \mathrm{am}(2u+a+b),$$
$$E(u)+E(u+a+b)-E(2u+a+b) = k^2\sin \mathrm{am}\,u \sin \mathrm{am}(u+a+b)\sin \mathrm{am}(2u+a+b),$$

quarum formularum altera de altera subducta, provenit:

$$E(u+a)+E(u+b)-E(u)-E(u+a+b)$$
$$= k^2\sin \mathrm{am}(2u+a+b)[\sin \mathrm{am}(u+a)\sin \mathrm{am}(u+b)-\sin \mathrm{am}\,u \sin \mathrm{am}(u+a+b)],$$

sive e (4.):

$$E(u+a)+E(u+b)-E(u)-E(u+a+b)$$
$$= k^2\sin \mathrm{am}\,a \sin \mathrm{am}\,b \sin \mathrm{am}(2u+a+b)[1-k^2\sin \mathrm{am}\,u \sin \mathrm{am}(u+a)\sin \mathrm{am}(u+b)\sin \mathrm{am}(u+a+b)].$$

Habetur porro e (4.):

$$[1-k^2\sin \mathrm{am}\,u \sin \mathrm{am}(u+a)\sin \mathrm{am}(u+b)\sin \mathrm{am}(u+a+b)]$$
$$\times[1+k^2\sin \mathrm{am}\,a \sin \mathrm{am}\,b \sin \mathrm{am}\,u \sin \mathrm{am}(u+a+b)]$$
$$= 1-k^2\sin^2 \mathrm{am}\,u \sin^2 \mathrm{am}(u+a+b),$$

unde prodit:

$$E(u+a)+E(u+b)-E(u)-E(u+a+b)$$
$$= \frac{k^2\sin \mathrm{am}\,a \sin \mathrm{am}\,b \sin \mathrm{am}(2u+a+b)[1-k^2\sin^2 \mathrm{am}\,u \sin^2 \mathrm{am}(u+a+b)]}{1+k^2\sin \mathrm{am}\,a \sin \mathrm{am}\,b \sin \mathrm{am}\,u \sin \mathrm{am}(u+a+b)},$$

sive, cum sit:

$$\sin\mathrm{am}(2u+a+b)[1-k^2\sin^2\mathrm{am}\,u\sin^2\mathrm{am}(u+a+b)] = \frac{d[\sin\mathrm{am}\,u\sin\mathrm{am}(u+a+b)]}{du},$$

prodit:

$$E(u+a)+E(u+b)-E(u)-E(u+a+b)$$
$$= \frac{d\log[1+k^2\sin\mathrm{am}\,a\sin\mathrm{am}\,b\sin\mathrm{am}\,u\sin\mathrm{am}(u+a+b)]}{du}.$$

Unde, integratione facta inde a $u=0$ usque ad $u=u$ positoque:

$$\int_0^u E(u)\,du = \log\Omega(u),$$

si a logarithmis ad numeros ascendis, provenit formula nova fundamentalis:

$$(9.)\quad \frac{\Omega(u+a)\Omega(u+b)\Omega(a+b)}{\Omega(a)\Omega(b)\Omega(u)\Omega(u+a+b)} = 1+k^2\sin\mathrm{am}\,a\sin\mathrm{am}\,b\sin\mathrm{am}\,u\sin\mathrm{am}(u+a+b).$$

Quam formulam etiam sub hac forma exhibere convenit:

$$(10.)\quad \frac{\Omega(u+a)}{\Omega(a)\Omega(u)}\cdot\frac{\Omega(u+b)}{\Omega(b)\Omega(u)} = \frac{\Omega(u+a+b)}{\Omega(u)\Omega(a+b)}[1+k^2\sin\mathrm{am}\,a\sin\mathrm{am}\,b\sin\mathrm{am}\,u\sin\mathrm{am}(u+a+b)].$$

Quae, ponendo $b=-a$, cum sit $\Omega(-u)=\Omega(u)$, $\Omega(0)=1$, in formulam abit, in commentatione prima de functionibus ellipticis*) §. 4 (24.) traditam:

$$\frac{\Omega(u+a)\Omega(u-a)}{\Omega^2(a)\Omega^2(u)} = 1-k^2\sin^2\mathrm{am}\,a\sin^2\mathrm{am}\,u.$$

Facile etiam theorema de additione integralium ellipticorum tertiae speciei e (9.) deducitur. Habetur enim (ibidem (26.)):

$$\Pi(u,a) = uE(a)+\tfrac{1}{2}\log\frac{\Omega(u-a)}{\Omega(u+a)}$$

ideoque:

$$\Pi(u,a)+\Pi(v,a)-\Pi(u+v,a) = \tfrac{1}{2}\log\frac{\Omega(u-a)\Omega(v-a)\Omega(u+v+a)}{\Omega(u+a)\Omega(v+a)\Omega(u+v-a)}.$$

Iam si in (9.) scribimus u, v loco a, b atque a ac deinde $-a$ loco u, obtinemus:

$$\frac{\Omega(u+a)\Omega(v+a)\Omega(u+v)}{\Omega(u)\Omega(v)\Omega(a)\Omega(u+v+a)} = 1+k^2\sin\mathrm{am}\,a\sin\mathrm{am}\,u\sin\mathrm{am}\,v\sin\mathrm{am}(u+v+a),$$

$$\frac{\Omega(u-a)\Omega(v-a)\Omega(u+v)}{\Omega(u)\Omega(v)\Omega(a)\Omega(u+v-a)} = 1-k^2\sin\mathrm{am}\,a\sin\mathrm{am}\,u\sin\mathrm{am}\,v\sin\mathrm{am}(u+v-a),$$

*) p. 304 huius voluminis.

unde, altera formula per alteram divisa:

$$\frac{\Omega(u-a)\,\Omega(v-a)\,\Omega(u+v+a)}{\Omega(u+a)\,\Omega(v+a)\,\Omega(u+v-a)} = \frac{1-k^2\sin\operatorname{am}a\sin\operatorname{am}u\sin\operatorname{am}v\sin\operatorname{am}(u+v-a)}{1+k^2\sin\operatorname{am}a\sin\operatorname{am}u\sin\operatorname{am}v\sin\operatorname{am}(u+v+a)}$$

ideoque:

$$\Pi(u,a)+\Pi(v,a)-\Pi(u+v,a) = \tfrac{1}{2}\log\frac{1-k^2\sin\operatorname{am}a\sin\operatorname{am}u\sin\operatorname{am}v\sin\operatorname{am}(u+v-a)}{1+k^2\sin\operatorname{am}a\sin\operatorname{am}u\sin\operatorname{am}v\sin\operatorname{am}(u+v+a)},$$

quae est formula nota.

Posito, uti loco citato §. 7. *):

$$\Omega(u) = e^{-ruu}\chi(u),$$

ubi r est constans, cum sit:

$$(u+a)^2+(u+b)^2+(a+b)^2 = a^2+b^2+u^2+(u+a+b)^2,$$

habetur e (9.) etiam pro functionibus $\chi(u)$:

$$(11.)\quad \frac{\chi(u+a)\chi(u+b)\chi(a+b)}{\chi(a)\chi(b)\chi(u)\chi(u+a+b)} = 1+k^2\sin\operatorname{am}a\sin\operatorname{am}b\sin\operatorname{am}u\sin\operatorname{am}(u+a+b).$$

Si functionem in *Fundamentis* adhibitam $\Theta(u)$ introducere placet, habetur pro $r = \frac{-E}{2K}$,

$$\chi(u) = \frac{\Theta(u)}{\Theta(0)} = e^{\frac{-Euu}{2K}}\,\Omega(u),$$

unde e (11.) prodit:

$$(12.)\quad \frac{\Theta(0)\,\Theta(u+a)\,\Theta(u+b)\,\Theta(a+b)}{\Theta(a)\Theta(b)\,\Theta(u)\,\Theta(u+a+b)} = 1+k^2\sin\operatorname{am}a\sin\operatorname{am}b\sin\operatorname{am}u\sin\operatorname{am}(u+a+b).$$

Posito:

$$\Omega'(u) = \frac{d\Omega(u)}{du},\qquad \Theta'(u) = \frac{d\Theta(u)}{du},$$

habetur:

$$\frac{\Theta'(u)}{\Theta(u)} = \frac{\Omega'(u)}{\Omega(u)}-\frac{E}{K}u = E(u)-\frac{E}{K}u,$$

unde:

$$E(a)+E(b)+E(u)-E(u+a+b) = \frac{\Theta'(a)}{\Theta(a)}+\frac{\Theta'(b)}{\Theta(b)}+\frac{\Theta'(u)}{\Theta(u)}-\frac{\Theta'(u+a+b)}{\Theta(u+a+b)}.$$

Porro si, uti in *Fundamentis*, ponimus:

$$H(u) = \sqrt{k}\sin\operatorname{am}u\,\Theta(u),$$

---

*) p. 310 huius voluminis.

erit:

$$k^2 \sin \mathrm{am}(a+b) \sin \mathrm{am}(u+a) \sin \mathrm{am}(u+b) = \sqrt{k} \cdot \frac{H(a+b)\,H(u+a)\,H(u+b)}{\Theta(a+b)\,\Theta(u+a)\,\Theta(u+b)},$$

unde e (7.), (12.) prodit:

$$\frac{\Theta'(a)}{\Theta(a)} + \frac{\Theta'(b)}{\Theta(b)} + \frac{\Theta'(u)}{\Theta(u)} - \frac{\Theta'(u+a+b)}{\Theta(u+a+b)} = \sqrt{k} \cdot \frac{\Theta(0)\,H(a+b)\,H(u+a)\,H(u+b)}{\Theta(a)\,\Theta(b)\,\Theta(u)\,\Theta(u+a+b)},$$

sive, cum sit (*Fund.* §. 65.):

$$\sqrt{k}.\Theta(0) = H'(0),$$

prodit formula:

$$(18.)\quad \frac{\Theta'(a)}{\Theta(a)} + \frac{\Theta'(b)}{\Theta(b)} + \frac{\Theta'(u)}{\Theta(u)} - \frac{\Theta'(u+a+b)}{\Theta(u+a+b)} = \frac{H'(0)\,H(a+b)\,H(u+a)\,H(u+b)}{\Theta(a)\,\Theta(b)\,\Theta(u)\,\Theta(u+a+b)},$$

quam data occasione adnotare volui.

Dedi olim sine demonstratione expressiones algebraicas generales radicum aequationum n^{ti} gradus, quae transformationem functionum ellipticarum concernunt. Quae formulae, quae spectari debebant ut id, quod hactenus in theoria functionum ellipticarum maxime reconditum est, per principium novum ac latissime patens a me inventae sunt; post ope formulae memorabilis (10.) eas demonstratione maxime eleganti atque elementari comprobare contigit. Quod suo tempore in lucem proferemus.

Regiomonti 21. Sept. 1835.

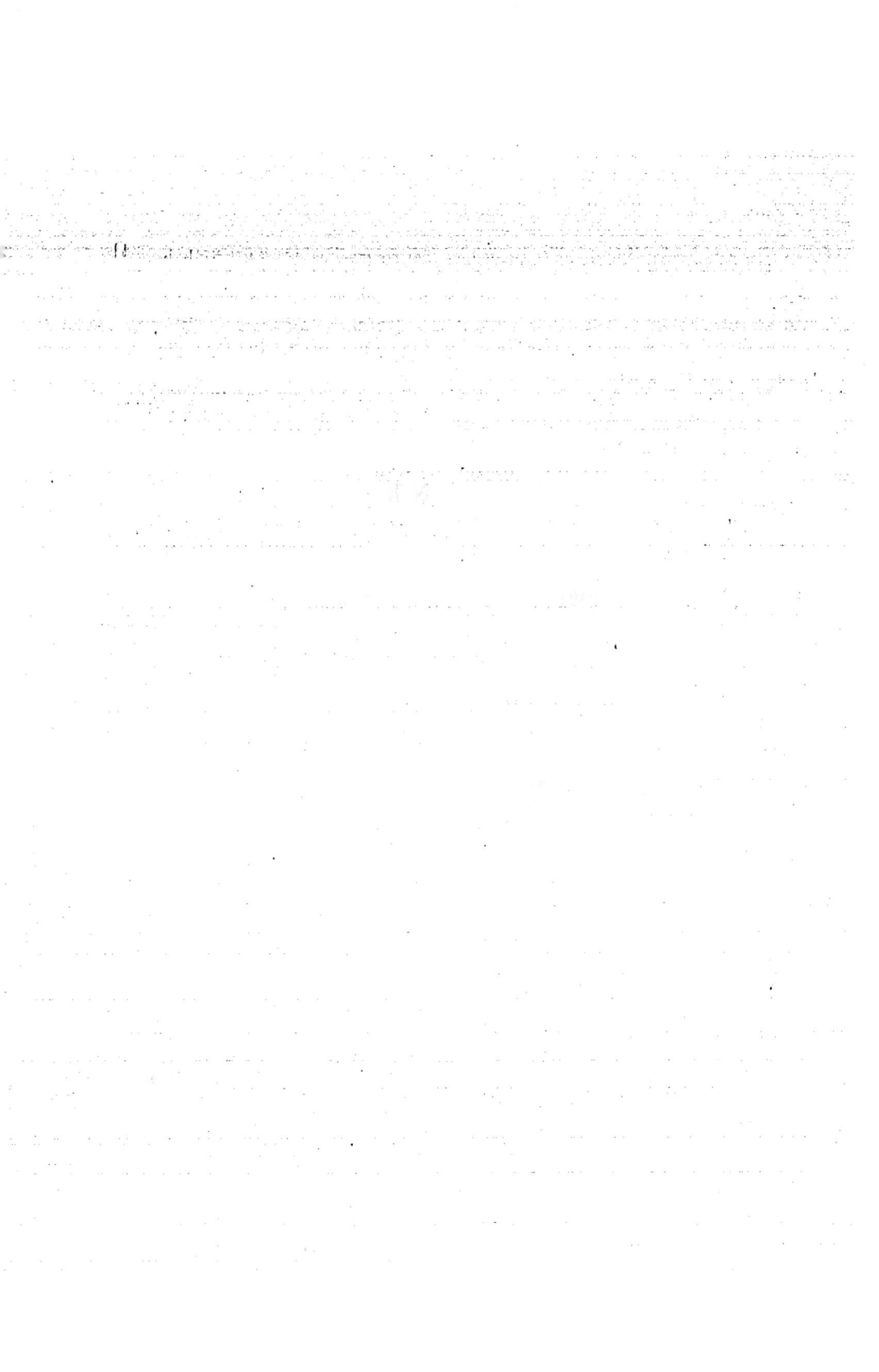

ÜBER DIE ZUR NUMERISCHEN BERECHNUNG DER ELLIPTISCHEN FUNCTIONEN ZWECKMÄSSIGSTEN FORMELN

VON

HERRN PROFESSOR DR. C. G. J. JACOBI
ZU KÖNIGSBERG IN PREUSSEN

Crelle Journal für die reine und angewandte Mathematik, Bd. 26. p. 93—114.

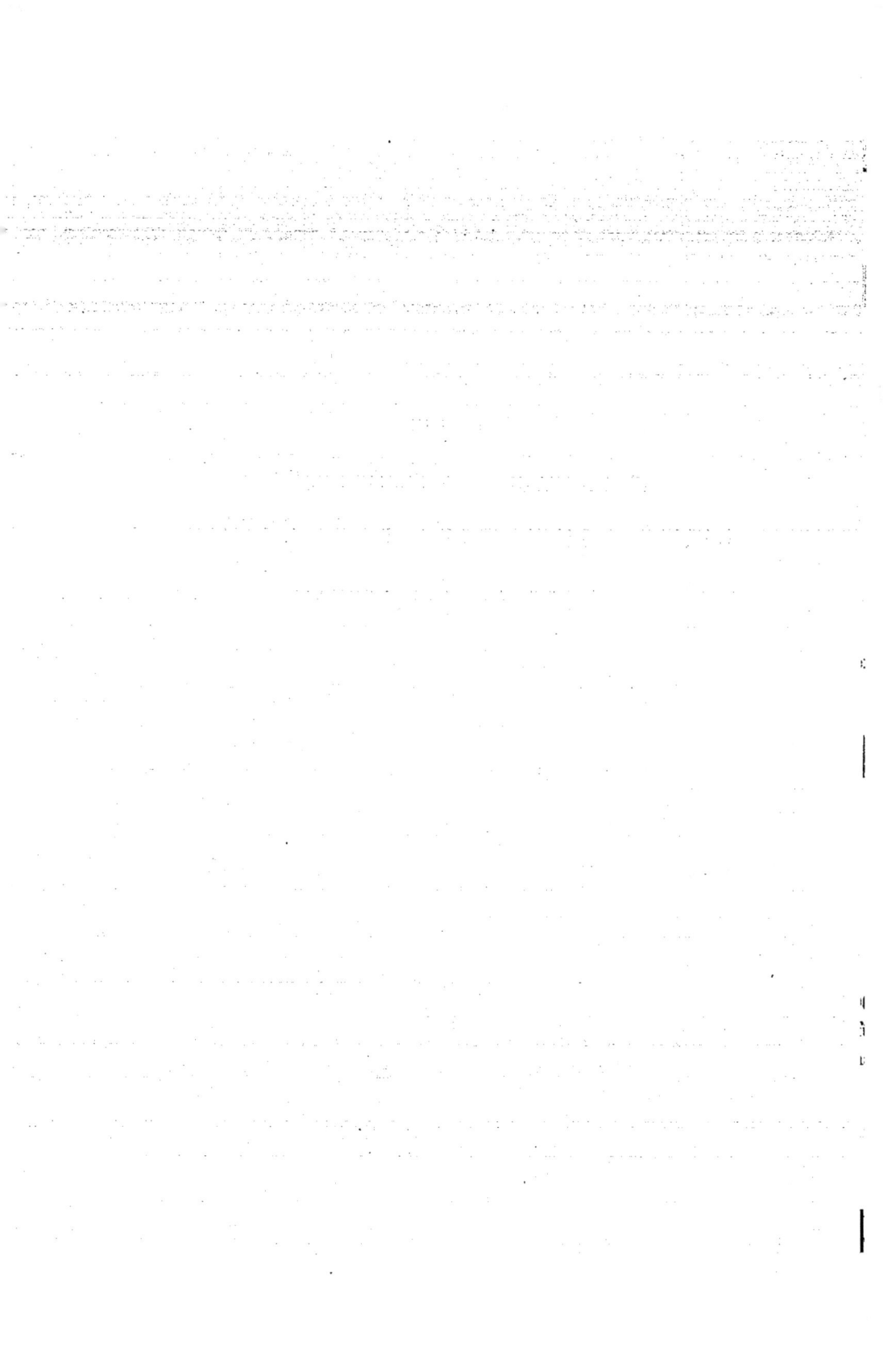

ZUR THEORIE DER ELLIPTISCHEN FUNCTIONEN.

1.

Unter den Formeln, durch welche man die vielen von mir in den *Fundam. nov.* gegebenen Entwicklungen mit leichter Mühe noch vermehren kann, scheint mir die nachfolgende, welche die Tangente der halben Differenz der Amplitude des Integrals u und der Gröfse $\frac{\pi u}{2K}$ selber ergiebt, einen eigenthümlichen Character zu haben.

Da

$$\sqrt{\frac{1-\sin x}{1+\sin x}} = \frac{\sin\frac{1}{2}(\frac{1}{2}\pi-x)}{\sin\frac{1}{2}(\frac{1}{2}\pi+x)},$$

so kann man die Formel *Fund. nov.* §. 39. (4.) wie folgt schreiben:

$$(1.)\qquad \sqrt{\frac{1-\sin\operatorname{am}\frac{2Kx}{\pi}}{1+\sin\operatorname{am}\frac{2Kx}{\pi}}} = \frac{\sin\frac{1}{2}(\frac{1}{2}\pi-x)(1-2q\sin x+q^2)(1-2q^2\sin x+q^4)\ldots}{\sin\frac{1}{2}(\frac{1}{2}\pi+x)(1+2q\sin x+q^2)(1+2q^2\sin x+q^4)\ldots}.$$

In der Formel (§. 64.):

$$\sqrt[4]{q}\sin x(1-2q^2\cos 2x+q^4)(1-2q^4\cos 2x+q^8)\ldots$$
$$= \frac{\sqrt[4]{q}\sin x-\sqrt[4]{q^9}\sin 3x+\sqrt[4]{q^{25}}\sin 5x-\cdots}{(1-q^2)(1-q^4)(1-q^6)\ldots}$$

setze man $\frac{1}{2}(\frac{1}{2}\pi-x)$ und $\frac{1}{2}(\frac{1}{2}\pi+x)$ für x und gleichzeitig $\sqrt{q}$ für q, so erhält man nach Division mit $\sqrt[4]{q}$ den Zähler und Nenner in (1.), und daher:

$$(2.)\qquad \sqrt{\frac{1-\sin\operatorname{am}\frac{2Kx}{\pi}}{1+\sin\operatorname{am}\frac{2Kx}{\pi}}} = \operatorname{tg}\left(45^0-\tfrac{1}{2}\operatorname{am}\frac{2Kx}{\pi}\right)$$
$$= \frac{\sin(\frac{1}{4}\pi-\frac{1}{2}x)-q\sin 3(\frac{1}{4}\pi-\frac{1}{2}x)+q^3\sin 5(\frac{1}{4}\pi-\frac{1}{2}x)-\cdots}{\sin(\frac{1}{4}\pi+\frac{1}{2}x)-q\sin 3(\frac{1}{4}\pi+\frac{1}{2}x)+q^3\sin 5(\frac{1}{4}\pi+\frac{1}{2}x)-\cdots},$$

wo die Exponenten von q die dreieckigen Zahlen sind. Setzt man hierin $\frac{1}{2}\pi-x$ für x, so erhält man:

$$(3.)\quad \operatorname{tg}\left(45^0-\tfrac{1}{2}\operatorname{coam}\frac{2Kx}{\pi}\right)=\frac{\sin\frac{1}{2}x-q\sin\frac{3}{2}x+q^3\sin\frac{5}{2}x-q^6\sin\frac{7}{2}x+\cdots}{\cos\frac{1}{2}x+q\cos\frac{3}{2}x+q^3\cos\frac{5}{2}x+q^6\cos\frac{7}{2}x+\cdots}.\,^{*)}$$

Nach der §. 37. Theorem I. gemachten Bemerkung gehen $\operatorname{am}\frac{2Kx}{\pi}$ und $\frac{1}{2}\pi-\operatorname{coam}\frac{2Kx}{\pi}$ in einander über, wenn man $-q$ für q setzt. Die vorstehende Formel giebt daher sogleich auch folgende:

$$(4.)\quad \operatorname{tg}\tfrac{1}{2}\operatorname{am}\frac{2Kx}{\pi}=\frac{\sin\frac{1}{2}x+q\sin\frac{3}{2}x-q^3\sin\frac{5}{2}x-q^6\sin\frac{7}{2}x+\cdots}{\cos\frac{1}{2}x-q\cos\frac{3}{2}x-q^3\cos\frac{5}{2}x+q^6\cos\frac{7}{2}x+\cdots},$$

wo im Zähler und Nenner immer zwei positive und zwei negative Zeichen mit einander abwechseln. Man erhält aus dieser Formel, wenn $i=\sqrt{-1}$,

$$(5.)\quad \frac{1+i\operatorname{tg}\frac{1}{2}\operatorname{am}\frac{2Kx}{\pi}}{1-i\operatorname{tg}\frac{1}{2}\operatorname{am}\frac{2Kx}{\pi}}=e^{i\operatorname{am}\frac{2Kx}{\pi}}$$

$$=\frac{e^{\frac{1}{2}ix}-qe^{-\frac{3}{2}ix}-q^3e^{\frac{5}{2}ix}+q^6e^{-\frac{7}{2}ix}+q^{10}e^{\frac{9}{2}ix}-\cdots}{e^{-\frac{1}{2}ix}-qe^{\frac{3}{2}ix}-q^3e^{-\frac{5}{2}ix}+q^6e^{\frac{7}{2}ix}+q^{10}e^{-\frac{9}{2}ix}-\cdots}$$

und hieraus:

$$e^{i\left(\operatorname{am}\frac{2Kx}{\pi}-x\right)}=\frac{1+i\operatorname{tg}\frac{1}{2}\left(\operatorname{am}\frac{2Kx}{\pi}-x\right)}{1-i\operatorname{tg}\frac{1}{2}\left(\operatorname{am}\frac{2Kx}{\pi}-x\right)}$$

$$=\frac{1-qe^{-2ix}-q^3e^{2ix}+q^6e^{-4ix}+q^{10}e^{4ix}-\cdots}{1-qe^{2ix}-q^3e^{-2ix}+q^6e^{4ix}+q^{10}e^{-4ix}-\cdots}$$

oder:

$$(6.)\quad \operatorname{tg}\tfrac{1}{2}\left(\operatorname{am}\frac{2Kx}{\pi}-x\right)$$

$$=\frac{(q-q^3)\sin 2x-(q^6-q^{10})\sin 4x+(q^{15}-q^{21})\sin 6x-\cdots}{1-(q+q^3)\cos 2x+(q^6+q^{10})\cos 4x-(q^{15}+q^{21})\cos 6x+\cdots}.$$

Diese merkwürdige Formel ist zur Berechnung einzelner Werthe oder von Tafeln vorzugsweise bequem. Da $\operatorname{tg}\operatorname{am}\frac{1}{2}K=\frac{1}{\sqrt{k'}}$, also

$$\operatorname{tg}(\operatorname{am}\tfrac{1}{2}K-45^0)=\frac{1-\sqrt{k'}}{1+\sqrt{k'}},$$

*) Ich bemerke bei dieser Gelegenheit die Formel:

$$\sqrt{k'}\operatorname{tg}\operatorname{am}\tfrac{1}{2}u=\sqrt{\operatorname{tg}\tfrac{1}{2}\operatorname{am}u\,.\operatorname{tg}(45^0-\tfrac{1}{2}\operatorname{coam}u)},$$

welche etwas bequemer als die von Legendre für die Halbirung gegebene ist.

so erhält man aus (6.), wenn man $x = \frac{1}{4}\pi$ setzt,

$$(7.)\qquad \frac{1-\sqrt{k'}}{1+\sqrt{k'}+\sqrt{2(1+k')}} = \frac{q-q^3-q^{15}+q^{21}+q^{45}-q^{55}-\cdots}{1-q^6-q^{10}+q^{28}+q^{36}-q^{66}-\cdots}.$$

Setzt man $q = b^8$, so erhält der Bruch rechts die Form:

$$\frac{\Sigma \pm b^{(8h\pm 3)^2}}{\Sigma \pm b^{(8h\pm 1)^2}}.$$

Das Zeichen $+$ oder $-$ (vor den Potenzen von b) ist zu nehmen, je nachdem h gerade oder ungerade ist.

Wenn der Modul der Einheit sehr nahe kommt, muſs man sich der Entwicklungen bedienen, welche statt der Kreisfunctionen Exponentialgröſsen enthalten. Setzt man ix für x und k' für k, so verwandelt sich

$$\operatorname{tg}\tfrac{1}{2}\operatorname{am}\frac{2Kx}{\pi} \quad \text{in} \quad i\operatorname{tg}\tfrac{1}{2}\operatorname{am}\frac{2K'x}{\pi},$$

und gleichzeitig q in q', wo q und q' durch die Gleichung

$$\log q . \log q' = \pi^2$$

mit einander verbunden sind. Nennt man u das elliptische Integral erster Gattung und setzt

$$z = e^x = e^{\frac{\pi u}{2K'}}, \qquad \operatorname{am}(u,k) = \varphi,$$

so erhält man aus (5.) folgende Entwicklung von ebenfalls eigenthümlicher Form:

$$(8.)\qquad \operatorname{tg}(45^0-\tfrac{1}{2}\varphi) = \frac{1}{z}\cdot\frac{1-q'z^2-q'^3z^{-2}+q'^6z^4+q'^{10}z^{-4}-\cdots}{1-q'z^{-2}-q'^3z^2+q'^6z^{-4}+q'^{10}z^4-\cdots}.$$

Wenn φ sich sehr der Grenze $\frac{1}{2}\pi$ und daher z der Grenze $\frac{1}{\sqrt{q'}}$ nähert, werden je zwei aufeinander folgende Terme in Zähler und Nenner nahe gleich oder entgegengesetzt. Vereinigt man sie in ein Glied, so bleibt die Convergenz noch überaus groſs. Ist z. B. $k = \frac{14}{15}$, so wird ungefähr $q = \frac{1}{8}$, so dass die Formel (6.) noch sehr rasch convergirt. Aber es wird dann schon q' ungefähr $\frac{1}{116}$, so dass man für alle Amplituden mit der Formel

$$\operatorname{tg}(45^0-\tfrac{1}{2}\varphi) = \frac{1}{z}\cdot\frac{1-q'z^2-q'^3z^{-2}}{1-q'z^{-2}-q'^3z^2}$$

ausreicht, um φ bis auf $0'',01$ genau zu haben.

Ich will noch einen sehr rasch convergirenden Ausdruck für die ganzen

Integrale zweiter Gattung hinzufügen. Vergleicht man nämlich die beiden Formeln *Fund.* §. 41.:

$$\tfrac{1}{2}\pi A = \left(\frac{2kK}{\pi}\right)^2 \int_0^{\frac{1}{2}\pi} \sin^2\mathrm{am}\frac{2Kx}{\pi}\,dx = 4\pi\left\{\frac{q}{(1-q)^2}+\frac{q^3}{(1-q^3)^2}+\frac{q^5}{(1-q^5)^2}+\cdots\right\}$$

$$\tfrac{1}{2}\pi B = \left(\frac{2kK}{\pi}\right)^2 \int_0^{\frac{1}{2}\pi} \cos^2\mathrm{am}\frac{2Kx}{\pi}\,dx = 4\pi\left\{\frac{q}{(1+q)^2}+\frac{q^3}{(1+q^3)^2}+\frac{q^5}{(1+q^5)^2}+\cdots\right\},$$

so sieht man, dass A in $-B$, B in $-A$ übergeht, wenn man $-q$ für q setzt. Differentiirt man ferner die Formel *Fund.* §. 40. (3.), nämlich:

$$\log\frac{2K}{\pi} = 4\left\{\frac{q}{1+q}+\frac{q^3}{3(1+q^3)}+\frac{q^5}{5(1+q^5)}+\cdots\right\},$$

so erhält man:

$$\frac{2q\,dK}{K\,dq} = B.$$

Hieraus folgt nach §. 65. (6.):

$$4q\frac{d}{dq}\sqrt{\frac{2K}{\pi}} = \sqrt{\frac{2K}{\pi}}\cdot B = k^2\left(\frac{2K}{\pi}\right)^{\frac{3}{2}}\int_0^{\frac{1}{2}\pi}\frac{\cos^2\varphi\,d\varphi}{\frac{1}{2}\pi\Delta\varphi}$$
$$= 8(q+4q^4+9q^9+16q^{16}+\cdots).$$

Setzt man hierin $-q$ für q, wodurch K in $k'K$, B in $-A$ übergeht, so erhält man:

$$\sqrt{k'}.k^2\left(\frac{2K}{\pi}\right)^{\frac{3}{2}}\int_0^{\frac{1}{2}\pi}\frac{\sin^2\varphi\,d\varphi}{\frac{1}{2}\pi\Delta\varphi} = 8(q-4q^4+9q^9-16q^{16}+\cdots),$$

und daher, durch Addition und Subtraction, zur Bestimmung der ganzen Integrale zweiter Gattung die Formeln:

$$C = k^2\left(\frac{2K}{\pi}\right)^{\frac{3}{2}}\int_0^{\frac{1}{2}\pi}\frac{(\cos^2\varphi+\sqrt{k'}\sin^2\varphi)d\varphi}{\frac{1}{2}\pi\Delta\varphi} = 16(q+9q^9+25q^{25}+\cdots)$$

$$D = k^2\left(\frac{2K}{\pi}\right)^{\frac{3}{2}}\int_0^{\frac{1}{2}\pi}\frac{(\cos^2\varphi-\sqrt{k'}\sin^2\varphi)d\varphi}{\frac{1}{2}\pi\Delta\varphi} = 64(q^4+4q^{16}+9q^{36}+\cdots),$$

von denen besonders die zweite bemerkenswerth ist, indem sie zeigt, dass der Werth des ganzen elliptischen Integrals zweiter Gattung

$$\frac{2}{\pi}\int_0^{\frac{1}{2}\pi}\frac{(\cos^2\varphi-\sqrt{k'}\sin^2\varphi)d\varphi}{\Delta\varphi}$$

von der Ordnung der sechsten Potenz des Moduls und von

$$\frac{64q^4}{k^2\left(\frac{2K}{\pi}\right)^{\frac{3}{2}}}$$

nur in Gröfsen von der Ordnung der dreifsigsten Potenz des Moduls verschieden ist, welche aufserdem noch durch überaus grofse Zahlen dividirt wird. Man sieht auch aus der vorstehenden Formel, dass

$$B < A \quad \text{und} \quad B > \sqrt{k'}A.$$

Um aus D den Werth von E^{I} zu finden, dient die Formel:

$$(1+\sqrt{k'})E^{\text{I}} = \sqrt{k'}(1+\sqrt{k'^3})F^{\text{I}} + \frac{\frac{1}{2}\pi D}{\left(\frac{2F^{\text{I}}}{\pi}\right)^{\frac{3}{2}}}.$$

Auch kann man die Formel

$$-(1+\sqrt{k'})\int_0^{\frac{1}{2}\pi}\frac{\cos 2\varphi\, d\varphi}{\Delta\varphi} = (1-\sqrt{k'})F^{\text{I}} - \frac{\pi D}{k^2\left(\frac{2F^{\text{I}}}{\pi}\right)^{\frac{3}{2}}}$$

bemerken. Da immer

$$q > \frac{k^2}{16}, \quad q < \frac{k^2}{16k'},$$

so ist in der Entwicklung von D der erste Term, welcher, extreme Fälle abgerechnet, allein einen Werth erhält, immer $< \frac{k^8}{1024k'^4}$. Man sieht, wie genau für nicht allzugrofse Moduln die beiden Gröfsen

$$(1+\sqrt{k'})E^{\text{I}} \quad \text{und} \quad \sqrt{k'}(1+\sqrt{k'^3})F^{\text{I}}$$

mit einander übereinkommen, indem die Differenz, nach den Potenzen von k^2 entwickelt, mit dem Term $\frac{1}{8}\pi\cdot\frac{k^8}{1024}$ beginnt.

2.

Man kann bei Berechnung der elliptischen Integrale mit Vortheil die Gaufsischen Tafeln anwenden, in welchen für einen unter der Columne A als Argument gegebenen $\log x$, wo $x>1$, der Werth von $\log(1+x)$ in der Columne C sich befindet. Ich will hierüber in einige nähere Erörterungen eingehen.

Es sollen im Folgenden die Werthe von A mit einem lateinischen Buchstaben und die entsprechenden von $C-\frac{1}{2}A-0.3010300$ mit dem entsprechenden griechischen bezeichnet werden, so dass man, wenn $m>n$ und $a=\log\frac{m}{n}$,

$$\alpha = \log\frac{m+n}{2\sqrt{mn}}$$

oder a gleich dem Logarithmus des Verhältnisses des arithmetischen und geometrischen Mittels von m und n setzt. Ist $-a$ der Logarithmus des Complements eines gegebenen Moduls, so wird hiernach $-\alpha$ der Logarithmus des Complements des kleineren Moduls, in welchen der gegebene durch die Landensche Substitution transformirt wird. Setzt man nun nacheinander:

$$a = \log\frac{m}{n}, \quad a' = \alpha, \quad a'' = \alpha', \quad a''' = \alpha'', \ldots,$$

indem man immer den gefundenen Werth von $a^{(i)}$ zum Argument A macht und den entsprechenden Werth von $\alpha^{(i+1)} = C - \frac{1}{2}A - 0.3010300$ aufsucht, bis man auf verschwindende Gröſsen kommt, so wird, nach der §. 38. angewandten Bezeichnung:

$$a = \log\frac{m}{n}, \quad a' = \alpha = \log\frac{m'}{n'}, \quad a'' = \alpha' = \log\frac{m''}{n''}, \ldots$$

Man erhält ferner aus den Formeln

$$mn = n'n', \quad m'n' = n''n'', \quad \ldots \quad m^{(i-1)}n^{(i-1)} = n^{(i)}n^{(i)}$$

die Gleichung:

$$\frac{m}{n}\cdot\frac{m'}{n'}\cdots\frac{m^{(i-1)}}{n^{(i-1)}} = \frac{n^{(i)}n^{(i)}}{nn},$$

und daher, wenn durch μ die Grenze bezeichnet wird, welcher die Gröſsen $n^{(i)}$ sehr schnell sich nähern:

$$\log\mu = \log n + \tfrac{1}{2}[a + a' + a'' + \cdots].$$

Der so für μ erhaltene Werth giebt bekanntlich das ganze elliptische Integral erster Gattung durch die Formel:

$$\frac{2}{\pi}\int_0^{\frac{1}{2}\pi}\frac{d\varphi}{\sqrt{mm\cos^2\varphi + nn\sin^2\varphi}} = \frac{1}{\mu}.$$

Die Gröſsen $n', n'', \ldots$ selber findet man durch successive Addition von $\frac{1}{2}a, \frac{1}{2}a', \ldots$ vermittelst der Formeln:

$$\log n' = \log n + \tfrac{1}{2}a, \quad \log n'' = \log n' + \tfrac{1}{2}a', \ldots,$$

und hieraus:

$$\log m' = \log n' + a', \quad \log m'' = \log n'' + a'', \ldots$$

Gaufs hat in seiner Abhandlung *Determinatio attractionis* auch eine sehr bequeme Anordnung für die Berechnung des ganzen elliptischen Integrals zweiter Gattung mitgetheilt. Berechnet man nämlich:

$$\lambda = \tfrac{1}{4}\sqrt{mm-nn}, \qquad \lambda' = \frac{\lambda\lambda}{m'}, \qquad \lambda'' = \frac{\lambda'\lambda'}{m''}, \ldots$$

$$\nu = \frac{2\lambda'\lambda'+4\lambda''\lambda''+8\lambda'''\lambda'''+\cdots}{\lambda\lambda},$$

so findet man nach einer Formel, welche im Wesentlichen mit der von Legendre gegebenen übereinkommt,

$$\frac{2}{\pi}\int_0^{\frac{1}{2}\pi}\frac{\cos 2\varphi\, d\varphi}{\sqrt{mm\cos^2\varphi+nn\sin^2\varphi}} = -\frac{\nu}{\mu}.$$

Die Gröfsen $\frac{4\lambda}{m}, \frac{4\lambda'}{m'}, \frac{4\lambda''}{m''}, \ldots$ oder $\frac{4\lambda}{m}, \frac{4\lambda'\lambda'}{\lambda\lambda}, \frac{4\lambda''\lambda''}{\lambda'\lambda'}, \ldots$ sind der gegebene und die nach und nach transformirten Moduln. Nach *Fund.* §. 52. *Coroll.* (4.) findet man die Gröfse q durch die Formel

$$\log q = 2\log\frac{\lambda}{m}+a-\tfrac{2}{2}a'-\tfrac{2}{4}a''-\tfrac{2}{8}a'''-\cdots$$

Um das unbestimmte Integral erster Gattung zu finden, hat man nach *Fund.* §. 38. die Gröfsen Δ' aus den vorhergehenden Δ durch die Formel

$$\Delta' = \sqrt{\frac{mm'(\Delta+n)}{m+\Delta}}$$

zu berechnen, woraus folgt:

$$\frac{m'}{\Delta'} = \sqrt{\frac{m'}{n'}}\cdot\sqrt{\frac{1+\frac{m}{\Delta}}{2\sqrt{\frac{m}{\Delta}}}}\cdot\sqrt{\frac{2\sqrt{\frac{\Delta}{n}}}{1+\frac{\Delta}{n}}},$$

$$\frac{\Delta'}{n'} = \sqrt{\frac{m'}{n'}}\cdot\sqrt{\frac{2\sqrt{\frac{m}{\Delta}}}{1+\frac{m}{\Delta}}}\cdot\sqrt{\frac{1+\frac{\Delta}{n}}{2\sqrt{\frac{\Delta}{n}}}}.$$

Setzt man daher:

$$\begin{array}{lll} a = \log\frac{m}{n}, & b = \log\frac{m}{\Delta} & c = \log\frac{\Delta}{n}, \\ a' = \alpha, & b' = \tfrac{1}{2}(\alpha+\beta-\gamma) & c' = \tfrac{1}{2}(\alpha-\beta+\gamma), \\ a'' = \alpha', & b'' = \tfrac{1}{2}(\alpha'+\beta'-\gamma') & c'' = \tfrac{1}{2}(\alpha'-\beta'+\gamma'), \\ \cdot\;\cdot\;\cdot\;\cdot & \cdot\;\cdot\;\cdot\;\cdot & \cdot\;\cdot\;\cdot\;\cdot \end{array}$$

wo man immer, wenn man in den Gaufsischen Tafeln $A = a^{(i)}$, $b^{(i)}$ oder $c^{(i)}$ nimmt, die Gröfsen $\alpha^{(i)}$, $\beta^{(i)}$ oder $\gamma^{(i)}$ durch die Formel

$$C - \tfrac{1}{2}A - 0.3010300$$

erhält, so wird

$$\log \frac{m^{(i)}}{\Delta^{(i)}} = b^{(i)}, \qquad \log \frac{\Delta^{(i)}}{n^{(i)}} = c^{(i)}.$$

Für das Integral

$$\int_0^{\varphi} \frac{d\varphi}{\sqrt{mm\cos^2\varphi + nn\sin^2\varphi}} = \Phi$$

findet man hiernach durch die Formel §. 38.:

$$\begin{aligned} \log \operatorname{tg} \mu\Phi &= \log \operatorname{tg} \varphi + \log \frac{\Delta'\Delta''\Delta'''\ldots}{mm'm''\ldots} \\ &= \log \operatorname{tg} \varphi + \log \frac{\mu}{m} - b' - b'' - b''' - \ldots \end{aligned}$$

Man kann auch die ersten Gröfsen $\frac{m}{\Delta}$ und $\frac{\Delta}{n}$ auf analoge Art durch $\operatorname{tg}\varphi$ finden. Sind nämlich b^0, c^0 positive Gröfsen, welche durch die Gleichungen

$$\pm \log \operatorname{tg}^2\varphi = b^0, \qquad \pm \log \frac{n^2}{m^2} \operatorname{tg}^2\varphi = c^0$$

bestimmt werden, so wird

$$\log \frac{m}{\Delta} = b = \tfrac{1}{2}(\alpha^0 + \beta^0 - \gamma^0), \qquad \log \frac{\Delta}{n} = c = \tfrac{1}{2}(\alpha^0 - \beta^0 + \gamma^0),$$

wo $\alpha^0 = a$. Die Gröfse $\mu\Phi$ ist der in den Reihen-Entwicklungen mit x bezeichnete Winkel.

Aus der von Gaufs angewandten Substitution

$$\sin\varphi = \frac{2m\sin\varphi'}{(m+n)\cos^2\varphi' + 2m\sin^2\varphi'}$$

findet man:

$$\frac{\sin\varphi'}{m'} = \frac{2\sin\varphi}{m+\Delta}, \qquad \operatorname{tg}\varphi' = \frac{\Delta'}{m}\operatorname{tg}\varphi,$$

wo, wie im Vorhergehenden,

$$\Delta = \sqrt{mm\cos^2\varphi + nn\sin^2\varphi}, \qquad \Delta' = \sqrt{m'm'\cos^2\varphi' + n'n'\sin^2\varphi'}.$$

Hieraus folgt:

$$\begin{aligned} \log \frac{\sin\varphi'}{m'} &= \log \frac{\sin\varphi}{m} + \tfrac{1}{2}b - \beta, & \log \frac{\sin\varphi''}{m''} &= \log \frac{\sin\varphi'}{m'} + \tfrac{1}{2}b' - \beta', \ldots \\ \log\cos\varphi' &= \log\cos\varphi + b' + \tfrac{1}{2}b - \beta, & \log\cos\varphi'' &= \log\cos\varphi' + b'' + \tfrac{1}{2}b' - \beta', \ldots \end{aligned}$$

Man hat so durch die bereits berechneten Werthe von $b^{(i)}$, $\beta^{(i)}$ und durch $\log\sin\varphi$, $\log\cos\varphi$ nacheinander durch bloſse Addition die Werthe von $\log\sin\varphi'$, $\log\cos\varphi'$, $\log\sin\varphi''$, $\log\cos\varphi''$, ... Diese Gröſsen dienen dazu, die von Gauſs für das unbestimmte Integral zweiter Gattung gegebene Formel zu berechnen, welche man, mit einer kleinen Veränderung, so darstellen kann:

$$\int_0^\varphi \frac{\cos 2\varphi\, d\varphi}{\sqrt{mm\cos^2\varphi+nn\sin^2\varphi}} = -\nu\Phi+\frac{\cos\varphi\sin\varphi'}{m'}+\frac{2\lambda'\lambda'}{\lambda\lambda}\cdot\frac{\cos\varphi'\sin\varphi''}{m''} + \frac{4\lambda''\lambda''}{\lambda\lambda}\cdot\frac{\cos\varphi''\sin\varphi'''}{m'''}+\cdots$$

Bezeichnet man das vorstehende Integral mit P und, wie Legendre, mit F^{I}, E^{I} die ganzen, mit $F(\varphi)$, $E(\varphi)$ die unbestimmten elliptischen Integrale erster und zweiter Gattung, so daſs $F(\varphi)=\Phi$, so wird für $m=1$,

$$E(\varphi) = \tfrac{1}{2}(\Phi+P)+\tfrac{1}{2}k'k'(\Phi-P),$$

$$\frac{E^{\mathrm{I}}}{F^{\mathrm{I}}} = \tfrac{1}{2}(1-\nu)+\tfrac{1}{2}k'k'(1+\nu),$$

und daher:

$$\frac{F^{\mathrm{I}}E(\varphi)-E^{\mathrm{I}}F(\varphi)}{F^{\mathrm{I}}} = \tfrac{1}{2}k^2(P+\nu\Phi)$$

$$= \frac{mm-nn}{2mm}\left(\frac{\cos\varphi\sin\varphi'}{m'}+\frac{2\lambda'\lambda'}{\lambda\lambda}\cdot\frac{\cos\varphi'\sin\varphi''}{m''}+\frac{4\lambda''\lambda''}{\lambda\lambda}\cdot\frac{\cos\varphi''\sin\varphi'''}{m'''}+\cdots\right).$$

Zufolge des oben für $\frac{\sin\varphi'}{m'}$ gegebenen Werthes wird

$$\int\frac{\cos\varphi\sin\varphi'}{m'}\cdot\frac{d\varphi}{\Delta} = \int\frac{2\sin\varphi\cos\varphi\, d\varphi}{\Delta(m+\Delta)}$$

und daher:

$$\tfrac{1}{2}(mm-nn)\int_0^\varphi\frac{\cos\varphi\sin\varphi'}{m'}\cdot\frac{d\varphi}{\Delta} = \log\frac{2m}{m+\Delta}.$$

Setzt man daher, wie in den *Fundam.* §. 52. (6.)

$$e^{\int_0^\varphi \frac{F^{\mathrm{I}}E(\varphi)-E^{\mathrm{I}}F(\varphi)}{F^{\mathrm{I}}}\cdot\frac{d\varphi}{\Delta}} = \frac{\Theta(u)}{\Theta(0)},$$

und bemerkt die Formeln:

$$(mm-nn)\frac{\lambda'\lambda'}{\lambda\lambda} = m'm'-n'n', \quad (mm-nn)\frac{\lambda''\lambda''}{\lambda\lambda} = m''m''-n''n'', \ldots$$

$$\frac{d\varphi}{\Delta} = \frac{d\varphi'}{\Delta'} = \frac{d\varphi''}{\Delta''} = \cdots$$

so erhält man einen neuen zur Berechnung bequemen Ausdruck für die Function $\Theta(u)$:

$$\frac{\Theta(u)}{\Theta(0)} = \frac{2m}{m+\Delta}\cdot\left(\frac{2m'}{m'+\Delta'}\right)^2\cdot\left(\frac{2m''}{m''+\Delta''}\right)^4\cdot\left(\frac{2m'''}{m'''+\Delta'''}\right)^8\cdots$$

Da $\log\frac{2m}{m+\Delta} = \frac{1}{2}b-\beta$, so giebt diese Formel die folgende:

$$\log\frac{\Theta(u)}{\Theta(0)} = \tfrac{1}{2}b-\beta+b'-2\beta'+2b''-4\beta''+4b'''-8\beta'''+\cdots,$$

welcher man noch verschiedene andere Formen geben kann.

3.

Setzt man $\quad k = \frac{\sqrt{mm-nn}}{m},\quad k^{(2)} = \frac{\sqrt{m'm'-n'n'}}{m'},$

ferner: $\quad K^{(2)} = \frac{1}{2}(1+k')K,\quad \varphi = \operatorname{am}\left(\frac{2Kx}{\pi}, k\right),$

so wird

$$\varphi' = \operatorname{am}\left(\frac{2K^{(2)}x}{\pi}, k^{(2)}\right).$$

Zufolge der §. 37. Theorema II. gemachten Bemerkung verwandelt sich daher k, K, φ in $k^{(2)}, K^{(2)}, \varphi'$, wenn man q^2 für q setzt. Dies erhält eine Bestätigung durch die Formel:

$$\operatorname{tg}\varphi = \frac{m\operatorname{tg}\varphi'}{\Delta'} = \frac{2}{1+k'}\cdot\frac{\operatorname{tg}\varphi'}{\sqrt{1-k^{(2)2}\sin^2\varphi'}}.$$

Wenn man nämlich aus den §. 39. (1.), (2.), (3.) für $\sin\varphi$, $\cos\varphi$, $\Delta\varphi$ gegebenen Zerfällungen in unendliche Producte den Werth von $\frac{\operatorname{tg}\varphi}{\Delta\varphi}$ entnimmt und in demselben q^2 für q setzt, so erhält man sogleich den Ausdruck für $\frac{1}{2}(1+k')\operatorname{tg}\varphi$. Umgekehrt kann man auf diese Art die vorstehende Formel, durch welche φ aus φ' bestimmt wird, unmittelbar aus jenen Factorenzerfällungen von $\sin\varphi$, $\cos\varphi$, $\Delta\varphi$ ableiten.

Für $m = 1$ hat man die Formel §. 39. (16.):

$$\frac{2k'k'K}{\pi}\cdot\frac{\operatorname{tg}\varphi}{\Delta\varphi} = \frac{2k'K}{\pi}\cdot\frac{\cos\operatorname{coam}u}{\cos\operatorname{am}u} = \operatorname{tg}x-\frac{4q\sin 2x}{1+q}+\frac{4q^2\sin 4x}{1+q^2}-\cdots$$

Setzt man hierin q^2 für q, so verwandelt sich der Ausdruck links in:

$$\frac{2k'}{1+k'}\cdot\frac{2K}{\pi}\cdot\frac{\operatorname{tg}\varphi'}{\sqrt{1-k^{(2)2}\sin^2\varphi'}} = \frac{2k'K}{\pi}\operatorname{tg}\varphi.$$

Man kann daher zu den in den *Fundam.* mitgetheilten Reihen noch die folgende fügen:

$$\frac{2k'K}{\pi}\operatorname{tg}\operatorname{am}\frac{2Kx}{\pi} = \operatorname{tg}x - \frac{4q^2\sin 2x}{1+q^2} + \frac{4q^4\sin 4x}{1+q^4} - \frac{4q^6\sin 6x}{1+q^6} + \cdots$$

Ueberhaupt bietet die Betrachtung, durch welche diese Formel abgeleitet ist, ein wichtiges Mittel dar, aus den gefundenen Resultaten mit Leichtigkeit neue abzuleiten. Man bemerke z. B., daſs, wenn man in dem für $\frac{\Theta(u)}{\Theta(0)} = \frac{\Theta\left(\frac{2Kx}{\pi}\right)}{\sqrt{\frac{2k'K}{\pi}}}$ oben gefundenen Ausdruck $k^{(2)}$ für k oder q^2 für q setzt und ihn dann ins Quadrat erhebt, dasselbe Resultat sich ergiebt, als wenn man den Ausdruck mit $\frac{m+\Delta}{2m}$ multiplicirt. Da sich nach §. 40. (6.), (7.) $k'K$ dadurch, daſs man q^2 für q setzt, in $\sqrt{k'}K$ verwandelt und nach §. 53. (9.)

$$\frac{\Delta}{m}\Theta(u) = \sqrt{k'}\,\Theta(u+K)$$

ist, so erhält man hieraus die Gleichung:

$$2\Theta^2(\tfrac{1}{2}(1+k')u, k^{(2)}) = \sqrt{\frac{2K}{\pi}}\,\Theta(u) + \sqrt{\frac{2k'K}{\pi}}\,\Theta(u+K).$$

Die oben gegebene Gleichung

$$\frac{\sin\varphi'}{m'} = \frac{2\sin\varphi}{m+\Delta}$$

kann man auch so darstellen:

$$k^{(2)}\sin^2\varphi' = \frac{1-k'}{1+k'}\sin^2\varphi' = \frac{m-\Delta}{m+\Delta}.$$

Aus der Formel §. 61. (1.) folgt aber, wenn man $k^{(2)}$ für k setzt:

$$k^{(2)}\sin^2\varphi' = \frac{1-k'}{1+k'}\sin^2\varphi' = \frac{H^2(\frac{1}{2}(1+k')u, k^{(2)})}{\Theta^2(\frac{1}{2}(1+k')u, k^{(2)})}$$

und daher:

$$\frac{H^2(\frac{1}{2}(1+k')u, k^{(2)})}{\Theta^2(\frac{1}{2}(1+k')u, k^{(2)})} = \frac{m-\Delta}{m+\Delta} = \frac{\Theta(u)-\sqrt{k'}\,\Theta(u+K)}{\Theta(u)+\sqrt{k'}\,\Theta(u+K)},$$

woraus

$$2H^2(\tfrac{1}{2}(1+k')u, k^{(2)}) = \sqrt{\frac{2K}{\pi}}\,\Theta(u) - \sqrt{\frac{2k'K}{\pi}}\,\Theta(u+K)$$

folgt. Ersetzt man die Formel

$$\sqrt{k^{(2)}}\sin\varphi' = \sqrt{\frac{1-k'}{1+k'}}\sin\varphi' = \frac{k\sin\varphi}{1+\frac{\Delta}{m}}$$

durch die folgende:

$$\frac{H(\frac{1}{2}(1+k')u, k^{(2)})}{\Theta(\frac{1}{2}(1+k')u, k^{(2)})} = \sqrt{k}\,\frac{H(u)}{\Theta(u)+\sqrt{k'}\,\Theta(u+K)},$$

so erhält man:

$$2H(\tfrac{1}{2}(1+k')u, k^{(2)}).\Theta(\tfrac{1}{2}(1+k')u, k^{(2)}) = \sqrt{\frac{2kK}{\pi}}\,H(u),$$

eine Formel, welche sich unmittelbar aus der Darstellung von $\Theta(u)$ und $H(u)$ als unendliche Producte ergiebt. Die drei gefundenen Formeln geben die Gleichungen:

$$\begin{gathered}2[1-2q^2\cos 2x+2q^8\cos 4x-2q^{18}\cos 6x+\cdots]^2\\ =\left\{\begin{array}{l}\;\;(1+2q+2q^4+2q^9+\cdots)(1-2q\cos 2x+2q^4\cos 4x-2q^9\cos 6x+\cdots)\\ +(1-2q+2q^4-2q^9+\cdots)(1+2q\cos 2x+2q^4\cos 4x+2q^9\cos 6x+\cdots)\end{array}\right\},\end{gathered}$$

$$\begin{gathered}8[\sqrt{q}\sin x-\sqrt{q^9}\sin 3x+\sqrt{q^{25}}\sin 5x-\cdots]^2\\ =\left\{\begin{array}{l}\;\;(1+2q+2q^4+2q^9+\cdots)(1-2q\cos 2x+2q^4\cos 4x-2q^9\cos 6x+\cdots)\\ -(1-2q+2q^4-2q^9+\cdots)(1+2q\cos 2x+2q^4\cos 4x+2q^9\cos 6x+\cdots)\end{array}\right\},\end{gathered}$$

$$\begin{gathered}[1-2q^2\cos 2x+2q^8\cos 4x-2q^{18}\cos 6x+\cdots][\sqrt{q}\sin x-\sqrt{q^9}\sin 3x+\sqrt{q^{25}}\sin 5x-\cdots]\\ =[\sqrt[4]{q}+\sqrt[4]{q^9}+\sqrt[4]{q^{25}}+\cdots][\sqrt[4]{q}\sin x-\sqrt[4]{q^9}\sin 3x+\sqrt[4]{q^{25}}\sin 5x-\cdots].\end{gathered}$$

Dies sind die einfachsten Fälle sehr wichtiger und sehr allgemeiner Formeln für die Verwandlung der Potenzen und Producte der Functionen $\Theta(u)$ und $H(u)$ in ein Aggregat lineärer Ausdrücke.

Die Rechnungsvorschriften, welche auf der von Legendre hauptsächlich untersuchten Landenschen Transformation beruhen, erfordern zur Auffindung der Werthe der unbestimmten Integrale erster Gattung den Gebrauch trigonometrischer Tafeln. Man berechnet $\varphi_1, \varphi_2, \ldots$ durch die Formel:

$$\log \operatorname{tg}(\varphi_1-\varphi) = \log \operatorname{tg}\varphi - a, \ldots$$

Die Winkel $\frac{1}{2}\varphi_1, \frac{1}{4}\varphi_2 \ldots$ nähern sich sehr bald der Grenze:

$$\mu\Phi = \mu\int_0^{\varphi}\frac{d\varphi}{\sqrt{mm\cos^2\varphi+nn\sin^2\varphi}}.$$

Um die unbestimmten Integrale zweiter Gattung zu finden, setze man

$$\frac{Z}{m} = \frac{F^{\mathrm{I}}E(\varphi)-E^{\mathrm{I}}F(\varphi)}{F^{\mathrm{I}}} = \frac{mm-nn}{2m}\left(\int_0^{\varphi}\frac{\cos 2\varphi\, d\varphi}{\Delta}+\nu\Phi\right)$$

und bezeichne mit $\frac{Z_i}{m^{(i)}}$ die analogen Gröfsen, welche man erhält, wenn man $m^{(i)}, n^{(i)}, \varphi_i$ für m, n, φ setzt. Die Legendreschen Formeln geben dann:

$$Z_1 = Z-4\lambda'\sin\varphi_1,\qquad Z_2 = Z_1-4\lambda''\sin\varphi_2,\ \ldots$$

und daher:

$$Z = 4[\lambda'\sin\varphi_1+\lambda''\sin\varphi_2+\lambda'''\sin\varphi_3+\cdots].$$

Multiplicirt man diese Formel mit

$$\frac{d\varphi}{\Delta} = \tfrac{1}{2}\frac{d\varphi_1}{\Delta_1} = \tfrac{1}{4}\frac{d\varphi_2}{\Delta_2} = \cdots$$

und bemerkt, dass

$$\frac{4\lambda'\sin\varphi_1\, d\varphi}{\Delta} = \tfrac{1}{4}(mm-nn)\frac{\sin 2\varphi\, d\varphi}{mm\cos^2\varphi+nn\sin^2\varphi} = -\tfrac{1}{2}d\log\frac{\Delta}{m},$$

so erhält man durch Integration:

$$e^{\int_0^{\varphi}\frac{Z d\varphi}{\Delta}} = \frac{\Theta(u)}{\Theta(0)} = \sqrt{\frac{m}{\Delta}}\cdot\sqrt[4]{\frac{m'}{\Delta_1}}\cdot\sqrt[8]{\frac{m''}{\Delta_2}}\cdots,$$

welches der in den *Fundam.* §. 52. *Corollarium* durch Betrachtung der unendlichen Producte gefundene Ausdruck ist. Die Gröfsen $\Delta_1, \Delta_2 \ldots$ kann man durch die Formeln

$$\cos(2\varphi-\varphi_1) = \frac{\Delta_1}{m'},\qquad \cos(2\varphi_1-\varphi_2) = \frac{\Delta_2}{m''},\ \cdots$$

berechnen. Diese geben den Ausdruck:

$$\frac{\Theta(u)}{\Theta(0)} = \sqrt{\frac{m}{\Delta}}\cdot\frac{1}{\sqrt[4]{\cos(2\varphi-\varphi_1)}}\cdot\frac{1}{\sqrt[8]{\cos(2\varphi_1-\varphi_2)}}\cdot\ \cdots$$

Will man die in den *Fundam.* mitgetheilte Berechnungsweise der Gröfsen $\Delta_1, \Delta_2 \ldots$ anwenden, so gebraucht man wieder mit Vortheil die Gaufsischen Tafeln.

4.

Ich will die hauptsächlichsten der im Vorigen mitgetheilten Formeln durch ein von Legendre ebenfalls behandeltes numerisches Beispiel erläutern, welches sich auf einen schon ziemlich grofsen Modul $k = \sin 75^0$ bezieht.

Es sei

$$m = 1, \quad \log n = \log \sin 15^0 = 9.4129962,$$
$$\varphi = 47^0\ 3'\ 30''95,$$

wo $\operatorname{tg}\varphi = \sqrt{\frac{2}{\sqrt{3}}}$. Die benutzten Tafeln sind die auf 7 Stellen berechneten Matthiessenschen (Altona 1817). Bei den Interpolationen ist noch immer die 8te Stelle mitgenommen worden, um den Fehler in der 7ten zu verringern.

Setzt man

$$a = \log\frac{1}{n} = 0.5870038,$$

ferner

$$\log \operatorname{tg}^2\varphi = \quad b^0 = 0.0624693.6,$$
$$\log\frac{n^2}{m^2}\operatorname{tg}^2\varphi = -c^0 = 8.8884617.6,$$

und sucht nach der in der Abhandlung angegebenen Regel aus den Matthiessenschen Tafeln die Werthe

$$\beta^0 = 0.0011222.3,$$
$$\gamma^0 = 0.2870960.3,$$

so findet man nach und nach:

$$\log\frac{m}{\Delta} = b = \tfrac{1}{2}(a+\beta^0-\gamma^0) = 0.1505150, \qquad \beta = 0.0064882.8,$$
$$\log\frac{\Delta}{n} = c = \quad a-b = 0.4364888.0, \qquad \gamma = 0.0526782.3,$$
$$a' = 0.0924352.2, \quad b' = 0.0231251.1, \quad c' = 0.0693101.1,$$
$$\beta' = 0.0001539.7, \quad \gamma' = 0.0018812.0,$$
$$a'' = 0.0024545.8, \quad b'' = 0.0006136.7, \quad c'' = 0.0018409.1,$$
$$\beta'' = 0.0000001.0, \quad \gamma'' = 0.0000009.0,$$
$$a''' = 0.0000018.0, \quad b''' = 0.0000005.0, \quad c''' = 0.0000013.0.$$

Hat man hier aus a^i, b^i, c^i die Gröfsen $\alpha^i, \beta^i, \gamma^i$ gefunden, indem man nach der allgemeinen Regel

$$a^i,\ b^i \text{ oder } c^i = A \text{ und } \alpha^i, \beta^i, \gamma^i = C - \tfrac{1}{2}A - 0.3010300.0$$

setzt, wo C aus A durch die Math. Tafeln gegeben ist, so wird

$$a^{i+1} = \alpha^i, \quad b^{i+1} = \tfrac{1}{2}(\alpha^i+\beta^i-\gamma^i), \quad c^{i+1} = \tfrac{1}{2}(\alpha^i-\beta^i+\gamma^i),$$

und daher immer $a^i = b^i + c^i$. Wenn daher $\log\frac{1}{n}$, $\log \operatorname{tg}\varphi$ gegeben ist, so hat man zur Berechnung aller vorstehenden Gröfsen nur achtmal in die Tafeln zu gehen. Hiermit ist aber schon fast alles gegeben, was zur Berechnung der ganzen und unbestimmten Integrale erster und zweiter Gattung und der Gröfsen $\log q$ und $\log \Theta$ erforderlich ist. Denn man hat zunächst:

$$\log\mu = \log\frac{\pi}{2F^{\text{I}}} = \log n + \tfrac{1}{2}a + \tfrac{1}{4}a' + \tfrac{1}{8}a'' + \tfrac{1}{8}a''' = 9.7539439.0.$$

Um $\log q$ zu finden, braucht man noch den log. des vierten Theils des Moduls

$$\log\lambda = \log\tfrac{1}{4}\sqrt{mm-nn} = 9.3828837.7;$$

dann wird

$$\log q = 2\log\lambda + a - 3[\tfrac{1}{2}a' + \tfrac{1}{4}a'' + \tfrac{1}{8}a'''] = 9.2122768.7.$$

Setzt man ferner $\Phi = F(\varphi)$, so wird

$$\log\operatorname{tg}\mu\Phi = \log\operatorname{tg}\varphi + \log\frac{\mu}{m} - [b' + b'' + b'''] = 9.7614393.0.$$

Der genaue Werth von $x = \mu\Phi$ ist 30^0, und man hat nach den Tafeln $\log\operatorname{tg} 30^0 = 9.7614393.7$. Man findet ferner:

$$\log\frac{\Theta(u)}{\Theta(0)} = \int_0^{\varphi}\left[E(\varphi) - \frac{E^{\text{I}}}{F^{\text{I}}}F(\varphi)\right]\frac{d\varphi}{\Delta}$$
$$= \tfrac{1}{2}b + b' + 2b'' + 4b''' - [\beta + 2\beta' + 4\beta''] = 0.0928153.9.$$

Um die Integrale zweiter Gattung zu erhalten, mufs man zuvor durch Addition und Subtraction die Logarithmen der Gröfsen m^{ι}, n^{ι}, λ^{ι} bilden:

$\log n' = 9.7064981,$	$\log m' = 9.7989333.2,$	$\log\lambda' = 8.9668342,$
$\log n'' = 9.7527157.1,$	$\log m'' = 9.7551702.9,$	$\log\lambda'' = 8.1784981,$
$\log n''' = 9.7539430.0,$	$\log m''' = 9.7539448.0,$	$\log\lambda''' = 6.60305,$
$\log n^{\text{IV}} = 9.7539439.0,$	$\log m^{\text{IV}} = 9.7539439.0,$	$\log\lambda^{\text{IV}} = 3.452.$

Hier ist

$$\log n^{\iota+1} = \log n^{\iota} + \tfrac{1}{2}a^{\iota}, \qquad \log m^{\iota} = \log n^{\iota} + a^{\iota}, \qquad \log\lambda^{\iota+1} = 2\log\lambda^{\iota} - \log m^{\iota+1}.$$

Hiernach findet man:

$$\log\frac{2\lambda'\lambda'}{\lambda\lambda} = 9.4689309, \qquad \frac{2\lambda'\lambda'}{\lambda\lambda} = 0.2943952.7,$$
$$\log\frac{4\lambda''\lambda''}{\lambda\lambda} = 8.1932888, \qquad \frac{4\lambda''\lambda''}{\lambda\lambda} = 0.0156059.0,$$
$$\log\frac{8\lambda'''\lambda'''}{\lambda\lambda} = 5.34343, \qquad \frac{8\lambda'''\lambda'''}{\lambda\lambda} = 0.0000220.5,$$
$$\nu = 0.3100232.2.$$

Der gefundene Werth von ν, welcher das Aufschlagen dreier Zahlen erforderte, giebt:

$$\nu = -\frac{1}{F^{\mathrm{I}}}\int_0^{\frac{1}{2}\pi}\frac{\cos 2\varphi\, d\varphi}{\Delta\varphi}; \qquad \frac{E^{\mathrm{I}}}{F^{\mathrm{I}}} = \frac{mm+nn}{2mm} - \frac{mm-nn}{2mm}\nu.$$

Zur Berechnung des unbestimmten Integrals zweiter Gattung geht man von den Werthen von $\log\sin\varphi$, $\log\cos\varphi$ aus und findet dann durch successives Addiren:

$$\log\frac{\sin\varphi}{m} = 9.8645412.7 \qquad \log\cos\varphi = 9.8333065.7$$

$$\tfrac{1}{2}b-\beta = 0.0687692.8 \qquad b'+\tfrac{1}{2}b-\beta = 0.0918943.9$$

$$\log\frac{\sin\varphi'}{m'} = 9.9333105.5 \qquad \log\cos\varphi' = 9.9252009.6$$

$$\tfrac{1}{2}b'-\beta' = 0.0114085.9 \qquad b''+\tfrac{1}{2}b'-\beta' = 0.0120222.6$$

$$\log\frac{\sin\varphi''}{m''} = 9.9447191.4 \qquad \log\cos\varphi'' = 9.9372232.2$$

$$\tfrac{1}{2}b''-\beta'' = 0.0003067.4 \qquad b'''+\tfrac{1}{2}b''-\beta'' = 0.0003072.4$$

$$\log\frac{\sin\varphi'''}{m'''} = 9.9450258.8 \qquad \log\cos\varphi''' = 9.9375304.6$$

$$\tfrac{1}{2}b''' = 2.5$$

$$\log\frac{\sin\varphi^{\mathrm{IV}}}{m^{\mathrm{IV}}} = 9.9450261.3$$

$$\log\frac{\cos\varphi\sin\varphi'}{m'} = 9.7666171.2 \qquad \frac{\cos\varphi\sin\varphi'}{m'} = 0.5842747.0$$

$$\log\frac{2\lambda'\lambda'}{\lambda\lambda}\cdot\frac{\cos\varphi'\sin\varphi''}{m''} = 9.3388510.0 \qquad \frac{2\lambda'\lambda'}{\lambda\lambda}\cdot\frac{\cos\varphi'\sin\varphi''}{m''} = 0.2181981.5$$

$$\log\frac{4\lambda''\lambda''}{\lambda\lambda}\cdot\frac{\cos\varphi''\sin\varphi'''}{m'''} = 8.0755378.6 \qquad \frac{4\lambda''\lambda''}{\lambda\lambda}\cdot\frac{\cos\varphi''\sin\varphi'''}{m'''} = 0.0118997.5$$

$$\log\frac{8\lambda'''\lambda'''}{\lambda\lambda}\cdot\frac{\cos\varphi'''\sin\varphi^{\mathrm{IV}}}{m^{\mathrm{IV}}} = 5.22599 \qquad \frac{8\lambda'''\lambda'''}{\lambda\lambda}\cdot\frac{\cos\varphi'''\sin\varphi^{\mathrm{IV}}}{m^{\mathrm{IV}}} = 0.0000168.3$$

$$\log\nu = 9.4913942.9 \qquad 0.8143894.3$$

$$\log\nu\Phi = \log\frac{\nu}{\mu}30^0 = 9.4564490.9 \qquad \nu\Phi = 0.2860547.2$$

$$\int_0^{\varphi}\frac{\cos 2\varphi\, d\varphi}{\Delta\varphi} = 0.5283347.1.$$

Man hat zur Berechnung des vorstehenden Integrals zwar nur fünf Zahlen aufzuschlagen, aber sehr viele Additionen zu machen. Es wird daher eben so vortheilhaft die Gröfse $\frac{\cos\varphi\sin\varphi'}{m'}+\cdots$ auch durch die Formel

$$\frac{\cos\varphi\sin\varphi'}{m'}+\frac{2\lambda'\lambda'}{\lambda\lambda}\cdot\frac{\cos\varphi'\sin\varphi''}{m''}+\cdots$$

$$=\frac{1}{8\lambda\lambda}\left\{E(\varphi)-\frac{E^{1}}{F^{1}}F(\varphi)\right\}=\frac{1}{2\lambda\lambda\mu}\cdot\frac{q\sin 2x-2q^4\sin 4x+3q^9\sin 6x-\cdots}{1-2q\cos 2x+2q^4\cos 4x-2q^9\cos 6x+\cdots}$$

berechnet werden können. Da hier $x=30^0$ und $\log q=9.2122768.7$ ist, so findet man, wenn man den Bruch mit $\frac{Z}{N}$ bezeichnet,

$$\begin{aligned}
q\sin 2x &= 0.1411911.5 & q\cos 2x &= 0.0815167.5\\
2q^4\sin 4x &= 0.0012236.8 & -q^4\cos 4x &= 0.0003532.4\\
Z &= 0.1399674.7 & -q^9\cos 6x &= 0.8\\
\log Z &= 9.1460271.7 & N &= 0.8362601.8\\
\log N &= 9.9223413.9 & &= 1-2q\cos 2x+2q^4\cos 4x-2q^9\cos 6x\\
\log\frac{Z}{2\lambda\lambda\mu N} &= 9.9108321.4; & \frac{1}{2\lambda\lambda\mu}\cdot\frac{Z}{N} &= 0.8143894.4.
\end{aligned}$$

Die frühere Rechnung gab dieselbe Gröfse 0.8143894.3. Den Werth von $\log N$ kann man auch aus der Formel

$$\log N=\log\frac{\Theta(u)}{\Theta(0)}+\tfrac{1}{2}\log\frac{n}{\mu}$$

erhalten. Wir fanden aber oben:

$$\log\frac{\Theta(u)}{\Theta(0)}=0.0928153.9,$$

$$\tfrac{1}{2}\log\frac{n}{\mu}=9.8295261.5,$$

und hieraus wird

$$\log N=9.9223415.4,$$

welches nur um 1.5 in der 7ten Stelle von dem durch die Reihen-Entwicklung gefundenen Werthe abweicht.

Sehr leicht wird die Berechnung von ν durch die Formel:

$$-(1+\sqrt{k'})\int_0^{\frac{1}{2}\pi}\frac{\cos 2\varphi\, d\varphi}{\Delta\varphi}=(1-\sqrt{k'})F^{1}-\frac{\pi D}{k^2\left(\frac{2F^{1}}{\pi}\right)^{\frac{3}{2}}}$$

oder:

$$\frac{\sqrt{m}+\sqrt{n}}{\sqrt{m}}\cdot\frac{\nu}{\mu} = \frac{\sqrt{m}-\sqrt{n}}{\sqrt{m}}\cdot\frac{1}{\mu} - \frac{\mu^{\frac{2}{3}}D}{8\lambda\lambda}.$$

Es ist

$$\frac{\sqrt{m}-\sqrt{n}}{\sqrt{m}+\sqrt{n}} = \frac{m-n}{2(m'+n')} = \frac{mm-nn}{2(m'+n')(m+n)} = \frac{2\lambda\lambda}{m'm''}$$

$$\sqrt{m}+\sqrt{n} = \sqrt{2(m'+n')} = 2\sqrt{m''},$$

und daher, wenn man q^{16}, als unmerklich, wegläfst,

$$\nu = \frac{2\lambda\lambda}{m'm''} - \frac{\sqrt{m}.\mu^{\frac{5}{3}}D}{16\lambda\lambda\sqrt{m''}} = \frac{2\lambda\lambda}{m'm''} - \frac{4\sqrt{m}.\mu^{\frac{5}{3}}q^4}{\sqrt{m''}.\lambda\lambda}.$$

Es ist

$$\log\frac{2\lambda\lambda}{m'm''} = 9.5126939.3; \qquad \frac{2\lambda\lambda}{m'm''} = 0.3256071.8,$$

$$\log\frac{4\sqrt{m}.\mu^{\frac{5}{3}}q^4}{\sqrt{m''}.\lambda\lambda} = 8.1926745.4; \qquad \frac{4\sqrt{m}.\mu^{\frac{5}{3}}q^4}{\sqrt{m''}.\lambda\lambda} = 0.0155838.4,$$

$$\nu = 0.3100233.4;$$

welches nur um 1.2 in der 7ten Stelle vom oben gefundenen Werthe abweicht.

Königsberg, den 12. Juni 1843.

Ich füge die folgende Tabelle hinzu, welche für die Werthe des Argumentes $\vartheta = \arcsin k$ von Zehntel zu Zehntel Grad die Werthe von $\log q$ bis auf 5 Decimalstellen nebst den ersten Differenzen giebt.

ϑ	log. q	Diff. I.	ϑ	log. q	Diff. I.	ϑ	log. q	Diff. I.
0.0	Infinitum.		5.0	6.67813	1722	10.0	7.28185	869
0.1	3.27964	0.60206	5.1	6.69535	1689	10.1	7.29054	860
0.2	3.88170	35218	5.2	6.71224	1657	10.2	7.29914	852
0.3	4.23388	24988	5.3	6.72881	1626	10.3	7.30766	844
0.4	4.48376	19382	5.4	6.74507	1596	10.4	7.31610	836
0.5	4.67758	15836	5.5	6.76103	1567	10.5	7.32446	828
0.6	4.83594	13390	5.6	6.77670	1540	10.6	7.33274	820
0.7	4.96984	11599	5.7	6.79210	1518	10.7	7.34094	813
0.8	5.08583	10231	5.8	6.80723	1488	10.8	7.34907	805
0.9	5.18814	9152	5.9	6.82211	1462	10.9	7.35712	798
1.0	5.27966	8279	6.0	6.83673	1439	11.0	7.36510	791
1.1	5.36245	7457	6.1	6.85112	1415	11.1	7.37301	784
1.2	5.43702	7054	6.2	6.86527	1392	11.2	7.38085	777
1.3	5.50756	6437	6.3	6.87919	1371	11.3	7.38862	771
1.4	5.57193	5994	6.4	6.89290	1349	11.4	7.39633	763
1.5	5.63187	5606	6.5	6.90639	1329	11.5	7.40396	758
1.6	5.68793	5267	6.6	6.91968	1310	11.6	7.41154	750
1.7	5.74060	4965	6.7	6.93278	1289	11.7	7.41904	745
1.8	5.79025	4697	6.8	6.94567	1272	11.8	7.42649	738
1.9	5.83722	4456	6.9	6.95839	1252	11.9	7.43387	732
2.0	5.88178	4239	7.0	6.97091	1236	12.0	7.44119	727
2.1	5.92417	4042	7.1	6.98327	1218	12.1	7.44846	720
2.2	5.96459	3862	7.2	6.99545	1201	12.2	7.45566	714
2.3	6.00321	3697	7.3	7.00746	1185	12.3	7.46280	709
2.4	6.04018	3547	7.4	7.01931	1169	12.4	7.46989	703
2.5	6.07565	3408	7.5	7.03100	1154	12.5	7.47692	698
2.6	6.10973	3279	7.6	7.04254	1139	12.6	7.48390	693
2.7	6.14252	3160	7.7	7.05393	1124	12.7	7.49083	686
2.8	6.17412	3050	7.8	7.06517	1110	12.8	7.49769	682
2.9	6.20462	2946	7.9	7.07627	1096	12.9	7.50451	677
3.0	6.23408	2849	8.0	7.08723	1083	13.0	7.51128	671
3.1	6.26257	2759	8.1	7.09806	1069	13.1	7.51799	667
3.2	6.29016	2674	8.2	7.10875	1056	13.2	7.52466	661
3.3	6.31690	2595	8.3	7.11931	1044	13.3	7.53127	657
3.4	6.34285	2519	8.4	7.12975	1032	13.4	7.53784	651
3.5	6.36804	2449	8.5	7.14007	1020	13.5	7.54435	648
3.6	6.39253	2381	8.6	7.15027	1008	13.6	7.55083	642
3.7	6.41634	2318	8.7	7.16035	996	13.7	7.55725	638
3.8	6.43952	2258	8.8	7.17031	986	13.8	7.56363	633
3.9	6.46210	2201	8.9	7.18017	974	13.9	7.56996	629
4.0	6.48411	2146	9.0	7.18991	964	14.0	7.57625	625
4.1	6.50557	2095	9.1	7.19955	953	14.1	7.58250	620
4.2	6.52652	2046	9.2	7.20908	944	14.2	7.58870	616
4.3	6.54698	1999	9.3	7.21852	933	14.3	7.59486	612
4.4	6.56697	1954	9.4	7.22785	923	14.4	7.60098	607
4.5	6.58651	1911	9.5	7.23708	914	14.5	7.60705	604
4.6	6.60562	1870	9.6	7.24622	904	14.6	7.61309	599
4.7	6.62432	1831	9.7	7.25526	895	14.7	7.61908	596
4.8	6.64263	1793	9.8	7.26421	887	14.8	7.62504	591
4.9	6.66056	1757	9.9	7.27308	877	14.9	7.63095	588
5.0	6.67813	1722	10.0	7.28185	869	15.0	7.63683	584

ϑ	log. q	Diff. I.	ϑ	log. q	Diff. I.	ϑ	log. q	Diff. I.
15.0	7.63683	584	20.0	7.89068	443	25.0	8.08971	359
15.1	7.64267	580	20.1	7.89511	440	25.1	8.09330	357
15.2	7.64847	577	20.2	7.89951	438	25.2	8.09687	356
15.3	7.65424	572	20.3	7.90389	436	25.3	8.10043	354
15.4	7.65996	570	20.4	7.90825	434	25.4	8.10397	354
15.5	7.66566	565	20.5	7.91259	433	25.5	8.10751	351
15.6	7.67131	562	20.6	7.91692	430	25.6	8.11102	351
15.7	7.67693	559	20.7	7.92122	428	25.7	8.11453	350
15.8	7.68252	555	20.8	7.92550	426	25.8	8.11803	348
15.9	7.68807	552	20.9	7.92976	424	25.9	8.12151	347
16.0	7.69359	548	21.0	7.93400	423	26.0	8.12498	345
16.1	7.69907	545	21.1	7.93823	420	26.1	8.12843	345
16.2	7.70452	542	21.2	7.94243	418	26.2	8.13188	343
16.3	7.70994	539	21.3	7.94661	417	26.3	8.13531	342
16.4	7.71533	535	21.4	7.95078	415	26.4	8.13873	341
16.5	7.72068	533	21.5	7.95493	413	26.5	8.14214	340
16.6	7.72601	529	21.6	7.95906	411	26.6	8.14554	338
16.7	7.73130	526	21.7	7.96317	409	26.7	8.14892	338
16.8	7.73656	523	21.8	7.96726	408	26.8	8.15230	336
16.9	7.74179	520	21.9	7.97134	406	26.9	8.15566	335
17.0	7.74699	517	22.0	7.97540	404	27.0	8.15901	334
17.1	7.75216	515	22.1	7.97944	402	27.1	8.16235	333
17.2	7.75731	511	22.2	7.98346	401	27.2	8.16568	331
17.3	7.76242	508	22.3	7.98747	399	27.3	8.16899	331
17.4	7.76750	507	22.4	7.99146	397	27.4	8.17230	329
17.5	7.77257	502	22.5	7.99543	396	27.5	8.17559	329
17.6	7.77759	500	22.6	7.99939	394	27.6	8.17888	327
17.7	7.78259	498	22.7	8.00333	392	27.7	8.18215	326
17.8	7.78757	494	22.8	8.00725	391	27.8	8.18541	325
17.9	7.79251	492	22.9	8.01116	389	27.9	8.18866	324
18.0	7.79743	490	23.0	8.01505	388	28.0	8.19190	323
18.1	7.80233	487	23.1	8.01893	386	28.1	8.19513	322
18.2	7.80720	484	23.2	8.02279	384	28.2	8.19835	321
18.3	7.81204	482	23.3	8.02663	383	28.3	8.20156	320
18.4	7.81686	479	23.4	8.03046	381	28.4	8.20476	319
18.5	7.82165	476	23.5	8.03427	380	28.5	8.20795	318
18.6	7.82641	475	23.6	8.03807	378	28.6	8.21113	317
18.7	7.83116	471	23.7	8.04185	377	28.7	8.21430	315
18.8	7.83587	470	23.8	8.04562	375	28.8	8.21745	315
18.9	7.84057	467	23.9	8.04937	374	28.9	8.22060	314
19.0	7.84524	464	24.0	8.05311	372	29.0	8.22374	313
19.1	7.84988	463	24.1	8.05683	371	29.1	8.22687	312
19.2	7.85451	460	24.2	8.06054	370	29.2	8.22999	311
19.3	7.85911	457	24.3	8.06424	368	29.3	8.23310	310
19.4	7.86368	456	24.4	8.06792	367	29.4	8.23620	309
19.5	7.86824	453	24.5	8.07159	365	29.5	8.23929	308
19.6	7.87277	451	24.6	8.07524	364	29.6	8.24237	307
19.7	7.87728	449	24.7	8.07888	362	29.7	8.24544	306
19.8	7.88177	447	24.8	8.08250	361	29.8	8.24850	306
19.9	7.88624	444	24.9	8.08611	360	29.9	8.25156	305
20.0	7.89068	443	25.0	8.08971	359	30.0	8.25461	303

ϑ	$\log q$	Diff. I.	ϑ	$\log q$	Diff. I.	ϑ	$\log q$	Diff. I.
30.0	8.25461	303	35.0	8.39646	265	40.0	8.52199	238
30.1	8.25764	303	35.1	8.39911	265	40.1	8.52437	237
30.2	8.26067	301	35.2	8.40176	264	40.2	8.52674	237
30.3	8.26368	301	35.3	8.40440	264	40.3	8.52911	236
30.4	8.26669	301	35.4	8.40704	262	40.4	8.53147	236
30.5	8.26970	301	35.5	8.40966	262	40.5	8.53383	235
30.6	8.27268	298	35.6	8.41228	262	40.6	8.53618	235
30.7	8.27567	297	35.7	8.41490	261	40.7	8.53853	235
30.8	8.27864	296	35.8	8.41751	260	40.8	8.54088	234
30.9	8.28160	296	35.9	8.42011	260	40.9	8.54322	233
31.0	8.28456	295	36.0	8.42271	259	41.0	8.54555	233
31.1	8.28751	294	36.1	8.42530	258	41.1	8.54788	233
31.2	8.29045	293	36.2	8.42788	258	41.2	8.55021	233
31.3	8.29338	292	36.3	8.43046	257	41.3	8.55254	232
31.4	8.29630	292	36.4	8.43303	257	41.4	8.55486	231
31.5	8.29922	290	36.5	8.43560	256	41.5	8.55717	231
31.6	8.30212	290	36.6	8.43816	256	41.6	8.55948	230
31.7	8.30502	289	36.7	8.44072	255	41.7	8.56178	230
31.8	8.30791	288	36.8	8.44327	254	41.8	8.56408	230
31.9	8.31079	288	36.9	8.44581	254	41.9	8.56638	229
32.0	8.31367	287	37.0	8.44835	253	42.0	8.56867	229
32.1	8.31654	286	37.1	8.45088	253	42.1	8.57096	229
32.2	8.31940	285	37.2	8.45341	252	42.2	8.57325	228
32.3	8.32225	284	37.3	8.45593	251	42.3	8.57553	227
32.4	8.32509	283	37.4	8.45844	251	42.4	8.57780	227
32.5	8.32792	283	37.5	8.46095	251	42.5	8.58007	227
32.6	8.33075	282	37.6	8.46346	250	42.6	8.58234	227
32.7	8.33357	281	37.7	8.46596	249	42.7	8.58461	226
32.8	8.33638	281	37.8	8.46845	249	42.8	8.58687	225
32.9	8.33919	280	37.9	8.47094	248	42.9	8.58912	225
33.0	8.34199	279	38.0	8.47342	248	43.0	8.59137	225
33.1	8.34478	278	38.1	8.47590	247	43.1	8.59362	225
33.2	8.34756	278	38.2	8.47837	247	43.2	8.59587	224
33.3	8.35034	277	38.3	8.48084	246	43.3	8.59811	224
33.4	8.35311	276	38.4	8.48330	245	43.4	8.60035	223
33.5	8.35587	275	38.5	8.48575	245	43.5	8.60258	223
33.6	8.35862	275	38.6	8.48820	245	43.6	8.60481	222
33.7	8.36137	274	38.7	8.49065	244	43.7	8.60703	222
33.8	8.36411	273	38.8	8.49309	244	43.8	8.60925	222
33.9	8.36684	273	38.9	8.49553	243	43.9	8.61147	221
34.0	8.36957	272	39.0	8.49796	242	44.0	8.61368	221
34.1	8.37229	271	39.1	8.50038	242	44.1	8.61589	221
34.2	8.37500	271	39.2	8.50280	242	44.2	8.61810	221
34.3	8.37771	270	39.3	8.50522	241	44.3	8.62031	220
34.4	8.38041	269	39.4	8.50763	240	44.4	8.62251	219
34.5	8.38310	269	39.5	8.51003	240	44.5	8.62470	219
34.6	8.38579	268	39.6	8.51243	240	44.6	8.62689	219
34.7	8.38847	267	39.7	8.51483	239	44.7	8.62908	219
34.8	8.39114	266	39.8	8.51722	239	44.8	8.63127	218
34.9	8.39380	266	39.9	8.51961	238	44.9	8.63345	218
35.0	8.39646	265	40.0	8.52199	238	45.0	8.63563	217

ϑ	log. q	Diff. I.	ϑ	log. q	Diff. I.	ϑ	log. q	Diff. I.
45.0	8.63563	217	50.0	8.74052	203	55.0	8.83912	192
45.1	8.63780	217	50.1	8.74255	202	55.1	8.84104	192
45.2	8.63997	217	50.2	8.74457	202	55.2	8.84296	192
45.3	8.64214	216	50.3	8.74659	202	55.3	8.84488	191
45.4	8.64430	216	50.4	8.74861	202	55.4	8.84679	192
45.5	8.64646	216	50.5	8.75063	201	55.5	8.84871	191
45.6	8.64862	215	50.6	8.75264	201	55.6	8.85062	192
45.7	8.65077	215	50.7	8.75465	201	55.7	8.85254	191
45.8	8.65292	215	50.8	8.75666	201	55.8	8.85445	190
45.9	8.65507	215	50.9	8.75867	201	55.9	8.85635	191
46.0	8.65722	214	51.0	8.76068	200	56.0	8.85826	191
46.1	8.65936	214	51.1	8.76268	200	56.1	8.86017	190
46.2	8.66150	213	51.2	8.76468	199	56.2	8.86207	191
46.3	8.66363	213	51.3	8.76667	200	56.3	8.86398	190
46.4	8.66576	213	51.4	8.76867	199	56.4	8.86588	190
46.5	8.66789	212	51.5	8.77066	199	56.5	8.86778	190
46.6	8.67001	212	51.6	8.77265	199	56.6	8.86968	189
46.7	8.67213	212	51.7	8.77464	199	56.7	8.87157	190
46.8	8.67425	212	51.8	8.77663	198	56.8	8.87347	189
46.9	8.67637	211	51.9	8.77861	198	56.9	8.87536	190
47.0	8.67848	211	52.0	8.78059	198	57.0	8.87726	189
47.1	8.68059	211	52.1	8.78257	198	57.1	8.87915	189
47.2	8.68270	210	52.2	8.78455	198	57.2	8.88104	189
47.3	8.68480	210	52.3	8.78653	197	57.3	8.88293	188
47.4	8.68690	210	52.4	8.78850	197	57.4	8.88481	189
47.5	8.68900	209	52.5	8.79047	197	57.5	8.88670	188
47.6	8.69109	209	52.6	8.79244	197	57.6	8.88858	189
47.7	8.69318	209	52.7	8.79441	196	57.7	8.89047	188
47.8	8.69527	209	52.8	8.79637	197	57.8	8.89235	188
47.9	8.69736	208	52.9	8.79834	196	57.9	8.89423	188
48.0	8.69944	208	53.0	8.80030	196	58.0	8.89611	188
48.1	8.70152	208	53.1	8.80226	195	58.1	8.89799	188
48.2	8.70360	207	53.2	8.80421	196	58.2	8.89987	187
48.3	8.70567	207	53.3	8.80617	195	58.3	8.90174	188
48.4	8.70774	207	53.4	8.80812	195	58.4	8.90362	187
48.5	8.70981	207	53.5	8.81007	195	58.5	8.90549	187
48.6	8.71188	206	53.6	8.81202	195	58.6	8.90736	187
48.7	8.71394	207	53.7	8.81397	194	58.7	8.90923	187
48.8	8.71601	205	53.8	8.81591	194	58.8	8.91110	187
48.9	8.71806	205	53.9	8.81785	194	58.9	8.91297	187
49.0	8.72011	206	54.0	8.81979	195	59.0	8.91484	187
49.1	8.72217	205	54.1	8.82174	194	59.1	8.91671	186
49.2	8.72422	204	54.2	8.82368	193	59.2	8.91857	187
49.3	8.72626	205	54.3	8.82561	194	59.3	8.92044	186
49.4	8.72831	204	54.4	8.82755	193	59.4	8.92230	186
49.5	8.73035	204	54.5	8.82948	193	59.5	8.92416	187
49.6	8.73239	204	54.6	8.83141	193	59.6	8.92603	186
49.7	8.73443	203	54.7	8.83334	193	59.7	8.92789	186
49.8	8.73646	203	54.8	8.83527	192	59.8	8.92975	186
49.9	8.73849	203	54.9	8.83719	193	59.9	8.93161	186
50.0	8.74052	203	55.0	8.83912	192	60.0	8.93347	185

θ	log. q	Diff. I.	θ	log. q	Diff. I.	θ	log. q	Diff. I.
60.0	8.93347	185	65.0	9.02553	183	70.0	9.11748	185
60.1	8.93532	186	65.1	9.02736	183	70.1	9.11933	186
60.2	8.93718	185	65.2	9.02919	183	70.2	9.12119	186
60.3	8.93903	186	65.3	9.03102	183	70.3	9.12305	186
60.4	8.94089	185	65.4	9.03285	184	70.4	9.12491	186
60.5	8.94274	185	65.5	9.03469	183	70.5	9.12677	186
60.6	8.94459	186	65.6	9.03652	183	70.6	9.12863	186
60.7	8.94645	185	65.7	9.03835	183	70.7	9.13049	187
60.8	8.94830	185	65.8	9.04018	184	70.8	9.13236	186
60.9	8.95015	185	65.9	9.04202	183	70.9	9.13422	187
61.0	8.95200	185	66.0	9.04385	183	71.0	9.13609	187
61.1	8.95385	184	66.1	9.04568	183	71.1	9.13796	187
61.2	8.95569	185	66.2	9.04751	183	71.2	9.13983	187
61.3	8.95754	185	66.3	9.04934	184	71.3	9.14170	187
61.4	8.95939	184	66.4	9.05118	183	71.4	9.14357	187
61.5	8.96123	185	66.5	9.05301	183	71.5	9.14544	188
61.6	8.96308	184	66.6	9.05484	184	71.6	9.14732	188
61.7	8.96492	185	66.7	9.05668	183	71.7	9.14920	188
61.8	8.96677	184	66.8	9.05851	184	71.8	9.15108	188
61.9	8.96861	184	66.9	9.06035	183	71.9	9.15296	188
62.0	8.97045	184	67.0	9.06218	184	72.0	9.15484	188
62.1	8.97229	185	67.1	9.06402	183	72.1	9.15672	189
62.2	8.97414	184	67.2	9.06585	184	72.2	9.15861	189
62.3	8.97598	184	67.3	9.06769	183	72.3	9.16050	189
62.4	8.97782	184	67.4	9.06952	184	72.4	9.16239	189
62.5	8.97966	184	67.5	9.07136	184	72.5	9.16428	189
62.6	8.98150	183	67.6	9.07320	183	72.6	9.16617	189
62.7	8.98333	184	67.7	9.07503	184	72.7	9.16806	190
62.8	8.98517	184	67.8	9.07687	184	72.8	9.16996	190
62.9	8.98701	184	67.9	9.07871	184	72.9	9.17186	190
63.0	8.98885	184	68.0	9.08055	184	73.0	9.17376	190
63.1	8.99069	183	68.1	9.08239	184	73.1	9.17566	191
63.2	8.99252	184	68.2	9.08423	184	73.2	9.17757	191
63.3	8.99436	183	68.3	9.08607	184	73.3	9.17948	191
63.4	8.99619	184	68.4	9.08791	184	73.4	9.18139	191
63.5	8.99803	183	68.5	9.08975	184	73.5	9.18330	191
63.6	8.99986	184	68.6	9.09159	185	73.6	9.18521	192
63.7	9.00170	183	68.7	9.09344	184	73.7	9.18713	192
63.8	9.00353	184	68.8	9.09528	185	73.8	9.18905	192
63.9	9.00537	183	68.9	9.09713	184	73.9	9.19097	192
64.0	9.00720	183	69.0	9.09897	185	74.0	9.19289	193
64.1	9.00903	184	69.1	9.10082	185	74.1	9.19482	193
64.2	9.01087	183	69.2	9.10267	184	74.2	9.19675	193
64.3	9.01270	183	69.3	9.10451	185	74.3	9.19868	193
64.4	9.01453	184	69.4	9.10636	185	74.4	9.20061	194
64.5	9.01637	183	69.5	9.10821	185	74.5	9.20255	194
64.6	9.01820	183	69.6	9.11006	185	74.6	9.20449	194
64.7	9.02003	183	69.7	9.11191	186	74.7	9.20643	195
64.8	9.02186	183	69.8	9.11377	185	74.8	9.20838	195
64.9	9.02369	184	69.9	9.11562	186	74.9	9.21033	195
65.0	9.02553	183	70.0	9.11748	185	75.0	9.21228	195

ϑ	log. q	Diff. I.	ϑ	log. q	Diff. I.	ϑ	log. q	Diff. I.
75.0	9.21228	195	80.0	9.31515	220	85.0	9.43962	296
75.1	9.21423	196	80.1	9.31735	222	85.1	9.44256	298
75.2	9.21619	196	80.2	9.31957	222	85.2	9.44554	301
75.3	9.21815	196	80.3	9.32179	222	85.3	9.44855	304
75.4	9.22011	197	80.4	9.32401	224	85.4	9.45159	307
75.5	9.22208	197	80.5	9.32625	224	85.5	9.45466	310
75.6	9.22405	197	80.6	9.32849	225	85.6	9.45776	314
75.7	9.22602	198	80.7	9.33074	227	85.7	9.46090	318
75.8	9.22800	198	80.8	9.33301	227	85.8	9.46408	321
75.9	9.22998	198	80.9	9.33528	228	85.9	9.46729	325
76.0	9.23196	199	81.0	9.33756	229	86.0	9.47054	329
76.1	9.23395	199	81.1	9.33985	230	86.1	9.47383	334
76.2	9.23594	200	81.2	9.34215	230	86.2	9.47717	338
76.3	9.23794	200	81.3	9.34445	232	86.3	9.48055	343
76.4	9.23994	200	81.4	9.34677	233	86.4	9.48398	348
76.5	9.24194	201	81.5	9.34910	234	86.5	9.48746	353
76.6	9.24395	201	81.6	9.35144	235	86.6	9.49099	359
76.7	9.24596	201	81.7	9.35379	236	86.7	9.49458	364
76.8	9.24797	202	81.8	9.35615	238	86.8	9.49822	370
76.9	9.24999	203	81.9	9.35853	238	86.9	9.50192	377
77.0	9.25202	202	82.0	9.36091	240	87.0	9.50569	384
77.1	9.25404	204	82.1	9.36331	240	87.1	9.50953	391
77.2	9.25608	203	82.2	9.36571	242	87.2	9.51344	398
77.3	9.25811	204	82.3	9.36813	244	87.3	9.51742	407
77.4	9.26015	205	82.4	9.37057	244	87.4	9.52149	416
77.5	9.26220	205	82.5	9.37301	246	87.5	9.52565	425
77.6	9.26425	206	82.6	9.37547	247	87.6	9.52990	435
77.7	9.26631	206	82.7	9.37794	249	87.7	9.53425	445
77.8	9.26837	206	82.8	9.38043	250	87.8	9.53870	458
77.9	9.27043	207	82.9	9.38293	252	87.9	9.54328	470
78.0	9.27250	208	83.0	9.38545	253	88.0	9.54798	484
78.1	9.27458	208	83.1	9.38798	255	88.1	9.55282	499
78.2	9.27666	209	83.2	9.39053	256	88.2	9.55781	515
78.3	9.27875	209	83.3	9.39309	258	88.3	9.56296	534
78.4	9.28084	210	83.4	9.39567	260	88.4	9.56830	554
78.5	9.28294	210	83.5	9.39827	261	88.5	9.57384	577
78.6	9.28504	211	83.6	9.40088	263	88.6	9.57961	602
78.7	9.28715	211	83.7	9.40351	265	88.7	9.58563	632
78.8	9.28926	212	83.8	9.40616	267	88.8	9.59195	665
78.9	9.29138	213	83.9	9.40883	269	88.9	9.59860	704
79.0	9.29351	214	84.0	9.41152	271	89.0	9.60564	750
79.1	9.29565	214	84.1	9.41423	273	89.1	9.61314	805
79.2	9.29779	214	84.2	9.41696	275	89.2	9.62119	874
79.3	9.29993	215	84.3	9.41971	277	89.3	9.62993	959
79.4	9.30208	216	84.4	9.42248	279	89.4	9.63952	1073
79.5	9.30424	217	84.5	9.42527	282	89.5	9.65025	1229
79.6	9.30641	218	84.6	9.42809	284	89.6	9.66254	1462
79.7	9.30859	218	84.7	9.43093	287	89.7	9.67716	1859
79.8	9.31077	219	84.8	9.43380	290	89.8	9.69575	2725
79.9	9.31296	219	84.9	9.43670	292	89.9	9.72300	27700
80.0	9.31515	220	85.0	9.43962	294	90.0	10.00000	

ÜBER EINIGE

DIE ELLIPTISCHEN FUNCTIONEN

BETREFFENDEN FORMELN

VON

HERRN PROF. DR. C. G. J. JACOBI

ZU BERLIN

Crelle Journal für die reine und angewandte Mathematik, Bd. 30. p. 269. 270.

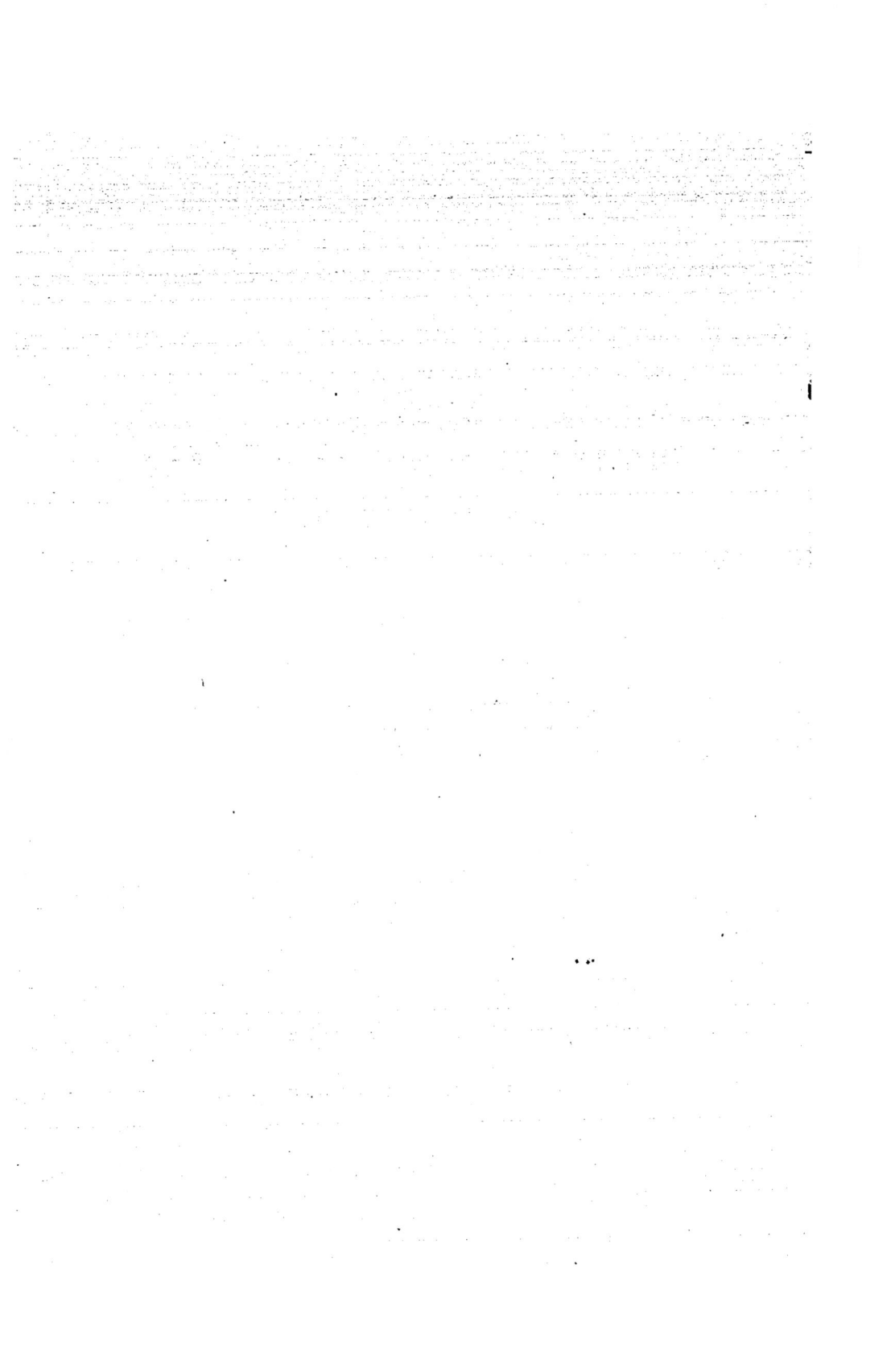

ÜBER EINIGE DIE ELLIPTISCHEN FUNCTIONEN BETREFFENDEN FORMELN.

Es sei

$$x = \sin \operatorname{am}(u, k), \qquad \int_0^u (1-k^2x^2)\,du = E(u), \qquad \int_0^u E(u)\,du = \log \Omega(u).$$

Bedeutet $F(x)$ den rationalen Nenner der Substitution, welche eine Transformation der $n$ten Ordnung ergiebt, und $\sin \operatorname{am}\left(\frac{u}{M}, \lambda\right)$ die transformirte Function, so wird

$$(1.) \qquad F(x) = e^{-\tau uu} \cdot \frac{\Omega\left(\frac{u}{M}, \lambda\right)}{\Omega^n(u)},$$

wo τ eine Constante ist (S. *de functionibus ellipticis comment. prima* §. 2. Gl. (16.)). Es sei

$$x^2 = u^2(1+S_1^{(2)}u^2+S_2^{(2)}u^4+\cdots),$$

so wird

$$E(u) = u-k^2u^3\left\{\frac{1}{3}+\frac{1}{5}S_1^{(2)}u^2+\frac{1}{7}S_2^{(2)}u^4+\cdots\right\},$$

$$(2.) \qquad \log \Omega(u) = \tfrac{1}{2}u^2-k^2u^4\left\{\frac{1}{3.4}+\frac{1}{5.6}S_1^{(2)}u^2+\frac{1}{7.8}S_2^{(2)}u^4+\cdots\right\}.$$

Ist $T_m^{(2)}$ dieselbe Function von λ wie $S_m^{(2)}$ von k, so folgt aus (1.) und (2.):

$$\log F(x) = -k^2\rho u^2-\frac{\lambda^2u^4}{M^4}\left(\frac{1}{3.4}+\frac{1}{5.6}T_1^{(2)}\frac{u^2}{M^2}+\frac{1}{7.8}T_2^{(2)}\frac{u^4}{M^4}+\cdots\right)$$
$$+nk^2u^4\left(\frac{1}{3.4}+\frac{1}{5.6}S_1^{(2)}u^2+\frac{1}{7.8}S_2^{(2)}u^4+\cdots\right),$$

wo, wie am a. O. Gl. (6.), $k^2\rho = \frac{n}{2}+\tau-\frac{1}{2M^2}$. Setzt man jetzt

$$u^n = x^n\left\{1+R_1^{(n)}x^2+R_2^{(n)}x^4+\cdots\right\},$$
$$\log F(x) = C_1x^2+C_2x^4+C_3x^6+\cdots,$$

so wird

$$(3.) \qquad C_m = -k^2\rho R_{m-1}^{(2)}-\lambda^2\left(\frac{R_{m-2}^{(4)}}{3.4.M^4}+\frac{R_{m-3}^{(6)}T_1^{(2)}}{5.6.M^6}+\frac{R_{m-4}^{(8)}T_2^{(2)}}{7.8.M^8}+\cdots\right)$$
$$+nk^2\left(\frac{R_{m-2}^{(4)}}{3.4}+\frac{R_{m-3}^{(6)}S_1^{(2)}}{5.6}+\frac{R_{m-4}^{(8)}S_2^{(2)}}{7.8}+\cdots\right).$$

Diese Formel umfaſst auch die Multiplication. Soll nämlich $F(x)$ den Nenner in dem Ausdrucke von $\sin \operatorname{am} nu$ bedeuten, so hat man in (1.) und dem vorstehenden Werthe von C_m nur $\tau = \rho = 0$, $\lambda = k$, $M = \frac{1}{n}$ zu setzen; ferner n^2 für n und S für T. Hierdurch erhält man:

$$C_m = -k^2\left\{\frac{n^4-n^2}{3.4}R^{(4)}_{m-2} + \frac{n^6-n^2}{5.6}R^{(6)}_{m-3}S^{(2)}_1 + \frac{n^8-n^2}{7.8}R^{(8)}_{m-4}S^{(2)}_2 + \cdots\right\}.$$

Auf diesem und ähnlichem Wege erhält man die von Herrn Dr. Eisenstein gegebenen, auf die Multiplication und Transformation bezüglichen Formeln, und zwar als eine unmittelbare Folge der Theoreme, durch welche man vermittelst der Transcendente $\Omega(u)$ den Zähler und Nenner der Multiplications- und Transformationsformeln abgesondert definiren kann.

Setzt man $[(1-x^2)(1-k^2x^2)]^{-\frac{1}{2}} = 1 + c_1x^2 + c_2x^4 + \cdots$ und

$$(4.)\quad \tfrac{1}{2}u^2 - \log\Omega(u) = k^2x^4(D_0 + D_1x^2 + D_2x^4 + \cdots)$$
$$= k^2\int(1 + c_1x^2 + c_2x^4 + \cdots)(\tfrac{1}{3}x^3 + \tfrac{1}{5}c_1x^5 + \tfrac{1}{7}c_2x^7 + \cdots)dx,$$

so wird

$$D_n = \frac{1}{2n+4}\left(\frac{1}{2n+3}c_n + \frac{1}{2n+1}c_1c_{n-1} + \frac{1}{2n-1}c_2c_{n-2} + \cdots + \frac{1}{3}c_n\right).$$

Die Gröfse D_{n-2} ist die in (3.) und *Fund.* §. 45. (7.) vorkommende,

$$\frac{1}{3.4}R^{(4)}_{n-2} + \frac{1}{5.6}S^{(2)}_1R^{(6)}_{n-3} + \frac{1}{7.8}S^{(2)}_2R^{(8)}_{n-4} + \cdots + \frac{1}{(2n-1)2n}S^{(2)}_{n-2}.$$

Für $k^2 = -1$ oder für die Lemniscate wird $\frac{d^2(x^m)}{du^2} = m(m-1)x^{m-2} - m(m+1)x^{m+2}$. Man erhält daher aus (4.), durch zweimalige Differentiation nach u,

$$x^2 = 3.4D_0x^2 + 5.6D_1x^4 + 7.8D_2x^6 + 9.10D_3x^8 + 11.12D_4x^{10} + \cdots$$
$$-[4.5D_0x^6 + 6.7D_1x^8 + 8.9D_2x^{10} + \cdots],$$

und hieraus $D_1 = D_3 = \cdots = 0$, $D_0 = \frac{1}{3.4}$, $D_2 = \frac{1.5}{3.7.8}$, ... also:

$$\log\Omega(u) - \tfrac{1}{2}uu = \frac{x^4}{3.4} + \frac{5.x^8}{3.7.8} + \frac{5.9.x^{12}}{3.7.11.12} + \frac{5.9.13.x^{16}}{3.7.11.15.16} + \cdots$$

Auf dieselbe Weise erhält man:

$$\tfrac{1}{2}uu = \tfrac{1}{2}\left(\int_0^x\frac{dx}{\sqrt{1-x^4}}\right)^2 = \frac{x^2}{2} + \frac{3.x^6}{5.6} + \frac{3.7.x^{10}}{5.9.10} + \frac{3.7.11.x^{14}}{5.9.13.14} + \cdots,$$

$$(n+1)\int_0^u du\int_0^u x^n du = \frac{x^{n+2}}{n+2} + \frac{(n+3)x^{n+6}}{(n+5)(n+6)} + \frac{(n+3)(n+7)x^{n+10}}{(n+5)(n+9)(n+10)} + \cdots,$$

$$\tfrac{1}{2}u^2\log x - \int_0^u du\int_0^u \log x\, du = \frac{b_0x^2}{2} + \frac{3b_1x^6}{5.6} + \frac{3.7.b_2x^{10}}{5.9.10} + \cdots,$$

wo $b_i = 1 - \frac{1}{3} + \frac{1}{5} - \frac{1}{7} + \cdots + \frac{1}{4i+1} + \frac{1}{4i+2}$.

Berlin, im Dec. 1845.

ANZEIGE VON

LEGENDRE THÉORIE DES FONCTIONS ELLIPTIQUES

TROISIÈME SUPPLÉMENT

VON

HERRN PROFESSOR DR. C. G. J. JACOBI

Crelle Journal für die reine und angewandte Mathematik, Bd. 8. p. 413—417.

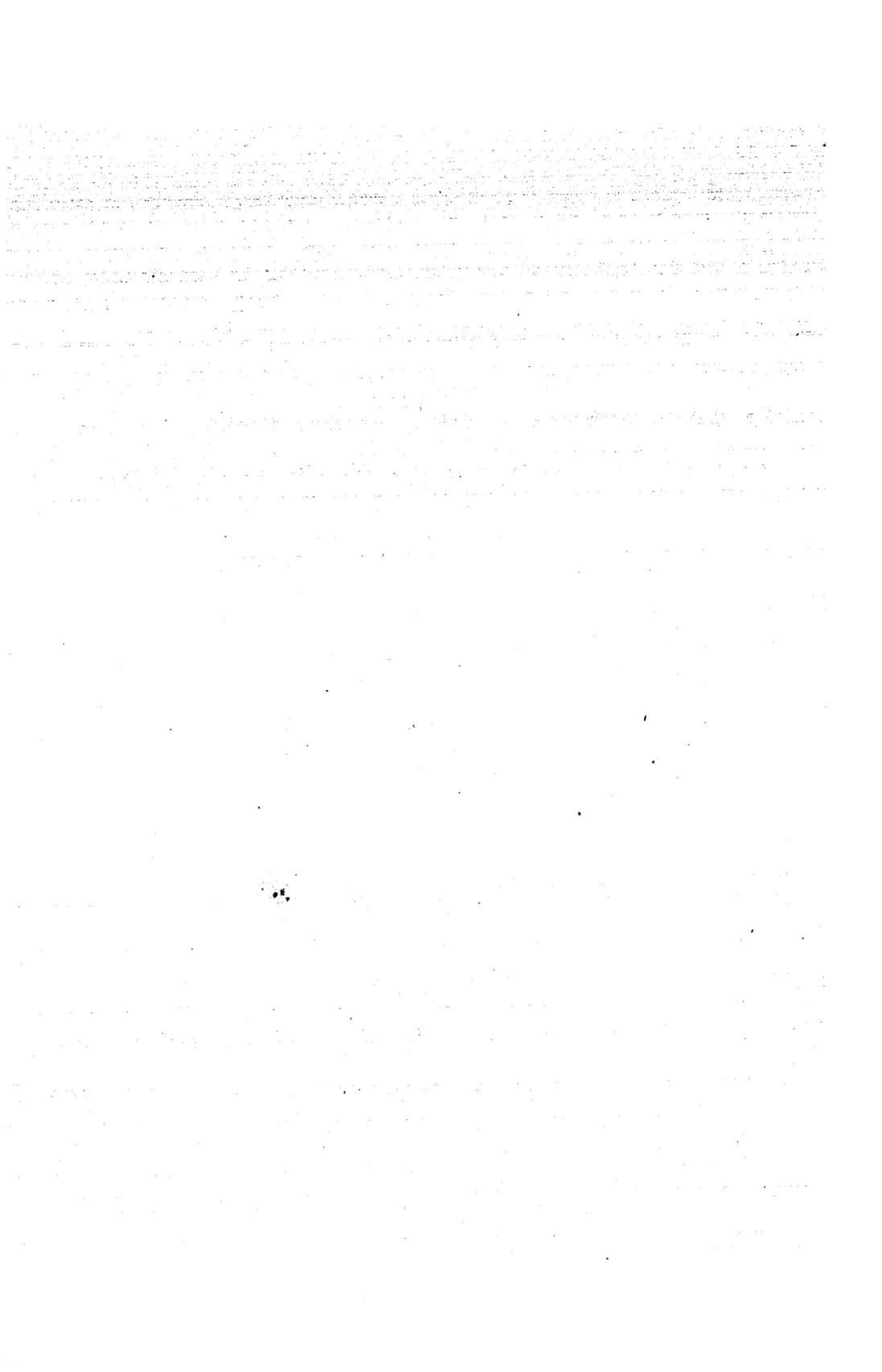

ANZEIGE*) VON LEGENDRE THÉORIE DES FONCTIONS ELLIPTIQUES

TROISIÈME SUPPLÉMENT P. 169—359.

Mit dem dritten Supplemente beschliefst Herr Legendre den dritten Theil seines Werkes über die elliptischen Functionen: *Traité des fonctions elliptiques et des intégrales Eulériennes, avec des tables pour en faciliter le calcul numérique, (chez Treuttel et Würtz)*, welches anfänglich nur aus zwei Theilen bestand. Diese Fortsetzung umfasst in drei nach einander erschienenen Supplementen die durch die neueren Untersuchungen über diesen Gegenstand veranlafsten Ergänzungen des Werks. Die beiden ersten Supplemente, welche den dritten Theil beginnen, wurden bereits vor dem Erscheinen der eigenen Darstellung des Referenten publicirt; sie entstanden aus kurzen, in diesem Journal und den Astronomischen Nachrichten gegebenen Notizen, so wie aus wenigen brieflichen Mittheilungen von dem Entwicklungsgange, den die Untersuchung nach und nach annahm; daher die Darstellung in ihnen als eine ganz eigenthümliche zu betrachten ist. Abels Arbeiten über die elliptischen Transcendenten sind hierbei weniger benutzt.

Das dritte Supplement, dessen Inhalt wir hier näher angeben wollen,

---

*) Diese Anzeige wird durch die folgenden Worte Crelles eingeleitet:

So eben ist das dritte und letzte Supplement Legendres zu seiner *Théorie des fonctions elliptiques* bei Treuttel und Würtz in Strafsburg erschienen. Diese Schrift ist in mehrfachem Betracht von besonderem Interesse. Zuerst ist sie als eine neue Arbeit des ehrenwerthen Veterans der Mathematik, dessen Namen schon ihren Werth verbürgt, wichtig. Sodann ist sie interessant, weil sie das grofse Werk desselben beschliefst, welches eine lange Reihe von Jahren hindurch, bis auf die Arbeiten Abels und Jacobis, das einzige in seiner Art über jene so interessante, neuerdings so erfreulich weiter entwickelte, und nun wiederum noch zuletzt von ihrem früheren Pfleger durchforschte Theorie war. Endlich aber hat das Werk noch ein eigenthümliches Interesse, weil es dem Genius des leider viel zu früh dahingeschiedenen Abel, der schon in seinem 24sten Jahre, im fernen Norden, fast von allen Hülfsmitteln entblöfst, über Schranken seiner Wissenschaft, die Euler und Lagrange nicht überstiegen hatten, sich hinausschwang, und mit welchem leider wahrscheinlich noch kostbare Schätze neuer Entdeckungen in dem Reiche der Wahrheit, der Mathematik, ins Grab gesunken sind, ein wahrhaft würdiges Denkmal setzt. In einem Briefe an den Herausgeber sagt Legendre am 24sten März d. J.: „Vous verrez que je

beginnt damit, eine im ersten Supplement gelassene Lücke im Bereiche des Haupt-Theorems über die Transformation auszufüllen. Es ist dies der Beweis, dass wenn U und V zwei ganze rationale Functionen von x von der Beschaffenheit sind, dass

$$(VV-UU)(VV-\lambda^2UU) = (1-x^2)(1-k^2x^2)TT,$$

die Substitution $y = \frac{U}{V}$ immer der Differentialgleichung

$$\frac{dy}{\sqrt{(1-y^2)(1-\lambda^2y^2)}} = \frac{dx}{M\sqrt{(1-x^2)(1-k^2x^2)}},$$

wo M eine Constante bedeutet, Genüge leistet. Durch dieses Theorem, welches ein Grundprincip der Transformation der elliptischen Transcendenten ist, wird diese ein rein algebraisches Problem, da die Functionen U und V, für jeden gegebenen Grad der höchsten derselben, durch die angegebene Bedingung vollkommen bestimmt sind. Ein allgemeiner Algorithmus für diese Bestimmung ist ein schwieriges Problem, dessen Haupttheil die Erfindung der jedesmaligen Gleichung zwischen den Moduln k und λ bildet, indem sich allgemein durch k und λ und die Differentialquotienten von λ nach k, wie Referent in einer Notiz*) in diesem Journal bemerkt hat, die Coëfficienten von U und V algebraisch ausdrücken lassen.

„suis parvenu à tirer du beau théorème de M. Abel une théorie toute nouvelle, à laquelle je donne le „nom de *Théorie des fonctions ultra-elliptiques*, laquelle est beaucoup plus étendue que celle des fonctions „elliptiques et cependant conserve avec celle-ci des rapports très-intimes. En travaillant pour mon propre „compte, j'ai éprouvé une grande satisfaction, de rendre un éclatant hommage au génie de M. Abel, en „faisant sentir tout le mérite du beau théorème dont l'invention lui est due, et auquel on peut appliquer „la qualification de *monumentum aere perennius*." Man weiss nicht, was man hier mehr schätzen soll: dass ein Mann von 80 Jahren, noch mit Jugendkraft und Jugendlust, in den abstractesten Gegenständen seiner Wissenschaft sich ergeht, und ferner über unerstiegene Schranken vordringt: oder jene Bereitwilligkeit, fremdes Verdienst anzuerkennen, fände es sich auch bei einem Jünglinge, der des gefeierten Gelehrten Enkel sein könnte! Wäre doch eine solche Bereitwilligkeit allgemein; sie würde der Wissenschaft wahrhaft würdig sein. Wie gewöhnlich begegnete sich das Rechte und Gute auch hier. Auch Abel war fähig, jedes fremde Verdienst mit wahrem natürlichen Herzenstriebe anzuerkennen. Eigensucht war ihm fremd.

Da schwerlich Jemand den Inhalt der Legendreschen neuen Arbeit besser zu würdigen und zu erkennen vermocht haben dürfte, als Jacobi, der Zeitgenosse und Geistesverwandte Abels, der, ebenfalls noch in jugendlichen Jahren, mit gleichem Erfolge und gleicher Kraft ihm würdig zur Seite ging (auch ihm verdankt die Theorie der elliptischen Functionen ihre neuere Vervollkommnung, und er erreichte darin, unbekannt mit den gleichzeitigen Arbeiten Abels, das gleiche Ziel); so hat der Herausgeber Denselben ersucht, eine Übersicht des Werkes aufzusetzen, und er die Güte gehabt, sie während seines hiesigen Aufenthalts, noch vor seiner Rückkehr nach Königsberg, zu geben.

*) S. p. 266 dieses Bandes.

In einem folgenden §. giebt der Verfasser die elementare geometrische Construction für die Vervielfachung der elliptischen Transcendenten, welche ich in einem der früheren Bände dieses Journals*) mitgetheilt habe. Das Problem der Vervielfachung besteht, wie man weiss, darin, aus einem Winkel φ_1 einen Winkel φ_n zu finden, so dafs $F(\varphi_n) = nF(\varphi_1)$, wo $F(\varphi) = \int_0^\varphi \frac{d\varphi}{\sqrt{1-k^2\sin^2\varphi}}$. Aus einem Punkte A eines Kreises, dessen Halbmesser R, zieht man durch den Mittelpunkt eine Linie $AO = \frac{2R}{k^2}$, und errichtet auf ihr in O ein Loth l; hierauf nimmt man auf der Peripherie des Kreises den Bogen $AA' = 2\varphi_1$, und beschreibt einen zweiten Kreis, der die Sehne AA' berührt und mit dem ersten die Linie l zur gemeinschaftlichen idealen Secante hat. Beschreibt man nun von A aus in den ersten Kreis das Stück eines Polygons $AA'A''A'''\ldots A^{(n)}$, das zugleich dem zweiten Kreise umgeschrieben ist, so ist, wenn $A^{(n)}$ der Endpunkt der $n$ten Seite ist, $AA^{(n)} = 2\varphi_n$. Dem Verfasser giebt diese Construction zu manchen interessanten Erörterungen Veranlassung.

In den folgenden §§. wendet sich Legendre zu dem grofsen Abelschen Theorem, wodurch derselbe das Eulersche Theorem, welches die Basis der Theorie der elliptischen Transcendenten bildet, auf alle Integrale von der Form $\int \frac{f(x)\,dx}{\sqrt{X}}$ ausdehnt, wo $f(x)$ eine rationale und X eine ganze rationale Function von x bedeutet. Nachdem der Verfasser für den allgemeinen Fall in nähere Entwickelungen eingegangen ist, und daraus, wenn X auf den vierten Grad steigt, die bekannten Formeln für die elliptischen Integrale der drei Gattungen abgeleitet hat, wendet er die allgemeine Theorie auf die Transcendente $\int_0^x \frac{dx}{\sqrt{1-x^6}}$ an, welche für die Werthe $x = 1$ und $x = -\infty$ auf die Function Γ zurückkommt. Er giebt Mittel an, den Werth dieser Transcendente für jeden reellen und imaginären Werth von x zu berechnen, und prüft dann durch deren Hülfe das Abelsche Theorem in einer Menge numerischer Beispiele, welche alle mit gröfster Genauigkeit in einer grofsen Anzahl Decimalstellen ausgeführt sind. Man bewundert hier wieder den unermüdlichen Rechner, der die grofse Arbeit der elliptischen Tafeln im Interesse der Wissenschaft unternommen und vollendet hat.

---

*) S. p. 279 dieses Bandes.

In einem Schlufsparagraph untersucht der Verfasser die Transcendente

$$\int_0^\infty \frac{dx}{\sqrt{x(1-x^2)(1-k^2x^2)}}$$

und findet das merkwürdige Resultat, dass sie immer auf die Summe zweier elliptischer Integrale der ersten Gattung zurückkommt, deren Amplitude dieselbe und deren Moduln Complemente von einander sind. Setzt man nämlich:

$$b^2 = \frac{(1+\sqrt{k})^2}{2(1+k)}, \qquad c^2 = \frac{(1-\sqrt{k})^2}{2(1+k)},$$

wo $b^2+c^2=1$, so giebt die Substitution

$$\sqrt{x} = \frac{(b+c)\sin\varphi}{\sqrt{1-b^2\sin^2\varphi}+\sqrt{1-c^2\sin^2\varphi}},$$

oder wie der Verfasser sie darstellt:

$$\sin^2\varphi = \frac{2x(1+k)}{(1+x)(1+kx)},$$

die Gleichung:

$$\int_0^x \frac{dx}{\sqrt{x(1-x^2)(1-k^2x^2)}} = \frac{F(b,\varphi)+F(c,\varphi)}{\sqrt{2(1+k)}}.$$

Dieselbe Substitution, bemerke ich, giebt auch:

$$\int_0^x \frac{\sqrt{x}\,dx}{\sqrt{(1-x^2)(1-k^2x^2)}} = \frac{F(b,\varphi)-F(c,\varphi)}{\sqrt{2k(1+k)}}.$$

Da die gegebene Substitution nur reell bleibt, wenn x zwischen 0 und 1, so giebt Legendre für den Fall, wo x zwischen 1 und ∞, noch andere Substitutionen, welche das Integral auf elliptische zurückführen. Er wendet hierauf das Abelsche Theorem an, und erhält dadurch merkwürdige Resultate für die elliptischen Transcendenten. Ich will hier kurz ein anderes erwähnen, zu dem man durch die Vertauschung von $+k$ und $-k$ in den beiden vorstehenden Gleichungen leicht geführt wird. Setzt man nämlich:

$$\frac{\sin\varphi}{\sqrt{2-\sin^2\varphi+\sqrt{(2-\sin^2\varphi)^2+a^2\sin^4\varphi}}} = \frac{1}{\sqrt[4]{1+a^2}}\cdot\frac{\sin\psi}{\sqrt{1-b^2\sin^2\psi}+\sqrt{1-c^2\sin^2\psi}},$$

wo

$$b^2 = \frac{\sqrt{1+a^2}+a}{2\sqrt{1+a^2}}, \qquad c^2 = \frac{\sqrt{1+a^2}-a}{2\sqrt{1+a^2}},$$

so wird:

$$\int_0^{\varphi} \frac{d\varphi}{\sqrt{1-\frac{1+a\sqrt{-1}}{2}\sin^2\varphi}} = \frac{F(b,\psi)+F(c,\psi)}{2\sqrt[4]{1+a^2}} + \sqrt{-1}\,\frac{F(b,\psi)-F(c,\psi)}{2\sqrt[4]{1+a^2}}.$$

Die Winkel φ und ψ sind zugleich 0 und $\frac{\pi}{2}$ und daher:

$$\int_0^{\frac{\pi}{2}} \frac{d\varphi}{\sqrt{1-\frac{1+a\sqrt{-1}}{2}\sin^2\varphi}} = \frac{(1+\sqrt{-1})F^1(b)+(1-\sqrt{-1})F^1(c)}{2\sqrt[4]{1+a^2}}.$$

Dies Resultat, welches nicht in den über die Transformation der elliptischen Functionen bekannten Resultaten enthalten ist, zeigt, daſs die imaginären Moduln, deren Quadrat $+\frac{1}{2}$ zum reellen Theil hat, was auch der imaginäre Theil sei, auf reelle zurückgeführt werden können.

Legendre giebt den Transcendenten $\int \frac{f(x)dx}{\sqrt{X}}$, wenn X den vierten Grad übersteigt, den Namen der hyperelliptischen (*ultra-elliptiques*). Wir würden sie die Abelschen Transcendenten nennen, da Abel zuerst sie in die Analysis eingeführt und durch ein umfassendes Theorem ihre groſse Bedeutung nachgewiesen hat. Diesem Theoreme selbst dürfte wohl vorzugsweise, als dem schönsten Monumente dieses auſserordentlichen Geistes, der Name des Abelschen Theorems zukommen. Denn gern stimmen wir dem Verfasser bei, daſs es das ganze Gepräge seiner Gedankentiefe trägt. Wir halten es, wie es in einfacher Gestalt ohne Apparat von Calcul den tiefsten und umfassendsten mathematischen Gedanken ausspricht, für die gröſste mathematische Entdeckung unserer Zeit, obgleich erst eine künftige, vielleicht späte, groſse Arbeit ihre ganze Bedeutung aufweisen kann.

In einer Abhandlung im achten Bande dieses Journals habe ich das Eulersche Fundamental-Theorem auf doppelte Integrale ausgedehnt; das gleiche kann in aller Allgemeinheit mit dem Abelschen Theorem geschehen. Es bedarf hierzu nur, wie ich an einem andern Orte zeigen werde, des auch für andere Untersuchungen merkwürdigen Satzes der Algebra, daſs wenn f und F zwei ganze rationale Functionen von x und y sind, und man in den Ausdruck $\frac{1}{f'(x)F'(y)-f'(y)F'(x)}$ für x und y alle Systeme von Werthen setzt, für welche zugleich $f=0$ und $F=0$, die Summe der so erhaltenen Werthe dieses Ausdrucks verschwindet.

Was aber die wirkliche numerische Berechnung der Integrale $\int \frac{f(x)dx}{\sqrt{X}}$ betrifft, so werde ich an einem anderen Orte zeigen, daſs sie immer mit derselben Leichtigkeit wie die Integration rationaler Functionen geleistet werden kann. Die hierzu gebrauchte Methode findet in der Theorie der himmlischen Störungen eine wichtige Anwendung, da sie sich nicht bloſs auf die einfachen Integrale erstreckt.

Abel selbst hat im vierten Bande dieses Journals sein Theorem auf alle Integrale algebraischer auch inexpliciter Functionen erweitert. Seine Darstellung muſs aber reproducirt werden, was, da der Hauptideengang sich erkennen läſst, nicht schwer fällt. Diese Erweiterung geschah kurz vor seinem Tode und war seine letzte Arbeit in diesem Journal.

Beim Schlusse des dritten Bandes des Legendreschen Werks stellt sich uns noch erneuert das groſse Verdienst dieses ausgezeichneten Mathematikers vor Augen, daſs er, abgesehen von den wichtigen Entdeckungen, mit denen er die Wissenschaft bereichert hat, in dem vielfach zerstreuten Stoffe zwei groſse Disciplinen als die Hauptaufgabe der Mathematik in seiner Zeit herauserkannt hat, und daraus durch die Arbeit seines Lebens selbständige Theorien gründete, welche hinfort zu den wesentlichsten Bestandtheilen alles höheren mathematischen Studiums gehören müssen. Und so hat er noch in seinem achtzigsten Lebensjahre, die Aufgabe der Zukunft vorfühlend, mit der Durchforschung des Abelschen Theorems sein groſses Werk über die elliptischen Functionen beschlossen.

Potsdam, den 22sten April 1832.

Nachschrift.

Das von Legendre zu Ende des dritten Theils gegebene merkwürdige Theorem läſst sich auf das allgemeinere Integral

$$\int_0^x \frac{dx}{\sqrt{x(1-x)(1-k\lambda x)(1+kx)(1+\lambda x)}}$$

ausdehnen, welches für $\lambda = 1$ mit dem Legendreschen übereinkommt, und das sich ebenfalls immer auf die Summe zweier elliptischen Integrale der ersten Gattung zurückführen läſst, deren Amplitude dieselbe ist, deren Moduln aber im Allgemeinen nicht Complemente von einander sind, sondern, wenn man k

und λ gehörig annimmt, irgend welche beliebige sein können. Es seien nämlich b und c irgend beliebige Moduln,

$$b' = \sqrt{1-bb}, \qquad c' = \sqrt{1-cc}$$

ihre Complemente,

$$k = \left(\frac{c'-b'}{b-c}\right)^2, \qquad \lambda = \left(\frac{c'-b'}{b+c}\right)^2,$$

oder:

$$b = \frac{\sqrt{k}+\sqrt{\lambda}}{\sqrt{(1+k)(1+\lambda)}}, \qquad c = \frac{\sqrt{k}-\sqrt{\lambda}}{\sqrt{(1+k)(1+\lambda)}}$$

$$b' = \frac{1-\sqrt{k\lambda}}{\sqrt{(1+k)(1+\lambda)}}, \qquad c' = \frac{1+\sqrt{k\lambda}}{\sqrt{(1+k)(1+\lambda)}},$$

so giebt die Substitution:

$$\sqrt{x} = \frac{(b'+c')\sin\varphi}{\sqrt{1-b^2\sin^2\varphi}+\sqrt{1-c^2\sin^2\varphi}}$$

die Gleichung:

$$\int_0^x \frac{dx}{\sqrt{x(1-x)(1-k\lambda x)(1+kx)(1+\lambda x)}} = \frac{b'+c'}{2}[F(b,\varphi)+F(c,\varphi)].$$

Dieselbe Substitution giebt:

$$\int_0^x \frac{\sqrt{x}\,dx}{\sqrt{(1-x)(1-k\lambda x)(1+kx)(1+\lambda x)}} = \frac{(c'+b')^2}{2(c'-b')}[F(b,\varphi)-F(c,\varphi)],$$

wo

$$\frac{(c'+b')^2}{2(c'-b')} = \frac{1}{\sqrt{k\lambda(1+k)(1+\lambda)}}.$$

Ich bemerke noch die Gleichungen:

$$\sin^2\varphi = \frac{(1+k)(1+\lambda)x}{(1+kx)(1+\lambda x)}, \qquad \cos^2\varphi = \frac{(1-x)(1-k\lambda x)}{(1+kx)(1+\lambda x)},$$

$$1-b^2\sin^2\varphi = \frac{(1-\sqrt{k\lambda}\,x)^2}{(1+kx)(1+\lambda x)}, \qquad 1-c^2\sin^2\varphi = \frac{(1+\sqrt{k\lambda}\,x)^2}{(1+kx)(1+\lambda x)},$$

welche leicht zu den angegebenen Resultaten führen. Übrigens sind die Grenzen von φ auch hier 0 und $\frac{\pi}{2}$, wenn 0 und 1 die Grenzen von x sind.

Man sieht so, daſs allgemein die Summe und die Differenz zweier elliptischen Integrale erster Gattung mit derselben Amplitude und beliebigen Moduln die Eigenschaften der ersten Klasse der Abelschen Transcendenten genieſsen müssen, in welchen die Function unter dem Quadratwurzelzeichen bis auf den fünften oder sechsten Grad steigt. Diese Bemerkung, welche Legendre zuerst für den Fall, wo die beiden Moduln Complemente von einander sind, angestellt hat, und welche sich nach dem Obigen leicht auf zwei beliebige Moduln ausdehnen liefs, ist für die Theorie der elliptischen Transcendenten von Wichtigkeit und kann andererseits bei der Behandlung jener Klasse der Abelschen Transcendenten mannigfachen Nutzen gewähren.

Setzt man in den vorstehenden Formeln λ negativ, so erhält man ein Paar imaginäre Moduln. Es sei $b^2 = e + f\sqrt{-1}$, $c^2 = e - f\sqrt{-1}$, so wird, wenn man $-\lambda$ statt λ setzt,

$$k = \frac{\sqrt{(1-e)^2+ff}+e-1}{\sqrt{ee+ff}-e}, \qquad \lambda = \frac{\sqrt{(1-e)^2+ff}+e-1}{\sqrt{ee+ff}+e},$$

und die Summation der beiden gegebenen Resultate giebt:

$$\int_0^\varphi \frac{d\varphi}{\sqrt{1-(e+f\sqrt{-1})\sin^2\varphi}}$$

$$= \frac{1}{\sqrt{2}\sqrt{\sqrt{(1-e)^2+ff}-e+1}} \int_0^x \frac{dx}{\sqrt{x(1-x)(1+k\lambda x)(1+kx)(1-\lambda x)}}$$

$$+\sqrt{-1}\cdot\frac{\sqrt{\sqrt{(1-e)^2+ff}+e-1}}{\sqrt{2}\,(\sqrt{(1-e)^2+ff}-e+1)} \int_0^x \frac{\sqrt{x}\,dx}{\sqrt{(1-x)(1+k\lambda x)(1+kx)(1-\lambda x)}}.$$

Die imaginären Moduln lassen sich in unzähligen Fällen auf reelle zurückführen. Denn man weifs, dafs man durch eine Transformation der $n$ten Ordnung einen Modul in so viel andere transformiren kann, wie die Summe der Factoren von n beträgt; von diesen sind, wenn der ursprüngliche Modul reell angenommen wird, nur so viele ebenfalls reell, wie die Anzahl der Factoren von n beträgt; alle übrigen sind imaginäre Moduln, die in einen reellen transformirt werden können. Man wird also auch die Integrale

$$\int_0^x \frac{x^{\pm\frac{1}{2}}\,dx}{\sqrt{(1-x)(1+k\lambda x)(1+kx)(1-\lambda x)}},$$

wo k und λ positiv sind, in unzähligen Fällen in elliptische Integrale mit reellem Modul transformiren können. Andererseits giebt die zuletzt gefundene Gleichung vielleicht die einfachste Darstellung des elliptischen Integrals erster Gattung mit imaginärem Modul in der Form $P + Q\sqrt{-1}$, und so führt die Theorie der elliptischen Integrale selbst für den Fall imaginärer Moduln mit Nothwendigkeit auf jene erste Klasse der Abelschen Transcendenten.

NACHLASS.

CORRESPONDANCE MATHÉMATIQUE

AVEC

LEGENDRE.

Borchardt, Journal für die reine und angewandte Mathematik, Bd. 80. p. 205—279.

La correspondance mathématique entre Legendre et Jacobi est une des correspondances les plus mémorables qu'on trouve dans la littérature des sciences exactes. Il a fallu un concours de circonstances heureuses pour la conserver en entier à la postérité.

C'est à M. Bertrand que nous devons la publication de onze lettres de Jacobi à Legendre insérées aux *Annales de l'école normale* de 1869. En les faisant imprimer l'éminent géomètre a sauvé ce trésor, les manuscrits originaux ayant péri en 1871 dans les incendies de la Commune. Cette publication fut en même temps un acte de justice pour la mémoire de Jacobi.

Une grave erreur historique avait été répandue concernant la découverte de la nouvelle théorie des fonctions elliptiques. On avait avancé qu'à Abel seul revenait la découverte de cette théorie en vertu de ses mémoires contenues dans les volumes 2. et 3. du *Journal de Crelle;* que Jacobi, sans y ajouter rien d'essentiel, en avait seulement formé un corps de doctrine publié trois ans plus tard dans ses *Fundamenta nova.* Cette opinion se trouvait déjà, quand elle fut émise, en contradiction manifeste avec les notes et mémoires de Jacobi et d'Abel insérés dans le *Journal astronomique de Schumacher* *) et non moins avec le célèbre rapport de Poisson **) sur les *Fundamenta nova* de Jacobi. Mais rien n'y aurait pu donner un démenti plus formel que la publication des lettres de Jacobi dans lesquelles l'illustre analyste raconte avec une rare franchise l'historique de ses découvertes et la filiation de ses idées ***).

Au mois de septembre 1827 ont paru à Berlin le 2me cahier vol. 2. du *Journal de Crelle* †) et à Altona le n°. 123. vol. 6. des *Nouvelles astronomiques de Schumacher.* Le cahier du *Journal de Crelle* contient la première publication d'Abel ††) relative à la

*) *Astronomische Nachrichten. Bd.* 6. n°. 123. 127. 138.

**) Lu à la séance de l'Académie des sciences du 21 décembre 1829.

***) Lettre de Jacobi du 12 avril 1828.

†) M. G. Reimer en recherchant dans les livres de son imprimerie et de l'année 1827 a bien voulu constater le mois dans lequel ce cahier a été expédié aux abonnés.

††) Abel était de retour à Christiania depuis le mois de mai 1827.

nouvelle théorie des fonctions elliptiques. On y trouve leur double périodicité, la théorie analytique de leur multiplication et de leur division, leur définition par des produits infinis. Le numéro des *Nouvelles astronomiques* contient deux lettres de Jacobi à Schumacher écrites de Kœnigsberg et datées du 13 juin et du 2 août 1827. Dans la première lettre il donne les transformations du 3me et du 5me ordre dans leur forme algébrique avec les transformations supplémentaires à la multiplication. Dans la seconde il établit les formules analytiques générales pour la transformation de l'ordre n.

Pour un géomètre qui a sous les yeux ces deux publications simultanées, il est évident qu'en les écrivant Abel et Jacobi ont été chacun en possession de l'ensemble de la nouvelle théorie des fonctions elliptiques, qu'ils y sont parvenus indépendamment l'un de l'autre, Abel en partant de la multiplication, Jacobi en partant de la transformation des fonctions elliptiques.

Le fait historique de cette coïncidence remarquable a été reconnu par tous les géomètres contemporains, parmi lesquels il suffira de nommer Legendre, Poisson et Lejeune-Dirichlet. D'ailleurs jamais discussion de priorité n'a eu lieu entre Abel et Jacobi. Ils ont réalisé l'attente de Legendre: „vous serez sans doute dignes l'un de l'autre par la noblesse de vos sentiments et par la justice que vous vous rendrez réciproquement“ *).

En comparant les onze lettres de Jacobi publiées par M. Bertrand avec douze lettres manuscrites de Legendre qui se sont trouvées dans la succession de Jacobi, j'ai pu vérifier que ces 23 lettres forment la correspondance scientifique entière qui a eu lieu entre Legendre et Jacobi **). M. Bertrand ayant bien voulu m'exprimer son assentiment à l'impression de cette correspondance entière, je la fais paraître suivant l'ordre chronologique dans lequel les lettres ont été écrites. A côté des *Fundamenta nova* de Jacobi, des notes et mémoires d'Abel et de Jacobi imprimés dans le *Journal de Crelle* et dans les *Nouvelles astronomiques de Schumacher*, cette correspondance est un des documents les plus précieux pour l'histoire de la découverte de la nouvelle théorie des fonctions elliptiques.

Quatre grands géomètres, Legendre, Gauss, Abel et Jacobi, ont eu leur part dans cet événement. Legendre l'avait préparé; vieillard de 75 ans en 1827, il avait cultivé depuis 1786 pendant plus de quarante ans le calcul des intégrales elliptiques et en avait formé une discipline particulière. Ses travaux avaient été peu appréciés par les célèbres analystes de son propre pays dont l'intérêt se dirigeait plutôt vers les recherches applicables à l'astronomie et à la physique. Parmi les savants étrangers à la France Gauss

*) Lettre de Legendre à Abel du 28 octobre 1828.

**) Outre ces 12 lettres de Legendre je n'ai trouvé qu'un billet du 6 septembre 1829 (séjour de Jacobi à Paris), simple billet d'invitation qui n'offre point d'intérêt et n'a aucun rapport aux mathématiques.

connaissait parfaitement l'importance du sujet, mais dès son début il avait montré à l'égard de Legendre une froideur que ce dernier ne lui pardonnait pas. La découverte de 1827 avait d'ailleurs pour Gauss un intérêt très-personnel. Depuis plus de vingt ans il était en possession des résultats par lesquels Abel et Jacobi ont étonné les géomètres. Des recherches entreprises pendant les années de 1797 à 1808, dans lesquelles il partait de la transformation du second ordre et des moyennes arithmético-géométriques, l'y avaient conduit, mais il n'en avait rien publié. Pendant toute sa vie il n'en a jamais parlé que dans des lettres ou conversations privées.

Lorsqu'en 1827 Legendre reçut la première nouvelle de la récente découverte de Jacobi, d'abord par le n°. 123. du *Journal de Schumacher,* puis par la lettre de Jacobi du 5 août 1827, il l'accueillit avec un vrai enthousiasme. L'intérêt qu'il prenait à la discipline qui pendant une si grande partie de sa vie avait formé son travail principal, était en lui d'une telle pureté qu'il n'éprouvait point de jalousie de se voir surpassé et son oeuvre couronnée par un jeune homme de 23 ans qui se nommait avec raison son disciple. Mais lorsqu'il fut averti d'une assertion de Gauss qui aurait pu enlever à Jacobi une partie de la gloire de sa découverte, son irritation fut grande. Il n'hésita pas à douter de la vérité de l'assertion, et ce fut alors Jacobi qui se chargea de la défense de Gauss.

Pour les caractères de Legendre et de Jacobi leur correspondance est un beau monument.

Legendre qui par son travail infatigable avait initié la nouvelle génération dans la théorie des intégrales elliptiques, montre pour Jacobi une bienveillance qui lui fait le plus grand honneur. En ce qui concerne Abel, après avoir vaincu la difficulté qu'il trouvait d'abord à se familiariser avec ses idées, il exprime la haute considération due à ses travaux.

Jacobi se montre plein de vénération pour Legendre dont les oeuvres lui ont fourni le point de départ de ses profondes études. C'est dans ce ton que sont écrites toutes ses lettres à l'exception d'un seul passage dans lequel il s'agit de la plus grande découverte de son émule Abel oubliée pendant deux ans parmi les papiers de Cauchy. A l'égard de Gauss son jugement est juste et sans prévention. Son admiration pour les travaux d'Abel est telle qu'il les place au-dessus des siens propres. La grande découverte à laquelle il a donné le nom de *théorème d'Abel* est désignée par lui comme „la découverte la plus importante de ce qu'a fait dans les Mathématiques le siècle dans lequel nous vivons“.

En présentant au monde scientifique cette correspondance de deux géomètres de nationalité différente et pour lesquels l'intérêt de leur science fait disparaître toute autre considération, je ne puis me refuser à exprimer l'espérance que cet exemple ne sera pas perdu pour la génération présente.

Borchardt.

JACOBI A LEGENDRE.

Kœnigsberg en Prusse, le 5 août 1827.

Monsieur,

Un jeune géomètre ose vous présenter quelques découvertes faites dans la théorie des fonctions elliptiques, auxquelles il a été conduit par l'étude assidue de vos beaux écrits. C'est à vous, Monsieur, que cette partie brillante de l'analyse doit le haut degré de perfectionnement auquel elle a été portée, et ce n'est qu'en marchant sur les vestiges d'un si grand maître, que les géomètres pourront parvenir à la pousser au delà des bornes qui lui ont été prescrites jusqu'ici. C'est donc à vous que je dois offrir ce qui suit comme un juste tribut d'admiration et de reconnaissance.

Je commence à exposer les moments principaux des résultats que je viens d'obtenir. Soit p un nombre impair quelconque; on remarque aisément en poursuivant les théorèmes concernant la multiplication des fonctions elliptiques de première espèce, proposés dans le tome I. des *Exercices de Calcul Intégral*, que l'on peut toujours parvenir à l'équation:

$$\frac{dx}{\sqrt{(1-x^2)(1-k^2x^2)}} = \frac{p\,dz}{\sqrt{(1-z^2)(1-k^2z^2)}}$$

au moyen d'une substitution rationnelle:

$$x = \frac{z\left(A+A'z^2+A''z^4+\cdots+A^{\frac{p^2-1}{2}}z^{p^2-1}\right)}{B+B'z^2+B''z^4+\cdots+B^{\frac{p^2-1}{2}}z^{p^2-1}}.$$

J'ai observé depuis, que cette substitution peut être remplacée par les deux autres, employées successivement:

$$x = \frac{y\left(a+a'y^2+a''y^4+\cdots+a^{\frac{p-1}{2}}y^{p-1}\right)}{b+b'y^2+b''y^4+\cdots+b^{\frac{p-1}{2}}y^{p-1}},$$

$$y = \frac{z\left(\alpha+\alpha'z^2+\alpha''z^4+\cdots+\alpha^{\frac{p-1}{2}}z^{p-1}\right)}{\beta+\beta'z^2+\beta''z^4+\cdots+\beta^{\frac{p-1}{2}}z^{p-1}}.$$

Après une première substitution, la fonction elliptique va être transformée dans une autre de module différent, de sorte qu'on aura:

$$\frac{dx}{\sqrt{(1-x^2)(1-k^2x^2)}} = \frac{M\,dy}{\sqrt{(1-y^2)(1-\lambda^2y^2)}},$$

$$\frac{dy}{\sqrt{(1-y^2)(1-\lambda^2y^2)}} = \frac{p\,dz}{M\sqrt{(1-z^2)(1-k^2z^2)}}.$$

Or, en donnant au nombre p des valeurs différentes, on trouve le théorème remarquable, que *chaque module donné fait part d'une infinité d'échelles de modules, dans lesquels il peut être transformé par une substitution algébrique et même rationnelle.*

Aussi je suis parvenu à trouver l'expression générale de ces deux substitutions-là, que je présenterai sous la forme trigonométrique, qui me paraît la plus commode. Elles pourront être transformées aisément dans la forme algébrique mentionnée. Je commence par la substitution dernière, qui me fournit le théorème suivant:

Théorème I*).

Soit pris l'angle φ' de manière qu'on ait $F(k, \varphi') = \frac{1}{p} F^1(k)$, et nommons en général φ^m un angle tel que $F(k, \varphi^m) = \frac{m}{p} F^1(k)$. Cherchons un angle ψ au moyen de la formule:

$$\operatorname{tg}\left(45^0 - \frac{\psi}{2}\right) = \frac{\operatorname{tg}\frac{\varphi'-\varphi}{2}}{\operatorname{tg}\frac{\varphi'+\varphi}{2}} \cdot \frac{\operatorname{tg}\frac{\varphi'''+\varphi}{2}}{\operatorname{tg}\frac{\varphi'''-\varphi}{2}} \cdots \frac{\operatorname{tg}\frac{\varphi^{p-2}\pm\varphi}{2}}{\operatorname{tg}\frac{\varphi^{p-2}\mp\varphi}{2}} \operatorname{tg}\left(45^0 \mp \frac{\varphi}{2}\right),$$

on aura $F(k, \varphi) = \frac{M}{p} F(\lambda, \psi)$. Le signe supérieur ou inférieur doit être pris selon que p est de la forme $4n+1$ ou de la forme $4n-1$. Toutes les fois que φ se trouve entre les limites φ^m et φ^{m+1}, il faudra prendre l'angle ψ entre les limites $\frac{m}{2}\pi$ et $\frac{m+1}{2}\pi$. La détermination des constantes M, λ pourra se faire par les formules:

$$M = \frac{p}{2(\operatorname{coséc}\varphi' - \operatorname{coséc}\varphi''' + \cdots \mp \operatorname{coséc}\varphi^{p-2} \pm \frac{1}{2})},$$

$$\lambda = \frac{2kM}{p}(\sin\varphi' - \sin\varphi''' + \cdots \mp \sin\varphi^{p-2} \pm \tfrac{1}{2}).$$

*) Je me servirai ici et dans la suite des signes des *Exercices de Calcul Intégral.*

Je passe à présent au théorème II., qui répond à l'autre substitution, par laquelle on peut passer du module λ au module k, et qui, joint au précédent, sert à la multiplication des fonctions elliptiques de première espèce.

Théorème II.

Soit $\lambda^2 + \lambda'^2 = 1$, soit en général ψ^m un angle tel, que

$$F(\lambda', \psi^m) = \frac{m}{p} F^{\text{I}}(\lambda'),$$

qu'on fasse

$$\operatorname{tg}\theta' = \operatorname{tg}\psi \operatorname{coséc}\psi', \quad \operatorname{tg}\theta''' = \operatorname{tg}\psi \operatorname{coséc}\psi''', \quad \ldots, \quad \operatorname{tg}\theta^{p-2} = \operatorname{tg}\psi \operatorname{coséc}\psi^{p-2},$$

soit enfin

$$\theta = 2(\theta' - \theta''' + \theta^{\text{v}} - \cdots \mp \theta^{p-2} \pm \tfrac{1}{2}\psi),$$

on aura

$$F(k, \theta) = MF(\lambda, \psi).$$

Les angles $\theta', \theta''', \ldots$ doivent être pris dans le même quadrant de cercle dans lequel se trouve l'angle ψ.

Les théorèmes I. et II. joints ensemble donnent

$$F(k, \theta) = pF(k, \varphi).$$

Je passe sous silence les nombreuses relations analytiques très-curieuses, que vont fournir les deux théorèmes proposés. Je n'ajouterai ici qu'une méthode, qui peut servir à l'évaluation des transcendantes $F(k, \varphi)$, la plus commode, à ce que je crois, qu'on puisse imaginer.

En effet, λ se trouvant toujours très-petit, quand même le nombre p ne surpasse pas 5 ou 7, on pourra négliger les termes de l'ordre λ^2. On aura donc simplement $F(k, \varphi) = \frac{M}{p}\psi$. La constante M ne différant que de l'ordre λ^2 de la quantité $\frac{2}{\pi} F^{\text{I}}(k)$, on introduira celle-ci dans le calcul au lieu de M. Par là on aura en même temps corrigé le résultat de la partie non périodique de l'erreur commise en négligeant les quantités de cet ordre. Notre formule deviendra donc $F(k, \varphi) = \frac{2}{p\pi} F^{\text{I}}(k).\psi$, et l'erreur commise ne comportera que $-\frac{\lambda^2}{4p\pi} F^{\text{I}}(k) \sin 2\psi$. C'est donc la correction à ajouter pour que l'erreur ne soit que de l'ordre λ^4 *).

*) Si l'on exprime ψ en secondes, on aura $F(k, \varphi) = M'\psi$, étant mis $M' = \frac{F^{\text{I}}(k)}{824000p}$.

Soit, par exemple, $p=5$, $k=\sin 45^0$, je trouve dans le tome III. des *Exercices*, p. 215, $\varphi'=21^0 0' 36'',02754\,43$, $\varphi'''=58^0 38' 10'',31402\,70$. Aussi la Table II. du tome III. me donne $F^1(k)=1,85407\,46773\,01$, d'où résulte

$$M'=\frac{F^1(k)}{5\times 324000}=0,00000\,11444\,90541\,544.$$

On aura donc à calculer l'angle ψ par la formule

$$\operatorname{tg}\frac{90^0-\psi}{2}=\frac{\operatorname{tg}(10^0 30' 18'',01-\frac{1}{2}\varphi)}{\operatorname{tg}(10^0 30' 18'',01+\frac{1}{2}\varphi)}\cdot\frac{\operatorname{tg}(29^0 19' 5'',16+\frac{1}{2}\varphi)}{\operatorname{tg}(29^0 19' 5'',16-\frac{1}{2}\varphi)}\operatorname{tg}(45^0-\tfrac{1}{2}\varphi),$$

et ensuite on trouvera

$$F(\varphi)=0,00000\,11444\,90541.\psi.$$

La correction à ajouter sera $-0,00000\,007.\sin 2\psi$.

Exemple. $\varphi=30^0$:

$$\log\operatorname{tg}\frac{\varphi'-\varphi}{2}=8,89549\,90n$$

$$\log\operatorname{tg}\frac{\varphi'''+\varphi}{2}=9,98966\,16$$

$$\log\cot\frac{\varphi'+\varphi}{2}=0,32140\,63$$

$$\log\cot\frac{\varphi'''-\varphi}{2}=0,59306\,27$$

$$\log\operatorname{tg}(45^0-\tfrac{1}{2}\varphi)=\underline{9,76143\,94}$$

$$\log\operatorname{tg}(45^0-\tfrac{1}{2}\psi)=9,56106\,90n$$

$$45^0-\tfrac{1}{2}\psi=-20^0 0' 0'',473$$

$$\psi=468000,95\quad(M'=0,00000\,11444\,90541)$$

$$M'\psi=0,53562\,266$$

$$\text{Corr.}=\underline{+0,00000\,007}$$

$$F=0,53562\,273$$

La Table II. du tome III. des *Exercices* donne 0,53562 27328 22.

Cette méthode me paraît fournir la manière la plus convenable de construire des Tables pour l'évaluation des fonctions elliptiques de première espèce.

Il n'y a que très-peu de temps que ces recherches ont pris naissance. Cependant elles ne sont pas les seules entreprises en Allemagne sur le même objet.

M. Gauss, ayant appris de celles-ci, m'a fait dire qu'il avait développé déjà en 1808 les cas de 3 sections, 5 sections et de 7 sections, et trouvé en même temps les nouvelles échelles de modules qui s'y rapportent. Cette nouvelle, à ce qui me paraît, est bien intéressante.

Depuis quelque temps j'ai fait encore quelques recherches sur la théorie des nombres, qui m'ont conduit à des résultats assez curieux relatifs à la belle partie de cette discipline ouverte aux géomètres par votre célèbre loi de réciprocité. En effet, en partant de la nouvelle théorie de section de cercle proposée par M. Gauss dans la huitième section de ses *Disquisitiones Arithmeticae*, j'ai découvert une méthode qui me conduit aux théorèmes fondamentaux concernant la théorie des résidus cubiques, biquadratiques, et même des résidus des puissances plus élevées encore *).

Pour en donner une idée succincte, je mets ici la démonstration du théorème fondamental relatif aux résidus quadratiques, fondée sur ces nouveaux principes.

Soit p un nombre premier impair, x une racine de l'équation $\frac{x^p-1}{x-1}=0$, g une racine primitive de la congruence $g^{p-1}-1\equiv 0 \pmod{p}$, on a:

$$x-x^g+x^{g^2}-x^{g^3}+\cdots-x^{g^{p-2}} = +\sqrt{(-1)^{\frac{p-1}{2}}p}.$$

On a de même en général

$$x^q-x^{qg}+x^{qg^2}-x^{qg^3}+\cdots-x^{qg^{p-2}}$$

égal à $+\sqrt{(-1)^{\frac{p-1}{2}}p}$ ou à $-\sqrt{(-1)^{\frac{p-1}{2}}p}$, selon que q est résidu quadratique ou non-résidu quadratique du nombre p. Mais le nombre q étant aussi premier, on a, en négligeant les multiples de q,

$$x^q-x^{qg}+\cdots-x^{qg^{p-2}} = (x-x^g+\cdots-x^{g^{p-2}})^q = (-1)^{\frac{p-1}{2}\frac{q-1}{2}}p^{\frac{q-1}{2}}\sqrt{(-1)^{\frac{p-1}{2}}p}.$$

Donc q sera résidu ou non-résidu de p selon que $(-1)^{\frac{p-1}{2}\frac{q-1}{2}}p^{\frac{q-1}{2}}$, divisé par q, laisse $+1$ ou -1, ce qui est précisément la loi de réciprocité, ou, d'après M. Gauss, le théorème fondamental relatif aux résidus quadratiques.

*) Je me sers ici dans ce qui suit des signes et des dénominations mis en usage par M. Gauss dans ses *Disquisitiones Arithmeticae*.

J'ajoute plusieurs théorèmes relatifs aux résidus cubiques qui résultent tous d'un même théorème général. Ce sont les premiers de ce genre qui ont été proposés.

Etant donné un nombre premier p de la forme $6n+1$, un autre nombre premier quelconque q sera résidu cubique de p toutes les fois que $4p$ sera de l'une des deux formes:

$$L^2+27q^2M^2, \quad q^2L^2+27M^2;$$

cependant il faut exclure la forme seconde dans les cas de $q=2$ et $q=3$.

Aussi q étant un nombre premier plus grand que 7, il sera résidu cubique de p toutes les fois que p est de la forme $(q\varkappa+mM)^2+27M^2$, le nombre m étant donné par rapport à q au moyen de la Table suivante:

$q =$	11	13	17	19	23	29	31	37	...
	4	1	8	3	2	1	5	8	...
			9	9	8	2	7	3	...
					11	11	6	9	...
						13	11	7	...
								12	...
									....

Ainsi, par exemple, le nombre 37 est résidu cubique de p toutes les fois que $4p$ sera de l'une des sept formes:

$$L^2+36963M^2, \quad 1369L^2+27M^2,$$
$$(37\varkappa+3M)^2+27M^2, \quad (37\varkappa+9M)^2+27M^2,$$
$$(37\varkappa+7M)^2+27M^2, \quad (37\varkappa+12M)^2+27M^2,$$
$$(37\varkappa+8M)^2+27M^2.$$

Le nombre $4p$ n'étant pas compris sous l'une des formes établies par les théorèmes précédents, le nombre q n'en saura être résidu cubique.

M. Gauss a présenté à la Société de Gœttingue, il y a environ deux ans, un premier mémoire relatif à la théorie des résidus biquadratiques, laquelle est beaucoup plus facile que celle des résidus cubiques. Ce mémoire n'a pas encore paru, mais il en a donné un extrait dans les *Annales de Gœttingue*, année 1825, vol. I. Les théorèmes qui s'y trouvent annoncés se démontrent et pourront même être généralisés par mes méthodes avec une facilité extrême, et, à ce que je crois, ce sera de même avec tout ce qu'on pourrait établir sur les résidus des puissances. Ledit grand géomètre m'a écrit, depuis, qu'il poursuivra le même objet dans trois autres mémoires destinés à être présentés à la Société, et il se plaint que le temps lui manque à publier ses vastes recherches sur différents objets de la plus grande importance. Je suis avec le respect le plus profond,

Monsieur,

Votre très-humble serviteur,

Dr. C. G. J. Jacobi,

Auprès l'Université de Kœnigsberg en Prusse.

LEGENDRE A JACOBI.

Paris, le 30 novembre 1827.

Monsieur,

Ce n'est que depuis quelques jours que j'ai reçu des mains de M. Michael Reiss, la lettre que vous m'avez fait l'honneur de m'écrire en date du 5 août dernier. Je connaissais déjà votre belle découverte dans la théorie des fonctions elliptiques, par les deux lettres que vous avez fait insérer dans le n°. 123. du *Journal astronomique de M. Schumacher.* Le théorème I. contenu dans ces lettres, m'était déjà connu, puisqu'il s'accorde entièrement avec la seconde échelle des modules dont j'ai développé les propriétés dans le chap. XXXI. du tome I. de mon *Traité des fonctions elliptiques*, imprimé en 1825 et présenté à l'Académie dans sa séance du 12 septembre de ladite année. Le tome II. n'a été imprimé qu'en 1826, et l'ouvrage entier n'a été mis en vente chez MM. Treuttel et Wurtz qu'au mois de janvier de cette année; ainsi il n'est point douteux pour moi que vous n'ayez eu aucune connaissance de mon ouvrage et que vos propres recherches vous aient conduit au même résultat que j'avais imprimé deux ans avant vous. Mais ce qui vous appartient incontestablement c'est le theorème II. qui contient la découverte d'une troisième échelle de modules, celle que vous désignez à bon droit comme répondant au nombre 5. J'ai vérifié ce théorème par les méthodes qui me sont propres et je l'ai trouvé parfaitement exact. En regrettant que cette découverte m'ait échappé je n'en ai pas moins éprouvé une joie très-vive de voir un perfectionnement si notable ajouté à la belle théorie, dont je puis me dire le créateur, et que j'ai cultivé presque seul depuis plus de quarante ans. L'invention de la seconde échelle attachée au nombre premier 3, m'avait mis à portée d'expliquer beaucoup de résultats d'analyse transcendante dont les autres formules ne pouvaient rendre compte; je la trouvais digne d'intérêt par différents résultats que son développement m'avait fait connaître dans le chap. XXXI. et particulièrement par le moyen qu'elle fournit de réduire à deux équations du 3me degré la trisection de la fonction F qui dépend en général d'une équation du 9me degré, enfin la combinaison de deux échelles déjà connues me donnait le moyen de former l'espèce de Damier analytique dont j'ai fait mention page 326 du tome I., qui dans ses cases multipliées à l'infini dans les deux dimensions contient toutes les transformations d'une même fonction donnée F. Votre troisième échelle, Monsieur, vient étendre aux trois dimensions de l'espace, les cubes infiniment multipliés dans tous les sens qui contiennent les transformations de la fonction F; ils remplissent donc toute l'étendue de l'espace. Mais l'imagination déjà frappée de cette multitude infinie de transformations dont aucune fonction analytique ne montre l'exemple, est en quelque sorte accablée quand vous affirmez qu'il y a une quatrième échelle attachée au nombre premier 7, une cinquième au nombre premier 11, et ainsi pour tous les nombres premiers à l'infini sans aucune exception. Aucune preuve de cette assertion ne se trouvant dans le n°. 123 du *Journal astronomique*, j'avoue que j'étais porté à croire que la proposition n'était pas exacte et que l'induction seule avait pu vous la suggérer. En effet une méthode assez simple que j'avais employée pour vérifier votre théorème II., présentait deux équations de plus que d'inconnues, mais ces équations se sont trouvées satisfaites. Cette même méthode appliquée à l'échelle ultérieure pour le nombre premier 7 contiendrait trois équations de plus que d'inconnues; j'ai commencé le calcul, mais je ne l'ai pas achevé pour m'assurer si ces trois équations n'étaient qu'une conséquence des autres. Dans les échelles ultérieures le nombre des équations oiseuses augmenterait progressivement; j'étais donc en doute sur la proposition considérée dans toute sa généralité. Mais ayant reçu votre lettre j'y ai vu les deux formules générales sous forme trigonométrique dont toute votre théorie dépend; je vois dès lors que ce n'est pas sur l'induction, mais bien sur une analyse profonde et rigoureuse que vous avez établi votre proposition générale. Maintenant je ne puis que vous témoigner le désir que j'éprouve d'avoir communication de l'analyse qui vous a conduit à ces deux formules; la grande habitude que j'ai de la matière me fera contenter d'une simple indication de la méthode, ou de son principe fondamental; je pourrais bien espérer de réussir dans cette recherche en y consacrant un certain espace de temps, mais vous m'obligerez beaucoup, Monsieur, de m'épargner cette peine. Il me sera fort agréable de composer d'après votre méthode, et avec une due mention honorable de son auteur, un supplément au tome I. de mon ouvrage, où j'exposerai votre belle découverte dans tout son jour, et qui en sera un des plus beaux ornements.

Vous recevrez par la voie de M. l'ambassadeur de Prusse, qui a bien voulu accueillir ma demande, un exemplaire de mon *Traité des fonctions elliptiques* dont je vous prie d'agréer l'hommage. J'ai profité de la même occasion pour faire passer à M. Alexandre de Humboldt à Berlin, une lettre où je lui fais part de mon opinion sur votre belle découverte dont j'ai aussi entretenu l'Académie des sciences de Paris dans sa séance du 26. novembre dernier*).

Je ne vous dirai rien dans ce moment sur l'article de votre lettre qui concerne vos découvertes dans la théorie des nombres. J'espère revenir sur cet article dans une autre occasion, pour peu que vous vouliez la faire naître; car devant faire imprimer l'année prochaine une troisième édition de ma théorie des nombres, dans laquelle il y aura plusieurs additions importantes, surtout dans la partie qui concerne les équations à deux termes, je serais fort aise d'y pouvoir insérer quelques-uns de vos nouveaux résultats, avec mention honorable de son auteur.

Comment se fait-il que M. Gauss ait osé vous faire dire que la plupart de vos théorèmes lui étaient connus et qu'il en avait fait la découverte dès 1808?...**) Cet excès d'impudence n'est pas croyable de la part d'un homme qui a assez de mérite personnel pour n'avoir pas besoin de s'approprier les découvertes des autres.... Mais c'est le même homme qui en 1801 voulut s'attribuer la découverte de la loi de réciprocité publiée en 1785***) et qui voulut s'emparer

*) Voir pour la communication à l'Académie des sciences à la suite de cette lettre. B.

**) L'exactitude de cette assertion est prouvée par l'édition des oeuvres complètes de Gauss vol. 3. pp. 492—496, où M. Schering donne les dates précises des travaux de Gauss relatifs à la théorie des fonctions elliptiques et publiés après sa mort. B.

***) Quant à la loi de réciprocité des résidus quadratiques il faut distinguer la découverte par observation et la démonstration de la loi. La première démonstration a été donnée, comme l'on sait, par

en 1809 de la méthode des moindres carrés publiée en 1805*). — D'autres exemples se trouveraient en d'autres lieux, mais un homme d'honneur doit se garder de les imiter. J'ai l'honneur d'être, Monsieur, votre dévoué serviteur.

Paris, Quai Voltaire n°. 9.

Le Gendre.

Extrait du Globe (de jeudi 29. novembre 1827).

A la lettre de Legendre fut joint le numéro indiqué ci-dessus du *Globe* dans lequel on trouve le rapport suivant sur la communication faite par Legendre à l'Académie des sciences dans sa séance de lundi 5 novembre 1827:

Il n'existait jusqu'ici que deux échelles de modules, l'une connue depuis longtemps, l'autre publiée tout récemment dans mon *Traité des fonctions elliptiques* et affectée au nombre premier 3. Or la lettre insérée par M. Jacobi dans le *Journal astronomique d'Altona* contient deux théorèmes qui donnent naissance à deux nouvelles échelles de modules affectées, savoir: la première au nombre premier 3 (c'est précisément celle à laquelle j'étais arrivé moi-même; je regardais sa découverte comme l'un de mes travaux les plus importants, et cette découverte M. Jacobi l'a faite certainement de son côté); la seconde échelle à laquelle je n'avais pas pensé et qui appartient exclusivement à M. Jacobi est affectée au nombre premier 5. Par cette dernière échelle, M. Jacobi a multiplié à l'infini les transformations de la fonction elliptique de première espèce, désignée par $F(c, \varphi)$. J'ai pu vérifier, mais seulement au moyen des calculs les plus élevés, que cette découverte de M. Jacobi est très-réelle. Cependant cet auteur ne s'en est pas tenu là; il a voulu aller plus loin. Il a annoncé que la même

---

Gauss dans ses *Disquisitiones arithmeticae*, tandis que la démonstration essayée par Legendre reposait sur des hypothèses non moins difficiles à démontrer que la loi même. Dans l'article 151 des *disquisitiones* Gauss parle d'Euler et de Legendre comme de ceux qui avant lui sont parvenus par observation à cette loi. Dans un autre endroit (*Theorematis arithmetici demonstratio nova, art.* 2., *Comm. Gotting. Vol.* XVI, 1808) Gauss dit: Pro primo huius elegantissimi theorematis inventore ill. Legendre absque dubio habendus est, postquam longe antea summi geometrae Euler et Lagrange plures eius casus speciales per inductionem detexerant. B.

*) Dans la *Theoria motus corporum coelestium* publiée par Gauss en 1809 on trouve (art. 186.) à la suite de l'exposition de la méthode des moindres carrés le passage: Ceterum principium nostrum, quo iam inde ab anno 1795 usi sumus, nuper etiam a clar. Legendre in opere *Nouvelles méthodes pour la détermination des orbites des comètes*, Paris 1806, prolatum est. B.

méthode qui l'avait conduit aux résultats précédents lui donnait les moyens de former une quatrième échelle attachée au nombre premier 7, une cinquième au nombre premier 11, et ainsi à l'infini. Ici, dit M. Legendre, je n'ai plus été de l'avis de M. Jacobi, et j'ai même cru pouvoir lui écrire une lettre dans laquelle je lui indiquais ce qui, suivant moi, l'avait induit en erreur. Heureusement l'envoi de cette lettre a été assez retardé pour que j'aie pu reconnaître que c'était moi-même qui me trompais, et que M. Jacobi sur ce point comme sur les autres avait complétement raison; et je l'ai reconnu avec d'autant plus de plaisir que c'est sur un sujet dont je m'occupe depuis plus de quarante ans que j'ai été ainsi surpassé par M. Jacobi, mon émule. Ce n'est pas par induction que M. Jacobi est parvenu aux résultats qu'il a publiés; c'est par une théorie profonde et infaillible et à l'aide de deux théorèmes entièrement nouveaux, qu'il a fait cette découverte, qui agrandit considérablement la théorie des fonctions elliptiques et en fait une branche d'analyse parfaite dans son genre et qui ne peut être comparée à aucune autre.

Une principale conséquence entre une infinité d'autres qui résultent de cette savante analyse, c'est que la trisection de la fonction F qui dépend en général d'une équation algébrique du 9me degré se réduit à deux équations du 3me; que la quintisection qui est du 25me degré se réduit à deux équations du 5me; de sorte que la considération des propriétés de notre transcendante sert à résoudre des problèmes d'analyse algébrique d'une grande difficulté et en nombre infini.

M. Jacobi a annoncé aussi, et prouvé par des exemples, qu'il a fait des découvertes importantes dans une des parties les plus importantes de la science des nombres, sur laquelle M. Gauss a annoncé des résultats nouveaux sans les avoir encore publiés.

Frappé de tant de beaux travaux, j'ai voulu, dit M. Legendre, prendre quelques renseignements sur la personne de M. Jacobi: j'ai appris que c'était un jeune homme de 25 ans*) attaché à l'université de Kœnigsberg, où il n'est pas encore professeur, et où il n'occupe qu'un grade inférieur analogue à celui d'agrégé parmi nous.

*) Jacobi, né le 10 décembre 1804, n'avait pas même atteint l'âge de 23 ans. B.

JACOBI A LEGENDRE.

Kœnigsberg, le 12. janvier 1828.

Monsieur,

Je chercherais en vain à vous décrire quels furent mes sentiments en recevant votre lettre du 30 novembre et en même temps le numéro du *Globe* qui contient la communication que vous avez bien voulu faire à l'Académie des sciences de mes essais. Je me sentis confus, accablé de cet excès des bontés que vous m'avez eues et du sentiment que jamais de ma vie je ne saurai mériter de pareilles. Comment vous rendre grâce? Quelle satisfaction pour moi que l'homme que j'admirais tant en dévorant ses écrits a bien voulu accueillir mes travaux avec une bonté si rare et si précieuse! Tout en manquant de paroles qui soient de dignes interprètes de mes sentiments, je n'y saurai répondre qu'en redoublant mes efforts à pousser plus loin les belles théories dont vous êtes le créateur.

J'avais déjà appris il y a quelques mois que vous avez publié un nouvel ouvrage sur les fonctions elliptiques en deux volumes. Aussitôt j'ai donné à un libraire de Berlin l'ordre de me le faire parvenir; mais, à mon grand dépit, je ne l'ai pas encore reçu. J'attends donc avec une impatience extrême le cadeau brillant que vous m'en avez voulu faire et pour lequel je vous rends mille grâces.

Depuis ma dernière lettre, des recherches de la plus grande importance ont été publiées sur les fonctions elliptiques de la part d'un jeune géomètre, qui peut-être vous sera connu personnellement. C'est la première partie d'un mémoire de M. Abel, à Christiania, qu'on m'a dit avoir été à Paris il y a deux ou trois ans, inséré dans le second cahier du second volume du *Journal des Mathématiques pures et appliquées* publié à Berlin par M. Crelle. La continuation doit avoir été publiée dans ces jours dans le cahier troisième dudit Journal: mais elle ne m'est pas encore parvenue. Comme je suppose que ce mémoire ne vous soit pas encore connu, je vous en veux raconter les détails les plus intéressants. Mais, pour plus de commodité, j'avancerai le mode de notation dont je me sers ordinairement.

Si l'on pose $\int \frac{d\varphi}{\sqrt{1-k^2\sin^2\varphi}} = \Xi$, l'angle φ étant l'amplitude de Ξ, je le désigne par $\operatorname{am}\Xi$; K étant la fonction entière $= \int_0^{\frac{\pi}{2}} \frac{d\varphi}{\sqrt{1-k^2\sin^2\varphi}}$, je mets, au lieu de $\operatorname{am}(K-\Xi)$, cette autre expression coam Ξ (c'est-à-dire *complementi amplitudo*). Je désigne, avec vous,

$$\sqrt{1-k^2\sin^2\operatorname{am}\Xi} = \frac{d\operatorname{am}\Xi}{\partial\Xi} \quad \text{par} \quad \Delta\operatorname{am}\Xi.$$

Le module sera mis à côté, si on le juge convenable; toutes les fois qu'il sera supprimé dans le suivant, les formules se rapportent au module k. Du reste, je désignerai le complément de k par k' et la fonction entière qui répond à k' par K'.

M. Abel commence par donner l'expression analytique de toutes les racines des équations élevées desquelles dépend la division des fonctions elliptiques. En effet, soit $\sin\varphi = i\operatorname{tang}\psi$, i étant $\sqrt{-1}$, on aura:

$$\frac{d\varphi}{\sqrt{1-k^2\sin^2\varphi}} = \frac{id\psi}{\sqrt{1-k'^2\sin^2\psi}},$$

d'où l'on tire:

$$\sin\operatorname{am}(i\Xi, k) = i\operatorname{tg}\operatorname{am}(\Xi, k'),$$

théorème fondamental de M. Abel.

Je remarque encore les formules suivantes:

$$\cos\operatorname{am}(i\Xi, k) = \operatorname{séc}\operatorname{am}(\Xi, k'),$$

$$\Delta\operatorname{am}(i\Xi, k) = \frac{\Delta\operatorname{am}(\Xi, k')}{\cos\operatorname{am}(\Xi, k')} = \operatorname{coséc}\operatorname{coam}(\Xi, k').$$

Aussi on aura:

$$\sin\operatorname{am}(2iK', k) = 0,$$

$$\sin\operatorname{am}(\Xi + iK') = \frac{1}{k\sin\operatorname{am}\Xi},$$

$$\cot\operatorname{am}(\Xi + iK') = -i\Delta\operatorname{am}\Xi,$$

$$\Delta\operatorname{am}(\Xi + iK') = -i\cot\operatorname{am}\Xi, \text{ etc.}$$

Comme on a:

$$\operatorname{tg}\operatorname{am}(2m'K', k') = 0,$$

m' étant un nombre entier, on aura aussi:

$$\sin\operatorname{am}(2m'iK', k) = 0,$$

d'où il suit qu'on aura en général:

$$\sin\operatorname{am}(\Xi + 4mK + 4m'iK') = \sin\operatorname{am}\Xi,$$

m et m' étant des nombres positifs ou négatifs. On voit donc que les racines de l'équation élevée qui sert à la division de la fonction elliptique Ξ en n parties seront de la forme $\sin\operatorname{am}\frac{\Xi+4mK+4m'iK'}{n}$, formule qui embrasse toutes les racines au nombre de n^2, si l'on donne à m, m' successivement les valeurs $0, 1, 2, \ldots, n-1$.

M. Abel ramène ensuite la division d'une fonction elliptique quelconque Ξ à la division de la fonction entière K. En effet, soient α, β des racines quelconques de l'équation $x^n=1$, l'expression

$$\left(\sum \alpha^m \beta^{m'} \sin\operatorname{am}\frac{\Xi+4mK+4m'iK'}{n}\right)^n \text{*)},$$

où l'on donne à m, m' toutes leurs valeurs $0, 1, 2, \ldots, n-1$, ne changera pas si l'on met, au lieu de $\sin\operatorname{am}\frac{\Xi}{n}$, une autre racine quelconque $\sin\operatorname{am}\frac{\Xi+4\mu K+4\mu' iK'}{n}$. Cette expression sera donc symétrique par rapport à ces racines et pourra, par conséquence, être exprimée par

$$\sin\operatorname{am}\Xi \text{ **)}.$$

A présent si l'on donne à α, β toutes leurs valeurs possibles, ce qui donne n^2 combinaisons, on tire de là les valeurs de toutes les racines. M. Abel suit une autre méthode, qui, si je ne me trompe pas, rend le problème plus compliqué qu'il n'est en lui-même.

La division de la fonction entière, laquelle dépend en général d'une équation du degré $\frac{n^2-1}{2}$, est ramenée à une équation du degré $n+1$, n étant un nombre premier. En effet, soit $\frac{4\mu K+4\mu' iK'}{n}=\omega$, g une racine primitive de la congruence $x^{n-1}\equiv 1 \pmod{n}$, $\varphi(\omega)$ une fonction trigonométrique quelconque de l'amplitude de ω, α une racine de l'équation $x^{n-1}=1$, on y parvient en considérant l'expression

$$[\varphi(\omega)+\alpha\varphi(g\omega)+\alpha^2\varphi(g^2\omega)+\cdots+\alpha^{n-2}\varphi(g^{n-2}\omega)]^{n-1}$$

symétrique en $\varphi(\omega), \varphi(g\omega), \varphi(g^2\omega), \ldots, \varphi(g^{n-2}\omega)$. Or les fonctions symétriques de ces quantités ne sauront avoir que des valeurs différentes au nombre de $n+1$, qui répondent à $\mu=0, \mu'=1$; $\mu=1, \mu'=0$; $\mu=1, \mu'=1, 2, 3, \ldots, n-1$. Donc elles seront données au moyen d'une équation algébrique du degré $n+1$.

*) On entend par $\sum$ la somme des expressions formées de ladite manière.

**) Il faut ajouter: Et par des quantités constantes, mais irrationnelles, de la forme $\sin\operatorname{am}\frac{4mK+4m'iK'}{n}$.

Je vais ajouter à présent les propres paroles de M. Abel, en remarquant qu'il considère dans son mémoire les fonctions elliptiques sous la forme

$$\int_0^x \frac{dx}{\sqrt{(1-c^2x^2)(1+e^2x^2)}}:$$

„Donc, en dernier lieu, la résolution de l'équation $P_n = 0$ est réduite à celle d'une seule équation de degré $n+1$; mais cette équation ne paraît pas en général être résoluble algébriquement. Néanmoins on peut la résoudre complètement dans plusieurs cas particuliers, par exemple lorsque $e = c$, $e = c\sqrt{3}$, $e = c(2 \pm \sqrt{3})$, etc. Dans le cours de ce mémoire*), je m'occuperai de ces cas, dont le premier surtout est remarquable, tant par la simplicité de la solution, que par sa belle application dans la géométrie. En effet, entre autres, je suis parvenu à ce théorème: *On peut diviser la circonférence entière de la lemniscate, par la règle et le compas seuls, en m parties égales, si m est de la forme* 2^n *ou* 2^n+1, *le dernier nombre étant en même temps premier; ou bien si m est un produit de plusieurs nombres de ces deux formes.* Ce théorème est, comme on voit, précisément le même que celui de M. Gauss relativement au cercle.“

Connaissant les racines des équations mentionnées, M. Abel les résout en facteurs; ensuite, dans les formules qui en résultent, il pose $n = \infty$, d'où il tire des expressions très-remarquables; mais cela n'a plus aucune difficulté.

Vous m'avez permis, Monsieur, de vous communiquer l'analyse dont je me sers. Une démonstration rigoureuse du théorème général concernant les transformations s'imprime à présent dans le Journal de M. Schumacher; elle vous sera envoyée aussitôt qu'elle sera imprimée. Mes recherches ultérieures sont encore loin d'être finies; cependant j'en embrasserai une partie dans un mémoire que je crois pouvoir publier dans peu. Il s'y trouvera, entre autres, un résultat curieux qui d'abord m'a frappé un peu; c'est le cas suivant. Si l'on peut transformer un module k dans un autre λ, on a entre ces deux modules une équation algébrique du degré $n+1$, si la transformation se rapporte au nombre n, qu'on suppose être premier. Ces équations symétriques en k et λ sont, par exemple pour $n = 3$, $n = 5$:

$$u^4 - v^4 \pm 2uv(1-u^2v^2) = 0, \quad u^6 - v^6 + 5u^2v^2(u^2-v^2) \pm 4uv(1-u^4v^4) = 0,$$

où l'on a supposé $u = \sqrt[4]{k}$, $v = \sqrt[4]{\lambda}$. Il paraît remarquable que ces équations,

*) Qui n'est pas encore publié.

qu'on pourrait appeler *équations modulaires*, ont leur forme la plus simple entre les quatrièmes racines des modules. Or toutes ces équations algébriques en nombre infini satisfont à une même équation différentielle du troisième degré, savoir:

$$3(dk^2 d^2\lambda^2 - d\lambda^2 d^2k^2) - 2dk\,d\lambda(dk\,d^3\lambda - d\lambda\,d^3k) + dk^2 d\lambda^2\left[\left(\frac{1+k^2}{k-k^3}\right)^2 dk^2 - \left(\frac{1+\lambda^2}{\lambda-\lambda^3}\right)^2 d\lambda^2\right] = 0,$$

où l'on n'a supposé constante aucune différentielle. Aussi j'ai trouvé que, dans certains cas, on retombe sur le même module, de sorte que la transformation devient multiplication; ainsi k étant $\sqrt{\frac{1}{2}}$, on aura deux racines de l'équation $u^6 - v^6 + 5u^2v^2(u^2 - v^2) - 4uv(1 - u^4v^4) = 0$ égales à $(1 \pm i)u^5$, d'où l'on tire $v^8 = \lambda^2 = k^2 = \frac{1}{2}$. Ce sera dans tous les cas où le nombre n est la somme de deux carrés, $n = a^2 + 4b^2$, k étant $\sqrt{\frac{1}{2}}$; la fonction elliptique se trouve alors multipliée par $a \pm 2bi$. On remarque des choses semblables dans les modules qui sont liés d'après une échelle quelconque avec $k = \sqrt{\frac{1}{2}}$. C'est un genre de multiplication qui n'a pas son analogue dans les arcs de cercle. Je suis très-curieux de savoir votre avis sur ma démonstration, laquelle à la vérité est un peu compliquée. La nouvelle d'une troisième édition de la *Théorie des nombres* m'a charmé. Je n'ai travaillé sur cette science que très-peu de temps; quand je m'aurai pris la liberté de vous communiquer un petit mémoire qui va être publié sur la théorie des résidus, vous verrez que mes idées ne méritent pas la place brillante que vous leur avez offerte. Aussi les recherches sur les fonctions elliptiques doivent être en quelque sorte finies avant qu'elles soient dignes de former un supplément à un ouvrage sans doute parfait dans toutes ses parties.

Adieu, Monsieur, daignez recevoir les respects les plus profonds que m'inspirent la supériorité de vos lumières et la générosité de vos sentiments. Jamais de ma vie je n'oublierai cette bonté de père avec laquelle vous avez voulu m'encourager dans la carrière des sciences.

Votre dévoué serviteur,

C. G. J. Jacobi.

P. S. Le troisième cahier du *Journal de Crelle*, que je viens de recevoir, ne contient pas encore la suite du mémoire de M. Abel.

LEGENDRE A JACOBI.

Paris le 9. février 1828.

Monsieur,

Lorsque j'ai reçu votre lettre du 12. janvier, M. Schumacher m'avait déjà envoyé le n°. 127. de son Journal, où se trouve votre démonstration du théorème sur les transformations des fonctions elliptiques. J'ai pris infiniment de plaisir à votre démonstration où brille votre sagacité et que je trouve fort courte relativement à la grande étendue de son objet; elle m'a suggéré quelques remarques dont j'ai envoyé un précis à M. Schumacher pour être imprimé dans son Journal, suivant le désir qu'il m'en avait témoigné. La manière dont vous passez de la valeur de $1-y$ à celle de y, décomposée également en facteurs, m'a paru très-élégante; mais ce qui, à mes yeux, fait le grand mérite de votre démonstration, c'est l'heureuse idée que vous avez eue de substituer à la fois $\frac{1}{kx}$ à x et $\frac{1}{\lambda y}$ à y. Cette double substitution qui satisfait à l'équation différentielle, doit satisfaire aussi aux intégrales qui la représentent; par ce moyen vous pouvez vérifier d'un trait de plume la valeur $y=\frac{U}{V}$, et vous trouvez pour seule condition la valeur du module λ exprimée en fonction du module donné k; dès lors le théorème est démontré dans toute sa généralité, sans aucun calcul pénible et par une sorte d'enchantement; vous verrez dans ma note que cette belle démonstration m'aurait paru plus satisfaisante, si vous y eussiez joint quelques détails sur la série des idées qui vous ont conduit à la valeur supposée pour $1-y$; vous pourrez avoir égard à mon observation dans les autres parties de vos recherches qui vous restent à publier. J'ai indiqué aussi une vérification de votre théorème qu'il serait curieux d'effectuer et qui mettrait dès à présent cette découverte dans tout son jour. Par vos formules il est facile de trouver la valeur de la fonction T en facteurs; ensuite l'idée vient naturellement de faire les substitutions dans l'équation

$$\frac{dU}{Udx}-\frac{dV}{Vdx}=\frac{1}{M}\cdot\frac{T}{UV},$$

afin de voir si elle est satisfaite. L'équation mise sous cette forme se décompose dans les deux membres en fractions partielles dont les dénominateurs sont les facteurs binômes des fonctions U et V, et il est facile d'avoir l'expression générale du numérateur correspondant à un facteur quelconque de U, et celle du numérateur correspondant à un facteur quelconque de V.

L'identité de l'équation fournira donc deux conditions générales qui devront être satisfaites. Depuis l'envoi de ma note j'ai observé que ces deux conditions se réduisent à une seule que je présente ici sous la forme la plus simple. Soit α_m l'amplitude telle que $F(\alpha_m) = \frac{m}{2n+1}K$, la condition dont il s'agit et qui doit avoir lieu pour toute valeur de i depuis 1 jusqu'à n, est celle-ci:

$$2\cos\alpha_{2i}\left(\frac{\sin^2\alpha_{2i}}{\sin^2\alpha_2}-1\right)\left(\frac{\sin^2\alpha_{2i}}{\sin^2\alpha_4}-1\right)\cdots\left(\frac{\sin^2\alpha_{2i}}{\sin^2\alpha_{2i-2}}-1\right)\left(1-\frac{\sin^2\alpha_{2i}}{\sin^2\alpha_{2i+2}}\right)\cdots\left(1-\frac{\sin^2\alpha_{2i}}{\sin^2\alpha_{2n}}\right)$$
$$= (1-k^2\sin^2\alpha_{2i}\sin^2\alpha_1)(1-k^2\sin^2\alpha_{2i}\sin^2\alpha_3)(1-k^2\sin^2\alpha_{2i}\sin^2\alpha_5)\cdots(1-k^2\sin^2\alpha_{2i}\sin^2\alpha_{2n-1}).$$

Cette équation doit être vraie d'après votre démonstration, mais il serait intéressant de la déduire des premiers principes de la théorie des fonctions elliptiques. C'est une recherche que je laisse à votre sagacité et qui me paraît assez importante puisqu'elle confirmera d'une manière invincible l'exactitude de votre théorème. Je suis parvenu à cette équation au moyen d'un lemme que j'ai déduit de vos formules et qui dans votre notation serait exprimé ainsi:

$$\frac{1-\dfrac{x^2}{\sin^2\operatorname{coam}\frac{2mK}{2n+1}}}{1-k^2x^2\sin^2\operatorname{am}\frac{2mK}{2n+1}} = \frac{\cos\operatorname{am}\left(\Xi+\frac{2mK}{2n+1}\right)\cos\operatorname{am}\left(\Xi-\frac{2mK}{2n+1}\right)}{\cos^2\operatorname{am}\frac{2mK}{2n+1}}.$$

Je crois voir en écrivant ceci que ce même lemme donnera assez facilement la démonstration de mon équation.

J'avais déjà connaissance du beau travail de M. Abel inséré dans le *Journal de Crelle.* Mais vous m'avez fait beaucoup de plaisir de m'en donner une analyse dans votre langage qui est plus rapproché du mien. C'est une grande satisfaction pour moi de voir deux jeunes géomètres, comme vous et lui, cultiver avec succès une branche d'analyse qui a fait si longtemps l'objet de mes études favorites et qui n'a point été accueillie dans mon propre pays comme elle le méritait. Vous vous placez par ces travaux au rang des meilleurs analystes de notre époque; nous voyons au contraire ici les talents peu nombreux qui y restent se livrer à des recherches vagues qui ne laisseront que de faibles traces dans l'histoire. Ce n'est pas assez d'avoir du talent, il faut savoir choisir l'objet dont on doit s'occuper.

J'attends avec impatience la suite des recherches que vous ferez paraître dans le Journal de M. Schumacher, et particulièrement les relations que vous avez trouvées entre deux modules qui peuvent se transformer l'un dans l'autre. Vous me donnez pour le cas $n = 3$ l'équation

$$u^4 - v^4 \pm 2uv(1 - u^2v^2) = 0$$

à laquelle j'ai ajouté le double signe $\pm$; j'ai pour le même cas donné dans mon traité l'équation $1 = \sqrt{cc_1} + \sqrt{bb_1}$ qui revient au même. Mais vous êtes allé beaucoup plus loin.

Je ne m'occupe pas encore de ma troisième édition de la théorie des nombres, ainsi vous avez tout le temps de me faire part de ce que vous aurez imprimé sur les résidus de différents degrés. J'ai déjà approuvé beaucoup votre démonstration de la loi de réciprocité à laquelle pourtant il faut ajouter quelques développements; je pourrais vous indiquer dans cette partie des objets de recherche qui ont une difficulté digne de vous; mais j'aime mieux vous donner le conseil de ne pas donner trop de temps aux recherches de cette nature. Elles sont très-difficiles et ne mènent souvent à aucun résultat.

Je suis étonné de ce que vous n'avez pas encore reçu l'exemplaire que M. l'ambassadeur le baron de Werther avait promis de vous faire passer. Il faut le réclamer à Berlin si vous éprouvez de nouveaux retards.

Agréez, Monsieur, l'assurance de mon estime bien sincère et de mon entier dévouement.

Le Gendre.

Je vous prie de ne pas prendre la peine d'affranchir, quand vous m'écrivez, il ne faut pas que ma correspondance vous soit onéreuse.

JACOBI A LEGENDRE.

Kœnigsberg, le 12 avril 1828.

Monsieur,

Il me faut vous faire de grandes excuses d'avoir retardé aussi longtemps la réponse à votre aimable lettre, plaine de vos bontés, qui font la plus douce récompense de mes efforts et un grand bonheur de ma vie. En effet, j'avais espéré de jour en jour pouvoir vous mander la fin d'un premier mémoire qui devait embrasser la plupart de mes recherches. Cependant la difficulté de la matière, de même que les nouvelles vues qui se sont ouvertes dans le cours même du travail, me font éprouver de si grands retards, que peut-être il ne vous sera pas désagréable si je vous fais part des résultats principaux trouvés jusqu'ici, et qui me paraissent dignes de votre intérêt. Veuillez les accueillir avec la bonté dont vous m'avez donné des preuves si éclatantes et qui seront gravées à jamais dans mon coeur.

Soit d'après ma notation $\omega = \frac{mK + 2m'iK'}{n}$ (n est un nombre impair), m et m' désignant des nombres entiers quelconques, mais tels qu'un même nombre ne saura être diviseur des trois, m, m', n. Vous verrez aisément que la démonstration de mon théorème s'applique mot à mot au cas même qu'on met partout $\operatorname{am}\omega$ au lieu de $\operatorname{am}\frac{K}{n}$. En mettant successivement

$$\omega = \frac{K}{n},\quad \frac{2iK'}{n},\quad \frac{K \pm 2iK'}{n},\quad \frac{K \pm 4iK'}{n},\quad \ldots,\quad \frac{K \pm (n-1)iK'}{n},$$

on tire de là un nombre $n+1$ de transformations attachées au nombre n et analogues à celle que j'ai donnée relativement à $\omega = \frac{K}{n}$. Elles embrassent toutes les possibles quand n est premier; aussi dans les cas de $n = 3$, $n = 5$, j'ai montré que les équations modulaires montent au quatrième et sixième degré, comme cela doit être. De ces modules, au nombre de $n+1$, il n'y a que deux qui soient réels, savoir: ceux qui répondent à $\omega = \frac{K}{n}$ et à $\omega = \frac{2iK'}{n}$. La dernière transformation, savoir: celle qui répond à $\omega = \frac{2iK'}{n}$, est précisément la même qui fournit le théorème complémentaire. Pour démontrer ceci, il faut remonter aux formules analytiques concernant la multiplication, données la première fois par M. Abel. J'en cite les trois suivantes, présentées d'après la forme sous laquelle vous considérez les fonctions elliptiques, et dans laquelle j'ai eu soin de vous suivre:

$$♀\begin{cases}(1.)\quad \sin\mathrm{am}(n\xi, k) = (-1)^{\frac{n-1}{2}} k^{\frac{n^2-1}{2}} \Pi \sin\mathrm{am}\left(\xi + \frac{2mK+2m'iK'}{n}\right),\\ (2.)\quad \frac{1}{k^{n^2-1}} = \Pi \sin^4\mathrm{coam}\frac{2mK+2m'iK'}{n},\\ (3.)\quad \frac{(-1)^{\frac{n-1}{2}}}{n} = \Pi\frac{\sin^2\mathrm{coam}\frac{2mK+2m'iK'}{n}}{\sin^2\mathrm{am}\frac{2mK+2m'iK'}{n}}.\end{cases}$$

Les produits désignés par Π embrassent tous les facteurs *différents entre eux* que l'on obtient en donnant à m, m' des valeurs en nombres entiers positifs ou négatifs.

Les trois formules principales relatives à la transformation complémentaire sont:

$$(1.)\begin{cases}\sin\mathrm{am}(n\xi, k)\\ = \sqrt{\frac{\lambda^n}{k}}\sin\mathrm{am}\frac{\xi}{M}\sin\mathrm{am}\left(\frac{\xi}{M}+\frac{4i\Lambda'}{n}\right)\sin\mathrm{am}\left(\frac{\xi}{M}+\frac{8i\Lambda'}{n}\right)\cdots\sin\mathrm{am}\left(\frac{\xi}{M}+\frac{4(n-1)i\Lambda'}{n}\right)(\mathrm{mod.}\,\lambda)\\ = \frac{nMy\left(1+\frac{y^2}{\mathrm{tg}^2\mathrm{am}\frac{2\Lambda'}{n}}\right)\left(1+\frac{y^2}{\mathrm{tg}^2\mathrm{am}\frac{4\Lambda'}{n}}\right)\cdots\left(1+\frac{y^2}{\mathrm{tg}^2\mathrm{am}\frac{(n-1)\Lambda'}{n}}\right)}{\left(1+\lambda^2\mathrm{tg}^2\mathrm{am}\frac{2\Lambda'}{n}y^2\right)\left(1+\lambda^2\mathrm{tg}^2\mathrm{am}\frac{4\Lambda'}{n}y^2\right)\cdots\left(1+\lambda^2\mathrm{tg}^2\mathrm{am}\frac{(n-1)\Lambda'}{n}y^2\right)}\quad(\mathrm{mod.}\,\lambda'),\end{cases}$$

$$(2.)\begin{cases}k = \lambda^n\left(\sin\mathrm{coam}\frac{2i\Lambda'}{n}\sin\mathrm{coam}\frac{4i\Lambda'}{n}\sin\mathrm{coam}\frac{6i\Lambda'}{n}\cdots\sin\mathrm{coam}\frac{(n-1)i\Lambda'}{n}\right)^4 \quad(\mathrm{mod.}\,\lambda),\\ \quad = \frac{\lambda^n}{\left(\Delta\mathrm{am}\frac{2\Lambda'}{n}\Delta\mathrm{am}\frac{4\Lambda'}{n}\cdots\Delta\mathrm{am}\frac{(n-1)\Lambda'}{n}\right)^4}\quad(\mathrm{mod.}\,\lambda'),\end{cases}$$

$$(3.)\quad \frac{1}{nM} = \left(\frac{\sin\mathrm{coam}\frac{2\Lambda'}{n}\sin\mathrm{coam}\frac{4\Lambda'}{n}\cdots\sin\mathrm{coam}\frac{(n-1)\Lambda'}{n}}{\sin\mathrm{am}\frac{2\Lambda'}{n}\sin\mathrm{am}\frac{4\Lambda'}{n}\cdots\sin\mathrm{am}\frac{(n-1)\Lambda'}{n}}\right)^2\quad(\mathrm{mod.}\,\lambda'),$$

où l'on a mis

$$y = \sin\mathrm{am}\left(\frac{\xi}{M}, \lambda\right), \quad \lambda^2+\lambda'^2 = 1,$$

$$\Lambda = \int_0^{\frac{\pi}{2}}\frac{d\varphi}{\sqrt{1-\lambda^2\sin^2\varphi}}, \quad \Lambda' = \int_0^{\frac{\pi}{2}}\frac{d\varphi}{\sqrt{1-\lambda'^2\sin^2\varphi}}.$$

Il faut ajouter que la théorie de la première transformation donne $\Lambda = \frac{K}{n\mathrm{M}}$, $\Lambda' = \frac{K'}{\mathrm{M}}$. Démontrons la première de ces formules.

Si, dans la formule suivante, qui concerne la première transformation:

$$\sin\mathrm{am}\left(\frac{\xi}{\mathrm{M}}, \lambda\right) = (-1)^{\frac{n-1}{2}}\sqrt{\frac{k^n}{\lambda}}\sin\mathrm{am}\,\xi\sin\mathrm{am}\left(\xi+\frac{4K}{n}\right)\sin\mathrm{am}\left(\xi+\frac{8K}{n}\right)\cdots\sin\mathrm{am}\left(\xi+\frac{4(n-1)K}{n}\right),$$

on met $\xi + \frac{2m'iK'}{n}$ au lieu de ξ, $\frac{\xi}{\mathrm{M}}$ devenant $\frac{\xi}{\mathrm{M}} + \frac{2m'iK'}{n\mathrm{M}} = \frac{\xi}{\mathrm{M}} + \frac{2m'i\Lambda'}{n}$, on a:

$$(-1)^{\frac{n-1}{2}}\sin\mathrm{am}\left(\frac{\xi}{\mathrm{M}} + \frac{2m'i\Lambda'}{n}, \lambda\right) = \sqrt{\frac{k^n}{\lambda}}\,\Pi\sin\mathrm{am}\left(\xi + \frac{2mK + 2m'iK'}{n}\right),$$

où l'on donne à m les valeurs $0, \pm 1, \pm 2, \pm 3, \ldots, \pm\frac{n-1}{2}$. Dans cette formule, mettant successivement $m' = 0, \pm 1, \pm 2, \ldots, \pm\frac{n-1}{2}$, et formant le produit, on a:

$$(-1)^{\frac{n-1}{2}}\Pi\sin\mathrm{am}\left(\frac{\xi}{\mathrm{M}} + \frac{2m'i\Lambda'}{n}, \lambda\right) = \sqrt{\frac{k^{n^2}}{\lambda^n}}\,\Pi\sin\mathrm{am}\left(\xi + \frac{2mK + 2m'iK'}{n}\right).$$

Mais la formule désignée par ♀ (1.) donne:

$$\sin\mathrm{am}\,n\xi = (-1)^{\frac{n-1}{2}} k^{\frac{n^2-1}{2}}\,\Pi\sin\mathrm{am}\left(\xi + \frac{2mK + 2m'iK'}{n}\right),$$

d'où l'on tire:

$$\sin\mathrm{am}(n\xi, k) = \sqrt{\frac{\lambda^n}{k}}\,\Pi\sin\mathrm{am}\left(\frac{\xi}{\mathrm{M}} + \frac{2m'i\Lambda'}{n}, \lambda\right),$$

ce qui est la formule à démontrer. De la même manière on démontre les deux autres au moyen des formules ♀ (2.), (3.). La formule dont j'ai fait mention dans ma première lettre résulte des mêmes principes.

Si l'on met dans ces deux transformations $i\xi$ au lieu de ξ, on a la transformation du module k' dans le module λ', et *vice versâ*. Nommant λ_1 le second module réel dans lequel on sait transformer le module k et qui répond à $\omega = \frac{2iK'}{n}$, on verra que λ dépend de la même manière de k que k de λ_1, λ_1' de k' et k' de λ', λ_1' étant le complément de λ_1. Donc si l'on forme d'après la même loi deux échelles relatives à k et k', trois termes consécutifs seront dans l'une $\ldots \lambda, k, \lambda_1, \ldots$ et dans l'autre $\ldots \lambda_1', k', \lambda' \ldots$, théorème que vous avez démontré dans les cas de $n = 2$ et de $n = 3$.

On pourrait d'une manière analogue passer à la multiplication par le moyen du module λ_1, de même que par le moyen des autres modules imaginaires.

Faisons $\xi = \frac{u}{n}$, $n = \infty$, on aura dans cette limite $\lambda = 0$, et par conséquent $\Lambda = \frac{\pi}{2}$; les formules $\Lambda = \frac{K}{nM}$, $\Lambda' = \frac{K'}{M}$ donnent $nM = \frac{2K}{\pi}$, $\frac{\Lambda'}{n} = \frac{K'}{nM} = \frac{\pi K'}{2K}$; on aura de plus:

$$y = \sin\operatorname{am}\left(\frac{\xi}{M}, \lambda\right) = \sin\operatorname{am}\left(\frac{u}{nM}, \lambda\right) = \sin\frac{\pi u}{2K}.$$

La formule (1.) peut s'écrire de la manière suivante:

$$\sin\operatorname{am}(n\xi, k) = \frac{nMy\left(1-\dfrac{y^2}{\sin^2\operatorname{am}\frac{2i\Lambda'}{n}}\right)\left(1-\dfrac{y^2}{\sin^2\operatorname{am}\frac{4i\Lambda'}{n}}\right)\cdots\left(1-\dfrac{y^2}{\sin^2\operatorname{am}\frac{(n-1)i\Lambda'}{n}}\right)}{\left(1-\dfrac{y^2}{\sin^2\operatorname{am}\frac{i\Lambda'}{n}}\right)\left(1-\dfrac{y^2}{\sin^2\operatorname{am}\frac{3i\Lambda'}{n}}\right)\cdots\left(1-\dfrac{y^2}{\sin^2\operatorname{am}\frac{(n-2)i\Lambda'}{n}}\right)} \pmod{\lambda}.$$

De là on tire, dans le cas de $n = \infty$,

$$\sin\operatorname{am}u = \frac{\frac{2Ky}{\pi}\left(1-\dfrac{y^2}{\sin^2\frac{i\pi K'}{K}}\right)\left(1-\dfrac{y^2}{\sin^2\frac{2i\pi K'}{K}}\right)\left(1-\dfrac{y^2}{\sin^2\frac{3i\pi K'}{K}}\right)\cdots}{\left(1-\dfrac{y^2}{\sin^2\frac{i\pi K'}{2K}}\right)\left(1-\dfrac{y^2}{\sin^2\frac{3i\pi K'}{2K}}\right)\left(1-\dfrac{y^2}{\sin^2\frac{5i\pi K'}{2K}}\right)\cdots},$$

y étant $\sin\frac{\pi u}{2K}$. Soit $e^{\frac{i\pi u}{2K}} = U$, $e^{-\frac{\pi K'}{K}} = q$; cette formule se transforme dans celle-ci:

$$\sin\operatorname{am}(u, k)$$
$$= \frac{2K}{\pi}A\left(\frac{U-U^{-1}}{2i}\right)\frac{[(1-q^2U^2)(1-q^4U^2)(1-q^6U^2)\ldots][(1-q^2U^{-2})(1-q^4U^{-2})(1-q^6U^{-2})\ldots]}{[(1-qU^2)(1-q^3U^2)(1-q^5U^2)\ldots][(1-qU^{-2})(1-q^3U^{-2})(1-q^5U^{-2})\ldots]},$$

où l'on a mis $A = \left[\frac{(1-q)(1-q^3)(1-q^5)\ldots}{(1-q^2)(1-q^4)(1-q^6)\ldots}\right]^2$. Si l'on met dans cette formule $u+iK'$ au lieu de u, U deviendra $\sqrt{q}U$; de là on tire, en remarquant que $\sin\operatorname{am}(u+iK') = \frac{1}{k\sin\operatorname{am}u}$, la valeur de $A = \frac{\pi\sqrt[4]{q}}{\sqrt{k}K}$. De la même manière on trouve au moyen des expressions semblables pour $\cos\operatorname{am}u$, $\Delta\operatorname{am}u$ etc., les valeurs des produits suivants:

$$[(1-q)(1-q^3)(1-q^5)\ldots]^6 = \frac{2k'\sqrt[4]{q}}{\sqrt{k}},$$

$$[(1+q)(1+q^3)(1+q^5)\ldots]^6 = \frac{2\sqrt[4]{q}}{\sqrt{kk'}},$$

$$[(1-q^2)(1-q^4)(1-q^6)\ldots]^6 = \frac{2kk'K^3}{\sqrt{q}\,\pi^3},$$

$$[(1+q^2)(1+q^4)(1+q^6)\ldots]^6 = \frac{k}{4\sqrt{k'}\sqrt{q}},$$

. . . .

sommations très-remarquables, ce me semble.

Comme on a $\frac{\Lambda'}{\Lambda} = n\frac{K'}{K}$, $\frac{\Lambda'_1}{\Lambda_1} = \frac{1}{n}\frac{K'}{K}$, on voit qu'en mettant seulement q^n ou $q^{\frac{1}{n}}$ au lieu de q, on tire de ces formules aussitôt les expressions semblables relatives aux modules transformés λ, λ_1. Ainsi on aura, par exemple,

$$k = 4\sqrt{q}\left[\frac{(1+q^2)(1+q^4)(1+q^6)\ldots}{(1+q)(1+q^3)(1+q^5)\ldots}\right]^4, \quad \lambda = 4\sqrt{q^n}\left[\frac{(1+q^{2n})(1+q^{4n})(1+q^{6n})\ldots}{(1+q^n)(1+q^{3n})(1+q^{5n})\ldots}\right]^4.$$

On ne saura guère reconnaître de la nature de ces produits que ces deux expressions dépendent *algébriquement* l'une de l'autre. Je remarque encore que, comme on a

$$k' = \left[\frac{(1-q)(1-q^3)(1-q^5)\ldots}{(1+q)(1+q^3)(1+q^5)\ldots}\right]^4, \quad k^2+k'^2 = 1,$$

on aura aussi:

$$[(1-q)(1-q^3)(1-q^5)\ldots]^8+16q[(1+q^2)(1+q^4)(1+q^6)\ldots]^8 = [(1+q)(1+q^3)(1+q^5)\ldots]^8,$$

équation difficile à prouver au moyen des méthodes connues. On y saura ajouter nombre d'autres.

Si l'on met $u+\frac{4mK}{n}$ au lieu de u, U se change en αU, où $\alpha^n = 1$.

De là se déduit de la formule pour $\sin\operatorname{am} u$ une nouvelle vérification assez facile de ma première transformation.

Je passe à d'autres recherches. Soit

$$\left(\frac{U-U^{-1}}{2}\right)[(1-q^2U^2)(1-q^4U^2)(1-q^6U^2)\ldots][(1-q^2U^{-2})(1-q^4U^{-2})(1-q^6U^{-2})\ldots]$$
$$= a'(U-U^{-1})+a''(U^3-U^{-3})+a'''(U^5-U^{-5})+\cdots$$

Si l'on met dans ce produit qU au lieu de U, il sera multiplié par $\left(\frac{qU-q^{-1}U^{-1}}{U-U^{-1}}\right)\left(\frac{1-U^{-2}}{1-q^2U^2}\right) = -\frac{1}{qU^2}$. De là suit:

$$a'' = -q^2a',\quad a''' = -q^4a'',\quad a^{\text{IV}} = -q^6a''',\ \ldots,$$

ou

$$\frac{a''}{a'} = -q^2,\quad \frac{a'''}{a'} = +q^{2.3},\quad \frac{a^{\text{IV}}}{a'} = -q^{3.4},\quad \frac{a^{\text{V}}}{a'} = +q^{4.5},\ \ldots;$$

de sorte qu'on aura ce produit égal à

$$a'[U-U^{-1}-q^2(U^3-U^{-3})+q^6(U^5-U^{-5})-q^{12}(U^7-U^{-7})+q^{20}(U^9-U^{-9})-\cdots].$$

De la même manière on trouve:

$$[(1-qU^2)(1-q^3U^2)(1-q^5U^2)\ldots][(1-qU^{-2})(1-q^3U^{-2})(1-q^5U^{-2})\ldots]$$
$$= b[1-q(U^2+U^{-2})+q^4(U^4+U^{-4})-q^9(U^6+U^{-6})+q^{16}(U^8+U^{-8})\ldots],$$

a' et b désignant des constantes.

On aura donc

$$\sin\operatorname{am} u = C\frac{U-U^{-1}-q^2(U^3-U^{-3})+q^6(U^5-U^{-5})-q^{12}(U^7-U^{-7})+\cdots}{1-q(U^2+U^{-2})+q^4(U^4+U^{-4})-q^9(U^6+U^{-6})+q^{16}(U^8+U^{-8})-\cdots}.$$

La constante C se détermine encore au moyen de la formule

$$\sin\operatorname{am}(u+iK') = \frac{1}{k\sin\operatorname{am} u},$$

en remarquant que U se change en $\sqrt{q}U$ en même temps que u devient $u+iK'$. On la trouve égale à $\frac{\sqrt[4]{q}}{i\sqrt{k}}$, de sorte qu'il vient, en mettant $u = \frac{2Kx}{\pi}$,

$$(1.)\quad \sin\operatorname{am}\frac{2Kx}{\pi} = \frac{2}{\sqrt{k}}\,\frac{q^{\frac{1}{4}}\sin x - q^{\frac{9}{4}}\sin 3x + q^{\frac{25}{4}}\sin 5x - q^{\frac{49}{4}}\sin 7x + \cdots}{1-2q\cos 2x+2q^4\cos 4x-2q^9\cos 6x+2q^{16}\cos 8x-\cdots}.$$

J'y ajoute les trois semblables:

$$(2.)\quad \cos\operatorname{am}\frac{2Kx}{\pi} = 2\sqrt{\frac{k'}{k}}\,\frac{q^{\frac{1}{4}}\cos x + q^{\frac{9}{4}}\cos 3x + q^{\frac{25}{4}}\cos 5x + q^{\frac{49}{4}}\cos 7x + \cdots}{1-2q\cos 2x+2q^4\cos 4x-2q^9\cos 6x+2q^{16}\cos 8x-\cdots},$$

$$(3.)\quad \Delta\operatorname{am}\frac{2Kx}{\pi} = \sqrt{k'}\,\frac{1+2q\cos 2x+2q^4\cos 4x+2q^9\cos 6x+2q^{16}\cos 8x+\cdots}{1-2q\cos 2x+2q^4\cos 4x-2q^9\cos 6x+2q^{16}\cos 8x-\cdots},$$

$$(4.)\quad \operatorname{tg}\tfrac{1}{2}\operatorname{am}\frac{2Kx}{\pi} = \frac{\sin\frac{x}{2}+q\sin\frac{3x}{2}-q^3\sin\frac{5x}{2}-q^6\sin\frac{7x}{2}+q^{10}\sin\frac{9x}{2}+q^{15}\sin\frac{11x}{2}-\cdots}{\cos\frac{x}{2}-q\cos\frac{3x}{2}-q^3\cos\frac{5x}{2}+q^6\cos\frac{7x}{2}+q^{10}\cos\frac{9x}{2}-q^{15}\cos\frac{11x}{2}-\cdots},$$

. . . .

Je remarque encore les formules suivantes:

$$\sqrt{\frac{2K}{\pi}} = 1+2q+2q^4+2q^9+2q^{16}+\cdots,$$

$$\sqrt{k} = \frac{2\left(q^{\frac{1}{4}}+q^{\frac{9}{4}}+q^{\frac{25}{4}}+q^{\frac{49}{4}}+\cdots\right)}{1+2q+2q^4+2q^9+2q^{16}+\cdots},$$

$$\sqrt{k'} = \frac{1-2q+2q^4-2q^9+2q^{16}-\cdots}{1+2q+2q^4+2q^9+2q^{16}+\cdots},$$

. . . . ,

dont la première est la plus remarquable.

Quant à l'importance de ces formules, vous la sentirez mieux que je ne pourrais le dire. Aussi elles ne seront pas sans intérêt pour les célèbres géomètres qui s'occupent du mouvement de la chaleur; les numérateurs et les dénominateurs des fractions par lesquelles on a exprimé les fonctions trigonométriques de l'amplitude étant souvent rencontrés dans ladite question. Je finirai ici l'exposition rapide des résultats principaux trouvés jusqu'ici.

Vous auriez voulu que j'eusse donné la chaîne des idées qui m'a conduit à mes théorèmes. Cependant la route que j'ai suivie n'est pas susceptible de rigueur géométrique. La chose étant trouvée, on pourra y substituer une autre sur laquelle on aurait pu y parvenir rigoureusement. Ce n'est donc que pour vous, Monsieur, que j'ajoute le suivant:

La première chose que j'avais trouvée (dans le mars 1827), c'était l'équation $\frac{T}{M} = \frac{VdU}{dx} - \frac{UdV}{dx}$; de là je reconnus que, pour un nombre n quelconque, la transformation était un problème d'analyse algébrique *déterminé*, le nombre des constantes arbitraires égalant toujours celui des conditions. Au moyen des coefficients indéterminés, je formai les transformations relatives aux nombres 3 et 5. L'équation du quatrième degré à laquelle me mena la première ayant presque la même forme que celle qui sert à la trisection, j'y soupçonnais quelque rapport. Par un tâtonnement heureux, je remarquais dans ces deux cas l'autre transformation complémentaire pour la multiplication. Là j'écrivis ma première lettre à M. Schumacher, la méthode étant générale et vérifiée par des exemples. Depuis, examinant plus de proche les deux substitutions $z = \frac{ay+by^3}{1+cy^2}$, $y = \frac{a'x+b'x^3}{1+c'x^2}$ sous la forme présentée dans ma première lettre, je vis qu'étant mis $x = \sin\operatorname{am}\frac{2K}{8}$, z devra s'évanouir, et comme, dans ladite forme, $\frac{b}{a}$ était positif, j'en conclus que y devra s'évanouir aussi. De cette manière je trouvai par induction la résolution en facteurs, laquelle étant confirmée par des exemples, je donnai le théorème général dans ma seconde lettre à M. Schumacher. Ensuite, ayant remarqué l'équation $\sin\operatorname{am}(i\xi, k) = i \operatorname{tg}\operatorname{am}(\xi, k')$, j'en tirai la transformation de k' en λ'. J'avais donc deux transformations différentes, l'une de k dans un module plus petit λ, l'autre de k' dans un module plus grand λ'. De là, je fis la conjecture qu'en échangeant entre eux k' et λ, k et λ', on aurait l'expression analytique de la transformation complémentaire. Tout étant confirmé par des exemples, j'eus la hardiesse de vous adresser une première lettre*), qui a été accueillie de vous avec tant de candeur. Les démonstrations n'ont été trouvées que ci-après.

Le 14 février dernier, j'ai enfin reçu votre excellent cadeau par la bonté de M. de Humboldt, qui me l'a fait parvenir aussitôt qu'il arriva à Berlin. Il fera l'étude de ma vie.

M. Schumacher m'a donné connaissance de ce que vous lui avez écrit du théorème complémentaire; je me suis donc empressé de faire partir cette lettre, et je l'en avertirai. Il faut m'excuser, Monsieur, si la bonne opinion que vous avez bien voulu avoir pour moi me rend un peu timide à présenter des choses trop imparfaites à un si grand maître.

M. Crelle m'a écrit que la continuation du mémoire de M. Abel s'imprime déjà. Je l'attends avec impatience. Quant à M. Gauss, il n'a rien encore publié sur les fonctions elliptiques, mais il est certain qu'il a eu de jolies choses. S'il a été prévenu et peut-être surpassé, c'est une juste peine de ce qu'il a répandu un voile mystique sur ses travaux. Je ne le connais pas personnellement, ayant étudié la philologie à Berlin, où il n'y a pas des géomètres de distinction.

Daignez accueillir l'assurance de mon respect le plus profond.

Votre dévoué

C. G. J. Jacobi.

---

*) Je l'avais donnée à un jeune marchand que je ne connaissais pas personnellement; on m'avait dit qu'il allait droitement à Paris; mais il a passé plusieurs mois dans les capitales de l'Allemagne. De là s'est fait, à mon grand dépit, le retard de cette lettre.

LEGENDRE A JACOBI.

Paris, le 14 avril 1828*).

Monsieur,

Je viens de recevoir une lettre de M. Schumacher qui m'apprend que vous ne lui avez rien envoyé pour être imprimé dans son Journal. J'avais l'espérance que votre première publication contiendrait la démonstration de votre Théorème II., laquelle m'intéresse d'autant plus que j'ai lieu de croire que ce n'est que par un artifice nouveau et très-ingénieux que vous êtes parvenu à cette démonstration. En effet, si on fait conformément à vos dénominations

$$\lambda^2+\lambda'^2=1,\quad F(\lambda',\psi^m)=\frac{m}{p}F^1(\lambda'),\quad \operatorname{tg}\vartheta'=\frac{\operatorname{tg}\psi}{\sin\psi'},\quad \operatorname{tg}\vartheta'''=\frac{\operatorname{tg}\psi}{\sin\psi'''},\ \ldots$$

et enfin

$$\tfrac{1}{2}\vartheta=\vartheta'-\vartheta'''+\vartheta^{\mathrm{v}}\ldots\mp\vartheta^{p-2}\pm\tfrac{1}{2}\psi,$$

on aura la formule du Théorème II.:

$$F(k,\vartheta)=\mu F(\lambda,\psi)$$

laquelle étant combinée avec celle du théorème I., donne

$$F(k,\vartheta)=pF(k,\varphi).$$

Je trouve aisément par les données du Théorème II., qu'en faisant $\gamma'=\cot^2\psi'$, $\gamma'''=\cot^2\psi'''$, ..., $x=\sin\psi$, $y=\sin\vartheta$, on a

$$y=\frac{\mu x\left(1+\frac{\lambda^2x^2}{\gamma'}\right)\left(1+\frac{\lambda^2x^2}{\gamma'''}\right)\left(1+\frac{\lambda^2x^2}{\gamma^{\mathrm{v}}}\right)\cdots}{(1+\gamma'x^2)(1+\gamma'''x^2)(1+\gamma^{\mathrm{v}}x^2)\ldots}$$

et de là

$$k=\frac{\gamma'^2\gamma'''^2\gamma^{\mathrm{v}2}\ldots}{\mu^2\lambda^{p-2}}.$$

Ces valeurs entièrement déterminées satisfont à ce beau principe de transformation qui vous est dû, savoir qu'on peut mettre à la fois $\frac{1}{k\sin\vartheta}$ à la place

---

*) Cette lettre s'est croisée avec celle du 12 avril 1828 adressée par Jacobi à Legendre.
B.

de $\sin\theta$ et $\frac{1}{\lambda \sin\psi}$ à la place de $\sin\psi$. Mais pour rendre la démonstration complète et semblable à celle du Théorème I., il faudrait dans l'équation

$$\sqrt{1-yy} = \sqrt{1-xx} \cdot \frac{P}{(1+\gamma' x^2)(1+\gamma''' x^2)\ldots}$$

pouvoir exprimer le numérateur P en produit de facteurs $(1+\delta' x^2)(1+\delta''' x^2)\ldots$ dont on connaîtrait l'expression générale. Or c'est ce qui paraît présenter une telle difficulté que je n'ai vu, après plusieurs recherches, aucun moyen de la résoudre. Il serait d'ailleurs fort superflu que j'employasse beaucoup de temps à cette recherche puisque la gloire de la découverte vous appartient tout entière et qu'il n'entrerait nullement dans mon esprit d'en revendiquer la moindre partie. Vous voyez donc, Monsieur, combien vous m'obligeriez de vouloir bien satisfaire mon impatience, en me donnant les directions nécessaires pour parvenir à votre démonstration. Je présume que ma demande n'exige pas de très-longs développements, et qu'il vous sera facile de me mettre sur la voie de votre belle découverte qui excite ma curiosité au plus haut degré. *Intelligenti pauca.*

J'ai l'intention d'insérer dans les mémoires de notre Académie une notice de vos deux théorèmes, pour réveiller la paresse de nos jeunes auteurs, et les engager à ne pas rester si longtemps dans l'ignorance de la belle théorie que vous avez su élever à un degré de perfection inattendu.

M. Bessel a mandé à M. Schumacher que vous êtes fortement occupé de la rédaction d'un grand mémoire sur les fonctions elliptiques. Ce travail contiendra sans doute des développements curieux et très-intéressants de votre nouvelle théorie; il ne pourra manquer de vous faire beaucoup d'honneur; mais je vous engage de ne pas trop tarder à publier les parties essentielles de ce travail. Il y a des gens comme M. Gauss, qui ne se feraient pas scrupule de vous ravir, s'ils le pouvaient, le fruit de vos recherches, et de prétendre qu'elles sont depuis longtemps en leur possession. Prétention bien absurde assurément; car si M. Gauss était tombé sur de pareilles découvertes qui surpassent à mes yeux, tout ce qui a été fait jusqu'ici en analyse, bien sûrement il se serait empressé de les publier.

Veuillez, Monsieur, présenter mes civilités à M. Bessel que je n'ai pas l'honneur de connaître, mais que je regarde comme l'un des premiers astronomes de l'Europe. J'ai vu dans un n°. des Astronomische Abhandlungen un joli mémoire de M. Bessel, où il perfectionne la méthode des comètes de M. Olbers par un moyen semblable à celui que j'ai employé dans le second supplément de ma méthode publié en août 1820.

J'ai l'honneur d'être, Monsieur, votre très-humble serviteur

Le Gendre.

Je compte sur une prompte réponse, et vous prie instamment de ne point l'affranchir à moins qu'il ne soit impossible de faire autrement.

LEGENDRE A JACOBI.

Paris, le 11 mai 1828.

Monsieur,

J'ai reçu le 26 avril votre dernière lettre datée du 12, où se trouvent contenus les principes de la démonstration de votre théorème complémentaire, qu'il me tardait d'autant plus de recevoir de vous, que je n'avais guère espérance de trouver cette démonstration par mes propres recherches comme j'aurais pu faire peut-être dans un âge moins avancé où l'on est capable de supporter plus aisément une grande contention d'esprit. Je vous avais écrit le 14 du même mois pour obtenir de votre complaisance cette communication qui m'intéresse au plus haut degré, mais je vois par la date de votre lettre que c'est à la pressante sollicitation de M. Schumacher que vous vous êtes rendu à mes désirs, et que vous les avez en quelque sorte prévenus. Maintenant, Monsieur, vous apprendrez peut-être avec quelque peine que depuis le 26 avril que votre lettre m'est parvenue, je n'ai pas été encore en état de me faire une juste idée de la belle méthode par laquelle vous êtes parvenu à déduire votre théorème II. ou complémentaire du théorème I., dont la démonstration ne laisse rien à désirer. N'en concluez pas que j'aie quelque objection à faire à votre méthode qui sans doute est une nouvelle preuve de votre sagacité; mais j'ai été tellement malade d'un catarrhe qui m'a tourmenté tout l'hiver et qui s'est singulièrement aggravé au printemps, que toute étude sérieuse m'a été interdite depuis une vingtaine de jours, et que je suis devenu incapable d'entendre mes propres ouvrages. Cet état commence cependant à s'améliorer, et j'espère dans peu être en état de reprendre mes occupations ordinaires: ce sera pour moi une grande satisfaction de pouvoir comprendre votre nouvelle démonstration qui sera la première chose dont je m'occuperai. En attendant qu'un examen approfondi me mette en état d'apprécier toute sa valeur, je dois vous faire part d'une ou deux observations peu importantes. Ayant établi $\omega = \frac{mK}{n} + \frac{2m'iK'}{n}$, vous dites qu'on peut prendre pour m et m' des nombres entiers quelconques, *mais qui n'aient aucun diviseur commun avec le nombre impair donné n.* Il me semble que si cette restriction avait lieu, l'équation pour la division d'une fonction elliptique en n parties ne serait plus du degré n^2, ce qui a pourtant lieu même quand n n'est pas un nombre premier.

Seconde observation. Pour établir le principe de votre démonstration il faut, dites-vous, recourir aux formules analytiques concernant la multiplication, *données pour la première fois par M. Abel.* Cet aveu qui prouve votre candeur, qualité qui s'accorde si bien avec le vrai talent, me fait quelque peine; car tout en rendant justice au beau travail de M. Abel, et le mettant cependant fort au-dessous de vos découvertes, je voudrais, que la gloire de celles-ci, c'est-à-dire de leurs démonstrations, vous appartînt tout entière. Mais enfin je me consolerai aisément, la science n'y perd rien; vos démonstrations ne vous appartiennent pas moins, quelque part que vous en ayez pris les bases, soit dans mes ouvrages, soit dans le travail récent et très-estimable de M. Abel.

L'espace me manque pour m'étendre davantage dans une réponse qui n'est que provisoire. Je vous remercierai une autre fois de la franchise entièrement gracieuse avec laquelle vous avez satisfait à ma demande sur les moyens que vous aviez employés pour parvenir à de si beaux résultats.

Votre tout dévoué

Le Gendre.

LEGENDRE A JACOBI.

Paris, le 16 juin 1828.

Monsieur,

Depuis le jour où je me suis trouvé en état de vous écrire pour vous faire mes remercîments au moins provisoires sur les précieux renseignements que vous aviez eu l'obligeance de m'adresser dans votre lettre du 12 avril dernier, ma santé s'étant progressivement améliorée, j'ai enfin réussi à déduire la démonstration du théorème II. de celle du théorème I., sans avoir recours aux formules de M. Abel, ce qui m'a entièrement satisfait; je serais parvenu sans doute beaucoup plus tôt à ce résultat si j'avais pu me livrer à un examen plus approfondi des différents objets contenus dans votre lettre, mais l'état de souffrance où je suis resté pendantlongtemps m'avait rendu incapable de tout travail et m'aurait même empêché d'entendre mes propres ouvrages. Maintenant, Monsieur, je me propose de rédiger un mémoire qui contiendra la démonstration de vos deux théorèmes et quelques accessoires, en me conformant aux principes de votre théorie, et rendant d'ailleurs toute la justice que je dois au mérite de vos découvertes que personne ne sait et ne saura jamais mieux apprécier que moi. Ce mémoire est destiné à paraître dans le recueil des mémoires de notre Académie, mais il ne pourra pas être imprimé de sitôt, et vous aurez sans doute le temps de faire paraître bien à l'avance la suite de vos savantes recherches, soit dans le Journal de M. Schumacher, soit dans tout autre recueil destiné aux sciences.

Je n'ai pu que toucher très-légèrement dans ma dernière lettre ce que j'avais à vous dire sur la communication pleine de franchise que vous m'avez faite de la filiation des idées qui vous ont conduit à vos belles découvertes sur les fonctions elliptiques, je vois que nous avons couru tous deux des dangers, *vous* en annonçant des découvertes qui n'étaient pas encore revêtues du sceau d'une démonstration rigoureuse, et *moi* en leur donnant publiquement et sans restriction mon approbation tout entière. Nous n'avons pas à nous repentir ni l'un ni l'autre de ce que nous avons fait. D'ailleurs nous avions chacun nos raisons de nous conduire ainsi; je ne dirai rien des vôtres, quant à moi je voyais très-clairement que des résultats tels que ceux que vous aviez obtenus, ne pouvaient être l'effet ni du hasard, ni d'une induction trompeuse, mais bien d'une théorie profonde et appuyée sur la nature des choses, d'ailleurs il m'avait été facile au moyen de mes tables et avec très-peu de calcul de vérifier vos résultats pour le cas du nombre 7, et après les avoir trouvés exacts jusqu'à cinq ou six décimales, il ne me restait aucun doute sur l'exactitude rigoureuse de la formule.

Vous avez eu la bonté dans votre dernière lettre et dans les précédentes de me réduire à des expressions plus simples quelques-uns des beaux résultats de M. Abel. Je trouve comme vous que ces résultats, qui sont fort intéressants, ont été présentés par leur jeune et ingénieux auteur, d'une manière fort méthodique, mais un peu embrouillée; je ne vois pas par exemple, pourquoi il s'est si fort appesanti sur les propriétés des fonctions qu'il désigne par f et F; sans doute il aurait pu atteindre son but sans le secours de ces fonctions. Au reste je pense que dans la suite de vos publications vous présenterez à votre manière les belles formules de M. Abel, et que vous donnerez à son travail plus de précision sans qu'il perde rien de son élégance ni de sa généralité.

Agréez, Monsieur, les sentiments d'estime et d'attachement que j'ai voués pour toujours à votre talent et à votre caractère.

Le Gendre.

P. S. Il serait possible que je fasse bientôt un voyage de 2 mois dans le midi de la France pour rétablir ma santé. Dans ce cas il ne faudrait pas vous étonner si une lettre que vous pourriez m'adresser dans cet intervalle, restera assez longtemps sans réponse, parce que je n'en aurais connaissance qu'à mon retour.

JACOBI A LEGENDRE.

Kœnigsberg, le 9 septembre 1828.

Monsieur,

La lettre dans laquelle vous m'aviez mandé votre maladie de l'hiver passé m'a causé de grandes peines, et j'ai attendu avec la plus vive inquiétude la nouvelle de l'amélioration de votre santé qui m'est enfin parvenue. L'avis que vous avez voulu me donner en même temps de votre départ pour le midi de la France a causé le retard de ma réponse. Fasse le ciel que ce voyage vous ait entièrement satisfait!

Ma dernière lettre a été écrite un peu à la hâte; sans cela je n'aurais pas cru que l'on doit supposer connues les formules de multiplication pour la démonstration du théorème complémentaire. Aussi il avait été trouvé et communiqué à vous sans la connaissance de celles-ci. En effet, l'équation $\frac{\Lambda'}{\Lambda} = n\frac{K'}{K}$ montre que k dépend de la même manière de λ que λ' de k'; d'où il suit qu'en appliquant au module λ la même transformation qui sert à parvenir du module k' au module λ', il faut retomber sur le module k.

Vous aurez reçu sans doute deux mémoires de M. Abel, l'un inséré dans le *Journal de M. Crelle*, l'autre dans les *Nouvelles Astronomiques de M. Schumacher*. Vous y aurez vu que M. Abel a trouvé de son côté la théorie générale de la transformation, dans la publication de laquelle je l'ai prévenu de six mois. Le second mémoire, inséré dans le recueil de M. Schumacher, n°. 138, contient une *déduction* rigoureuse des théorèmes de transformation, dont le défaut s'était fait sentir dans mes annonces sur le même objet. Elle est au-dessus de mes éloges comme elle est au-dessus de mes propres travaux.

Dans le même cahier du *Journal de M. Crelle* (3. vol., 2. cah.) où se trouvent les premiers travaux de M. Abel sur la transformation, j'avais fait insérer la remarque que toutes les transformations attachées au nombre n sont au nombre de $n+1$, lorsque n est premier, et que l'on trouvait tous les modules transformés qui s'y rapportent en mettant, dans la formule

$$\sqrt{k} = \frac{2\sqrt[4]{q} + 2\sqrt[4]{q^9} + 2\sqrt[4]{q^{25}} + \cdots}{1 + 2q + 2q^4 + 2q^9 + \cdots},$$

q^n et $\sqrt[n]{q}$ au lieu de q, $\sqrt[n]{q}$ ayant n valeurs différentes. M. Abel verra donc que les transformations imaginaires ne m'étaient pas échappées. Que n soit premier ou non, le nombre des transformations sera en général égal à la somme des facteurs de n; on trouve tous les modules transformés en mettant $\sqrt[a]{q^{a'}}$ au lieu de q, aa' étant $= n$. Cette théorie est complète de sorte qu'on ne saura rien y ajouter. Toutes les racines des équations modulaires se trouvent par là développées dans des séries d'une élégance et d'une convergence sans exemple dans l'analyse. Je remarque encore que, n étant un nombre carré, on aura une seule fois $a = a'$; donc un seul des modules transformés sera dans ce cas égal à celui d'où l'on est parti, ce qui fournit la multiplication.

Vous ne m'avez dit dans deux de vos lettres pas un seul mot sur ces séries remarquables sommées par les fonctions elliptiques, dans lesquelles les exposants suivent la loi des nombres carrés, et dont celle-ci:

$$\sqrt{\frac{2K}{\pi}} = 1 + 2q + 2q^4 + 2q^9 + 2q^{16} + 2q^{25} + \cdots$$

me paraît être l'un des résultats les plus brillants de toute la théorie. Tout ce qui regarde la décomposition des nombres en nombres carrés devient, par ces séries, du ressort des fonctions elliptiques. Les développements de celles-ci me donnent, par exemple:

$$\begin{aligned}\left(\frac{2K}{\pi}\right)^2 &= 1 + \frac{8q}{1-q} + \frac{16q^2}{1+q^2} + \frac{24q^3}{1-q^3} + \frac{32q^4}{1+q^4} + \cdots \\ &= 1 + \frac{8q}{(1-q)^2} + \frac{8q^2}{(1+q^2)^2} + \frac{8q^3}{(1-q^3)^2} + \frac{8q^4}{(1+q^4)^2} + \cdots \\ &= 1 + 8\sum\varphi(p)(q^p + 3q^{2p} + 3q^{4p} + 3q^{8p} + 3q^{16p} + 3q^{32p} + \cdots),\end{aligned}$$

p étant un nombre impair quelconque, et $\varphi(p)$ la somme des facteurs de p. Comme dans cette série il ne manque aucune puissance de q et qu'on a en même temps

$$\left(\frac{2K}{\pi}\right)^2 = (1+2q+2q^4+2q^9+2q^{16}+\cdots)^4,$$

il suit comme corollaire de cette formule le fameux théorème de Fermat, que chaque nombre est la somme de quatre carrés. Les théorèmes relatifs aux nombres qui sont la somme de deux carrés découlent de la formule suivante :

$$\frac{2K}{\pi} = (1+2q+2q^4+2q^9+2q^{16}+\cdots)^2 = 1+\frac{4q}{1-q}-\frac{4q^3}{1-q^3}+\frac{4q^5}{1-q^5}-\frac{4q^7}{1-q^7}+\cdots$$
$$= 1+\frac{4q}{1-q}-\frac{4q^3}{1+q^2}-\frac{4q^6}{1-q^3}+\frac{4q^{10}}{1+q^4}+\frac{4q^{15}}{1-q^5}-\frac{4q^{21}}{1+q^6}-\cdots.$$

Parmi d'autres formules, je trouve encore la suivante, digne de vous être communiquée :

$$(q-q^{5.5}-q^{7.7}+q^{11.11}+q^{13.13}-q^{17.17}-q^{19.19}+q^{23.23}+\cdots)^3$$
$$= q^3-3q^{3.3.3}+5q^{3.5.5}-7q^{3.7.7}+9q^{3.9.9}-11q^{3.11.11}+\cdots,$$

dont vous saisirez aisément la loi. Elle résulte de la transformation attachée au nombre 3.

Ne vous fait-il pas de plaisir, Monsieur, de voir se rapprocher l'une à l'autre deux théories si hétérogènes en apparence et qui se datent en quelque sorte de vos travaux ?

Je vais ajouter quelques remarques isolées telles qu'elles se présentent à mon esprit. Rappelons la formule donnée dans ma dernière lettre :

$$\sqrt{k}\,\sin\mathrm{am}\frac{2Kx}{\pi} = \frac{2\sqrt[4]{q}\sin x-2\sqrt[4]{q^9}\sin 3x+2\sqrt[4]{q^{25}}\sin 5x-2\sqrt[4]{q^{49}}\sin 7x+\cdots}{1-2q\cos 2x+2q^4\cos 4x-2q^9\cos 6x+2q^{16}\cos 8x-\cdots}.$$

Il m'a paru d'importance de pouvoir exprimer à part le numérateur et le dénominateur de cette expression au moyen des fonctions elliptiques, ce qui n'est pas facile.

En me servant de vos signes et mettant F^{I} au lieu de K, $\varphi = \mathrm{am}\frac{2Kx}{\pi}$, et par conséquent $\frac{2Kx}{\pi} = F$, je trouve

$$1-2q\cos 2x+2q^4\cos 4x-2q^9\cos 6x+2q^{16}\cos 8x-\cdots = \sqrt{\frac{2k'F^{I}}{\pi}}\,e^{\int_0^{\varphi}\frac{F^{I}E(\varphi)-E^{I}F(\varphi)}{F^{I}}\cdot\frac{d\varphi}{\Delta\varphi}},$$

l'intégrale étant prise depuis 0 jusqu'à φ.

L'un de vos plus beaux théorèmes est que l'expression

$$\int \frac{k^2 \sin A \cos A\, \Delta A \sin^2\varphi\, d\varphi}{(1-k^2\sin^2 A \sin^2\varphi)\Delta\varphi} - \frac{F(\varphi)}{F^1}[F^1E(A)-E^1F(A)]$$

ne change pas de valeur si l'on échange entre eux les angles φ et A. Or étant mis $A = \mathrm{am}\frac{2K\alpha}{\pi}$, $\varphi = \mathrm{am}\frac{2Kx}{\pi}$, je la trouve égale à

$$\frac{1}{2}\log\left[\frac{1-2q\cos 2(x-\alpha)+2q^4\cos 4(x-\alpha)-2q^9\cos 6(x-\alpha)+2q^{16}\cos 8(x-\alpha)-\cdots}{1-2q\cos 2(x+\alpha)+2q^4\cos 4(x+\alpha)-2q^9\cos 6(x+\alpha)+2q^{16}\cos 8(x+\alpha)-\cdots}\right],$$

formule symétrique en x et α. ***D'ailleurs elle montre que les fonctions elliptiques de troisième espèce dans lesquelles entrent trois variables se ramènent à d'autres transcendantes qui n'en ont que deux***, découverte qui vous intéressera beaucoup.

Mes recherches seront rassemblées dans un petit ouvrage d'environ 200 pages in 4° qui sera imprimé à part et dont l'impression vient d'être commencée. Il aura pour titre: ***Fundamenta nova theoriae functionum ellipticarum.*** Peut-être je serai assez heureux de vous le présenter moi-même.

Il faut avouer, Monsieur, que je suis un peu fatigué de la matière, qui m'a occupé pendant dix-huit mois presque jour et nuit. Cependant la fin de mon ouvrage ne doit pas être celle de mes recherches; il en reste encore d'une grande importance, mais aussi d'une grande difficulté. Je vous prie instamment de me donner des nouvelles de vous et surtout de votre santé. Vous pourriez compter sur une prompte réponse.

Votre très-humble et très-dévoué

C. G. J. Jacobi.

M. Bessel vous rend grâce de vos civilités; je vous prie d'en faire de ma part à M. Cauchy, dont j'ai toujours estimé de préférence les écrits ingénieux et d'une rare subtilité. Les formules analytiques qui renferment le théorème de Fermat ne seront pas sans intérêt pour ce géomètre, qui a tant de mérite dans cette partie de la théorie des nombres.

LEGENDRE À JACOBI.

Paris, le 15 octobre 1828.

Je vous envoie, Monsieur, un premier supplément à mon traité contenant vos deux théorèmes généraux sur la transformation de la fonction elliptique de première espèce. Ce qu'il y aura de bon dans ce supplément vous appartient; je ne suis en quelque sorte que votre commentateur, parfois long et diffus, parce qu'il faut plus de développements dans un traité que dans un mémoire. D'ailleurs je me suis complu dans l'énumération des beaux résultats d'analyse qu'on était loin de soupçonner avant que vous les eussiez fait connaître. Le célèbre astronome Plana de Turin, qui est en même temps un géomètre très-distingué, vient de rendre hommage à vos découvertes dans un écrit où il fait des efforts pour parvenir méthodiquement à vos théorèmes. S'il n'a pas très-bien réussi, c'est une preuve de plus de la difficulté que vous avez trouvé le moyen de surmonter.

Le voyage que je projetais n'a pas eu lieu. Je suis resté et j'ai profité d'un intervalle de quelques mois où ma santé s'est un peu améliorée pour travailler à mon supplément. J'y ai employé le peu de forces qui me restent; car déjà mon catarrhe menace de me ressaisir et je pourrais bientôt être hors d'état de m'occuper d'un second supplément. Au reste le monde savant n'y perdra rien et je puis me reposer sur le zèle de deux athlètes infatigables tels que vous et M. Abel. Ce dernier a publié dans le Journal de M. Crelle la suite de son beau mémoire où entr'autres choses fort intéressantes on trouve la démonstration de votre théorème général de transformation. Démonstration que vous avez la modestie de placer au-dessus de la vôtre. Il a ensuite publié dans le Journal de M. Schumacher d'autres recherches où il montre beaucoup de profondeur et de sagacité. Pour vous, Monsieur, vous n'êtes pas resté en arrière et vous avez continué de publier dans ces deux recueils un grand nombre de résultats nouveaux qui doivent intéresser au plus haut degré les analystes, surtout lorsque vous en aurez fait connaître les démonstrations.

Votre lettre du 9 septembre m'apprend d'autres particularités sur vos travaux. J'y ai vu surtout avec un grand plaisir, que vous avez commencé l'impression d'un ouvrage in 4° de 200 pages qui sera intitulé *Fundamenta nova theoriae etc.* Je serai doublement satisfait si je puis recevoir cet ouvrage de votre main, comme vous me le faites espérer, et il me sera bien agréable de voir, de mes yeux, l'un des deux jeunes géomètres qui par leurs découvertes ont contribué le plus à perfectionner mes travaux.

J'induis de vos expressions que la composition de votre ouvrage est terminée, et qu'ainsi nous pourrons en jouir bientôt. Il me sera très-utile pour y prendre la matière de deux ou trois suppléments que je voudrais joindre à mon traité pour le mettre au courant de vos nouvelles découvertes. Je commencerais ainsi un 3e volume qui ne serait pas inférieur aux deux autres; et comme vous traiterez sans doute de la plupart des objets dont M. Abel s'est occupé, votre ouvrage me dispensera de recourir à ceux de M. Abel, dont la manière quoique très-méthodique, me paraît difficile à saisir. Je n'aime point ses fonctions f et F, et je pense que dans vos explications, dont vous m'avez déjà donné un échantillon, vous trouverez moyen de vous en passer.

J'applaudis à la théorie que vous donnez de l'équation modulaire et que vous regardez comme complète; j'y applaudirai encore mieux quand je connaîtrai vos démonstrations. C'est un grand point à mes yeux d'avoir prouvé que pour le nombre premier p, l'équation modulaire est toujours du degré $p+1$. Vous donnez par des séries très-élégantes les racines de cette équation dont deux seulement sont réelles. Celles-ci sont le module h qui suit le module donné k et le module k_1 qui le précède, en sorte que trois termes consécutifs de l'échelle sont k_1, k, h. J'en conclus que si on se servait de l'équation modulaire pour calculer les autres termes de l'échelle, l'équation à résoudre pour passer d'un terme au suivant, ne serait que du degré p. Il reste à examiner si les auxiliaires α_m et β_m qui entrent dans les formules de vos deux théorèmes peuvent être déterminés par les termes connus de l'échelle, comme cela a lieu pour le cas de $p=5$, ou si elles exigent la résolution d'une équation, et quel est le degré déduit de cette équation. M. Abel dit qu'elle est du degré $p+1$ (sans supposer connus les termes de l'échelle), mais cela n'est pas encore démontré et c'est un point qu'il faudrait éclaircir pour la perfection de votre théorie.

Si j'ai gardé le silence jusqu'ici sur les belles séries en fonctions de q que vous êtes parvenu à sommer et qui seront un des plus beaux ornements de votre ouvrage c'est que j'attendais que vous en donnassiez la démonstration. Du reste je les regarde comme un nouveau titre que vous avez acquis à l'estime des savants et il en est de même de vos nouvelles fonctions $\Theta(x)$ et $H(x)$, avec lesquelles vous avez réussi à exprimer très-simplement une fonction de la 3me espèce qui se rapporte à l'espèce de paramètre que j'ai nommé *logarithmique*. Il vous sera sans doute également facile d'exprimer semblablement la fonction qui se rapporte au paramètre *circulaire*; vous avez découvert en tout cela une nouvelle mine fort intéressante à exploiter et qui mène à un grand nombre de résultats curieux. Remarquons cependant que la théorie des transformations doit son élégance et on peut dire sa perfection, à ce qu'elle est indépendante des séries et que tout s'y détermine algébriquement.

Je remarque au surplus que votre possession à vous et à M. Abel est maintenant bien assurée. L'envahisseur M. G.... ne s'avisera point, je pense, d'écrire qu'il avait trouvé tout cela longtemps avant vous, car s'il disait pareille chose, il se ferait moquer de lui.

J'ai vu que vous aviez acquis le titre de Professeur dans votre université; je vous en fais mon compliment bien sincère; car rien de ce qui touche à votre avancement et à vos succès ne saurait m'être indifférent.

Votre dévoué serviteur

Le Gendre.

JACOBI A LEGENDRE.

Kœnigsberg, le 18 janvier 1829.

Monsieur,

Il faut que vous soyez assez fâché de moi à cause du grand retard de ma réponse à votre dernière lettre, et je ne saurai à peine m'excuser si ce n'est que j'ai voulu finir, avant de vous répondre, plusieurs travaux très-difficiles sur les fonctions elliptiques, pour pouvoir vous en mander les résultats. Je ne veux vous parler à présent que du problème le plus important de ceux que je suis parvenu à résoudre dans ces derniers temps: c'est la résolution algébrique et générale de l'équation du degré n^2, de laquelle dépend la division de la fonction elliptique en n parties égales. Je vous prie, Monsieur, de me permettre d'entrer là-dessus dans un grand détail.

Après que vous aviez résolu le premier l'équation du neuvième degré, de laquelle dépend la trisection des fonctions elliptiques, nous remarquâmes en même temps, M. Abel et moi, que l'on peut généralement réduire l'équation algébrique du degré n^2, de laquelle dépend la $n^{\text{ième}}$ section, à deux équations du $n^{\text{ième}}$ degré seulement. Ce résultat était une conséquence de la remarque que j'avais faite que l'on peut parvenir à la multiplication en appliquant à la fonction elliptique deux transformations l'une après l'autre. En lisant avec attention le premier *Mémoire de M. Abel sur les fonctions elliptiques*, on reconnaît aisément qu'il a effectivement suivi la même route sans cependant soupçonner, lors du temps qu'il composa son mémoire, que c'était le *medium* des transformations par lequel il passa. Soit $z = \sin \operatorname{am} nu$, $x = \sin \operatorname{am} u$, n étant un nombre impair quelconque, si l'on a

$$(1.)\qquad z = \frac{b'y + b'''y^3 + \cdots + b^{(n)}y^n}{b + b''y^2 + \cdots + b^{(n-1)}y^{n-1}},$$

$$(2.)\qquad y = \frac{a'x + a'''x^3 + \cdots + a^{(n)}x^n}{a + a''x^2 + \cdots + a^{(n-1)}x^{n-1}},$$

y étant le *sinus amplitude* de la fonction transformée, il faut, d'après ce que je viens de dire, pour avoir x en z, exprimer en premier lieu x en y, en résolvant algébriquement l'équation (2.); puis, en résolvant encore l'équation (1.), il faut exprimer par z toutes les fonctions de y qui se trouveront sous les radicaux. Or comme on a toujours plusieurs transformations qui répondent à un même nombre n, on trouvera de cette manière différentes formules algébriques pour la $n^{\text{ième}}$ section d'après les différentes transformations par lesquelles on est passé à la multiplication. On pouvait cependant soupçonner qu'il y avait une manière d'exprimer x en z plus simple et qui n'était qu'unique. J'ai fait connaître cette forme la plus simple sous laquelle on peut présenter les expressions algébriques pour la $n^{\text{ième}}$ section dans une petite *Addition* faite au premier *Mémoire de M. Abel sur les fonctions elliptiques*, et laquelle se trouve dans le 3e vol. du *Journal de M. Crelle.* Elle est fondée sur une formule très-remarquable, et dont je veux vous parler en peu de mots.

Partons des deux formules connues pour la transformation des fonctions elliptiques, qui donnent ensemble la multiplication:

$$(1.)\quad \frac{\lambda}{kM}\sin\operatorname{am}\left(\frac{u}{M},\lambda\right) = \sin\operatorname{am} u + \sin\operatorname{am}\left(u + \frac{4K}{n}\right) + \cdots + \sin\operatorname{am}\left(u + \frac{4(n-1)K}{n}\right),$$

$$(2.)\quad \frac{nkM}{\lambda}\sin\operatorname{am} nu = \sin\operatorname{am}\left(\frac{u}{M},\lambda\right) + \sin\operatorname{am}\left(\frac{u}{M} + \frac{4iK'}{nM},\lambda\right) + \cdots + \sin\operatorname{am}\left(\frac{u}{M} + \frac{4(n-1)iK'}{nM},\lambda\right),$$

i étant $\sqrt{-1}$. Au moyen de l'équation (1.) on tire de la formule (2.) celle qui suit:

$$(3.)\qquad n\sin\operatorname{am} nu = \sum\sin\operatorname{am}\left(u+\frac{4mK+4m'iK'}{n}\right),$$

en donnant à m, m' les valeurs $0, 1, 2, \ldots, n-1$. Cette dernière formule a été déjà donnée par M. Abel.

Dans le cas de n premier, le seul que nous considérons pour plus de simplicité, on a $n+1$ formules analogues à la formule (1.) et qui répondent aux diverses transformations du module k attachées au nombre n. Elles sont contenues toutes sous la formule générale:

$$(4.)\qquad \frac{\lambda}{kM}\sin\operatorname{am}\left(\frac{u}{M},\lambda\right) = \sin\operatorname{am} u + \sin\operatorname{am}(u+4\omega) + \cdots + \sin\operatorname{am}(u+4(n-1)\omega),$$

ω ayant une des $n+1$ valeurs suivantes:

$$\frac{K}{n},\quad \frac{iK'}{n},\quad \frac{iK'}{n}+\frac{2K}{n},\quad \frac{iK'}{n}+\frac{4K}{n},\quad \ldots,\quad \frac{iK'}{n}+\frac{2(n-1)K}{n},$$

et les quantités λ, M étant déterminées de la même manière par ω, qu'elles sont déterminées par $\frac{K}{n}$ dans la formule (1.). Nommons les valeurs de λ, M qui répondent à ces différentes valeurs de ω:

$$\lambda,\ \lambda_1,\ \lambda_2,\ \lambda_3,\ \ldots,\ \lambda_n;\quad M,\ M_1,\ M_2,\ M_3,\ \ldots,\ M_n,$$

si l'on ajoute ensemble les $n+1$ quantités suivantes:

$$\frac{\lambda}{kM}\sin\operatorname{am}\left(\frac{u}{M},\lambda\right),\quad \frac{\lambda_1}{kM_1}\sin\operatorname{am}\left(\frac{u}{M_1},\lambda_1\right),\quad \frac{\lambda_2}{kM_2}\sin\operatorname{am}\left(\frac{u}{M_2},\lambda_2\right),\ \cdots\ \frac{\lambda_n}{kM_n}\sin\operatorname{am}\left(\frac{u}{M_n},\lambda_n\right),$$

en substituant pour chacune sa valeur tirée de l'équation générale (4.), on trouve:

$$(5.)\qquad \begin{cases} \frac{\lambda}{kM}\sin\operatorname{am}\left(\frac{u}{M},\lambda\right)+\frac{\lambda_1}{kM_1}\sin\operatorname{am}\left(\frac{u}{M_1},\lambda_1\right)+\cdots+\frac{\lambda_n}{kM_n}\sin\operatorname{am}\left(\frac{u}{M_n},\lambda_n\right) \\ \quad = n\sin\operatorname{am} u+\sum\sin\operatorname{am}\left(u+\frac{4mK+4m'iK'}{n}\right) \\ \quad = n\sin\operatorname{am} u + n\sin\operatorname{am} nu. \end{cases}$$

En effet, on voit aisément qu'il se trouve dans la somme dont on parle tous les termes de l'expression $\sum\sin\operatorname{am}\left(u+\frac{4mK+4m'iK'}{n}\right)$ et qu'ils ne s'y trouvent qu'une seule fois, excepté seulement le terme $\sin\operatorname{am} u$, qui s'y trouve $n+1$ fois. De l'équation (5.) on tire celle qui suit:

$$(6.)\begin{cases} \sin\operatorname{am} u \\ = \dfrac{\frac{\lambda}{kM}\sin\operatorname{am}\left(\frac{u}{M},\lambda\right)+\frac{\lambda_1}{kM_1}\sin\operatorname{am}\left(\frac{u}{M_1},\lambda_1\right)+\cdots+\frac{\lambda_n}{kM_n}\sin\operatorname{am}\left(\frac{u}{M_n},\lambda_n\right)-n\sin\operatorname{am} nu}{n}. \end{cases}$$

C'est la formule remarquable dont j'ai parlé, et qui est de la plus grande importance dans la théorie de la division des fonctions elliptiques. En effet, lorsqu'il s'agit d'exprimer $\sin\operatorname{am} u$ par $\sin\operatorname{am} nu$, on n'a plus qu'à exprimer par $\sin\operatorname{am} nu$ les quantités $\sin\operatorname{am}\left(\frac{u}{M_p},\lambda_p\right)$, ce qui se fait par la résolution d'équations algébriques du $n^{\text{ième}}$ degré seulement. Je vais rapporter à présent les expressions algébriques et générales des racines de ces dernières.

Soit toujours $\sin\operatorname{am} nu = z$ et désignons par $\Phi(nu,\omega)$ l'expression suivante:

$$\Phi(nu,\omega)=(1-k^2\sin^2\operatorname{am}4\omega.z^2)(1-k^2\sin^2\operatorname{am}8\omega.z^2)\ldots(1-k^2\sin^2\operatorname{am}2(n-1)\omega.z^2);$$

nommons de plus $A^{(p)}$ l'expression suivante:

$$A^{(p)}=\frac{\Phi(4p\omega,\omega)\,\Phi(nu,\omega)}{\Phi(nu+4p\omega,\omega)},$$

je dis qu'on a

$$(7.)\quad\begin{cases} \dfrac{\lambda}{kM}\sin\operatorname{am}\left(\dfrac{u}{M},\lambda\right) \\ =\sin\operatorname{am} nu+\sin\operatorname{am}(nu+4\omega)\sqrt[n]{A'}+\sin\operatorname{am}(nu+8\omega)\sqrt[n]{A''}+\cdots \\ \quad+\sin\operatorname{am}(nu+4(n-1)\omega)\sqrt[n]{A^{(n-1)}}. \end{cases}$$

Les quantités $A^{(p)}$ seront de la forme $P+Q\sqrt{(1-z^2)(1-k^2z^2)}$, P et Q étant des fonctions rationnelles de z.

Voici une formule entièrement nouvelle pour la transformation des fonctions elliptiques, et laquelle ne pourra être *déduite* d'aucune façon des formules connues jusqu'ici, quoiqu'une fois trouvée, on peut la *vérifier* par les premiers éléments de la théorie des fonctions elliptiques, et même sans supposer connues les formules de transformation ordinaires. La découverte de cette formule m'a coûté beaucoup de peine, et c'est peut-être pourquoi je voudrais la compter pour le résultat le plus important de tout ce que j'ai trouvé jusqu'ici.

Les formules (6.) et (7.) donnent aussitôt les formules algébriques et générales pour exprimer $\sin\operatorname{am} u$ par $\sin\operatorname{am} nu$. Nommons pour cet effet ω, ω_1, ω_2, ..., ω_n les différentes valeurs de ω qui répondent aux différents modules transformés $\lambda, \lambda_1, \lambda_2, \ldots, \lambda_n$, et soit $A_m^{(p)}$ une expression qui dépend de la même manière de ω_m que $A^{(p)}$ dépend de ω, on trouve

$$n \sin \operatorname{am} u$$

$$= \begin{cases} \sin \operatorname{am} nu \\ + \sin \operatorname{am}(nu+4\omega)\sqrt[n]{A'} + \sin \operatorname{am}(nu+8\omega)\sqrt[n]{A''} + \cdots + \sin \operatorname{am}(nu+4(n-1)\omega)\sqrt[n]{A^{(n-1)}} \\ + \sin \operatorname{am}(nu+4\omega_1)\sqrt[n]{A_1'} + \sin \operatorname{am}(nu+8\omega_1)\sqrt[n]{A_1''} + \cdots + \sin \operatorname{am}(nu+4(n-1)\omega_1)\sqrt[n]{A_1^{(n-1)}} \\ + \sin \operatorname{am}(nu+4\omega_2)\sqrt[n]{A_2'} + \sin \operatorname{am}(nu+8\omega_2)\sqrt[n]{A_2''} + \cdots + \sin \operatorname{am}(nu+4(n-1)\omega_2)\sqrt[n]{A_2^{(n-1)}} \\ + \cdot \cdot \cdot \cdot \cdot \cdot \cdot \cdot \cdot \cdot \cdot \cdot \cdot \cdot \cdot \cdot \cdot \cdot \cdot \cdot \\ + \sin \operatorname{am}(nu+4\omega_n)\sqrt[n]{A_n'} + \sin \operatorname{am}(nu+8\omega_n)\sqrt[n]{A_n''} + \cdots + \sin \operatorname{am}(nu+4(n-1)\omega_n)\sqrt[n]{A_n^{(n-1)}}. \end{cases}$$

C'est l'expression algébrique pour la $n^{\text{ième}}$ section des fonctions elliptiques, laquelle est composée, comme on voit, de $(n+1)(n-1) = n^2-1$ $n^{\text{ièmes}}$ racines; les quantités qui se trouvent sous les radicaux sont toutes de la forme $P+Q\sqrt{(1-z^2)(1-k^2z^2)}$, P et Q étant des fonctions rationnelles de z. Vous trouverez ce résultat parmi d'autres dans le *Journal de M. Crelle*; du nombre de ces derniers sont *les formules générales pour la transformation des fonctions elliptiques de la seconde et de la troisième espèce.* Les limites d'une lettre ne me permettent pas d'entrer dans ce moment dans un plus grand détail. Je vous entretiendrai une autre fois de la manière dont je suis parvenu à la formule (7.), laquelle pourra paraître assez étrangère, comme elle est fondée sur la considération des séries et surtout sur les propriétés remarquables de mes nouvelles transcendantes H, Θ, au moyen desquelles on peut exprimer rationnellement tous les radicaux. Ainsi, par exemple, ω étant $=\frac{K}{n}$, on a

$$\sqrt[n]{A^{(p)}} = \frac{\Theta(0)\Theta\left(nu+\frac{4pK}{n}\right)}{\Theta\left(\frac{4pK}{n}\right)\Theta(nu)}, \quad \Theta(u) \text{ étant } \sqrt{\frac{2k'K}{\pi}}\, e^{\int_0^\varphi \frac{F^1E(\varphi)-E^1F(\varphi)}{F^1}\cdot\frac{d\varphi}{\Delta\varphi}}, \quad \varphi = \operatorname{am} u.$$

Cependant, comme je l'ai dit, on peut aussi vérifier la formule (7.) en quantités finies.

A cause de l'extension inattendue qu'ont prise mes travaux, je partagerai mon ouvrage en deux parties, dont la première sera publiée dans trois mois environ: je vous en ferai hommage dès que son impression sera achevée. Dans des notes et des additions jointes à la première partie, j'exposerai ce qui est particulier à

M. Abel, en rapprochant les méthodes de cet Auteur de celles dont j'ai fait usage moi-même.

Il faut vous rendre encore mille grâces pour l'envoi de votre premier Supplément: tout ce qu'il contient vous appartient sous tant de titres que ce n'est que votre bonté qui m'y a fait prendre tant de part. C'est encore à vous, Monsieur, que je suis redevable de la place de Professeur dont vous êtes assez obligeant de me féliciter. Une gazette de Berlin ayant fait mention de la communication que vous avez faite à votre Académie de mes travaux, l'autorité de votre nom a été la cause que le Ministre m'a placé.

Vous m'avez donné de grandes inquiétudes sur votre santé dans votre dernière lettre; il faut que vous m'en arrachiez sitôt qu'il vous soit possible: je vous en prie instamment.

Ce serait trop me punir pour le retard de ma réponse par un retard de votre côté; c'est la division des fonctions elliptiques qu'il faut accuser là-dessus.

Votre entièrement dévoué serviteur

C. G. J. Jacobi.

Je vous prie, Monsieur, de faire parvenir la lettre ci-adjointe au célèbre orientaliste M. Klaproth; veuillez me pardonner si j'ose vous faire tant de peine.

LEGENDRE A JACOBI.

Paris, le 9 février 1829.

Monsieur,

Votre lettre du 18 janvier que j'ai reçue le 30 m'a fait beaucoup de plaisir; l'intérêt de cette correspondance va toujours en augmentant par le nombre et l'importance des découvertes dont vous me donnez communication. Je ne puis lire qu'avec peine les formules, parce que l'espace vous manque et le temps peut-être, pour bien former les caractères, mais ce que j'y puis apercevoir me donne la plus haute idée des beaux résultats auxquels vous êtes parvenu pour la division des fonctions en n parties. Je n'aurais jamais imaginé qu'il fût possible de résoudre ainsi explicitement une équation du degré nn, et de former d'une manière praticable les différents termes de la formule. C'est un grand tour de force qui vous fera infiniment d'honneur, et il me tarde de recevoir l'ouvrage où vous donnerez des développements assez étendus sur cette découverte, pour que j'en puisse faire mon profit et l'insérer dans mes suppléments, après que je l'aurai moi-même suffisamment comprise.

De son côté M. Abel publie d'une manière assez suivie des mémoires qui sont de véritables chefs-d'oeuvre, et comme il n'a pas à sa disposition les moyens de faire imprimer l'ensemble de ses recherches, cette raison le détermine à développer davantage ce qu'il publie dans les journaux de Mrs. Crelle et Schumacher. Il obtient ainsi sur vous une sorte d'avantage, parce que vous n'avez guère publié jusqu'à présent que des notices qui ne font pas connaître vos méthodes. C'est une raison pour que vous vous hâtiez de prendre possession de ce qui vous appartient en faisant paraître votre ouvrage le plus tôt qu'il vous sera possible.

La question de la n-section des fonctions elliptiques, abstraction faite des formules de solution dont vous avez fait la découverte, se réduit pour moi aux deux équations du degré n que fournissent les deux théorèmes de transformation, et de plus aux équations nécessaires pour diviser en n parties égales les deux fonctions complètes $F^{1}(k)$, $F^{1}(h)$, où je désigne par h le module qui suit k dans l'échelle rapportée au nombre n. Ces dernières équations pour déterminer les fonctions trigonométriques des amplitudes α_m, β_m, sont un objet que vous ne me paraissez pas encore avoir traité d'une manière satisfaisante ni vous ni M. Abel; cependant elles fournissent les constantes qui entrent dans les coefficients de vos équations, et par suite dans les résultats définitifs. Comment donc trouve-t-on les constantes? Vous avez annoncé que pour passer du module donné k au module transformé h il faut résoudre ce que vous appelez l'équation des modules que vous dites être du degré $n+1$ et dont vous avez même donné les racines. Mais cette assertion ne me semble pas encore établie d'une manière tout à fait rigoureuse; et il reste toujours à trouver quel est le degré des équations à résoudre pour déterminer les constantes dont j'ai parlé. Pour la valeur particulière $n=5$, les constantes dont il s'agit se déduisent simplement de la valeur de h, sans exiger la résolution d'aucune équation composée; mais il n'en est pas probablement de même dans tous les cas, et vous m'obligeriez beaucoup, Monsieur, de me dire ce que vous savez au moins en partie, sur la solution de cette difficulté. —

Vous l'avez résolue sûrement, sans quoi votre formule générale de solution contiendrait des coefficients que vous ne pourriez déterminer.

Je répéterai volontiers que cette formule telle que vous l'annoncez est la plus belle chose que je connaisse dans l'analyse. M. Abel en avait annoncé une semblable de son côté, mais sa formule est représentée d'une manière bien vague, elle n'existe en quelque sorte qu'idéalement, tandis que vous lui avez donné une existence réelle et palpable, dans tout son développement.

En admirant ces belles formules de solution dites *algébriques*, c'est à dire composées de radicaux du degré n, imposés sur des quantités en partie réelles et en partie imaginaires, les savants reconnaîtront que vous avez beaucoup généralisé les solutions analogues qu'ont données Gauss et Vandermonde des équations à deux termes, ou plutôt des équations auxiliaires dont elles dépendent. — Nous conviendrons tous ensuite que ces formules, si belles en théorie, ne sont d'aucune utilité en pratique pour les solutions effectives. Car indépendamment de la grande difficulté d'évaluer chaque radical en particulier du degré n, il se présente une autre difficulté à peu près insurmontable, qui est de savoir laquelle des n valeurs de chaque radical devra être combinée avec les valeurs des autres. M. Gauss a laissé cette théorie fort imparfaite en ne donnant aucune réponse à cette question, qui deviendra bien plus difficile encore à résoudre pour vos n^2-1 radicaux.

L'espace ne me permet plus que de vous parler succinctement de deux choses. J'ai reçu de M. Abel une lettre fort intéressante, où il me parle d'une grande extension qu'il a donnée à ses recherches en prouvant que des propriétés analogues à celles des fonctions elliptiques peuvent s'appliquer à des transcendantes beaucoup plus composées. C'est une grande généralisation de la belle intégrale d'Euler. On trouve un très-bel échantillon de ces nouvelles recherches dans le 4e cahier T. III. du Journal de M. Crelle pag. 313. — En second lieu il m'assure être en possession d'une méthode par laquelle il peut résoudre *algébriquement* toute équation donnée qui satisfait aux conditions nécessaires pour être ainsi résolue. Il s'ensuit que la solution générale est impossible passé le 4e degré.

Adieu, Monsieur, recevez l'assurance de mon très-sincère attachement.

Le Gendre.

JACOBI A LEGENDRE.

Kœnigsberg, le 14 mars 1829.

Monsieur,

Je vous remercie mille fois de votre lettre du 9 février, et, comme vous m'y proposez diverses questions, je veux chercher à y répondre. Vous supposez que j'ai trouvé des moyens à exprimer algébriquement les fonctions trigonométriques des amplitudes que vous désignez par α_m, en ajoutant que sans cela ma formule contiendrait des coefficients que je ne pourrai déterminer. Mais, Monsieur, ce que vous désirez est une chose *tout a fait impossible* dans le cas général, et qui ne s'exécute que pour des valeurs spéciales du module.

Ma formule qui donne l'expression algébrique de $\sin \operatorname{am} u$ au moyen de $\sin \operatorname{am} nu$ suppose connue la section de la fonction entière. C'est ainsi qu'on savait résoudre algébriquement depuis plus d'un siècle les équations qui se rapportent à la division d'un arc de cercle, toutefois en supposant connue celle de la circonférence entière, cette dernière n'étant donnée généralement que dans ces derniers temps par les travaux de M. Gauss.

M. Abel a traité, dans son premier *Mémoire sur les fonctions elliptiques*, le problème en question pour la première fois d'une manière générale; il a montré qu'il est toujours possible de réduire la division de la fonction indéfinie à celle de la fonction entière; ensuite il a montré que l'équation du degré $\frac{n^2-1}{2}$, de laquelle dépend cette dernière se réduit à une équation du degré $\frac{n-1}{2}$ dont les coefficients dépendent d'une autre équation du degré $n+1$, n étant premier. En effet, l'équation du degré n^2 entre $\sin \operatorname{am} u$ et $\sin \operatorname{am} nu$ a pour racines les n^2 expressions contenues sous la forme $\sin \operatorname{am}\left(u+\frac{2mK+2im'K'}{n}\right)$, où l'on donne à m, m' les valeurs $0, 1, 2, 3, \ldots, n-1$.

En supposant $u=0$, une racine devenant $\sin \operatorname{am} u=0$ et les autres devenant égales deux à deux, mais de signes opposés, l'expression $\sin^2 \operatorname{am}\left(\frac{2mK+2im'K'}{n}\right)$ ne dépend plus que d'une équation du degré $\frac{n^2-1}{2}$, comme vous l'avez montré par des exemples dans vos Traités.

Supposons n premier, et soit $\frac{mK+m'iK'}{n}=\omega$, on prouve aisément qu'une fonction symétrique quelconque de $\sin^2 \mathrm{am}\, 2\omega$, $\sin^2 \mathrm{am}\, 4\omega, \ldots, \sin^2 \mathrm{am}(n-1)\omega$, par exemple celle-ci:

$$\sin^4 \mathrm{coam}\, 2\omega \,.\, \sin^4 \mathrm{coam}\, 4\omega \ldots \sin^4 \mathrm{coam}\,(n-1)\omega = \frac{\lambda}{k^n},$$

ne peut obtenir plus que $n+1$ valeurs différentes, en mettant pour $\sin^2 \mathrm{am}\, 2\omega$ une quelconque des racines de l'équation du degré $\frac{n^2-1}{2}$. Ces valeurs différentes répondent aux valeurs de $\omega = K, iK', K+iK', 2K+iK', \ldots, (n-1)K+iK'$. En effet, toutes les racines de l'équation du degré $\frac{n^2-1}{2}$ étant contenues sous la forme $\sin^2 \mathrm{am}\, 2p\omega$, où l'on donne à p les valeurs $1, 2, \ldots, \frac{n-1}{2}$, à ω les $n+1$ valeurs mentionnées, et le système des quantités $\sin^2 \mathrm{am}\, 2\omega$, $\sin^2 \mathrm{am}\, 4\omega, \ldots$, $\sin^2 \mathrm{am}(n-1)\omega$ pouvant être remplacé par le système de celles-ci: $\sin^2 \mathrm{am}\, 2p\omega$, $\sin^2 \mathrm{am}\, 4p\omega, \ldots, \sin^2 \mathrm{am}\,(n-1)p\omega$, il suit que les fonctions symétriques de ces quantités ne sauront obtenir que les $n+1$ valeurs que l'on obtient en mettant pour ω des valeurs différentes et *incommensurables* entre elles. Donc elles dépendent d'une équation algébrique du degré $n+1$. C'est donc aussi le degré de l'équation dont les racines sont les différents modules transformés attachés au nombre n supposé premier, et que j'appelle *aequatio modularis*, ces modules étant contenus sous la forme

$$\lambda = k^n [\sin \mathrm{coam}\, 2\omega \,.\, \sin \mathrm{coam}\, 4\omega \ldots \sin \mathrm{coam}\,(n-1)\omega]^4.$$

Vous voyez donc, Monsieur, que M. Abel a prouvé ce théorème important, comme vous le nommez, dans son premier *Mémoire sur les fonctions elliptiques*, quoiqu'il n'y ait pas traité de la transformation, et qu'il ne paraît pas même avoir songé, du temps qu'il le composa, que ses formules et ses théorèmes trouveraient une pareille application. Quant à moi, je n'ai pas trouvé nécessaire de reproduire cette démonstration dans les écrits que j'ai publiés jusqu'ici sur cette matière, car il me reste trop à faire pour ne pas épargner mon temps le plus que possible.

Mais peut-être, Monsieur, vous aurez à faire des objections à cette démonstration. Dans ce cas, vous m'obligerez de beaucoup en me les communiquant, car lorsque je traiterai de mes théories nouvelles il faudra en parler.

Etant connue une seule des fonctions symétriques de $\sin^2 \mathrm{am}\, 2\omega, \ldots$, la théorie générale des équations algébriques nous apprend, et M. Abel l'a remarqué, qu'il est possible d'exprimer par celle-ci toute autre fonction symétrique des mêmes quantités. C'est la cause de ce que vous avez pu exprimer rationnellement en fonctions des deux modules les coefficients des transformations attachées aux nombres 3 et 5, et il sera de même pour tout autre nombre. Vous trouverez même dans le 2e cahier du vol. IV. du Journal de M. Crelle une formule à différences partielles très-remarquable qui sert à exprimer *généralement* ces coefficients par les deux modules, en supposant connue l'équation aux modules; de sorte que la formation algébrique des substitutions à faire pour parvenir à une transformation quelconque est entièrement réduite à la recherche des équations aux modules, formule qui donne en même temps comme cas spécial les expressions algébriques et générales pour la multiplication par un nombre n quelconque *indéfini:* chose très-difficile et dont vous avez dû remarquer les premiers exemples dans le 4e cahier du vol. III. dudit Recueil. Il sera de même si l'on fait tout dépendre de l'équation dont les racines donnent les valeurs de ce que vous appelez le *régulateur*, et cela conviendra peut-être encore mieux, ces dernières semblant être plus simples. Aussi j'ai découvert une propriété tout à fait singulière de ces équations, dont les racines sont les régulateurs, comme vous l'aurez lu dans le 3e cahier du vol. III.: c'est qu'on peut exprimer linéairement leurs *racines carrées* au moyen de la moitié de leur nombre, propriété qui m'est d'autant plus remarquable que je ne l'ai trouvée que par les développements en séries qui me sont propres, et que je ne vois pas comment on peut la prouver en quantités finies, ce qui pourtant doit être possible. Cette propriété servira sans doute à approfondir un jour la vraie nature de ces équations du degré $n+1$.

J'ai été convaincu, et M. Abel l'a confirmé, qu'il n'est pas possible de résoudre algébriquement ces équations du degré $n+1$; aussi, comme M. Abel sait établir des critères nécessaires et suffisants pour qu'une équation algébrique puisse être résolue, il pourra sans doute prouver cela avec toute la rigueur analytique. Quant aux cas spéciaux, comme M. Abel a promis en plusieurs lieux d'en traiter, je ne me suis pas encore occupé beaucoup de cet objet, sans doute très-intéressant. Je ne veux ni reproduire ni prévenir les travaux de M. Abel: presque tout ce que j'ai publié dans ces derniers temps sur les fonctions elliptiques contient des vues nouvelles; ce ne sont pas des amplifications de matières dont M. Abel a traité ou même promis de s'occuper.

Le module transformé ou, ce qui revient au même, le régulateur qui y répond étant supposé connu, il faut encore résoudre une équation du degré $\frac{n-1}{2}$ pour parvenir aux quantités $\sin^2 \operatorname{am} 2p\omega$, ou à la section de la fonction entière. Donc vous n'aviez eu qu'à résoudre une équation du second degré dans le cas de $n = 5$. M. Abel a prouvé que la méthode de M. Gauss s'applique presque mot à mot à la résolution de ces équations, de sorte que ce ne sont que les équations aux modules qu'on ne sait pas résoudre algébriquement. J'ai trouvé le théorème remarquable, et je l'ai annoncé dans le 2e cahier du vol. IV. du Journal mentionné, qu'étant supposées connues *toutes les racines* de l'équation aux modules, ou tous les régulateurs qui répondent au nombre n, on peut exprimer les quantités $\sin^2 a_m$ *sans avoir besoin de résoudre encore aucune équation algébrique.* La méthode de M. Abel ne suppose connu qu'un seul module transformé pour trouver, par la résolution d'une équation algébrique du $\left(\frac{n-1}{2}\right)^{\text{ième}}$ degré, les quantités $\sin a_m$ qui répondent à ce module; la connaissance de *tous* les modules transformés remplacera donc la résolution de cette équation.

Je ne crois pas que la formule que j'ai eu l'honneur de vous communiquer dans ma dernière lettre perdra à vos yeux à présent où vous voyez qu'elle contient des coefficients que je ne sais pas déterminer, mais en même temps qu'il est impossible de les déterminer algébriquement.

L'impression de mon Ouvrage s'est retardée, puisqu'il s'imprime à 200 lieues de Kœnigsberg; sans cela, il serait déjà dans vos mains; cependant j'espère pouvoir vous le faire parvenir dans très-peu de temps. Il ne contiendra que les fondements de mes travaux; je publierai le reste dans des Mémoires isolés, puisque cela paraît être plus conforme à vos vœux.

Quelle découverte de M. Abel que cette généralisation de l'intégrale d'Euler! A-t-on jamais vu pareille chose! Mais comment s'est-il fait que cette découverte, peut-être la plus importante de ce qu'a fait dans les mathématiques le siècle dans lequel nous vivons, étant communiquée à votre académie il y a deux ans, elle a pu échapper à l'attention de vous et de vos confrères?

Vos lettres, Monsieur, font époque dans le cours de mes travaux. Veuillez donc me daigner honorer bientôt d'une réponse, et, comme j'irai voir mes parents à *Potsdam*, je vous prie de l'adresser à cette ville. Je vous prie aussi de vouloir bien excuser mille inconvénients qui naissent de ce qu'il faut que j'écrive dans une langue qui m'est étrangère.

Votre dévoué serviteur

C. G. J. Jacobi.

LEGENDRE A JACOBI.

Paris, le 8 avril 1829.

Je vous remercie, Monsieur, de la peine que vous avez prise de répondre aux questions contenues dans ma lettre précédente. Je vois maintenant plus clairement qu'auparavant, comment vous êtes parvenus, M. Abel et vous, à démontrer que l'équation des modules doit être du degré $n+1$, et aussi pourquoi la division de la fonction complète en n parties qui en général dépend d'une équation du degré $\frac{n^2-1}{2}$, se réduit à deux équations, l'une du degré $n+1$, l'autre du degré $\frac{n-1}{2}$. La démonstration de ces belles propriétés est encore enveloppée de quelques nuages qui, j'espère, pourront se dissiper par un travail ultérieur, et avec le secours de ce que vous publierez sur cette matière, car votre manière d'écrire est plus claire pour moi que celle de M. Abel qui en général ne me paraît pas suffisamment développée et laisse au lecteur beaucoup de difficultés à résoudre.

Je viens de recevoir le nouveau cahier du Journal de M. Crelle où il y a trois beaux mémoires de M. Abel et un précis que vous m'aviez annoncé de vos nouvelles recherches. Vous allez si vite Messieurs, dans toutes ces belles spéculations, qu'il est presque impossible de vous suivre; surtout pour un vieillard qui a déjà passé l'âge où est mort Euler, âge où l'on a nombre d'infirmités à combattre, et où l'esprit n'est plus capable de cette contention qui peut vaincre des difficultés et se plier à des idées nouvelles. Je me félicite néanmoins d'avoir vécu assez longtemps pour être témoin de ces luttes généreuses entre deux jeunes athlètes également vigoureux, qui font tourner leurs efforts au profit de la science dont ils reculent de plus en plus les limites. Ce spectacle m'intéresse d'autant plus qu'il m'offre les moyens de perfectionner mon propre ouvrage, en profitant de quelques-uns des matériaux précieux qui sont le résultat de leurs savantes recherches.

Je finirai dans quelques jours l'impression de mon second supplément dont j'adresserai un exemplaire à Kœnigsberg, pensant que vous y serez de retour à cette époque. Il est composé de presque toutes choses qui vous appartiennent, et qui m'ont cependant coûté beaucoup de travail, à cause des démonstrations que vous n'aviez pas toujours indiquées. Ce supplément complète en quelque sorte la théorie des approximations qui est l'un des objets principaux de mon ouvrage; car une fois les fonctions elliptiques connues, il faut faciliter par tous les moyens possibles leur application, c'est-à-dire la détermination numérique des fonctions. Je trouve que vous avez fait un grand pas dans cette carrière en réduisant les fonctions de la 3ème espèce, *à paramètre logarithmique* (j'appelle ainsi les fonctions dont le paramètre est $-k^2\sin^2\alpha$), de sorte qu'elles ne dépendent plus que de deux variables, et qu'ainsi on puisse les évaluer en joignant aux tables connues une nouvelle table à double entrée seulement. J'aurais bien voulu que la même propriété pût être étendue aux autres fonctions de la 3ème espèce, c'est-à-dire à celles que j'appelle *à paramètre circulaire*, ou dont les paramètres sont des formes $\cot^2\alpha$, $k'^2\operatorname{tg}^2\alpha$, et $-1+k'^2\sin^2\alpha$. Mais les efforts que j'ai faits pour parvenir à ce résultat ont été infructueux, quoique vous en ayez annoncé la possibilité. Je serai très-aise de m'être trompé, et je réparerais avec grand plaisir mon erreur si vous m'indiquiez le moyen de résoudre la difficulté et d'exprimer par deux variables seulement cette seconde division des fonctions de troisième espèce. Ce serait à mon avis la plus grande découverte qu'il est possible d'espérer dans la théorie des fonctions elliptiques, puisqu'elle rendrait l'usage de ces fonctions presqu'aussi facile, dans tous les cas, que celui des fonctions circulaires et logarithmiques. S'il faut perdre tout espoir à cet égard, j'aurai au moins la consolation que mes recherches sur votre découverte m'ont fourni l'occasion de perfectionner assez notablement le calcul approximatif des fonctions à paramètre circulaire, au moyen de mes arcs Ω et Ω' dont l'un au moins se détermine toujours par deux suites fort convergentes.

Je ne terminerai pas cette lettre sans répondre à l'article de la vôtre qui concerne le beau memoire de M. Abel qui a été imprimé dans le cahier précédent du Journal de Crelle, et qui avait été présenté à l'Académie par son auteur dans les derniers mois de 1826. M. Poisson était alors président de l'Académie, les commissaires nommés pour examiner le mémoire furent M. Cauchy et moi. Nous nous aperçûmes que le mémoire n'était presque pas lisible, il était écrit en encre très-blanche, les caractères mal formés; il fut convenu entre nous qu'on demanderait à l'auteur une copie plus nette et plus facile à lire. Les choses en sont restées là; M. Cauchy a gardé le manuscrit jusqu'ici sans s'en occuper, l'auteur M. Abel paraît s'en être allé sans s'occuper de ce que devenait son mémoire, il n'a pas fourni de copie, et il n'a pas été fait de rapport. Cependant j'ai demandé à M. Cauchy qu'il me remette le manuscrit qui n'a jamais été entre mes mains, et je verrai ce qu'il y a à faire, pour réparer, s'il est possible, le peu d'attention qu'il a donné à une production qui méritait sans doute un meilleur sort.

Votre tout dévoué

Le Gendre.

JACOBI A LEGENDRE.

Potsdam, le 23 mai 1829.

Monsieur,

Je vous rends grâce de votre lettre du 8 avril qui me mande la publication d'un Supplément, que j'attends avec une grande impatience. Vos deux Suppléments embrasseront sans doute la plupart de ce qui se trouvera de nouveau et d'intéressant dans mon ouvrage et beaucoup d'autres choses qui ne s'y trouvent pas. L'impression de celui-ci étant achevée, je me suis empressé de vous le faire parvenir, et je vous prie de l'accueillir avec cette bonté dont vous m'avez donné des preuves si éclatantes. Cependant je crains qu'il ne soit beaucoup au-dessous de la bonne opinion que vous avez voulu concevoir de mes travaux, et je crains cela d'autant plus, puisqu'il ne contient que les fondements de mes recherches et qu'il me faut encore une longue série de travaux pour établir aux yeux des Géomètres leur ensemble.

En ce qui regarde les intégrales elliptiques de la troisième espèce à paramètre circulaire, vous avez complètement raison; elles ne jouissent pas d'une réduction analogue à celle de l'autre espèce logarithmique. Si j'ai annoncé une pareille chose, comme vous le dites dans votre lettre, cela n'a pu être que dans le sens général et analytique, où l'on ne distingue pas entre les valeurs réelles et imaginaires, et qu'on fait abstraction de l'évaluation numérique. Sous ce point de vue, une même formule embrasse tous les cas, de sorte qu'on n'a pas besoin de distinguer entre les espèces, ce qui devient nécessaire aussitôt qu'on veut appliquer les formules qui s'y rapportent au calcul numérique ou qu'on ne veut considérer que des quantités réelles. Toutefois cette sorte d'inconvénient, qui tient à la nature intime de l'objet, et nullement à un défaut de notre part, me paraît ajouter du mérite à votre division des intégrales elliptiques de la troisième espèce en deux classes, auxquelles se ramènent tous les autres cas. En effet, ces deux classes diffèrent essentiellement entre elles, le paramètre et l'amplitude dans l'une d'entre elles pouvant être réunis dans une seule variable, et l'autre pouvant être rapportée en même temps au module donné et à son complément. Je pourrais vous parler davantage sur cette matière, mais j'aime mieux voir auparavant votre second supplément.

J'ai déjà communiqué à M. Crelle, pour le faire insérer dans son Journal, un premier mémoire qui fait partie d'une suite de mémoires dans lesquels je veux exposer, avec les démonstrations et les développements nécessaires, les différents résultats auxquels je suis parvenu, et dont j'ai déjà annoncé la plupart sans démonstration. Vous y trouverez les formules générales qui se rapportent à la transformation des intégrales elliptiques de la seconde et de la troisième espèce, présentées sous une forme commode et élégante. Vous y trouverez aussi les formules générales qui donnent leurs valeurs dans le cas que $F(\varphi)$ est commensurable avec la fonction entière F^{I}, ou plus généralement $= \frac{mF^{\text{I}}(k) + nF^{\text{I}}(k')\sqrt{-1}}{p}$, m, n, p étant des nombres entiers. Mais le but principal de ce premier mémoire est de préparer tout ce qui est nécessaire pour que je puisse établir dans les mémoires suivants, avec toute la rigueur nécessaire et en partant des premiers éléments, cette théorie des transformations irrationnelles ou inverses et de la section des fonctions elliptiques, qui me paraît être le comble de toutes mes recherches sur cette matière.

Dans un mémoire écrit en allemand, et qui a été inséré dans le 3e volume du Journal de M. Crelle, j'ai donné une construction *plane* de la multiplication des fonctions elliptiques.

Soit $AA'A''A'''\dots$ une partie d'un polygone inscrit dans le cercle C et circonscrit au cercle c, A étant situé dans le prolongement de cC ou de la droite qui joint les deux centres: si l'on met $AA' = 2\varphi_1$, $AA'' = 2\varphi_2$, $AA''' = 2\varphi_3$, ..., on aura

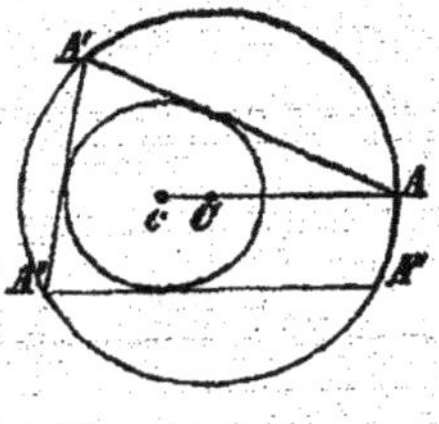

$$F(\varphi_2) = 2F(\varphi_1), \quad F(\varphi_3) = 3F(\varphi_1), \dots$$

Le module se détermine par la distance du centre C à la sécante idéale commune aux deux cercles. Donc si l'on veut trouver un angle φ_n tel que $F(\varphi_n) = nF(\varphi)$, on n'a qu'à décrire un cercle c, qui touche la droite AA' et qui a une sécante idéale donnée commune avec le cercle C; ensuite on mène au cercle c les tangentes $A'A''$, $A''A'''$, $A'''A^{\text{IV}}$, ...; les points A'', A''', A^{IV}, ... étant situés tous dans la périphérie du cercle C; la $n^{\text{ième}}$ tangente étant $A^{(n-1)}A^{(n)}$, on aura $AA_n = 2\varphi_n$. Les arcs de cercles peuvent devenir plus grands que 360 degrés, de sorte que cette construction n'a point des limites, comme celle de Lagrange. On voit ainsi que la théorie générale des polygones inscriptibles et circonscriptibles en même temps à un cercle dépend des fonctions elliptiques, comme celle des polygones réguliers des fonctions circulaires.

Pardonnez-moi si j'ose vous faire remarquer qu'il me semble que, dans votre premier Supplément, vous avez présenté d'une manière incomplète ma démonstration de mon premier théorème. Il me semble que de la seule circonstance que y se change en $\frac{1}{\lambda y}$, x étant changé en $\frac{1}{kx}$, vous concluez que la valeur de y, qu'on a supposée, satisfait à l'équation différentielle

$$\frac{dy}{\sqrt{(1-y^2)(1-\lambda^2 y^2)}} = \frac{dx}{M\sqrt{(1-x^2)(1-k^2x^2)}},$$

puisqu'on peut faire dans celle-ci cette substitution.

Mais je n'ai pas fait, moi, cette conclusion, que vous reconnaîtrez aisément être fautive puisqu'on peut former *ad libitum* des expressions qui jouissent de cette propriété et qui ne satisfont pas à l'équation différentielle.

Vous m'obligerez beaucoup, Monsieur, si vous voulez avoir la bonté de faire parvenir à MM. Poisson, Fourier et Cauchy les exemplaires de mon ouvrage qui se trouvent auprès de celui dont je vous fais hommage. Comme je resterai encore quelque temps à Potsdam je vous prie d'y adresser une réponse que j'attends avec une vive impatience.

Votre entièrement dévoué C. G. J. Jacobi.

LEGENDRE A JACOBI.

Paris, le 4 juin 1829.

Monsieur,

Je suis fort empressé de recevoir l'exemplaire que vous m'avez destiné de votre ouvrage contenant le fondement de vos recherches sur la théorie des fonctions elliptiques. Je distribuerai conformément à vos intentions les trois exemplaires qui y sont joints, aussitôt que je les aurai reçus, je regrette seulement que vous n'en ayez pas envoyé un quatrième pour l'académie avec une lettre au président, et je vous engage à réparer cette omission aussitôt la présente reçue, que je m'empresse à cet effet de vous adresser à Potsdam, puisque vous me marquez que vous y resterez encore quelque temps. — Je ne serai pas moins empressé de voir le mémoire qui doit paraître dans le recueil de M. Crelle et qui sera suivi de plusieurs autres où vous donnerez, dites-vous, les démonstrations détaillées de plusieurs de vos beaux résultats. — Je vous ai adressé mon second supplément à Kœnigsberg, pensant que vous ne resteriez pas si longtemps à Potsdam. — Je vois à l'avance que nous serons d'accord sur les deux classes des fonctions de troisième espèce que je distingue par les noms de logarithmique et de circulaire, je suis fâché de perdre l'espérance de réduire en table les fonctions à paramètre circulaire et j'ai peine à comprendre comment il peut y avoir une différence aussi essentielle entre les deux classes. *Mais, comme vous dites, cela tient à la nature des choses et nous ne pouvons rien y changer.* Vous vous en consolez plus aisément que moi, vous et M. Abel qui êtes tous deux éminemment spéculatifs, mais moi qui ai toujours eu pour but d'introduire dans le calcul de nouveaux éléments qu'on puisse réaliser en nombres à volonté, moi qui me suis livré à un travail des plus longs et des plus fastidieux pour la construction des tables, travail que je n'hésite pas à croire aussi considérable que celui des grandes tables de Briggs, je ne prends pas mon parti aussi facilement sur l'espérance déçue que vous m'aviez fait concevoir, et dont une moitié seulement s'est réalisée.

Votre construction géométrique des fonctions multiples me paraît fort ingénieuse, ce sont de ces choses dont je ne manquerai pas de faire mention dans un 3ème supplément, s'il y a lieu. Car je ne réponds de rien, j'ai eu encore bien de la peine à passer cet hiver, et une année de plus devient pour moi un demi-siècle. Vous avez déjà une preuve de l'influence de l'âge qui diminue nécessairement l'étendue de nos facultés intellectuelles, puisque vous avez remarqué que je n'ai pas bien saisi votre pensée, et que j'ai présenté d'une manière incomplète dans mon premier supplément la démonstration de votre théorème I. Vous aurez peut-être occasion de faire de semblables remarques dans la lecture du second supplément, mais vous remarquerez du moins en même temps que les erreurs dans lesquelles j'aurai pu tomber ne peuvent être reprochées qu'à moi, et que je n'ai rien négligé pour que la gloire de vos découvertes vous soit réservée tout entière.

Relativement au premier objet je dois dire pour mon excuse que votre démonstration, telle que vous l'avez donnée dans le Journal de M. Schumacher, ne m'a paru concluante qu'en admettant comme *assomption*, ce que j'appelle *le principe de la double substitution* dont l'idée m'a paru très-heureuse et de nature à faire beaucoup d'honneur à votre sagacité.

J'ai dit expressément que la double substitution qui satisfait à l'équation différentielle doit satisfaire aussi à son intégrale, et partant de là je suis arrivé à votre résultat. Cette raison m'a paru suffisante, d'ailleurs je n'ai point vu que vous ayez motivé sur des raisons plus solides l'usage que vous avez fait de ce principe. Il ne m'avait pas cependant échappé qu'on pouvait faire des objections contre ce principe, j'avais remarqué que si la valeur $y=\frac{x}{\mu}\cdot\frac{U}{V}$ satisfait au principe, une valeur différente telle que $y=\frac{x}{\mu}\cdot\frac{U}{V}\left(\frac{1}{kx}+x\right)\left(\frac{1}{kx}-x\right)$ y satisfait encore sans satisfaire à l'équation différentielle, j'avais remarqué encore que pour l'échelle ancienne dont l'indice est 2 (pag. 36 et 38 du 1. supplément) l'équation des amplitudes pour le Théorème I, savoir $y=\frac{(1+k')x\sqrt{1-x^2}}{\sqrt{1-k^2x^2}}$, satisfait bien au principe de la double substitution, mais que l'équation analogue du Théorème II, savoir $z=\frac{1+\lambda}{\lambda y+\frac{1}{y}}$, n'y satisfait pas. J'ai maintenant l'espoir que dans le mémoire qui va bientôt me parvenir dans le Journal de M. Crelle, je trouverai les développements nécessaires sur cet objet avec lesquels je pourrai corriger dans mon prochain supplément ce que le premier contient de défectueux.

Recevez, Monsieur, mes compliments et l'assurance de mon sincère attachement.

Le Gendre.

En fermant cette lettre je viens d'apprendre avec une profonde douleur que votre digne émule M. Abel est mort à Christiania des suites d'une maladie de poitrine dont il était affecté depuis quelque temps et qui a été aggravée par les rigueurs de l'hiver.

C'est une perte qui sera vivement sentie de tous ceux qui s'intéressent aux progrès de l'analyse mathématique considérée dans ce qu'elle a de plus élevé. Au reste dans le court espace de temps qu'il a vécu il a élevé un monument qui suffira pour rendre sa mémoire durable et donner une idée de ce qu'on aurait pu attendre de son génie *ni fata obstetissent.*

JACOBI A LEGENDRE.

Potsdam, le 14 juin 1829.

Monsieur,

Conformément à ce que vous avez la bonté de m'écrire dans votre lettre du 4 juin, je vous envoie un quatrième exemplaire pour l'Académie. Je l'ai adressé à M. le Baron Fourier, Secrétaire perpétuel de l'Académie, puisque j'ignore le nom du Président. Veuillez bien le lui faire parvenir et excuser la peine que je vous fais. Votre bonté envers moi et votre générosité sont telles, que je ne sais vous en rendre de dignes grâces.

Peu de jours après l'envoi de ma dernière lettre, j'appris la triste nouvelle de la mort d'Abel. Notre Gouvernement l'avait appelé à Berlin, mais l'appel ne l'a pas trouvé parmi les vivants. L'espérance que j'avais conçue de le trouver à Berlin a été donc cruellement déçue. Les vastes problèmes qu'il s'était proposés, d'établir des critères suffisants et nécessaires pour qu'une équation algébrique quelconque soit résoluble, pour qu'une intégrale quelconque puisse être exprimée en quantités finies, son invention admirable de la propriété générale qui embrasse toutes les fonctions qui sont des intégrales de fonctions algébriques quelconques, etc., etc., marquent un genre de questions tout à fait particulier, et que personne avant lui n'a osé imaginer. Il s'en est allé, mais il a laissé un grand exemple.

Je vous rends mille grâces de votre second Supplément, qui avait fait le grand détour par Kœnigsberg. Les démonstrations différentes de celles que vous trouverez dans mon petit ouvrage et les développements que vous avez ajoutés à plusieurs points importants me l'ont rendu fort intéressant. Quant au calcul numérique des intégrales elliptiques de troisième espèce à paramètre circulaire, je vous demande pardon d'avoir fait naître en vous une espérance qui n'a pas été réalisée depuis. Cependant je crois que vous n'avez pas à regretter trop l'inconvénient que ces fonctions ne peuvent être réduites en tables à double entrée. Les moyens que vous avez indiqués pour leur évaluation dans le second Supplément sont tels, qu'on doit considérer ces fonctions tout à fait comme des quantités finies. Je crois même qu'au moyen de quelques tables à simple entrée on peut faciliter tellement leur calcul, que la peine de les calculer au moyen de mes séries devienne plus petite que celle qu'exige l'interpolation dans une table à double entrée.

Pour ce qui regarde la démonstration que j'ai donnée de mon Théorème I dans le *Journal de M. Schumacher*, elle repose sur le théorème qu' „étant trouvées trois fonctions entières et rationnelles de x quelconques U, V et T, telles que

$$(U^2-V^2)(U^2-\lambda^2V^2) = (1-x^2)(1-k^2x^2)T^2,$$

on aura toujours, en mettant $y=\frac{U}{V}$,

$$\frac{dy}{\sqrt{(1-y^2)(1-\lambda^2y^2)}} = \frac{dx}{M\sqrt{(1-x^2)(1-k^2x^2)}},$$

M désignant une constante“; théorème fondamental qui a été prouvé au commencement de ma démonstration, et dont il ne se trouve pas fait mention dans le premier Supplément. Dans mon ouvrage, j'ai désigné ce théorème sous le nom de *principe de la transformation des fonctions elliptiques*. En effet, ce principe suffit pour qu'on puisse établir la théorie générale de la transformation, en réduisant cette dernière à un problème algébrique qu'on peut toujours résoudre, les constantes indéterminées étant en nombre suffisant pour remplir les conditions du problème. Pour compléter ma démonstration, telle qu'elle se trouve dans le premier Supplément, il suffira d'ajouter en peu de mots la démonstration du théorème mentionné. La double substitution vous fournissant les valeurs de $U\pm V$, $U\pm\lambda V$ résolues en facteurs, et telles qu'on a

$$U-V = (1-x)A^2, \quad U-\lambda V = (1-kx)C^2,$$
$$U+V = (1+x)B^2, \quad U+\lambda V = (1+kx)D^2,$$

A, B, C, D étant des fonctions entières, tout se trouvera prouvé rigoureusement.

Abel s'est servi du même principe, de sorte que nos démonstrations sont au fond les mêmes. Vous êtes le premier, Monsieur, qui avez montré qu'on peut s'en passer, en effectuant la substitution elle-même au moyen de la résolution en fractions simples. Aussi je n'ai pas tardé à exposer dans mon ouvrage cette démonstration, qui vous est propre et qui donne une excellente vérification. A présent, je suis en possession d'un nombre assez grand de démonstrations différentes. Je remarque, à cette occasion, que le mérite principal d'Abel, dans la théorie de la transformation, consiste dans sa démonstration que *nos formules embrassent toutes les substitutions algébriques possibles*, ce qui donne un haut degré de perfection à cette théorie.

Vous vous plaignez des infirmités de votre âge. Ah! Monsieur, ces excellents suppléments que vous venez de composer, en partant de quelques légères notices que j'avais données sans démonstration, montrent que c'est encore la vigueur et l'énergie de la jeunesse qui vous animent et font concevoir l'espérance que le ciel conservera encore longtemps une vie aussi chère.

Mes parents m'ont prié de vous faire leurs civilités et vous rendent grâces des bontés que vous avez bien voulu avoir pour moi. Soyez assuré, Monsieur, que je n'oublierai jamais ces bontés, et que je suis avec le respect le plus profond

Votre tout dévoué,

C. G. J. Jacobi.

Je ne retournerai à Kœnigsberg que cet hiver.

LEGENDRE A JACOBI.

Paris, le 16 juillet 1829.

Je ne veux pas différer plus longtemps, Monsieur, de répondre à votre lettre du 14 juin dernier, car il faut que vous sachiez que j'ai reçu les quatre exemplaires destinés pour trois de mes confrères et pour moi, et de plus un cinquième qui est arrivé un peu plus tard pour l'académie. Le tout a été distribué selon vos intentions et j'ai été chargé de vous adresser les remercîments de ces Messieurs auxquels je joins les miens. M. Fourier vous adressera probablement ceux de l'académie, d'ailleurs M. de Mirbel, son président, a chargé M. Poisson de faire de votre ouvrage un rapport verbal à l'académie, ce qui me procurera le plaisir d'entendre citer avec éloge les beaux travaux par lesquels vous avez considérablement perfectionné une branche importante de l'analyse, et qui déjà vous placent au nombre des géomètres les plus distingués de l'Europe.

L'exécution typographique de votre ouvrage paraît, surtout dans mon exemplaire qui est sur papier fin, d'une beauté remarquable. Je regrette seulement que vous n'ayez pas été à portée de corriger les épreuves, car outre les fautes indiquées dans l'errata il me paraît qu'il en reste encore un assez bon nombre. Par exemple je trouve pag. 29, 30, 67 et 69 que les équations modulaires pour les nombres 3 et 5 sont

$$u^4 - v^4 + 2uv(1 - u^2v^2) = 0,$$
$$u^6 - v^6 + 5u^2v^2(u^2 - v^2) + 4uv(1 - u^4v^4) = 0.$$

Mais puisque vous supposez $u > v$ (voir la formule $\lambda = k^n$ (.....) pag. 37), il est évident que les premiers membres de ces équations sont composés l'un de deux binômes dont la valeur est positive, l'autre de trois binômes semblables. Les vraies équations telles que je les ai données pag. 68 et 75 de mon premier supplément sont

$$u^4 - v^4 - 2uv(1 - u^2v^2) = 0,$$
$$u^6 - v^6 + 5u^2v^2(u^2 - v^2) - 4uv(1 - u^4v^4) = 0 \text{*)}$$

et alors pour le dire en passant, on ne peut échanger entre eux u et v, mais bien u et $-v$.

Au reste, j'ai remarqué beaucoup de choses dans votre ouvrage qui sont nouvelles pour moi et dont je pourrai profiter, s'il m'est donné de publier un 3e supplément. Mais il me faudra beaucoup de temps et de travail pour me mettre en état de traduire en langage vulgaire le résultat des hautes spéculations auxquelles vous vous êtes livré; car nous écrivons dans deux genres fort différents.

J'applaudis aux efforts heureux que vous avez faits dans la partie purement spéculative, en traitant des transformations imaginaires, et résolvant les équations algébriques les plus difficiles par des formules très-élégantes, mais l'objet de mon ouvrage se rapproche beaucoup plus de la pratique, je cherche à recueillir tout ce qui peut faciliter l'usage de mes fonctions afin d'en faire un véritable instrument de calcul, comme l'ont été jusqu'ici les fonctions circulaires et logarithmiques.

---

*) Ces deux équations se trouvent avec les mêmes signes dans la notice de Jacobi du 2 avril 1828, Journal de Crelle vol. 3 p. 194, et avec un double signe dans la lettre de Jacobi à Legendre datée du 12 janvier 1828. B.

Je devrais borner là ma lettre et ne vous point parler des changements de nomenclature que vous proposez dans votre art. 17 pag. 31; mais comme d'autres personnes pourraient vous représenter qu'en cela vous avez fait une chose qui doit m'être désagréable, je ne vois pas pourquoi je vous cacherais ce que je pense de cette proposition. Je vous dirai donc franchement que je n'approuve pas votre idée, et que je ne vois pas de quelle utilité elle peut être pour vous et pour la science.

La plus simple des fonctions elliptiques, savoir l'intégrale $\int \frac{d\varphi}{\sqrt{1-k^2 \sin^2\varphi}}$, jouit de tant et de si belles propriétés; considérée seule, elle est liée par de si beaux rapports avec les deux autres fonctions dites de la seconde et de la troisième espèce que l'ensemble de ces trois fonctions forme un système complet auquel on pourrait donner un autre nom que celui de fonctions elliptiques, mais dont l'existence est indépendante de toute autre fonction. La nomenclature méthodique que j'ai proposée, dès 1793, dans mon mémoire sur les *transcendantes elliptiques*, a été adoptée généralement, vous l'avez trouvée établie; quelles sont donc vos raisons pour vous écarter de l'usage général? Vous faites schisme avec M. Abel et avec moi, vous faites schisme avec vous-même, puisque, après avoir appelé *fonctions elliptiques* les sinus, cosinus et autres fonctions trigonométriques de l'amplitude, vous êtes encore obligé d'appeler *fonctions de troisième espèce* celles que je désigne sous le même nom. N'est ce pas ce que veut dire le titre de l'art. 56 p. 160? Pourquoi désignez-vous comme moi la fonction de 3ᵉ espèce tantôt par $\Pi(u, a)$, tantôt par $\Pi(u, a+K', k')$? Quelle liaison y a-t-il entre ces fonctions et la première, qui n'est plus, suivant vous, qu'un argument de fonction? Je vous laisse à expliquer toutes ces choses. Du reste, je vous fais part confidentiellement de ces observations, dont vous ferez tel usage que vous voudrez, et auxquelles je ne donnerai jamais aucune publicité. Il me suffira de vous avoir témoigné ma surprise sur l'inconvenance et la bizarrerie de votre idée; elle n'altérera en rien les sentiments d'estime et d'affection que j'ai conçus pour vous et dont je vous renouvelle l'assurance.

Le Gendre.

JACOBI A LEGENDRE.

Francfort, le 19 août 1829.

Monsieur,

Dans un voyage que j'ai entrepris en Allemagne, étant arrivé près des rivages du Rhin, je ne puis résister au désir de vous voir à Paris. J'y partirai donc dans quelques jours pour y passer plusieurs semaines. Je ne saurais mieux profiter de la permission que le Gouvernement m'a voulu accorder pour ce semestre pour pouvoir jouir d'une récréation de mes études. Je brûle du désir de voir l'homme auquel je suis le plus redevable des bontés qu'il a voulu avoir pour moi, et de lui témoigner tous les sentiments que peuvent inspirer l'admiration et la reconnaissance.

Comme j'écris ceci en hâte, je ne puis répondre que quelques mots aux reproches que vous m'avez faits dans votre dernière lettre, et pour lesquels je vous rends grâce mieux encore que pour les éloges que vous m'avez prodigués et que j'ai si peu mérités. Il me fallait absolument une dénomination pour les fonctions sin am, cos am, etc., dont les propriétés répondent parfaitement à celles des fonctions sin, cos, dites *circulaires*. D'un autre côté, l'application importante qu'on fait de la théorie des fonctions elliptiques au calcul intégral rendait nécessaires les distinctions et les dénominations que vous avez introduites dans l'analyse, et qui ont été accueillies par tous les géomètres. J'ai donc trouvé convenable d'appeler les intégrales auxquelles vous donnez le nom de *fonctions elliptiques de la première, seconde, troisième espèce, intégrales elliptiques de la première, seconde, troisième espèce* et d'étendre ou d'attribuer de préférence la dénomination de *fonctions elliptiques* aux sin am, cos am, Δ am, analogiquement comme on nomme *fonctions circulaires* les sinus, cosinus, etc. Si cela vous déplaît, toute autre dénomination me sera agréable. Dans tous les cas, je crois que nous deviendrons aisément d'accord sur cet objet*).

Votre tout dévoué serviteur,

C. G. J. Jacobi.

*) La correspondance, interrompue après cette lettre par le voyage de Jacobi en France et par son séjour à Paris, n'a été reprise que l'année suivante et ne s'élève plus à son niveau antérieur, les fonctions elliptiques ne formant plus, ni pour Legendre ni pour Jacobi, l'occupation presque exclusive.

B.

JACOBI A LEGENDRE.

Kœnigsberg, le 2 juillet 1830.

Monsieur,

Je vous prie de vouloir bien m'excuser de ne vous avoir pas plus tôt donné des nouvelles de moi, car ç'aurait dû être pour moi un devoir que de vous rendre grâce des bontés que vous m'avez eues pendant mon séjour à Paris et de vous dire que je compte le temps que vous m'avez permis de passer avec vous parmi les moments les plus heureux de ma vie. Les distractions d'un long voyage et d'autres circonstances ayant interrompu le cours de mes travaux, je n'ai su reprendre sitôt le fil de mes recherches ordinaires; et j'étais trop accoutumé à vous parler mathématiques et à vous raconter quelque chose de nouveau qui pouvait mériter votre indulgence, pour remplir une lettre avec les seuls sentiments de ma reconnaissance. Mais, après avoir reçu le cadeau précieux que vous venez de me faire par l'envoi de la troisième édition de votre ouvrage sur les nombres, je ne veux pousser plus loin un délai peu excusable. La partie la plus grande du tome II de votre ouvrage étant entièrement nouvelle, j'ai eu occasion d'y admirer de nouveau cette vigueur d'esprit qui fait vaincre les difficultés et surpasser, même dans un âge avancé, les efforts des jeunes géomètres, auxquels votre vie glorieusement consacrée aux progrès de la science sera pour toujours un modèle d'émulation. J'ai vu aussi avec plaisir que vous avez voulu profiter de ma remarque relative à la loi de réciprocité. J'avais espéré de trouver dans l'exemplaire que vous m'avez adressé quelques lignes de votre main qui me parleraient de vous et de la santé de Mme Legendre; mais je l'ai feuilleté inutilement et me voilà puni pour ma négligence assez sévèrement.

Pour ne pas laisser cette lettre sans les signes de calcul, je vais vous faire une observation relative à l'équation $4\left(\frac{x^n-1}{x-1}\right) = Y^2 \pm nZ^2$. Pour trouver Y, votre ouvrage donne la règle de développer $2(x-1)^{\frac{n-1}{2}}$ et de remplacer les coefficients par les *plus petits* résidus qu'ils laissent étant divisés par n. Cette règle, qui se trouve déjà dans la seconde édition, n'est cependant juste que pour des nombres premiers peu grands. Les valeurs exactes de Y et de Z sont données dans chaque cas par les formules connues qui expriment les coefficients d'une équation au moyen des sommes des puissances de ses racines, sommes qui, dans notre cas, sont ou $\frac{-1+\sqrt{\pm n}}{2}$ ou $\frac{-1-\sqrt{\pm n}}{2}$. C'est ainsi qu'on trouve, qu'étant posé

$$Y = 2(x-r)(x-r^4)(x-r^9)\ldots\left(x-r^{\left(\frac{n-1}{2}\right)^2}\right) = 2x^{\frac{n-1}{2}}+a_1x^{\frac{n-3}{2}}+a_2x^{\frac{n-5}{2}}+\cdots\text{*}),$$

la règle est exacte pour les trois premiers coefficients a_1, a_2, a_3, mais qu'elle cesse de l'être pour les suivants dès que n surpasse une certaine limite; de sorte que les coefficients de Y et de Z peuvent surpasser $\frac{1}{2}n$ et même n et les puissances de n. Soit, par exemple, n de l'une des quatre formes:

(1.)	$24\mu+1$,	on aura $a_4 =$	(1.)	$\frac{(n-1)(n-105)}{192}+n$,
(2.)	$24\mu+5$,		(2.)	$\frac{(n-5)(n-21)}{192}$,
(3.)	$24\mu+13$,		(3.)	$\frac{(n+3)(n+35)}{192}$,
(4.)	$24\mu+17$,		(4.)	$\frac{(n+7)(n+15)}{192}$,

expressions qui pour de grands n sont de l'ordre $\frac{n^2}{192}$ et peuvent surpasser n de beaucoup.

Généralement on trouve que, pour de grands n, a_{2m} et a_{2m+1} sont de l'ordre $\frac{1}{3.4.5\ldots 2m}\left(\frac{n}{4}\right)^m$. Peut-être vous jugerez convenable de faire une addition de quelques lignes à votre ouvrage pour limiter l'énoncé de la règle mentionnée.

J'ai lu avec plaisir le rapport de M. Poisson sur mon ouvrage, et je crois pouvoir en être très-content; il me paraît avoir très-bien présenté les deux transformations, qui, étant jointes entre elles, conduisent à la multiplication des fonctions elliptiques, en quoi il a été guidé sensiblement par vos suppléments. Mais M. Poisson n'aurait pas dû reproduire dans son rapport une phrase peu adroite de feu M. Fourier, où ce dernier nous fait des reproches, à Abel et à moi, de ne pas nous être occupés de préférence du mouvement de la chaleur. Il est vrai que M. Fourier avait l'opinion que le but principal des mathématiques était l'utilité publique et l'explication des phénomènes naturels; mais un philosophe comme lui aurait dû savoir que le but unique de la science, c'est

*) L'erreur qui s'est glissée dans cette formule, le produit qui forme la seconde partie n'étant pas égal au polynôme Y développé suivant les puissances de x dans la troisième partie de l'équation, mais bien égal à $Y+\sqrt{\pm n}.Z$, est relevée dans la réponse de Legendre, p. 456. B.

l'honneur de l'esprit humain, et que sous ce titre, une question de nombres vaut autant qu'une question du système du monde. Quoi qu'il en soit, on doit vivement regretter que M. Fourier n'ait pu achever son ouvrage sur les équations, et de tels hommes sont trop rares aujourd'hui, même en France, pour qu'il soit facile de les remplacer.

En ce qui regarde mes propres occupations, j'ai entrepris un bon nombre de recherches sur différentes matières et que je voudrais avoir finies avant de retourner aux fonctions elliptiques et aux transcendantes d'un ordre supérieur qui sont de la forme $\int \frac{dx}{\sqrt{a+a_1x+a_2x^2+\cdots+a_nx^n}}$. Je crois entrevoir à présent que toutes ces transcendantes jouissent des propriétés admirables et inattendues auxquelles on peut être conduit par le théorème d'Abel qui établit une relation entre plusieurs de ces transcendantes qui répondent à différentes valeurs de x. J'ai réfléchi aussi de temps en temps sur une méthode nouvelle de traiter les perturbations célestes, méthode dans laquelle doivent entrer les théories nouvelles des fonctions elliptiques.

Je vous prie, Monsieur, de me rappeler à la mémoire de Mme Legendre, qui a voulu participer avec tant de bienveillance aux bontés que vous m'avez eues; je vous prie en même temps de faire mes civilités à Mlle Sophie Germain, dont je me félicite d'avoir fait la connaissance, et de me dire des nouvelles de sa santé, si vous daignez me répondre.

Agréez, Monsieur, les assurances de mon entier dévouement.

Votre très-humble serviteur,

C. G. J. Jacobi.

LEGENDRE A JACOBI.

Paris, le 1 octobre 1830.

Monsieur,

Différents obstacles de toute nature et principalement le mauvais état de ma santé m'ont empêché jusqu'ici de répondre à votre lettre du 19 juillet arrivée après un long silence qui commençait à m'inquiéter et dont j'attribue la cause à de nouveaux travaux toujours marqués au coin d'un grand talent.

J'ai trouvé votre remarque très-juste sur l'erreur que j'ai commise dans ma théorie des nombres en supposant que les fonctions Y et Z dans l'équation $4X = Y^2 \pm nZ^2$ ont leurs coefficients plus petits que $\frac{1}{2}n$. L'induction m'a trompé, et cela est fâcheux, puisque la règle très-simple que j'avais donnée pour déterminer ces fonctions cesse d'être exacte lorsque $n = 61$, et devient de plus en plus fautive à mesure que n est plus grand. Vous paraissez avoir grandement approfondi cette question, comme j'en puis juger d'après les valeurs que vous donnez du coefficient a_1, selon les différentes formes du nombre premier $n = 4i + 1$. Je suis parvenu avec assez de peine à vérifier l'une de ces formules, celle qui suppose $n = 24\mu + 13$, ce qui me conduisit à la vérification des trois autres. Ce genre d'analyse est fort beau, c'est dommage seulement qu'il ne conduise pas à des formules absolument générales et que les résultats ne peuvent être trouvés commodément que dans des cas particuliers. De mon côté, je vous reprocherai de m'avoir induit en erreur, en me marquant que la fonction Y est le produit des facteurs

$$2(x-r)(x-r^4)(x-r^9)\ldots\left(x-r^{\left(\frac{n-1}{2}\right)^2}\right)$$

r étant sans doute une racine imaginaire de l'équation $r^n - 1 = 0$. On voit au premier coup d'oeil que ces facteurs ne peuvent avoir lieu, parce qu'ils seraient communs à X et à Y, par conséquent à Z.

J'ai vu avec plaisir dans la lettre que vous avez écrite à l'académie, que vous vous occupez à perfectionner la théorie des perturbations, et que vous avez l'espoir d'y employer utilement la théorie des fonctions elliptiques. C'est un objet très-digne de vos recherches et qui a été fort négligé par nos devanciers; j'avais eu quelques idées là-dessus, mais sans rien approfondir; j'en ai fait mention dans mes exercices et dans mon traité des fonctions elliptiques, espérant qu'un jour les géomètres s'en occuperaient sérieusement, et une pareille entreprise ne saurait être mieux placée qu'entre vos mains.

M. Crelle est venu à Paris, précisément pour être témoin de notre révolution qui porte déjà des fruits, fruits amers pour les partisans des gouvernements absolus. Comme j'étais fort tourmenté de mes maux ordinaires dans ce même temps, j'ai eu le regret de ne pas recevoir M. Crelle et le fêter autant que j'aurais voulu. Je crains qu'il n'ait pas été content de moi; vous auriez pu, Monsieur, me faire un pareil reproche, car je n'ai pu, par la même cause, vous faire l'accueil que j'aurais voulu vous faire pendant votre voyage à Paris. — Je me suis acquitté de votre commission auprès de ma femme et de Mlle Germain; elles vous remercient de votre bon souvenir, et vous souhaitent toute espèce de bonheur. — Mlle Germain était malade quand vous l'avez vue, son état a malheureusement fort empiré depuis.

Adieu, Monsieur, ne me laissez pas trop longtemps sans me donner de vos nouvelles; je deviens chaque jour moins en état de travailler, mais j'apprends toujours avec grand plaisir les succès nouveaux que vous devez obtenir dans la carrière des sciences.

Votre très-dévoué,

Le Gendre.

JACOBI A LEGENDRE.

Kœnigsberg, ce 27 mai 1832.

Monsieur,

Je ne sais comment excuser le long intervalle de temps qui s'est écoulé sans que je vous aie donné quelque témoignage de mon dévouement et sans que je vous aie rendu compte de mes travaux, comme j'avais coutume d'après votre permission bienveillante dans le premier temps où je m'occupais des fonctions elliptiques. J'aurais bien voulu pouvoir vous avertir de l'achèvement de quelque ouvrage plus étendu, mais pendant tout ce temps-ci je n'ai pu regagner ni le goût ni l'énergie de jadis. Ce n'auraient été que des ouvrages commencés ou même seulement projetés dont j'aurais dû faire mention à vous, qui ne cessez de publier des ouvrages également distingués par leur étendue et par leur riche teneur, et cela presque dans l'âge où se trouvait Oughtred lorsque Wallis lui dédia son *Arithmetica Infinitorum*. J'ai lu le troisième supplément qui finit le troisième volume de votre grand ouvrage sur les fonctions elliptiques à Potsdam, où je me suis rendu pour voir mon père malade, qui mourut huit jours après mon arrivée, à l'âge pas même accompli de cinquante-neuf ans. Je lui devais la reconnaissance la plus haute. Ce furent ses assistances libérales qui m'ont mis en état de me vouer entièrement aux sciences, et l'étendue de mes obligations envers lui me rendit ce triste événement plus amer encore. Dans ce temps d'une douleur profonde, Monsieur, c'était l'étude de votre ouvrage, qui m'a été communiqué par M. Crelle, qui fit mon soulagement et en quelque sorte ma consolation. Dans une annonce que j'en ai faite à la fin du huitième volume de M. Crelle, j'ai cherché à relever les mérites impérissables du géomètre qui, outre les découvertes nombreuses et importantes dont il a enrichi la science, est parvenu à fonder deux disciplines grandes et étendues par les travaux glorieux de sa vie, lesquelles formeront désormais l'α et l'ω de toute étude mathématique. J'ai profité en même temps de cette occasion pour parler d'Abel et de son grand théorème, que vous avez encore le mérite d'avoir approfondi le premier, montrant en même temps à la postérité que son développement est la grande tâche qui lui reste à remplir.

Les limites d'une lettre ne permettent pas de vous parler de mes travaux sur les perturbations célestes. En attendant j'ai éprouvé moi-même des perturbations pas moins célestes et qui ont fini par un mariage heureux. L'intérêt que vous avez bien voulu me témoigner me fait croire que vous prendrez quelque part à ce qui fait le bonheur et le charme de ma vie. Depuis les huit mois de mon mariage j'ai repris mes occupations ordinaires avec un zèle redoublé, et j'espère que les années suivantes me dédommageront en quelque sorte du peu de fruit que m'ont porté les trois précédentes. Je ne veux vous dire que deux mots d'un nouveau résultat obtenu par mes recherches sur les nombres, à la publication desquelles je n'ai encore pu parvenir: c'est *la résolution trigonométrique du problème de Pell*. En effet, j'exprime généralement par $\cos\frac{2m\pi}{a}$ et $\sin\frac{2m\pi}{a}$ deux nombres entiers x et y tels que $x^2-ay^2=1$. J'ai trouvé même une généralisation du problème de Pell qui me paraît être très-remarquable et qui se rapporte au cas où a est le produit de deux ou de plusieurs facteurs. En effet, supposons que a soit le produit des deux facteurs b et c, on peut, d'une infinité de manières, trouver quatre nombres entiers u, v, w, x tels, que le produit des quatre facteurs

$$\begin{gathered}(u+v\sqrt{b}+w\sqrt{c}+x\sqrt{bc})(u+v\sqrt{b}-w\sqrt{c}-x\sqrt{bc})\\ \times(u-v\sqrt{b}+w\sqrt{c}-x\sqrt{bc})(u-v\sqrt{b}-w\sqrt{c}+x\sqrt{bc})\end{gathered}$$

soit égal à l'unité. On donne aisément à ce produit les trois formes: y^2-bz^2, $y'^2-cz'^2$, $y''^2-az''^2$; donc, a étant $=bc$, on peut faire dépendre les six nombres y, z, y', z', y'', z'', lesquels donnent $y^2-bz^2=1$, $y'^2-cz'^2=1$, $y''^2-az''^2=1$, des quatre nombres plus simples u, v, w, x. Vous voyez aisément comment cela doit être étendu au cas où a est le produit d'un nombre quelconque de facteurs. Dans tous les cas, je donne les nombres $u, v, w, x, \ldots$ par des formules générales et trigonométriques. Si vous le jugez convenable, et s'il ne vous fait pas de peine en aucune sorte, vous pourriez communiquer à l'académie des sciences la notice que je viens de vous donner sur cette nouvelle manière de résoudre le fameux problème de Pell. Je remarque, en outre, qu'il doit exister des algorithmes, analogues aux fractions continues, qui pourront servir à trouver les nombres u, v, w, x et leurs analogues dans le cas d'un plus grand nombre de facteurs de a, et je crois que la recherche de ces algorithmes sera une chose de quelque importance pour la science de nombres.

Les fonctions elliptiques et la science de nombres ne devraient pas manquer à l'avenir dans les leçons données aux élèves de l'école polytechnique, si l'on veut que ces leçons soient conformes aux progrès du temps. Quant à moi, je donne des leçons régulières sur ces belles théories, et je vois avec plaisir les élèves de notre Université s'emparer avec empressement de ces matières. Vous verrez plusieurs fruits de leurs travaux dans les volumes suivants du *Journal de M. Crelle*. Ce sont encore, Monsieur, les fruits de vos travaux que ces branches de la science, jadis peu connues, vont devenir la possession commune des géomètres.

De mon retour à Kœnigsberg, j'y trouvais votre bel ouvrage dont votre bonté a bien voulu me gratifier, et je m'empresse de vous dire mes remercîments de ce que votre générosité l'a voulu emporter sur ma négligence. Ajoutez, Monsieur, à cette générosité quelques lignes de votre main, qui m'ont toujours été si précieuses et qui pourront me donner l'assurance de ce que vous n'êtes pas fâché de moi.

Je vous prie, Monsieur, de recommander Marie Jacobi aux bonnes grâces de Mme Legendre, et de vouloir bien agréer les assurances de mon dévouement le plus parfait.

Votre serviteur très-humble,

C. G. J. Jacobi.

LEGENDRE A JACOBI.

(Sans date, timbré Paris, le 30 juin 1832.)

Monsieur,

Je n'ai jamais interprété à votre désavantage la longue lacune qui s'est trouvée dans votre correspondance: j'ai supposé que vous étiez occupé d'un grand travail qui absorbait tout votre temps, ou que des affaires essentielles vous empêchaient de penser à autre chose. Les deux suppositions paraissent avoir eu lieu successivement; c'est en effet une grande époque dans la vie que celle où l'on a le malheur de perdre son père, c'en est une autre non moins importante, mais plus agréable, que celle où l'on se décide à entrer en ménage. Et pour ne parler que de cette dernière, je vous félicite bien sincèrement d'avoir rencontré une jeune épouse que, d'après une expérience *déjà longue*, vous jugez devoir faire pour toujours votre bonheur.

Vous étiez dans l'âge convenable pour vous marier; un homme destiné à passer beaucoup de temps dans les travaux du cabinet, a besoin d'une compagne qui s'occupe de tout le détail du ménage et qui affranchisse son mari de tous ces petits soins minutieux dont un homme n'est guère capable. Je me suis marié beaucoup plus tard que vous et à la suite d'une révolution sanglante qui avait détruit ma petite fortune; nous avons eu de grands embarras et des moments bien difficiles à passer, mais ma femme m'a aidé puissamment à restaurer progressivement mes affaires et à me donner cette tranquillité d'esprit nécessaire pour me livrer à mes travaux accoutumés et pour composer de nouveaux ouvrages qui ont ajouté de plus en plus à ma réputation, de manière à me procurer bientôt une existence honorable et une petite fortune dont les débris, après de nouvelles revolutions qui m'ont causé de grandes pertes, suffisent encore pour pourvoir aux besoins de ma vieillesse, et suffiront pour pourvoir à ceux de ma femme bien-aimée quand je n'y serai plus. Mais c'est trop parler de moi. Je reviens à vous et à votre lettre.

Je n'ai pas trouvé l'occasion de parler à l'académie de vos travaux sur l'analyse indéterminée; peut-être n'en parlerai-je pas, dans la crainte de n'être pas suffisamment entendu. J'obtiendrais plus de faveur si j'avais à parler à l'académie des travaux dont vous vous occupez sur la théorie des perturbations. C'est un objet d'un grand intérêt auquel j'ai pensé plusieurs fois et sur lequel j'ai donné par-ci par-là quelques idées; je me suis toujours persuadé que, si je m'en étais occupé sérieusement et d'une manière suivie, j'aurais trouvé quelque chose de plus que mes honorables confrères la Grange et la Place. Si on excepte en effet les beaux résultats qu'ils ont trouvés pour les différentielles des éléments elliptiques exprimées par la fonction des perturbations, je ne vois pas qu'ils aient avancé la science au delà de ce qu'elle était du temps d'Euler, Clairaut et d'Alembert. Je verrais donc avec beaucoup de plaisir, mon cher disciple (car vous me permettrez de vous donner ce nom à raison de mon ancienneté, sauf à vous à user du même droit un jour envers qui il appartiendra) que vous ouvrissiez dans cette théorie *une nouvelle porte* qui nous conduisît à des résultats plus précis et plus exacts que tout ce qui a été fait jusqu'ici. J'aurais un double plaisir si ces nouveaux résultats étaient obtenus par le secours de *nos* fonctions elliptiques qui vous appartiennent autant qu'à moi, quoique vous ne vouliez pas exprimer la même chose par le même nom.

Je ne puis voir ma page finir sans vous remercier de la peine que vous avez prise de donner dans le Journal de M. Crelle un extrait de mon 3ᵉ supplément. Je n'ai pas le bonheur d'entendre la langue dont vous vous êtes servi, mais je sais que vous avez dit beaucoup de bien de mon nouveau travail qui sera sans doute le dernier. Car je vais bientôt entrer dans ma 81ᵉ année et, à cet âge, il faut s'appliquer forcément l'adage *salve senectutem*. En attendant je vous envoie un petit opuscule de géométrie élémentaire qui est le résultat d'une longue suite de réflexions faites et renouvelées à de grands intervalles de temps. Peut-être ce petit opuscule trouvera-t-il plus de lecteurs que mes meilleurs ouvrages, mais s'il a votre approbation, cela me suffit.

Agréez, Monsieur, l'expression des sentiments d'estime et d'attachement bien sincère que je vous ai voués pour toujours. Ma femme vous fait mille compliments ainsi qu'à votre aimable épouse. Elle désire ainsi que moi que vous nous l'ameniez quelque jour.

Votre dévoué serviteur,

Le Gendre.

DE TRANSFORMATIONIBUS

FUNCTIONUM ELLIPTICARUM

IRRATIONALIBUS SIVE INVERSIS

AUCTORE

C. G. J. JACOBI

PROF. ORD. MATH. REGIOM.

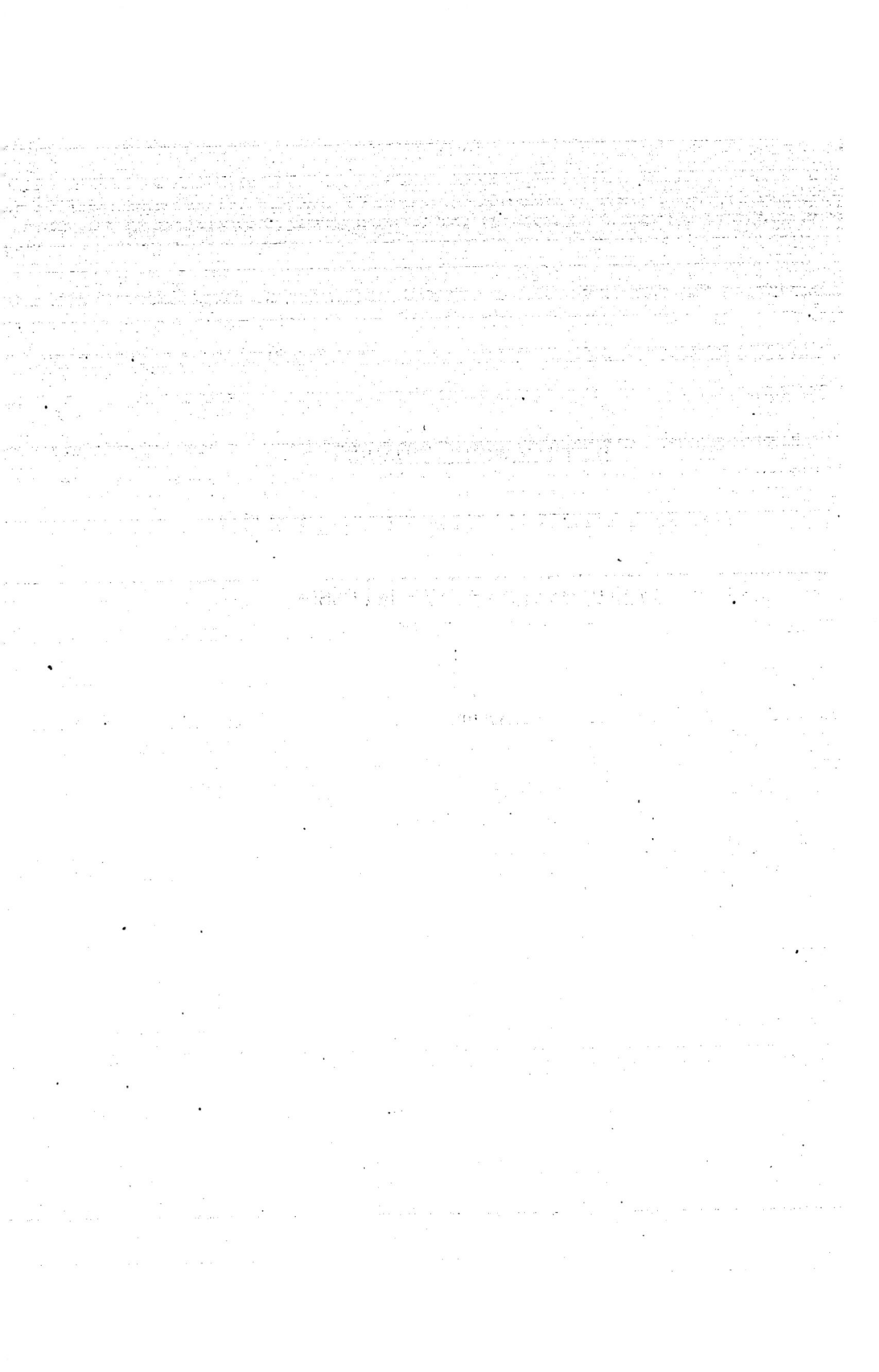

DE TRANSFORMATIONIBUS FUNCTIONUM ELLIPTICARUM IRRATIONALIBUS SIVE INVERSIS.

(Ex ill. C. G. J. Jacobi manuscriptis posthumis in medium protulit F. Mertens.)

1.

Vidimus in *Fundamentis*, quicunque sit n numerus impar, determinari posse substitutiones

$$y = \frac{x}{M}\cdot\frac{1+A'x^2+A''x^4+\cdots+A^{\left(\frac{n-1}{2}\right)}x^{n-1}}{1+B'x^2+B''x^4+\cdots+B^{\left(\frac{n-1}{2}\right)}x^{n-1}}$$

$$z = nMy\cdot\frac{1+C'y^2+C''y^4+\cdots+C^{\left(\frac{n-1}{2}\right)}y^{n-1}}{1+D'y^2+D''y^4+\cdots+D^{\left(\frac{n-1}{2}\right)}y^{n-1}}$$

tales ut fiat

$$\frac{dy}{\sqrt{(1-yy)(1-\lambda^2yy)}} = \frac{dx}{M\sqrt{(1-xx)(1-k^2xx)}}$$

$$\frac{dz}{\sqrt{(1-zz)(1-k^2zz)}} = \frac{nMdy}{\sqrt{(1-yy)(1-\lambda^2yy)}}.$$

Dedimus adeo expressiones analyticas generales et substitutionum adhibitarum et moduli transformati λ. Quas substitutiones et transformationes, quas suppeditant, vocabimus rationales sive directas. Docebimus in sequentibus, non solum harum rationalium assignari posse expressiones analyticas generales, sed etiam substitutionum irrationalium, quae ex earum inversione ortum ducunt; videlicet generaliter etiam idque modo explicito exprimi posse x per y, y per z. Quare non parum censeo promoveri analysin algebraicam, ut quae problema tam complicatum tantaeque generalitatis et elegantiae vix antea solverit.

Antequam autem rem ipsam aggrediar, revocanda sunt theoremata quaedam fundamentalia, quae in commentationibus prioribus condidimus.

Posito

$$\int_0^u \Delta^2 \mathrm{am}\, u\, du = E(u) \qquad \int_0^u E(u)du = \log \Omega(u),$$

vidimus in *commentatione prima**), infinitis modis assignari posse constantem r, ut functio $e^{ruu}\Omega(u)$, quam vocavimus $\chi(u)$, periodica evadat, eamque, qua gaudet, periodum functionibus ellipticis argumenti u communem esse. Designantibus enim m, m' numeros integros positivos vel negativos, vidimus, posito

$$mK+m'iK' = Q \qquad r = \frac{m'i\pi}{4KQ} - \frac{E}{2K},$$

fieri

$$\chi(u+4Q) = \chi(u).$$

Ex elementis autem constat, esse etiam

$$\sin \mathrm{am}(u+4Q) = \sin \mathrm{am}\, u, \quad \cos \mathrm{am}(u+4Q) = \cos \mathrm{am}\, u, \quad \Delta \mathrm{am}(u+4Q) = \Delta \mathrm{am}\, u, \text{ etc.}$$

Vice versa, quamcunque eligis ex innumeris functionum ellipticarum periodis, quae e duabus componuntur omnes, determinare licet functionem $\chi(u)$, quae eadem gaudeat.

Demonstravimus porro loco citato formulam fundamentalem:

$$\text{(1.)} \qquad \frac{\chi(u+a)\chi(u-a)}{\chi^2(a)\chi^2(u)} = 1-k^2\sin^2\mathrm{am}\, a \sin^2\mathrm{am}\, u,$$

nec non in commentatione *Formulae novae in theoria transcendentium ellipticarum fundamentales***) formulas:

$$\text{(2.)} \qquad \frac{\chi(u+a)\chi(u+b)\chi(a+b)}{\chi(a)\chi(b)\chi(u)\chi(u+a+b)} = 1+k^2 \sin \mathrm{am}\, a \sin \mathrm{am}\, b \sin \mathrm{am}\, u \sin \mathrm{am}(u+a+b)$$

$$\text{(3.)} \qquad \sin \mathrm{am}\, a \sin \mathrm{am}\, b + \sin \mathrm{am}\, u \sin \mathrm{am}(u+a+b) - \sin \mathrm{am}(u+a) \sin \mathrm{am}(u+b)$$
$$= k^2 \sin \mathrm{am}\, a \sin \mathrm{am}\, b \sin \mathrm{am}\, u \sin \mathrm{am}(u+a) \sin \mathrm{am}(u+b) \sin \mathrm{am}(u+a+b).$$

2.

His praemissis, designante n numerum imparem quemlibet, m, m' autem numeros integros quoslibet positivos seu negativos, qui tamen per eundem ipsius n factorem uterque simul non sunt divisibiles, ponamus

$$mK+m'iK' = Q = n\omega$$

*) p. 297 hujus voluminis.

**) p. 340 hujus voluminis.

ac formemus expressiones sequentes:

$$X = \sum \frac{\chi(u+4p\omega)}{\chi(u)\chi(4p\omega)} \cdot \sin\operatorname{am}(u+4p\omega)$$

$$Y = \sum \frac{\chi(u+4p\omega)}{\chi(u)\chi(4p\omega)} \cdot \frac{\cos\operatorname{am}(u+4p\omega)}{\Delta\operatorname{am} 4p\omega}$$

$$Z = \sum \frac{\chi(u+4p\omega)}{\chi(u)\chi(4p\omega)} \cdot \frac{\Delta\operatorname{am}(u+4p\omega)}{\cos\operatorname{am} 4p\omega},$$

quibus in summis numero p tribuendi sunt valores $0, 1, 2, \dots n-1$. Fiunt itaque termini primi, posito $p=0$:

$$\sin\operatorname{am} u, \quad \cos\operatorname{am} u, \quad \Delta\operatorname{am} u.$$

Expressiones X, Y, Z primum singulas in se ipsas ducamus, deinde formemus productum YZ.

Ponamus

$$X_p = \frac{\chi(u+4p\omega)}{\chi(u)\chi(4p\omega)} \cdot \sin\operatorname{am}(u+4p\omega)$$

$$Y_p = \frac{\chi(u+4p\omega)}{\chi(u)\chi(4p\omega)} \cdot \frac{\cos\operatorname{am}(u+4p\omega)}{\Delta\operatorname{am} 4p\omega}$$

$$Z_p = \frac{\chi(u+4p\omega)}{\chi(u)\chi(4p\omega)} \cdot \frac{\Delta\operatorname{am}(u+4p\omega)}{\cos\operatorname{am} 4p\omega},$$

erit

$$X = X_0 + X_1 + X_2 + \dots + X_{n-1}$$

$$Y = Y_0 + Y_1 + Y_2 + \dots + Y_{n-1}$$

$$Z = Z_0 + Z_1 + Z_2 + \dots + Z_{n-1}.$$

Expressiones X_p, Y_p, Z_p, cum e functionibus periodicis constent, quae immutatae manent mutato u in $u+4Q$, et ipsae non mutantur, siquidem p mutatur in $p \pm n$. Hinc loco $X_{n-h}, Y_{n-h}, Z_{n-h}$ scribere etiam licet X_{-h}, Y_{-h}, Z_{-h}. Quibus statutis, ponamus

$$(XX)_0 = X_0X_0 + 2X_1X_{-1} + 2X_2X_{-2} + \dots + 2X_{\frac{n-1}{2}}X_{-\frac{n-1}{2}}$$

$$(YY)_0 = Y_0Y_0 + 2Y_1Y_{-1} + 2Y_2Y_{-2} + \dots + 2Y_{\frac{n-1}{2}}Y_{-\frac{n-1}{2}}$$

$$(ZZ)_0 = Z_0Z_0 + 2Z_1Z_{-1} + 2Z_2Z_{-2} + \dots + 2Z_{\frac{n-1}{2}}Z_{-\frac{n-1}{2}}$$

ac generaliter

$$(XX)_p = X_0X_p + X_1X_{p-1} + X_2X_{p-2} + \dots + X_{n-1}X_{p-n+1}$$

$$(YY)_p = Y_0Y_p + Y_1Y_{p-1} + Y_2Y_{p-2} + \dots + Y_{n-1}Y_{p-n+1}$$

$$(ZZ)_p = Z_0Z_p + Z_1Z_{p-1} + Z_2Z_{p-2} + \dots + Z_{n-1}Z_{p-n+1}$$

sive

$$(XX)_p = \sum X_h X_{p-h} \qquad (YY)_p = \sum Y_h Y_{p-h} \qquad (ZZ)_p = \sum Z_h Z_{p-h},$$

siquidem numero h tribuuntur valores 0, 1, 2, ... $n-1$; erit:

$$(4.)\qquad XX = (XX)_0+(XX)_1+(XX)_2+\cdots+(XX)_{n-1} = \sum(XX)_p$$

$$(5.)\qquad YY = (YY)_0+(YY)_1+(YY)_2+\cdots+(YY)_{n-1} = \sum(YY)_p$$

$$(6.)\qquad ZZ = (ZZ)_0+(ZZ)_1+(ZZ)_2+\cdots+(ZZ)_{n-1} = \sum(ZZ)_p.$$

3.

Sequitur e formulis, quas in *Fundamentis* (§ 18) dedimus:

$$\sin\operatorname{am}(u+a)\sin\operatorname{am}(u-a) = \frac{\sin^2\operatorname{am}u-\sin^2\operatorname{am}a}{1-k^2\sin^2\operatorname{am}a\sin^2\operatorname{am}u}$$

$$\frac{\cos\operatorname{am}(u+a)\cos\operatorname{am}(u-a)}{\Delta^2\operatorname{am}a} = \frac{\cos^2\operatorname{am}u-\cos^2\operatorname{coam}a}{1-k^2\sin^2\operatorname{am}a\sin^2\operatorname{am}u}$$

$$\frac{\Delta\operatorname{am}(u+a)\Delta\operatorname{am}(u-a)}{\cos^2\operatorname{am}a} = \frac{\Delta^2\operatorname{am}u+k'k'\operatorname{tg}^2\operatorname{am}a}{1-k^2\sin^2\operatorname{am}a\sin^2\operatorname{am}u}$$

ideoque e (1.)

$$X_h X_{-h} = \sin^2\operatorname{am}u-\sin^2\operatorname{am}4h\omega$$

$$Y_h Y_{-h} = \cos^2\operatorname{am}u-\cos^2\operatorname{coam}4h\omega$$

$$Z_h Z_{-h} = \Delta^2\operatorname{am}u+k'k'\operatorname{tg}^2\operatorname{am}4h\omega.$$

Ponatur, ut in *commentatione prima*:

$$\sin^2\operatorname{am}4\omega+\sin^2\operatorname{am}8\omega+\cdots+\sin^2\operatorname{am}2(n-1)\omega = \rho$$

$$\cos^2\operatorname{coam}4\omega+\cos^2\operatorname{coam}8\omega+\cdots+\cos^2\operatorname{coam}2(n-1)\omega = \sigma$$

$$k'k'[\operatorname{tg}^2\operatorname{am}4\omega+\operatorname{tg}^2\operatorname{am}8\omega+\cdots+\operatorname{tg}^2\operatorname{am}2(n-1)\omega] = \tau,$$

fit:

$$(7.)\qquad (XX)_0 = n\sin^2\operatorname{am}u-2\rho$$

$$(8.)\qquad (YY)_0 = n\cos^2\operatorname{am}u-2\sigma$$

$$(9.)\qquad (ZZ)_0 = n\Delta^2\operatorname{am}u+2\tau.$$

4.

Antequam valores expressionum $(XX)_p$, $(YY)_p$, $(ZZ)_p$ pro reliquis ipsius p valoribus indagemus, expressiones Y_p, Z_p in formam ipsi X_p simillimam transformemus. Quem in finem evolvemus valores expressionum

$$\chi(u+K),\ \chi(u+K+iK').$$

Designemus per $G(u)$ functionem

$$G(u) = \frac{\chi'(u)}{\chi(u)} = \frac{d\log\chi(u)}{du},$$

sive, cum sit

$$\chi(u) = e^{ruu}\Omega(u) \qquad \frac{d\log\Omega(u)}{du} = E(u),$$

functionem

$$G(u) = 2ru + E(u).$$

Quia $\chi(u+4Q) = \chi(u)$, erit etiam,

$$G(u+4Q) = G(u),$$

ita ut functio $G(u)$ et ipsa periodica sit. Porro e theoremate de additione integralium ellipticorum, quae ad secundam speciem pertinent, sequitur:

$$(10.) \qquad G(u)+G(a)-G(u+a) = k^2 \sin\mathrm{am}\, a \sin\mathrm{am}\, u \sin\mathrm{am}(u+a),$$

unde, posito deinceps $a = K$, $a = K+iK'$,

$$G(u+K)-G(K)-G(u) = -\frac{k^2 \sin\mathrm{am}\, u \cos\mathrm{am}\, u}{\Delta\,\mathrm{am}\, u} = \frac{d\log\Delta\,\mathrm{am}\, u}{du}$$

$$G(u+K+iK')-G(K+iK')-G(u) = -\frac{\sin\mathrm{am}\, u\, \Delta\,\mathrm{am}\, u}{\cos\mathrm{am}\, u} = \frac{d\log\cos\mathrm{am}\, u}{du},$$

e quibus formulis facta integratione prodit:

$$\log\frac{\chi(u+K)}{\chi(u)\chi(K)} - G(K).u \quad = \log\Delta\,\mathrm{am}\, u$$

$$\log\frac{\chi(u+K+iK')}{\chi(u)\chi(K+iK')} - G(K+iK').u = \log\cos\mathrm{am}\, u$$

sive

$$\frac{\chi(u+K)}{\chi(u)\chi(K)} = e^{G(K).u}\,\Delta\,\mathrm{am}\, u$$

$$\frac{\chi(u+K+iK')}{\chi(u)\chi(K+iK')} = e^{G(K+iK').u}\cos\mathrm{am}\, u.$$

Hinc sequitur, loco u posito a et $u+a$ et divisione facta:

$$\frac{\chi(u+a+K)}{\chi(a+K)\chi(u)} = e^{G(K).u}\,\frac{\chi(u+a)}{\chi(a)\chi(u)}\cdot\frac{\Delta\,\mathrm{am}(u+a)}{\Delta\,\mathrm{am}\, a}$$

$$\frac{\chi(u+a+K+iK')}{\chi(a+K+iK')\chi(u)} = e^{G(K+iK').u}\,\frac{\chi(u+a)}{\chi(a)\chi(u)}\cdot\frac{\cos\mathrm{am}(u+a)}{\cos\mathrm{am}\, a},$$

unde etiam, mutato a respective in $a+K$, $a+K+iK'$, cum sit

$$\Delta\,\mathrm{am}\, u\, \Delta\,\mathrm{am}(u+K) = k'$$

$$\cos\mathrm{am}\, u \cos\mathrm{am}(u+K+iK') = \frac{-ik'}{k}$$

$$\cos\mathrm{am}\, u\, \Delta\,\mathrm{am}(u+K+iK') = ik' \sin\mathrm{am}\, u,$$

quae formulae ex elementis constant (cf. *Fund.* § 17, 19), obtinetur:

$$(11.)\quad \frac{\chi(u+a+2K)}{\chi(a+2K)\chi(u)} = e^{2\Theta(K).u}\,\frac{\chi(u+a)}{\chi(a)\chi(u)}$$

$$(12.)\quad \frac{\chi(u+a+2K+2iK')}{\chi(a+2K+2iK')\chi(u)} = e^{2\Theta(K+iK').u}\,\frac{\chi(u+a)}{\chi(a)\chi(u)}$$

$$(13.)\quad \frac{\chi(u+a+2K+iK')}{\chi(a+2K+iK')\chi(u)} = e^{[\Theta(K)+\Theta(K+iK')]u}\,\frac{\chi(u+a)}{\chi(a)\chi(u)}\cdot\frac{\sin\operatorname{am}(u+a)}{\sin\operatorname{am}a}.$$

Hinc, cum, posito brevitatis causa $4p\omega = a$, sit

$$X_p = \frac{\chi(u+a)}{\chi(a)\chi(u)}\cdot\sin\operatorname{am}(u+a)$$

$$Y_p = \frac{\chi(u+a)}{\chi(a)\chi(u)}\cdot\frac{\cos\operatorname{am}(u+a)}{\Delta\operatorname{am}a}$$

$$Z_p = \frac{\chi(u+a)}{\chi(a)\chi(u)}\cdot\frac{\Delta\operatorname{am}(u+a)}{\cos\operatorname{am}a},$$

fit etiam, posito

$$e^{-\Theta(K).u} = \vartheta \qquad e^{-\Theta(K+iK').u} = \vartheta'$$

$$a+K = a' \qquad a+K+iK' = a'':$$

$$(14.)\quad X_p = \frac{\chi(u+a)}{\chi(a)\chi(u)}\cdot\sin\operatorname{am}(u+a)$$

$$(15.)\quad Y_p = \vartheta\cdot\frac{\chi(u+a')}{\chi(a')\chi(u)}\cdot\sin\operatorname{am}(u+a')$$

$$(16.)\quad Z_p = k\vartheta'\cdot\frac{\chi(u+a'')}{\chi(a'')\chi(u)}\cdot\sin\operatorname{am}(u+a''),$$

unde, siquidem factores ϑ, $k\vartheta'$ omnibus Y_p, Z_p communes non respicimus, Y_p et Z_p ex X_p obtinemus mutando respective a in a', a''.

5.

His praeparatis, siquidem ponitur

$$4h\omega = a \qquad 4(p-h)\omega = b$$

$$a+K = a' \qquad b+K = b'$$

$$a+K+iK' = a'' \qquad b+K+iK' = b'',$$

fit:

$$X_h X_{p-h} = \frac{\chi(u+a)}{\chi(a)\chi(u)}\cdot\frac{\chi(u+b)}{\chi(b)\chi(u)}\cdot\sin\operatorname{am}(u+a)\sin\operatorname{am}(u+b)$$

$$Y_h Y_{p-h} = \vartheta\vartheta\cdot\frac{\chi(u+a')}{\chi(a')\chi(u)}\cdot\frac{\chi(u+b')}{\chi(b')\chi(u)}\cdot\sin\operatorname{am}(u+a')\sin\operatorname{am}(u+b')$$

$$Z_h Z_{p-h} = k^2\vartheta'\vartheta'\cdot\frac{\chi(u+a'')}{\chi(a'')\chi(u)}\cdot\frac{\chi(u+b'')}{\chi(b'')\chi(u)}\cdot\sin\operatorname{am}(u+a'')\sin\operatorname{am}(u+b'').$$

Iam e formula (2.) obtinetur:

$$\frac{\chi(u+a)}{\chi(a)\chi(u)}\cdot\frac{\chi(u+b)}{\chi(b)\chi(u)} = (1+k^2\sin\mathrm{am}\,a\sin\mathrm{am}\,b\sin\mathrm{am}\,u\sin\mathrm{am}(u+a+b))\frac{\chi(u+a+b)}{\chi(a+b)\chi(u)};$$

porro e formula (3.):

$$\sin\mathrm{am}(u+a)\sin\mathrm{am}(u+b)(1+k^2\sin\mathrm{am}\,a\sin\mathrm{am}\,b\sin\mathrm{am}\,u\sin\mathrm{am}(u+a+b))$$
$$=\sin\mathrm{am}\,a\sin\mathrm{am}\,b+\sin\mathrm{am}\,u\sin\mathrm{am}(u+a+b),$$

unde

$$X_h X_{p-h} = \frac{\chi(u+a+b)}{\chi(a+b)\chi(u)}\cdot(\sin\mathrm{am}\,a\sin\mathrm{am}\,b+\sin\mathrm{am}\,u\sin\mathrm{am}(u+a+b)).$$

Hinc etiam, mutato a in a', a'', b in b', b'' fit:

$$Y_h Y_{p-h} = \vartheta\vartheta\cdot\frac{\chi(u+a'+b')}{\chi(a'+b')\chi(u)}\cdot(\sin\mathrm{am}\,a'\sin\mathrm{am}\,b'+\sin\mathrm{am}\,u\sin\mathrm{am}(u+a'+b'))$$
$$Z_h Z_{p-h} = k^2\vartheta'\vartheta'\cdot\frac{\chi(u+a''+b'')}{\chi(a''+b'')\chi(u)}\cdot(\sin\mathrm{am}\,a''\sin\mathrm{am}\,b''+\sin\mathrm{am}\,u\sin\mathrm{am}(u+a''+b'')).$$

Fit autem e (11.), (12.):

$$\vartheta\vartheta\cdot\frac{\chi(u+a'+b')}{\chi(a'+b')\chi(u)} = \frac{\chi(u+a+b)}{\chi(a+b)\chi(u)}$$
$$\vartheta'\vartheta'\cdot\frac{\chi(u+a''+b'')}{\chi(a''+b'')\chi(u)} = \frac{\chi(u+a+b)}{\chi(a+b)\chi(u)};$$

porro

$$\sin\mathrm{am}(u+a'+b') = -\sin\mathrm{am}(u+a+b)$$
$$\sin\mathrm{am}(u+a''+b'') = -\sin\mathrm{am}(u+a+b),$$

unde, cum sit $a+b=4p\omega$, posito $0, 1, 2, \ldots n-1$ loco h, prodit summatione facta:

$$(XX)_p = \sum X_h X_{p-h} = \frac{\chi(u+4p\omega)}{\chi(4p\omega)\chi(u)}[n\sin\mathrm{am}\,u\sin\mathrm{am}(u+4p\omega)+\sum\sin\mathrm{am}\,a\sin\mathrm{am}\,b]$$
$$(YY)_p = \sum Y_h Y_{p-h} = \frac{\chi(u+4p\omega)}{\chi(4p\omega)\chi(u)}[-n\sin\mathrm{am}\,u\sin\mathrm{am}(u+4p\omega)+\sum\sin\mathrm{am}\,a'\sin\mathrm{am}\,b']$$
$$(ZZ)_p = \sum Z_h Z_{p-h} = k^2\frac{\chi(u+4p\omega)}{\chi(4p\omega)\chi(u)}[-n\sin\mathrm{am}\,u\sin\mathrm{am}(u+4p\omega)+\sum\sin\mathrm{am}\,a''\sin\mathrm{am}\,b''].$$

Problema igitur revocatum est ad investigationem summarum

$$\sum\sin\mathrm{am}\,a\sin\mathrm{am}\,b,\qquad \sum\sin\mathrm{am}\,a'\sin\mathrm{am}\,b',\qquad \sum\sin\mathrm{am}\,a''\sin\mathrm{am}\,b''.$$

Quem in finem adnotamus formulam (10.):

$$\sin\mathrm{am}\,a\sin\mathrm{am}\,b = \frac{G(a)+G(b)-G(a+b)}{k^2\sin\mathrm{am}(a+b)},$$

unde fit:

$$\sum \sin\mathrm{am}\, a \sin\mathrm{am}\, b = \frac{\sum G(a) + \sum G(b) - nG(4p\omega)}{k^2 \sin\mathrm{am}\, 4p\omega}$$

$$\sum \sin\mathrm{am}\, a' \sin\mathrm{am}\, b' = -\frac{\sum G(a') + \sum G(b') - nG(4p\omega + 2K)}{k^2 \sin\mathrm{am}\, 4p\omega}$$

$$\sum \sin\mathrm{am}\, a'' \sin\mathrm{am}\, b'' = -\frac{\sum G(a'') + \sum G(b'') - nG(4p\omega + 2K + 2iK')}{k^2 \sin\mathrm{am}\, 4p\omega}.$$

Est autem

$$\sum G(a) = G(4\omega) + G(8\omega) + \cdots + G(4(n-1)\omega),$$

et cum sit

$$G(4(n-1)\omega) = -G(4\omega), \quad G(4(n-2)\omega) = -G(8\omega), \ldots$$

fit:

$$\sum G(a) = 0;$$

porro est e (10.):

$$G(a') = G(a) + G(K) - k^2 \sin\mathrm{am}\, a \sin\mathrm{coam}\, a$$

$$G(a'') = G(a) + G(K + iK') - \frac{\sin\mathrm{am}\, a}{\sin\mathrm{coam}\, a},$$

unde

$$\sum G(a') = \sum G(a) + nG(K) - k^2 \sum \sin\mathrm{am}\, a \sin\mathrm{coam}\, a$$

$$\sum G(a'') = \sum G(a) + nG(K + iK') - \sum \frac{\sin\mathrm{am}\, a}{\sin\mathrm{coam}\, a},$$

et cum summae $\sum \sin\mathrm{am}\, a \sin\mathrm{coam}\, a$, $\sum \frac{\sin\mathrm{am}\, a}{\sin\mathrm{coam}\, a}$ destruentibus se invicem binis terminis evanescant, fit:

$$\sum G(a') = nG(K)$$

$$\sum G(a'') = nG(K + iK').$$

Eodem modo invenitur:

$$\sum G(b) = 0$$

$$\sum G(b') = nG(K)$$

$$\sum G(b'') = nG(K + iK').$$

Cum insuper sit:

$$G(4p\omega + 2K) = G(4p\omega) + 2G(K)$$

$$G(4p\omega + 2K + 2iK') = G(4p\omega) + 2G(K + iK'),$$

fit:

$$\sum \sin\mathrm{am}\, a \sin\mathrm{am}\, b = -\frac{nG(4p\omega)}{k^2 \sin\mathrm{am}\, 4p\omega}$$

$$\sum \sin\mathrm{am}\, a' \sin\mathrm{am}\, b' = \sum \sin\mathrm{am}\, a'' \sin\mathrm{am}\, b'' = \frac{nG(4p\omega)}{k^2 \sin\mathrm{am}\, 4p\omega},$$

unde tandem

$$(XX)_p = -(YY)_p = -\frac{1}{k^2}(ZZ)_p$$

$$= n\left[\sin\mathrm{am}\, u \sin\mathrm{am}(u+4p\omega) - \frac{G(4p\omega)}{k^2 \sin\mathrm{am}\, 4p\omega}\right]\frac{\chi(u+4p\omega)}{\chi(4p\omega)\chi(u)}.$$

Quam formulam, cum sit:

$$G(4p\omega)+G(u)-G(u+4p\omega) = k^2 \sin\mathrm{am}\, 4p\omega \sin\mathrm{am}\, u \sin\mathrm{am}(u+4p\omega),$$

ita elegantius exhibere licet:

$$(17.)\quad (XX)_p = -(YY)_p = -\frac{1}{k^2}(ZZ)_p = n\cdot\frac{G(u)-G(u+4p\omega)}{k^2 \sin\mathrm{am}\, 4p\omega}\cdot\frac{\chi(u+4p\omega)}{\chi(4p\omega)\chi(u)}.$$

Supponimus autem in hac formula, p non esse $=0$, pro quo casu invenimus formulas (7.), (8.), (9.).

6.

His praeparatis, e formulis (4.), (5.), (6.) sequitur:

$$(18.)\quad XX+YY = n-2\rho-2\sigma$$

$$(19.)\quad k^2XX+ZZ = n-2k^2\rho+2\tau.$$

Fit enim e formulis (7.), (8.), (9.)

$$(XX)_0+(YY)_0 = n-2\rho-2\sigma$$

$$k^2(XX)_0+(ZZ)_0 = n-2k^2\rho+2\tau;$$

porro e (17.)

$$(XX)_1+(YY)_1 = 0, \quad (XX)_2+(YY)_2 = 0, \dots$$

$$k^2(XX)_1+(ZZ)_1 = 0, \quad k^2(XX)_2+(ZZ)_2 = 0, \dots$$

E formulis (18.), (19.) sequitur, posito

$$X = \sqrt{n-2\rho-2\sigma}.\sin\psi,$$

$$k^2.\frac{n-2\rho-2\sigma}{n-2k^2\rho+2\tau} = \lambda\lambda,$$

fieri:

$$Y = \sqrt{n-2\rho-2\sigma}.\cos\psi$$

$$Z = \sqrt{n-2k^2\rho+2\tau}.\sqrt{1-\lambda\lambda\sin^2\psi}.$$

Ponatur

$$n-2k^2\rho+2\tau=\frac{1}{MM};$$

fieri videmus:

$$n-2\rho-2\sigma=\frac{\lambda^2}{k^2M^2},$$

unde

$$X=\frac{\lambda}{kM}\sin\psi,\qquad Y=\frac{\lambda}{kM}\cos\psi,\qquad Z=\frac{1}{M}\Delta(\psi,\lambda).$$

7.

Expressiones

$$Y=Y_0+Y_1+Y_2+\cdots+Y_{n-1}$$
$$Z=Z_0+Z_1+Z_2+\cdots+Z_{n-1}$$

in se ducamus. Sit

$$(YZ)_p=\sum Y_hZ_{p-h}$$

designante h numeros $0, 1, 2, \ldots n-1$; erit

$$YZ=(YZ)_0+(YZ)_1+(YZ)_2+\cdots+(YZ)_{n-1}.$$

Posito rursus

$$4h\omega=a\qquad 4(p-h)\omega=b$$
$$a+K=a'\qquad b+K+iK'=b'',$$

e formulis (15.), (16.) sequitur:

$$Y_hZ_{p-h}=k\vartheta\vartheta'.\frac{\chi(u+a')}{\chi(a')\chi(u)}\cdot\frac{\chi(u+b'')}{\chi(b'')\chi(u)}\cdot\sin\operatorname{am}(u+a')\sin\operatorname{am}(u+b'').$$

Quam expressionem e (2.), (3.), ut supra, invenimus

$$=k\vartheta\vartheta'.\frac{\chi(u+a'+b'')}{\chi(a'+b'')\chi(u)}[\sin\operatorname{am}a'\sin\operatorname{am}b''+\sin\operatorname{am}u\sin\operatorname{am}(u+a'+b'')].$$

Fit autem e formula (13.):

$$\vartheta\vartheta'.\frac{\chi(u+a'+b'')}{\chi(a'+b'')\chi(u)}=\frac{\chi(u+a+b)}{\chi(a+b)\chi(u)}\cdot\frac{\sin\operatorname{am}(u+a+b)}{\sin\operatorname{am}(a+b)};$$

porro

$$\sin\operatorname{am}(u+a'+b'')=\sin\operatorname{am}(u+a+b+2K+iK')=-\frac{1}{k\sin\operatorname{am}(u+a+b)},$$

unde, cum sit $a+b=4p\omega$:

$$Y_hZ_{p-h}=\left[-\frac{\sin\operatorname{am}u}{\sin\operatorname{am}4p\omega}+\frac{k\sin\operatorname{am}(u+4p\omega)}{\sin\operatorname{am}4p\omega}\cdot\sin\operatorname{am}a'\sin\operatorname{am}b''\right]\frac{\chi(u+4p\omega)}{\chi(4p\omega)\chi(u)}$$

ideoque, posito 0, 1, 2, ... $n-1$ loco h et summatione facta,

$$(YZ)_p = \sum Y_h Z_{p-h} = \left[-\frac{n\sin\operatorname{am}u}{\sin\operatorname{am}4p\omega} + \frac{k\sin\operatorname{am}(u+4p\omega)}{\sin\operatorname{am}4p\omega}\sum\sin\operatorname{am}a'\sin\operatorname{am}b''\right]\frac{\chi(u+4p\omega)}{\chi(4p\omega)\chi(u)},$$

ita ut negotium ad inveniendam summam

$$\sum\sin\operatorname{am}a'\sin\operatorname{am}b''$$

reductum sit. Quem in finem adnoto rursus formulam

$$\sin\operatorname{am}a'\sin\operatorname{am}b'' = \frac{G(a')+G(b'')-G(a'+b'')}{k^2\sin\operatorname{am}(a'+b'')},$$

unde, cum sit:

$$\sin\operatorname{am}(a'+b'') = -\frac{1}{k\sin\operatorname{am}4p\omega}$$

$$\sum G(a') = nG(K)$$

$$\sum G(b'') = nG(K+iK')$$

$$G(a'+b'') = G(4p\omega+2K+iK') = G(4p\omega)+G(K)+G(K+iK')+\cot\operatorname{am}4p\omega\,\Delta\operatorname{am}4p\omega,$$

prodit:

$$\sum\sin\operatorname{am}a'\sin\operatorname{am}b'' = \frac{n\sin\operatorname{am}4p\omega}{k}[\cot\operatorname{am}4p\omega\,\Delta\operatorname{am}4p\omega+G(4p\omega)].$$

Quibus collectis tandem obtinemus:

$$(20.)\quad (YZ)_p = n\left[\frac{\cos\operatorname{am}4p\omega\,\Delta\operatorname{am}4p\omega\sin\operatorname{am}(u+4p\omega)-\sin\operatorname{am}u}{\sin\operatorname{am}4p\omega}+\sin\operatorname{am}(u+4p\omega)G(4p\omega)\right]\frac{\chi(u+4p\omega)}{\chi(4p\omega)\chi(u)}.$$

In hac formula supponimus, p non esse $=0$, qui casus attentionem peculiarem poscit.

Ut eruatur valor ipsius

$$(YZ)_0 = Y_0Z_0+Y_1Z_{-1}+Y_{-1}Z_1+Y_2Z_{-2}+Y_{-2}Z_2+\cdots+Y_{\frac{n-1}{2}}Z_{-\frac{n-1}{2}}+Y_{-\frac{n-1}{2}}Z_{\frac{n-1}{2}},$$

advocata formula

$$\frac{\cos\operatorname{am}(u+a)\Delta\operatorname{am}(u-a)}{\cos\operatorname{am}a\,\Delta\operatorname{am}a} = \frac{\cos\operatorname{am}u\,\Delta\operatorname{am}u-k'k'\dfrac{\operatorname{tg}\operatorname{am}a}{\Delta\operatorname{am}a}\cdot\sin\operatorname{am}u}{1-k^2\sin^2\operatorname{am}a\sin^2\operatorname{am}u},$$

e (1.) colligimus:

$$Y_hZ_{-h} = \cos\operatorname{am}u\,\Delta\operatorname{am}u-k'k'\frac{\operatorname{tg}\operatorname{am}4h\omega}{\Delta\operatorname{am}4h\omega}\cdot\sin\operatorname{am}u,$$

$$Y_{-h}Z_h = \cos\operatorname{am}u\,\Delta\operatorname{am}u+k'k'\frac{\operatorname{tg}\operatorname{am}4h\omega}{\Delta\operatorname{am}4h\omega}\cdot\sin\operatorname{am}u,$$

unde:

$$(YZ)_0 = n \cos \operatorname{am} u \, \Delta \operatorname{am} u.$$

Expressionem (20.) ulterius transformare licet ope formularum

$$\sin \operatorname{am} u = \sin \operatorname{am}(u + 4p\omega - 4p\omega)$$
$$= \frac{\sin \operatorname{am}(u+4p\omega) \cos \operatorname{am} 4p\omega \, \Delta \operatorname{am} 4p\omega - \sin \operatorname{am} 4p\omega \cos \operatorname{am}(u+4p\omega) \, \Delta \operatorname{am}(u+4p\omega)}{1 - k^2 \sin^2 \operatorname{am} 4p\omega \sin^2 \operatorname{am}(u+4p\omega)}$$
$$k^2 \sin \operatorname{am} 4p\omega \sin \operatorname{am} u \sin \operatorname{am}(u+4p\omega) = G(4p\omega) + G(u) - G(u+4p\omega),$$

quibus adhibitis fit:

$$\frac{\cos \operatorname{am} 4p\omega \, \Delta \operatorname{am} 4p\omega \sin \operatorname{am}(u+4p\omega) - \sin \operatorname{am} u}{\sin \operatorname{am} 4p\omega}$$
$$= \cos \operatorname{am}(u+4p\omega) \, \Delta \operatorname{am}(u+4p\omega) - k^2 \sin \operatorname{am} 4p\omega \sin \operatorname{am} u \sin^2 \operatorname{am}(u+4p\omega)$$
$$= \cos \operatorname{am}(u+4p\omega) \, \Delta \operatorname{am}(u+4p\omega) + [G(u+4p\omega) - G(u) - G(4p\omega)] \sin \operatorname{am}(u+4p\omega),$$

unde

$$(YZ)_p = n[\cos \operatorname{am}(u+4p\omega) \, \Delta \operatorname{am}(u+4p\omega) + \sin \operatorname{am}(u+4p\omega)(G(u+4p\omega) - G(u))] \frac{\chi(u+4p\omega)}{\chi(4p\omega)\chi(u)},$$

quae formula etiam pro $p = 0$ valet.

Adnotamus jam, esse:

$$\frac{d \frac{\chi(u+4p\omega)}{\chi(4p\omega)\chi(u)}}{du} = \frac{\chi(u+4p\omega)}{\chi(4p\omega)\chi(u)} \left[\frac{d \log \chi(u+4p\omega)}{du} - \frac{d \log \chi(u)}{du} \right]$$
$$= \frac{\chi(u+4p\omega)}{\chi(4p\omega)\chi(u)} [G(u+4p\omega) - G(u)],$$

unde, cum porro sit

$$\frac{d \sin \operatorname{am}(u+4p\omega)}{du} = \cos \operatorname{am}(u+4p\omega) \, \Delta \operatorname{am}(u+4p\omega),$$

eruimus:

$$(YZ)_p = n \frac{d \sin \operatorname{am}(u+4p\omega) \frac{\chi(u+4p\omega)}{\chi(4p\omega)\chi(u)}}{du} = n \frac{dX_p}{du}.$$

Hinc fit

$$\sum (YZ)_p = n \sum \frac{dX_p}{du}$$

sive

$$(21.) \qquad YZ = n \frac{dX}{du}.$$

8.

Jam vero invenimus, posito

$$X = \frac{\lambda}{kM}\sin\psi,$$

fieri

$$Y = \frac{\lambda}{kM}\cos\psi, \qquad Z = \frac{1}{M}\Delta(\psi, \lambda),$$

unde aequatio (21.) in hanc abit:

$$\frac{\cos\psi\,\Delta(\psi,\lambda)}{M} = n\frac{d\sin\psi}{du}$$

sive

$$\frac{d\psi}{du} = \frac{\Delta(\psi,\lambda)}{nM}, \qquad \frac{du}{nM} = \frac{d\psi}{\sqrt{1-\lambda\lambda\sin^2\psi}}.$$

Hinc, cum simul ψ et u evanescant, e notatione a Cl. Legendre adhibita erit

$$\frac{u}{nM} = F(\psi, \lambda)$$

sive e nostra

$$\psi = \operatorname{am}\left(\frac{u}{nM}, \lambda\right),$$

unde

$$X = \frac{\lambda}{kM}\sin\operatorname{am}\left(\frac{u}{nM}, \lambda\right)$$

$$Y = \frac{\lambda}{kM}\cos\operatorname{am}\left(\frac{u}{nM}, \lambda\right)$$

$$Z = \frac{1}{M}\Delta\operatorname{am}\left(\frac{u}{nM}, \lambda\right).$$

Hinc fluunt

Formulae fundamentales:

$$(22.)\quad \frac{\lambda}{kM}\sin\operatorname{am}\left(\frac{u}{nM}\,\lambda\right) = \sin\operatorname{am}u + \sum \sin\operatorname{am}(u+4\nu\omega)\frac{\chi(u+4\nu\omega)}{\chi(4\nu\omega)\chi(u)}$$

$$(23.)\quad \frac{\lambda}{kM}\cos\operatorname{am}\left(\frac{u}{nM}, \lambda\right) = \cos\operatorname{am}u + \sum \frac{\cos\operatorname{am}(u+4\nu\omega)}{\Delta\operatorname{am}4\nu\omega}\frac{\chi(u+4\nu\omega)}{\chi(4\nu\omega)\chi(u)}$$

$$(24.)\quad \frac{1}{M}\Delta\operatorname{am}\left(\frac{u}{nM}, \lambda\right) = \Delta\operatorname{am}u + \sum \frac{\Delta\operatorname{am}(u+4\nu\omega)}{\cos\operatorname{am}4\nu\omega}\frac{\chi(u+4\nu\omega)}{\chi(4\nu\omega)\chi(u)},$$

siquidem numero ν tribuuntur valores $\pm 1, \pm 2, \ldots \pm \frac{n-1}{2}$. Quibus formulis addi debet, quae e (7.), (17.) fluit, sequens:

$$(25.)\quad \frac{\lambda^2}{k^2 M^2}\sin^2\mathrm{am}\left(\frac{u}{nM},\lambda\right) = n\sin^2\mathrm{am}\,u - 2\rho + n\sum \frac{G(u)-G(u+4\nu\omega)}{k^2\sin\mathrm{am}\,4\nu\omega}\cdot\frac{\chi(u+4\nu\omega)}{\chi(4\nu\omega)\chi(u)}$$

$$= n\sin^2\mathrm{am}\,u - 2\rho + n\sum\left[\sin\mathrm{am}\,u\sin\mathrm{am}(u+4\nu\omega) - \frac{G(4\nu\omega)}{k^2\sin\mathrm{am}\,4\nu\omega}\right]\frac{\chi(u+4\nu\omega)}{\chi(4\nu\omega)\chi(u)}.$$

Adnotare convenit, modulum λ et multiplicatorem M pertinere ad transformationem n^{ti} ordinis elemento ω respondentem. Fit enim e (23.), (24.), si u ponitur $= 0$:

$$\frac{\lambda}{kM} = 1 + \sin\mathrm{coam}\,4\omega + \sin\mathrm{coam}\,8\omega + \cdots + \sin\mathrm{coam}\,4(n-1)\omega$$

$$\frac{1}{M} = 1 + \frac{1}{\sin\mathrm{coam}\,4\omega} + \frac{1}{\sin\mathrm{coam}\,8\omega} + \cdots + \frac{1}{\sin\mathrm{coam}\,4(n-1)\omega};$$

eaedem autem aequationes prodeunt e formula (*Fund.* §. 23 (16.)):

$$\frac{\lambda}{kM}\sin\mathrm{am}\left(\frac{u}{M},\lambda\right) = \sin\mathrm{am}\,u + \sin\mathrm{am}(u+4\omega) + \cdots + \sin\mathrm{am}(u+4(n-1)\omega),$$

si ponitur respective $u = K$, $u = K + iK'$.

Formulae (22.) — (25.), cum sit

$$\chi(u+4Q) = \chi(u+4n\omega) = \chi(u)$$
$$G(u+4Q) = G(u+4n\omega) = G(u),$$

immutatae manent mutato u in $u+4Q$ sive in $u+4pQ$, designante p numerum quemcunque integrum positivum seu negativum. Si vero supponimus numeros m, m' absque factore communi, quod salva generalitate fieri potest, determinari possunt numeri integri positivi seu negativi μ, μ' ejusmodi, ut sit

$$m\mu' - \mu m' = 1;$$

quo facto, si ponitur

$$\mu K + \mu' iK' = Q' = 4n\omega',$$

erit $4Q'$ periodus ipsi $4Q$ conjugata et secundum aequationem (32.) *commentationis primae*

$$\frac{\chi(u+4p\omega+4p'Q')}{\chi(u+4p'Q')} = e^{-\frac{8pp'i\pi}{n}}\frac{\chi(u+4p\omega)}{\chi(u)}.$$

Unde, mutato u in $u+4pQ'$, e formulis (22.) — (25.) fit:

$$(26.)\ \frac{\lambda}{kM}\sin\operatorname{am}\left(\frac{u+4pQ'}{nM},\lambda\right) = \sin\operatorname{am}u + \sum e^{-\frac{8\nu p\pi i}{n}}\sin\operatorname{am}(u+4\nu\omega)\cdot\frac{\chi(u+4\nu\omega)}{\chi(4\nu\omega)\chi(u)}$$

$$(27.)\ \frac{\lambda}{kM}\cos\operatorname{am}\left(\frac{u+4pQ'}{nM},\lambda\right) = \cos\operatorname{am}u + \sum e^{-\frac{8\nu p\pi i}{n}}\frac{\cos\operatorname{am}(u+4\nu\omega)}{\Delta\operatorname{am}4\nu\omega}\cdot\frac{\chi(u+4\nu\omega)}{\chi(4\nu\omega)\chi(u)}$$

$$(28.)\ \frac{1}{M}\Delta\operatorname{am}\left(\frac{u+4pQ'}{nM},\lambda\right) = \Delta\operatorname{am}u + \sum e^{-\frac{8\nu p\pi i}{n}}\frac{\Delta\operatorname{am}(u+4\nu\omega)}{\cos\operatorname{am}4\nu\omega}\cdot\frac{\chi(u+4\nu\omega)}{\chi(4\nu\omega)\chi(u)}$$

$$(29.)\ \frac{\lambda^2}{k^2M^2}\sin^2\operatorname{am}\left(\frac{u+4pQ'}{nM},\lambda\right) = n\sin^2\operatorname{am}u - 2\rho + n\sum e^{-\frac{8\nu p\pi i}{n}}\frac{G(u)-G(u+4\nu\omega)}{k^2\sin\operatorname{am}4\nu\omega}\cdot\frac{\chi(u+4\nu\omega)}{\chi(4\nu\omega)\chi(u)}.$$

Ubi in his formulis loco p ponimus valores $0, 1, 2, \ldots n-1$, quatuor systemata aequationum obtinemus, e quibus facile eruuntur formulae:

$$(30.)\qquad \sin\operatorname{am}u = \frac{\lambda}{nkM}\sum\sin\operatorname{am}\left(\frac{u+4pQ'}{nM},\lambda\right)$$

$$(31.)\qquad \cos\operatorname{am}u = \frac{\lambda}{nkM}\sum\cos\operatorname{am}\left(\frac{u+4pQ'}{nM},\lambda\right)$$

$$(32.)\qquad \Delta\operatorname{am}u = \frac{1}{nM}\sum\Delta\operatorname{am}\left(\frac{u+4pQ'}{nM},\lambda\right)$$

$$(33.)\qquad \sin^2\operatorname{am}u - \frac{2\rho}{n} = \frac{\lambda^2}{n^2k^2M^2}\sum\sin^2\operatorname{am}\left(\frac{u+4pQ'}{nM},\lambda\right)$$

vel generaliores hae:

$$(34.)\qquad \sin\operatorname{am}(u+4\nu\omega)\cdot\frac{\chi(u+4\nu\omega)}{\chi(4\nu\omega)\chi(u)} = \frac{\lambda}{nkM}\sum e^{\frac{8\nu p\pi i}{n}}\sin\operatorname{am}\left(\frac{u+4pQ'}{nM},\lambda\right)$$

$$(35.)\qquad \frac{\cos\operatorname{am}(u+4\nu\omega)}{\Delta\operatorname{am}4\nu\omega}\cdot\frac{\chi(u+4\nu\omega)}{\chi(4\nu\omega)\chi(u)} = \frac{\lambda}{nkM}\sum e^{\frac{8\nu p\pi i}{n}}\cos\operatorname{am}\left(\frac{u+4pQ'}{nM},\lambda\right)$$

$$(36.)\qquad \frac{\Delta\operatorname{am}(u+4\nu\omega)}{\cos\operatorname{am}4\nu\omega}\cdot\frac{\chi(u+4\nu\omega)}{\chi(4\nu\omega)\chi(u)} = \frac{1}{nM}\sum e^{\frac{8\nu p\pi i}{n}}\Delta\operatorname{am}\left(\frac{u+4pQ'}{nM},\lambda\right)$$

$$(37.)\qquad \frac{G(u)-G(u+4\nu\omega)}{k^2\sin\operatorname{am}4\nu\omega}\cdot\frac{\chi(u+4\nu\omega)}{\chi(4\nu\omega)\chi(u)} = \frac{\lambda^2}{n^2k^2M^2}\sum e^{\frac{8\nu p\pi i}{n}}\sin^2\operatorname{am}\left(\frac{u+4pQ'}{nM},\lambda\right).$$

9.

Posito

$$r' = \frac{\mu'\pi i}{4KQ'} - \frac{E}{2K}$$

$$\chi\left(\frac{u}{M},\lambda\right) = e^{(nr'-\tau)uu}\,\Omega\left(\frac{u}{M},\lambda\right)$$

$$G\left(\frac{u}{M},\lambda\right) = \frac{\chi'\left(\frac{u}{M},\lambda\right)}{\chi\left(\frac{u}{M},\lambda\right)},$$

fit:

$$\chi\left(\frac{u+4Q'}{M},\lambda\right) = \chi\left(\frac{u}{M},\lambda\right), \quad G\left(\frac{u+4Q'}{M},\lambda\right) = G\left(\frac{u}{M},\lambda\right)$$

et e formulis (22.)—(25.), mutato k in λ, λ in k, M in $\frac{(-1)^{\frac{n-1}{2}}}{nM}$, u in $\frac{u}{M}$, ω in $\frac{\omega'}{M}$, ρ in

$$\rho' = \sin^2\mathrm{am}\left(\frac{2\omega'}{M},\lambda\right)+\sin^2\mathrm{am}\left(\frac{4\omega'}{M},\lambda\right)+\cdots+\sin^2\mathrm{am}\left(\frac{(n-1)\omega'}{M},\lambda\right),$$

sequentes obtinentur:

$$(38.)\qquad \frac{nkM}{\lambda}\sin\mathrm{am}\,u = \sin\mathrm{am}\left(\frac{u}{M},\lambda\right)+\sum\sin\mathrm{am}\left(\frac{u+4\nu\omega'}{M},\lambda\right)\cdot\frac{\chi\left(\frac{u+4\nu\omega'}{M},\lambda\right)}{\chi\left(\frac{4\nu\omega'}{M},\lambda\right)\chi\left(\frac{u}{M},\lambda\right)}$$

$$(39.)\qquad \frac{(-1)^{\frac{n-1}{2}}nkM}{\lambda}\cos\mathrm{am}\,u = \cos\mathrm{am}\left(\frac{u}{M},\lambda\right)+\sum\frac{\cos\mathrm{am}\left(\frac{u+4\nu\omega'}{M},\lambda\right)}{\Delta\mathrm{am}\left(\frac{4\nu\omega'}{M},\lambda\right)}\cdot\frac{\chi\left(\frac{u+4\nu\omega'}{M},\lambda\right)}{\chi\left(\frac{4\nu\omega'}{M},\lambda\right)\chi\left(\frac{u}{M},\lambda\right)}$$

$$(40.)\qquad (-1)^{\frac{n-1}{2}}nM\,\Delta\mathrm{am}\,u = \Delta\mathrm{am}\left(\frac{u}{M},\lambda\right)+\sum\frac{\Delta\mathrm{am}\left(\frac{u+4\nu\omega'}{M},\lambda\right)}{\cos\mathrm{am}\left(\frac{4\nu\omega'}{M},\lambda\right)}\cdot\frac{\chi\left(\frac{u+4\nu\omega'}{M},\lambda\right)}{\chi\left(\frac{4\nu\omega'}{M},\lambda\right)\chi\left(\frac{u}{M},\lambda\right)}$$

$$(41.)\qquad \frac{n^2k^2M^2}{\lambda^2}\sin^2\mathrm{am}\,u = n\sin^2\mathrm{am}\left(\frac{u}{M},\lambda\right)-2\rho'$$
$$+n\sum\frac{G\left(\frac{u}{M},\lambda\right)-G\left(\frac{u+4\nu\omega'}{M},\lambda\right)}{\lambda^2\sin\mathrm{am}\left(\frac{4\nu\omega'}{M},\lambda\right)}\cdot\frac{\chi\left(\frac{u+4\nu\omega'}{M},\lambda\right)}{\chi\left(\frac{4\nu\omega'}{M},\lambda\right)\chi\left(\frac{u}{M},\lambda\right)}.$$

E quibus, cum sit

$$\frac{\chi\left(\frac{u+4\nu\omega'+4p\omega}{M},\lambda\right)}{\chi\left(\frac{u+4p\omega}{M},\lambda\right)} = e^{\frac{8\nu p\pi i}{n}}\frac{\chi\left(\frac{u+4\nu\omega'}{M},\lambda\right)}{\chi\left(\frac{u}{M},\lambda\right)},$$

mutato u in $u+4p\omega$, fluunt formulae generaliores hae:

$$(42.)\qquad \frac{nkM}{\lambda}\sin\operatorname{am}(u+4p\omega)=\sin\operatorname{am}\left(\frac{u}{M},\lambda\right)+\sum e^{\frac{8\nu p\pi i}{n}}\sin\operatorname{am}\left(\frac{u+4\nu\omega'}{M},\lambda\right)\cdot\frac{\chi\left(\frac{u+4\nu\omega'}{M},\lambda\right)}{\chi\left(\frac{4\nu\omega'}{M},\lambda\right)\chi\left(\frac{u}{M},\lambda\right)}$$

$$(43.)\qquad \frac{(-1)^{\frac{n-1}{2}}nkM}{\lambda}\cos\operatorname{am}(u+4p\omega)=\cos\operatorname{am}\left(\frac{u}{M},\lambda\right)+\sum e^{\frac{8\nu p\pi i}{n}}\frac{\cos\operatorname{am}\left(\frac{u+4\nu\omega'}{M},\lambda\right)}{\Delta\operatorname{am}\left(\frac{4\nu\omega'}{M},\lambda\right)}\cdot\frac{\chi\left(\frac{u+4\nu\omega'}{M},\lambda\right)}{\chi\left(\frac{4\nu\omega'}{M},\lambda\right)\chi\left(\frac{u}{M},\lambda\right)}$$

$$(44.)\qquad (-1)^{\frac{n-1}{2}}nM\,\Delta\operatorname{am}(u+4p\omega)=\Delta\operatorname{am}\left(\frac{u}{M},\lambda\right)+\sum e^{\frac{8\nu p\pi i}{n}}\frac{\Delta\operatorname{am}\left(\frac{u+4\nu\omega'}{M},\lambda\right)}{\cos\operatorname{am}\left(\frac{4\nu\omega'}{M},\lambda\right)}\cdot\frac{\chi\left(\frac{u+4\nu\omega'}{M},\lambda\right)}{\chi\left(\frac{4\nu\omega'}{M},\lambda\right)\chi\left(\frac{u}{M},\lambda\right)}$$

$$(45.)\qquad \frac{n^2k^2M^2}{\lambda^2}\sin^2\operatorname{am}(u+4p\omega)=n\sin^2\operatorname{am}\left(\frac{u}{M},\lambda\right)-2\rho'$$
$$+n\sum e^{\frac{8\nu p\pi i}{n}}\cdot\frac{G\left(\frac{u}{M},\lambda\right)-G\left(\frac{u+4\nu\omega'}{M},\lambda\right)}{\lambda^2\sin\operatorname{am}\left(\frac{4\nu\omega'}{M},\lambda\right)}\cdot\frac{\chi\left(\frac{u+4\nu\omega'}{M},\lambda\right)}{\chi\left(\frac{4\nu\omega'}{M},\lambda\right)\chi\left(\frac{u}{M},\lambda\right)}.$$

10.

Posito

$$x=\sin\operatorname{am}u,\ \text{et}$$

$$(46.)\quad y=\sin\operatorname{am}\left(\frac{u}{M},\lambda\right)=\frac{\frac{x}{M}\left(1-\frac{xx}{\sin^2\operatorname{am}2\omega}\right)\left(1-\frac{xx}{\sin^2\operatorname{am}4\omega}\right)\cdots\left(1-\frac{xx}{\sin^2\operatorname{am}(n-1)\omega}\right)}{(1-k^2\sin^2\operatorname{am}2\omega\,.\,xx)(1-k^2\sin^2\operatorname{am}4\omega\,.\,xx)\ldots(1-k^2\sin^2\operatorname{am}(n-1)\omega\,.\,xx)}$$

$$(47.)\quad z=\sin\operatorname{am}nu=\frac{nMy\left(1-\frac{yy}{\sin^2\operatorname{am}\left(\frac{2\omega'}{M},\lambda\right)}\right)\left(1-\frac{yy}{\sin^2\operatorname{am}\left(\frac{4\omega'}{M},\lambda\right)}\right)\cdots\left(1-\frac{yy}{\sin^2\operatorname{am}\left(\frac{(n-1)\omega'}{M},\lambda\right)}\right)}{\left(1-\lambda^2\sin^2\operatorname{am}\left(\frac{2\omega'}{M},\lambda\right)\cdot yy\right)\left(1-\lambda^2\sin^2\operatorname{am}\left(\frac{4\omega'}{M},\lambda\right)\cdot yy\right)\cdots\left(1-\lambda^2\sin^2\operatorname{am}\left(\frac{(n-1)\omega'}{M},\lambda\right)\cdot yy\right)}$$

$$\Phi(u)=(1-k^2\sin^2\operatorname{am}2\omega\,.\,xx)(1-k^2\sin^2\operatorname{am}4\omega\,.\,xx)\ldots(1-k^2\sin^2\operatorname{am}(n-1)\omega\,.\,xx)$$

$$\Psi(u)=\left(1-\lambda^2\sin^2\operatorname{am}\left(\frac{2\omega'}{M},\lambda\right).yy\right)\left(1-\lambda^2\sin^2\operatorname{am}\left(\frac{4\omega'}{M},\lambda\right).yy\right)\cdots\left(1-\lambda^2\sin^2\operatorname{am}\left(\frac{(n-1)\omega'}{M},\lambda\right).yy\right),$$

secundum formulam (17.) *commentationis primae* fit:

$$\frac{\chi(u+4p\omega)}{\chi(4p\omega)\chi(u)}=\sqrt[n]{\frac{\Phi(4p\omega)\Phi(u)}{\Phi(u+4p\omega)}},\qquad \frac{\chi\left(\frac{u+4p\omega'}{M},\lambda\right)}{\chi\left(\frac{4p\omega'}{M},\lambda\right)\chi\left(\frac{u}{M},\lambda\right)}=\sqrt[n]{\frac{\Psi(4p\omega')\Psi(u)}{\Psi(u+4p\omega')}}.$$

Quae expressiones si in aequationibus (26.), (42.) substituuntur et in formula (26.) insuper loco u ponitur nu, prodit:

$$(48.)\quad \frac{nkM}{\lambda}\sin\operatorname{am}(u+4p\omega) = \sin\operatorname{am}\left(\frac{u}{M},\lambda\right)+\sum e^{\frac{8\nu p\pi i}{n}}\sin\operatorname{am}\left(\frac{u+4\nu\omega'}{M},\lambda\right)\cdot\sqrt[n]{\frac{\Psi(4\nu\omega')\,\Psi(u)}{\Psi(u+4\nu\omega')}}$$

$$(49.)\quad \frac{\lambda}{kM}\sin\operatorname{am}\left(\frac{u+4p\omega'}{M},\lambda\right) = \sin\operatorname{am} nu+\sum e^{\frac{-8\nu p\pi i}{n}}\sin\operatorname{am}(nu+4\nu\omega)\cdot\sqrt[n]{\frac{\Phi(4\nu\omega)\Phi(nu)}{\Phi(nu+4\nu\omega)}}.$$

Quarum aequationum prima suppeditat expressionem generalem explicitam ipsius x per y sive resolutionem completam algebraicam aequationis n^{ti} gradus (46.), altera autem expressionem generalem explicitam ipsius y per z sive resolutionem algebraicam aequationis (47.) Adnotandum est, aequationis (2.) ope omnia radicalia in unaquaque harum aequationum per dignitates unius exprimi posse*).

*) Cfr. form. (1.) art. IV. pag. 272 et form. (7.) pag. 481 huius voluminis.

DE

DIVISIONE INTEGRALIUM ELLIPTICORUM

IN *n* PARTES AEQUALES

AUCTORE

C. G. J. JACOBI

PROF. ORD. MATH. REGIOM.

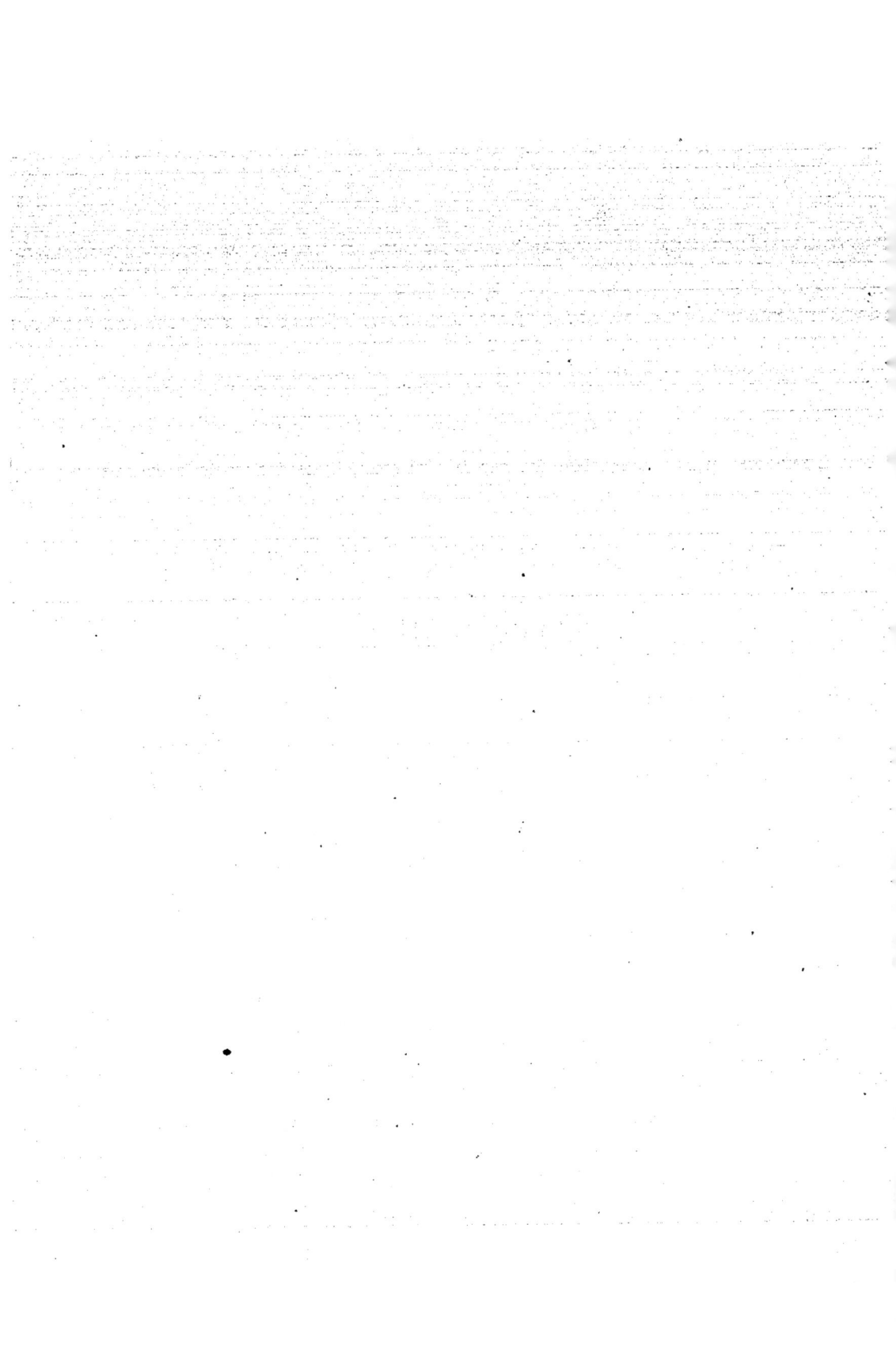

DE DIVISIONE INTEGRALIUM ELLIPTICORUM IN n PARTES AEQUALES.

(Ex ill. C. G. J. Jacobi manuscriptis posthumis in medium protulit C. W. Borchardt.)

Divisionem integralium ellipticorum in n partes aequales notum est a resolutione aequationis algebraicae ordinis nn^{ti} pendere*), dum aequatio, a cujus resolutione divisio arcuum circularium in n partes aequales pendet, tantum ad ordinem n^{tum} ascendit. Facile e natura periodica functionum circularium expressionem analyticam radicum omnium hujus aequationis n^{ti} ordinis petere licet; idem tamen quomodo in theoria divisionis integralium ellipticorum de radicibus aequationis illius nn^{ti} ordinis praestari possit, diu analystas fugit. Secundum analogiam quidem functionum circularium, cum constaret, functiones ellipticas et ipsas periodicas esse, facile erat numerum n radicum analytica expressione exhibere: quinam vero reliquis radicibus numero $nn-n$ sensus analyticus insit, ex iis, quae de theoria functionum ellipticarum explorata erant, nullo modo colligi poterat. Scilicet novo omnino principio indigebat haec theoria, ut radicum illarum vera et genuina natura indagetur, principio dico duplicis periodi, quo nomine in *Fundamentis* designavi proprietatem functionum ellipticarum fundamentalem, duabus eas gaudere periodis, videlicet praeter eam, de qua jam constabat, realem, altera adhuc imaginaria; e quarum deinde combinatione aliae nascuntur innumerae et ipsae imaginariae et inter se incommensurabiles.

---

*) Hoc theorema, ab Eulero observatum, neque ab illo neque a Cl. Legendre demonstratum, primus, ni fallor, Cl. Abel (*Diar. Crell. vol. II. Recherches sur les fonctions elliptiques*) per considerationes analyticas demonstravit. Aliam postea addidit demonstrationem (*ib. vol.* IV *p.* 258) e commodo algorithmo algebraico petitam, quo expressiones $\sin\mathrm{am}\,u$, $\sin\mathrm{am}\,2u$, $\sin\mathrm{am}\,3u$, $\sin\mathrm{am}\,4u\ldots$ alias ex aliis formari posse docuit, ita ut fractiones formandae statim sub forma simplicissima inveniantur, dum algorithmus, qui eum in finem adhiberi solebat, simulac $n>5$, et numeratorem et denominatorem factoribus superfluis implicat.

Quod principium duplicis periodi, simulac inventum est, cum universae theoriae functionum ellipticarum novam faciem creabat, tum hanc quaestionem de natura analytica radicum illarum facile absolvit. Qua explorata, Cl. Abel ipsam adeo aequationum illarum nn^{ti} ordinis resolutionem algebraicam aggressus est, problema antea desperatum et quod vires analysis superare videbatur. Demonstravit ille theorema memorabile, aequationes illas generaliter ad duas alias revocari posse, quae tantum n^{ti} ordinis sunt. Cujus gravissimi theorematis exemplum primum paulo ante iam Cl. Legendre dederat in *tractatu de functionibus ellipticis*, demonstrans aequationem noni gradus, a cujus resolutione trisectio functionum ellipticarum pendet, revocari posse ad aequationes duas tertii ordinis; quae cum algebraice resolubiles sint, et ipsam patet aequationem illam noni gradus algebraice resolvi posse*). At quoties de quintisectione agitur, etsi aequatio ordinis quinti et vicesimi, a cujus resolutione illa pendet, ad aequationes quinti ordinis revocetur, parum inde profici videri possit, cum solutionem illae in genere non admittant. Quod adeo, crescente numero n, augeri videtur incommodum. Jam vero Cl. Abel, dum methodos algebraicas Euleri et Lagrange ad aequationes illas n^{ti} ordinis, ad quas aequatio proposita nn^{ti} ordinis revocari potest, adhibebat, easdem quicunque sit numerus n, algebraice resolvi posse demonstravit, unde iam aequationes illas nn^{ti} ordinis, quarum resolutione sectio in n partes conficitur, algebraice resolubiles esse, invenitur. Quo egregio invento maxime ille de hac theoria meritus est vastumque altissimarum quaestionum campum aperuit.

Invento Cl^{i}. Abel ipse postea commodam adieci simplificationem. Aequationem enim nn^{ti} ordinis, quam ad aequationes duas ordinis n^{ti} reduxit Cl. Abel, vidi absque ea reductione directe resolvi posse adeoque ea reductione formam radicum multo complicatiorem reddi qum fieri deberet. Methodo enim a Cl. Abel adhibita revocatur aequatio nn^{ti} ordinis ad aliam ordinis n^{ti}, cuius coefficientes rursus ab aequatione n^{ti} ordinis pendent; unde repraesentatio radicum eius fit per n^{tas} radices expressionum, quae rursus ex aggregatis n^{tarum} radicum constant. Docet autem consideratio directa, haec aggregata ipsas adeo esse n^{tas}

*) Tempore, quo idem ut inventum meum publicavi (*Schumacher Nova Astronomica No.* 123) Cl^{i}. Legendre tractatus oras septentrionales nondum viderat; Cl^{i}. Abel autem ea de re commentatio lucem nondum viderat.

dignitates expressionum similium, e quibus igitur haec postrema n^{tae} radicis extractio omni generalitate succedit. Quare radices aequationis propositae ad maiorem simplicitatem et ad formam veram ac genuinam revocantur.

In solutionibus illis algebraicis quantitates quaedam constantes inveniuntur, quae a divisione integralis integri in n partes pendent. Simili modo in theoria divisionis arcuum circularium indefinitorum divisionem peripheriae integrae ut notam supponere debes. Quae quantitates constantes rursus ab aequationibus algebraicis pendent, de quarum resolutione et ipsa gravissima quaestio moneri potest. De sectione peripheriae integrae circuli quaestionem nuper admodum Cl. Gauss aggressus est, quem multis in hac theoria inventis plane admirabilibus immortalem sibi gloriam comparasse scimus; qui adeo hanc quaestionem ad divisionem integralis elliptici integri pro casu speciali, quo modulus sin 45°, se extensurum pollicitus est. Et huius theoriae de constantibus illis algebraice determinandis sive de sectione integralis elliptici integri fundamenta iecit Cl. Abel.

Quoties de sectione functionis integrae agitur, e radicum numero binae aequales sunt vel signo tantum differunt, unde eo casu aequationis gradus ad semissem deprimitur. Hinc sequitur, quod notum est, quoties, quod licet, n imparem statuamus, cum eo casu radicum una nota sit, sectionem peripheriae circuli in n partes aequales tantum ab aequatione ordinis $\frac{n-1}{2}$, integralis elliptici tantum ab aequatione ordinis $\frac{nn-1}{2}$ pendere. Hanc aequationem ordinis $\frac{nn-1}{2}$ eo casu, ubi n est numerus primus, docuit Cl. Abel reduci posse ad aequationem ordinis $\frac{n-1}{2}$, cuius coefficientes ab aequatione ordinis $(n+1)^{ti}$ pendent. Ipsam aequationem illam ordinis $\frac{n-1}{2}$, siquidem coefficientes eius ut notas supponis, per eandem methodum resolvi posse demonstravit, quam Cl. Gauss ad resolutionem aequationis $\left(\frac{n-1}{2}\right)^{ti}$ ordinis adhibuit, a qua sectio peripheriae circuli pendet.

At aequationem $(n+1)^{ti}$ ordinis, a qua coefficientes eius pendent, generaliter resolvi non posse demonstravit Cl. Abel, ita ut problema totum de divisione algebraica functionis ellipticae in n partes aequales ad aequationem $(n+1)^{ti}$ ordinis revocatum sit, quam in genere neque resolvere, neque ad gradum minorem deprimere ullo modo licet. Pro valoribus tamen specialibus moduli compluribus observavit idem, etiam hanc aequationem resolvi posse methodumque adeo, qua id fieri possit, pro modulo sin 45^0 adstruxit (Cf. *Diar. Crellianum vol.* III.)

Grave quidem videri possit incommodum, quod pro modulo certe indefiniti valoris ad aequationem irresolubilem deferamus; accuratius autem inspicienti inde vel magnum commodum analysi algebraicae nasci posse elucebit. Inventum enim est genus aequationum algebraicarum, quarum radices nullo modo per extractionem radicum exhibere licet, quae tamen per divisionem integralium ellipticorum resolvi possunt. Quam divisionem omnibus casibus vel per tabulas a Cl. Legendre conditas, vel aliis methodis expeditis summa facilitate in numeris exsequi licet.

Eodem tempore, quo Cl. Abel haec et alia praeclare et eleganter invenit, ipse theoriam generalem transformationis functionum ellipticarum condidi, et a principio duplicis periodi, ad quod et ipse deveneram, et a principio novo profectus, quod in *Fundamentis principium transformationis* vocavi. Quod docet principium, innumeris modis per substitutiones rationales et a se independentes transformari posse modulum integralium ellipticorum.

DE

MULTIPLICATIONE FUNCTIONUM ELLIPTICARUM PER QUANTITATEM IMAGINARIAM

PRO CERTO QUODAM MODULORUM SYSTEMATE

AUCTORE

C. G. J. JACOBI

PROF. ORD. MATH. REGIOM.

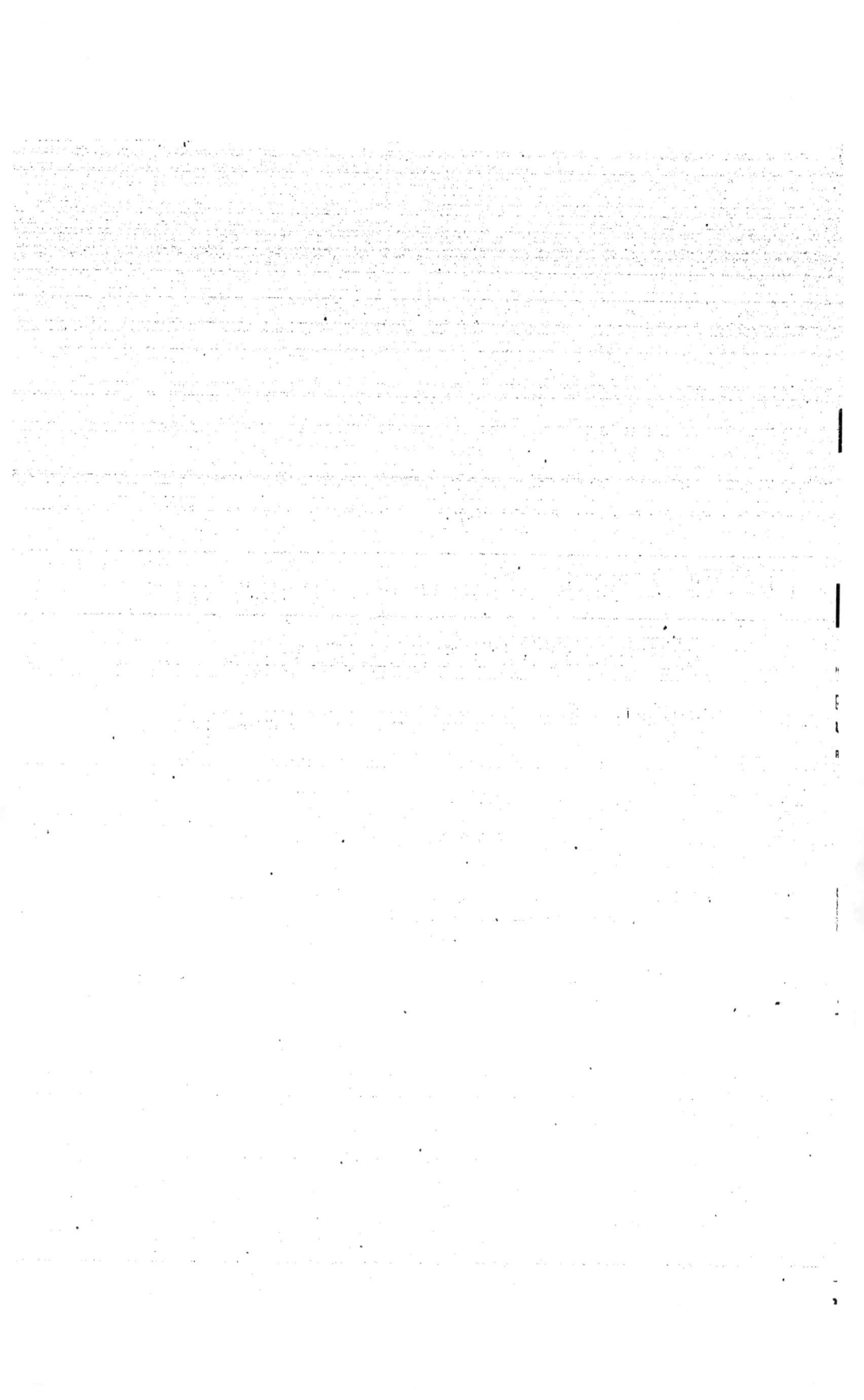

DE MULTIPLICATIONE FUNCTIONUM ELLIPTICARUM PER QUANTITATEM IMAGINARIAM PRO CERTO QUODAM MODULORUM SYSTEMATE.

(Ex ill. C. G. J. Jacobi manuscriptis posthumis in medium protulit F. Mertens.)

1.

In sequentibus casum specialem transformationis functionum ellipticarum, qui prae ceteris insignibus gaudet proprietatibus, paullo accuratius examinemus, eum dico, quo per transformationem aliquam modulus in complementum abit. Facile constat eiusmodi modulos extare innumeros, qui singuli singulis transformationum ordinibus respondent. Ita e. g. invenit Cl. Legendre, per transformationem secundi ordinis modulum $k = \operatorname{tg}\frac{\pi}{8}$, per transformationem tertii ordinis modulum $k = \sin\frac{\pi}{12}$ transformari posse in complementum; quibus addere licet, posito $\cos\vartheta = \operatorname{tg}\vartheta$, modulum $k = \sin\left(\frac{\pi}{4} - \vartheta\right)$ per transformationem quinti ordinis transformari posse in complementum. Atque omnes transformantur per transformationem, quam diximus secundam seu minoris moduli in maiorem, unde vice versa moduli $\frac{\sqrt{\cos\frac{\pi}{4}}}{\cos\frac{\pi}{8}}$, $\cos\frac{\pi}{12}$, $\cos\left(\frac{\pi}{4} - \vartheta\right)$ per transformationem primam seu maioris moduli in minorem in complementa abeunt. Porro suis exemplis invenit Cl. Legendre, fore resp. multiplicatorem $M = \frac{1}{\sqrt{2}}, \frac{1}{\sqrt{3}}$, nec non casu a nobis addito invenietur $M = \frac{1}{\sqrt{5}}$. Iam generaliter probabimus, si modulus realis unitate minor k per transformationem n^{ti} ordinis realem transit in complementum, fore $M = \frac{1}{\sqrt{n}}$.

Vidimus in *Fundamentis* § 29, aequationes modulares et ubi k et λ inter se commutentur, et ubi simul k' loco k, λ' loco λ ponatur, immutatas manere;

unde idem valebit, ubi simul k in λ', λ in k' mutatur, sive posito $q = 1-2kk$, $l = 1-2\lambda\lambda$, ubi simul q in $-l$, l in $-q$ mutatur. Sit aequatio inter q et l

$$F(q, l) = 0:$$

ponamus, simulatque q in $q+\Delta q$, abire l in $l+\Delta l$, ita ut etiam

$$F(q+\Delta q,\ l+\Delta l) = 0.$$

Iam cum $F(q, l)$, ubi q in $-l$, l in $-q$ mutatur, immutatum maneat, idem etiam de expressione $F(q+\Delta q, l+\Delta l)$ valebit, si quidem insuper etiam Δq in $-\Delta l$, Δl in $-\Delta q$ mutatur; ideoque etiam de expressione

$$\frac{\partial F}{\partial q}\Delta q + \frac{\partial F}{\partial l}\Delta l.$$

(Potuisset quidem $F(q, l)$ in $-F(q, l)$ mutari, quia tantum aequationem $F(q,l) = 0$ immutatam manere probavimus, quod tamen locum habere non posse cum ex ipsa aequationum modularium natura facile probatur, tum etiam inde patet, quod inveniretur eo casu $\frac{\lambda d\lambda}{kdk} = -1$, unde $M = \frac{1}{\sqrt{-n}}$; quamquam M quantitatem esse realem abunde constat). Unde patet, posito $-l$ loco q, $-q$ loco l abire $\frac{\partial F}{\partial q}$ in $-\frac{\partial F}{\partial l}$, $\frac{\partial F}{\partial l}$ in $-\frac{\partial F}{\partial q}$. At casu quo adeo $q = -l$, $l = -q$, sive $\lambda = k'$, valor functionis cuiusdam elementorum q, l ponendo $-l$ loco q, $-q$ loco l, omnino non mutatur, unde eo casu

$$\frac{\partial F}{\partial q} = -\frac{\partial F}{\partial l}$$

atque

$$\frac{\lambda d\lambda}{kdk} = \frac{dl}{dq} = -\frac{\frac{\partial F}{\partial q}}{\frac{\partial F}{\partial l}} = 1.$$

Hinc autem sequitur ope formulae

$$MM = \frac{1}{n}\,\frac{\lambda(1-\lambda^2)}{k(1-k^2)}\,\frac{dk}{d\lambda} = \frac{1}{n}\,\frac{\lambda^2(1-\lambda^2)}{k^2(1-k^2)}\,\frac{kdk}{\lambda d\lambda},$$

quia casu nostro $\lambda^2 = 1-k^2$, $k^2 = 1-\lambda^2$:

$$M = \frac{1}{\sqrt{n}}$$

q. d. e. At multo facilior evadit demonstratio, ubi reputas, his casibus transformationem complementariam et supplementariam eandem fore, unde

$$M = \frac{1}{nM},\quad \text{sive}\quad M = \frac{1}{\sqrt{n}}.$$

Casu igitur proposito functiones ellipticas argumenti $\sqrt{n}.u$, moduli k' per functiones ellipticas argumenti u, moduli k rationaliter exprimere licet. Deinde per transformationem supplementariam functiones ellipticae argumenti nu, moduli k per alias argumenti $\sqrt{n}.u$, moduli k' exprimi poterunt, unde apparet, quam pulchre hoc casu inter functionem et multiplicatam medium teneat transformata. Porro designante k minorem e modulis k, k', qui in se transformari possunt, obtinemus e § 24 *Fundamentorum*

$$K' = \sqrt{n}K, \quad \text{sive} \quad \frac{K'}{K} = \sqrt{n}.$$

Quod sane satis singulare evenit, proposita aequatione transcendente $\frac{K'}{K} = \sqrt{n}$, modulum k semper algebraice inveniri posse.

2.

At moduli illi alia adhuc gaudent proprietate insigni, quod nempe casu, quo $p = aa + nbb$, designante p numerum primum, a numerum imparem, b numerum parem, e transformationibus p^{ti} ordinis par unum ad modulum propositum reducit, ita ut duo moduli transformati imaginarii valores reales atque inter se et modulo proposito aequales evadant, ideoque e numero transformationum imaginariarum duae in *multiplicationem per quantitatem imaginariam evadant.* Quae obtinentur transformationes, siquidem in formulis generalibus in *Fundamentis* § 20 allatis ponis $\omega = \frac{cK + iK'}{p}$, designante c numerum talem, ut sit $\frac{cc+n}{p}$ integer. Multiplicatorem duobus illis casibus nanciscimur $M = \frac{1}{a + ib\sqrt{n}}$ *). Nec mirum sane pro modulis illis multiplicationem per quantitatem imaginariam succedere; nam cum argumenta imaginaria formae $ib\sqrt{n}.u$ ad alia revocare liceat realia $b\sqrt{n}.u$, si simul modulus in complementum mutatur, casu autem proposito functiones ellipticae argumenti $b\sqrt{n}.u$ per functiones ellipticas argumenti u, rursus mutato modulo in complementum, exprimi possint, unde ad modulum propositum reditur, facile, si formulae pro multiplicatione per numerum parem et imparem accuratius respiciuntur, eruetur, $\sin\operatorname{am}(a + ib\sqrt{n})u$ pro modulo assignato rationaliter per $\sin\operatorname{am} u$ exprimi posse. — Deinde ope transformationis, quam diximus supplementariam, functiones ellipticae argumenti pu per alias argumenti $(a + ib\sqrt{n})u$ exprimi poterunt, quae est multi-

*) Signum numeri b ad arbitrium, signum vero numeri a ita eligendum est, ut sit $a \equiv 1 (\text{mod.} 4)$.

plicatio per quantitatem $a-ib\sqrt{n}$, ita ut multiplicationem per numerum p e duabus aliis componere liceat multiplicationibus. Cui multiplicationis per quantitatem imaginariam speciei neque in functionibus circularibus neque in functionibus exponentialibus simile quidquam invenitur.

Ubi modo evictum est, eiusmodi multiplicationem pro modulis assignatis locum habere posse, facile etiam ipsae, quas adhibere convenit, inveniuntur substitutiones. Posito enim $\sin\operatorname{am}(a+ib\sqrt{n})u = \frac{U}{V}$, designantibus U, V functiones rationales integras quantitatis $\sin\operatorname{am} u$, e consideratione valorum eius, pro quibus $\sin\operatorname{am}(a+ib\sqrt{n})u$ evanescit et pro quibus in infinitum abit, ipsae U, V facile inveniuntur.

Valores autem argumenti u, pro quibus evanescit $\sin\operatorname{am}(a+ib\sqrt{n})u$, omnes schemate continentur:

$$\frac{2mK+2m'iK'}{a+ib\sqrt{n}} = 2K\cdot\frac{m+im'\sqrt{n}}{a+ib\sqrt{n}},$$

designantibus m, m' numeros integros quoslibet. Ponamus

$$m+im'\sqrt{n} = A(a+ib\sqrt{n})+B(\alpha+i\beta\sqrt{n}),$$

ita ut sit

$$m = Aa+B\alpha \qquad m' = Ab+B\beta,$$

unde

$$A = \frac{m\beta-m'\alpha}{a\beta-b\alpha} \qquad B = \frac{m'a-mb}{a\beta-b\alpha}.$$

Cum a, b factorem communem non habeant, numeri α, β ita determinentur, ut sit $a\beta-b\alpha=1$; erunt A, B integri simul atque m, m' et vice versa. Hinc fit

$$\frac{m+im'\sqrt{n}}{a+ib\sqrt{n}} = A+B\cdot\frac{\alpha+i\beta\sqrt{n}}{a+ib\sqrt{n}} = A+B\cdot\frac{c+i\sqrt{n}}{p},$$

si quidem ponitur $c=a\alpha+nb\beta$. Hinc obtinemus

$$cc = (a\alpha+nb\beta)^2 = (aa+nbb)(\alpha\alpha+n\beta\beta)-n(a\beta-b\alpha)^2 = p(\alpha\alpha+n\beta\beta)-n,$$

unde $\frac{cc+n}{p}$ integer, quae cum supra dictis conveniunt. Omnes igitur valores functionis $\sin\operatorname{am} u$ eiusmodi, ut evanescat $\sin\operatorname{am}(a+ib\sqrt{n})u$, continentur schemate:

$$\sin\operatorname{am} 2K\left\{A+B\cdot\frac{c+i\sqrt{n}}{p}\right\}$$

seu simplicius

$$\sin\operatorname{am}\frac{2B(c+i\sqrt{n})K}{p} = \sin\operatorname{am}\frac{2B(cK+iK')}{p},$$

designante B numerum integrum quemlibet, quem si successive ponis $0, 1, 2, \ldots p-1$, seu $0, \pm 1, \pm 2, \ldots \pm \frac{p-1}{2}$, valores isti functionis $\sin\operatorname{am} u$ inter se diversi eruuntur omnes.

Simili modo probatur, ubi u in $u+\frac{4B(cK+iK')}{p}$ abeat, $\sin\operatorname{am}(a+ib\sqrt{n})u$ valorem non mutare.

Facile etiam sequitur, ubi

$$\sin\operatorname{am} u = \sin\operatorname{am}\left\{\frac{2B(cK+iK')}{p}+iK'\right\} = \frac{1}{k\sin\operatorname{am}\frac{2B(cK+iK')}{p}},$$

$\sin\operatorname{am}(a+ib\sqrt{n})u$ in infinitum abire. Fit enim, quia a impar et b par,

$$\sin\operatorname{am}(a+ib\sqrt{n})(u+iK') = \sin\operatorname{am}\{-bnK+aiK'+(a+ib\sqrt{n})u\} = \frac{\pm 1}{k\sin\operatorname{am}(a+ib\sqrt{n})u}.$$

His rite collectis*), invenitur, posito

$$\omega = \frac{cK+iK'}{p} = \frac{c+i\sqrt{n}}{p}\cdot K, \quad x = \sin\operatorname{am} u, \quad y = \sin\operatorname{am}(a+ib\sqrt{n})u,$$

fieri:

$$y = \frac{(a+ib\sqrt{n})x\left(1-\frac{xx}{\sin^2\operatorname{am}2\omega}\right)\left(1-\frac{xx}{\sin^2\operatorname{am}4\omega}\right)\cdots\left(1-\frac{xx}{\sin^2\operatorname{am}(p-1)\omega}\right)}{(1-k^2\sin^2\operatorname{am}2\omega\,.\,xx)(1-k^2\sin^2\operatorname{am}4\omega\,.\,xx)\ldots(1-k^2\sin^2\operatorname{am}(p-1)\omega\,.\,xx)}.$$

Deinde posito $\frac{cK-iK'}{p} = \omega_1$, $\sin\operatorname{am} pu = z$, fit multiplicatio, ut ita dicam, supplementaria:

$$z = \frac{(a-ib\sqrt{n})y\left(1-\frac{yy}{\sin^2\operatorname{am}2\omega_1}\right)\left(1-\frac{yy}{\sin^2\operatorname{am}4\omega_1}\right)\cdots\left(1-\frac{yy}{\sin^2\operatorname{am}(p-1)\omega_1}\right)}{(1-k^2\sin^2\operatorname{am}2\omega_1\,.\,yy)(1-k^2\sin^2\operatorname{am}4\omega_1\,.\,yy)\ldots(1-k^2\sin^2\operatorname{am}(p-1)\omega_1\,.\,yy)}.$$

Transformationes propositarum complementariae statim obtinentur, ubi loco k ponitur k', ideoque loco ω ponitur $\omega' = \frac{c+i\sqrt{n}}{p}\cdot K'$. Constat enim ad transformationem complementariam eruendam loco ω ponendum esse $\frac{\omega}{i} = \frac{cK+iK'}{ip} = \frac{K'-ciK}{p}$.

*) In substitutionibus, quae sive ad multiplicationem sive ad transformationem pertinent, neque numeratorem neque denominatorem factorem duplicem habere posse, sequitur ex aequatione differentiali

$$\frac{dy}{\sqrt{(1-yy)(1-k^2yy)}} = \frac{dx}{M\sqrt{(1-xx)(1-k^2xx)}}.$$

Alioquin e natura multiplicationis propositae probari debuisset, functionum U, V alteram p^{ti}, alteram $(p-1)^{ti}$ ordinis esse.

At quia c ad p primus, loco $\frac{\omega}{i}$ etiam ponere licet $\frac{c\omega}{i} = \frac{cK' - cciK}{p}$, quod eodem redit ac si loco $\frac{\omega}{i}$ ponitur $\frac{cK' + inK}{p} = \frac{c + i\sqrt{n}}{p} \cdot K' = \omega'$.

Adnotabo porro, ex antecedentibus discerptionem numeri p in formam $aa + nbb$ per functiones ellipticas obtineri, modo numerus c innotuerit eiusmodi, ut sit $\frac{cc+n}{p}$ integer. Fit enim, quum sit $p \equiv 1 \pmod{4}$,

$$\frac{1}{M} = \left\{ \frac{\sin \operatorname{am} 2\omega \sin \operatorname{am} 4\omega \ldots \sin \operatorname{am} (p-1)\omega}{\sin \operatorname{coam} 2\omega \sin \operatorname{coam} 4\omega \ldots \sin \operatorname{coam} (p-1)\omega} \right\}^2 = a + ib\sqrt{n}.$$

Quod sane non mirabitur, qui secum reputaverit, universae illi de transformationibus quaestioni necessario nexum intimum esse cum arithmetica, nam transformatio n^{ti} ordinis, quam diximus, a numero n tota pendet, ita ut omnes numeri, omnes adeo formae algebraicae, quae in substitutionibus adhibendis obveniunt, suam habeant relationem certam ac definitam ad illum numerum necesse sit, cuius varios affectus manifestant. Idem de sectione circuli valet.

Si p est numerus quicunque impar et ν repraesentationes numeri p per formam $xx + nyy$ dantur tales, ut x valorem imparem, y autem valorem parem nanciscatur, duabus repraesentationibus (a, b), (a', b') pro diversis habitis, si neque $a' = a$ et $b' = b$, neque $a' = -a$ et $b' = -b$; inter transformationes p^{ti} ordinis etiam ν dabuntur, quae ad modulum propositum reducunt.

3.

In antecedentibus de modulis tantum diximus realibus unitate minoribus, qui per transformationes reales in complementa abeunt. Extant tamen et alii, qui per transformationes imaginarias in complementa mutantur. In quibus examinandis valde cavendum est, ne et hic generaliter multiplicator ponatur $= \frac{1}{\sqrt{n}}$, cum fieri possit, ut eiusmodi moduli bini aequales evadant, unde $\frac{\lambda d\lambda}{kdk}$ formam induit $\frac{0}{0}$. Quam materiem hoc loco non nisi indicere possumus, amplam sane et dignam, in quam accuratius inquireretur.

Cl. Abel pro certis quibusdam modulis demonstraturum se promittere voluit*), sectionem functionum ellipticarum totam algebraice confici posse. Id quod de omnibus, de quibus diximus, valebit modulis, quos in complementa licet transformare.

*) Diarium Crellianum Vol. II.

THEORIE

DER ELLIPTISCHEN FUNCTIONEN

AUS DEN EIGENSCHAFTEN DER THETAREIHEN ABGELEITET

NACH EINER VORLESUNG JACOBIS IN DESSEN AUFTRAG AUSGEARBEITET

VON

C. W. BORCHARDT.

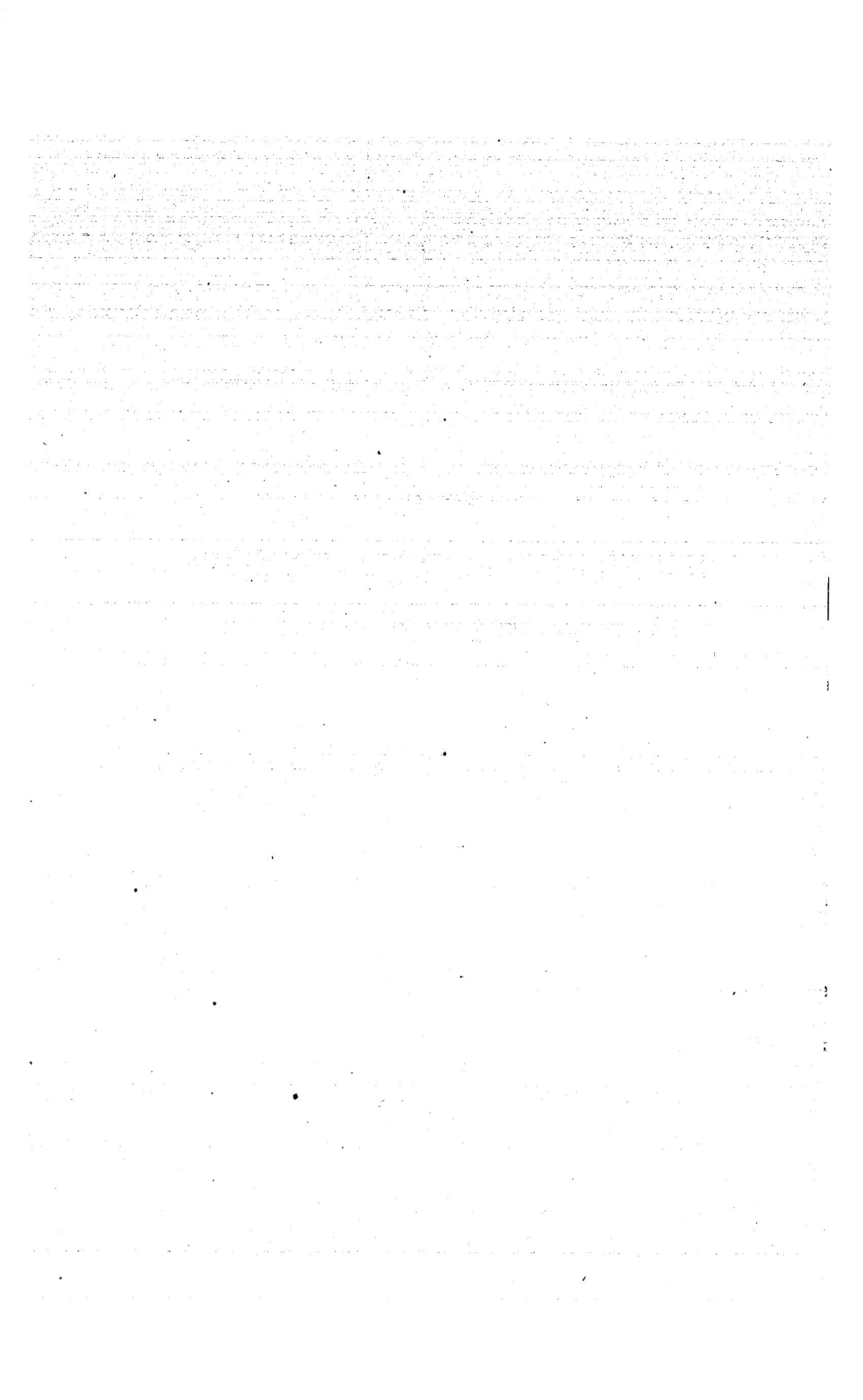

THEORIE DER ELLIPTISCHEN FUNCTIONEN, AUS DEN EIGENSCHAFTEN DER THETAREIHEN ABGELEITET.

In meinem Werke »*Fundamenta nova theoriae functionum ellipticarum*« bin ich, von der Betrachtung der elliptischen Integrale ausgehend, am Ende der dort angestellten Untersuchungen zu den merkwürdigen Reihen gelangt, die ich mit den Charakteren Θ und H bezeichnet habe und welche Zähler und Nenner der elliptischen Functionen $\sin\operatorname{am} u$, $\cos\operatorname{am} u$, $\Delta\operatorname{am} u$ bilden.

Im Folgenden beabsichtige ich, den historischen Gang der Entdeckung der elliptischen Functionen umkehrend, den entgegengesetzten Weg einzuschlagen.

Ohne irgend etwas aus der Theorie der elliptischen Transcendenten vorauszusetzen, werde ich, von den Reihen Θ und H ausgehend, mit Hülfe eines einfachen Princips die Relationen aufstellen, welchen jene Reihen genügen. Aus diesen Relationen werde ich für die Quotienten der Reihen ein Additionstheorem und aus diesem die Differentialformeln herleiten, welche unmittelbar zu den elliptischen Integralen führen.

1.

Die nach beiden Seiten in's Unendliche sich erstreckenden Reihen, welche den Ausgangspunkt der Untersuchung bilden, bestehen aus Exponentialgrössen, in welchen das reihende Element im Exponenten bis auf den zweiten Grad steigt, deren allgemeine Form also, indem man die Coefficienten sämmtlich der Einheit gleich setzt, die folgende ist:

$$\sum e^{av^2+2bv+c},$$

wo die Summation in Beziehung auf ν über alle positiven und negativen ganzen Zahlen ausgedehnt wird. Von den drei Quantitäten a, b, c kann man die letzte, ohne die Allgemeinheit der Reihe zu beschränken, gleich Null setzen, da e^c ein gemeinschaftlicher Factor aller Glieder der Reihe ist.

Damit die Reihe convergire, ist es nothwendig und hinreichend, dass a (oder wenigstens dessen reeller Theil) negativ sei. Ist diese eine Bedingung in Bezug auf a erfüllt, so convergirt die Reihe, welchen reellen oder imaginären Werth auch b annehmen möge.

Durch Aenderung der Argumente a und b verwandelt man die Summe in eine andere, in welcher für ν nicht alle ganzen sondern nur alle *graden* positiven und negativen Zahlen gesetzt werden; man braucht hierzu für a und b nur $\frac{1}{4}a$ und $\frac{1}{2}b$ zu setzen, da

$$\sum e^{a\nu^2+2b\nu} = \sum e^{\frac{1}{4}a(2\nu)^2+2\cdot\frac{1}{2}b(2\nu)}.$$

Durch Hinzufügung eines Factors kann man aber die Summe auch in eine andere verwandeln, in welcher für ν nur alle *ungraden* positiven und negativen Zahlen gesetzt werden. Da nämlich

$$\nu^2 = \tfrac{1}{4}(2\nu+1)^2 - \tfrac{1}{2}(2\nu+1) + \tfrac{1}{4},$$

so wird

$$\sum e^{a\nu^2+2b\nu} = e^{\frac{1}{4}a-b} \sum e^{\frac{1}{4}a(2\nu+1)^2+(b-\frac{1}{2}a)(2\nu+1)}.$$

Man erhält also dieselbe Function, möge man in

$$\sum e^{\frac{1}{4}a\nu^2+b\nu}$$

für ν alle positiven und negativen *graden* Zahlen setzen, oder möge man, nach Ersetzung von b durch $b-\frac{1}{2}a$, für ν alle positiven und negativen *ungraden* Zahlen setzen und dann die Reihe mit dem Factor

$$e^{\frac{1}{4}a-b}$$

multipliciren.

Aus jeder dieser beiden Formen der Reihe leitet man eine neue ab, in welcher die Vorzeichen wechseln, wenn man b durch $b-\frac{1}{2}\pi i$ ersetzt; hierbei erhält die zweite Form überdies den Factor i.

Da nämlich

$$(-1)^\nu = e^{\nu\pi i}, \quad i = e^{\frac{1}{2}\pi i},$$

so ergiebt sich:

$$(*)\left\{\begin{aligned} &\sum e^{a\nu^2+2b\nu} &&= e^{\frac{1}{4}a-b}\sum e^{\frac{1}{4}a(2\nu+1)^2+(b-\frac{1}{2}a)(2\nu+1)} \\ = &\sum(-1)^\nu e^{a\nu^2+2(b-\frac{1}{2}\pi i)\nu} &&= i e^{\frac{1}{4}a-b}\sum(-1)^\nu e^{\frac{1}{4}a(2\nu+1)^2+(b-\frac{1}{2}a-\frac{1}{2}\pi i)(2\nu+1)}. \end{aligned}\right.$$

Setzt man

$$e^a = q, \quad b = xi,$$

so dass nach der über a gemachten Voraussetzung der Modul von q eine zwischen 0 und 1 liegende Grösse ist (was im Folgenden immer stillschweigend angenommen wird), so erhalten die obigen vier Reihenformen folgende Gestalt:

$$\begin{aligned} \sum e^{a\nu^2+2b\nu} &= 1+2q\cos 2x+2q^4\cos 4x+2q^9\cos 6x+\cdots \\ \sum e^{\frac{1}{4}a(2\nu+1)^2+b(2\nu+1)} &= 2\sqrt[4]{q}\cos x+2\sqrt[4]{q^9}\cos 3x+2\sqrt[4]{q^{25}}\cos 5x+\cdots \\ \sum(-1)^\nu e^{a\nu^2+2b\nu} &= 1-2q\cos 2x+2q^4\cos 4x-2q^9\cos 6x+\cdots \\ -\sum i^{2\nu+1} e^{\frac{1}{4}a(2\nu+1)^2+b(2\nu+1)} &= 2\sqrt[4]{q}\sin x-2\sqrt[4]{q^9}\sin 3x+2\sqrt[4]{q^{25}}\sin 5x-\cdots, \end{aligned}$$

wo die Summationen auf der linken Seite sich von $\nu=-\infty$ bis $\nu=+\infty$ über alle ganzen Zahlen erstrecken.

Diesen vier Reihen soll im Folgenden die Bezeichnung $\vartheta_3(x)$, $\vartheta_2(x)$, $\vartheta(x)$, $\vartheta_1(x)$, oder, wo es nöthig ist, die ausführlichere Bezeichnung $\vartheta_3(x,q)$, $\vartheta_2(x,q)$, $\vartheta(x,q)$, $\vartheta_1(x,q)$ gegeben werden, so dass die vier zu betrachtenden Thetafunctionen durch die Gleichungen:

$$(1.)\left\{\begin{aligned} \vartheta(x) &= \sum(-1)^\nu q^{\nu^2} e^{2\nu xi} &&= 1-2q\cos 2x+2q^4\cos 4x-2q^9\cos 6x+\cdots \\ \vartheta_1(x) &= -\sum i^{2\nu+1} q^{\frac{1}{4}(2\nu+1)^2} e^{(2\nu+1)xi} &&= 2\sqrt[4]{q}\sin x-2\sqrt[4]{q^9}\sin 3x+2\sqrt[4]{q^{25}}\sin 5x-\cdots \\ \vartheta_2(x) &= \sum q^{\frac{1}{4}(2\nu+1)^2} e^{(2\nu+1)xi} &&= 2\sqrt[4]{q}\cos x+2\sqrt[4]{q^9}\cos 3x+2\sqrt[4]{q^{25}}\cos 5x+\cdots \\ \vartheta_3(x) &= \sum q^{\nu^2} e^{2\nu xi} &&= 1+2q\cos 2x+2q^4\cos 4x+2q^9\cos 6x+\cdots \end{aligned}\right.$$

definirt werden.

Die Betrachtungen, welche zu diesen vier Functionen geführt haben, zeigen, dass man durch Aenderung des Arguments x und Hinzufügung eines Exponentialfactors von einer Function ϑ zu den drei übrigen gelangt. Führt man nämlich in $(*)$ q, x statt a, b ein, so ergiebt sich:

$$\vartheta_3(x) = \sqrt[4]{q}\, e^{-xi}\,\vartheta_2(x+\tfrac{1}{2}\lg q.i).$$

Fügt man zu dieser Formel die beiden folgenden:

$$\vartheta(x) = \vartheta_3\left(x+\frac{\pi}{2}\right), \qquad \vartheta_1(x) = -\vartheta_2\left(x+\frac{\pi}{2}\right)$$

und die aus der ersten und zweiten sich ergebende:

$$\vartheta(x) = -i\sqrt[4]{q}\,e^{-xi}\,\vartheta_2(x+\tfrac{1}{2}\pi+\tfrac{1}{2}\lg q.i)$$

hinzu, so sieht man, dass aus $\vartheta_2(x)$ durch Aenderung des Arguments um $\frac{1}{2}\pi$, $\frac{1}{2}\lg q.i$ und $\frac{1}{2}\pi+\frac{1}{2}\lg q.i$ und Multiplication mit dem geeigneten Exponentialfactor die drei übrigen ϑ-Functionen hervorgehen. Ebenso verhält es sich mit $\vartheta(x)$, $\vartheta_1(x)$, $\vartheta_3(x)$. Eine vollständige Uebersicht über den Uebergang der ϑ-Functionen in einander gewährt folgendes System von Formeln:

$$(2.)\quad\begin{cases}
\vartheta(x+\frac{1}{2}\pi) = \vartheta_3(x) & \vartheta(x+\frac{1}{2}\lg q.i) = -if.\vartheta_1(x) & \vartheta(x+\frac{1}{2}\pi+\frac{1}{2}\lg q.i) = f.\vartheta_2(x)\\
\vartheta_1(x+\frac{1}{2}\pi) = \vartheta_2(x) & \vartheta_1(x+\frac{1}{2}\lg q.i) = -if.\vartheta(x) & \vartheta_1(x+\frac{1}{2}\pi+\frac{1}{2}\lg q.i) = f.\vartheta_3(x)\\
\vartheta_2(x+\frac{1}{2}\pi) = -\vartheta_1(x) & \vartheta_2(x+\frac{1}{2}\lg q.i) = f.\vartheta_3(x) & \vartheta_2(x+\frac{1}{2}\pi+\frac{1}{2}\lg q.i) = if.\vartheta(x)\\
\vartheta_3(x+\frac{1}{2}\pi) = \vartheta(x) & \vartheta_3(x+\frac{1}{2}\lg q.i) = f.\vartheta_2(x) & \vartheta_3(x+\frac{1}{2}\pi+\frac{1}{2}\lg q.i) = -if.\vartheta_1(x),
\end{cases}$$

wo

$$f = q^{-\frac{1}{4}}e^{x}.$$

Mit Hülfe der Formeln

$$(3.)\quad\begin{cases}
\vartheta(-x) = \vartheta(x) & \vartheta(x+\pi) = \vartheta(x)\\
\vartheta_1(-x) = -\vartheta_1(x) & \vartheta_1(x+\pi) = -\vartheta_1(x)\\
\vartheta_2(-x) = \vartheta_2(x) & \vartheta_2(x+\pi) = -\vartheta_2(x)\\
\vartheta_3(-x) = \vartheta_3(x) & \vartheta_3(x+\pi) = \vartheta_3(x)
\end{cases}$$

kann man aus (2.) ähnliche Formeln für die Aenderung des Arguments x um $-\frac{1}{2}\pi$, $-\frac{1}{2}\lg q.i$, $-\frac{1}{2}\pi-\frac{1}{2}\lg q.i$ ableiten.

2.

Die Function $\vartheta_3(x)$ wird in ihrer ursprünglich betrachteten Gestalt als unendliche Reihe von Exponentialgrössen durch die Gleichung

$$\vartheta_3(x) = \sum q^{\nu^2}e^{2\nu xi} = \sum e^{\nu^2\lg q+2\nu xi}$$

definirt, wo die Summation sich von $\nu = -\infty$ bis $\nu = +\infty$ erstreckt. Der Exponent von e lässt sich auf die Form

$$\frac{1}{\lg q}[(\nu\lg q+xi)^2+x^2]$$

bringen, woraus für $\vartheta_3(x)$ die Darstellung:

$$(4.)\quad \vartheta_3(x) = e^{\frac{1}{\lg q}x^2}\sum e^{\frac{1}{\lg q}[2\nu.\frac{1}{2}\lg q+xi]^2}$$

hervorgeht. Die entsprechende Darstellung der Function $\vartheta_2(x)$ ist:

$$(5.)\qquad \vartheta_2(x) = e^{\frac{1}{\lg q}x^2} \sum e^{\frac{1}{\lg q}[(2\nu+1)\frac{1}{2}\lg q + xi]^2}.$$

Diese beiden Summen unterscheiden sich nur dadurch, dass, während die eine auf alle (positiven und negativen) *graden* Zahlen 2ν auszudehnen ist, die andere sich auf alle *ungraden* Zahlen $2\nu+1$ bezieht.

Werden mehrere Reihen dieser Art mit verschiedenen Werthen des Arguments x in einander multiplicirt, so kann man das Product als eine vielfache Reihe ansehen, deren allgemeiner Term eine Exponentialgröſse ist, welche eine Quadratsumme im Exponenten hat. Von besonderem Interesse ist der Fall, in welchem man vier solche Reihen mit einander multiplicirt, weil man dann im Exponenten eine Summe von vier Quadraten erhält, auf welche eine elementare Transformationsformel sich anwenden läſst.

Es ist ein bekannter algebraischer Satz, dass man die Summe von vier Quadraten

$$a^2+b^2+c^2+d^2$$

immer auf eine zweite Art unter derselben Form darstellen kann. Bestimmt man nämlich vier neue Gröſsen a', b', c', d' durch die Formeln

$$(6.)\qquad \begin{cases} a' = \frac{1}{2}(a+b+c+d) \\ b' = \frac{1}{2}(a+b-c-d) \\ c' = \frac{1}{2}(a-b+c-d) \\ d' = \frac{1}{2}(a-b-c+d), \end{cases}$$

so wird identisch

$$(7.)\qquad a'^2+b'^2+c'^2+d'^2 = a^2+b^2+c^2+d^2.$$

Es seien insbesondere a, b, c, d entweder sämmtlich grade oder sämmtlich ungrade Zahlen, dann sind nach (6.) in beiden Fällen $2a', 2b', 2c', 2d'$ grade, also a', b', c', d' ganze Zahlen. Nach den aus (6.) hervorgehenden Gleichungen

$$a'+b' = a+b, \qquad a'+c' = a+c, \qquad a'+d' = a+d$$

sind überdies die drei Summen

$$a'+b', \qquad a'+c', \qquad a'+d'$$

in beiden Fällen grade Zahlen, d. h. jede der Zahlen b', c', d' ist mit a' zugleich grade und ungrade. Die vier Grössen a', b', c', d' sind also ebenfalls entweder sämmtlich grade oder sämmtlich ungrade Zahlen.

Der nämliche Schlufs läfst sich rückwärts machen; denn die Gleichungen (6.), nach a, b, c, d aufgelöst, geben:

$$(8.)\quad \begin{cases} a = \frac{1}{2}(a'+b'+c'+d') \\ b = \frac{1}{2}(a'+b'-c'-d') \\ c = \frac{1}{2}(a'-b'+c'-d') \\ d = \frac{1}{2}(a'-b'-c'+d'). \end{cases}$$

Sind a', b', c', d' entweder sämmtlich grade oder sämmtlich ungrade Zahlen, so sind also a, b, c, d ebenfalls sämmtlich grade oder sämmtlich ungrade Zahlen.

Die beiden Zahlensysteme a, b, c, d und a', b', c', d' stehen in Reciprocität zu einander. Setzt man für a, b, c, d ein bestimmtes System von Zahlen, die entweder sämmtlich grade oder sämmtlich ungrade sind, so erhält man für a', b', c', d' ein zweites System von Zahlen, die ebenfalls entweder sämmtlich grade oder sämmtlich ungrade sind; setzt man ferner für a, b, c, d das zweite Zahlensystem, so erhält man für a', b', c', d' wieder das ursprüngliche Zahlensystem. Die Zahlensysteme der betrachteten Art ordnen sich daher durch die Gleichungen (6.), (8.) zu Paaren, welche einander reciprok sind.

Hieraus geht hervor, dass, wenn man für a, b, c, d alle möglichen Systeme von vier Zahlen setzt, die entweder sämmtlich grade oder sämmtlich ungrade sind, die zugeordneten Gröfsen a', b', c', d' dieselben Zahlensysteme, nur in anderer Ordnung, durchlaufen und zwar so, dass keines derselben ausgelassen und keines derselben doppelt genommen werden kann. Dies Princip ist von grosser Wichtigkeit. Ist nämlich eine vierfache von der Anordnung der Glieder nicht abhängige Summe auf alle Werthe der Gröfsen a, b, c, d auszudehnen, welche sämmtlich grade oder sämmtlich ungrade Zahlen sind, und substituirt man für a, b, c, d ihre in a', b', c', d' ausgedrückten Werthe (8.), so wird nach dem aufgestellten Princip die vierfache Summe ungeändert bleiben, wenn man sie auf alle Werthe der Gröfsen a', b', c', d' ausdehnt, die sämmtlich grade oder sämmtlich ungrade Zahlen sind.

Nachdem dies vorausgeschickt worden ist, kehre ich zu den Darstellungen (4.), (5.) der Functionen $\vartheta_3(x)$, $\vartheta_2(x)$ zurück. Man setze in jeder dieser Gleichungen für x vier verschiedene Argumente w, x, y, z und bezeichne zugleich das reihende Element dem entsprechend mit ν, ν', ν'', ν''', so ergiebt sich:

$$\vartheta_3(w)\vartheta_3(x)\vartheta_3(y)\vartheta_3(z) = e^{\frac{1}{\lg q}(w^2+x^2+y^2+z^2)}\sum e^{\frac{1}{\lg q}L}$$

$$\vartheta_2(w)\vartheta_2(x)\vartheta_2(y)\vartheta_2(z) = e^{\frac{1}{\lg q}(w^2+x^2+y^2+z^2)}\sum e^{\frac{1}{\lg q}M},$$

wo

$$L = [2\nu.\tfrac{1}{2}\lg q + wi]^2 + [2\nu'.\tfrac{1}{2}\lg q + xi]^2 + [2\nu''.\tfrac{1}{2}\lg q + yi]^2 + [2\nu'''.\tfrac{1}{2}\lg q + zi]^2$$

$$M = [(2\nu+1)\tfrac{1}{2}\lg q + wi]^2 + [(2\nu'+1)\tfrac{1}{2}\lg q + xi]^2 + [(2\nu''+1)\tfrac{1}{2}\lg q + yi]^2 + [(2\nu'''+1)\tfrac{1}{2}\lg q + zi]^2$$

und die Summation in der ersten Gleichung auf alle positiven und negativen graden Zahlen 2ν, $2\nu'$, $2\nu''$, $2\nu'''$, in der zweiten auf alle positiven und negativen ungraden Zahlen $2\nu+1$, $2\nu'+1$, $2\nu''+1$, $2\nu'''+1$ auszudehnen ist.

Die Addition beider Gleichungen ergiebt daher:

$$(9.)\quad \vartheta_3(w)\vartheta_3(x)\vartheta_3(y)\vartheta_3(z) + \vartheta_2(w)\vartheta_2(x)\vartheta_2(y)\vartheta_2(z) = e^{\frac{1}{\lg q}(w^2+x^2+y^2+z^2)}\sum e^{\frac{1}{\lg q}N},$$

wo

$$N = [a.\tfrac{1}{2}\lg q + wi]^2 + [b.\tfrac{1}{2}\lg q + xi]^2 + [c.\tfrac{1}{2}\lg q + yi]^2 + [d.\tfrac{1}{2}\lg q + zi]^2$$

und die Summation auf alle Systeme von vier graden oder vier ungraden Zahlen a, b, c, d auszudehnen ist.

Man führe in den Exponenten $\frac{1}{\lg q}N$ der Gleichung (9.) an Stelle der Gröfsen a, b, c, d die zugeordneten Gröfsen a', b', c', d' nach (8.) ein und setze überdies

$$(10.)\quad \begin{cases} w' = \tfrac{1}{2}(w+x+y+z) \\ x' = \tfrac{1}{2}(w+x-y-z) \\ y' = \tfrac{1}{2}(w-x+y-z) \\ z' = \tfrac{1}{2}(w-x-y+z), \end{cases}$$

so nimmt Gleichung (9.) folgende Gestalt an:

$$\vartheta_3(w)\vartheta_3(x)\vartheta_3(y)\vartheta_3(z) + \vartheta_2(w)\vartheta_2(x)\vartheta_2(y)\vartheta_2(z) = e^{\frac{1}{\lg q}(w'^2+x'^2+y'^2+z'^2)}\sum e^{\frac{1}{\lg q}N},$$

wo N unter Benutzung der Gleichungen (6.), (10.) in folgende neue Form übergeht:

$$N = [a'.\tfrac{1}{2}\lg q + w'i]^2 + [b'.\tfrac{1}{2}\lg q + x'i]^2 + [c'.\tfrac{1}{2}\lg q + y'i]^2 + [d'.\tfrac{1}{2}\lg q + z'i]^2.$$

Diese Gleichung ist noch genau dieselbe wie Gleichung (9.), solange man die Summation rechter Hand auf die Gröfsen a, b, c, d bezieht. Aber nach dem oben aufgestellten Princip bleibt die Summe unverändert, wenn man sie, anstatt auf alle Werthe von a, b, c, d auszudehnen, welche sämmtlich grade oder sämmtlich ungrade Zahlen sind, auf die nämlichen Werthe der Gröfsen a', b', c', d'

ausdehnt. Hieraus folgt, dass die rechte Seite der letzten Gleichung nichts anderes ist als die Summe der beiden Producte:

$$\vartheta_3(w')\vartheta_3(x')\vartheta_3(y')\vartheta_3(z')+\vartheta_2(w')\vartheta_2(x')\vartheta_2(y')\vartheta_2(z').$$

Man hat daher folgenden Fundamentalsatz:

Bestimmt man die Variabeln w', x', y', z' aus w, x, y, z nach den Gleichungen (10.), so ist:

$$(11.)\quad \begin{aligned} &\vartheta_3(w)\,\vartheta_3(x)\,\vartheta_3(y)\,\vartheta_3(z)+\vartheta_2(w)\,\vartheta_2(x)\,\vartheta_2(y)\,\vartheta_2(z)\\ &=\vartheta_3(w')\vartheta_3(x')\vartheta_3(y')\vartheta_3(z')+\vartheta_2(w')\vartheta_2(x')\vartheta_2(y')\vartheta_2(z').\end{aligned}$$

Diese Formel ist das Fundament der ganzen ferneren Untersuchung. Man leitet aus ihr eine Formel für die Differenz der auf der linken Seite stehenden beiden Producte her, indem man w um π vermehrt, wodurch an die Stelle von $\vartheta_3(w)$, $\vartheta_2(w)$ respective $\vartheta_3(w+\pi)=\vartheta_3(w)$, $\vartheta_2(w+\pi)=-\vartheta_2(w)$ tritt. Gleichzeitig vermehrt sich jede der Größen w', x', y', z' um $\frac{1}{2}\pi$, wodurch (Gl. (2.)) jedes ϑ_3 in ϑ und jedes ϑ_2 in $-\vartheta_1$ übergeht. Daher ergiebt sich:

$$(11^*.)\quad \begin{aligned} &\vartheta_3(w)\vartheta_3(x)\vartheta_3(y)\vartheta_3(z)-\vartheta_2(w)\,\vartheta_2(x)\,\vartheta_2(y)\,\vartheta_2(z)\\ &=\vartheta(w')\vartheta(x')\vartheta(y')\vartheta(z')+\vartheta_1(w')\vartheta_1(x')\vartheta_1(y')\vartheta_1(z').\end{aligned}$$

Indem man die Summe der Gleichungen (11.), (11*.) bildet, erhält man das Product $\vartheta_3(w)\vartheta_3(x)\vartheta_3(y)\vartheta_3(z)$ durch vier Producte von ϑ-Functionen ausgedrückt, deren Argumente w', x', y', z' sind. Von dem einen Product $\vartheta_3(w)\vartheta_3(x)\vartheta_3(y)\vartheta_3(z)$ aus kann man zu allen möglichen Producten von vier ϑ-Functionen übergehen, indem man jedes der Argumente um eine der vier Größen 0, $\frac{1}{2}\pi$, $\frac{1}{2}\lg q.i$, $\frac{1}{2}\pi+\frac{1}{2}\lg q.i$ vermehrt. Die Anzahl der Formeln, die man auf diese Weise erhalten kann, beträgt 35, aber dieselben zerfallen in zwei wesentlich verschiedene Kategorien. Aus den an w, x, y, z angebrachten Aenderungen gehen nämlich für w', x', y', z' entweder Aenderungen hervor, welche sich aus Vielfachen von $\frac{1}{2}\pi$ und $\frac{1}{2}\lg q.i$ zusammen setzen lassen, oder Aenderungen, zu welchen ungrade Vielfache von $\frac{1}{4}\pi$ oder von $\frac{1}{4}\lg q.i$ gehören. Nur im ersten Fall lassen sich die Argumente der auf der rechten Seite der Gleichung stehenden ϑ-Functionen auf w', x', y', z' zurückführen, während dieselben im zweiten Fall von diesen Werthen immer um $\frac{1}{4}\pi$, $\frac{1}{4}\lg q.i$, $\frac{1}{4}\pi\pm\frac{1}{4}\lg q.i$ abweichen. Nach dieser Eintheilung gehören in die erste Kategorie nur 11 Formeln. Die übrigen 24 Formeln führen auf Resultate, die zwar auf anderem Wege schwierig zu beweisen, aber für den vorliegenden Zweck nicht nothwendig sind. Ich beschränke mich daher auf die 11 Formeln der ersten Kategorie, aus denen, nachdem alle Reductionen daran angebracht sind, die folgenden Gleichungen hervorgehn:

(A.)

$$(1.)\quad \vartheta_3(w)\vartheta_3(x)\vartheta_3(y)\vartheta_3(z)+\vartheta_2(w)\vartheta_2(x)\vartheta_2(y)\vartheta_2(z)=\vartheta_3(w')\vartheta_3(x')\vartheta_3(y')\vartheta_3(z')+\vartheta_2(w')\vartheta_2(x')\vartheta_2(y')\vartheta_2(z')$$

$$(2.)\quad \vartheta_3(w)\vartheta_3(x)\vartheta_3(y)\vartheta_3(z)-\vartheta_2(w)\vartheta_2(x)\vartheta_2(y)\vartheta_2(z)=\vartheta(w')\vartheta(x')\vartheta(y')\vartheta(z')+\vartheta_1(w')\vartheta_1(x')\vartheta_1(y')\vartheta_1(z'$$

$$(3.)\quad \vartheta(w)\vartheta(x)\vartheta(y)\vartheta(z)+\vartheta_1(w)\vartheta_1(x)\vartheta_1(y)\vartheta_1(z)=\vartheta_3(w')\vartheta_3(x')\vartheta_3(y')\vartheta_3(z')-\vartheta_2(w')\vartheta_2(x')\vartheta_2(y')\vartheta_2(z')$$

$$(4.)\quad \vartheta(w)\vartheta(x)\vartheta(y)\vartheta(z)-\vartheta_1(w)\vartheta_1(x)\vartheta_1(y)\vartheta_1(z)=\vartheta(w')\vartheta(x')\vartheta(y')\vartheta(z')-\vartheta_1(w')\vartheta_1(x')\vartheta_1(y')\vartheta_1(z')$$

$$(5.)\quad \vartheta(w)\vartheta(x)\vartheta_3(y)\vartheta_3(z)+\vartheta_1(w)\vartheta_1(x)\vartheta_2(y)\vartheta_2(z)=\vartheta(w')\vartheta(x')\vartheta_3(y')\vartheta_3(z')+\vartheta_1(w')\vartheta_1(x')\vartheta_2(y')\vartheta_2(z')$$

$$(6.)\quad \vartheta(w)\vartheta(x)\vartheta_3(y)\vartheta_3(z)-\vartheta_1(w)\vartheta_1(x)\vartheta_2(y)\vartheta_2(z)=\vartheta_3(w')\vartheta_3(x')\vartheta(y')\vartheta(z')+\vartheta_2(w')\vartheta_2(x')\vartheta_1(y')\vartheta_1(z')$$

$$(7.)\quad \vartheta(w)\vartheta(x)\vartheta_2(y)\vartheta_2(z)+\vartheta_1(w)\vartheta_1(x)\vartheta_3(y)\vartheta_3(z)=\vartheta(w')\vartheta(x')\vartheta_2(y')\vartheta_2(z')+\vartheta_1(w')\vartheta_1(x')\vartheta_3(y')\vartheta_3(z')$$

$$(8.)\quad \vartheta(w)\vartheta(x)\vartheta_2(y)\vartheta_2(z)-\vartheta_1(w)\vartheta_1(x)\vartheta_3(y)\vartheta_3(z)=\vartheta_2(w')\vartheta_2(x')\vartheta(y')\vartheta(z')+\vartheta_3(w')\vartheta_3(x')\vartheta_1(y')\vartheta_1(z')$$

$$(9.)\quad \vartheta_3(w)\vartheta_3(x)\vartheta_2(y)\vartheta_2(z)+\vartheta(w)\vartheta(x)\vartheta_1(y)\vartheta_1(z)=\vartheta_3(w')\vartheta_3(x')\vartheta_2(y')\vartheta_2(z')+\vartheta(w')\vartheta(x')\vartheta_1(y')\vartheta_1(z')$$

$$(10.)\quad \vartheta_3(w)\vartheta_3(x)\vartheta_2(y)\vartheta_2(z)-\vartheta(w)\vartheta(x)\vartheta_1(y)\vartheta_1(z)=\vartheta_2(w')\vartheta_2(x')\vartheta_3(y')\vartheta_3(z')+\vartheta_1(w')\vartheta_1(x')\vartheta(y')\vartheta(z')$$

$$(11.)\quad \vartheta_3(w)\vartheta_2(x)\vartheta(y)\vartheta_1(z)+\vartheta_2(w)\vartheta_3(x)\vartheta_1(y)\vartheta(z)=\vartheta_1(w')\vartheta(x')\vartheta_2(y')\vartheta_2(z')-\vartheta(w')\vartheta_1(x')\vartheta_3(y')\vartheta_2(z')$$

$$(12.)\quad \vartheta_3(w)\vartheta_2(x)\vartheta(y)\vartheta_1(z)-\vartheta_2(w)\vartheta_3(x)\vartheta_1(y)\vartheta(z)=\vartheta_3(w')\vartheta_2(x')\vartheta(y')\vartheta_1(z')-\vartheta_2(w')\vartheta_3(x')\vartheta_1(y')\vartheta(z'),$$

worin wie oben (Gl. (10.))

$$\begin{aligned} w' &= \tfrac{1}{2}(w+x+y+z) & w &= \tfrac{1}{2}(w'+x'+y'+z') \\ x' &= \tfrac{1}{2}(w+x-y-z) & x &= \tfrac{1}{2}(w'+x'-y'-z') \\ y' &= \tfrac{1}{2}(w-x+y-z) & y &= \tfrac{1}{2}(w'-x'+y'-z') \\ z' &= \tfrac{1}{2}(w-x-y+z) & z &= \tfrac{1}{2}(w'-x'-y'+z'). \end{aligned}$$

Die beiden letzten der Gleichungen (A.) sind nur für eine zu rechnen, denn die Ausdrücke von $\vartheta_3(w(\vartheta_2(x)\vartheta(y)\vartheta_1(z)$, $\vartheta_2(w)\vartheta_3(x)\vartheta_1(y)\vartheta(z)$, aus denen sie sich ergeben, gehen in einander über, wenn man x, w, z, y für w, x, y, z setzt.

Uebrigens ist noch zu bemerken, dass die Gleichungen:

(5.), (7.), (9.), (11.)

in die Gleichungen

(6.), (8.), (10.), (12.)

übergehen, so wie diese in jene, wenn man

$$-x, \; -y \text{ resp. für } x, \; y$$

setzt, wodurch zugleich w' mit z' und x' mit y' vertauscht werden.

3.

Die Formeln (A.) des vorigen §. lassen sich auf vielfache Art specialisiren, indem man zwischen den vier von einander unabhängigen Variabeln w, x, y, z Relationen stattfinden läſst. Indem ich eine vollständigere Entwickelung der Formeln dieser Art für den Schluſs dieser Abhandlung vorbehalte, werde ich mich jetzt auf die für den vorliegenden Zweck nothwendigen beschränken.

Man setze

$$w = \pm(x+y+z),$$

was die Anzahl der von einander unabhängigen Variabeln auf drei reducirt, so ergeben die Gleichungen (10.) für w', x', y', z' im Fall des oberen Zeichens:

$$w' = x+y+z, \quad x' = x, \quad y' = y, \quad z' = z,$$

so dass beide Systeme von Variabeln w, x, y, z und w', x', y', z' in dieselben Werthe zusammenfallen, dagegen im Fall des unteren Zeichens:

$$w' = 0, \quad x' = -(y+z), \quad y' = -(x+z), \quad z' = -(x+y).$$

Von den unter diesen beiden Hypothesen aus den Formeln (A.) hervorgehenden Resultaten lassen sich die interessantesten in folgende fünf Doppelgleichungen zusammenfassen:

(B.)

$$(1.)\ \vartheta(0)\vartheta(y+z)\vartheta(x+z)\vartheta(x+y) = \vartheta_3(x+y+z)\vartheta_3(x)\vartheta_3(y)\vartheta_3(z) - \vartheta_2(x+y+z)\vartheta_2(x)\vartheta_2(y)\vartheta_2(z)$$
$$= \vartheta(x+y+z)\vartheta(x)\vartheta(y)\vartheta(z) + \vartheta_1(x+y+z)\vartheta_1(x)\vartheta_1(y)\vartheta_1(z)$$

$$(2.)\ \vartheta(0)\vartheta(y+z)\vartheta_3(x+z)\vartheta_3(x+y) = \vartheta(x+y+z)\vartheta(x)\vartheta_3(y)\vartheta_3(z) - \vartheta_1(x+y+z)\vartheta_1(x)\vartheta_2(y)\vartheta_2(z)$$
$$= \vartheta_3(x+y+z)\vartheta_3(x)\vartheta(y)\vartheta(z) + \vartheta_2(x+y+z)\vartheta_2(x)\vartheta_1(y)\vartheta_1(z)$$

$$(3.)\ \vartheta(0)\vartheta(y+z)\vartheta_2(x+z)\vartheta_2(x+y) = \vartheta(x+y+z)\vartheta(x)\vartheta_2(y)\vartheta_2(z) - \vartheta_1(x+y+z)\vartheta_1(x)\vartheta_3(y)\vartheta_3(z)$$
$$= \vartheta_2(x+y+z)\vartheta_2(x)\vartheta(y)\vartheta(z) + \vartheta_3(x+y+z)\vartheta_3(x)\vartheta_1(y)\vartheta_1(z)$$

$$(4.)\ \vartheta(0)\vartheta(y+z)\vartheta_1(x+z)\vartheta_1(x+y) = \vartheta_3(x+y+z)\vartheta_3(x)\vartheta_2(y)\vartheta_2(z) - \vartheta_2(x+y+z)\vartheta_2(x)\vartheta_3(y)\vartheta_3(z)$$
$$= \vartheta(x+y+z)\vartheta(x)\vartheta_1(y)\vartheta_1(z) + \vartheta_1(x+y+z)\vartheta_1(x)\vartheta(y)\vartheta(z)$$

$$(5.)\ \vartheta(0)\vartheta_1(y+z)\vartheta_2(x+z)\vartheta_3(x+y) = \vartheta_3(x+y+z)\vartheta_2(x)\vartheta_1(y)\vartheta(z) + \vartheta_2(x+y+z)\vartheta_3(x)\vartheta(y)\vartheta_1(z)$$
$$= \vartheta_1(x+y+z)\vartheta(x)\vartheta_3(y)\vartheta_2(z) - \vartheta(x+y+z)\vartheta_1(x)\vartheta_2(y)\vartheta_3(z).$$

Ein zweites specielleres Formelsystem, welches nur noch zwei von einander unabhängige Variable enthält, ergiebt sich aus (A.), wenn man

$$w = \pm x, \qquad y = \pm z$$

setzt, wo beidemal das obere oder beidemal das untere Vorzeichen zu nehmen ist. Die hieraus folgenden Werthe von w', x', y', z' sind nach (10.) für die oberen Vorzeichen:

$$w' = x+y, \quad x' = x-y, \quad y' = 0, \quad z' = 0,$$

für die unteren Vorzeichen:

$$w' = 0, \quad x' = 0, \quad y' = -(x-y), \quad z' = -(x+y).$$

Ebenso kann man den Variabeln folgende vier den Gleichungen (10.) genügende Werthsysteme geben:

$$\begin{array}{llllll} w = y, & x = z, & w' = x+y, & x' = 0, & y' = -(x-y), & z' = 0, \\ w = -y, & x = -z, & w' = 0, & x' = x-y, & y' = 0, & z' = -(x+y), \\ w = z, & x = y, & w' = y+z, & x' = 0, & y' = 0, & z' = -(y-z), \\ w = -z, & x = -y, & w' = 0, & x' = -(y+z), & y' = y-z, & z' = 0. \end{array}$$

Die aus diesen Hypothesen hervorgehenden Formeln, welche das Product aus einer ϑ-Function mit dem Argument $x+y$ und aus einer ϑ-Function mit dem Argument $x-y$ durch ϑ-Functionen mit den Argumenten x und y darstellen, sind ihrer Wichtigkeit wegen in dem folgenden System von 18 Gleichungen vollständig zusammengestellt.

(C.)

(1.) $\vartheta_3^2(0)\,\vartheta_3(x+y)\,\vartheta_3(x-y) = \vartheta_3^2(x)\,\vartheta_3^2(y)+\vartheta_1^2(x)\,\vartheta_1^2(y) = \vartheta^2(x)\,\vartheta^2(y)+\vartheta_2^2(x)\,\vartheta_2^2(y)$

(2.) $\vartheta_3^2(0)\,\vartheta(x+y)\,\vartheta(x-y) = \vartheta^2(x)\,\vartheta_3^2(y)+\vartheta_2^2(x)\,\vartheta_1^2(y) = \vartheta_3^2(x)\,\vartheta^2(y)+\vartheta_1^2(x)\,\vartheta_2^2(y)$

(3.) $\vartheta_3^2(0)\,\vartheta_2(x+y)\,\vartheta_2(x-y) = \vartheta_2^2(x)\,\vartheta_3^2(y)-\vartheta^2(x)\,\vartheta_1^2(y) = \vartheta_3^2(x)\,\vartheta_2^2(y)-\vartheta_1^2(x)\,\vartheta^2(y)$

(4.) $\vartheta_3^2(0)\,\vartheta_1(x+y)\,\vartheta_1(x-y) = \vartheta_1^2(x)\,\vartheta_3^2(y)-\vartheta_3^2(x)\,\vartheta_1^2(y) = \vartheta^2(x)\,\vartheta_2^2(y)-\vartheta_2^2(x)\,\vartheta^2(y)$

(5.) $\vartheta^2(0)\,\vartheta_3(x+y)\,\vartheta_3(x-y) = \vartheta^2(x)\,\vartheta_3^2(y)-\vartheta_1^2(x)\,\vartheta_2^2(y) = \vartheta_3^2(x)\,\vartheta^2(y)-\vartheta_2^2(x)\,\vartheta_1^2(y)$

(6.) $\vartheta^2(0)\,\vartheta(x+y)\,\vartheta(x-y) = \vartheta_3^2(x)\,\vartheta_3^2(y)-\vartheta_2^2(x)\,\vartheta_2^2(y) = \vartheta^2(x)\,\vartheta^2(y)-\vartheta_1^2(x)\,\vartheta_1^2(y)$

(7.) $\vartheta^2(0)\,\vartheta_2(x+y)\,\vartheta_2(x-y) = \vartheta^2(x)\,\vartheta_2^2(y)-\vartheta_1^2(x)\,\vartheta_3^2(y) = \vartheta_2^2(x)\,\vartheta^2(y)-\vartheta_3^2(x)\,\vartheta_1^2(y)$

(8.) $\vartheta^2(0)\,\vartheta_1(x+y)\,\vartheta_1(x-y) = \vartheta_3^2(x)\,\vartheta_2^2(y)-\vartheta_2^2(x)\,\vartheta_3^2(y) = \vartheta_1^2(x)\,\vartheta^2(y)-\vartheta^2(x)\,\vartheta_1^2(y)$

(9.) $\vartheta_2^2(0)\,\vartheta_3(x+y)\,\vartheta_3(x-y) = \vartheta_3^2(x)\,\vartheta_2^2(y)+\vartheta^2(x)\,\vartheta_1^2(y) = \vartheta_2^2(x)\,\vartheta_3^2(y)+\vartheta_1^2(x)\,\vartheta^2(y)$

(10.) $\vartheta_2^2(0)\,\vartheta(x+y)\,\vartheta(x-y) = \vartheta^2(x)\,\vartheta_2^2(y)+\vartheta_3^2(x)\,\vartheta_1^2(y) = \vartheta_1^2(x)\,\vartheta_3^2(y)+\vartheta_2^2(x)\,\vartheta^2(y)$

(11.) $\vartheta_2^2(0)\,\vartheta_2(x+y)\,\vartheta_2(x-y) = \vartheta_2^2(x)\,\vartheta_2^2(y)-\vartheta_1^2(x)\,\vartheta_1^2(y) = \vartheta_3^2(x)\,\vartheta_3^2(y)-\vartheta^2(x)\,\vartheta^2(y)$

(12.) $\vartheta_2^2(0)\,\vartheta_1(x+y)\,\vartheta_1(x-y) = \vartheta_1^2(x)\,\vartheta_2^2(y)-\vartheta_2^2(x)\,\vartheta_1^2(y) = \vartheta^2(x)\,\vartheta_3^2(y)-\vartheta_3^2(x)\,\vartheta^2(y)$

(13.) $\vartheta(0)\,\vartheta_2(0)\,\vartheta(x\pm y)\,\vartheta_2(x\mp y) = \vartheta(x)\,\vartheta_2(x)\,\vartheta(y)\,\vartheta_2(y)\pm\vartheta_1(x)\,\vartheta_3(x)\,\vartheta_1(y)\,\vartheta_3(y)$

(14.) $\vartheta_3(0)\,\vartheta_2(0)\,\vartheta_3(x\pm y)\,\vartheta_2(x\mp y) = \vartheta_3(x)\,\vartheta_2(x)\,\vartheta_3(y)\,\vartheta_2(y)\pm\vartheta(x)\,\vartheta_1(x)\,\vartheta(y)\,\vartheta_1(y)$

(15.) $\vartheta(0)\,\vartheta_3(0)\,\vartheta(x\pm y)\,\vartheta_3(x\mp y) = \vartheta(x)\,\vartheta_3(x)\,\vartheta(y)\,\vartheta_3(y)\pm\vartheta_1(x)\,\vartheta_2(x)\,\vartheta_1(y)\,\vartheta_2(y)$

(16.) $\vartheta(0)\,\vartheta_2(0)\,\vartheta_1(x\pm y)\,\vartheta_3(x\mp y) = \vartheta_1(x)\,\vartheta_3(x)\,\vartheta(y)\,\vartheta_2(y)\pm\vartheta(x)\,\vartheta_2(x)\,\vartheta_1(y)\,\vartheta_3(y)$

(17.) $\vartheta_3(0)\,\vartheta_2(0)\,\vartheta_1(x\pm y)\,\vartheta(x\mp y) = \vartheta(x)\,\vartheta_1(x)\,\vartheta_3(y)\,\vartheta_2(y)\pm\vartheta_3(x)\,\vartheta_2(x)\,\vartheta(y)\,\vartheta_1(y)$

(18.) $\vartheta(0)\,\vartheta_3(0)\,\vartheta_1(x\pm y)\,\vartheta_2(x\mp y) = \vartheta_1(x)\,\vartheta_2(x)\,\vartheta(y)\,\vartheta_3(y)\pm\vartheta(x)\,\vartheta_3(x)\,\vartheta_1(y)\,\vartheta_2(y).$

Setzt man in diesen Formeln $x=y$, so erhält man die ϑ-Functionen des doppelten Arguments durch ϑ-Functionen des einfachen Arguments ausgedrückt. So ergeben zum Beispiel die 1te, 2te, 11te der Formeln (C.) die Gleichungen

$$(12.)\quad\left\{\begin{aligned}
\vartheta_3^3(0)\,\vartheta_3(2x) &= \vartheta_3^4(x)+\vartheta_1^4(x) = \vartheta^4(x)+\vartheta_2^4(x)\\
\vartheta_3^2(0)\,\vartheta(0)\,\vartheta(2x) &= \vartheta^2(x)\,\vartheta_3^2(x)+\vartheta_1^2(x)\,\vartheta_2^2(x)\\
\vartheta_2^3(0)\,\vartheta_2(2x) &= \vartheta_2^4(x)-\vartheta_1^4(x) = \vartheta_3^4(x)-\vartheta^4(x).
\end{aligned}\right\}$$

Die erste Gleichung (12.) drückt $\vartheta_3(x)$, mit der Constante $\vartheta_3^3(0)$ multiplicirt, als Summe vierter Potenzen von Functionen des halben Arguments aus. Für reelle Werthe von x und q zeigt sie daher, dass $\vartheta_3(x)$ (und daher auch $\vartheta(x)$) immer positive Werthe hat, und zwar mit Ausschlufs der Null, denn sollte $\vartheta_3(x)$ verschwinden, so müfste auch $\vartheta_3(\frac{1}{2}x)$, folglich auch $\vartheta_3(\frac{1}{4}x)$ u. s. w., also endlich $\vartheta_3(0)$ verschwinden, was nicht der Fall ist.

Wichtiger als die unter der Hypothese $x=y$ aus (C.) hervorgehenden Formeln sind diejenigen, welche man aus denselben für $y=0$ erhält. Es sind die folgenden vier:

(D.)

(1.) $$\vartheta_3^2(0)\vartheta_3^2(x) = \vartheta^2(0)\vartheta^2(x)+\vartheta_2^2(0)\vartheta_2^2(x)$$

(2.) $$\vartheta_3^2(0)\vartheta^2(x) = \vartheta^2(0)\vartheta_3^2(x)+\vartheta_2^2(0)\vartheta_1^2(x)$$

(3.) $$\vartheta_3^2(0)\vartheta_2^2(x) = \vartheta_2^2(0)\vartheta_3^2(x)-\vartheta^2(0)\vartheta_1^2(x)$$

(4.) $$\vartheta_3^2(0)\vartheta_1^2(x) = \vartheta_2^2(0)\vartheta^2(x)-\vartheta^2(0)\vartheta_2^2(x).$$

Setzt man überdies noch $x=0$, so giebt die 1te der Gleichungen (D.) zwischen $\vartheta_3(0)$, $\vartheta(0)$, $\vartheta_2(0)$ die merkwürdige Relation

(E.) $$\vartheta_3^4(0) = \vartheta^4(0)+\vartheta_2^4(0)$$

d. h.

$$[1+2q+2q^4+2q^9+\cdots]^4 = [1-2q+2q^4-2q^9+\cdots]^4+16q[1+q^{1\cdot 2}+q^{2\cdot 3}+\cdots]^4.$$

Setzt man

$$\sqrt{k} = \frac{\vartheta_2(0)}{\vartheta_3(0)}, \qquad \sqrt{k'} = \frac{\vartheta(0)}{\vartheta_3(0)},$$

so besteht nach (E.) zwischen k und k' die Relation

$$k^2+k'^2 = 1.$$

Die Gleichungen (D.) zeigen, dass, wenn man drei der Functionen $\vartheta(x)$, $\vartheta_1(x)$, $\vartheta_2(x)$, $\vartheta_3(x)$ durch die vierte dividirt, von den so entstehenden Brüchen zwei durch den dritten vermittelst Ausziehung von Quadratwurzeln bestimmbar sind. So ergiebt sich:

$$\frac{\vartheta(0)}{\vartheta_2(0)}\cdot\frac{\vartheta_2(x)}{\vartheta(x)} = \sqrt{1-\left(\frac{\vartheta_3(0)}{\vartheta_2(0)}\cdot\frac{\vartheta_1(x)}{\vartheta(x)}\right)^2}$$

$$\frac{\vartheta(0)}{\vartheta_3(0)}\cdot\frac{\vartheta_3(x)}{\vartheta(x)} = \sqrt{1-\left(\frac{\vartheta_2(0)}{\vartheta_3(0)}\cdot\frac{\vartheta_1(x)}{\vartheta(x)}\right)^2},$$

was sich eleganter so ausdrücken läſst: *man kann einen Winkel* φ *dergestalt bestimmen, dass gleichzeitig*

$$\frac{\vartheta_1(x)}{\vartheta(x)} = \frac{\vartheta_2(0)}{\vartheta_3(0)}\sin\varphi, \quad \frac{\vartheta_2(x)}{\vartheta(x)} = \frac{\vartheta_2(0)}{\vartheta(0)}\cos\varphi, \quad \frac{\vartheta_3(x)}{\vartheta(x)} = \frac{\vartheta_3(0)}{\vartheta(0)}\sqrt{1-\left(\frac{\vartheta_2(0)}{\vartheta_3(0)}\right)^4\sin^2\varphi},$$

welche Gleichungen unter Einführung der oben definirten Größsen k, k' und der Legendreschen Bezeichnung

$$\Delta\varphi = \sqrt{1-k^2\sin^2\varphi}$$

die Gestalt

$$\frac{\vartheta_1(x)}{\vartheta(x)} = \sqrt{k}\sin\varphi, \quad \frac{\vartheta_2(x)}{\vartheta(x)} = \sqrt{\frac{k}{k'}}\cos\varphi, \quad \frac{\vartheta_3(x)}{\vartheta(x)} = \frac{1}{\sqrt{k'}}\Delta\varphi$$

annehmen.

Die aus den Formeln (D.), (E.) gezogenen Resultate lassen sich daher in folgenden Gleichungen zusammenstellen:

$$(13.)\quad \begin{cases} \sqrt{k} = \dfrac{\vartheta_2(0)}{\vartheta_3(0)} = \dfrac{2\sqrt[4]{q}+2\sqrt[4]{q^9}+2\sqrt[4]{q^{25}}+\cdots}{1+2q+2q^4+2q^9+\cdots}, \\ \sqrt{k'} = \dfrac{\vartheta(0)}{\vartheta_3(0)} = \dfrac{1-2q+2q^4-2q^9+\cdots}{1+2q+2q^4+2q^9+\cdots} \\ k^2+k'^2 = 1 \end{cases}$$

$$(14.)\quad \begin{cases} \sqrt{k}\sin\varphi = \dfrac{\vartheta_1(x)}{\vartheta(x)} = \dfrac{2\sqrt[4]{q}\sin x - 2\sqrt[4]{q^9}\sin 3x + 2\sqrt[4]{q^{25}}\sin 5x - \cdots}{1-2q\cos 2x+2q^4\cos 4x-2q^9\cos 6x+\cdots} \\ \sqrt{\dfrac{k}{k'}}\cos\varphi = \dfrac{\vartheta_2(x)}{\vartheta(x)} = \dfrac{2\sqrt[4]{q}\cos x + 2\sqrt[4]{q^9}\cos 3x + 2\sqrt[4]{q^{25}}\cos 5x + \cdots}{1-2q\cos 2x+2q^4\cos 4x-2q^9\cos 6x+\cdots} \\ \dfrac{1}{\sqrt{k'}}\Delta\varphi = \dfrac{\vartheta_3(x)}{\vartheta(x)} = \dfrac{1+2q\cos 2x+2q^4\cos 4x+2q^9\cos 6x+\cdots}{1-2q\cos 2x+2q^4\cos 4x-2q^9\cos 6x+\cdots} \end{cases}$$

Durch die Gleichungen (14.) wird der Winkel φ selbst nicht vollständig bestimmt, sondern nur die trigonometrischen Functionen $\sin\varphi$, $\cos\varphi$, $\Delta\varphi$ desselben, welche bei Aenderung von φ um 2π ungeändert bleiben. Daher giebt *ein* Werth von φ, welcher den Gleichungen (14.) genügt, alle übrigen, wenn man ihn um alle möglichen Vielfachen von 2π vermehrt oder vermindert. Hieraus folgt, dass wenn die Forderung hinzugefügt wird, φ *sei eine continuirliche Function von* x, man nur für *einen* Werth von x das zugehörige φ festgesetzt zu haben braucht, um für alle Werthe von x die Vieldeutigkeit der Bestimmung von φ zu heben. Da für $x = 0$ nach (14.) $\sin\varphi = 0$, $\cos\varphi = 1$ wird, so ist es am einfachsten, für $x = 0$ auch $\varphi = 0$ anzunehmen. Man setze also fest, *dass* φ *mit* x *zugleich verschwinde*, so ist φ durch die Gleichungen (14.) und die hinzugefügten Nebenbedingungen vollständig bestimmt.

Man nehme insbesondere an, x *und* q (dessen Modul immer <1 vorausgesetzt wird) *seien beide reell*, so werden nach (13.) auch k, k' reell und <1, ebenso wird nach (14.) φ reell, und da nach (12.) für reelle Werthe von x und q die Functionen $\vartheta_3(x)$, $\vartheta(x)$ ausschliefslich positive Werthe haben, so ist in der dritten Gleichung (14.) die Quadratwurzel $\Delta\varphi = \sqrt{1-k^2\sin^2\varphi}$ stets mit positivem Zeichen zu nehmen.

Nachdem die Formeln (D.), (E.) den in den Gleichungen (13.), (14.) dargestellten Zusammenhang zwischen den drei Functionen $\frac{\vartheta_1(x)}{\vartheta(x)}$, $\frac{\vartheta_2(x)}{\vartheta(x)}$, $\frac{\vartheta_3(x)}{\vartheta(x)}$ ergeben haben, werden die Formeln (C.) zu der Fundamental-Eigenschaft dieser Functionen führen, zu der Eigenschaft, *dass die Function der Summe zweier Argumente sich algebraisch durch die Functionen der einzelnen Argumente ausdrücken läfst.*

Man dividire die drei Formeln (C. 13, 15, 17) durch (C. 6), so ergeben sich folgende drei Gleichungen:

$$(15.)\quad\left\{\begin{aligned}
\frac{\vartheta_2(0)\vartheta_3(0)}{\vartheta(0)\vartheta(0)}\cdot\frac{\vartheta_1(x\pm y)}{\vartheta(x\pm y)} &= \frac{\frac{\vartheta_1(x)}{\vartheta(x)}\cdot\frac{\vartheta_2(y)}{\vartheta(y)}\,\frac{\vartheta_3(y)}{\vartheta(y)} \pm \frac{\vartheta_1(y)}{\vartheta(y)}\cdot\frac{\vartheta_2(x)}{\vartheta(x)}\,\frac{\vartheta_3(x)}{\vartheta(x)}}{1-\frac{\vartheta_1^2(x)}{\vartheta^2(x)}\cdot\frac{\vartheta_1^2(y)}{\vartheta^2(y)}}\\
\frac{\vartheta_2(0)}{\vartheta(0)}\cdot\frac{\vartheta_2(x\pm y)}{\vartheta(x\pm y)} &= \frac{\frac{\vartheta_2(x)}{\vartheta(x)}\cdot\frac{\vartheta_2(y)}{\vartheta(y)} \mp \frac{\vartheta_1(x)}{\vartheta(x)}\,\frac{\vartheta_1(y)}{\vartheta(y)}\cdot\frac{\vartheta_3(x)}{\vartheta(x)}\,\frac{\vartheta_3(y)}{\vartheta(y)}}{1-\frac{\vartheta_1^2(x)}{\vartheta^2(x)}\,\frac{\vartheta_1^2(y)}{\vartheta^2(y)}}\\
\frac{\vartheta_3(0)}{\vartheta(0)}\cdot\frac{\vartheta_3(x\pm y)}{\vartheta(x\pm y)} &= \frac{\frac{\vartheta_3(x)}{\vartheta(x)}\cdot\frac{\vartheta_3(y)}{\vartheta(y)} \mp \frac{\vartheta_1(x)}{\vartheta(x)}\,\frac{\vartheta_1(y)}{\vartheta(y)}\cdot\frac{\vartheta_2(x)}{\vartheta(x)}\,\frac{\vartheta_2(y)}{\vartheta(y)}}{1-\frac{\vartheta_1^2(x)}{\vartheta^2(x)}\cdot\frac{\vartheta_1^2(y)}{\vartheta^2(y)}}.
\end{aligned}\right.$$

Da von den drei Brüchen $\frac{\vartheta_1(x)}{\vartheta(x)}$, $\frac{\vartheta_2(x)}{\vartheta(x)}$, $\frac{\vartheta_3(x)}{\vartheta(x)}$ je zwei mit Hülfe von Quadratwurzeln durch den dritten darstellbar sind, so hat nach (15.) jede der drei Functionen $\frac{\vartheta_1(x)}{\vartheta(x)}$, $\frac{\vartheta_2(x)}{\vartheta(x)}$, $\frac{\vartheta_3(x)}{\vartheta(x)}$ die obengenannte Fundamental-Eigenschaft.

Die Gleichungen (15.) werden die für die Functionen $\frac{\vartheta_1(x)}{\vartheta(x)}, \frac{\vartheta_2(x)}{\vartheta(x)}, \frac{\vartheta_3(x)}{\vartheta(x)}$ geltenden Formeln der Addition genannt.

Man führe nach (13.) die Größsen k, k' ein und nach (14.) den von x abhangenden Winkel φ, ferner seien ψ, σ die Winkel, welche resp. von y, $x+y$ ebenso abhangen wie φ von x, sodass

$$(16.)\quad \begin{cases} \sqrt{k}\sin\varphi = \frac{\vartheta_1(x)}{\vartheta(x)} & \sqrt{k}\sin\psi = \frac{\vartheta_1(y)}{\vartheta(y)} & \sqrt{k}\sin\sigma = \frac{\vartheta_1(x+y)}{\vartheta(x+y)} \\ \sqrt{\frac{k}{k'}}\cos\varphi = \frac{\vartheta_2(x)}{\vartheta(x)} & \sqrt{\frac{k}{k'}}\cos\psi = \frac{\vartheta_2(y)}{\vartheta(y)} & \sqrt{\frac{k}{k'}}\cos\sigma = \frac{\vartheta_2(x+y)}{\vartheta(x+y)} \\ \frac{1}{\sqrt{k'}}\Delta\varphi = \frac{\vartheta_3(x)}{\vartheta(x)} & \frac{1}{\sqrt{k'}}\Delta\psi = \frac{\vartheta_3(y)}{\vartheta(y)} & \frac{1}{\sqrt{k'}}\Delta\sigma = \frac{\vartheta_3(x+y)}{\vartheta(x+y)}, \end{cases}$$

dann erhalten die Gleichungen (15.), mit dem oberen Zeichen genommen, folgende elegante Form:

$$(17.)\quad \begin{cases} \sin\sigma = \frac{\sin\varphi\cos\psi\,\Delta\psi + \sin\psi\cos\varphi\,\Delta\varphi}{1-k^2\sin^2\varphi\sin^2\psi} \\ \cos\sigma = \frac{\cos\varphi\cos\psi - \sin\varphi\sin\psi\,\Delta\varphi\,\Delta\psi}{1-k^2\sin^2\varphi\sin^2\psi} \\ \Delta\sigma = \frac{\Delta\varphi\,\Delta\psi - k^2\sin\varphi\sin\psi\cos\varphi\cos\psi}{1-k^2\sin^2\varphi\sin^2\psi}, \end{cases}$$

Formeln, von welchen die beiden ersten für $k = 0$ in die Additionsformeln der Trigonometrie übergehen. Ein reichhaltiges, den Gleichungen (17.) ähnliches System von Formeln läßt sich aus den Formeln (C.) ableiten, wobei ich indessen nicht verweile, da bereits im § 18 der *Fundamenta* eine Sammlung von Formeln dieser Art mit großer Vollständigkeit gegeben ist.

Wenn für eine Function ein Additionstheorem im Sinne der Gleichungen (15.) besteht, so läßt sich der Differentialquotient der Function algebraisch durch die Function ausdrücken.

Man differentiire die Gleichungen (15.) nach y, setze nach der Differentiation $y = 0$ und bezeichne mit $\vartheta_1'(0)$ den Werth von $\frac{d\vartheta_1(x)}{dx}$ für $x = 0$, dann erhält man:

$$(18.)\quad \begin{cases} \dfrac{d}{dx}\dfrac{\vartheta_1(x)}{\vartheta(x)} = \dfrac{\vartheta(0)\vartheta_1'(0)}{\vartheta_2(0)\vartheta_3(0)}\cdot\dfrac{\vartheta_2(x)}{\vartheta(x)}\,\dfrac{\vartheta_3(x)}{\vartheta(x)} \\ \dfrac{d}{dx}\dfrac{\vartheta_2(x)}{\vartheta(x)} = -\dfrac{\vartheta_3(0)\vartheta_1'(0)}{\vartheta(0)\vartheta_2(0)}\cdot\dfrac{\vartheta_1(x)}{\vartheta(x)}\,\dfrac{\vartheta_3(x)}{\vartheta(x)} \\ \dfrac{d}{dx}\dfrac{\vartheta_3(x)}{\vartheta(x)} = -\dfrac{\vartheta_2(0)\vartheta_1'(0)}{\vartheta(0)\vartheta_3(0)}\cdot\dfrac{\vartheta_1(x)}{\vartheta(x)}\,\dfrac{\vartheta_2(x)}{\vartheta(x)}. \end{cases}$$

Führt man nach (14.) den Winkel φ ein, so geben die drei Gleichungen (18.) übereinstimmend:

$$\frac{d\varphi}{dx} = \frac{\vartheta_3(0)\vartheta_1'(0)}{\vartheta(0)\vartheta_2(0)}\cdot\Delta\varphi,$$

$$\frac{\vartheta_3(0)\vartheta'(0)}{\vartheta(0)\vartheta_2(0)}dx = \frac{d\varphi}{\Delta\varphi} = \frac{d\varphi}{\sqrt{1-k^2\sin^2\varphi}},$$

wo, für reelle Werthe von φ und k, $\Delta\varphi = \sqrt{1-k^2\sin^2\varphi}$ den positiven Werth der Quadratwurzel bedeutet. Integrirt man und berücksichtigt, dass x und φ gleichzeitig verschwinden, so ergiebt sich:

$$(19.)\quad \frac{\vartheta_3(0)\vartheta_1'(0)}{\vartheta(0)\vartheta_2(0)}\cdot x = \int_0^{\varphi}\frac{d\varphi}{\sqrt{1-k^2\sin^2\varphi}}.$$

Die rechte Seite von Gleichung (19.) ist bekanntlich das elliptische Integral erster Gattung, φ die Amplitude, k der Modul, k' der Complementarmodul.

Der constante Factor

$$\frac{\vartheta_3(0)\vartheta_1'(0)}{\vartheta(0)\vartheta_2(0)},$$

mit welchem x multiplicirt dem Integral erster Gattung gleich wird, läſst sich noch vereinfachen, wie im folgenden Paragraphen gezeigt werden soll.'

4.

Der bloſse Hinblick auf die Definitionsgleichungen

$$\vartheta_3(x) = 1+2q\cos 2x+2q^4\cos 4x+2q^9\cos 6x+\cdots$$
$$\vartheta(x) = 1-2q\cos 2x+2q^4\cos 4x-2q^9\cos 6x+\cdots$$

und

$$\vartheta_2(x) = 2\sqrt[4]{q}\cos x+2\sqrt[4]{q^9}\cos 3x+2\sqrt[4]{q^{25}}\cos 5x+\cdots$$

der Functionen ϑ_3, ϑ und ϑ_2 zeigt, dass, wenn man in den Functionen ϑ_3 und ϑ

die graden Glieder von den ungraden trennt, jede dieser Summen für sich wieder eine ϑ-Function ist, in welcher indessen x und q durch $2x$ und q^4 ersetzt sind, und zwar ist die Summe der graden Glieder gleich $\vartheta_3(2x, q^4)$, die Summe der ungraden Glieder gleich $\vartheta_2(2x, q^4)$. Man hat also die beiden identischen Gleichungen:

$$(20.)\quad \begin{cases} \vartheta_3(x,q) = \vartheta_3(2x,q^4)+\vartheta_2(2x,q^4) \\ \vartheta(x,q) = \vartheta_3(2x,q^4)-\vartheta_2(2x,q^4). \end{cases}$$

Diese Werthe von ϑ_3, ϑ, in die dritte Gleichung (12.)

$$\vartheta_2^2(0).\vartheta_2(2x) = \vartheta_3^4(x)-\vartheta^4(x)$$

eingesetzt, führen, wenn man zugleich x für $2x$ schreibt, zu der Gleichung:

$$(21.)\quad \vartheta_2^2(0,q)\,\vartheta_2(x,q) = 8\vartheta_2(x,q^4)\,\vartheta_3(x,q^4)[\vartheta_3^2(x,q^4)+\vartheta_2^2(x,q^4)],$$

aus welcher, wenn man x um $\frac{\pi}{2}$ vermehrt, eine ähnliche Gleichung für die Function ϑ_1:

$$(21^*.)\quad \vartheta_2^2(0,q)\,\vartheta_1(x,q) = 8\vartheta_1(x,q^4)\,\vartheta(x,q^4)[\vartheta^2(x,q^4)+\vartheta_1^2(x,q^4)]$$

hervorgeht. Die letzte Gleichung giebt, wenn man sie nach x differentiirt und dann $x=0$ setzt:

$$(22.)\quad \vartheta_2^2(0,q)\,\vartheta_1'(0,q) = 8\vartheta^3(0,q^4)\,\vartheta_1'(0,q^4).$$

Andrerseits ergeben die Gleichungen (20.), (21.) für $x=0$:

$$\vartheta_3(0,q) = \vartheta_3(0,q^4)+\vartheta_2(0,q^4)$$
$$\vartheta(0,q) = \vartheta_3(0,q^4)-\vartheta_2(0,q^4)$$
$$\vartheta_2^4(0,q) = 8\vartheta_2(0,q^4)\,\vartheta_3(0,q^4)[\vartheta_3^2(0,q^4)+\vartheta_2^2(0,q^4)],$$

also, wenn man das Product aus den letzten drei Formeln bildet und dabei die Relation (E.)

$$\vartheta_3^4(0,q^4)-\vartheta_2^4(0,q^4) = \vartheta^4(0,q^4)$$

anwendet:

$$(22^*.)\quad \vartheta_2^4(0,q)\,\vartheta_3(0,q)\,\vartheta(0,q) = 8\vartheta^4(0,q^4)\,\vartheta_2(0,q^4)\,\vartheta_3(0,q^4).$$

Man dividire beide Seiten der Gleichungen (22.), (22*.) durch einander, so ergiebt sich:

$$\frac{\vartheta_1'(0,q)}{\vartheta(0,q)\,\vartheta_2(0,q)\,\vartheta_3(0,q)} = \frac{\vartheta_1'(0,q^4)}{\vartheta(0,q^4)\,\vartheta_2(0,q^4)\,\vartheta_3(0,q^4)};$$

d. h. die Function

$$\xi(q) = \frac{\vartheta_1'(0,q)}{\vartheta(0,q)\,\vartheta_2(0,q)\,\vartheta_3(0,q)}$$

hat die Eigenschaft, unverändert zu bleiben, wenn man q^4 für q setzt.

Indem man dies Resultat wiederholt anwendet und berücksichtigt, dass, da der Modul von q kleiner als 1 ist, q^n für $n=\infty$ zur Grenze Null hat, ergiebt sich:

$$\xi(q) = \xi(0).$$

Aber für $q=0$ ist, wie leicht einzusehen, die Function ξ der Einheit gleich, daher für jeden Werth von q:

$$\xi(q) = 1$$

oder

$$\text{(23.)} \qquad \vartheta_1'(0,q) = \vartheta(0,q)\,\vartheta_2(0,q)\,\vartheta_3(0,q).$$

Diese wichtige Relation reducirt den constanten Factor, mit welchem x in Gleichung (19.) multiplicirt ist, auf $\vartheta_3^2(0)$, sodass diese Gleichung jetzt in die folgende übergeht:

$$\text{(19*.)} \qquad \vartheta_3^2(0).x = \int_0^\varphi \frac{d\varphi}{\sqrt{1-k^2\sin^2\varphi}}.$$

5.

Während x dem unbestimmten elliptischen Integral erster Gattung proportional ist, hängt der constante Factor, um welchen sich x davon unterscheidet, von dem vollständigen Integral (intégrale complète) ab, d. h. von dem innerhalb solcher Grenzen genommenen Integral, dass die unter demselben stehende Function $\frac{1}{\sqrt{1-k^2\sin^2\varphi}}$ alle Werthe bekommt, deren sie für reelle Werthe von φ fähig ist, was der Fall ist, sobald die Grenzen um $\frac{1}{2}\pi$ von einander verschieden sind. Es soll aber, während bisher q ebensowohl imaginär als reell sein konnte, wenn nur sein Modul <1 war, von jetzt an die Untersuchung auf reelle Werthe von q beschränkt werden.

Da für $x=\frac{\pi}{2}$ die Brüche $\frac{\vartheta_1(x)}{\vartheta(x)}$ und $\frac{\vartheta_2(x)}{\vartheta(x)}$ die Werthe $\frac{\vartheta_2(0)}{\vartheta_3(0)}=\sqrt{k}$

und 0 bekommen, so geht aus den Gleichungen (14.)

$$\sqrt{k}\sin\varphi = \frac{\vartheta_1(x)}{\vartheta(x)}, \qquad \sqrt{\frac{k}{k'}}\cos\varphi = \frac{\vartheta_2(x)}{\vartheta(x)}$$

hervor, dass für $x = \frac{\pi}{2}$

$$\sin\varphi = 1, \qquad \cos\varphi = 0$$

werden. Daher wird φ gleich $\frac{\pi}{2}$ oder von diesem Werthe um ein ganzes Vielfaches von 2π verschieden, also

$$\varphi = (4n+1)\frac{\pi}{2},$$

wo n eine ganze Zahl bedeutet. Es läſst sich aber leicht beweisen, dass $n = 0$ ist.

Man setze in (21.) $x = 0$ und bilde den Quotienten aus beiden Gleichungen, so ergiebt sich:

$$\frac{\vartheta_2(x,q)}{\vartheta_2(0,q)} = \frac{\vartheta_2(x,q^4)}{\vartheta_2(0,q^4)}\cdot\rho,$$

wo der Ausdruck

$$\rho = \frac{\vartheta_3(x,q^4)}{\vartheta_3(0,q^4)}\cdot\frac{\vartheta_3^2(x,q^4)+\vartheta_2^2(x,q^4)}{\vartheta_3^2(0,q^4)+\vartheta_2^2(0,q^4)}$$

ein für alle reellen Werthe von x und q positiver Factor ist. Die Function

$$\frac{\vartheta_2(x,q)}{\vartheta_2(0,q)}$$

behält also ihr Zeichen, wenn man q durch q^4 ersetzt. Durch fortgesetzte Anwendung hiervon, und indem man berücksichtigt, dass sich q^m mit steigendem m immer mehr der Null nähert, gelangt man zu dem Ergebniss, dass die obige Function gleiches Zeichen mit

$$\frac{\vartheta_2(x,\delta)}{\vartheta_2(0,\delta)}$$

hat, wo δ unendlich klein ist. Aber für ein unendlich kleines δ nähert sich dieser Bruch der Grenze $\cos x$, *folglich hat, für alle reellen Werthe von x und q, $\vartheta_2(x)$ das Zeichen von $\cos x$.*

Bei Vertauschung von x mit $\frac{\pi}{2}-x$ geht $\vartheta_2(x)$ in $\vartheta_1(x)$ und $\cos x$ in $\sin x$ über, daher ist in dem obigen gleichzeitig das Ergebniss enthalten, *dass $\vartheta_1(x)$ das Zeichen von $\sin x$ hat.*

Da ferner $\vartheta(x)$ für reelle Werthe von x und q immer positiv ist, so schliefst man aus den beiden Gleichungen:

$$\sqrt{k}\sin\varphi = \frac{\vartheta_1(x)}{\vartheta(x)}, \quad \sqrt{\frac{k}{k'}}\cos\varphi = \frac{\vartheta_2(x)}{\vartheta(x)},$$

dass $\sin\varphi$ das Zeichen von $\sin x$ und $\cos\varphi$ das Zeichen von $\cos x$ hat, oder, was, da φ mit x zugleich verschwindet, dasselbe ist: *φ liegt mit x immer in demselben Quadranten*, wird also mit x gleichzeitig $= \frac{1}{2}\pi$, π, $\frac{3}{2}\pi$ etc.

Man kann also in (19*.) x und φ gleichzeitig $= \frac{\pi}{2}$ setzen und erhält

$$\vartheta_3^2(0)\cdot\frac{\pi}{2} = \int_0^{\frac{\pi}{2}} \frac{d\varphi}{\sqrt{1-k^2\sin^2\varphi}}.$$

Wenn man, wie in den *Fundamenten*, das vollständige Integral mit K bezeichnet, so hat man nach der eben bewiesenen Gleichung:

$$K = \int_0^{\frac{\pi}{2}} \frac{d\varphi}{\sqrt{1-k^2\sin^2\varphi}} = \frac{\pi}{2}[1+2q+2q^4+2q^9+\cdots]^2,$$

was in Verbindung mit (13.) die drei Gleichungen

$$\vartheta_3(0) = \sqrt{\frac{2K}{\pi}}, \quad \vartheta_2(0) = \sqrt{\frac{2Kk}{\pi}}, \quad \vartheta(0) = \sqrt{\frac{2Kk'}{\pi}}$$

liefert. — Man kann jetzt x als Function von φ, k bestimmen, *ohne q dabei zu gebrauchen.* Bezeichnet man mit Legendre durch $F(\varphi)$ das unbestimmte elliptische Integral erster Gattung, so hat man nämlich

$$x = \frac{\pi}{2}\cdot\frac{\int_0^{\varphi}\frac{d\varphi}{\sqrt{1-k^2\sin^2\varphi}}}{\int_0^{\frac{\pi}{2}}\frac{d\varphi}{\sqrt{1-k^2\sin^2\varphi}}} = \frac{\pi}{2}\cdot\frac{F(\varphi)}{K}.$$

Die bisher gewonnenen Resultate lassen sich folgendermafsen zusammenfassen:

Die vier in § 1 definirten ϑ-Functionen erfüllen solche Relationen, dass man die Amplitude φ, den Modul k und den Complementarmodul k' als Functionen von x und q durch die sechs gleichzeitig bestehenden Gleichungen (13.), (14.):

$$\sqrt{k} = \frac{\vartheta_2(0)}{\vartheta_3(0)} = \frac{2\sqrt[4]{q}+2\sqrt[4]{q^9}+2\sqrt[4]{q^{25}}+\cdots}{1+2q+2q^4+2q^9+\cdots}$$

$$\sqrt{k'} = \frac{\vartheta(0)}{\vartheta_3(0)} = \frac{1-2q+2q^4-2q^9+\cdots}{1+2q+2q^4+2q^9+\cdots}$$

$$k^2+k'^2 = 1$$

$$\sqrt{k}\sin\varphi = \frac{\vartheta_1(x)}{\vartheta(x)} = \frac{2\sqrt[4]{q}\sin x-2\sqrt[4]{q^9}\sin 3x+2\sqrt[4]{q^{25}}\sin 5x-\cdots}{1-2q\cos 2x+2q^4\cos 4x-2q^9\cos 6x+\cdots}$$

$$\sqrt{\frac{k}{k'}}\cos\varphi = \frac{\vartheta_2(x)}{\vartheta(x)} = \frac{2\sqrt[4]{q}\cos x+2\sqrt[4]{q^9}\cos 3x+2\sqrt[4]{q^{25}}\cos 5x+\cdots}{1-2q\cos 2x+2q^4\cos 4x-2q^9\cos 6x+\cdots}$$

$$\frac{1}{\sqrt{k'}}\Delta\varphi = \frac{\vartheta_3(x)}{\vartheta(x)} = \frac{1+2q\cos 2x+2q^4\cos 4x+2q^9\cos 6x+\cdots}{1-2q\cos 2x+2q^4\cos 4x-2q^9\cos 6x+\cdots}$$

und die Bedingung, dass φ mit x zugleich verschwinde, definiren kann. Dann läſst sich aber umgekehrt x als Function von φ und k durch die Gleichungen

$$(24.)\quad \frac{2Kx}{\pi} = F(\varphi) = \int_0^\varphi \frac{d\varphi}{\sqrt{1-k^2\sin^2\varphi}},\qquad K = \int_0^{\frac{\pi}{2}} \frac{d\varphi}{\sqrt{1-k^2\sin^2\varphi}}$$

darstellen, und man hat überdies:

$$(25.)\quad \begin{cases} \sqrt{\frac{2K}{\pi}} = \vartheta_3(0) = 1+2q+2q^4+2q^9+\cdots \\ \sqrt{\frac{2Kk}{\pi}} = \vartheta_2(0) = 2\sqrt[4]{q}+2\sqrt[4]{q^9}+2\sqrt[4]{q^{25}}+\cdots \\ \sqrt{\frac{2Kk'}{\pi}} = \vartheta(0) = 1-2q+2q^4-2q^9+\cdots \end{cases}$$

Im Folgenden werde ich, wie in den *Fundamenten*, mit $\operatorname{am}\frac{2Kx}{\pi}$ die inverse Function von $F(\varphi)$ bezeichnen, sodass aus $\frac{2Kx}{\pi} = F(\varphi)$ umgekehrt $\varphi = \operatorname{am}\frac{2Kx}{\pi}$ folgt.

6.

Es bleibt jetzt noch die Aufgabe zu lösen, q als Function von k zu bestimmen.

Durch die Gleichungen (25.) sind K, k, k' als Functionen von q definirt. Man setze in denselben q^4 an die Stelle von q und bezeichne mit K_4, k_4, k_4' die

Gröfsen, in welche alsdann K, k, k' übergehen. Dies vorausgesetzt, so gehen die für $x=0$ in (20.) enthaltenen Gleichungen

$$\vartheta_3(0,q) = \vartheta_3(0,q^4)+\vartheta_2(0,q^4)$$
$$\vartheta(0,q) = \vartheta_3(0,q^4)-\vartheta_2(0,q^4)$$

unter Benutzung von (25.) in die folgenden über:

$$\sqrt{K} = (1+\sqrt{k_4})\sqrt{K_4}$$
$$\sqrt{Kk'} = (1-\sqrt{k_4})\sqrt{K_4},$$

aus welchen

$$\sqrt{k'} = \frac{1-\sqrt{k_4}}{1+\sqrt{k_4}}, \qquad \sqrt{k_4} = \frac{1-\sqrt{k'}}{1+\sqrt{k'}}$$

hervorgeht. Das hierdurch gewonnene Resultat läfst sich auch so aussprechen:

Man bestimme aus dem Complementarmodul k' eines gegebenen Moduls k einen neuen Modul k_4 durch die Relation

$$\sqrt{k_4} = \frac{1-\sqrt{k'}}{1+\sqrt{k'}},$$

so stehen die zu den beiden Moduln k, k_4 gehörigen vollständigen Integrale K, K_4 in der einfachen durch die Gleichung

$$K = (1+\sqrt{k_4})^2 K_4$$

angegebenen Relation. Aber die zwischen k' und k_4 bestehende Beziehung ist eine reciproke. Hieraus folgt, dass wenn k_4' der gegebene Modul ist, dieselbe Operation, welche k_4 aus k entstehen läfst, von k_4' zu k' führt. Man hat daher die Gleichung

$$K_4' = (1+\sqrt{k'})^2 K'$$

oder

$$K' = \frac{1}{(1+\sqrt{k'})^2} K_4'.$$

Aus den beiden Relationen zwischen K und K_4 und zwischen K' und K_4' ergiebt sich:

$$\frac{K_4'}{K_4} = [(1+\sqrt{k'})(1+\sqrt{k_4})]^2 \frac{K'}{K}$$

oder, da

$$(1+\sqrt{k'})(1+\sqrt{k_4}) = 2$$

ist:

$$\frac{K_4'}{K_4} = 4\frac{K'}{K}.$$

Sieht man $\frac{K'}{K}$ als Function von q an, so hat diese Function also die durch die Gleichung

$$\text{funct}(q^4) = 4\,\text{funct}(q)$$

ausgedrückte Eigenschaft, eine Eigenschaft, welche sie mit dem Logarithmus gemein hat, da

$$\lg(q^4) = 4\lg q.$$

Bezeichnet man mit $\psi(q)$ den Quotienten aus beiden Functionen, setzt also

$$\psi(q) = \frac{K\lg q}{K'},$$

so hat daher $\psi(q)$ die Eigenschaft, unverändert zu bleiben, wenn man q^4 für q setzt, und hieraus folgt wiederum durch Wiederholung dieses Schlusses, und indem man $\psi(0)$ mit c bezeichnet:

$$\frac{K\lg q}{K'} = c. \tag{26.}$$

Um den Werth der Constante c zu ermitteln, betrachte man die Werthe von K und K' für unendlich kleine Werthe von q, für welche zugleich k^2 unendlich klein wird, und zwar so, dass

$$\lim_{q=0} \frac{k^2}{16q} = 1$$

ist. In diesem Falle nähert sich K der Grenze $\frac{\pi}{2}$, dagegen wächst

$$K' = \int_0^{\frac{\pi}{2}} \frac{d\varphi}{\sqrt{1-k'^2\sin^2\varphi}} = \int_0^{\frac{\pi}{2}} \frac{d\varphi}{\cos\varphi\sqrt{1+k^2\operatorname{tg}^2\varphi}}$$

wegen der in der Nähe von $\frac{\pi}{2}$ gelegenen Elemente des Integrals ins Unendliche. Nach der erhaltenen Gleichung weiss man bereits, dass K' proportional $\lg q$ oder, was dasselbe ist, proportional $\lg\frac{k}{4}$ unendlich werden muss; aber es muss ermittelt werden, mit welcher numerischen Constante $\lg\frac{k}{4}$ zu multipliciren ist, damit für unendlich kleine Werthe von k das Verhältniss des Products zu K' der Einheit unendlich nahe komme. Indem man

$$\operatorname{tg}^2\varphi = \frac{1}{\cos^2\varphi} - 1 = \frac{1}{2}\,\frac{1}{1-\sin\varphi} + \frac{1}{2}\,\frac{1}{1+\sin\varphi} - 1$$

in K' substituirt, ergiebt sich

$$\frac{1}{\sqrt{1+k^2 \operatorname{tg}^2\varphi}} = \frac{1}{\sqrt{1+\frac{1}{2}\frac{k^2}{1-\sin\varphi}-k^2\left(1-\frac{1}{2}\frac{1}{1+\sin\varphi}\right)}}$$

oder, wenn man

$$\mu = \frac{1-\frac{1}{2}\frac{1}{1+\sin\varphi}}{1+\frac{1}{2}\frac{k^2}{1-\sin\varphi}}$$

setzt:

$$\frac{1}{\sqrt{1+k^2 \operatorname{tg}^2\varphi}} = \frac{1}{\sqrt{1+\frac{1}{2}\frac{k^2}{1-\sin\varphi}}}\cdot(1-\mu k^2)^{-\frac{1}{2}}$$

$$= \frac{1}{\sqrt{1+\frac{1}{2}\frac{k^2}{1-\sin\varphi}}}\cdot\left\{1+\frac{1}{2}\mu k^2+\frac{1.3}{2.4}\mu^2 k^4+\cdots\right\}.$$

Hier ist μ eine Gröfse, welche von $\varphi = 0$ bis $\varphi = \frac{\pi}{2}$ immer kleiner als 1 bleibt, daher ergiebt sich:

$$K' = \left\{1+\frac{1}{2}\mu_1 k^2+\frac{1.3}{2.4}\mu_2 k^4+\cdots\right\}\int_0^{\frac{\pi}{2}}\frac{d\varphi}{\cos\varphi\sqrt{1+\frac{1}{2}\frac{k^2}{1-\sin\varphi}}},$$

wo $\mu_1, \mu_2 \ldots$ Factoren sind, welche zwischen 0 und 1 liegen. Das auf der rechten Seite dieser Gleichung stehende bestimmte Integral findet man nach den gewöhnlichen Regeln der Integralrechnung

$$= -\frac{1}{2\sqrt{1+\frac{1}{4}k^2}}\lg\frac{\sqrt{1+\frac{1}{2}k^2}-\sqrt{1+\frac{1}{4}k^2}}{\sqrt{1+\frac{1}{2}k^2}+\sqrt{1+\frac{1}{4}k^2}},$$

welcher Ausdruck für unendlich kleine Werthe von k unendlich wenig von $\lg\frac{4}{k}$ und somit auch unendlich wenig von

$$-\tfrac{1}{2}\lg q$$

verschieden ist. Man hat daher

$$\lim_{q=0}.\ \frac{K\lg q}{K'} = -\pi.$$

Hieraus ergiebt sich

$$c = -\pi.$$

Die hier angewandte Analyse*), um K' für kleine Werthe von k in eine Reihe zu entwickeln, ist die nämliche, welche 1750 Euler im zweiten Theile

*) Eine andere Methode, um dasselbe Ziel zu erreichen, ist folgende: Indem man in das vollständige Integral K' für φ eine neue Variable

$$z = k \operatorname{tg} \varphi$$

einführt, erhält man

$$K' = \int_0^\infty \frac{dz}{\sqrt{(1+z^2)(k^2+z^2)}}.$$

Es sei α eine Gröfse, welche mit k gleichzeitig unendlich klein wird, doch so dass $\frac{k}{\alpha}$ ebenfalls unendlich klein ist, was zum Beispiel stattfindet, wenn $\alpha = \sqrt{k}$ gesetzt wird. Dies vorausgesetzt, theile man das Integral in ein von 0 bis α und ein von α bis ∞ genommenes und bezeichne mit

$$\overset{b}{\underset{a}{M}} f(z)$$

einen zwischen dem gröfsten und kleinsten Werthe von $f(z)$ innerhalb der Grenzen $z = a$, $z = b$ liegenden Mittelwerth, dann ist nach einem bekannten Satze über bestimmte Integrale

$$K' = \int_0^\alpha \frac{dz}{\sqrt{(1+z^2)(k^2+z^2)}} + \int_\alpha^\infty \frac{dz}{z\sqrt{(1+z^2)\left(1+\frac{k^2}{z^2}\right)}}$$

$$= \int_0^\alpha \frac{dz}{\sqrt{k^2+z^2}} \cdot \overset{\alpha}{\underset{0}{M}} \frac{1}{\sqrt{1+z^2}} + \int_\alpha^\infty \frac{dz}{z\sqrt{1+z^2}} \cdot \overset{\infty}{\underset{\alpha}{M}} \frac{1}{\sqrt{1+\frac{k^2}{z^2}}},$$

also, wenn k, α und $\frac{k}{\alpha}$ zugleich unendlich klein werden, bis auf eine unendlich kleine Grösse

$$K' = \int_0^\alpha \frac{dz}{\sqrt{k^2+z^2}} + \int_\alpha^\infty \frac{dz}{z\sqrt{1+z^2}},$$

oder, wenn man im ersten Integral $z = ku$, im zweiten $z = \frac{1}{u}$ setzt:

$$K' = \int_0^{\frac{\alpha}{k}} \frac{du}{\sqrt{1+u^2}} + \int_0^{\frac{1}{\alpha}} \frac{du}{\sqrt{1+u^2}}.$$

Da aber bekanntlich

$$\int_0^u \frac{du}{\sqrt{1+u^2}} = \lg(u+\sqrt{1+u^2}) = \lg u + \lg\left(1+\sqrt{1+\frac{1}{u^2}}\right)$$

ist, so ergiebt sich

$$K' = \lg\frac{\alpha}{k} + \lg\frac{1}{\alpha} + \lg\left(1+\sqrt{1+\frac{k^2}{\alpha^2}}\right) + \lg(1+\sqrt{1+\alpha^2}),$$

es ist also, wenn α und $\frac{k}{\alpha}$ unendlich klein sind, K' unendlich wenig von $\lg\frac{4}{k}$ verschieden.

B.

der opuscula varii argumenti p. 161 auf das elliptische Integral zweiter Gattung angewandt hat.

Aus der Gleichung

$$\frac{K \lg q}{K'} = -\pi$$

folgt

(27.) $$q = e^{-\frac{\pi K'}{K}},$$

und hiermit ist die Aufgabe, q als Function von k zu bestimmen, gelöst.

Die erlangten Resultate können jetzt so ausgesprochen werden, dass man von dem elliptischen Integral erster Gattung ausgeht, und zwar folgendermaſsen:

Es sei

$$F(\varphi) = u,$$

wo

$$F(\varphi) = \int_0^\varphi \frac{d\varphi}{\Delta\varphi} = \int_0^\varphi \frac{d\varphi}{\sqrt{1-k^2\sin^2\varphi}} \qquad (0<k<1)$$

das elliptische Integral erster Gattung mit dem Modul k ist, so setze man φ als Function von u betrachtend,

$$\varphi = \operatorname{am} u.$$

Dann hat man, wenn K, K' die zu dem Modul k und dem Complementarmodul $k' = \sqrt{1-k^2}$ gehörenden vollständigen Integrale sind,

$$K = \int_0^{\frac{\pi}{2}} \frac{d\varphi}{\sqrt{1-k^2\sin^2\varphi}}, \qquad K' = \int_0^{\frac{\pi}{2}} \frac{d\varphi}{\sqrt{1-k'^2\sin^2\varphi}},$$

und wenn

$$q = e^{-\frac{\pi K'}{K}}, \quad x = \frac{\pi u}{2K} \quad \text{oder} \quad u = \frac{2Kx}{\pi}$$

gesetzt wird:

$$\sqrt{k}\sin\operatorname{am}\frac{2Kx}{\pi} = \frac{2\sqrt[4]{q}\sin x - 2\sqrt[4]{q^9}\sin 3x + 2\sqrt[4]{q^{25}}\sin 5x - \cdots}{1-2q\cos 2x + 2q^4\cos 4x - 2q^9\cos 6x + \cdots}$$

$$\sqrt{\frac{k}{k'}}\cos\operatorname{am}\frac{2Kx}{\pi} = \frac{2\sqrt[4]{q}\cos x + 2\sqrt[4]{q^9}\cos 3x + 2\sqrt[4]{q^{25}}\cos 5x + \cdots}{1-2q\cos 2x + 2q^4\cos 4x - 2q^9\cos 6x + \cdots}$$

$$\frac{1}{\sqrt{k'}}\Delta\operatorname{am}\frac{2Kx}{\pi} = \frac{1+2q\cos 2x + 2q^4\cos 4x + 2q^9\cos 6x + \cdots}{1-2q\cos 2x + 2q^4\cos 4x - 2q^9\cos 6x + \cdots};$$

und es gilt für die Amplituden

$$\varphi = \operatorname{am} u = \operatorname{am}\frac{2Kx}{\pi}, \quad \psi = \operatorname{am} v = \operatorname{am}\frac{2Ky}{\pi}, \quad \sigma = \operatorname{am}(u+v) = \operatorname{am}\frac{2K(x+y)}{\pi}$$

das Additionstheorem:

$$\sin\operatorname{am}(u+v) = \frac{\sin\operatorname{am}u\cos\operatorname{am}v\,\Delta\operatorname{am}v + \sin\operatorname{am}v\cos\operatorname{am}u\,\Delta\operatorname{am}u}{1-k^2\sin^2\operatorname{am}u\sin^2\operatorname{am}v}$$

$$\cos\operatorname{am}(u+v) = \frac{\cos\operatorname{am}u\cos\operatorname{am}v - \sin\operatorname{am}u\sin\operatorname{am}v\,\Delta\operatorname{am}u\,\Delta\operatorname{am}v}{1-k^2\sin^2\operatorname{am}u\sin^2\operatorname{am}v}$$

$$\Delta\operatorname{am}(u+v) = \frac{\Delta\operatorname{am}u\,\Delta\operatorname{am}v - k^2\sin\operatorname{am}u\sin\operatorname{am}v\cos\operatorname{am}u\cos\operatorname{am}v}{1-k^2\sin^2\operatorname{am}u\sin^2\operatorname{am}v},$$

welches man auch durch die Gleichungen

$$F(\sigma) = F(\varphi)+F(\psi)$$

$$\sin\sigma = \frac{\sin\varphi\cos\psi\,\Delta\psi + \sin\psi\cos\varphi\,\Delta\varphi}{1-k^2\sin^2\varphi\sin^2\psi}$$

$$\cos\sigma = \frac{\cos\varphi\cos\psi - \sin\varphi\sin\psi\,\Delta\varphi\,\Delta\psi}{1-k^2\sin^2\varphi\sin^2\psi}$$

$$\Delta\sigma = \frac{\Delta\varphi\,\Delta\psi - k^2\sin\varphi\sin\psi\cos\varphi\cos\psi}{1-k^2\sin^2\varphi\sin^2\psi}$$

darstellen kann.

7.

Dem nachgewiesenen Zusammenhange zwischen den ϑ-Functionen und dem elliptischen Integral erster Gattung soll das entsprechende für die Integrale zweiter und dritter Gattung hinzugefügt werden. Da die Variable x der ϑ-Functionen dem Integrale erster Gattung proportional ist, so werden die Integrale zweiter und dritter Gattung im Folgenden als Functionen des Integrals erster Gattung von der nämlichen Amplitude betrachtet.

Während zu den bisherigen Entwickelungen die Formelsysteme (C.), (D.), (E.) hinreichten, ist es jetzt nothwendig, zu dem System (B.) zurückzukehren. Die erste Formel dieses Systems ist

$$\vartheta(x+y+z)\,\vartheta(x)\,\vartheta(y)\,\vartheta(z) + \vartheta_1(x+y+z)\,\vartheta_1(x)\,\vartheta_1(y)\,\vartheta_1(z) = \vartheta(0)\,\vartheta(y+z)\,\vartheta(x+z)\,\vartheta(x+y).$$

Differentiirt man diese Gleichung nach z, setzt alsdann $z=0$ und benutzt das § 4 (23.) gewonnene Resultat

$$\vartheta_1'(0) = \vartheta(0)\,\vartheta_2(0)\,\vartheta_3(0),$$

so ergiebt sich:

$$\frac{\vartheta'(x)}{\vartheta(x)} + \frac{\vartheta'(y)}{\vartheta(y)} - \frac{\vartheta'(x+y)}{\vartheta(x+y)} = \vartheta_2(0)\,\vartheta_3(0)\,\frac{\vartheta_1(x)}{\vartheta(x)}\,\frac{\vartheta_1(y)}{\vartheta(y)}\,\frac{\vartheta_1(x+y)}{\vartheta(x+y)},$$

also, wenn man

$$(28.)\quad \zeta(x) = \frac{d\lg\vartheta(x)}{dx} = \frac{\vartheta'(x)}{\vartheta(x)} = \frac{2[2q\sin 2x - 4q^4\sin 4x + 6q^9\sin 6x - \cdots]}{1 - 2q\cos 2x + 2q^4\cos 4x - 2q^9\cos 6x + \cdots}$$

setzt:

$$(29.)\qquad \zeta(x)+\zeta(y)-\zeta(x+y) = \vartheta_2(0)\,\vartheta_3(0)\,\frac{\vartheta_1(x)}{\vartheta(x)}\cdot\frac{\vartheta_1(y)}{\vartheta(y)}\cdot\frac{\vartheta_1(x+y)}{\vartheta(x+y)}.$$

Die Function $\zeta(x)$ steht mit dem elliptischen Integral zweiter Gattung im genauesten Zusammenhange. Man differentiire (29.) nach y, und setze alsdann $y=0$, so ergiebt sich:

$$\zeta'(0)-\zeta'(x) = \left\{\vartheta_2(0)\,\vartheta_3(0)\,\frac{\vartheta_1(x)}{\vartheta(x)}\right\}^2 = \left\{\frac{2K}{\pi}\sqrt{k}\,\frac{\vartheta_1(x)}{\vartheta(x)}\right\}^2,$$

wo

$$\zeta'(x) = \frac{d\zeta(x)}{dx}.$$

Führt man an die Stelle von x die Amplitude

$$\varphi = \operatorname{am}\frac{2Kx}{\pi}$$

ein, sodass

$$\frac{2Kx}{\pi} = \int_0^\varphi \frac{d\varphi}{\sqrt{1-k^2\sin^2\varphi}},\qquad \frac{2K}{\pi}dx = \frac{d\varphi}{\Delta\varphi},\qquad \frac{\vartheta_1(x)}{\vartheta(x)} = \sqrt{k}.\sin\varphi,$$

so wird

$$\zeta'(0)-\zeta'(x) = \left\{\frac{2Kk}{\pi}\sin\varphi\right\}^2$$

$$[\zeta'(0)-\zeta'(x)]dx = \frac{2K}{\pi}\,\frac{k^2\sin^2\varphi}{\Delta\varphi}\,d\varphi,$$

also integrirt:

$$\zeta'(0).x-\zeta(x) = \frac{2K}{\pi}\int_0^\varphi \frac{k^2\sin^2\varphi}{\Delta\varphi}\,d\varphi$$

Setzt man nach Legendre

$$E(\varphi) = \int_0^\varphi \sqrt{1-k^2\sin^2\varphi}\,d\varphi,$$

so ist

$$\int_0^\varphi \frac{k^2\sin^2\varphi}{\Delta\varphi}\,d\varphi = F(\varphi)-E(\varphi),$$

also

$$(30.)\qquad \zeta'(0).x-\zeta(x) = \frac{2K}{\pi}[F(\varphi)-E(\varphi)].$$

Hieraus ergiebt sich der Werth von $\zeta'(0)$, indem man $x = \frac{\pi}{2}$ setzt, woraus sich zugleich $\varphi = \frac{\pi}{2}$ ergiebt. Da ferner nach (28.) $\zeta(x)$ für $x = \frac{\pi}{2}$ verschwindet, so wird

$$\frac{\pi}{2}\zeta'(0) = \frac{2K}{\pi}\left\{F\left(\frac{\pi}{2}\right) - E\left(\frac{\pi}{2}\right)\right\}.$$

Bezeichnet man nach Legendre das vollständige Integral zweiter Gattung mit

$$E^1 = \int_0^{\frac{\pi}{2}} \Delta\varphi\, d\varphi$$

und der Uebereinstimmung wegen zugleich das vollständige Integral erster Gattung K mit

$$F^1 = \int_0^{\frac{\pi}{2}} \frac{d\varphi}{\Delta\varphi},$$

so ergiebt sich

$$\zeta'(0) = \frac{4F^1}{\pi^2}(F^1 - E^1).$$

Dieser Werth, in (30.) eingesetzt, giebt

$$(31.)\qquad \frac{\pi}{2}\zeta(x) = F^1 E(\varphi) - E^1 F(\varphi).$$

Man bezeichne wie früher mit ψ, σ die Amplituden von $\frac{2Ky}{\pi}$, $\frac{2K(x+y)}{\pi}$, so hat man die drei Gleichungen

$$\frac{\pi}{2}\zeta(x) \quad = F^1 E(\varphi) - E^1 F(\varphi)$$

$$\frac{\pi}{2}\zeta(y) \quad = F^1 E(\psi) - E^1 F(\psi)$$

$$\frac{\pi}{2}\zeta(x+y) = F^1 E(\sigma) - E^1 F(\sigma).$$

Diese Ausdrücke substituire man in (29.), so geht diese Gleichung in

$$F^1[E(\varphi)+E(\psi)-E(\sigma)] - E^1[F(\varphi)+F(\psi)-F(\sigma)] = F^1 k^2 \sin\varphi \sin\psi \sin\sigma$$

oder, da

$$F(\varphi)+F(\psi)-F(\sigma) = 0$$

ist, in

$$(32.)\qquad E(\varphi)+E(\psi)-E(\sigma) = k^2 \sin\varphi \sin\psi \sin\sigma$$

über. Dies ist das Additionstheorem der elliptischen Integrale zweiter Gattung.

Man multiplicire (31.) mit

$$\frac{2}{\pi}dx = \frac{1}{K}\frac{d\varphi}{\Delta\varphi}$$

und integrire, so ergiebt sich

$$\lg\frac{\vartheta(x)}{\vartheta(0)} = \int_0^\varphi \frac{F^1 E(\varphi) - E^1 F(\varphi)}{F^1 \Delta\varphi} d\varphi$$

oder

$$\vartheta(x) = \vartheta(0).e^{\int_0^\varphi \frac{F^1 E(\varphi) - E^1 F(\varphi)}{F^1 \Delta\varphi} d\varphi},$$

eine Gleichung, welche die Function $\vartheta(x)$ vermittelst der Integrale erster und zweiter Gattung darstellt.

Die Gleichung (29.) führt auch dazu, die Integrale dritter Gattung vermittelst der ϑ-Functionen darzustellen. Man setze in (29.) $y = a$ und $y = -a$ und bilde die Differenz beider Resultate, so ergiebt sich:

$$2\zeta(a) + \zeta(x-a) - \zeta(x+a) = \vartheta_2(0)\vartheta_3(0)\frac{\vartheta_1(x)}{\vartheta(x)}\frac{\vartheta_1(a)}{\vartheta(a)}\left\{\frac{\vartheta_1(x+a)}{\vartheta(x+a)} + \frac{\vartheta_1(x-a)}{\vartheta(x-a)}\right\}.$$

Nach (C. 17) geht diese Gleichung in

$$(33.)\qquad \zeta(a) + \tfrac{1}{2}\frac{d}{dx}\lg\frac{\vartheta(a-x)}{\vartheta(a+x)} = \frac{\vartheta_1(a)\vartheta_2(a)\vartheta_3(a)\vartheta_1^2(x)}{\vartheta(a)\vartheta(x+a)\vartheta(x-a)}$$

über. Wendet man auf den Nenner der rechten Seite (C. 6) an und setzt

$$\varphi = \operatorname{am}\frac{2Kx}{\pi}, \qquad \alpha = \operatorname{am}\frac{2Ka}{\pi},$$

so verwandelt sich die Gleichung in:

$$\zeta(a) + \tfrac{1}{2}\frac{d}{dx}\lg\frac{\vartheta(a-x)}{\vartheta(a+x)} = \vartheta^2(0)\frac{\vartheta_1(a)}{\vartheta(a)}\frac{\vartheta_2(a)}{\vartheta(a)}\frac{\vartheta_3(a)}{\vartheta(a)}\cdot\frac{\frac{\vartheta_1^2(x)}{\vartheta^2(x)}}{1-\frac{\vartheta_1^2(a)\vartheta_1^2(x)}{\vartheta^2(a)\vartheta^2(x)}}$$

$$= \frac{2K}{\pi}\sin\alpha\cos\alpha\,\Delta\alpha\frac{k^2\sin^2\varphi}{1-k^2\sin^2\alpha\sin^2\varphi}.$$

Indem man mit $\frac{2K}{\pi}dx = \frac{d\varphi}{\Delta\varphi}$ multiplicirt und integrirt, ergiebt sich:

$$x\zeta(a) + \tfrac{1}{2}\lg\frac{\vartheta(a-x)}{\vartheta(a+x)} = \sin\alpha\cos\alpha\,\Delta\alpha\int_0^\varphi\frac{k^2\sin^2\varphi\,d\varphi}{(1-k^2\sin^2\alpha\sin^2\varphi)\Delta\varphi}.$$

Die rechte Seite dieser Gleichung ist das elliptische Integral dritter Gattung in der in den *Fundamenten* eingeführten Gestalt, welches ich mit $\Pi(\varphi, a)$ bezeichne, und in welchem der von Legendre mit n bezeichnete Parameter durch $-k^2 \sin^2 a$ ersetzt ist. Die Formel

$$(34.)\qquad \Pi(\varphi, a) = \int_0^\varphi \frac{k^2 \sin a \cos a\, \Delta a \sin^2\varphi\, d\varphi}{(1-k^2\sin^2 a \sin^2\varphi)\Delta\varphi} = x\zeta(a) + \tfrac{1}{2}\lg\frac{\vartheta(a-x)}{\vartheta(a+x)}$$

ist die Fundamentalgleichung für das Integral dritter Gattung. Durch dieselbe wird die von drei Variabeln φ, a, k abhangende Function Π auf Functionen von zwei Variabeln und, wenn φ und a reell sind, von nur zwei reellen Argumenten zurückgeführt.

Aus (34.) folgen mit grosser Leichtigkeit die Haupteigenschaften der Integrale dritter Gattung. Man setze $x = \frac{\pi}{2}$, woraus $\varphi = \frac{\pi}{2}$ folgt, so wird

$$\Pi\left(\frac{\pi}{2}, a\right) = \frac{\pi}{2}\zeta(a) = F^1 E(a) - E^1 F(a),$$

wodurch das vollständige Integral dritter Gattung auf die vollständigen und die unbestimmten Integrale erster und zweiter Gattung zurückgeführt wird.

Vertauscht man in (34.) die Amplitude φ mit dem Parameter a und subtrahirt beide Resultate von einander, so ergiebt sich:

$$(35.)\qquad \Pi(\varphi, a) - \Pi(a, \varphi) = x\zeta(a) - a\zeta(x) = F(\varphi)E(a) - E(\varphi)F(a),$$

worin das Theorem von der Vertauschung der Amplitude und des Parameters enthalten ist.

Wendet man (34.) auf die drei Amplituden

$$\varphi = \operatorname{am}\frac{2Kx}{\pi}, \qquad \psi = \operatorname{am}\frac{2Ky}{\pi}, \qquad \sigma = \operatorname{am}\frac{2K(x+y)}{\pi}$$

an und schreibt $\vartheta(x-a)$ für $\vartheta(a-x)$, so ergiebt sich:

$$\Pi(\varphi, a) = x\zeta(a) + \tfrac{1}{2}\lg\frac{\vartheta(x-a)}{\vartheta(x+a)}$$

$$\Pi(\psi, a) = y\zeta(a) + \tfrac{1}{2}\lg\frac{\vartheta(y-a)}{\vartheta(y+a)}$$

$$\Pi(\sigma, a) = (x+y)\zeta(a) + \tfrac{1}{2}\lg\frac{\vartheta(x+y-a)}{\vartheta(x+y+a)},$$

und hieraus:

$$\Pi(\varphi,\alpha)+\Pi(\psi,\alpha)-\Pi(\sigma,\alpha) = \tfrac{1}{2}\lg\frac{\vartheta(x-a)\vartheta(y-a)\vartheta(x+y+a)}{\vartheta(x+a)\vartheta(y+a)\vartheta(x+y-a)}.$$

Den aus ϑ-Functionen zusammengesetzten Quotienten auf der rechten Seite dieser Gleichung verwandelt man mit Hülfe der bereits oben angewandten, dem Formelsystem (B.) angehörenden Gleichung

$$\vartheta(0)\vartheta(y+z)\vartheta(x+z)\vartheta(x+y) = \vartheta(x+y+z)\vartheta(x)\vartheta(y)\vartheta(z)+\vartheta_1(x+y+z)\vartheta_1(x)\vartheta_1(y)\vartheta_1(z)$$

in einen nur von der Function sinus amplitudinis abhangenden Ausdruck. Man setze nämlich $z = -a$ und $z = a$, und dividire beide Resultate durch einander, so ergiebt sich, wenn man überdies

$$A = \operatorname{am}\frac{2K}{\pi}(x+y-a),\qquad A' = \operatorname{am}\frac{2K}{\pi}(x+y+a)$$

setzt:

$$\frac{\vartheta(x-a)\vartheta(y-a)\vartheta(x+y+a)}{\vartheta(x+a)\vartheta(y+a)\vartheta(x+y-a)} = \frac{1-\dfrac{\vartheta_1(a)}{\vartheta(a)}\dfrac{\vartheta_1(x)}{\vartheta(x)}\dfrac{\vartheta_1(y)}{\vartheta(y)}\dfrac{\vartheta_1(x+y-a)}{\vartheta(x+y-a)}}{1+\dfrac{\vartheta_1(a)}{\vartheta(a)}\dfrac{\vartheta_1(x)}{\vartheta(x)}\dfrac{\vartheta_1(y)}{\vartheta(y)}\dfrac{\vartheta_1(x+y+a)}{\vartheta(x+y+a)}} = \frac{1-k^2\sin\alpha\sin\varphi\sin\psi\sin A}{1+k^2\sin\alpha\sin\varphi\sin\psi\sin A'},$$

und hierdurch geht die oben erhaltene Formel in

$$(36.)\quad\begin{cases}\Pi(\varphi,\alpha)+\Pi(\psi,\alpha)-\Pi(\sigma,\alpha) = \tfrac{1}{2}\lg\dfrac{1-k^2\sin\alpha\sin\varphi\sin\psi\sin A}{1+k^2\sin\alpha\sin\varphi\sin\psi\sin A'},\\ F(A) = F(\sigma)-F(\alpha),\qquad F(A') = F(\sigma)+F(\alpha)\end{cases}$$

über, worin das Additionstheorem der Integrale dritter Gattung enthalten ist.

Einen ähnlichen Satz giebt es für die Addition der Parameter a bei unveränderter Amplitude. Diesen kann man vermittelst des Satzes (35.) von der Vertauschung der Amplitude und des Parameters aus (36.) ableiten, indem man

$$\alpha = \operatorname{am}\frac{2Ka}{\pi},\qquad \beta = \operatorname{am}\frac{2Kb}{\pi},\qquad \gamma = \operatorname{am}\frac{2K(a+b)}{\pi}$$

setzt, sodass

$$F(\alpha)+F(\beta)-F(\gamma) = 0$$

ist. Die Gleichung (35.) ergiebt nämlich:

$$\Pi(\varphi,\alpha) = \Pi(\alpha,\varphi)+F(\varphi)E(\alpha)-E(\varphi)F(\alpha)$$
$$\Pi(\varphi,\beta) = \Pi(\beta,\varphi)+F(\varphi)E(\beta)-E(\varphi)F(\beta)$$
$$\Pi(\varphi,\gamma) = \Pi(\gamma,\varphi)+F(\varphi)E(\gamma)-E(\varphi)F(\gamma),$$

und hieraus folgt:

$$\Pi(\varphi,\alpha)+\Pi(\varphi,\beta)-\Pi(\varphi,\gamma) = \begin{cases} \Pi(\alpha,\varphi)+\Pi(\beta,\varphi)-\Pi(\gamma,\varphi) \\ +F(\varphi)[E(\alpha)+E(\beta)-E(\gamma)] \\ -E(\varphi)[F(\alpha)+F(\beta)-F(\gamma)]. \end{cases}$$

Aber nach (36.) ist

$$\Pi(\alpha,\varphi)+\Pi(\beta,\varphi)-\Pi(\gamma,\varphi) = \tfrac{1}{2}\lg\frac{1-k^2\sin\alpha\sin\beta\sin\varphi\sin\Phi}{1+k^2\sin\alpha\sin\beta\sin\varphi\sin\Phi'},$$

$$F(\Phi) = F(\gamma)-F(\varphi), \qquad F(\Phi') = F(\gamma)+F(\varphi),$$

während nach (32.)

$$E(\alpha)+E(\beta)-E(\gamma) = k^2\sin\alpha\sin\beta\sin\gamma,$$

folglich ergiebt sich:

$$(36^*.)\begin{cases}\Pi(\varphi,\alpha)+\Pi(\varphi,\beta)-\Pi(\varphi,\gamma)=\tfrac{1}{2}\lg\dfrac{1-k^2\sin\alpha\sin\beta\sin\varphi\sin\Phi}{1+k^2\sin\alpha\sin\beta\sin\varphi\sin\Phi'}+k^2\sin\alpha\sin\beta\sin\gamma\, F(\varphi), \\ F(\gamma) = F(\alpha)+F(\beta), \quad F(\Phi) = F(\gamma)-F(\varphi), \quad F(\Phi') = F(\gamma)+F(\varphi)\end{cases}$$

als Theorem von der Addition der Parameter der Integrale dritter Gattung.

Schliesslich mögen die Theoreme (17.), (32.), (36.) von der Addition der Amplituden für die drei Gattungen der elliptischen Integrale zusammengestellt werden. Es sei

$$F(\varphi) = \int_0^\varphi \frac{d\varphi}{\Delta\varphi}, \quad \Delta\varphi = \sqrt{1-k^2\sin^2\varphi},$$

$$E(\varphi) = \int_0^\varphi \Delta\varphi\, d\varphi,$$

$$\Pi(\varphi,\alpha) = \int_0^\varphi \frac{k^2\sin\alpha\cos\alpha\,\Delta\alpha\sin^2\varphi\, d\varphi}{(1-k^2\sin^2\alpha\sin^2\varphi)\Delta\varphi} = x\zeta(a)+\tfrac{1}{2}\lg\frac{\vartheta(a-x)}{\vartheta(a+x)},$$

und man bestimme aus den beiden Amplituden φ, ψ, eine dritte σ den Gleichungen

$$\sin\sigma = \frac{\sin\varphi\cos\psi\,\Delta\psi+\sin\psi\cos\varphi\,\Delta\varphi}{1-k^2\sin^2\varphi\sin^2\psi}$$

$$\cos\sigma = \frac{\cos\varphi\cos\psi-\sin\varphi\sin\psi\,\Delta\varphi\,\Delta\psi}{1-k^2\sin^2\varphi\sin^2\psi}$$

$$\Delta\sigma = \frac{\Delta\varphi\,\Delta\psi-k^2\sin\varphi\sin\psi\cos\varphi\cos\psi}{1-k^2\sin^2\varphi\sin^2\psi}$$

gemäß, so hat man:

$$F(\varphi)+F(\psi)-F(\sigma) = 0$$

$$E(\varphi)+E(\psi)-E(\sigma) = k^2\sin\varphi\sin\psi\sin\sigma$$

$$\Pi(\varphi,\alpha)+\Pi(\psi,\alpha)-\Pi(\sigma,\alpha) = \tfrac{1}{2}\lg\frac{1-k^2\sin\alpha\sin\varphi\sin\psi\sin A}{1+k^2\sin\alpha\sin\varphi\sin\psi\sin A'},$$

wo

$$F(A) = F(\sigma) - F(\alpha), \qquad F(A') = F(\sigma) + F(\alpha).$$

Man sieht daraus, dass, wenn $P(\varphi)$ irgend ein elliptisches Integral bedeutet, der Ausdruck

$$P(\varphi) + P(\psi) - P(\sigma)$$

sich immer durch algebraische und logarithmische Functionen von $\sin\varphi$ und $\sin\psi$ darstellen läfst.

8.

Die Formeln (A.) § 2 und (B.) § 3 sowie die aus den letzteren hergeleiteten Formeln (29.), (33.), (34.) § 7 sind von so grofser Wichtigkeit für die Theorie der elliptischen Functionen, dass es zweckmäfsig ist, auf dieselben noch einmal zurückzukommen, um alle Formeln derselben Art, welche zwischen ϑ-Functionen möglich sind, in einem vollständigen System derselben vor Augen zu haben.

Die 12 Formeln (A.) sind die Fundamentalformeln, aus welchen alle Relationen zwischen ϑ-Functionen mit ein und demselben Werthe von q abgeleitet werden können. Durch lineare Verbindungen kann man aus den Formeln (A.) andere ableiten, welche mit denselben als gleichberechtigt anzusehen sind. Aber alle diese Formeln lassen sich in einer übersichtlichen Art zusammenfassen.

Aus den Formeln (A. 1, 2, 3, 4) ergeben sich die vier Producte $\vartheta_\alpha(w)\,\vartheta_\alpha(x)\,\vartheta_\alpha(y)\,\vartheta_\alpha(z)$ für $\alpha = 0, 1, 2, 3$ als lineare Ausdrücke der vier Producte $\vartheta_\alpha(w')\,\vartheta_\alpha(x')\,\vartheta_\alpha(y')\,\vartheta_\alpha(z')$ für dieselben Werthe von α, und zwar bestehen unter diesen zwei Systemen von Producten genau dieselben Gleichungen wie nach den Formeln (10.) unter den beiden Systemen von Variabeln w, x, y, z und w', x', y', z'. Genau dieselbe lineare Abhängigkeit zwischen zwei Systemen von vier anderen Producten aus ϑ-Functionen erhält man aus den Formeln (A. 5, 6), (A. 7, 8), (A. 9, 10), (A. 11), sodass man das auf diese Weise gewonnene Resultat in fünf Systemen von je vier Formeln auf folgende Art darstellen kann:

Man verstehe unter λ, μ, ν irgend eine Permutation der Zahlen 0, 2, 3 und bezeichne mit W, X, Y, Z eines der in der nachstehenden Tabelle enthaltenen Systeme von vier aus ϑ-Functionen gebildeten Producten

(F.)

	W	X	Y	Z
(1.)	$\vartheta_3(w)\vartheta_3(x)\vartheta_3(y)\vartheta_3(z)$	$\vartheta(w)\vartheta(x)\vartheta(y)\vartheta(z)$	$\vartheta_2(w)\vartheta_2(x)\vartheta_2(y)\vartheta_2(z)$	$\vartheta_1(w)\vartheta_1(x)\vartheta_1(y)\vartheta_1(z)$
(2.)	$\vartheta(w)\vartheta(x)\vartheta_3(y)\vartheta_3(z)$	$\vartheta_3(w)\vartheta_3(x)\vartheta(y)\vartheta(z)$	$\vartheta_1(w)\vartheta_1(x)\vartheta_2(y)\vartheta_2(z)$	$\vartheta_2(w)\vartheta_2(x)\vartheta_1(y)\vartheta_1(z)$
(3.)	$\vartheta_3(w)\vartheta_3(x)\vartheta_2(y)\vartheta_2(z)$	$\vartheta_2(w)\vartheta_2(x)\vartheta_3(y)\vartheta_3(z)$	$\vartheta(w)\vartheta(x)\vartheta_1(y)\vartheta_1(z)$	$\vartheta_1(w)\vartheta_1(x)\vartheta(y)\vartheta(z)$
(4.)	$\vartheta(w)\vartheta(x)\vartheta_2(y)\vartheta_2(z)$	$\vartheta_2(w)\vartheta_2(x)\vartheta(y)\vartheta(z)$	$\vartheta_1(w)\vartheta_1(x)\vartheta_3(y)\vartheta_3(z)$	$\vartheta_3(w)\vartheta_3(x)\vartheta_1(y)\vartheta_1(z)$
(5.)	$\vartheta_1(w)\vartheta_\lambda(x)\vartheta_\mu(y)\vartheta_\nu(z)$	$\vartheta_\lambda(w)\vartheta_1(x)\vartheta_\nu(y)\vartheta_\mu(z)$	$\vartheta_\mu(w)\vartheta_\nu(x)\vartheta_1(y)\vartheta_\lambda(z)$	$\vartheta_\nu(w)\vartheta_\mu(x)\vartheta_\lambda(y)\vartheta_1(z)$

und mit W', X', Y', Z' die nämlichen aus den Argumenten w', x', y', z' gebildeten Producte von ϑ-Functionen, so bestehen zwischen den beiden Systemen von vier Producten die Relationen:

$$2W' = W+X+Y+Z, \qquad 2X' = W+X-Y-Z,$$
$$2Y' = W-X+Y-Z, \qquad 2Z' = W-X-Y+Z.$$

Aus diesen $4.5 = 20$ Relationen können $5.12 = 60$ Gleichungen gebildet werden, in welchen auf der rechten, wie auf der linken Seite nur zwei Producte von ϑ-Functionen stehen.

Mit Hülfe von (F.) läſst sich das Formelsystem (B.) zu einem System von 13 Doppelgleichungen vervollständigen. Führt man zur Abkürzung die Bezeichnungen

$$s = x+y+z, \quad \xi = y+z, \quad \eta = x+z, \quad \zeta = x+y$$

ein, so ergeben sich folgende 13 Doppelgleichungen:

(G.)

$$(1.)\ \vartheta_3(0)\vartheta_3(\xi)\vartheta_3(\eta)\vartheta_3(\zeta) = \vartheta_3(s)\vartheta_3(x)\vartheta_3(y)\vartheta_3(z) - \vartheta_1(s)\vartheta_1(x)\vartheta_1(y)\vartheta_1(z) = \vartheta(s)\vartheta(x)\vartheta(y)\vartheta(z) + \vartheta_2(s)\vartheta_2(x)\vartheta_2(y)\vartheta_2($$

$$(2.)\ \vartheta_2(0)\vartheta_2(\xi)\vartheta_2(\eta)\vartheta_2(\zeta) = \vartheta_2(s)\vartheta_2(x)\vartheta_2(y)\vartheta_2(z) + \vartheta_1(s)\vartheta_1(x)\vartheta_1(y)\vartheta_1(z) = \vartheta_3(s)\vartheta_3(x)\vartheta_3(y)\vartheta_3(z) - \vartheta(s)\vartheta(x)\vartheta(y)\vartheta($$

$$(3.)\ \vartheta(0)\vartheta(\xi)\vartheta(\eta)\vartheta(\zeta) = \vartheta(s)\vartheta(x)\vartheta(y)\vartheta(z) + \vartheta_1(s)\vartheta_1(x)\vartheta_1(y)\vartheta_1(z) = \vartheta_3(s)\vartheta_3(x)\vartheta_3(y)\vartheta_3(z) - \vartheta_2(s)\vartheta_2(x)\vartheta_2(y)\vartheta_2($$

$$(4.)\ \vartheta_3(0)\vartheta_3(\xi)\vartheta(\eta)\vartheta(\zeta) = \vartheta_3(s)\vartheta_3(x)\vartheta(y)\vartheta(z) + \vartheta_1(s)\vartheta_1(x)\vartheta_2(y)\vartheta_2(z) = \vartheta(s)\vartheta(x)\vartheta_3(y)\vartheta_3(z) - \vartheta_2(s)\vartheta_2(x)\vartheta_1(y)\vartheta_1($$

$$(5.)\ \vartheta_2(0)\vartheta_2(\xi)\vartheta_1(\eta)\vartheta_1(\zeta) = \vartheta_2(s)\vartheta_2(x)\vartheta_1(y)\vartheta_1(z) + \vartheta_1(s)\vartheta_1(x)\vartheta_2(y)\vartheta_2(z) = \vartheta(s)\vartheta(x)\vartheta_3(y)\vartheta_3(z) - \vartheta_3(s)\vartheta_3(x)\vartheta(y)\vartheta($$

$$(6.)\ \vartheta(0)\vartheta(\xi)\vartheta_3(\eta)\vartheta_3(\zeta) = \vartheta(s)\vartheta(x)\vartheta_3(y)\vartheta_3(z) - \vartheta_1(s)\vartheta_1(x)\vartheta_2(y)\vartheta_2(z) = \vartheta_3(s)\vartheta_3(x)\vartheta(y)\vartheta(z) + \vartheta_2(s)\vartheta_2(x)\vartheta_1(y)\vartheta_1($$

$$(7.)\ \vartheta_3(0)\vartheta_3(\xi)\vartheta_2(\eta)\vartheta_2(\zeta) = \vartheta_3(s)\vartheta_3(x)\vartheta_2(y)\vartheta_2(z) - \vartheta_1(s)\vartheta_1(x)\vartheta(y)\vartheta(z) = \vartheta_2(s)\vartheta_2(x)\vartheta_3(y)\vartheta_3(z) + \vartheta(s)\vartheta(x)\vartheta_1(y)\vartheta_1($$

$$(8.)\ \vartheta_2(0)\vartheta_2(\xi)\vartheta_3(\eta)\vartheta_3(\zeta) = \vartheta_3(s)\vartheta_3(x)\vartheta_2(y)\vartheta_2(z) - \vartheta(s)\vartheta(x)\vartheta_1(y)\vartheta_1(z) = \vartheta_2(s)\vartheta_2(x)\vartheta_3(y)\vartheta_3(z) + \vartheta_1(s)\vartheta_1(x)\vartheta(y)\vartheta($$

$$(9.)\ \vartheta(0)\vartheta(\xi)\vartheta_1(\eta)\vartheta_1(\zeta) = \vartheta_3(s)\vartheta_3(x)\vartheta_2(y)\vartheta_2(z) - \vartheta_2(s)\vartheta_2(x)\vartheta_3(y)\vartheta_3(z) = \vartheta(s)\vartheta(x)\vartheta_1(y)\vartheta_1(z) + \vartheta_1(s)\vartheta_1(x)\vartheta(y)\vartheta($$

$$(10.)\ \vartheta_3(0)\vartheta_3(\xi)\vartheta_1(\eta)\vartheta_1(\zeta) = \vartheta_3(s)\vartheta_3(x)\vartheta_1(y)\vartheta_1(z) + \vartheta_1(s)\vartheta_1(x)\vartheta_3(y)\vartheta_3(z) = \vartheta(s)\vartheta(x)\vartheta_2(y)\vartheta_2(z) - \vartheta_2(s)\vartheta_2(x)\vartheta(y)\vartheta($$

$$(11.)\ \vartheta_2(0)\vartheta_2(\xi)\vartheta(\eta)\vartheta(\zeta) = \vartheta_2(s)\vartheta_2(x)\vartheta(y)\vartheta(z) + \vartheta_1(s)\vartheta_1(x)\vartheta_3(y)\vartheta_3(z) = \vartheta(s)\vartheta(x)\vartheta_2(y)\vartheta_2(z) - \vartheta_3(s)\vartheta_3(x)\vartheta_1(y)\vartheta_1($$

$$(12.)\ \vartheta(0)\vartheta(\xi)\vartheta_2(\eta)\vartheta_2(\zeta) = \vartheta(s)\vartheta(x)\vartheta_2(y)\vartheta_2(z) - \vartheta_1(s)\vartheta_1(x)\vartheta_3(y)\vartheta_3(z) = \vartheta_2(s)\vartheta_2(x)\vartheta(y)\vartheta(z) + \vartheta_3(s)\vartheta_3(x)\vartheta_1(y)\vartheta_1($$

$$(13.)\ \vartheta_\lambda(0)\vartheta_1(\xi)\vartheta_\nu(\eta)\vartheta_\mu(\zeta) = \vartheta_1(s)\vartheta_\lambda(x)\vartheta_\mu(y)\vartheta_\nu(z) - \vartheta_\lambda(s)\vartheta_1(x)\vartheta_\nu(y)\vartheta_\mu(z) = \vartheta_\nu(s)\vartheta_\mu(x)\vartheta_\lambda(y)\vartheta_1(z) + \vartheta_\mu(s)\vartheta_\nu(x)\vartheta_1(y)\vartheta_\lambda($$

Indem man die 13 Formeln (G.) nach einer der Variabeln x, y, z logarithmisch differentiirt und dann die Variable gleich Null setzt, erhält man ein System von 15 Formeln, welche der Gleichung (29.) ähnlich sind. Jede dieser 15 Formeln enthält auf der linken Seite ein Aggregat der Form

$$\frac{\vartheta'_\lambda(x)}{\vartheta_\lambda(x)}+\frac{\vartheta'_\mu(y)}{\vartheta_\mu(y)}+\frac{\vartheta'_\nu(z)}{\vartheta_\nu(z)},$$

wo x, y, z drei Variabele bedeuten, zwischen welchen die Relation

$$x+y+z = 0$$

besteht. Die Indices λ, μ, ν haben die Werthe 0, 1, 2, 3 und können von einander verschieden sein oder coincidiren. Auf der rechten Seite dagegen steht ein Product von drei Quotienten aus ϑ-Functionen, deren Argumente x, y, z sind.

Die möglichen Combinationen der Indices λ, μ, ν führen im Ganzen auf zwanzig Fälle. Von diesen lassen sich je fünf durch Aenderung der Argumente um $\frac{1}{2}\pi$ und $\frac{1}{2}i\lg q$ auf *eine* Formel zurückführen, in welcher $\lambda = \mu = \nu$. Aber die fünf Formeln, in welchen $\lambda = \mu = \nu = 1$, oder welche hieraus durch Argumentänderungen herzuleiten sind, nämlich die Combinationen 111, 100, 122, 133, 023 müssen ausgeschlossen werden. In diesen fünf Fällen läfst sich nämlich das oben angeführte Aggregat zwar auch durch doppelt periodische Functionen resp. von x, y, z ausdrücken, aber dieser Ausdruck ist kein bloſses Product.

Die 15 übrig bleibenden Formeln, welche sich durch Argumentänderung auf 000, 222, 333 zurückführen lassen, können in folgende vier Formeln zusammengefaſst werden:

(H.)

$$(1.)\quad \frac{\vartheta'_\lambda(x)}{\vartheta_\lambda(x)}+\frac{\vartheta'_\lambda(y)}{\vartheta_\lambda(y)}+\frac{\vartheta'_\lambda(z)}{\vartheta_\lambda(z)} = (-1)^{\lambda-1}\frac{\vartheta'_1(0)}{\vartheta_\lambda(0)}\frac{\vartheta_1(x)}{\vartheta_\lambda(x)}\frac{\vartheta_1(y)}{\vartheta_\lambda(y)}\frac{\vartheta_1(z)}{\vartheta_\lambda(z)}$$

$$(2.)\quad \frac{\vartheta'_\mu(x)}{\vartheta_\mu(x)}+\frac{\vartheta'_\mu(y)}{\vartheta_\mu(y)}+\frac{\vartheta'_\nu(z)}{\vartheta_\nu(z)} = -\varepsilon.\frac{\vartheta'_1(0)}{\vartheta_\nu(0)}\frac{\vartheta_\lambda(x)}{\vartheta_\mu(x)}\frac{\vartheta_\lambda(y)}{\vartheta_\mu(y)}\frac{\vartheta_1(z)}{\vartheta_\nu(z)}$$

$$(3.)\quad \frac{\vartheta'_1(x)}{\vartheta_1(x)}+\frac{\vartheta'_1(y)}{\vartheta_1(y)}+\frac{\vartheta'_\lambda(z)}{\vartheta_\lambda(z)} = -\frac{\vartheta'_1(0)}{\vartheta_\lambda(0)}\frac{\vartheta_\lambda(x)}{\vartheta_1(x)}\frac{\vartheta_\lambda(y)}{\vartheta_1(y)}\frac{\vartheta_1(z)}{\vartheta_\lambda(z)}$$

$$(4.)\quad \frac{\vartheta'_\mu(x)}{\vartheta_\mu(x)}+\frac{\vartheta'_\nu(y)}{\vartheta_\nu(y)}+\frac{\vartheta'_1(z)}{\vartheta_1(z)} = \frac{\vartheta'_1(0)}{\vartheta_\lambda(0)}\frac{\vartheta_\nu(x)}{\vartheta_\mu(x)}\frac{\vartheta_\mu(y)}{\vartheta_\nu(y)}\frac{\vartheta_\lambda(z)}{\vartheta_1(z)}$$

$$\varepsilon = (-1)^{\frac{\mu(\mu-1)}{2}.\frac{(\nu-1)(\nu-2)}{2}}.$$

In diesen Formeln bedeuten λ, μ, ν die drei Indices $0, 2, 3$ in irgend einer Permutation und $\vartheta'_\lambda(x)$ die Ableitung von $\vartheta_\lambda(x)$, es repräsentiren daher die erste, dritte, vierte dieser Formeln je drei, die zweite sechs verschiedene Gleichungen.

In derselben Weise, in welcher aus (29.) zu (33.) übergegangen wurde, kann man aus (H.) 16 verschiedene Gleichungen ableiten, in denen die linke Seite die Form

$$\frac{\vartheta'_\lambda(y)}{\vartheta_\lambda(y)} + \tfrac{1}{2}\frac{d}{dx}\lg\frac{\vartheta_\mu(x-y)}{\vartheta_\mu(x+y)}$$

hat, wo $\lambda, \mu = 0, 1, 2, 3$. Diese 16 Formeln lassen sich in fünf Gleichungen zusammenfassen. Es bezeichne $\lambda, \mu, \nu, 1$ eine Permutation der vier Indices $0, 1, 2, 3$, so hat man:

(I.)

$$(1.)\quad \frac{\vartheta'_\lambda(y)}{\vartheta_\lambda(y)} + \tfrac{1}{2}\frac{d}{dx}\lg\frac{\vartheta_\lambda(x-y)}{\vartheta_\lambda(x+y)} = (-1)^\lambda \frac{\vartheta_1(y)\vartheta_\mu(y)\vartheta_\nu(y)\vartheta_1^2(x)}{\vartheta_\lambda(y)\vartheta_\lambda(x+y)\vartheta_\lambda(x-y)} = (-1)^\lambda \vartheta^2(0)\frac{\vartheta_1(y)\vartheta_\mu(y)\vartheta_\nu(y)\vartheta_1^2(x)}{\vartheta_\lambda(y).M_\lambda}$$

$$(2.)\quad \frac{\vartheta'_\mu(y)}{\vartheta_\mu(y)} + \tfrac{1}{2}\frac{d}{dx}\lg\frac{\vartheta_\nu(x-y)}{\vartheta_\nu(x+y)} = \varepsilon\cdot\frac{\vartheta_1(y)\vartheta_\lambda(y)\vartheta_\nu(y)\vartheta_\lambda^2(x)}{\vartheta_\mu(y)\vartheta_\nu(x+y)\vartheta_\nu(x-y)} = \varepsilon\,\vartheta^2(0)\frac{\vartheta_1(y)\vartheta_\lambda(y)\vartheta_\nu(y)\vartheta_\lambda^2(x)}{\vartheta_\mu(y).M_\nu}$$

$$(3.)\quad \frac{\vartheta'_1(y)}{\vartheta_1(y)} + \tfrac{1}{2}\frac{d}{dx}\lg\frac{\vartheta_\lambda(x-y)}{\vartheta_\lambda(x+y)} = \frac{\vartheta(y)\vartheta_2(y)\vartheta_3(y)\vartheta_\lambda^2(x)}{\vartheta_1(y)\vartheta_\lambda(x+y)\vartheta_\lambda(x-y)} = \vartheta^2(0)\frac{\vartheta(y)\vartheta_2(y)\vartheta_3(y)\vartheta_\lambda^2(x)}{\vartheta_1(y).M_\lambda}$$

$$(4.)\quad \frac{\vartheta'_\lambda(y)}{\vartheta_\lambda(y)} + \tfrac{1}{2}\frac{d}{dx}\lg\frac{\vartheta_1(x-y)}{\vartheta_1(x+y)} = \frac{\vartheta_1(y)\vartheta_\mu(y)\vartheta_\nu(y)\vartheta_\lambda^2(x)}{\vartheta_\lambda(y)\vartheta_1(x+y)\vartheta_1(x-y)} = \vartheta^2(0)\frac{\vartheta_1(y)\vartheta_\mu(y)\vartheta_\nu(y)\vartheta_\lambda^2(x)}{\vartheta_\lambda(y).M_1}$$

$$(5.)\quad \frac{\vartheta'_1(y)}{\vartheta_1(y)} + \tfrac{1}{2}\frac{d}{dx}\lg\frac{\vartheta_1(x-y)}{\vartheta_1(x+y)} = \frac{\vartheta(y)\vartheta_2(y)\vartheta_3(y)\vartheta_1^2(x)}{\vartheta_1(y)\vartheta_1(x+y)\vartheta_1(x-y)} = \vartheta^2(0)\frac{\vartheta(y)\vartheta_2(y)\vartheta_3(y)\vartheta_1^2(x)}{\vartheta_1(y).M_1}.$$

Hierin hat ε wie oben die Bedeutung

$$\varepsilon = (-1)^{\frac{\mu(\mu-1)}{2}\cdot\frac{(\nu-1)(\nu-2)}{2}}$$

und es ist zur Abkürzung

$$\begin{aligned}
M &= \vartheta^2(x)\vartheta^2(y) - \vartheta_1^2(x)\vartheta_1^2(y) = \vartheta_3^2(x)\vartheta_3^2(y) - \vartheta_2^2(x)\vartheta_2^2(y)\\
M_1 &= \vartheta_1^2(x)\vartheta^2(y) - \vartheta^2(x)\vartheta_1^2(y) = \vartheta_3^2(x)\vartheta_2^2(y) - \vartheta_2^2(x)\vartheta_3^2(y)\\
M_2 &= \vartheta_2^2(x)\vartheta^2(y) - \vartheta_3^2(x)\vartheta_1^2(y) = \vartheta^2(x)\vartheta_2^2(y) - \vartheta_1^2(x)\vartheta_3^2(y)\\
M_3 &= \vartheta_3^2(x)\vartheta^2(y) - \vartheta_2^2(x)\vartheta_1^2(y) = \vartheta^2(x)\vartheta_3^2(y) - \vartheta_1^2(x)\vartheta_2^2(y)
\end{aligned}$$

gesetzt.

Man kann die obigen 5 Formeln (I.) auch in die *eine*

$$\frac{\vartheta_\mu'(y)}{\vartheta_\mu(y)}+\tfrac{1}{2}\frac{d}{dx}\lg\frac{\vartheta_\nu(x-y)}{\vartheta_\nu(x+y)}=\varepsilon\,\frac{\vartheta(y)\vartheta_1(y)\vartheta_2(y)\vartheta_3(y)}{\vartheta_\nu(x+y)\,\vartheta_\nu(x-y)}\cdot\frac{\vartheta_\lambda^2(x)}{\vartheta_\mu^2(y)}=\varepsilon\,\vartheta^2(0)\frac{\vartheta(y)\vartheta_1(y)\vartheta_2(y)\vartheta_3(y)}{M_\nu}\cdot\frac{\vartheta_\lambda^2(x)}{\vartheta_\mu^2(y)}$$

zusammenfassen, wenn man die in dieser Formel vorkommenden Indices λ, μ, ν folgendermaſsen bestimmt:

Die vier Indices $\lambda, \mu, \nu, 1$ bilden entweder eine vollständige Permutation der Zahlen $0, 1, 2, 3$, oder diese vier Zahlen coïncidiren paarweise, d. h. es findet eins der 3 Gleichungspaare

$$\mu = \nu, \qquad \lambda = 1$$
$$\mu = 1, \qquad \lambda = \nu$$
$$\nu = 1, \qquad \lambda = \mu$$

statt, oder endlich es ist

$$\mu = \nu = \lambda = 1.$$

Aus dem Gleichungssystem (I.) kann man endlich, wenn man, wie oben

$$\varphi = \operatorname{am}\frac{2Kx}{\pi}, \qquad \alpha = \operatorname{am}\frac{2Ka}{\pi}$$

setzt, 16 Formeln ableiten, welche der Formel (34.) ähnlich sind, nämlich:

(1.) $$\frac{\vartheta'(a)}{\vartheta(a)}x+\tfrac{1}{2}\lg\frac{\vartheta(a-x)}{\vartheta(a+x)} = \int_0^\varphi\frac{k^2\sin\alpha\cos\alpha\,\Delta\alpha\sin^2\varphi\,d\varphi}{(1-k^2\sin^2\alpha\sin^2\varphi)\,\Delta\varphi}$$

(2.) $$\frac{\vartheta_1'(a)}{\vartheta_1(a)}x+\tfrac{1}{2}\lg\frac{\vartheta(a-x)}{\vartheta(a+x)} = \int_0^\varphi\frac{\cos\alpha\,\Delta\alpha\,d\varphi}{\sin\alpha\,(1-k^2\sin^2\alpha\sin^2\varphi)\,\Delta\varphi}$$

(3.) $$\frac{\vartheta_2'(a)}{\vartheta_2(a)}x+\tfrac{1}{2}\lg\frac{\vartheta(a-x)}{\vartheta(a+x)} = \int_0^\varphi\frac{-\sin\alpha\,\Delta\alpha\,\Delta\varphi\,d\varphi}{\cos\alpha\,(1-k^2\sin^2\alpha\sin^2\varphi)}$$

(4.) $$\frac{\vartheta_3'(a)}{\vartheta_3(a)}x+\tfrac{1}{2}\lg\frac{\vartheta(a-x)}{\vartheta(a+x)} = \int_0^\varphi\frac{-k^2\sin\alpha\cos\alpha\cos^2\varphi\,d\varphi}{\Delta\alpha\,(1-k^2\sin^2\alpha\sin^2\varphi)\,\Delta\varphi}$$

(5.) $$\frac{\vartheta'(a)}{\vartheta(a)}x+\tfrac{1}{2}\lg\frac{\vartheta_1(a-x)}{\vartheta_1(a+x)} = \int_0^\varphi\frac{\sin\alpha\cos\alpha\,\Delta\alpha\,d\varphi}{(\sin^2\varphi-\sin^2\alpha)\,\Delta\varphi}$$

(6.) $$\frac{\vartheta_1'(a)}{\vartheta_1(a)}x+\tfrac{1}{2}\lg\frac{\vartheta_1(a-x)}{\vartheta_1(a+x)} = \int_0^\varphi\frac{\cos\alpha\,\Delta\alpha\sin^2\varphi\,d\varphi}{\sin\alpha\,(\sin^2\varphi-\sin^2\alpha)\,\Delta\varphi}$$

(7.) $$\frac{\vartheta_2'(a)}{\vartheta_2(a)}x+\tfrac{1}{2}\lg\frac{\vartheta_1(a-x)}{\vartheta_1(a+x)} = \int_0^\varphi\frac{\sin\alpha\,\Delta\alpha\cos^2\varphi\,d\varphi}{\cos\alpha\,(\sin^2\varphi-\sin^2\alpha)\,\Delta\varphi}$$

(8.) $$\frac{\vartheta_3'(a)}{\vartheta_3(a)}x+\tfrac{1}{2}\lg\frac{\vartheta_1(a-x)}{\vartheta_1(a+x)} = \int_0^\varphi\frac{\sin\alpha\cos\alpha\,\Delta\varphi\,d\varphi}{\Delta\alpha\,(\sin^2\varphi-\sin^2\alpha)}$$

$$(9.)\quad \frac{\vartheta'(a)}{\vartheta(a)}x+\tfrac{1}{2}\lg\frac{\vartheta_2(a-x)}{\vartheta_2(a+x)}=\int_0^\varphi\frac{\sin\alpha\cos\alpha\,\Delta\alpha\,\Delta\varphi\,d\varphi}{\cos^2\alpha-\Delta^2\alpha\sin^2\varphi}$$

$$(10.)\quad \frac{\vartheta_1'(a)}{\vartheta_1(a)}x+\tfrac{1}{2}\lg\frac{\vartheta_2(a-x)}{\vartheta_2(a+x)}=\int_0^\varphi\frac{\cos\alpha\,\Delta\alpha\cos^2\varphi\,d\varphi}{\sin\alpha(\cos^2\alpha-\Delta^2\alpha\sin^2\varphi)\Delta\varphi}$$

$$(11.)\quad \frac{\vartheta_2'(a)}{\vartheta_2(a)}x+\tfrac{1}{2}\lg\frac{\vartheta_2(a-x)}{\vartheta_2(a+x)}=\int_0^\varphi\frac{k'^2\sin\alpha\,\Delta\alpha\sin^2\varphi\,d\varphi}{\cos\alpha(\cos^2\alpha-\Delta^2\alpha\sin^2\varphi)\Delta\varphi}$$

$$(12.)\quad \frac{\vartheta_3'(a)}{\vartheta_3(a)}x+\tfrac{1}{2}\lg\frac{\vartheta_2(a-x)}{\vartheta_2(a+x)}=\int_0^\varphi\frac{k'^2\sin\alpha\cos\alpha\,d\varphi}{\Delta\alpha(\cos^2\alpha-\Delta^2\alpha\sin^2\varphi)\Delta\varphi}$$

$$(13.)\quad \frac{\vartheta'(a)}{\vartheta(a)}x+\tfrac{1}{2}\lg\frac{\vartheta_3(a-x)}{\vartheta_3(a+x)}=\int_0^\varphi\frac{k^2\sin\alpha\cos\alpha\,\Delta\alpha\cos^2\varphi\,d\varphi}{(\Delta^2\alpha-k^2\cos^2\alpha\sin^2\varphi)\Delta\varphi}$$

$$(14.)\quad \frac{\vartheta_1'(a)}{\vartheta_1(a)}x+\tfrac{1}{2}\lg\frac{\vartheta_3(a-x)}{\vartheta_3(a+x)}=\int_0^\varphi\frac{\cos\alpha\,\Delta\alpha\,\Delta\varphi\,d\varphi}{\sin\alpha(\Delta^2\alpha-k^2\cos^2\alpha\sin^2\varphi)}$$

$$(15.)\quad \frac{\vartheta_2'(a)}{\vartheta_2(a)}x+\tfrac{1}{2}\lg\frac{\vartheta_3(a-x)}{\vartheta_3(a+x)}=\int_0^\varphi\frac{-k'^2\sin\alpha\,\Delta\alpha\,d\varphi}{\cos\alpha(\Delta^2\alpha-k^2\cos^2\alpha\sin^2\varphi)\Delta\varphi}$$

$$(16.)\quad \frac{\vartheta_3'(a)}{\vartheta_3(a)}x+\tfrac{1}{2}\lg\frac{\vartheta_3(a-x)}{\vartheta_3(a+x)}=\int_0^\varphi\frac{-k^2k'^2\sin\alpha\cos\alpha\sin^2\varphi\,d\varphi}{\Delta\alpha(\Delta^2\alpha-k^2\cos^2\alpha\sin^2\varphi)\Delta\varphi}.$$

ANMERKUNGEN *).

DEMONSTRATIO THEOREMATIS AD THEORIAM FUNCTIONUM ELLIPTICARUM SPECTANTIS.

1) S. 46 und 47. Dem Ausdruck von

$$y = \sin\operatorname{am}\left(\frac{\Xi}{M}, \lambda\right)$$

musste der Factor $(-1)^n$, der im Original fehlt, hinzugefügt werden. (Vgl. die Anm. (3).)

FUNDAMENTA NOVA THEORIAE FUNCTIONUM ELLIPTICARUM.

2) S. 68, Tab. III. (A.), (II.). Statt des hier gegebenen Werthes der vierten Wurzel im Ausdruck von $\operatorname{tg}\frac{\varphi}{2}$ steht im Original der reciproke.

3) S. 87, 88. (§ 20). Der bei der Transformation der elliptischen Functionen vorkommende Multiplicator wird in den Fundamenten sowie in den übrigen Abhandlungen Jacobi's nicht überall in gleichem Sinne definirt. Da aber gleichwohl zu seiner Bezeichnung stets derselbe Buchstabe (*M*) gebraucht ist, so wird dadurch dem Leser das Verständniss erschwert. Um diesem Uebelstande abzuhelfen, ist in dieser Ausgabe folgende typographische Unterscheidung durchgeführt worden: Der Werth des Multiplicators, wie er in den Fundamenten und an andern Orten bei der allgemeinen Transformation *n*ter Ordnung vorkommt, ist überall mit dem cursiven *M* bezeichnet worden. Es ist also, wenn (§ 20)

$$\omega = \frac{mK + m'iK'}{n}$$

gesetzt wird,

$$M = (-1)^{\frac{n-1}{2}} \left\{\frac{\sin\operatorname{coam} 4\omega \sin\operatorname{coam} 8\omega \ldots \sin\operatorname{coam} 2(n-1)\omega}{\sin\operatorname{am} 4\omega \sin\operatorname{am} 8\omega \ldots \sin\operatorname{am} 2(n-1)\omega}\right\}^2.$$

*) In diesen Anmerkungen, die ich grösstentheils nach hinterlassenen Notizen Borchardt's ausgearbeitet habe, findet der Leser diejenigen Stellen angegeben, an denen in dieser Ausgabe der Jacobischen Werke Veränderungen des ursprünglichen Textes vorgenommen sind, deren Nothwendigkeit nicht sofort in die Augen fällt. Die zahlreichen Druck-, Schreib- und offenbaren Rechenfehler, welche bei der dem Drucke vorangegangenen Revision sämmtlicher Abhandlungen bemerkt wurden, sind ohne Weiteres berichtigt worden. Wahrscheinlich habe ich, da es mir nicht möglich war, den ganzen Band Seite für Seite mit dem Texte, der dem Neudrucke zu Grunde liegt, und allen zugehörigen Correcturbogen zu vergleichen, noch Stellen, die mit einer Anmerkung hätten begleitet werden müssen, übersehen; ich kann jedoch versichern, dass sowohl in den Formeln als in dem Worttext auch nicht die geringste Veränderung ohne vorherige reifliche Erwägung vorgenommen worden ist. W.

Dagegen bedeutet in den Fällen, wo (unter der Voraussetzung eines zwischen 0 und 1 enthaltenen reellen Werthes von k) M eine reelle Grösse ist, M (antiqua) den **absoluten Betrag** derselben. Demgemäss ist z. B. in den S. 104–108 zusammengestellten Formeln für die erste und zweite reelle Transformation

$$\mathrm{M} = (-1)^{\frac{n-1}{2}} M \quad \text{bei der Annahme} \quad \omega = \frac{K}{n},$$

$$\mathrm{M}_1 = M \qquad \text{bei der Annahme} \quad \omega = \frac{iK'}{n}.$$

In der vorhergehenden Abhandlung musste daher der Gleichförmigkeit wegen von S. 45 an M statt M gesetzt werden, und es bleibt dann der in dieser Abhandlung gegebene Beweis des Transformations-Theorems, wie Jacobi in dem S. 409 abgedruckten Briefe an Legendre bemerkt, Wort für Wort gültig, wenn überall ω für $\frac{K}{n}$, also

$$\mathrm{M} = \left\{\frac{\sin\operatorname{coam} 4\omega \ldots \sin\operatorname{coam} 2(n-1)\omega}{\sin\operatorname{am} 4\omega \ldots \sin\operatorname{am} 2(n-1)\omega}\right\}^2$$

gesetzt wird. Es würde aber unzweckmässig sein aus diesem Grunde allgemein M durch die vorstehende Gleichung zu definiren, weil dann in dem Falle, wo $\omega = \frac{iK'}{n}$, M nicht stets wie in den Fundamenten eine positive Grösse sein würde.

4) S. 110, Z. 5 ist $\omega' = \frac{\omega}{i} = \frac{\mp iK}{n}$ statt $\frac{\pm iK}{n}$ gesetzt.

5) S. 112, Z. 5 v. u. k loco λ_1 statt k loco λ.

6) S. 112, Z. 4 v. u. nu loco $\frac{u}{\mathrm{M}_1}$ statt nu loco $\frac{u}{\mathrm{M}}$.

7) S. 127, Z. 11, 13, 14 musste $-K'$ an die Stelle von K' gesetzt werden, wenn der Complementarmodul von $\frac{1}{k}$, wie Jacobi S. 126 ausdrücklich angiebt, $\frac{k'i}{k}$ sein und die Gleichung

$$\Delta\operatorname{am}(K, k) = k'$$

auch in dem Falle, wo $\frac{1}{k}$ an die Stelle von k tritt, gültig bleiben soll.

8) S. 128, Z. 1, 2, 5, 6 ist $m'-m$ für $m'+m$ gesetzt worden.

9) S. 131, Z. 1 und 5 $aa'+bb' = n$ für $aa'+bb' = 1$.

10) S. 136, Z. 1

$$-\frac{6k'}{k^5(1+k')^2} \quad \text{für} \quad \frac{6k'}{k^5(1+k')^2}$$

und

$$2(1-k')^2-1 \quad \text{für} \quad 2(1-k')^2+1.$$

11) S. 147, Z. 9, 15, 20 ist in Folge der auf S. 127 vorgenommenen Aenderung

$$K'-iK \quad \text{für} \quad K'+iK$$

gesetzt worden.

12) S. 153, Z. 11 $\operatorname{am}(u, k^{(p)})$ für $\operatorname{am}(u, k)$.

13) S. 155, § 39 (5.) ist der im Original auf der rechten Seite der Gleichung stehende Factor $\sqrt{k'}$ weggelassen.

14) S. 156, § 39 (10.) ist das Zeichen der linken Seite der Gleichung geändert.

15) S. 160 § 40 (11.) sind in der zweiten Form der Gleichung die im Original sich findenden Zähler

$$1+q,\quad 1+q^3,\quad 1+q^5$$

in

$$1-q,\quad 1-q^3,\quad 1-q^5$$

geändert, und zugleich die Vorzeichen der Glieder zu abwechselnden gemacht worden.

16) S. 161, (16.) ist $-\frac{24}{5}$ statt $-\frac{24}{10}$ gesetzt.

17) S. 162 § 40 (30.)–(33.) Im Exponenten von q ist m für $4m-1$ gesetzt worden und m definirt als numerus impar, cujus factores primi omnes formam $4a-1$ habent.

18) S. 172, Z. 5 v. u. ist $\prod(2n-1)$ statt $\prod(2n-2)$ gesetzt.

19) S. 173, Z. 8 $-2k^2$ statt -2, und

Z. 10 $-32k^2(1+k^2)$ statt $-32\,(1+k^2)$.

20) S. 180, Z. 1 v. u. Das constante Glied dieser Gleichung ist nach Jacobi's eigener Angabe (Crelle's Journal Bd. 30, S. 270) berichtigt worden.

21) S. 183, Z. 5 v. u. ist x^2, x^4, x^6 statt x, x^2, x^3 und

Z. 3 v. u. y^2, y^4, y^6 statt y, y^2, y^3 gesetzt.

22) S. 184, Z. 4. Die Formel für $S_m^{(n)}$ ist nach Jacobi's Angabe (Crelle's Journal Bd. 30, S. 270) berichtigt.

23) S. 185, Z. 1 ist

$$\frac{1}{\prod(2n+1)}\cdot\frac{d^{2n}}{dx^{2n}}\frac{1}{\sin x} \quad \text{statt} \quad \frac{1}{\prod(2n)}\,\frac{d^{2n-2}}{dx^{2n-2}}\,\frac{1}{\sin x}$$

gesetzt worden.

24) S. 186, Z. 13 $-i\Delta\,\mathrm{am}\,u$ für $i\Delta\,\mathrm{am}\,u$.

25) S. 202, Z. 8. Im Original steht posito $p=2^m$. Da der Buchstabe m in diesem § bereits in anderer Bedeutung vorkommt, so ist statt seiner p gewählt und r für p gesetzt worden.

26) S. 203, Z. 2. Nach dem Original würde unter $\Delta^{(r)}$ der Ausdruck

$$\frac{\Delta\,\mathrm{am}\left(\frac{2rK^{(r)}x}{\pi},\ k^{(r)}\right)}{\sqrt{k^{(r)'}}}$$

zu verstehen sein, während aus der folgenden Gleichung erhellt, dass

$$\Delta^{(r)}=\Delta\,\mathrm{am}\left(\frac{2rK^{(r)}x}{\pi},\ k^{(r)}\right)$$

zu setzen ist.

27) S. 204, Z. 1. Statt des hier gegebenen Werthes von

$$\frac{\Theta(u)}{\Theta(0)}$$

steht im Original der reciproke. Der Irrthum ist von Jacobi selbst (Crelle's Journal, Bd. 26, S. 104) berichtigt worden.

28) S. 216, Z. 11. Hier ist $Z(2iK')=\frac{-i\pi}{K}$ statt $Z(2iK')=0$ gesetzt.

29) S. 216, Z. 3 v. u. musste dem unendlichen Producte das Zeichen — vorgesetzt werden.

30) S. 216, Z. 1 v. u. Dasselbe gilt von dem Ausdrucke auf der Rechten der Gleichung (7.)

31) S. 222, Z. 5 v. u. Hier ist $\frac{\sqrt{1+k'}}{k}$ für $\frac{1}{2}\sqrt{1+k'}$ gesetzt.

32) S. 228, Z. 2 v. u. fehlt im Original auf der linken Seite der Gleichung der Factor i.

33) S. 229, Z. 6 musste den Functionen H der Factor i vorgesetzt werden.

34) S. 238, Gl. (13.). In den mit $\sqrt{q}$, $\sqrt{q^9}$, $\sqrt{q^{25}}$ multiplicirten Ausdrücken steht im Original q, q^3, q^5 statt q^2, q^6, q^{10}.

35) S. 239, Z. 1. In der Formel auf der rechten Seite der Gleichung musste dieselbe Veränderung wie in Gl. (13.) vorgenommen werden.

NOTICES SUR LES FONCTIONS ELLIPTIQUES.

36) S. 253, Z. 5 und 6 v. u. Die hier gegebenen Modulargleichungen dritter und fünfter Ordnung unterscheiden sich von denen der Fundamenta dadurch, dass vorausgesetzt, es seien u und v beide reell, hier $u > v$ angenommen ist, in den Fundamentis dagegen $u < v$. Die Vertauschung von u und v lässt daher die hier gegebenen Modulargleichungen in die der Fundamenta übergehen.

37) S. 256, Z. 5 und 11. Die hier eingeführten Functionen $\theta(x)$, $\mathrm{H}(x)$ unterscheiden sich von den Functionen $\Theta(u)$, $H(u)$ der Fundamenta dadurch, dass diese in jene übergehen, wenn $u = \frac{2Kx}{\pi}$ gesetzt wird. Deswegen sind hier die antiqua θ, H gewählt worden, während die Functionen der Fundamenta mit den cursiven Θ, H bezeichnet sind.

38) S. 258, Z. 5 und 12. Im Original fehlt auf der linken Seite der Gl. (21.) und in dem Ausdruck von

$$\sin\mathrm{am}\left(\frac{2K^{(n)}x}{\pi},\ k^{(n)}\right)$$

der Factor $(-1)^{\frac{n-1}{2}}$.

39) S. 261, Z. 5. Im Original ist für die hier mit $\mathfrak{M}$ bezeichnete Grösse der Buchstabe M gewählt, der also hier von Jacobi in einer andern Bedeutung wie gewöhnlich gebraucht wird, wodurch ein Missverständniss entstehen kann. Wird unter M der in den Fundamentis definirte Multiplicator verstanden, so ist

$$\mathfrak{M} = \frac{1}{M}.$$

40) S. 263, Z. 9. Dem Ausdruck auf der linken Seite der Gleichung musste der Factor $\frac{1}{i}$ beigefügt werden.

41) S. 266. 267 I. Wenn die Formeln des § I, wie es Jacobi beabsichtigt zu haben scheint, so eingerichtet werden sollen, dass bei der in den Fundamenten definirten ersten reellen Transformation (S. 102) die Coefficienten B, B', … $B^{\left(\frac{n-1}{2}\right)}$ reelle Werthe erhalten, so ist unter M in diesem Falle der im Vorhergehenden (Anm. (3.)) ebenso bezeichnete Multiplicator zu verstehen. Dies vorausgesetzt, war es nöthig, in der Gleichung, durch welche $y = \sqrt{\lambda}\sin\mathrm{am}\left(\frac{u}{\mathrm{M}},\lambda\right)$ als Function von $x = \sqrt{k}\sin\mathrm{am}(u,k)$ definirt wird, der Grösse y den Factor $(-1)^{\frac{n-1}{2}}$ hinzuzufügen, weil nur unter dieser Bedingung, wie aus den S. 102 zusammengestellten Formeln ersichtlich ist, der Coefficient der höchsten Potenz von x in dem Zähler des Bruches auf der rechten Seite der Gleichung dem constanten Gliede des Nenners gleich wird. Dann hätte aber in Z. 5 v. u.

$$B^{\left(\frac{n-1}{2}\right)} = (-1)^{\frac{n-1}{2}}\sqrt{\frac{\lambda\lambda'}{kk'\mathrm{M}^6}} \text{ statt } B^{\left(\frac{n-1}{2}\right)} = \sqrt{\frac{\lambda\lambda'}{kk'\mathrm{M}^6}}$$

gesetzt werden müssen, was durch ein Versehen unterblieben ist.

In der Gleichung, durch welche $y = \sqrt{k} \sin \operatorname{am} nu$ als Function von $x = \sqrt{k} \sin \operatorname{am} u$ definirt wird, muss ebenfalls der Grösse y der Factor $(-1)^{\frac{n-1}{2}}$ hinzugefügt werden, wie aus den Formeln (4) (7) auf S. 121 erhellt.

42) S. 274, Z. 11. An Stelle des hier gegebenen Werthes C_p steht im Original der reciproke.

43) S. 275, Z. 7 v. u. Hier musste $\sin^2 \operatorname{am} \frac{2mK + 2m'iK'}{n}$ für $\sin \operatorname{am} \frac{2mK + 2m'iK'}{n}$ gesetzt werden, weil in der That nur die erste Grösse sich rational durch den Modul k und die durch die Transformation n^{ter} Ordnung aus demselben hervorgehenden Moduln ausdrücken lässt.

DE FUNCTIONIBUS ELLIPTICIS COMMENTATIO PRIMA ET ALTERA.

44) S. 297. Die Fussnote, welche diese und die folgenden Abhandlungen als Fortsetzung der Fundamenta bezeichnet, fehlt in dem Abdruck in Crelle's Journal, findet sich aber im Manuscript.

45) S. 307, Gl. (1.). Im Original steht $E \operatorname{am}(ui)$ statt $E(ui)$.

46) S. 311, Z. 1 steht im Original hinter habent der Zwischensatz „et quae ex una omnes componi possunt" der hier als unrichtig weggelassen ist. Es hätte müssen duabus heissen.

47) S. 312, Gl. (17.) Zu dieser Formel hatte Jacobi in seinem Manuscript den folgenden, später von ihm wieder gestrichenen und deswegen auch hier weggelassenen Zusatz gemacht:

Hoc theorema, quod sane profundissimae indaginis est, attentioni eorum qui theoriae functionum ellipticarum vacare volunt, commendare debemus. Ei enim superstruetur in commentationibus subsequentibus nova nostra theoria de transformationibus inversis sive irrationalibus et de divisione functionum ellipticarum, quae universae earum theoriae fastigium est.

Von den hiermit in Aussicht gestellten Abhandlungen fand sich eine (S. 465 dieses Bandes) soweit ausgearbeitet, dass sie ohne Schwierigkeit druckfertig gemacht werden konnte, in Jacobi's Nachlass vor.

48) S. 318. Der Schlusssatz: Haec jam ad majora viam sternunt etc. ist hier aus Jacobi's Manuscript hinzugefügt worden.

49) S. 328. Um die Gleichungen (12.), (13.), (14.) herzuleiten hatte Jacobi nur die Voraussetzung gemacht, die in den Worten „Casu speciali quo $\sin \operatorname{am} na$ neque simul $\sin \operatorname{am} pa$ evanescit" etc. liegt. Doch erfordert das Bestehen der genannten Gleichungen die etwas andere Bedingung, dass nicht nur $\sin \operatorname{am} na$, sondern auch $\sin \operatorname{am} \frac{na}{2}$ verschwinde, eine Bedingung, die in dem Fall, auf welchen nachher die 3 Formeln angewandt werden, erfüllt ist. Damit die fraglichen Gleichungen bestehen, müssen nämlich die Factoren, mit denen die Summen auf der linken Seite der Gleichungen (9.), (10.), (11.) multiplicirt sind, von Null verschieden sein, während gleichzeitig die Factoren der Summen auf der rechten Seite derselben Gleichungen verschwinden. Zur Erfüllung der letzten Bedingung ist erforderlich, dass $\sin \operatorname{am} \frac{na}{2}$ verschwinde, zur Erfüllung der ersten, dass $\sin \operatorname{am} pa$ von Null verschieden sei. Wäre es ausreichend, dass $\sin \operatorname{am} na = 0$, so könnte man $a = 2\omega$ setzen; aber dies genügt nicht, man muss, wie Jacobi es wirklich macht, $a = 4\omega$ setzen.

NOTE SUR UNE NOUVELLE APPLICATION DE L'ANALYSE DES FONCTIONS ELLIPTIQUES À L'ALGÈBRE.

50) S. 381, Z. 8 v. u. ist $\frac{\sin^2\alpha}{4\cos^4\alpha\,\Delta^4\alpha}$ für $\frac{\sin^2\alpha}{4\cos^2\alpha\,\Delta^2\alpha}$ gesetzt, und

Z. 5 v. u. dem Ausdruck auf der rechten Seite der Gleichung das Vorzeichen — gegeben worden.

UEBER DIE ZUR NUMERISCHEN BERECHNUNG DER ELLIPTISCHEN FUNCTIONEN ZWECKMÄSSIGSTEN FORMELN.

51) S. 347, Z. 6 v. u. ist $k = \frac{14}{15}$ statt $k = \frac{10}{11}$, und

Z. 5 v. u. $q' \ldots \frac{1}{116}$ statt $\frac{1}{150}$ gesetzt.

52) S. 357, Z. 9 v. u. Im Original steht

$$\frac{\Delta}{m},\ \frac{\Delta_1}{m'},\ \ldots \text{ für } \frac{\Delta_1}{m'},\ \frac{\Delta_2}{m''},\ \ldots$$

Dadurch ist auch in die unmittelbar folgende Formel für $\frac{\Theta(u)}{\Theta(0)}$ eine hier beseitigte Unrichtigkeit gekommen.

ÜBER EINIGE DIE ELLIPTISCHEN FUNCTIONEN BETREFFENDEN FORMELN.

53) S. 372, Z. 1 ist $M = \frac{1}{n}$ für $M = n$ gesetzt.

ANZEIGE VON LEGENDRE THÉORIE DES FONCTIONS ELLIPTIQUES, TROISIÈME SUPPLÉMENT.

54) S. 378, Z. 6 v. u. Der Passus: „Ich will hier u. s. w. bis ... durchgeführt werden" auf der folgenden Seite ist aus Jacobi's Manuscript hier hinzugefügt worden.

55) S. 382, Z. 12. Dem Ausdruck von

$$\int_0^\varphi \frac{d\varphi}{\sqrt{1-(e+f\sqrt{-1})\sin^2\varphi}}$$

ist der Factor $\frac{1}{\sqrt{2}}$ hinzugefügt worden.

CORRESPONDANCE MATHÉMATIQUE AVEC LEGENDRE.

56) S. 417, Z. 4 v. u. Im Nenner der Formel für k musste

$$\mu^2\lambda^{p-2} \text{ für } \mu'\lambda^{2n-1}$$

gesetzt werden.

DE TRANSFORMATIONE FUNCTIONUM ELLIPTICARUM INVERSIS SIVE IRRATIONALIBUS.

57) S. 465 Vgl. Anm. (47) am Schluss.

DE DIVISIONE INTEGRALIUM ELLIPTICORUM IN *n* PARTES AEQUALES.

58) Obwohl dieser Aufsatz nur eine Einleitung zu einer ausführlicheren Arbeit zu sein scheint, ist er doch als zu dem vorhergehenden gehörig aufgenommen worden.

DE MULTIPLICATIONE FUNCTIONUM ELLIPTICARUM PER QUANTITATEM IMAGINARIAM PRO CERTO QUODAM MODULORUM SYSTEMATE.

59) Auch diese Abhandlung erschöpft zwar den behandelten Gegenstand nicht, ist aber abgedruckt worden, weil sie die einzige ist, in der Jacobi die complexe Multiplication behandelt. Sie scheint gleichzeitig mit den beiden vorhergehenden unmittelbar nach Vollendung der Fundamenta entstanden zu sein.

THEORIE DER ELLIPTISCHEN FUNCTIONEN AUS DEN EIGENSCHAFTEN DER THETAREIHEN ABGELEITET.

60) Diese Abhandlung ist von Borchardt während seiner Studienzeit (1838) nach einer Vorlesung Jacobi's in dessen Auftrag ausgearbeitet worden. Sie kann mit gutem Fug als eine von Jacobi autorisirte betrachtet werden, weil dieser das Manuscript durchgesehen, mit Anmerkungen begleitet und durch Hinzufügung mehrerer Formel-Systeme vervollständigt hat. Unter Berücksichtigung dieser Bemerkungen und Zusätze hat dann Borchardt sein unter den Papieren Jacobi's aufgefundenes Manuscript zum Zweck der Herausgabe überarbeitet, was seine letzte, zwei Monate vor seinem Tode (27. Juni 1880) beendigte literarische Beschäftigung gewesen ist.

Aus der Vergleichung der hier mitgetheilten Abhandlung mit einer (ebenfalls von Borchardt herrührenden) vollständigen Nachschrift der gedachten Vorlesung habe ich mich überzeugt, dass gerade derjenige Theil der letztern, auf den Jacobi laut der Einleitung das Hauptgewicht gelegt hat, in der Borchardt'schen Bearbeitung vollständig und wohlgeordnet wiedergegeben ist. Die übrigen Theile enthalten hauptsächlich eine sehr ausführliche Theorie der linearen Transformation der ϑ-Functionen, die Darstellung der letztern in der Gestalt unendlicher Producte und eine ziemlich kurz gehaltene Entwickelung der Formeln für die Transformation n^{ter} Ordnung der elliptischen Functionen, abgeleitet aus der entsprechenden Transformation der ϑ-Functionen. Es würde nicht schwierig gewesen sein, mit Hülfe des Borchardt'schen Heftes die vorliegende Abhandlung so zu vervollständigen, dass der Leser in den Stand gesetzt worden wäre, alle mittelst anderer Methoden gewonnenen Resultate der Theorie der elliptischen Functionen auf dem von Jacobi in seiner Vorlesung eingeschlagenen Wege abzuleiten; doch musste hiervon aus den in der Vorrede angegebenen Gründen für jetzt Abstand genommen werden.

Es möge noch bemerkt werden, dass in einem wesentlichen Punkte die hier mitgetheilte Arbeit sowohl als auch Jacobi's Vorlesung eine Lücke hat. Wenn man bei Begründung der Theorie der elliptischen Functionen von den ϑ-Reihen ausgeht, so muss gezeigt werden, wie sich zu jedem gegebenen Werth des Moduls k ein die Gleichung

$$\frac{\vartheta_2^2(0,q)}{\vartheta_3^2(0,q)} = k$$

befriedigender Werth der Grösse q berechnen lässt. Dies ist in § 6. geschehen, *aber nur für reelle, zwischen* 0 *und* 1 *enthaltenen Werthe von* k, während es doch nicht nur für die Theorie der elliptischen Functionen, sondern auch für mancherlei Anwendungen derselben unumgänglich erforderlich ist, dass die Aufgabe allgemein gelöst werde. Borchardt hielt sich jedoch nicht für berechtigt, in seine Ausarbeitung etwas nicht von Jacobi selbst Herrührendes aufzunehmen. Ich werde aber an einem andern Orte zeigen, wie man mit Hülfe der von Jacobi in dem citirten § angewandten Transformation 4ter Ordnung leicht zu einem die Grösse q als Function von k darstellenden allgemein gültigen Ausdruck gelangen kann.

W.

BERICHTIGUNG.

S. 112, Z. 10 muss es heissen

$$M \text{ in } M' \quad \text{statt} \quad M_1 \text{ in } M_1'.$$

GÖTTINGEN,

DRUCK DER DIETERICHSCHEN UNIVERSITÄTS-BUCHDRUCKEREI.

W. FR. KAESTNER.